Klaus Beck

Medien und die soziale Konstruktion von Zeit

Klaus Beck

Medien und die soziale Konstruktion von Zeit

Über die Vermittlung von gesellschaftlicher Zeitordnung und sozialem Zeitbewußtsein

Springer Fachmedien Wiesbaden GmbH

Die Deutsche Bibliothek – CIP-Einheitsaufnahme

Beck, Klaus:
Medien und die soziale Konstruktion von Zeit: über
die Vermittlung von gesellschaftlicher Zeitordnung
und sozialem Zeitbewußtsein / Klaus Beck. –
Opladen: Westdt. Verl., 1994
Zugl.: Berlin, Freie Univ., Diss.
ISBN 978-3-531-12629-6 ISBN 978-3-663-10771-2 (eBook)
DOI 10.1007/978-3-663-10771-2

Diese Arbeit wurde zugleich als Dissertation am Fachbereich Kommunikationswissenschaften der Freien Universität Berlin eingereicht und angenommen.

Umschlaggestaltung: Horst Dieter Bürkle, Darmstadt

Gedruckt auf säurefreiem Papier

Inhalt

Vorwort 9

I Kognitionspsychologische und kommunikationstheoretische Grundlagen 13

1 Einführung in den "radikalen Kostruktivismus" 15
1.1 Einleitung 15
1.2 Radikaler Konstruktivismus als Kognitionstheorie 15
1.3 Radikaler Konstruktivismus und kritischer Rationalismus 21
1.4 Trivialer und radikaler Konstruktivismus 24
1.5 "Realität" und "Wirklichkeit" 25
1.6 Neurophysiologische und kognitionswissenschaftliche Argumente des Konstruktivismus 26
1.7 Soziologische und zeittheoretische Konsequenzen des Konstruktivismus 30
1.8 Kommunikationstheoretische Folgen des radikalen Konstruktivismus 34
1.8.1 Kommunikations- und Informationsbegriff 37
1.8.2 Soziale Wirklichkeit und Medienwirklichkeit 42
1.8.3 Kommunikation, Mediensystem oder "Publizistisches System" als autopoietische Systeme? 45
1.9 Zusammenfassung 49

II Genese und Reichweite natur- und geisteswissenschaftlicher Zeitkonstruktionen 53

1 Die Schere zwischen Lebenszeit und Weltzeit und die "Erfindung" der Zeit durch die historischen Wissenschaften 55

2 Naturwissenschaftliche Zeitkonstruktionen 59
2.1 Objektivierung und Pluralisierung von Zeit 59
2.2 Das Problem der Übertragbarkeit auf lebende Systeme 60
2.3 Das Problem der Erweiterung auf Mensch und Gesellschaft 64

3 Zeitwahrnehmung und Gedächtnis 67
3.1 Zeitwahrnehmung aus psychologischer Sicht 67
3.2 Vergangenheit als Konstruktion: Gedächtnis und Erinnern 70
3.3 Folgen für die zeitsoziologische Betrachtung 71

4 Zeitbewußtsein und das "Wesen der Zeit" ... 72
4.1 Zeit und Zeitliches ... 72
4.2 Konstitution des Zeitbewußtseins ... 73
4.3 Folgen für die zeitsoziologische Betrachtung ... 77

5 Die Konstruktion "geschichtlicher Zeiten" ... 78

6 Zusammenfassung ... 82

III "Soziale Zeit": zeitsoziologische Theorieansätze als Grundlage kommunikationswissenschaftlicher Analyse ... 83

1 Einleitung ... 85

2 Zeit und Interaktion im Alltag: sozialpsychologische und handlungstheoretische Grundlagen sozialer Zeit ... 90
2.1 Einleitung ... 90
2.2 Symbolischer Interaktionismus ... 91
2.3 Zeit als Vielfalt der Perspektiven ... 93
2.4 Handeln und Sinn als Zeitphänomene ... 94
2.5 Lebenswelt, Alltagswelt und ihre Zeitstrukturen ... 96
2.6 Zusammenfassung ... 98

3 Zeit als Kategorie und Kollektivvorstellung: eine wissenssoziologische Ergänzung ... 99
3.1 Einleitung ... 99
3.2 Grundbegriffe der Wissenssoziologie und ihre Anwendung auf Zeit ... 99
3.3 Objektivierung und Seinsverbundenheit des Wissenselements Zeit ... 101
3.4 Wissenssoziologische Betrachtung der Entwicklung des Zeitbewußtseins ... 103
3.5 Zusammenfassung und Kritik der Wissenssoziologie ... 106

4 Sozialer Konstruktivismus als Synthese ... 108
4.1 Einleitung ... 108
4.2 Typisierung, Anonymisierung und Objektivation von Wissen ... 108
4.3 Bedeutung und Funktion von Zeichen und Sprache ... 109
4.4 Externalisierung und Internalisierung ... 110
4.5 Zeit als lebensweltliches Wissenselement ... 111
4.6 Medienhandeln ... 113
4.7 Zusammenfassung ... 114

5 Qualitäten sozialer Zeit und soziale Zeitordnung ... 116
5.1 Einleitung ... 116

5.2 Soziale Rhythmen 116
5.3 Qualitäten sozialer Zeit 120
5.4 Soziale Zeitordnung 121

6 Zeitordnung und Zeitbewußtsein 127
6.1 Einleitung 127
6.2 Die kulturhistorische Entwicklung der sozialen Konstruktion Zeit bis zur frühen Neuzeit 128
6.3 Die Entstehung des modernen "linearen Zeitbewußtseins" 132
6.4 Modernes Alltagsbewußtsein von Zeit: "Veralltäglichung" und "Chronotop" 136

7 Soziologie der Freizeit und Zeitbudgetforschung 141
7.1 Einleitung 141
7.2 Dichotomisierung von Arbeitszeit und Freizeit 142
7.3 Alternative Definitionsversuche 144
7.4 Bewertung und Bedeutung von Zeit-Quanten 146
7.5 Zusammenfassung 151

8 Zusammenfassung: "Soziale Zeit" und die Kriterien ihrer Analyse 152
8.1 "Soziale Zeit" 152
8.2 Qualitative Kriterien für die Untersuchung sozialer Zeitlichkeiten 154
8.3 Zusammenfassung der Analysekriterien 159

IV Zeit und Medienkommunikation 163

1 Einleitung: Zeit, Kommunikation und Medien 165
1.1 Kommunikation und Zeit 165
1.2 Medien und Zeit: Drei Untersuchungsperspektiven 168
1.2.1 Metaperspektive 169
1.2.2 Makroperspektive 169
1.2.3 Mikroperspektive 171

2 Zeit in der Kommunikations- und Publizistikwissenschaft 176
2.1 Einleitung 176
2.2 Zeit in der Medienwirkungsforschung 177
2.3 Zeit in der Mediennutzungsforschung 180
2.3.1 Zeitbudgetforschung und Telemetrie 182
2.3.2 Motivationale Ansätze 194

3 Das Medienhandeln der Kommunikatoren und die Zeitgestalt medialer Formen 203
3.1 Einleitung 203
3.2 Zeitliche Qualitäten medialer Formen 208
3.2.1 Dauer 208
3.2.2 Geschwindigkeit 210

3.2.3 Sequentialität und Timing 212
3.2.3.1 Montage 213
3.2.3.2 Programming 220
3.2.3.3 Serialität 228
3.2.4 Aktualität 233
3.2.5 Okkasionalität 239
3.2.6 Periodizität 241
3.2.7 Simultanität 246
3.2.8 Kontinuität 250
3.2.9 Momente 257
3.3 Zusammenfassung 260

4 Das Medienhandeln der Nutzer und die Konstruktion von Zeit 262
4.1 Einleitung 262
4.2 Medienhandeln als Zeithandeln 263
4.2.1 Dauer und Langeweile: Zeitfüllen 264
4.2.2 Geschwindigkeit: Zeitsparen und Zeitdehnen 271
4.2.3 Sequentialität und Timing: Strukturieren von Zeit 273
4.2.3.1 Periodizität und Rhythmen: Primetimes und Fringe Hours 274
4.2.3.2 Habitualisierung und Ritualisierung: Gewöhnliche und ungewöhnliche Zeiten 283
4.2.3.3 Parallelhandlungen: Zeitverdichtung 297
4.2.3.4 Demontage und Entprogrammierung: Time-Shifting, Archivierung und "Ad-Voidance" 301
4.2.4 Serialität 313
4.2.5 Aktualität und Periodizität 320
4.2.6 Okkasionalität und Simultanität: Medienereignisse 321
4.2.7 Momente und Auszeiten 325
4.3 Zusammenfassung: Zeit-Taktiken und Zeit-Strategien des Medienhandelns 328

5 Medien und soziale Akzeleration 334
5.1 Einleitung 334
5.2 Die Tradition der Beschleunigungsthese 335
5.3 Dromologie, Logistik der Wahrnehmung und Ästhetik des Verschwindens 337
5.4 Modifikationen und Relativierungen der Beschleunigungsthese 341
5.5 Kritik an der Beschleunigungsthese 345
5.6 Kompensation und "Entschleunigung" 346
5.7 Zusammenfassung 352

V Zusammenfassung und Ausblick 353

Bibliographie 363

Vorwort

Revolutionen und Kriege finden heutzutage auf dem Bildschirm statt - zumindest wenn man manchen Feuilletonisten und Essayisten Glauben schenken will. Das Fernsehen nimmt noch die schnellsten politischen und militärischen Bewegungen unter seine "Zeitlupe", ist "immer dabei" und hält Ereignisse im Archiv griffbereit, ohne sie deshalb schon begreifbarer zu machen. Die Zeit, in der diese Arbeit entstand, war durch ein zuvor unbekanntes Maß an Rundfunk-Liveberichterstattung geprägt, die scheinbar durch reale Ereignisse verursacht wurde, vielleicht aber eher ein Effekt der medialen Entwicklung war. Die "Fernseh-Serie historischer Momente" der ostdeutschen Revolution und des Umbruchs in Osteuropa war noch nicht abgeschlossen, als diese Fernsehbilder schon von den nächsten, weitaus weniger erfreulichen aus Bagdad und Israel verdrängt wurden.

Der Umsturz in Osteuropa und der zweite Golfkrieg haben in der Öffentlichkeit eine Diskussion ausgelöst, die sich nicht mehr nur um die psychische und politische Wirkungsmacht der Medien drehte. In vorher nicht bekanntem Maße rückte die Zeitdimension der Medien ins Blickfeld. Nicht mehr der "Blitzkrieg" der kriegführenden Parteien, sondern der "Blitzkrieg der Medien" und die "Echtzeit-Information" der Live-"Reportagen" wurden thematisiert. Bei beiden "Medienereignissen" erhoben die Rundfunkmedien die Sondersendung zum Prinzip, auch wenn Bilder und Aussagen selbst "im Brennpunkt" mitunter unscharf blieben. Geschwindigkeit wurde zur Maxime der Berichterstattung, und die Medien, die aus technischen Gründen dieses Tempo scheinbar nicht mithalten konnten, berichteten *über* die Live-Berichterstattung der anderen. Viele Hintergrundberichte der Printmedien beschäftigten sich nicht mehr mit den politisch-militärischen Ereignissen, sondern im Grunde mit medientheoretischen Problemen. Besonders gefragt schienen dabei "postmoderne" Beschleunigungstheorien, die das gesamte Thema (vor-)schnell auf einen essayistischen Nenner bringen: "Beschleunigung" sei die "transhistorische" Kraft, die sich in Kriegs- und Medientechnologie Bahn breche und den alltäglichen Rhythmus der alten Medien zur "Echtzeit" der Live-Medien verdichtet habe. Unser gesamtes soziales Leben stehe unter dem Zwang zu Beschleunigung, es herrsche die Geschwindigkeit. Diese vor allem von Paul Virilio vertretene "Dromologie" und die Thesen anderer "Theoretiker der Postmoderne" prägten die veröffentlichte Meinung, während die eigentlich "zuständigen" Publizistik- und Kommunikationswissenschaftler nur wenig zur öffentlichen Diskussion beitrugen.

Dies mag auf den ersten Blick verwundern, weist aber bei genauerer Betrachtung auf ein erhebliches Defizit des Fachs hin. Obgleich alltägliche Beobachtung und Selbstbeobachtung uns bereits lehren, wie eng Tagesablauf und zeitliche Strukturen der Medien miteinander verzahnt sind, hält sich der theoretische und empirische Beitrag der Publizistik- und Kommunikationswissenschaft zu diesen Fragen in bescheidenen Grenzen. Erst in den letzten zwei bis drei Jahren hat dieses offensichtliche

Desinteresse abgenommen, vielleicht auch, weil "Zeit" in der Öffentlichkeit auf wachsendes Interesse stößt.

So belegt bereits ein kursorischer Blick auf den Buchmarkt, daß Zeit in der populär- und geisteswissenschaftlichen Literatur und Essayistik, aber auch in der Belletristik und der Ratgeberliteratur ein beliebtes Thema darstellt: Selbst ambitionierte wissenschaftliche Veröffentlichungen wie Stephen Hawkings "kurze Geschichte der Zeit" finden - durch "ZEIT-Magazin", "Spiegel"-Titelstory und eine Kinoverfilmung medienwirksam inszeniert - viele LeserInnen. Sten Nadolnys "Entdeckung der Langsamkeit" und Rudolf Wendorffs umfangreiche Darstellung von "Zeit und Kultur" brachten es gleich auf mehrere Auflagen. Eine Vielzahl von Aufsätzen und Sammelbänden - meist Dokumentationen entsprechender Kongresse und Symposien - und eine ganze Reihe von Ratgebern für das persönliche "Zeitmanagement" in Beruf und Privatleben belegen die These, daß Zeit zunehmend als Problem erlebt wird. Das Interesse an Workshops über fernöstliche Entspannungstechniken und deren abendländischen Adaptionen spricht dafür, daß die vorherrschende Auffassung von Zeit als knapper Ressource und unsere "gehetzte Lebensart" eine Suche nach (zuweilen möglichst rascher!) Kompensation nach sich zieht.

Die politische Debatte um die Verkürzung und Flexibilisierung von Arbeits- Ausbildungs-, Ladenöffnungs-, und Freizeiten trägt das ihre zur anhaltenden Aktualität des Themas Zeit bei.

Doch "Zeit" ist mehr als ein politisch brisantes oder verkaufsfördendes "Modethema", denn das "Zeit-Problem" beschäftigt Philosophen und Wissenschaftler bereits seit der Antike. Zeit gilt seither als universales Phänomen unseres Lebens und ist noch immer "eines der letzten Rätsel der Menschheit", denn trotz der langanhaltenden intellektuellen Bemühungen der hervorragendsten Denker gibt es bis heute keine allgemeine und umfassende "Theorie der Zeit".

Wenn Zeit immer wieder und - wie ich meine - in wachsendem Maße Thema öffentlicher Kommunikation wird, dann erfüllen Medien eine wichtige Funktion in diesem "Zeit-Diskurs". Aussagen über Zeit spielen als Medien*inhalt* eine nicht zu unterschätzende Rolle bei der gesellschaftlichen Konstruktion von Zeit.

Für unser Wissen über *Formen* und Funktions*weisen* von Medien und Massenkommunikation ließe sich aus einer Analyse dieser Medieninhalte oder der Berichterstattung über "Zeit" aber keine wesentlich neuen Erkenntnisse gewinnen, denn es ist nicht einzusehen, weshalb Aussagen über Zeit grundsätzlich anders als Aussagen über andere Themen kommuniziert oder rezipiert werden sollten. Die weitaus interessantere kommunikationswissenschaftliche Frage besteht m. E. darin, die *formalen Zeitaspekte* medialer Kommunikation zu untersuchen, also die Frage zu stellen, ob und wie Medien der Kommunikation die zeitlichen Abläufe unseres Alltags bestimmen und welche Zeitstrukturen die Medien aufweisen. Die Rolle der Medien bei der sozialen Konstruktion von Zeit soll in dieser Arbeit deshalb nicht inhaltsanalytisch untersucht werden. Vielmehr rücken die zeitlichen Aspekte des Medienkommunikationsprozesses in den Mittelpunkt der Betrachtung, zumal die Publizistik- und Kommunikationswissenschaft diese Phänomene bislang kaum systematisch analysiert hat.

Die eigentliche kommunikationswissenschaftliche Analyse (Teil IV) wird von drei Grundsäulen der Argumentation getragen, die als kritische Forschungsberichte angelegt sind und der Komplexität und Interdisziplinarität des Themas Rechnung tragen sollen.

(1) Jede wissenschaftliche Auseinandersetzung mit der Zeit erfordert Bescheidenheit. Es wäre vermessen, eine allgemeine oder auch nur "die kommunikationswissenschaftliche Theorie der Zeit" formulieren zu wollen. Die Relativierung des Erkenntnisinteresses und der Erkenntnisfähigkeit ist - so denke ich - eine wichtige Prämisse für die vorliegende Arbeit. Beides soll im ersten Teil der Arbeit erfolgen, in dem die kognitions- und kommmunikationstheoretischen Grundlagen dargestellt werden, auf denen diese Arbeit beruht. Im radikalen Konstruktivismus sehe ich eine geeignete Basis, um Aspekte des Zeit-Problems in nicht-ontologischer Weise zu untersuchen und zugleich wichtige kommunikationstheoretische Prämissen und Grundbegriffe zu (re-)formulieren.

(2) Zeit wird im zweiten Teil der Arbeit dann als historisch wandelbare, sektoral unterschiedliche Konstruktion verschiedener Wissenschaften betrachtet. Hieraus ergeben sich bereits einige Folgerungen für eine sozial- und kommunikationswissenschaftliche Thematisierung von Zeit, insbesondere über Notwendigkeit und Reichweite eines solchen Vorhabens.

(3) Der dritte Teil ist der soziologischen Fundierung meiner Untersuchung gewidmet. Der Begriff "soziale Zeit" ist theoretisch so zu begründen, daß er sich als anschlußfähig an soziologische Theorien und als hilfreich für die kommunikationswissenschaftliche Untersuchung erweist. Mein Erkenntnisinteresse besteht dabei nicht in einer "Soziologie der Zeit", doch hat es sich als notwendig erwiesen, die soziologische Theorie intensiv zu studieren, um sich der Grundbegriffe zu vergewissern. Da eine soziologische Zeittheorie, an die sich problemlos anschließen ließe, nicht vorliegt, werde ich Theorieelemente aus Sozialpsychologie, Handlungstheorie und Wissenssoziologie referieren. Zeit soll dabei nicht nur kognitionstheoretisch, sondern auch soziologisch als Konstruktion verstanden werden.

Dieser dritte Teil der Arbeit dient ferner dazu, Handeln als "Zeitgestaltung" und "Medien-handeln" als mit subjektiv gemeintem Sinn verknüpftes Handeln zu interpretieren. Im so abgesteckten Rahmen eines interpretativen soziologischen Ansatzes werde ich dann im vierten Teil der Arbeit versuchen, den subjektiv gemeinten Sinn unterschiedlicher Medienhandlungen zu verstehen und überprüfbare Hypothesen zu entwickeln.

Zunächst geht es im vierten Teil der Arbeit um den Stellenwert, den Zeit in der publizistikwissenschaftlichen Forschung und Theorie einnimmt. Anhand einer kurzen Bestandaufnahme sollen deren zeitsoziologische Stärken und Schwächen herausgearbeitet werden.

Das deutlich zutagetretende Mißverhältnis zwischen der Vielfalt sozialer Zeitqualitäten und den wenigen von der Kommunikationsforschung hauptsächlich berücksichtigten Aspekte hat mich darin bestärkt, hier eine systematische Sekundäranalyse vorzulegen und noch keine empirische Detailstudie durchzuführen. Es geht zunächst nämlich darum, den Blick zu weiten und zu erläutern, welche Qualitäten sozialer Zeit bei der Medienkommunikation überhaupt eine Rolle spielen und folglich in der weiteren Analyse zu berücksichtigen sind. Die Arbeit soll einen Beitrag zur kommunikationstheoretischen und -soziologischen Grundlegung liefern, der zur Formulierung eines Forschungsprogramms führt. Ihr Gewicht liegt weniger auf der empirischen Überprüfung von Hypothesen als auf deren induktiver und deduktiver Erzeugung. Gleichwohl wurden - wo immer dies sekundäranalytisch möglich schien - empirische Belege herangezogen, um die theoretische Systematisierung mit konkreten Beispielen anschaulicher zu machen.

Erst auf einer durchdachten begrifflichen und theoretischen Grundlage kann sich differenziertere Kommunikationsforschung entwickeln, die notwendig ist, um das Medienhandeln von Kommunikatoren und Rezipienten zu verstehen. Dabei führt bereits die begriffliche Differenzierung zu einer Relativierung pauschaler Wirkungsthesen, was ich anhand der "Beschleunigungsthese" demonstrieren werde.

Abschließend möchte ich an dieser Stelle all jenen meinen Dank aussprechen, die mir Zeit für diese Arbeit gelassen haben, die ihre Zeit mit mir geteilt (und die mich in dieser Zeit ertragen haben) oder die sich die Zeit nahmen, mich durch Diskussionen und Gespräche, Anregungen oder Materialien zu unterstützen.

Mein Dank für langjährige Unterstützung gilt in besonderem Maße meiner Frau Sylvia Meffert und meinen Eltern.

Für anregende Gespräche, fachliche Hinweise und die freundschaftliche Förderung meines Vorhabens schulde ich namentlich Dank: Herrn Prof. Dr. Günter Bentele, Stephan Bode, Karin Dlubis, Prof. Dr. Lutz Erbring, Mike Friedrichsen, Friederike Harmgarth, Prof. Herbert Kundler, Dr. Ulrich Lange, Katharina M. Mensing, Bernd Meyer M.A., Frau Prof. Dr. Irene Neverla, Prof. Dr. Bodo Rollka, Peter Roloff, Eva Schabedoth, Horst Seifart, PD Dr. Gerhard Vowe, Rudolf Wendorff, Herrn Prof. Dr. Axel Zerdick sowie den Studentinnen und Studenten meines Seminars "Medien und die soziale Konstruktion von Zeit".

I

Kognitionspsychologische und kommunikationstheoretische Grundlagen

VERUM IPSUM FACTUM[1] (G. Vico)

1 G. Vico: "Das Wahre ist dasselbe wie das Gemachte"; nach Glasersfeld (1985), S. 26

1 Einführung in den "radikalen Konstruktivismus"

1.1 Einleitung

An verständlichen und systematischen Einführungen in den radikalen Konstruktivismus herrscht kein Mangel,[1] eher schon an fundierten Kritiken.[2] Eine kurze Einführung in den Konstruktivismus muß auf diesen Arbeiten aufbauen und kann nicht den Anspruch erheben, deren Lektüre zu ersetzen. Hier geht es vielmehr um die kritische Darlegung der wichtigsten Grundzüge des radikalen Konstruktivismus und der Konsequenzen, die sich daraus für die kommunikationswissenschaftliche Untersuchung des zeittheoretischen Gegenstandes ergeben.

Die kritische Übernahme radikal konstruktivistischer Theorieelemente führt schon deshalb nicht zu einem Paradigmenwechsel in der Kommunikationswissenschaft, weil diese bislang ohnehin nicht von *Paradigmen* im strengen - an den Naturwissenschaften gewonnenen - Sinn geprägt ist.[3] Die konstruktivistische *Perspektive* ist durchaus mit vorliegenden Ansätzen und Befunden vereinbar, kann sogar partiell zur fachlichen Integration beitragen und erweist sich darüber hinaus als zeittheoretisch überaus fruchtbar.

Die Einführung dient ferner dazu, einige naheliegende Mißverständnissen über den radikalen Konstruktivismus auszuräumen und einer bei Anhänger wie Kritikern anzutreffenden Überbewertung der theoretischen Reichweite des Konstruktivismus entgegenzutreten.

1.2 Radikaler Konstruktivismus als Kognitionstheorie

Bei der Bezeichnung Konstruktivismus handelt es sich um einen recht allgemeinen und schillernden Begriff, der in wissenschaftlichen und außerwissenschaftlichen Diskursen mit sehr unterschiedlichen Bedeutungsgehalten und -reichweiten verwendet wurde und wird. Vielleicht am geläufigsten ist er im Bereich der Kunstgeschichte und -theorie, wo mit dem Begriff Konstruktivismus konkret bestimmbare und datierbare Kunstwerke zu einem "Stil" zusammengefaßt werden.

In der Wissenschaftstheorie wird der Begriff Konstruktivismus in unterschiedlichen Kontexten verwendet und bezeichnet im weitesten Sinne "Auffassungen, die die *Konstruktionsleistungen des Subjekts im Erkenntnisprozeß betonen* ..."[4] Zu einem gewissen Höhepunkt in der "Karriere" des Begriffs hat der "Erlangener Konstrukti-

---

1 Gumin / Mohler (1985), Rusch (1987a); sowie die Werke der "Begründer" des Konstruktivismus, insbesondere Foerster (1985a), Glasersfeld (1987d) und Maturana (1985)
2 vgl. vor allem Nüse et al. (1991) sowie ansatzweise Saxer (1992)
3 vgl. hierzu auch Rosengren (1989), i.b. S 21-25 und Maletzke (1988), S. 53-55
4 Meyers Kleines Lexikon Philosophie, Mannheim 1987, S. 232, Hervorhebung KB

vismus"[5] geführt, der allerdings mit dem hier zu diskutierenden Konstruktivismus wenig mehr als den Namen gemein hat. Auch wenn sich beide "Konstruktivismen" nicht direkt widersprechen, so erscheint die Position der einen Seite der jeweils anderen doch zumindest als unvollständig. Eine Gemeinsamkeit besteht allerdings in der *"Ablehnung einer ontologischen Deutung unseres erfahrungswissenschaftlichen Wissens."*[6]

Der Begriff "Konstruktivismus" ist m. E. aus mehreren Gründen recht unglücklich gewählt - gleichwohl ist er bereits so weit etabliert, daß ich mich auch weiter seiner bedienen werde. Immerhin bezeichnet ja das Element des Konstruktiven eine seiner Kernaussagen (auch wenn dies eine recht allgemeine Charakterisierung ist, die eine Reihe anderer Konnotationen weckt). Die "-ismus"-Endung allerdings erweckt den falschen Eindruck, es handele sich beim Konstruktivismus um eine dogmatische oder ideologische Lehre, was seine ethischen Folgerungen geradezu auf den Kopf stellen würde.

Der hier zur Diskussion stehende Konstruktivismus versucht jedenfalls, aufbauend auf "empirischem Wissen"[7] den Prozeß menschlichen Erkennens in seiner individuellen und sozialen Form zu beschreiben, seine Leistungen zu benennen und auf dieser Grundlage ethische Forderungen für gesellschaftliches Handeln, insbesondere für die Wissenschaft abzuleiten. Unter empirischem Wissen werden dabei durch *Handeln* (Sprechakte natürlich eingeschlossen) überprüfte Beschreibungen von Wirklichkeitsentwürfen verstanden, d.h. es handelt sich um intersubjektiv geteiltes *operationales Wissen*, nicht um ontologische Aussagen. Empirische Wissenschaften werden also keineswegs entwertet, sondern besitzen einen veränderten erkenntnistheoretischen Stellenwert als "institutionalisierte Tätigkeitsbereiche ... , in denen die Erweiterung unserer Kognitionsbereiche, die Erweiterung unserer Denk- und Handlungsmöglichkeiten systematisch ... betrieben wird."[8] Allerdings eröffnen die wissenschaftlichen Methoden keine spezifische Art von Zugang zur Realität, sondern sie "stellen einerseits Strategien zum systematischen Erwerb von Erfahrungen mit konzeptuellen (deskriptiv interpretierenden) Systemen im Bereich der jeweiligen weltkonstitutiven Orientierungssysteme dar und andererseits Strategien und Techniken der Sicherung von Intersubjektivität, Plausibilität und Kohärenz."[9] *Wirklichkeitskonstrukte (Wissen) werden durch andere Wirklichkeitskonstrukte (Wissen) intern (d.h. innerhalb des individuellen kognitiven Systems) und sozial (d.h. in einer kommunikativ geteilten Welt) validiert.*[10]

Empirisches Wissen wird wiederum als soziale Konstruktion modelliert, d.h. es ist historisch wandelbar, was für den Konstruktivismus selbst historische Konsequenzen haben wird. Der radikale Konstruktivismus stellt also keine geschlossene oder gar dogmatische Lehre dar, sondern eine *rekursive bzw. reflexive Theorie*, die auf sich selbst anwendbar ist und sich so ständig selbst relativiert. Zentral für Verständnis und

---

5 Der "Erlangener Schule" des Konstruktivismus geht es um die Begründung einer phänomenologisch gereinigten Wissenschafts*sprache*, wozu sie die lebensweltliche Alltagssprache als Ausgangspunkt nehmen möchte. vgl. hierzu des weiteren Wuchterl (1987), S. 278-291

6 Janich (1992), S. 27, Hervorhebung KB

7 Die konstruktivistische Fassung dieses Begriffes geht auf Gebhard Rusch zurück; vgl. Rusch (1987a), S. 237-280. Ruschs Differenzierung von empirischem und historischem Wissen halte ich jedoch für äußerst fragwürdig. vgl. hierzu Rusch (1987a), S. 251-252

8 Rusch (1987a), S. 237

9 Rusch (1987a), S. 237

10 vgl. Schmidt (1992b), S. 430

Kritik des radikalen Konstruktivismus ist dessen *Verzicht auf Wahrheit als Letztbegründung seiner selbst.* Der Konstruktivismus führt nicht zur Wahrheit, beansprucht selbst keinen Wahrheitsgehalt und legitimiert nichts durch einen Rekurs auf erkannte Wahrheiten. Es handelt sich um eine *Kognitions- und nicht um eine Erkenntnistheorie* im herkömmlichen Sinne, was viele seiner Kritiker (und seiner Vertreter) übersehen.[11] So unterstellen Nüse et al. dem radikalen Konstruktivismus einen Geltungsanspruch als umfassende (kognitions)psychologische Theorie und zugleich als Erkenntnis- und Wissenschaftstheorie. Ein solcher Anspruch wird m.W. nirgends explizit erhoben und wäre zum jetzigen Zeitpunkt auch sicherlich nicht haltbar.

Wendet man den Konstruktivismus konsequent auf sich selbst an, so sind jedenfalls andere Kriterien zu seiner Beurteilung heranzuziehen, als dies für klassische Erkenntnistheorien der Fall ist. Als "Hauptgegner" werden oftmals alle realistischen, ontologischen und korrespondenztheoretischen Theorien des Verhältnisses von Wissen und Wahrheit aufgefaßt. Wie wir sehen werden, ist eine große Menge unseres Wissens aber inhaltlich mit der konstruktivistischen Sichtweise vereinbar, obgleich der Konstruktivismus in dem Sinne radikal ist, als er an den (biologischen) Wurzeln des menschlichen Erkennens ansetzt und deshalb zu anderen Ergebnissen, insbesondere was die *Geltungsansprüche* von Wissen betrifft, gelangt. Die Fundierung in einem absoluten Wahrheitsbegriff scheint aufgrund konstruktivistischer Kognitionstheorie zweifelhaft und fragwürdig. Somit stellt er die Basis der meisten Erkenntnistheorien in Frage, ohne diese Frage letztlich beantworten zu können (oder dies vorzugeben). Zugleich bemühen sich radikale Konstruktivisten aufzuzeigen, wie Wissenschaft trotz des Verzichts auf einen absoluten Wahrheitsbegriff sinnvoll fortgeführt werden kann. Das hat zur Folge, daß durchaus konventionelle wissenschaftliche Methoden und Standards erhalten bleiben. Hierin vermag ich - im Gegensatz zu Nüse und anderen Kritikern des Konstruktivismus - keinen Nachteil zu erkennen.

Siegfried J. Schmidt zieht die Bezeichnung "Diskurs des radikalen Konstruktivismus" dem Begriff "Erkenntnistheorie" zur Charakterisierung vor, um den kommunikativen Charakter und die unfertigen Theoriebestandteile einer in hohem Maße interdisziplinären Debatte zu verdeutlichen. Der *Diskurs*begriff wird der Tatsache gerecht, daß es unterschiedliche und widersprüchliche Herleitungen und Bewertungen des Konstruktivismus auch unter denen gibt, die sich als Konstruktivisten bezeichnen. Uneinheitliche Begriffsdefinitionen und den inkonsistenten Gebrauch von Begriffen kritisieren Nüse et al. zu Recht. Beide sind aber der Komplexität des Themas geschuldet, das sich oftmals der Alltagssprache entzieht.[12] Der von Nüse et al. wiederholt erhobenen Kritik, wesentliche Aussagen des radikalen Konstruktivismus seien nicht neu, muß man inhaltlich zustimmen, doch ergibt sich daraus keine Schwäche, sondern eine der Stärken des radikalen Konstruktivismus. *Implizit und explizit konstruktivistische Gedankengänge* waren und sind *in Philosophie und Wissenschaft* anzutreffen, lange bevor bzw. ohne daß es "den Konstruktivismus" als intellektuelles Konzept gegeben hätte. Die Wurzeln des Konstruktivismus lassen sich, wenn man so will,

---

11 Ein prägnantes Beispiel für ein weitgehendes Miß- bzw. Unverständnis des Radikalen Konstruktivismus bietet Boventer (1992)

12 Nüse et al. unterlaufen - obwohl sensibilisert - ähnliche Sprachebenenverwechslungen, wie sie selbst kritisieren. So werden zum Beispiel pschologischer Medium-Begriff und kommunikationswissenschaftlicher Medien-Begriff als Äquivalente aufgefaßt. (S. 175-176). Gleichwohl ist ihre Forderung nach exaktem Gebrauch von Wissenschaftssprache sicherlich berechtigt.

schon bei den Vorsokratikern, aber auch in der Philosophie der Aufklärung und der Moderne sowie in einzelnen Fachwissenschaften finden. Watzlawick konstruiert eine solche "Ahnengalerie", wenn er unter anderem Vico, Kant, Dilthey, Wittgenstein, Husserl, den Wiener Kreis, Piaget, Schrödinger, Heisenberg, Goodman und die "großen Kybernetiker" benennt.[13] Die interessantesten Bezüge ergeben sich jedoch zu den angelsächsischen Pragmatisten und zur Philosophie der symbolischen Formen:

Schon Kierkegard spricht davon, "daß die Wahrheit für den Einzelnen nur da ist, indem er sie selber handelnd erzeugt", und Max Stirner formuliert radikaler "Wahr ist, was Mein ist."[14] Nietzsche geht in seinen Aphorismen "Die fröhliche Wissenschaft" davon aus, daß wir die Dinge nur durch Symbolsyteme verstehen *können*, von denen wir zwar wissen, daß sie nicht der Wahrheit entsprechen (sondern von uns geschaffen wurden), die aber für unser Leben *nützlich* sind. Durkheim betrachtet Nietzsche insofern als Vorläufer de, angelsächsischen Pragmatisten.[15] Peirce, James und Dewey kritisieren wie die radikalen Konstruktivisten *den empiristischen und rationalistischen absoluten Wahrheitsbegriff*, dem sie eine Vielzahl menschlicher Wahrheiten gegenüberstellen. Die Wirklichkeit wird als sozial, d.h. als durch Handlung erzeugte Wirklichkeit begriffen; die *Wahrheit ist keine Kopie der Realität.*[16] Sogar der Begriff der "kognitiven Konstruktion der Wahrheit und der Realität" kommt bereits bei den Pragmatisten vor.[17] Eine der größten Schwächen des Pragmatismus liegt wohl in der - schon von Durkheim bemerkten - Vernachlässigung der sozialen Komponente und in der Reduktion auf psychologische Erklärungsansätze.[18]

Für die modernen Naturwissenschaften betont der Chemiker und Wissenschaftstheoretiker Max Thürkauf *die operativen Elements des Erkennens* und spricht von der "hervorbringenden Urteilskraft" der experimentellen Methoden.[19] Nelson Goodman begreift Erkennen nicht als Bestimmung der Wahrheit, sondern als Finden eines passenden Teils. Das Entdecken von (Natur)Gesetzen beinhaltet ihren Entwurf.[20] Symbolgebrauch und Symboltransformation sind die einzigen Erkenntnismöglichkeiten, die Goodman zuläßt, denn uns ist eine Welt ohne Symbole nicht gegeben. "Welten werden erzeugt, indem man mittels Wörtern, Zahlen, Bildern, Klängen oder irgendwelchen anderen Symbolen in irgendeinem Medium solche Versionen erzeugt."[21] Die Wahrheit der erzeugten (Symbol-)Welten erweist sich nicht mehr "als Korrespondenz mit einer fertigen Welt".[22] Außerhalb und innerhalb der Wissenschaften können konkurrierende Welten symbolisch erzeugt werden.[23] *Goodman weist nach, daß auch in den Wissenschaften tatsächlich Wahrheit nicht das ausschlaggebende handlungsleitende Prinzip ist, sondern abgeleitete Normen wie Nützlichkeit, Gültigkeit, Repräsentativität, Konsistenz, Konsens- und Anschlußfähigkeit etc.*[24]

---

13 Watzlawick im Vorwort zu Watzlawick (1985), S. 10
14 vgl. Stirner (1972), S. 38-41
15 vgl Durkheim (1987), S. 14-21
16 vgl. hierzu auch Durkheim (1987) S. 47 und S. 66
17 So in den Schriften F.C.S. Schillers. vgl. hierzu Durkheim (1987), S. 92
18 vgl. Durkheim (1987), S. 112-113
19 Demnach "ist nur das Machbare erkennbar; das Nicht-Machbare steht außerhalb des Erkenntnisbereichs der hervorbringenden Urteilskraft." (Thürkauf (1983), S. 54)
20 vgl. Goodmann (1990), S. 36-37
21 Goodmann (1990), S. 117
22 vgl. und zit. Goodmann (1990), S. 118
23 vgl. Goodmann (1990), S. 127
24 vgl. ausführlich hierzu Goodmann (1990), S. 134-170

Extrapolation und Konfabulation sowie unser Streben nach Einheitlichkeit, Gleichförmigkeit und Kontinuität der Wahrnehmung führen sogar zur "retrospektive[n] Konstruktion".[25]

Mit Sandkühler kann man in der erkenntnistheoretischen Konzeption der Neukantianer Cohen, Natorp und Cassirer "wohl die früheste Form des Konstruktivismus"[26] sehen. Cassirer *lehnt* in seinem grundlegenden Werk "Die Philosophie der symbolischen Formen" *die Abbildtheorie der Erkenntnis zugunsten einer "Symboltheorie" ab.* Erkennen heißt also immer schon Verstehen, die Leistungen des verstehenden Subjekts geraten somit in den Mittelpunkt epistemologischer Betrachtung.[27]

> "Die Grundbegriffe jeder Wissenschaft, die Mittel, mit denen sie ihre Fragen stellt und ihre Lösungen formuliert, erscheinen nicht mehr als passive Abbilder eines gegebenen Seins, sondern als selbstgeschaffene intellektuelle Symbole. ... An die Stelle einer irgendwie geforderten inhaltlichen Ähnlichkeit zwischen Bild und Sache ist jetzt ein höchst komplexer logischer Verhältnisausdruck, ist eine allgemeine intellektuelle Bedingung getreten, der die Grundbegriffe der physikalischen Erkenntnis zu genügen haben. Ihr Wert liegt nicht in der Abspiegelung eines gegebenen Daseins, sondern in dem, was sie als Mittel der Erkenntnis leisten ... Mit dieser kritischen Einsicht gibt die Wissenschaft freilich die Hoffnung und den Anspruch auf eine »unmittelbare« Erfassung und Wiedergabe des Wirklichen auf."[28]

Susanne K. Langer folgt hierin Cassirer und schreibt von der "Funktion der symbolischen Transformation als natürliche(r) Tätigkeit", als "hochentwickelte Reaktionsweise des Nervensystems, die den Menschen unter den Lebewesen auszeichnet."[29] Der Mensch operiert - im Gegensatz zum Tier - mit Vorstellungen und Bedeutungen (Symbolen), nicht mit Darstellungen und Sinneswahrnehmungen (Anzeichen).[30] Das Deutsche erlaubt die Unterscheidung von Darstellung und Vorstellung (Kognition), die nicht verwischt werden sollte. Diese sprachliche Differenzierung ist der Verwendung des englischen Terminus "representation" deshalb vorzuziehen.

Die geistesgeschichtlichen Wurzeln des Konstruktivismus sind also recht vielfältig, und die meisten Konstruktivisten behaupten auch gar nicht, die besondere Qualität ihres Ansatzes liege in seiner Originalität. Sie betonen im Gegenteil gerade die unterschiedlichen Wurzeln, die Vereinbarkeit mit anderen Ansätzen und die Anschlußfähigkeit an andere Theorien. Der Vorwurf "mangelnder Originalität" und "Trivialität", den Lutz Hachmeister und andere erhoben haben, ist deshalb verfehlt.[31] Maturana hat - um nur ein Beispiel zu nennen - schon 1975 erklärt: "Meine Kritik der Vorstellung, daß wir kognitiven Zugang zu einer objektiven Realität haben, ist keineswegs neu."[32]

Neu am radikalen Konstruktivismus ist jedoch, daß er als Kognitionstheorie, die sich mit dem Prozeß des Erkennens (also dem Wie? und nicht dem Was?) beschäftigt, bekannte epistemologische Positionen wissenschaftlich fundieren hilft. Neurobiologische und kognitionspsychologische Kenntnisse bilden hierfür die Grundlage: Der "menschliche Organismus (wird) als ein autopoietisches (selbsterhaltendes) System

---

25 vgl. Goodmann (1990), S. 93-95 bzw. 101-103
26 Sandkühler (1991), S. 247
27 vgl. Cassirer (1956), S. 175-176, Orth (1982), S. 71 sowie ferner Sandkühler (1991), S. 254-255, Hervorhebungen KB
28 Cassirer (1977), S. 5-8
29 Langer (1965), S. 8
30 vgl. hierzu auch Langer (1965), S. 146
31 vgl. Hachmeister (1992) i.b. S.13-16
32 Maturana (1982c), S. 301

modelliert, das durch ein operational geschlossenes, selbstreferentiell organisiertes Nervensystem integriert wird."[33] Kognition wird dabei als eine "spezifische Form der Selbstbeobachtung, der Selbstinterpretation und der Selbstinstruktion der in einem [semantisch und operationell, KB] geschlossenen Nervensystem ablaufenden Prozesse"[34] verstanden. "Erkenntnis, Wissen, Wirklichkeitsmodelle entstehen durch systeminterne Interpretationen der eigenen neuronalen Aktivitäten ..."[35] Bewußtseinsleistungen werden systemtheoretisch als "bloße" Emergenzerscheinungen beschrieben. Diese Annahme hat wiederholt Anlaß zu Kritik - insbesondere von philosophischer Seite - gegeben, weil sie als Aussage über die Wahrheit mißverstanden und eben nicht als Konstruktion kritisiert wurde. Der Vorwurf, der neurobiologische Ansatz identifiziere Gehirn und Geist vorschnell, geht an den Aussagen und tatsächlichen Geltungsansprüchen des konstruktivistischen Ansatzes vorbei.[36] Auch der Vorwurf des Reduktionismus, wie ihn Nüse et al. erheben, greift nur dann, wenn man dem radikalen Konstruktivismus eine Reichweite unterstellt, die dieser selbst für sich nicht in Anspruch nimmt. Nüse et al. unterstellen, der radikale Konstruktivismus beanspruche, Aussagen über die Realität zu treffen und daraus empirisch eine Erkenntnistheorie abzuleiten. In der Tat begreifen Konstruktivisten ihren Ansatz aber selbst als Konstruktion, also als Bestandtteil unserer kognitiven Welt ("Wirklichkeit") und nicht der Realität ("Realität"). Konstruktivistische Kognitionstheorie soll Erkenntnis- und Wissenschaftstheorie nicht ersetzen, sondern kann sie "inspirieren" und eine kognitionstheoretische Basis für die Erkenntnistheorie liefern. Radikaler Konstruktivismus kritisiert die implizite oder explizite Annahme von Erkenntnistheorien, die eine Erkennbarkeit der Wahrheit durch ein erkennendes Subjekt *voraussetzen* und damit eine *kognitionstheoretische* Aussage treffen, die bezweifelt werden muß.

Eine weitere wichtige Leistung des radikalen Konstruktivismus besteht in der konsequenten Berücksichtigung der *Beobachterperspektive*. Statt eine neue Wirklichkeit, eine weitere objektive Wahrheit den bestehenden hinzuzufügen, geht es um die Überwindung der Grenze zwischen (erkennendem) Subjekt und (erkanntem) Objekt oder zwischen Innen und Außen. Dies wird im Konstruktivismus durch die Thematisierung des Erkenntnis*prozesses* bzw. der Grenze zwischen "Subjekt" und "Objekt" erreicht. "Beobachten" bedeutet systemtheoretisch "Bezeichnen durch Unterscheiden". Beobachten ist dabei eine Operation, die Unterscheidungen verwendet und die - wie alle Operationen - nur *durch* ein und *in* einem von der Umwelt unterschiedenen, also geschlossenen System möglich ist. *Unterscheidungen sind systeminterne Operationen*, was zur Folge hat, daß "vor allem das, was man üblicherweise Information nennt, ... rein interne Errungenschaften (sind). *Es gibt keine von außen nach innen gelangende Information*, ..."[37] Das erkenntnistheoretische Objektivitätsproblem soll konstruktivistisch nicht durch den Ausschluß des Beobachters aus der Wissenschaft gelöst werden, sondern durch die kognitionswissenschaftlich fundierte, *explizit gemachte Einbeziehung des Beobachters in die Wissenschaft.*

Wie viele andere Philosophen und Wissenschaftler zuvor lehnen Konstruktivisten die Annahme ab, durch Erkenntnis komme es zu einer ikonischen Übereinstim-

33 Rusch (1991), S. 271
34 Scheffer (1990), S. 60
35 Scheffer (1990), S. 60
36 vgl. z.B. Sandkühler (1991), S. 338-340
37 vgl. Luhmann (1990b), S. 39; Zitat S 40, Hervorhebung und Umstellung im Text KB

mung oder Korrespondenz zwischen objektiver Außenwelt (Realität) und subjektiver Innenwelt (Wissen). Das *Verhältnis von Wissen und Wirklichkeit wird* - in Anlehnung an die Evolutionstheorie und in Übereinstimmung mit der evolutionären Erkenntnistheorie - *als Anpassung im funktionalen Sinn modelliert.* Das heißt, die Gültigkeit von Wissen bemißt sich an der *Funktionalität* und nicht an der Wahrheit von Wissen. Wissen stellt *Lösungen für Probleme* bereit oder versagt an diesen Problemen. Wissensbestände sind invariante bzw. nur in langfristigen kognitiven Prozessen wandelbare Erfahrungen lebender Organismen und infolgedessen nicht isomorph mit den Strukturen und Entitäten einer äußeren Welt.[38] Es gibt eine Spannbreite möglicher Problemlösungen und in der Regel mehrere Lösungen des Problems. Heinz von Foerster nennt ein Beispiel für ein Problem, für das zwei Lösungen existieren, ohne daß die eine "wahrer" ist als die andere. In dem folgenden Satz soll das fehlende Wort ergänzt werden, so daß die Aussage des Satzes (im mathematischen Sinne) "stimmt":

"This sentence has ... letters."

Als "richtige", besser "passende Lösungen" kommen gleichermaßen die Worte "thirty-one" und "thirty-three" infrage.[39]

1.3 Radikaler Konstruktivismus und kritischer Rationalismus

Wissen ist demnach für den Konstruktivisten *nicht wahr oder falsch (unwahr), sondern bietet passende oder unpassende Lösungen.* "Passen" wird von Glasersfeld dabei im Sinne des englischen "to fit" verstanden, das er vom "to match" abgrenzt.[40] "Passen" bezieht sich dabei sowohl auf langfristige, phylogenetisch "abgesicherte" Grundbedingungen des Erkennens (also auf uns als kognitive Systeme) als auch auf konkrete Wissenselemente, die sich im Handeln, Denken, Sprechen erweisen müssen. Passendes Wissen, passende Lösungen bilden die Wirklichkeit so wenig ab, wie ein Schlüssel ein Schloß abbildet. So wie dem Steuermann eines Schiffes, das er zwischen einem Felsen und einer Sandbank hindurchsteuern soll, die er beide nicht in allen ihren (nicht einmal in allen ihren relevanten) Aspekten erkennen kann, mehrere gleich gute Routen zur Verfügung stehen, so können wir Probleme auf unterschiedliche Weise lösen.

Die Wahl der Lösung und die Konstruktion von Wissens verläuft deshalb noch lange nicht beliebig: Sicherlich gibt es im Falle des Steuermanns wie im Falle von Schloß und Schlüssel eine große Anzahl von Lösungsversuchen, die nicht funktionieren (zum Zerschellen oder Auflaufen des Schiffes führen bzw. das Schloß nicht öffnen oder schließen können). Im Falle des Steuermannes kann die Wahl des unpassenden Lösungsversuches, d.h. die Anwendung unzureichenden Wissens im Extremfall sogar zum Tode führen. In jedem Fall wird er gescheiterte Problemlösungsstrategien nicht als gelungene Lösungen tradieren. Von Problemlösungsstrategien oder anderen kognitiven Konstrukten, die bereits Teil unserer kognitiven "Ausstattung" sind, können wir nur behaupten, daß sie offensichtlich (= nach unserer Wahrnehmung) *bislang* in der

38 Richards / Glasersfeld (1987), S. 194
39 Heinz von Foerster nach Segal (1986), S. 28
40 vgl. Glasersfeld (1985), S. 19-20

Praxis unseres Handelns nicht gescheitert sind. Ob und wann sie gegebenenfalls scheitern werden, läßt sich genausowenig prognostizieren, wie sich aus ihrer bloßen Existenz (auch nach langen Zeiträumen) bereits ihr Wahrheitsgehalt ergeben würde. Diese hier angestellte Überlegung erinnert durchaus an die von Popper formulierte Auffassung, daß im Rahmen einer kritisch-rationalistischen Wissenschaftstheorie den Falsifikationen gegenüber den Verifikationen der größere Wahrheitsgehalt (weil Bestimmtheitsgrad) zukommt. Analogie besteht auch noch insoweit, als der kritische Rationalist davon ausgeht, daß es nahezu unendlich viele "falsche", d.h. falsifizierbare Aussagen gibt, während der Konstruktivist in der Regel eben von einer sehr großen Zahl "unpassender" Lösungen ausgeht, die in der Praxis scheitern. Der folgenreiche Unterschied besteht nun aber darin, daß der kritische Rationalist davon ausgeht, daß es - bezogen auf eine Frage, ein Problem - nur *eine Wahrheit* gibt (denn nur dann macht der Begriff als Absolutum Sinn), nach der so lange gesucht werden kann (und muß), bis sich eine Aussage generieren läßt, die zwar prinzipiell falsifizierbar ist, aber konkret nicht falsifiziert werden kann. Demgegenüber geht der Konstruktivist davon aus, daß - in der überwiegenden Mehrheit der vorstellbaren Fälle - *mehrere Lösungen* passen können. Die Kenntnis einer passenden Lösung ändert also an der (Wahrscheinlichkeit der) Gültigkeit alternativer Lösungen wenig oder nahezu nichts. Die Einstellung, mit der ein Konstruktivist folglich weiteren Lösungsvorschlägen begegnet, ist daher *zugleich toleranter und kritischer.*

Hinzu kommt, daß der Konstruktivist auch die mögliche Katastrophe des (kognitiven) Systems berücksichtigt: Diese tritt dann ein, wenn für ein (überlebenswichtiges) Problem keine Lösung gefunden wird. Der kritische Rationalist setzt - darin dem naiven Realisten ähnlich - die prinzipielle Existenz und Erkennbarkeit der Wahrheit axiomatisch voraus, d.h. es gibt keine prinzipiell unlösbaren Probleme. Es gibt keine Möglichkeit, die Existenz von Wahrheit nach den Kriterien zu beweisen, die ein kritischer Rationalist seinem Programm zufolge auch an sich selbst anlegen müßte. Die Existenz von Wahrheit zu behaupten, bleibt eine Setzung, also eine nicht beweisbare Ausgangsbedingung. *Weil der radikale Konstruktivismus versucht, ohne diese absolute Bezugsgröße "Wahrheit" auszukommen, ist er auf sich selbst anwendbar.* Das Kriterium seiner Gültigkeit ist seine eigene *Viabilität, Nützlichkeit und Humanität* im Wettbewerb mit anderen Diskursen. Wenn er nicht im traditionellen Sinne falsifizierbar ist, so ist er doch nicht "unsterblich" oder ideologisch. *Er ist in dem Sinne widerlegbar, wie jede Konstruktion im Handeln scheitern kann, wenn sie keine passenden Lösungen produziert.*

Nüse et al, behaupten nun, daß der radikale Konstruktivismus mit seiner "Leugnung"[41] der absoluten Wahrheit lediglich das wiederhole, was bereits Gemeingut der Wissenschaftstheorie des 20. Jahrhunderts sei.[42] Zwar vermag ich nicht zu erkennen, was an diesem Argument gegen den radikalen Konstruktivimus spricht, doch geht meine Entgegnung noch ein Stück weiter: die Negation absoluter Wahrheit durch den radikalen Konstruktivismus ist näher betrachtet eher ein Versuch, ohne diesen Wert auszukommen, als ihn wahlweise durch einen im ethischen Sinne "besseren" zu ersetzen. Die kognitionswissenschaftlichen Erkenntnisse legen eher eine agnostische als eine negierende Haltung in der Frage der Erkennbarkeit absoluter Wahrheit nahe, wie

41 vgl. Nüse et al. (1991), S. 196
42 vgl. Nüse et al. (1991), S. 198

Nüse et al. einräumen. Daraus ergibt sich nun die Frage, wieso die kritisch-rationalistische Wissenschaftstheorie auf einen empirisch-rational nicht hinlänglich definierbaren Begriff nicht verzichtet, sondern weiterhin auf Begriffe wie "Annäherung an die Wahrheit" und ähnliche baut. Der radikale Konstruktivismus liefert ein kognitionswissenschaftliches Argument für die Ersetzung von "Wahrheit" als erkenntnisleitender Maxime und unternimmt zumindest den - verbesserungswürdigen - Versuch, mit "Nützlichkeit, Viabilität und Humanität" Anregungen für eine Ethikdiskussion zu bieten. Daß diese Werte umstritten sind und eine Debatte um sie von widerstreitenden Interessen und Interpretationen geprägt sein dürfte, ist wohl kaum zu bestreiten. Daraus aber die Forderung zu ziehen, diese Werte vorab verbindlich zu definieren und wissenschaftstheoretisch zu operationalisieren, scheint zweifelhaft. Ebensowenig erweist sich das Festhalten an einem absoluten Wahrheitsbegriff (und sei es auch nur als Hintergrund für "relative Wahrheiten"), wie Nüse et al ihn letztlich fordern, in bezug auf die Interessenvermittlung und die Wissenschaftspraxis und legitimation als sonderlich geeignet. Die Explikation der Nützlichkeitskriterien, die beim radikalen Konstruktivismus bislang nur unzureichend entwickelt sind, kann dabei - wie Nüse et al. einräumen[43] - von der Forschungspraxis und der Wissenschaftstheorie der (angeblich nur an der Wahrheit orientierten) Wissenschaft durchaus lernen. Veränderung und Relativierung des Geltungsanspruchs von Wissen finden jedenfalls durch die konstruktivistische Kognitionstheorie eine schlüssige und neuartige Begründung. Die von Nüse et al. bezweifelte Nützlichkeit des radikalen Konstruktivismus für einzelwissenschaftliche Theoriebildung werde ich anhand der Kommunikationswissenschaft explizieren.

Ein weiterer Vorteil ist durch den Konstruktivismus gewonnen: Das traditionelle Problem, Wahrheitskriterien zu formulieren, ließ sich auch durch den kritischen Rationalismus nur unbefriedigend bewältigen (Wahr ist, was nicht falsch ist.), weil man sich außerhalb des Erkenntnisprozesses hätte stellen müssen, um beobachter- und d.h. subjektunabhängig urteilen zu können. Der kritische Rationalismus muß deshalb die Befangenheit im Erkenntnisprozeß als (unvermeidliche) Schwachstelle akzeptieren und ersetzt - aus pragmatischen Gründen - die Forderung nach Objektivität durch die nach Intersubjektivität. Hierbei bleibt allerdings die erkenntnistheoretische Klärung der Herstellung dieser Intersubjektivität (durch Kommunikation) ungeklärt. *Der radikale Konstruktivismus löst das Problem der Wahrheitskriterien ebenfalls nicht! Aber, und hier beginnen die bedeutenden Unterschiede, dies ist weder sein Ziel gewesen, noch ist es für die konstruktivistische Sichtweise erfoderlich, Wahrheitskriterien anzugeben.* Wir hatten ja bereits festgestellt, daß der Konstruktivismus nicht von der Erkenntnis der Wahrheit ausgeht und deshalb auch nicht das Verhältnis von Wissen und Realität thematisiert. Der radikale Konstruktivismus versucht als Kognitionstheorie den Prozeß des "Erkennens" als Konstruktion von Wissen zu beschreiben. Konstruktion von Wissen meint die *Generierung von Lösungen* nach bestimmten Regeln. Es findet *keine Verifikation oder Falsifikation dieser Lösungen statt, sondern ein Viabilitäts-Test durch Handeln (Sprache eingeschloßen).* "Viabel", also (über-) lebensfähig ist eine Lösung, solange wir als kognitives System nicht ihr Scheitern (an was auch immer!) erkennen, ohne daß es zur "Desintegration des Systems", zum Tod durch "Uneinsichtigkeit" käme. Konstruktivisten nehmen also weder ein Wahrheits-

43 vgl. Nüse et al. (1991), S. 214-217

kriterium außerhalb des kognitiven Systems an, noch treffen sie im strengen Sinne eine Aussage über die Kriterien einer alltäglich konstruierten "äußeren Welt", die eine Lösung scheitern ließe. Aussagen können wir als Beobachter nur aufgrund unserer Beobachtung, also aufgrund unserer Kognition machen. *Das Ob und Wie einer realen Welt bleibt im radikalen Konstruktivismus konsequent ausgeklammert*, oder - um es phänomenologisch mit Husserl zu formulieren - "eingeklammert", was entgegen Nüse et al. nicht mit Negation gleichzusetzen ist.

Nützlichkeit und "Wahrheit" (als alltägliche *Konstruktion*) sind radikal konstruktivistisch betrachtet immer nur innerhalb der kognitiven Welt möglich. Dem stimmen auch die Kritiker zu, die dies jedoch für ohnehin evident halten.[44] Wahrheit im herkömmlichen Sinne (als absolute Wahrheit) bezeichnet aber immer ein Verhältnis zwischen der kognitiven Welt des erkennenden Subjekts und der "Außenwelt", "Wirklichkeit" oder "Realität". Die auch von den Kritikern nicht bestrittenen radikal konstruktivistischen Aussagen von der informationellen Geschlossenheit des kognitiven Systems relativieren den Wahrheitsbegriff so weit, daß er durch den Begriff der passenden Lösungen zu ersetzen ist und wegen der damit verbundenen Exaktheit auch ersetzt werden sollte. Die Ableitung "relativer Wahrheiten", die Nüse et al offenbar im Sinn haben, scheint in Anbetracht des erreichten Wissensstands nicht tragfähig zu sein.

1.4 Trivialer und radikaler Konstruktivismus

Bislang habe ich den Begriff *radikaler Konstruktivismus* verwendet, ohne zu erklären, worin sich dieser von anderen Formen des Konstruktivismus unterscheidet. Dies gilt es nun nachzuholen: Kein radikaler Konstruktivist würde wohl bestreiten, daß wir als im Alltag Handelnde in der Regel von der ontologisch fraglosen *Existenz einer realen Welt* ausgehen. Für "naive Realisten" (die wir im nicht-wissenschaftlichen Bereich fast immer sind) wie für "triviale Konstruktivisten" besitzt diese "reale Welt" als Welt Realität, für den radikalen Konstruktivisten hingegen "nur" als Konstruktion. Dem einfachen Realismus ist jede weitere Frage nach dem Prozeß, vor allem aber nach der Qualität des Ergebnisses von Erkenntnisprozessen fremd; er spielt deshalb in der erkenntnis- und wissenschaftstheoretischen Diskussion allenfalls die Rolle eines aus didaktischen Gründen eingeführten Gegenmodells. Zahlreicher und bedeutender sind hingegen die Positionen, die von Glasersfeld als *trivial konstruktivistisch* beschreibt:

> "In diesen Theorien wird die Abbildung der Umwelt nicht nur durch die physiologischen Gegebenheiten der Sinnessysteme beeinflußt und verändert, sondern auch durch die Erwartungen, Vorstellungen oder Bewertungen des Wahrnehmenden. ... Wahrnehmung bekommt den Charakter der Interpretation und Hypothesentestung. ... Am Ende des Wahrnehmungsprozesses steht [jedoch] stets eine möglichst große Annäherung der Erlebniswirklichkeit an die jeweiligen Reizgegebenheiten."[45]

Radikale und gemäßigte (oder "triviale") Konstruktivisten unterscheiden sich bei der Bewertung unserer lebensweltlichen (d.h. selbstverständlichen) Kognition. Paul Watzlawick unterscheidet als "gemäßigter Konstruktivist" die *Wirklichkeit erster*

---

44 vgl. Nüse et al. (1991), S. 208
45 Kruse / Stadler (1990), S. 26; Zitatergänzung KB

Ordnung von der *Wirklichkeit zweiter Ordnung*. Die "erste bezieht sich auf die rein physischen und daher weitgehend objektiv feststellbaren Eigenschaften von Dingen und damit entweder auf Fragen des gesunden Menschenverstands oder des objektiven wissenschaftlichen Vorgehens." Die "zweite beruht ausschließlich auf der Zuschreibung von Sinn und Wert an diese Dinge und daher auf Kommunikation."[46] Watzlawick bleibt dabei jedoch auf halbem Wege stehen. Als Beschreibung alltäglicher Gewißheit, der Lebenswelt etc. wäre die Wirklichkeit erster Ordnung sicherlich hinreichend, wenn wir uns als reflexive Wesen nicht auch in die sog. Welt zweiter Ordnung begeben könnten. Gerade als Wissenschaftler begeben wir uns aber in diese Welt zweiter Ordnung, um die Welt erster Ordnung zu erforschen und um zu erkennen, wie wir sie erkennen. Sobald wir dies auf der Basis der Watzlawickschen Trennung tun, dürfte uns aber klar werden, daß es sich bei dieser Differenzierung wie bei der Annahme einer "Welt erster Ordnung" selbst um eine *Konstruktion* handelt, was ihre alltagspraktische Nützlichkeit nicht schmälert.

1.5 "Realität" und "Wirklichkeit"

Eine vermittelnde Position in der Debatte zwischen radikalen und gemäßigten Konstruktivisten nimmt Gerhard Roth ein. Für ihn stellt sich dem radikalen Konstruktivismus folgendes Paradox in den Weg: Wenn unser Gehirn (kognitives System) unsere *ganze* Welt konstruiert, dann muß es selbst in dieser Welt enthalten sein. Wie kann es aber in der Welt bereits enthalten sein, die es doch erst erschaffen soll usw. Als Lösung schlägt er eine semantische Unterscheidung von "Wirklichkeit" und "Realität" vor, wobei Realität einen, auch ohne Kognition ("vermutlich") vorhandenen Bereich bezeichnet, dem das Gehirn zugehört. Dieses Gehirn konstruiert nun die wirkliche Welt: *"Die Realität bringt die Wirklichkeit hervor*, aber die Realität existiert nicht in der Wirklichkeit. Die Wirklichkeit ist das einzige, das für uns erfahrbar existiert. ... die Realität ist uns vollkommen unzugänglich."[47]

Lediglich die Annahme, daß es eine Realität außerhalb unseres kognitiven Bereichs gibt, wird *als Annahme* (Konstruktion) im kognitiven Bereich thematisch (wirklich). Die lebensweltliche Annahme der Existenz einer realen Welt (und eines realen Gehirns) stellt eine (1) humane, (2) viable, (3) sozial und kommunikativ nützliche bzw. weitgehend notwendige Konstruktion dar, aber eben eine Konstruktion, über deren Wahrheitsgehalt sich nicht mehr sagen läßt, als der große Aufklärer Georg Christoph Lichtenberg vor über zwei Jahrhunderten bereits gesagt hat:

> "Ich glaube doch nun auch wirklich, daß die Frage, ob die Gegenstände außer uns objektive Realität haben, keinen vernünftigen Sinn hat. Wir sind unserer Natur nach genötigt von gewissen Gegenständen unserer Empfindung zu sagen, sie befänden sich außer uns, wir können nicht anders."[48]

Die *Wirklichkeit ist das biologisch sinnvolle und notwendige Ergebnis unserer Kognition*. In ihr existieren "Raum und Zeit, Außen und Innen, Ursache und Wirkung.Die

46 Watzlawick (1987), S. 142-143
47 Roth (1992), S. 321-322, Hervorhebung KB
48 zitiert nach Kruse / Stadler (1990), S. 11

reale Welt ist eine notwendige kognitive Idee, aber keine erfahrbare Wirklichkeit."[49] Das Ignorieren dieser Differenzierung hat zu weitreichenden Fehlinterpretationen, z.B. durch Nüse et al. geführt, auf die ich hier im einzelnen nicht eingehen möchte. So unterstellen sie dem radikalen Konstruktivismus etwa, er beanspruche, Aussagen über die Realität zu treffen, die er - bei konsequenter Selbstanwendung - nicht treffen dürfe.[50]

1.6 Neurophysiologische und kognitionswissenschaftliche Argumente des radikalen Konstruktivismus

Wir haben gesehen, daß viele Aussagen des Konstruktivismus schon aus nicht-konstruktivistischen Diskursen bekannt sind und hier zunächst nur reformuliert wurden. Eine neue Qualität des radikalen Konstruktivismus liegt jedoch in seiner "empirischen" Begründung und Herleitung aus den Bereichen der Neurophysiologie und Kognitionswissenschaft (Humberto R. Maturana. Francisco J. Varela) sowie der Kybernetik (Ernst von Glasersfeld, Heinz von Foerster). Die Tatsache, daß es sich bei den "Begründern" des radikalen Konstruktivismus nicht um "akademische Philosophen", sondern um Naturwissenschaftler handelt, hat dem Konstruktivismus wiederholt den Vorwurf des "Biologismus" eingebracht, den es zu entkräften gilt, denn der radikale Konstruktivismus behauptet *lediglich*:

> "*Menschen leben sozial aus biologischen Gründen und können biologisch so sein, wie sie sind, weil sie sozial leben.* Gesellschaft als solche ist somit biologisch notwendig. Damit wird nicht gesagt, daß *spezifische* soziale Regelungen, Normen, Institutionen oder sozial definierte Wirklichkeiten biologisch notwendig seien!"[51]

Die Beschreibung der Regeln, Normen und Institutionen, die unsere Wirklichkeitskonstruktionen zu sozialen Konstruktionen machen, überläßt der Konstruktivismus der Soziologie, während er sich als Kognitionstheorie selbstverständlich biologischer Befunde bedient.

Einer dieser zentralen Befunde neurophysiologischer Forschung läßt sich als *Gesetz der undifferenzierten Codierung* formulieren. Dieses - schon unabhängig vom konstruktivistischen Diskurs durch Johannes Müller 1826 aufgestellte - Gesetz besagt, daß in den Erregungszuständen der Nervenzellen *die physikalische Natur (Qualität) der Erregungsursache nicht codiert* ist. D.h. das Nervensystem kann aufgrund der Strompotentiale beispielsweise nicht zwischen Licht und Druck unterscheiden.[52] Dem Nervensystem stehen nur elektrische Potentiale zur Verfügung, die - auf komplexe Art und Weise - miteinander verrechnet werden können. Entgegen der allgemein verbreiteten Annahme nehmen wir nicht nur in dem Sinne selektiv wahr, daß unsere Sinneszellen nur begrenzt reizbar sind (also nur einen Teil des Frequenzspektrums elektromagnetischer Wellen erfassen können). Auch aus den Erregungszuständen, die tatsächlich bereits in unserem Nervensystem erzeugt wurden, wird erneut selektiert.[53]

---

49 Schmidt (1990), S. 65, Hervorhebungen KB; vgl. hierzu auch Rusch (1987a), S. 63
50 vgl. Nüse et al. (1991), i.b. S. 254
51 Hejl (1987), S. 315
52 vgl. hierzu Foerster (1985b), S. 43
53 vgl. Rusch (1987a), S. 111

Diese *Selektionsleistung* erfolgt über eine Verrechnung von Erregungspotentialen. Dabei weist von Foerster darauf hin, daß der Modus der Verrechnung vor allem durch das *Strukturmerkmal Rekursivität*[54] gekennzeichnet ist. Maturana und Varela beschreiben den Zusammenhang von kognitivem System und Umwelt als "*Perturbation*": In der Struktur des Nervensystems kommt es zu Zustandsveränderungen, die von den Zuständen in der Umwelt des Systems (= *alles*, was nicht zum System gehört: innere wie äußere Welt des Menschen) *ausgelöst*, nicht aber verursacht werden.[55] Erst die *Aktivität* des Nervensystems läßt einen neuronalen Reiz (und nur von diesem können wir Kenntnis erlangen) entstehen: Erkennen heißt also *Handeln*! Die Art und Weise, wie die Reize verrechnet werden, hängt von der Struktur des Nervensystems ab, die zugleich das Ergebnis der eigenen Systemgeschichte ist. Der Reiz ist in seinem So-sein also nicht durch die Außenwelt determiniert. Die Umwelt wirkt lediglich an der systeminternen *Auswahl* konkreter Sequenzen von Zuständen in der Ontogenese des Organismus mit.[56]

Die zurückliegenden Kognitionen (Wahrnehmungserfahrungen) und die Beschaffenheit unserer sozialen und kulturellen Welt erlauben *unterschiedliche Kognitionen trotz gleicher Reize*. Ein beliebtes Beispiel hierfür sind die aus der Gestaltpsychologie bekannten Umschlag- oder Kippbilder und das ihnen zugrundeliegende Phänomen der Multistabilität von Wahrnehmung. Umschlagmuster (perspektivische Instabilitäten), geometrisch-optische und Helligkeitskontrast-Täuschungen widerlegen die naive Abbildtheorie, die die Stabilität der Wahrnehmung postuliert. Reize sind ambig, d.h. Kognition bringt diese Ambiguität hervor und muß sie bewältigen. Durch Wahrnehmung erzeugen wir eine Reizqualität, die wir der "Außenwelt" zuschreiben. Aufgrund unseres kontextuellen Erfahrungsvorrates wissen wir aber zugleich, daß es sich nicht um Eigenschaften der Außenwelt handelt. Was sich am Beispiel visueller Wahrnehmung verdeutlichen läßt, ist keine Randerscheinung und trifft für alle anderen Sinnesmodalitäten ebenfalls zu.[57] Sinnestäuschungen dieser Art lassen sich zudem nicht als individuelle Wahnvorstellung qualifizieren, sondern sie betreffen alle Menschen, zumindest alle einer Gesellschaft oder eines Kulturkreises und erfordern damit eine wissenssoziologische Erklärung.[58]

> "Faßt man nun die einzelnen Ergebnisse aus der Wahrnehmungsforschung ... auf der Grundlage gestalttheoretischer, feature-analytischer und schema-orientierter Konzepte der kognitiven Psychologie zusammen, so ergibt sich die Vorstellung, daß *Wahrnehmung im wesentlichen ein synthetisierender (erzeugender) Prozeß* ist."[59]

Die Außenwelt determiniert die Beschaffenheit des Reizes nicht, weil der Reiz schon Produkt und Bestandteil des kognitiven Systems ist. *Allein aufgrund der Beschaffenheit des Reizes kann nicht einmal unterschieden werden, ob es sich überhaupt um einen "von der Außenwelt verursachten" oder einen "innersystemischen Reiz" handelt.* Hinzu kommt, daß das Nervensystem "für sich selbst", d.h. für unsere "innere Umwelt" sensibler ist als für die sog. Außenwelt. Am neuronalen Verrechnungsprozeß wirken nämlich außer den rund 100 Millionen Sinneszellen 10.000 Milliarden Synap-

54 vgl. hierzu Foerster (1985b), S. 46
55 vgl. Maturana / Varela (1990), S. 27
56 vgl. Maturana (1982b), S. 281
57 vgl. Kruse / Stadler (1990), S. 35
58 vgl. hierzu auch Childe (1974), S. 122
59 Rusch (1987a), S. 116, Hervorhebungen KB

sen mit.[60] Auch die Funktionsweise spricht für die *operationelle und semantische Geschlossenheit*: Im Gegensatz zur Weiterleitung von elektrischem Strom im Netz (eine beliebte, aber falsche Analogie) operiert neuronale Erregungsleitung eben nicht nach dem Relais-Schaltungs-Prinzip. Jeder weitergeleitete, frequenzmodulierte Impuls ist bereits eine Verrechnung (also ein aktiv hergestelltes Produkt anderer Neurone bzw. des Zusammenspiels dieser Neurone).[61] Die Tatsache, daß wir schon aufgrund dieser Arbeitsweise unseres Nervensystems nicht einmal an das "Original" des Reizes, wie es in der Sinneszelle vorhanden sein mag, herankommen, ohne daß die Erregungsleitung komplexe Verrechnungsvorgänge im neuronalen System durchläuft, bestätigt die konstruktivistische These, *daß wir als Beobachter unserer selbst und unserer Kognitionen das kognitive System nicht verlassen oder überschreiten können: Wir können immer nur Wahrnehmungen wahrnehmen.*[62] Oder, um erneut mit Lichtenberg zu sprechen: "Die Frage ist fast so töricht, als die, ob die blaue Farbe wirklich blau sei. Wir können unmöglich über die Frage hinausgehen."[63]

Das Prinzip der *undifferenzierten Codierung* und die *rekursive Struktur* unseres Nervensystems bilden die Grundlage der *Autonomie kognitiver Systeme*. Entgegen der Annahme konventioneller Abbildungs- und Korrespondenztheorien ist die Interpretation, also die Sinnzuschreibung ein aktiver und (relativ zur "Außenwelt") autonomer Prozeß des kognitiven Systems: Nicht objektive Vorgaben der Außenwelt, sondern neuronale und kognitive (d.h. immanente und selbstbezügliche) Prozesse konstituieren Sinn. *Das kognitive System ist dabei nur energetisch offen (Sinneszellen), aber operationell, informationell und semantisch geschlossen.*

Diese Einsicht setzt sich im Bereich der Kognitionswissenschaft zunehmend durch,[64] und selbst Kritiker wie die Psychologen um Nüse halten die These von der informationellen Geschlossenheit des Gehirns für "eine mögliche Beschreibungsweise", wenden aber ein, die Tatsache, daß das Gehirn nichts über die Repräsentationsverhältnisse wissen kann, bedeute nicht, daß es sie nicht gebe. Es würde schon ausreichen - so Nüse et al. - wenn das Gehirn "so tut, als ob" es sich um Repräsentationen handele.[65] Genau dies bezeichnen radikale Konstruktivisten aber eben als "Konstruktion".

Um Fehlinterpretationen wie denen von Nüse et al. vorzubeugen, sei hier klargestellt, daß der radikale Konstruktivismus nicht behauptet, kognitives System und "Umwelt" stünden zusammenhanglos da.[66] Sie befinden sich u.U. sogar in struktureller Kopplung, die jedoch nicht als simple Reformulierung eines deterministischen Reiz-Reaktions-Verhältnisses zu verstehen ist.[67] Die Selbstreferentialität und Geschlossenheit kognitiver Systeme bezieht sich auf die informationelle Ebene und ist nicht als hinreichende oder ausschließliche Charakterisierung eines Systems gemeint, das als ontologische Entität zu verstehen wäre.[68] Die Umwelt ist über das Sich-

---

60 vgl. hierzu Foerster (1985b), S. 51. An anderer Stelle formuliert Foerster die Konsequenz so: "This means we are one hundred thousand times more sensitive to ourselves than to the so-called outside world." (Zitat aus einem Vortragsmanuskript Heinz von Foersters, in Segal (1986), S. 122)
61 vgl. Segal (1986), S. 123
62 vgl. Varela (1985), S. 306
63 zit. nach Kruse / Stadler (1990), S. 11
64 Varela (1990), S. 37, S. 54-70 u. S. 90
65 vgl. u. zit. Nüse et al. (1991), S. 116-122, 134-135
66 vgl. Nüse et al. (1991), S. 183
67 vgl. Nüse et al. (1991), S. 162
68 vgl. Nüse et al. (1991), S. 164

Bewähren und Scheitern von Lösungen Teil der "Systemgeschichte", und das kognitive System kann durchaus (unspezifisch) irritiert werden. Nüse et al. gestehen ein, "daß die Erfahrungsqualität, mit der eine bestimmte Eigenschaft der Dinge repräsentiert wird, nicht in der Wirklichkeit vorkommt."[69] Auch die Quantitäten (physikalisch meßbare Reizstärken) werden nicht linear oder proportional repräsentiert, so daß sich die Frage stellt, wieso wir von der Repräsentation der Außenwelt und somit von Korrespondenztheorien der Wahrheit ausgehen sollen.

Die Preisgabe von Stimulus-Response-Hypothese und Repräsentations- bzw. Korrespondenztheorie der Wahrnehmung führt zu einer Aufwertung der kognitiven Autonomie des Individuums. Dies ist jedoch keineswegs gleichbedeutend mit dem "Solipsismus" von Monaden und der "Beliebigkeit" der Konstruktionen, denn *Kognition ist ein sozialer Prozeß.* Heinz von Foersters Gleichung "Wirklichkeit = Gemeinschaft"[70] bedeutet, daß (im Alltag nur) gemeinsam entwickelte und geteilte Konstruktionen lebensfähig (viabel) und human sind. Im konstruktivistischen Sinne bedeutet also "Erkennen" Konstruieren als soziales oder kommunikatives Handeln.

Eingebettet ist diese Theorie kognitiver Systeme in die Theorie autopoietischer Systeme. Als Biologen verstehen Maturana und Varela alle lebenden Systeme (und damit auch den Menschen) als autopoietisch organisert. *Autopoiesis* beschreibt dabei die Fähigkeit des sich-selbst- (auto) -schaffens (poiein).[71] *Organisation bezeichnet das grundsätzliche Zusammenspiel der* für ein System und seine Operationen notwendigen *Elemente*, während im Gegensatz hierzu *Struktur die jeweils konkrete und aktuelle Ausprägung* der Systemkonfiguration bezeichnet.[72] *Autopoietische Systeme sind selbsterzeugend, selbstorganisierend, selbstreferentiell und selbsterhaltend* und trotzdem nicht als solipsistische Monaden zu beschreiben: Sie sind *informationell (semantisch) geschlossen, aber energetisch offen. Durch Pertubationen der Umwelt kann das System zu einer Strukturveränderung veranlaßt werden* (Ontogenese). Seine Organisation bleibt aber entweder bestehen, oder es wird aufgelöst, wenn es im Falle einer Katastrophe die Pertubation nicht als Strukturveränderung verarbeiten kann, d.h. das System "stirbt". Das Verhältnis zwischen autopoietischem System und Systemumwelt ist nun keineswegs beliebig, so wie dies aufgrund des Autopoiesis-Begriffs zunächst erscheinen mag. Strukturveränderungen der Umwelt können Strukturveränderungen im System *auslösen. Allerdings determiniert oder instruiert die Strukturveränderung der Umwelt nicht die systemische Strukturveränderung*, denn bei autopoietischen Systemen ist es die Systemstruktur (Systemgeschichte), die bestimmt, ob das System überhaupt sensibel für die Strukturveränderung der Umwelt ist und mit welcher Strukturveränderung im System darauf "reagiert" wird. Solange die Organisation von Umwelt und System stabil bleiben (nicht deren Struktur!), ist das Ergebnis "eine Geschichte wechselseitiger Strukturveränderungen": System und Umwelt befinden sich in *struktureller Kopplung.*[73] Dieser Begriff wird für die Betrachtung der kommunikationstheoretischen Konsequenzen des radikalen Konstruktivismus von Bedeutung sein. Im Gegensatz zu kausalen Modellen erlaubt die Figur der strukturellen Kopplung, weiter von der operationalen Geschlossenheit und der Strukturdetermi-

69 Nüse et al. (1991), S. 160
70 Foerster (1985b), S. 59
71 vgl. Maturana / Varela (1990), S. 50-51
72 vgl. Maturana / Varela (1990), S. 54
73 vgl. und zit. Maturana / Varela (1990), S. 85

niertheit der Operationen der jeweiligen Systeme auszugehen, ohne daß diese deshalb in solipsistischer Vereinzelung verharren müßten.

1.7 Soziologische und zeittheoretische Konsequenzen des Konstruktivismus

Da für jedes System alles, was nicht zum System gehört, unabhängig von seiner Beschaffenheit zunächst einmal "Umwelt" ist, stellt sich die Frage, wie ein *soziales Zusammenleben von Menschen (als autopoietischen kognitiven Systemen)* möglich ist. Zur Klärung dieser Frage ist der Begriff der *strukturellen Kopplung* hilfreich, der zunächst ja nur zur biologischen Beschreibung des Verhältnisses von System und Umwelt im Sinne von Medium oder Milieu diente. Maturana und Varela erweitern diesen Begriff aber noch um eine strukturelle Kopplung zweiter Ordnung (für die Erklärung der autopoietischen Organisationsweise von Organismen) und um die Vorstellung der *strukturellen Kopplung dritter Ordnung*. Die Unterscheidung der drei Ordnungen struktureller Kopplung hat zum Ziel, sehr unterschiedliche Organisationen (Organismen vs. Gesellschaften) differenziert zu beschreiben. Während Organismen beispielsweise nur minimale Autonomie besitzen, wird durch die menschliche *Sprache* die Autonomie innerhalb eines sozialen Systems drastisch gesteigert. Zwar gibt es eine operationale Geschlossenheit menschlicher Sozialsysteme, die sich aus der strukturellen Kopplung ihrer Mitglieder ergibt, aber die Sprache erlaubt eine neue Qualität der (Selbst-) Beobachtung durch Lernprozesse ihrer Mitglieder.

Doch zurück zur Beschreibung struktureller Kopplung dritter Ordnung. Aus dem Blickwinkel eines Organismus kann ein zweiter Organismus eine Quelle von Pertubationen darstellen, auf die er mit internen Strukturveränderungen reagiert. Diese Strukturveränderungen können nun wiederum vom anderen Organismus seinerseits als Pertubation zum Anlaß für interne Strukturveränderungen genommen werden usw. Auf diese Weise kann es zu einer strukturellen Kopplung von zwei Organismen (Ko-Ontogenese) kommen, es entsteht ein gemeinsamer struktureller Drift. Mehrere strukturell gekoppelte autopoietische Systeme (z.B. menschliche Individuen) bringen so etwas neues Drittes (z.B. soziale Systeme) hervor.[74] Der Mechanismus der Kopplung reicht dabei vom Austausch von Chemikalien (etwa bei sozial lebenden Insekten)[75] bis zu den komplexen kulturellen Formen der Verhaltenskoordination durch vielfältige Formen der Kommunikation. Soziale Phänomene sind dabei die Phänomene, die das Entstehen solcher strukturellen Kopplungen dritter Ordnung begleiten, *soziale Systeme bezeichnen eine dauerhafte strukturelle Kopplung ihrer Elemente (Mitglieder).* Unter Kommunikation verstehen Maturana und Varela "das gegenseitige Auslösen von koordinierten Verhaltensweisen unter den Mitgliedern" eines sozialen Systems.[76] *Zeitlich betrachtet* ist laut Maturana "die *Sequenz* der Zustandsveränderungen der autopoietischen Einheit an die *Sequenz* der Zustandsveränderungen des Mediums, das die[se] Störeinflüsse erzeugt," gekoppelt.[77] Diese zeitliche Kopplung erscheint dem

74 vgl. Maturana / Varela (1990), S. 196
75 vgl. Maturana / Varela (1990), S. 202
76 vgl. und zit. Maturana / Varela (1990), S. 209-210
77 vgl. Maturana (1982b), S. 287, Hervorhebungen KB

Beobachter als "semantische Kopplung"[78]; so sind wir z. B. geneigt, Kausalität nach der Idee des *post hoc, ergo propter hoc* zu konstruieren.

Die radikal konstruktivistische Konzeption sozialer Systeme erhebt also nicht Kommunikationen zu Systemkomponenten oder gar zu autopoietischen Systemen, sondern ist sehr viel zurückhaltender bei der Übertragung als Luhmann.

Kognitive Systeme können auf Objekte innerhalb ihres Kognitionsbereiches einwirken und diese Einwirkungen bzw. deren Folgen wahrnehmen. Innerhalb des Kognitionsbereiches des kognitiven Systems A können nun nicht nur Dinge der Umwelt oder andere, unbelebte Systeme sein, sondern auch andere kognitive Systeme, die als Interaktionspartner aufgefaßt werden können. *Interaktion bedeutet dann, daß kognitive Systeme auf ihren jeweiligen Partner bezogen handeln, wobei es sich um wahrgenommene/konstruierte Partner innerhalb des eigenen kognitiven Systems handelt.* Über die Wege wechselseitiger Irritation strukturell gekoppelter kognitiver Systeme kann es zu *wechselseitigen internen Zustandsveränderungenen* der kognitiven Systeme kommen. Interaktion ist theoretisch beschreibbar, ohne daß das System seinen Kognitionsbereich verlassen muß:

> "Im einfachsten Falle verschränken oder verzahnen sich die Verhaltensweisen der Interaktionspartner nach Ablauf einer Anfangsphase so, daß jeder der Beteiligten sein eigenes Verhalten als Ursache des beobachteten Verhaltens des anderen ansehen kann."[79]

Die Verhaltensweisen des anderen gelten dem kognitiven System dann als Beleg dafür, daß es "verstanden" wurde, d.h. sein Verhalten wird als erfolgreich betrachtet und das erfolgreiche Verhalten wird wiederholt, es kommt zur Stabilisierung von Verhaltensweisen und damit zur Stabilisierung von Interaktionen. *Verstehen ist ein gleichermaßen sozialer wie individueller Prozeß.* Der subjektive Handlungserfolg und seine (individuelle) Wahrnehmung durch A ist nur möglich aufgrund der (auf A bezogenen, d.h. sozialen) Handlung des Orientierten (B), also desjenigen, der A als Orientierenden verstanden hat.[80] Erst *Handlungen* "besiegeln" und objektivieren Verstehen, die pure Annahme von A, B habe verstanden, bleibt subjektiv unsicher und sozial unverbindlich.[81]

Wichtige Fragen, die sich im Anschluß an die weiter oben erfolgte Darstellung der Theorie autopoietischer Systeme stellen, betreffen die Systemeigenschaften sozialer Systeme: (a) Lassen sich soziale Systeme ähnlich wie lebende Systeme als selbstorganisierend, selbsterzeugend, selbsterhaltend und selbstreferentiell beschreiben? (b) Aus welchen Elementen bestehen soziale Systeme denn überhaupt? und (c) lassen sich auch moderne differenzierte Gesellschaften als soziales System hinreichend beschreiben? Die Beantwortung dieser Fragen fällt innerhalb des konstruktivistischen Diskurses sehr unterschiedlich aus: Peter M. Hejl steht der Übertragung bzw. Anwendung der Theorie autopoietischer Systeme auf soziale Systeme dabei sehr viel kritischer gegenüber als - neuerdings - Niklas Luhmann. Hejl und Martens kritisieren Luhmanns Theorie, in der "psychische Systeme" (Individuen) und "soziale Systeme" strikt getrennt werden. Sie halten dem entgegen, daß Kommunikation ohne individuelle Kognition nicht vorstellbar ist. Martens führt deshalb eine Unterscheidung zwischen

---

78 vgl. Maturana (1982b), S. 288
79 Rusch (1990), S. 24
80 vgl. Rusch (1990), S. 27-28
81 vgl. hierzu auch Rusch (1990), S. 39-40

Systemelementen und Systemkomponenten ein, wobei dieselben Operationen Elemente des psychischen und Komponenten des sozialen Systems sein können. Ich werde hier der Version Hejls folgen, dessen Kritik an Luhmann ich teile.[82] Hejls Konzeption weist mehrere entscheidende Vorteile auf, die ich benennen möchte, ohne sie ausführlich zu diskutieren. Zunächst vermeidet Hejl - wie Wil Martens - die "enthumanisierte" Sichtweise Luhmanns und unterscheidet deutlich zwischen kognitiven und sozialen Systemen.[83] Hejls radikal konstruktivistisch fundierte Sichtweise widerspricht Luhmanns erkenntnistheoretisch naivem Realismus und der daraus resultierenden Ontologisierung von System und Zeit.[84] Hejls Konzept erweist sich als anschlußfähig an die zeitsoziologisch überaus fruchtbaren sozialpsychologischen, handlungstheoretischen und wissenssoziologischen Ansätze,[85] während den systemtheoretischen und strukturfunktionalistischen Ansätzen wohl zu Recht eine eklatante Vernachlässigung der Zeitlichkeit vorgeworfen wird.[86] Auch Luhmanns *originärer* Beitrag zur soziologischen Zeittheorie behebt dieses Defizit nicht; er geht nach Bergmann nicht wesentlich über eine systemtheoretische *Re*formulierung von Bekanntem hinaus.[87]

Hejl betrachtet *relevante Teile von Individuen (kognitiven Systemen) als Elemente des sozialen Systems* und kann sich dabei auf Konstruktivisten wie Maturana[88]

---

82 Vgl. Martens (1991), i.b. S. 634 - 639. Hejl kritisiert neben dem antihumanistischen Zuschnitt der Systemdefintion vor allem die ungekärte Rolle des Beobachters, der zugleich ein (kognitives) System sein kann, während das System nicht unbedingt Beobachter sein muß. "Selektivität" und "Komplexitätsreduzierung" können jedoch sinnvoll nur als Beobachterbegriffe verstanden werden. Der Ausschluß des konkreten Indiviuums (nicht des transzendentalen Subjekts) aus dem System durch Luhmann ist systemtheoretisch weder notwendig noch hilfreich (vgl. hierzu auch Hejl (1982), S. 104-109).

83 Ein Phänomen wie das Warten setzt ein Bewußtsein voraus, das einem "Systemmitglied" zwar zukommen würde, nicht jedoch dem Handlungssystem. Alle kognitiven und affektiven Komponenten, die für uns den Sinn von Warten ausmachen, müssen für ein Handlungsystem unsichtbar bleiben. Die "De-Humansierung" der Soziologie ist bei der Erörterung solcher Probleme m.E. eben nicht mehr produktiv. "All humans wait, and in the fullest sense of the term, only humans wait. Waiting is an experience based on the *interpretation* and *understanding* of the temporal structures of events and human desires." (Weigart (1981), S. 227, Hervorhebungen KB)

84 vgl. Luhmann (1988a), S. 30; vgl. auch Bergmann (1981), i.b. S. 32 sowie Luhmann (1983), S. 33: "Eine systemtheoretische Analyse wird davon ausgehen, daß Zeit sowohl in der Umwelt als auch im System *gegeben* ist ..."

85 Kurt Lüscher hat bereits 1974 auf die Vorteile des handlungstheoretischen Zugangs zum Problem der sozialen Zeit hingewiesen (vgl. Lüscher (1974), S. 108-110). Entgegen der These Nassehis müssen die Ansätze von Mead und Schütz nicht durch die soziologische Systemtheorie ersetzt, sondern durch radikal konstruktivistische und wissenssoziologische Komponenten erweitert und ergänzt werden. Die geeignete theoretische Grundlage, die radikal konstruktivistische, zeitsoziologische und medientheoretische Erfordernisse weitaus besser vereint, sehe ich in der Reformulierung der Wissenssoziologie als "social constructivism" durch Berger und Luckmann.

86 vgl. für viele andere Autoren die frühe Auseinandersetzung mit diesen Theorien in der Folge Parsons' durch Martins (1974), i.b. S. 246-254. Von Seiten systemtheoretischer Soziologie haben sich an Parsons und vor allem an Luhmann anschließend Werner Bergmann (1981), Martina Schöps (1980) sowie neuerdings Armin Nassehi (1993) mit den Zeitstrukturen sozialer Systeme befaßt.

87 "Es dürfte deutlich geworden sein, daß Luhmann in seinen zeittheoretischen Auffassungen weitgehend übereinstimmt mit den von der Phänomenologie und auch von Mead ausgearbeiteten Vorstellungen über die Zeitstrukturen des Bewußtseins und des menschlichen Handelns." (Bergmann (1981), S. 92)

88 Maturana hat den Konflikt mit der Luhmannschen Konzeption m.W. nie direkt thematisert oder ausgetragen. An mehreren Stellen macht er aber deutlich, daß das Individuum und das kognitive System im Mittelpunkt der Theorie autopoietsicher Systeme stehen: "It is constitutive of a social system that its components should be autopoietic ... As a result, a social system can only be integrated by living systems, and the realtions and interactions between living systems that do nor involve their autopoiesis do nor participate in its constitution." und weiter: "The individual is the center and motor of social phenomena; no society exists beyond the individuals that integrate it, and

berufen und wird zugleich den Einwänden gerecht, die Habermas[89] gegen Luhmann vorbringt. Hejl vermag bei sozialen Systemen keinerlei Spontaneität (und Zwang) bezüglich ihrer Selbstorganisation und Selbsterzeugung zu erkennen, wie dies im biologischen bzw. chemo-physikalischen Bereich (etwa bei der Bildung von Makromolekülen) beobachtbar ist. Soziale Systeme produzieren ihre Systemelemente nicht im materiellen Sinne, wenn unter den Elementen Individuen (bzw. Teile der Individuen) versteht. Betrachtet man stattdessen wie Luhmann *Handlungen und Kommunikationen als Elemente des sozialen Systems*,[90] so stellt sich die Frage, wie eine Handlung zur nächsten führen soll, ohne daß kognitive Systeme sie wahrnehmen. Selbsterhaltend können soziale Systeme (mit Handlungen und Kommunikationen als Element) in diesem Falle nicht sein. Betrachtet man Individuen als Elemente, dann steht die Selbstreferentialität jedes spezifischen sozialen Systems infrage, denn kognitive Systeme sind gleichzeitig Element mehrerer sozialer Systeme, so daß Veränderungen in einem sozialen System Bedeutung und Einfluß in anderen sozialen Systemen ausüben werden (also Fremdreferenzen auftreten). Selbst wenn man einräumt, daß die Strukturveränderungen im ersten System nur als Pertubationen für das andere Sozialsystem fungieren können, scheint doch die Verknüpfung über Individuen (also über das gleiche kognitive System) deutlich enger zu sein, als dies für zwei natürliche selbstreferentielle Systeme gilt.[91]

Hejl schlägt deshalb vor, soziale Systeme (a) aus Individuen (bzw. deren sozialisierten Teilbereichen: kognitiven Systemen) zu modellieren und (b) soziale Systeme als *synreferentiell* zu beschreiben. Dieses Modell berücksichtigt, daß

- soziale Systeme durch lebende (selbstreferentielle) Systeme konstituiert (und kognitiv konstruiert) werden
- diese lebenden Systeme weiterhin Individuen bleiben
- diese Individuen gleichzeitig Element mehrerer sozialer Systeme sind und als "knotenartige" Verbindung verschiedener sozialer Systeme fungieren, die zusammen eher ein Netzwerk sozialer Systeme ("Gesamtgesellschaft") als ein (Gesamt)System bilden (was die Frage der Definition der Grenzen erleichtert)
- soziale Systeme (im Gegensatz zu selbstreferntiellen) ihre Elemente materiell nicht selbst produzieren und nicht alle ihre Zustände selbst organisieren

every society includes all individual that constitute it. ... In other woords, the characterization of social systems that I have given here clearly indicates that social stability and social change go through each and every individual that integrates a society as a necessary, not as a contingent, condition." (Maturana (1980), S. 13 bzw. S. 24)

89 Habermas besteht darauf, Gesellschaft als System *und* Lebenswelt zu verstehen, weil sich die Lebenswelt nicht vollständig in Handlungssysteme oder -teilsysteme auflösen läßt. Der Prozeß gesellschaftlicher Entwicklung ist deshalb zugleich ein Prozeß systemischer Komplexitätssteigerung und lebensweltlicher Rationalitätssteigerung (vgl. Habermas (1982) Bd. 2, S. 229). Die Gefahr, daß zentrale Bestandteile der Gesellschaft (und der Gesellschaftstheorie: "Kommunikatives Handeln", "Öffentlichkeit", "intersubjektiv geteilte Lebenswelt") durch die Maschen der systemtheoretische Analyse "rutschen", liegt in Luhmanns "methodischem Antihumanismus" begründet (vgl. Habermas (1985), S. 436), also dem Versuch, das Individuum, das Subjekt aus der soziologischen Theorie auszuschalten. "Die Kommunikationsmedien bleiben in den lebensweltlichen Kontext eingebunden ...", während die Steuerungsmedien, also Geld, macht etc. sich gegenüber der Lebenswelt verselbständigen und die Lebenswelt kolonialiseren (vgl. und zit. Horster (1990), S. 63).

90 vgl. z.B. für viele grundlegende Klarstellungen Bergmann (1981), S. 154 nach Luhmann (1978), S. 217

91 vgl. Hejl (1987), S. 306 und S. 322-325

- im Gegensatz zu biologischen Systemen alle Elemente sozialer Systeme Zugang zur Umwelt des sozialen Systems haben.[92]

Individuen sind nur soweit Elemente eines sozialen Systems, als sie an dessen Interaktionen oder/und Kommunikationen teilnehmen. Das erleichtert es ihnen, in mehreren sozialen Systemen als Element zu fungieren. Dies läßt sich mit der Vorstellung vereinbaren, daß sie selbst wiederum Systeme eigener Art (lebende, autopoietische Systeme mit kognitien Subsystemen) sind. Das "Gemeinsame", *das Soziale, besteht in der Synreferentialität, dem gemeinsamen Wirklichkeitskonstrukt*, das kognitiv individuell aktualisiert wird: Eines überindividuellen, metaphysischen Akteurs bedarf es dabei nicht. Die Grenze des sozialen Systems ist dann sozusagen der "gemeinsame Nenner", der Bereich des Synreferentiellen.[93]

Ein soziales System ist nach Hejl "eine Gruppe lebender Systeme", bei der "die Gruppenmitglieder ... eine gemeinsame Realität und damit einen Bereich sinnvollen Handelns und Kommunizierens erzeugt haben *und* auf ihn bezogen interagieren."[94] Dies geschieht durch die *partielle Parallelisierung* von systeminternen Zuständen (bzw. der kognitiven Subsysteme). Ereignisse und Handlungen können dann ebenfalls parallelisiert wahrgenommen und bewertet werden, es kommt zur *Emergenz konsensueller bzw. sozialer Bereiche*. Werden Handlungen durch soziale Symbolsysteme ersetzt, "so haben wir es mit Kommunikation zu tun."[95]

Zeittheoretisch folgt aus der konstruktivistischen Kognitionstheorie der Schluß, auf ontologische Beschreibungen der Zeit zu verzichten und - jenseits des philosophphischen Objektivitäts- und Realitätsproblems - soziologische Lösungen für Forschungsprobleme zu erzeugen. Nicht die Erkenntnis *der Natur* oder *des Wesens der Zeit*, sondern die kognitionspsychologisch fundierte Annahme der Konstruktion von Zeit bildet nunmehr die Grundlage zeitsoziologischer Überlegungen. Durch kognitive Systeme konstruierte Wirklichkeiten sind durchaus *wirklich* in dem Sinne, daß sie *wirksam* sind. Dadurch, daß wir sie im Alltag "als real" konstruieren (für wahrnehmen), können sie wirken. Für die Konstruktion Zeit ergibt sich daraus, daß wir nicht von der realen "wahren" Existenz einer (objektiven, umweltlichen) Zeit auszugehen brauchen, stattdessen aber von einer sozial variablen Konstruktion. Unterschiedliche Kulturen stellen aus konstruktivistischer Sicht nicht einfach nur unterschiedliche Be- oder Verarbeitungen einer realen Zeit dar, sondern eben unterschiedliche Formen der Konstruktion von Wirklichkeit.[96]

1.8 Kommunikationstheoretische Folgen des radikalen Konstruktivismus

Als Konstruktivist Kommunikationswissenschaft zu betreiben, ist - wie bereits eingangs bemerkt - nicht mit einem Paradigmenwechsel oder dem Verlust jeglicher Anschlußfähigkeit an bisherige Forschung gleichzusetzen. Es bedeutet aber, einen

---

92 vgl. Hejl (1987), S. 326-327 sowie S. 332-333
93 vgl. Hejl (1992), S. 194-196
94 Hejl (1987), S. 319. An anderer Stelle schreibt Hejl von der "gleiche[r] Wirklichkeitskonstruktion" der Gruppenmitglieder (vgl. Hejl (1992), S. 191; Ergänzung KB).
95 vgl. und zit. Hejl (1987), S. 317-319
96 vgl. Schmidt (1990), S. 68

kognitionstheoretischen "Rahmen für das Verständnis der Rollen, die Modelle und Metaphern in der Kommunikationspraxis"[97] zu gewinnen, der zur Reformulierung einiger Grundbegriffe zwingt. Werfen wir zunächst einen Blick auf die Ansätze bisheriger Forschung und Theoriebildung, die der sozialen Konstruktion von Bedeutung und Wissen eine besondere Rolle zuweisen.

DeFleur und Ball-Rokeach konstatieren eine wachsende Bedeutung von Theorien der sozialen Konstruktion von Bedeutung und Wissen für die kommunikations- und medienwissenschaftliche Diskussion, wenngleich ihre eigene Begründung hinter den radikalen Konstruktivismus zurückfällt.[98] DeFleur und Ball-Rokeach führen in diesem Zusammenhang vier kommunikationswissenschaftliche Ansätze an: (1) Walter Lippmanns "meaning-construction function of the press" (Lippmann wies bereits 1922 auf mediengeprägte "Weltbilder" hin), (2) George Gerbners empirische Arbeiten zur "cultivation theory", die (3) "agenda-setting-function"-Hypothese (Shaw/ McCombs) und die (4) "language-shaping function of the media"-Theorie (DeFleur u.a.). Hinzuzufügen ist hier der sich aus britischen Traditionen speisende (5) Cultural Studies Approach (v.a. John Fiske, David Carey und David Morley), die (6) motivationalen Ansätze, die von aktiven Rezi-pienten ausgehen, sowie partiell auch der (7) dynamisch-transaktionale Ansatz von Früh und Schönbach.

Keiner der genannten Ansätze beruft sich auf den radikalen Konstruktivismus. Lippmann führt Beispiele aus der Print-Berichterstattung über den Ersten Weltkrieg auf, die belegen, daß nicht die "tatsächlichen" Ereignisse, sondern die geglaubten (nach-weislichen) Falschmeldungen "als Wirklichkeit" verhaltensbeeinflussend wirken können. Die von den Medien konstruierten Phänomene sind also wirklicher (im Sinne von wirksamer) als die (nicht wahrnehmbare) Realität. Gerbners Kultivationshypothese hat eher den Status einer ad hoc-Hypothese, ohne daß sich daran eine erklärende Theoriebildung angeschlossen hätte. Konstruktionscharakter und Konstruktionsweise bleiben unerforscht, laut DeFleur / Ball-Rokeach sind sogar die empirischen Befunde umstritten.[99] Ausgehend von der zunehmenden Mediatisierung der gesellschaftlichen Kommunikationsverhältnisse, die (zeitsoziologisch höchst zweifelhaft!) durch die zeitlich rein quantitative Zunahme der Mediennutzung nachgewiesen sei, argumentiert DeFleur, daß die Sprache der Medien die Sprache der alltäglichen interpersonalen Kommunikation in Vokabular, Aussprache, Syntax, Grammatik und Semantik insgesamt beeinflusse oder doch eine bedeutsame Wechselwirkung bestehe. In der Tat lassen sich hierfür zumindest einzelne Belege finden.[100] Wenn Medien tatsächlich einen - als Wechselwirkung zu konstruierenden - Einfluß auf so elementare Erkenntnisinstrumente wie die Sprache nehmen, so kann dies nicht ohne Konsequenzen auf unser Wissen von der Welt bleiben. Die "language-shaping function" der Medien legt die Vermutung nahe, daß auch andere elementare Bereiche unserer Alltagskultur in medial geprägten Gesellschaften nur unter Einbezug der Medien zu verstehen sind: Zeit gehört mit Sicherheit zu diesen Kernbereichen unseres Alltags.

---

97 Krippendorff (1990), S. 41

98 "More and more, it is becoming clear that, like the men in Plato's cave, we are incrasingly (!) experiencing a mediated world rather than reality itself (...) what we perceive are representations and not reality." (DeFleur / Ball-Rokeach (1989), S. 258)

99 DeFleur / Ball-Rokeach (1989), S. 259-264

100 DeFleur / Ball-Rokeach (1989), S. 265-268

Der Agenda-Setting-Function-Ansatz geht nicht von linearen, direkten Wirkungen der Medieninhalte aus, sondern von der potentiellen, d.h. nicht-deterministischen Thematisierungsfunktion der Medien. Das Medienhandeln der Kommunikatoren läßt sich nun als soziale Konstruktion von (Medien-)Wirklichkeit erklären, deren Regeln in zahlreichen Kommunikatorstudien untersucht wurden. Auf die im Zusammenhang dieser Arbeit besonders interessierenden zeitlichen Regeln des Kommunikatorhandelns werde ich deshalb noch ausführlich eingehen.

Cultural Studies begreifen Kommunikation als Teilhabe und "symbolischen Prozeß", durch den Wirklichkeit "erzeugt, aufrechterhalten, korrigiert und weiterentwikkelt wird."[101] Medien werden (strukturalistisch) als Texte begriffen, die Polysemie erlauben; allerdings werden bestimmte "Lesarten" sozial bevorzugt (Machtfragen, soziale Differenzierung). Insofern verbindet der Cultural Studies Approach also semiotische, empirische und kritische Fragen der Rezeption miteinander, ohne Rezeption und mediale Form voneinander zu trennen.[102] Besonders interessant erscheint in unserem Zusammenhang jedoch die sog. "Ritual Analysis", auf die ich in Teil IV dieser Arbeit eingehen werde.

Dort werde ich auch ausführlich auf die motivationalen Ansätze, also den Nutzenansatz (Renckstorf) und die Studien im Rahmen des Uses-and-Gratifications-Approaches eingehen, die - wenngleich aus konstruktivistischer wie aus zeittheoretischer Sicht ergänzungsbedürftig - die bislang erfolgversprechendsten Anknüpfungsmöglichkeiten bieten.

Zwischen dynamisch-transaktionalem Ansatz und radikalem Konstruktivismus bestehen nach Früh theoretische und theoriegeschichtliche Verbindungen, insbesondere was die kognitionstheoretische Modellierung des "aktiven Rezipienten" betrifft. Eine Panel-Untersuchung ergab wichtige Hinweise auf die elaborative und konstruktive Rezeptionweise von Medieninhalten - einem "zentralen Bestandteil des dynamisch- transaktionalen Modells".[103] Medieninhalte werden aufgrund der dynamischen Betrachtunsgweise nicht mehr als fertige, objektiv fixierte Inhalte angesehen. Früh spricht deshalb explizit von "Konstruktionen" der Rezipienten, die durch Medien lediglich "angeregt und geleitet" werden.[104] Transaktionen könnten im Einklang mit der konstruktivistischen Kognitionstheorie als kognitive Operationen in einem semantisch geschlossenen System verstanden werden. Die wechselseitigen kognitiven "Bilder im Kopf" des jeweils anderen werden als "Inter-Transaktionen" Erklärungsbestandteil des Modells, ebenso wie Wechselwirkungen zwischen Wissen und Aktivation (Motivation) als "Intra-Transaktionen" berücksichtigt werden.[105] Allerdings haben sich Früh und Schönbach an anderer Stelle deutlich vom radikalen Konstruktivismus distanziert, in dem sie ihr Modell als umfassender und integrativer begreifen: Das dynamisch-transaktionale Modell umfaßt auch Stimulus-Response-Vorstellungen als Teilerklärungen für bestimmte Phasen eines Kommunikationsverlaufes (z.B. zufällige, nicht-motivierte Medienkontakte).[106] Nach Früh unterstellt der radikale Konstruktivismus dem Rezipienten hingegen solipsistische Beliebigkeit bei der kon-

101 Krotz (1992), S. 414
102 vgl. hierzu auch Krotz (1992), 417-422
103 Früh (1991), S. 57
104 vgl. Früh (1992), S. 72-89, zit. S. 89
105 vgl. Früh (1992), S. 109-110 u. Früh (1991), S. 42
106 vgl. Früh (1991), S. 29-30

struktiven Rezeption.[107] Wissenssoziologische und sozial-konstruktivistische Weiterungen des radikalen Konstruktivismus ziehen Früh / Schönbach nicht in Betracht.

Innovativ und zeittheoretisch verdienstvoll ist der Versuch, die Erforschung der Medienkommunikation primär prozeßorientiert zu betreiben und so der lebensweltlichen Einbindung stärker Rechnung zu tragen. Die Berücksichtigung von Transaktionen soll dafür sorgen, daß nicht nur die Ausgangs- und Endzustände "gemessen" werden, der Kommunikationsverlauf jedoch als black box unerforscht bleibt. Innerhalb des Kommunikationsverlaufs verändern und entwickeln sich (durch wechselseitige Transaktionen und nicht nur durch bloße Interaktion) potentiell alle beteiligten "Variablen". So wenig wie die Stimuli (Medieninhalte) fertig sind, so wenig ist die Entwicklung von Wissen, Motivationen usw. abgeschlossen.[108] Methodisch folgt hieraus eine Skepsis gegenüber herkömmlichen inhaltsanalytischen Methoden, die man auf der Grundlage des radikalen Konstruktivismus nur teilen kann.

Zusammenfassend kann man festhalten, daß es trotz einiger engagierter Versuche bislang keine "konstruktivistische Kommunikationswissenschaft" entstanden ist und es sich bei den angesprochenen kommunikationswissenschaftlichen Ansätzen zwar nicht um explizit radikal-konstruktivistische Theorieelemente handelt, daß aber vielversprechende Anknüpfungs- und Integrationsmöglichkeiten denkbar sind, denen ich - bezogen auf die zeittheoretische Fragestellung - nachgehen werde.

Ganz allgemein gilt für die Kommunikationswissenschaft wie für alle anderen Wissenschaften auch, daß wir Probleme und Lösungen selbst konstruieren und für unsere Konstruktionen deshalb verantwortlich sind. Die Grundbegriffe und Metaphern der Kommunikation, die wir wählen, sind beobachterabhängig, d.h. wir können uns schlechterdings nicht auf ihre objektive Wahrheit berufen.[109]

Die Beurteilung der radikal konstruktivistischen Kommunikationsmetaphern unterliegt den Kriterien Viabilität, Humanität und Nützlichkeit. Die Reformulierung von kommunikationswissenschaftlichen Grundbegriffen wie Kommunikation, Information, Medium oder Medienwirklichkeit muß ferner das Kriterium der Konsistenz mit unserem Wissen über menschliche Kognition erfüllen.

1.8.1 Kommunikations- und Informationsbegriff

Die oben dargestellten neurophysiologischen und kognitionswissenschaftlichen Befunde besitzen weitreichende kommunikationstheoretische Relevanz, denn sie machen eine *Redefinition des/der Kommunikationsmodells(e)* notwendig. Reizunspezifische Codierung, umwelt-relative Autonomie, operationale Geschlossenheit und Strukturdeterminiertheit des kognitiven Systems sowie die Vorstellung struktureller Kopplung und wechselseitiger Pertubation sprechen *gegen jegliche Modellierung des Kommunikationsprozesses durch Transport- , Container-, Kontroll- oder Tauschmetaphern.* Das "Kommunikationsmodell" von Shannon und Weaver [110] das entgegen den von Shannon formulierten Bedingungen in der sozialwissenschaftlichen Kommunika-

107 vgl. Früh (1991), S. 16 u. S. 91
108 vgl. Früh (1991), S. 37-43
109 vgl. Krippendorff (1991), S. 3
110 vgl. Shannon, Claude E. / Weaver, Warren: Mathematische Grundlagen der Informationstheorie. München 1976 (Originalausgabe: The mathematical theory of communication. Urbana / USA 1949)

tionsforschung lange Zeit als Grundmodell übernommen wurde, stellt demnach lediglich eine Theorie der Daten- oder Signalübertragung dar, ihr Informationsbegriff umfaßt die Aspekte der Bedeutung und des Sinns eben nicht. Dieses vor allem auf Shannon zurückgehende einfache Sender-Empfänger-Modell der Kommunikation und einige seiner Weiterentwicklungen ist heute aus gutem Grund in den Kommunikationswissenschaften kaum noch in Gebrauch. Aus konstruktivistischer Perspektive sind zwei Hauptkritikpunkte zu nennen. a der Sprachgebrauch, den das Modell (und seine Weiterentwicklungen, aber auch viele Gegenentwürfe) implizierte, führte zu einer Ontologisierung von "Information". Information wurde - unter der Hand - zu einer Substanz, die transportierbar, speicherbar, abrufbar sein sollte. b Bedeutung und Sinn können, wie die kognitionspsychologischen Erkenntnisse gezeigt haben, erst in (semantisch) geschlossenen kognitiven Systemen entstehen, so daß das einfache "Kommunikationsmodell" allenfalls die Datenübertragung zu beschreiben in der Lage ist.

Der Forschungsstand der Kognitionswissenschaft erfordert aus der Sicht des radikalen Konstruktivismus eine *Reformulierung des Informationsbegriffs*, der deutlich vom Begriff der Daten zu unterscheiden ist. Nach kognitivistischem Paradigma, das weitgehend noch immer die Grundlage der Forschungsbemühungen im Bereich der "Künstlichen Intelligenz" bildet, arbeiten menschliche Gehirne wie Computer. Dem widersprechen Konnektivisten wie Konstruktivisten gleichermaßen, indem sie die Dimensionen der Semantik und der Relevanz einführen und deshalb *Informationen und Daten unterscheiden.*[111] Technische Speicher sind allenfalls *Träger von Daten, die potentiell* Information[112] anregen. Information kann erst durch den Rezipienten, d.h. in einem kognitiven System entstehen, denn *Information ist keine Substanz, sondern ein Prozeß.* Lediglich durch unsere - das Denken prägende - Sprache, die die Nominalisierung von Tätigkeiten erlaubt und fördert, kann es zu dieser logischen Verwechslung kommen.[113] Daten können von Computern gespeichert und abgerufen werden, ohne daß sie sich verändern,[114] während *Informationen nicht von ihrer Verwendung, ihrer Relevanz und ihrem Neuigkeitswert losgelöst werden können.* Informationen sind immer *relational* in dem Sinne, daß sie Beziehungen zwischen sensorischen "Daten" (aus Außen- oder Innenwelt) und dem beobachtenden Organismus herstellen.[115] Informationen sind also *keine Repräsentationen der Außenwelt.* Eine solche Annahme führt im übrigen - wie Lynn Segal gezeigt hat - in einen infiniten Regress, denn alle "theories of internal representation logically require something inside us that can look at the representations and inform us of their content."[116] Das Problem des Verstehens, des Erkennens und der Bedeutungszuweisung jedenfalls wird durch die konventionellen Repräsentationstheorien keineswegs gelöst, sondern nur eine Stufe weiter "nach innen" verschoben.

Wenn kognitive Systeme vom Typus "menschliches Gehirn" aber im Gegensatz zu Computern mit Informationen operieren, so hat das weitreichende Folgen für die *nicht-triviale Operationsweise* (Heinz von Foerster). Triviale Maschinen, etwa ein

111 vgl. Segal (1986), S. 84
112 vgl. Foerster (1985a), S. 5
113 vgl. Segal (1986), S. 34
114 vgl. Foerster (1991), S. 58-60
115 vgl. Foerster (1991, S. 67-68 und S. 79
116 Segal (1986), S. 105

funktionierender Lichtschalter, sind absolut vorhersagbar, d.h. unabhängig von den vergangenen "Benutzungen". In Unkenntnis ihrer eigenen "Systemgeschichte" wird die triviale Maschine immer in der gleichen, vorher festgelegten Weise funktionieren. Triviale Maschinen sind unhistorisch in dem Sinne, daß sie keine Eigenzeit (Systemzeit) besitzen, die das Machen von Erfahrungen und das Lernen erlauben würden. Computer sind in diesem Sinne bis auf den heutigen Tag triviale (wenn auch sehr komplexe, aber doch eindeutig programmierte, d.h. zeitlich festgelegte) Maschinen geblieben. Nicht-triviale Maschinen hingegen verändern sich im Laufe ihrer Systemgeschichte, d.h. sie machen durch ihre Operationen Erfahrungen, die ihre zukünftige Funktionsweise verändern können. Sie "lernen" rekursiv am eigenen vergangenen Verhalten und sind in diesem Sinne historisch.[117]

Gelernt wird also in einem zirkulären, selbstreferentiellen Prozeß all das, was in bezug auf die eigene frühere Erfahrung neu und wichtig erscheint. Die Kriterien der Bewertung werden selbst handelnd entwickelt.[118] Die strukturelle Kopplung der kognitiven Systeme (Individuen) an ähnliche Umwelten macht ähnliche interne Strukturveränderungen (Informationen als Folge von Pertubationen oder "Deformationen") wahrscheinlich.[119] Daß es überhaupt zu Bedeutungszuweisungen im kognitiven System Gehirn kommt, ist vielleicht am ehesten mit dem synergetischen Modell "lokaler Stabilitäten" und sogenannter "Attraktoren" zu erklären. Eine Lösung dieser Frage, die hier nicht weiter verfolgt werden soll, steht noch aus.[120]

Die *Pertubationen, Irritationen* oder *Deformationen* aus der "Außenwelt" stellen nun aber keineswegs einen bloß rhetorischen Ersatz für die "Informationen" nach der konventionellen Informations- bzw. Repräsentationstheorie dar. Aufgrund der kognitiven Autonomie werden Medienprodukte "von Beginn an" von jedem rezipierenden kognitiven System unterschiedlich wahrgenommen. Ballstaedt et al. haben am Beispiel des Textverstehens (also im Bereich der Medienkommunikation) gezeigt, wie komplex, selbstreferentiell und konstruktiv kognitive Systeme Medien"inhalte" "verarbeiten" und daß hierbei lebensweltliches (also: soziales) Wissen und kognitive Schemata (statt gespeicherten Vorwissens) eine bedeutende Rolle spielen.[121] Der *Eindruck der Ähnlichkeit unserer Medienrezeption ist selbst eine (alltägliche und kommunikationswissenschaftliche) Konstruktion. Sie wird erst erklärlich, wenn wir unsere ähnliche anthroplogische Grundausstattung und unser soziales Zusammenleben* (soziales Lernen, gemeinsame Geschichte, interpersonale Kommunikation) *berücksichtigen.* Der Prozeß der Medienrezeption ist also zugleich immer ein individueller und ein sozialer, denn Gesellschaft findet kognitionstheoretisch ausgedrückt nur in unserem kognitiven System statt, "Gesellschaft wird ausschließlich im Individuum und durch das Individuum verkörpert."[122] Medienangebote lösen aber in den Individuen (bzw. in den kognitiven Systemen) Operationen des Vergleichens aus, die - je nach Autobiographie (Systemgeschichte) - verschiedenartige Anschluß-Operationen auslösen können. Phänomene der kognitiven Dissonanz und die Strategien ihrer Vermeidung bzw. Bekämpfung sind mit dieser Annahme problemlos vereinbar und pro-

---

117 vgl. Segal (1986), S. 97-108. vgl. bezüglich selbstreferentieller Lernprozesse auch Singer (1991), S. 115-116
118 vgl. Roth (1991), S. 148 sowie Varela (1991), S. 159
119 vgl. hierzu auch Stadler / Kruse (1991), S. 250
120 vgl. hierzu weiter Stadler / Kruse (1991), S. 254-255
121 vgl. Ballstaedt (1981), i.b. S. 41-106
122 Scheffer (1990), S. 54

blemlos erklärbar. Die Probleme, Medienwirkungen empirisch nachzuweisen, sind ein weiterer Beleg für die Unangemessenheit einer Kommunikationsmetapher, die von gleichen Inhalten und deterministischen Wirkungen ausging (und ausgeht); sie sind zugleich aber ein starkes Argument für die konstruktivistische Reformulierung des Kommunikationsprozesses, der der kognitiven Autonomie und der wissenssoziologischen "Seinsver-bundenheit" der Kognitions- bzw. Rezeptions*weise* Raum gibt.

Rezeptionsweisen oder allgemeiner: Kognitionsweisen und -prozesse sind also zugleich individuell und sozial. Die Vorstellung der *Gleichzeitigkeit* von Individualität und Sozialität bereitet uns erhebliche Probleme, weil wir gewohnt sind, beide als Differenz unter dem sachlichen wie dem zeitlichen Aspekt zu sehen, statt als zwei Perspektiven auf ein Ereignis oder einen Prozeß. *Die Beobachtung und Erforschung des Sozialen muß deshalb keineswegs das Individuum "ausschalten" und vollständig durch überindividuelle Akteure* (wie bei Luhmann durch "Handlung" und "Kommunikation") *ersetzen.*[123] Die Entwicklung neuer Wirklichkeitsmodelle ist ohne Individuen und deren kognitive Systeme nicht vorstellbar (Kreativität), aber eben auch nicht ohne die kommunikativen Prozesse, die individuelle Wirklichkeitskonstruktionen zu sozialer Wirklichkeit werden lassen (Diskursivität).

Kommunikation ist nur aufgrund unseres *gemeinsamen biologischen Erbes* (Ergebnis struktureller Kopplung) und der daraus resultierenden Möglichkeit, einen konsensuellen sprachlichen Bereich zu erschaffen, möglich.[124] Kommunikation bringt also keine neuen konsensuellen Bereiche hervor, sondern führt zu "Permutationen von Zuständen innerhalb eines vorgegebenen geschlossenen konsensuellen Bereichs."[125] Varela definiert Kommunikation als "wechselseitige Gestaltung und Formung einer gemeinsamen Welt durch gemeinsames Handeln: Wir bringen unsere Welt in gemeinsamen Akten des Redens hervor."[126]

> "Das Beobachten entsteht ... mit der Sprache als eine Ko-Ontogenese ... Mit der Sprache entsteht auch der Beobachter als sprachmächtiges Wesen. Indem es in der Sprache operiert, erzeugt dieses Wesen das Ich und seine Umstände als sprachliche Unterscheidungen im Rahmen seiner Teilnahme an einem sprachlichen Bereich. Auf diese Weise entsteht Bedeutung (Sinn) als eine Beziehung von sprachlichen Unterscheidungen."[127]

Die Sprache selbst überträgt dabei jedoch keine Information. "Ihre funktionale Rolle besteht in der Erzeugung eines kooperativen Interaktionsbereiches zwischen Sprechern durch die Entwicklung eines gemeinsamen Bezugsrahmens, auch wenn jeder Sprecher ausschließlich in seinem kognitiven Bereich operiert ..."[128] *Konsens wird nicht als objektiver Konsens (gemessen an der Wahrheit), sondern - funktionalistisch - als operationaler Konsens (also innerhalb der kognitiven Bereiche) hergestellt.*[129] *In diesem Sinne ist "Wirklichkeit" "das Ergebnis von Kommunikation"*[130] Krippendorff hat versucht, Kommunikation konstruktivistisch zu definieren:

---

123 vgl. Scheffer (1990), S. 73
124 vgl. hierzu auch Maturana (1988), S. 830-845 sowie Maturana (1982b), S. 290
125 Maturana (1982b), S. 294
126 Varela (1990), S. 113
127 Maturana / Varela (1990), S. 228
128 Maturana (1982a), S. 80
129 Scheffer (1990), S. 63
130 Watzlawick im Vorwort von Watzlawick (1987), S. 7

"Communication manifests itself in the simultaneous unfolding of communication construction into intertwined practices. ... Communication sets in motion a recursion through which communicators can see themselves through each others' eyes."[131]

Wenn wir unseren kognitiven Bereich nicht überschreiten können (operationale und semantische Geschlossenheit), dann folgt daraus, daß Kommunikation notwendig an das kognitive Konstrukt Kommunikation geknüpft ist: Erst wenn ein "Kommunikat" von irgend einem Menschen als Kommunikat verstanden wird, ist es tatsächlich ein Kommunikat. Der - nach herkömmlichem Modell so benannte - "Empfänger" konstruiert das Kommunikat, die Botschaft, sowohl "inhaltlich" als auch in ihren Geltungsansprüchen als Bestandteil ebenso wie beide Partner des Kommunikationsprozesses. Erst dann kann er Kommunikation als Kommunikation verstehen. Die individuellen kognitiven Konstruktionsprozesse und Handlungen sind dabei rekursiv ineinander verschlungen, d.h. die Kommunikatoren begreifen sich wechselseitig als Kommunikatoren, die ihr Gegenüber als Kommunikatoren begreifen usw. Die Konstruktionen des *anderen* müssen *selbst* konstruiert werden, damit sie verstanden werden können.

Die Kommunikationsmodelle, die noch immer auf der Basis der Lasswell-Formel operieren, schließen den kognitiven Konstruktionsprozeß auf der Seite des "Empfängers" nahezu aus. Dies gilt partiell auch noch für die Ansätze, die die "Wirkungsrichtung" der sog. Lasswell-Formel umzukehren suchen und nach den Nutzungen und dem Nutzen fragen, den Rezipienten aus den Medien gewinnen. Das "Was" der Lasswell-Formel bzw. der nutzbringende Medieninhalt sind nicht objektiv beschreibbar, ohne daß ein subjektiver Konstruktions- und Verstehensprozeß (Kognition) stattgefunden hätte. Es gibt folglich auch *keine objektiven Inhalte der Kommunikate*, die sich mit einer Inhaltsanalyse beschreiben ließen. Die Inhaltsanalyse selbst ist ein - systematischer, regelgeleiteter und insofern intersubjektiv nachprüfbarer - Verstehens- und Konstruktionsprozeß, der aber von subjektiven kognitiven Systemen vollzogen werden muß, die sich darüber wiederum verständigen können. Mit dem empirischen Kommunikations- und Verstehensprozeß im sozialen Alltag hat die wissenschaftliche Konstruktion durch Inhaltsanalyse nur sehr wenig gemein.

Der Inhaltsanalytiker sollte deshalb - so die konstruktivistische Forderung nach der Offenlegung des Beobachterstandpunktes - seinen Verstehensprozeß und die daraus resultierende Beschreibung des Kommunikatinhaltes nicht für die Beschreibung des Kommunikationsprozesses und -inhaltes schlechthin halten, denn es gibt keinen unabhängig von individuellen Kommunikationspartnern (kognitiven Systemen) erfaßbaren Inhalt,[132] keine materiegleichen Informationen, die in einem Medium enthalten sind. Kommunikation ist wie Kognition ein zugleich individueller und sozialer Prozeß, denn "Understanding differs with the positions taken."[133] Inhaltsanalyse und semiotische Zeichenklassifikationen berücksichtigen die kognitive Autonomie der Rezipienten nicht. Sie beruhen auf der impliziten Annahme, gleichzeitiges Rezipieren bedeute die Rezeption des Gleichen, das sich objektiv inhaltlich beschreiben lasse.[134] Inhaltsanalysen konstruieren nur einen möglichen Medieninhalt, der nicht "richtiger" oder "wahrer" als die Konstruktionen der Rezipienten und Kommunikatoren ist, son-

131 Krippendorff (1991), S. 13
132 vgl. hierzu auch Krippendorff (1991), S. 6-8
133 Krippendorff (1991), S. 20
134 vgl. Krippendorff (1989a), S. 56

dern lediglich systematischer und kontrollierter erzeugt. Der Wert der Inhaltsanalysen liegt nun lediglich darin, daß man versuchen kann nachzuweisen, daß unsere alltägliche Bedeutungskonstruktionen *anders* verlaufen als wissenschaftliche.

Das "konstruktivistische Kommunikationsmodell", soweit es oben dargestellt wurde, berücksichtigt zwar die kognitive Autonomie beider Kommunikationspartner und die Konstruktivität ihrer Kognitionsprozesse, doch liegt ihm eine ideale Kommunikationssituation zugrunde: Die beschriebene Kommunikation zwischen zwei prinzipiell gleichberechtigten Partnern hat mit der medienvermittelten Massenkommunikation offensichtlich wenig gemein. Krippendorff benutzt deshalb den Begriff Diskurs und versucht, "public communication" als Diskurs zu begreifen. Die Struktur dieses Diskurses ist, so klagt er, durch die Unilinearität der Massenmedien gekennzeichnet. Die asymmetrische und relativ starre Funktions- und Rollenteilung hat zur Ausprägung komplementärer gegenseitiger Bilder (Konstruktionen) und Kommunikationspraktiken geführt.[135] Die Teilnehmer eines Diskurses bringen diesen normalerweise durch wechselseitiges und antizipierendes Verstehen zustande, für seine Äußerungen wird jeder Diskursteilnehmer verantwortlich gemacht. Der massenmediale Diskurs ist - laut Krippendorff - nun aber pathologisch, weil er die wechselseitige soziale Verantwortung für die Diskursbeiträge ersetzt durch "by mass media created journalistic and popular authorities".[136]

1.8.2 Soziale Wirklichkeit und Medienwirklichkeit

Wenn wir unsere Welt als eine durch unser kognitives System konstruierte Welt begreifen, dann bilden *alle* Ereignisse unserer natürlichen und sozialen Umwelt eine *konstruierte Wirklichkeit.* Hier geht der radikale Konstruktivismus entscheidend über die Mediatisierungsdebatten (und -klagen) hinaus: Die semantische Geschlossenheit des kognitiven Systems gilt schon vor aller mediatisierten Wahrnehmung. Wir können nicht - wie im Höhlengleichnis des Plato - unsere Lage zeitweilig überwinden und die Realität direkt wahrnehmen. Wir operieren immer schon mit Bedeutungen und Konzepten, unabhängig davon, ob es eine Entsprechung in der Realität gibt, ja zuweilen sogar in dem vollen Bewußtsein, daß es diese nicht gibt (etwa bei Geistern, Hexen, Göttern usw.). Umberto Eco hat dies semiologisch formuliert: "Das Vorhandensein des Referenten, seine Abwesenheit oder seine Nichtexistenz *sind für die Untersuchung, wie ein Symbol in einer bestimmten Gesellschaft in Beziehung auf festgelegte Kodizes verwendet wird, ohne Bedeutung.*"[137] Menschliche Kommunikation, ob direkt oder medial vermittelt, ist untrennbar mit der Konstruktion von Bedeutung und der wechselseitigen Konstruktion des anderen verknüpft. Wissenschaftliche Metaphern, die sich theoretisch mit Kommunikation auseinandersetzen, sollten dem Rechnung tragen und sich nicht - aus rein forschungsgeschichtlichen oder -praktischen Gründen - auf die Formulierung von Variablen in einem lineraen "Informationstausch"-Modell beschränken. Information und Bedeutung dürfen nicht gleichgesetzt werden, "weil in der Informationstheorie die Bedeutung dessen, was mir übermittelt wird ... nicht

---

135 vgl. Krippendorff (1991), S. 13-15. Krippendorff distanziert sich ausdrücklich von den modischen und postmodernen Diskurstheoretikern.

136 Krippendorff (1991), S. 18

137 Eco (1990), S. 111, Hervorhebung im Original

zählt",[138] wie Umberto Eco bemerkt. Zwischen maschineller Informationsübermittlung und menschlicher Kommunikation muß unterschieden werden: Je eindeutiger und klarer die Bedeutung, um so informationsärmer (eben wahrscheinlicher) ist die Kommunikation.[139] Delia, der bereits 1977 für eine konstruktivistische Betrachtung menschlicher Kommunikation eintrat, bemerkt treffend, daß die Erforschung der Welt der Bedeutungen deshalb geisteswissenschaftliche Methoden erfordert.[140] Die Reduktion auf Variablen verbietet sich immer dann, wenn es sich - wie bei der Frage der Bedeutung bzw. des Sinns - um ein relationales Phänomen handelt.

Die symbolististische und konstruktivistische Annahme, daß wir immer schon mit Bedeutungen operieren, führt nun aber keineswegs zu dem Ergebnis, alle Kognitionen als unterschiedlos und beliebig zu verstehen. Medien können durchaus als Konstrukte aufgefaßt werden, die mit bestimmten "Erlebnisstilarten"[141] gekoppelt sind. Diese müssen jedoch - entgegen Spangenberg - nicht medienspezifisch (Print, Film, TV etc.) sein, sondern können auch spezifisch für bestimmte mediale Formen (Serie, Nachricht usw.) sein, die in unterschiedlichen Makrostrukturen (z.B. technischen Medien) eine Rolle spielen. Jedenfalls besteht keinerlei Anlaß, in eine auf (Einzel-) Medien zentrierte medienwissenschaftliche Betrachtung zurückzufallen. Diese Gefahr besteht auch bei dem Versuch von Krämer, die konstruktivistische Kognitionstheorie zwar zur Kenntnis zu nehmen und Medienwirklichkeit sogar als eigenständigen Wirklichkeitsbereich zu definieren, anschließend aber in absolut konventionelle Betrachtungsweisen zurückzufallen. Krämers "realistischer Konstruktivismus" besagt, daß die kognitiven Konstruktionen auf der Grundlage "realistischer Bedingungen" stattfinden, eine lebensweltlich sicherlich zutreffende, aber auch von radikalen Konstruktivisten als Alltagsmenschen nicht bestrittene Annahme (Konstruktion). In einem nächsten Schritt beschreibt Krämer dann die "realistische" Grundlage der konstruierten Medienwirklichkeit, in dem er die üblichen publizistikwissenschaftlichen Struktur- und Organisationsbeschreibungen der Einzelmedien repliziert und um einige mediensemiotische Elemente ergänzt. Medienwirklichkeit wird dann als Mehrebenenwirklichkeit (inhaltliche, formale und strukturelle Ebene) begriffen, die nicht allein inhaltsanalytisch, sondern durch eine - nicht näher ausgeführte - "Mehrebenenanalyse" erschlossen werden soll.[142] Die Fruchtbarkeit konstruktivistischer Kognitionstheorie wird hier nicht recht deutlich, handelt es sich doch um größtenteils bekannte Sichtweisen und Forderungen, die kaum bestritten werden.

Der Konstruktivismus besitzt mindestens zwei bedeutende kommunikationswissenschaftliche Konsequenzen: Zum einen können die Medien selbst als kognitive Konstruktionen, z.B. als Medienhandlungsschemata oder -scripts, betrachtet werden, also als soziale Konstruktionen.[143] Zum anderen läßt sich feststellen, daß in "Mediengesellschaften" *medial konstruierte Wirklichkeiten* sicherlich einen Teil unserer Wirklichkeit ausmachen. Medien können dabei als soziale Institutionen und Techniken verstanden werden, die - auf spezifische Weise - an der sozialen Konstruktion von Wirklichkeit teilhaben. Kommunikation (und in modernen Gesellschaften: auch

138 Eco (1990), S. 98
139 vgl. Eco (1990), S. 168
140 vgl. Delia (1977), S. 70-73 u. S. 83
141 Spangenberg (1992), passim in Anlehnung an wissenssoziologische Begriffe
142 vgl. Krämer (1986), S. 64, 105-131
143 vgl. hierzu Schmidts Versuch einer konstruktivistischen Medien-Genre Theorie (Schmidt (1987a), S. 378-383

mediale Kommunikation) dienen der Überprüfung, Rekonstruktion oder Verfestigung individueller Konstruktionen, also der sozialen Wissensvalidierung durch den Diskurs und nicht der Überprüfung anhand des Wahrheitskriteriums "Übereinstimmung mit der Realität".

Ruhrmann unterscheidet - angelehnt an Merten - drei Typen sozialer Wirklichkeit, die er hierarchisch und mengentheoretisch klassifiziert, wobei ihm allerdings ein weitreichender Fehler unterläuft. Die alltagsweltlichen Ereignisse begreift Ruhrmann als "konstruierte soziale Wirklichkeit"; die auf dieser Grundlage von organisierten Kommunikatoren produzierten Nachrichten betrachtet er dann als "rekonstruierte soziale Wirklichkeit" und die aktive Verarbeitung und Erinnerung durch die Rezipienten schließlich als "re-rekonstruierte Wirklichkeit". Die mengentheoretische Darstellung begreift die rekonstruierte Wirklichkeit als Teilmenge der konstruierten Wirklichkeit und die re-rekonstruierte Wirklichkeit als Teilmenge der rekonstruierten Wirklichkeit. Da Ruhrmann und Merten aber bewußt ist, daß dies mit der radikal konstruktivistischen Kognitionstheorie nicht vereinbar ist, führen sie "interpretative Erweiterungen" ein, die jenseits von rekonstruierter und von konstruierter Wirklichkeit liegen.[144] Dies ist jedoch unhaltbar, denn die "interpretativen Erweiterungen" (ein sprachlich ungeschickt gewählter Begriff, da es ja schon um die Ebene der Wahrnehmung als Kognition geht) können durchaus als Teil der konstruierten Wirklichkeit begriffen werden, denn sie beziehen sich auf diese alltagsweltliche, sozial konstruierte Wirklichkeit und können nur in ihr entstehen. Das Mengenmodell legt im übrigen als Metapher zwei Folgerungen bzw. implizite Annahmen nahe, die m.E. wenig hilfreich sind: Erstens werden die Elemente einer Menge leicht als materielle Entitäten auf einer Ebene begriffen und nicht - im Rahmen eines dreidimensionalen Modells - als Kognitionen von etwas. Zweitens gilt die jeweils größere Menge als potentieller "Input" für eine Verarbeitungsstufe, die dann eine Teilmenge als "Output" produziert. Auch diese Metapher versucht der Konstruktivismus gerade zu überwinden. Folgenreich wird die Wahl der untauglichen Metapher dann im Verlaufe von Ruhrmanns empirischer Untersuchung, die wesentlich auf vergleichenden Inhaltsanalysen von Nachrichten (als rekonstruierter Wirklichkeit) und Rezipientenerinnerungen (als re-rekonstruierter Wirklichkeit) beruht und damit die weiter oben erläuterten Probleme aufweist: Die Inhaltsanalyse des "Inputs" ist selbst nur eine Beobachterkonstruktion des Kommunikationswissenschaftlers, die sich zwar durch ihre standarsisierten Methoden von den Alltagsbeobachtungen unterscheiden mögen, jedoch nicht durch ihren Wahrheitsgehalt im Sinne einer Übereinstimmung mit der (wiederum fälschlich als "Input" begriffenen) konstruierten Wirklichkeit. Die Ergebnisse dieser ersten Inhaltsanalyse sind nun mit denen einer zweiten (die wiederum das Ergebnis einer Beobachterkonstruktion von Beobachterkonstruktionen: Wissenschaftlerkonstruktion von Rezipientenkonstruktion ist) zu vergleichen. Ruhrmann gelangt auf der Grundlage der "bewährten" Methoden zu den bekannten Aussagen über Rezipienten, die wieder einmal "viel dümmer" sind als die empirischen Kommunikationswissenschaftler. Während der Kommunikationswissenschaftler nämlich die rekonstruierte Wirklichkeit der Medien erkannt hat, ist es um die Konstruktionsleistungen der Rezipienten schlecht bestellt: "Nur jeder 33. deutsche Zuschauer kann eine ARD- oder ZDF-Nach-

---

144 vgl. Ruhrmann (1989), S. 57 . 59

richtensendung überhaupt ausreichend verstehen *und* korrekt wiedergeben."[145] Unter der Hand ist damit der Kommunikationswissenschaftler, der einen privilegierten Zugang zur Wirklichkeit hat, wieder eingeführt, quasi als allwissender Beobachter außerhalb der sozialen Wirklichkeit.

1.8.3 Kommunikation, Mediensystem oder "Publizistisches System" als autopoietische Systeme?

In den letzten Jahren mehren sich die Versuche, die Theorie autopoietischer Systeme, über ihren Beitrag als kognitionstheoretische Fundierung von Kommunikation hinaus für die Kommunikationswissenschaft fruchtbar zu machen. Die Probleme, die sich aus der Übertragung dieser ursprünglich biologischen Theorie auf die Soziologie ergeben, habe ich bereits diskutiert. Auch für die Kommunikationswissenschaft ergeben sich bislang ungelöste theoretische Probleme, die einer erfolgreichen Adaption der Theorie autopoietischer Systeme auf den Gegenstand Kommunikation, öffentliche Kommunikation oder Mediensystem zumindest bislang im Wege stehen.

Siegfried J. Schmidt versucht, das *Mediensystem* als selbstorganisiertes, operationell geschlossenes System zu thematisieren. Für das Verhältnis zwischen Mediensystem und Umwelt (d.h. auch anderen Systemen) gilt demnach:

> "Was zum Gegenstand eines Medienangebotes gemacht wird, das diktieren nicht etwa »die Wirklichkeit«, sondern diejenigen, die unter vielfältigen Bedingungen in und mit Medien handeln; sie bestimmen durch ihren Mediengebrauch erst, was »Wirklichkeit« ist. Das gesamte Mediensystem einer Gesellschaft organisiert sich selbst. Medien beziehen sich auf Medien."[146]
> "Die heute verfügbaren Massenmedien haben sich längst zu eigenständigen Sozialsystemen (= Medienteilsystemen) entwickelt (Fernsehen, Film, Hörfunk, Printmedien), die zusammen das globale Mediensystem einer Gesellschaft bilden und ihre Funktionsmöglichkeiten intern durch Selbstreferenz und Selbstorganisation entfalten."[147]

Daß das Mediensystem heute verstärkt selbstreferentielle Züge aufweist, ist evident. Ob es deshalb schon eine selbstrefentielles System darstellt, scheint zweifelhaft. Zu stark und (auch forschungslogisch) zu bedeutsam sind die Wirkungen, Wechselwirkungen, Interdependenzen, die beispielsweise vom ökonomischen und politischen System sowie vom Rechtssystem ausgehen. Der Versuch Schmidts leidet an einer medienwissenschaftlichen Beschränkung und einer daraus resultierenden Unklarheit, ob es sich beim Mediensystem nun um ein Funktions- oder um ein Organisationssystem handeln soll.

Diese Einwände gelten auch für andere Versuche die Massenmedien als soziales System darzustellen. So kommt Melvin L. DeFleur[148] zu dem Ergebnis, daß es sich (a) bei der strukturfunktionalistischen Analyse nur um eine abstrakte, systematisierte Beschreibung und nicht um eine erklärende oder verstehende Theorie handele und daß (b) das Hauptsteuerungsmedium des Systems Geld sei (also die Handlungslogik des Wirtschaftssystems das Mediensystem dominiere). Bei DeFleur sind Indivdiuen und Institutionen (Teilsysteme) und nicht Kommunikationen oder

145 Ruhrmann (1989), S. 131
146 Schmidt (1990), S. 51
147 Schmidt (1992b), S. 440
148 vgl. DeFleur / Ball-Rokeach (1970), S. 155-169

Handlungen die Systemkomponenten, doch auch hierdurch ist das Problem, die Grenzen des Massenmediensystems zu definieren, nicht bewältigt.[149]

Wie bei DeFleur erfolgt auch bei Manfred Rühl (Journalismus als soziales System), bei Ronneberger (Kommunikationspolitik als funktionales Teilsystem des politischen Systems) und vor allem bei Kepplinger (Massenkommunikation als offenes System und Leistungserbringer für andere Systeme) der Systemzuschnitt relativ willkürlich, zum Teil handelt es sich lediglich um Ansätze der Themenabgrenzung (Ronneberger), oder das Verständnis von sozialen Systemen beschränkt sich auf die Defintion als institutionelles Organisationssystem.[150]

Die Definition von Kommunikation in den systemtheoertischen Ansätzen muß insgesamt als inkonsistent bezeichnet werden. Luhmann betrachtet die generalisierten Kommunikationsmedien im Sinne Parsons, also nicht im publizistikwissenschaftlichen Sinn. Sie sind einerseits bestandssichere, unzeitliche Speicher, die das Überschreiten der zeitlichen Grenze unterschiedlicher Systeme erlauben,[151] andererseits kann eine solche Kommunikation über die Systemgrenzen hinweg gar nicht stattfinden: Kommunikation selbst wird als System konzeptionalisiert. Kommunikation ist eben kein biotisches, neuro-physisches oder psychisches, sondern ein soziales System.

Neuerdings faßt Luhmann Kommunikation nicht nur als soziales, sondern sogar als autopoietisches System auf, für das Menschen, Gehirne und Bewußtsein Umwelten bilden.[152] Wenn Kommunikation ein autopoietisches System ist, dann muß sich zeigen lassen, daß Kommunikation sich selbst reproduziert und Kommunikation an Kommunikation anschließt. Dies postuliert Luhmann zwar, um der Autopoiesis-Definition gerecht zu werden, er beschreibt und belegt diesen Vorgang jedoch nicht.

Nach Luhmann bedürfen autopoietische Systeme eines zweiwertigen (binären) Codes, der sie deutlich von anderen Systemen differenziert.[153] Für die sozialen (Teil)systeme Wirtschaft, Recht, Politik, Religion, Erziehung und Wissenschaft, ja sogar für die Liebe liegen von ihm zumindest Vorschläge für solche Leitdifferenzen vor, nicht jedoch für ein "autopoietisches Medien- oder Massenkommunikationssystem". In einem Vortrag auf dem Deutschen Philosophentag in Berlin im September 1993 hat Luhmann vorgeschlagen, die Leitdifferenz Information/Nicht-Information als binären Code eines autopoietischen Systems der Massenmedien zu betrachten. Dieser Vorschlag löst jedoch die Probleme keineswegs: Entgegen Luhmanns Forderung, daß die binären Codes jeweils exklusiv für die funktional ausdifferenzierten Systeme sein sollen, trifft dies hier nicht zu. Ungeachtet der Frage, mit welchem Informationsbegriff Luhmann hier eigentlich operiert, zeigt sich, daß Information/Nicht-Information nicht nur im "System" der Massenmedien", sondern auch bei interpersonaler Kommunikation und bei nicht-öffentlicher medialer Kommunikation in allen anderen sozialen Systemen eine entscheidende Rolle spielt. Würde man die Kommunikationen aus diesen Funktionssystemen als Beobachter sozusagen herausdefinieren, dann stellt sich die Frage, was von diesen Systemen übrigbleibt und worin der Erkenntnisgewinn besteht. Wenn Information radikal konstruktivistisch als interner Zustand des Systems

149 vgl. die Abbildung in DeFleur / Ball-Rokeach (1970), S. 166
150 vgl. die kritische Übersicht bei Marcinkowski (1993), i.b. S. 20-26
151 vgl. ausführlicher Bergmann (1981), S. 125-128
152 "Aber Menschen können nicht kommunizieren, nicht einmal ihre Gehirne können kommunizieren, nicht einmal das Bewußtsein kann kommunizieren. Nur die Kommunikation kann kommunizieren." (Luhmann (1988b), S. 884)
153 vgl. z.B. Luhmann (1990), S. 191

definiert wird, dann stellt sich die Frage, wie das System zwischen Information/Nicht-Information selektieren soll, denn der Zustand Nicht-Information ist dem System als Beobachter (das es sein muß, um eine Entscheidung zu treffen) ja gar nicht zugänglich. In diesem Fall wäre Luhmanns Definition lediglich trivial. Zudem scheint mir die Leitdifferenz Information/Nicht-Information für das System der Massenmedien nicht hinreichend zu sein, etwa um kommunikationspolitische, -technische oder -ökonomische Probleme zu thematisieren, wie die Publizistik- und Kommunikationswissenschaft dies als interdisziplinäres Fach zumindest versucht. Schließlich führt Luhmann nun das Individuum wieder in die Kommunikation ein, in dem er behauptet, "was wir wissen, wissen wir durch Massenmedien (und Wahrnehmung)". Das Individuum ist laut Luhmann als kognitives System jedoch angeblich nicht an Kommunikation beteiligt!

Marcinkowski schlägt als Leitdifferenz die Unterscheidung öffentlich/nicht-öffentlich vor,[154] doch bedarf es bezüglich der Zielgruppenmedien und der (massen-) medialen Organisationskommunikation hier sicherlich noch weiterer Differenzierungen. Luhmanns Versuch, die Theorie der Autopoiese zu verallgemeinern, ist (noch) nicht zu Ende geführt. Er übernimmt wörtlich die biologische Definition Maturanas und erzeugt mit der Anwendung der einzelnen Kriterien auf Sozialsysteme bislang nicht gelöste Probleme.[155] Die Frage nach der Autonomie des Systems Massenkommunikation beantwortet Luhmann nur unklar:

> "Die Antwort muß komplex ausfallen: Ansatzpunkte für eine eigene Primärfunktion sind ganz deutlich gegeben, und erst das macht die Sache politisch wie ökonomisch interessant. Die Ansatzpunkte liegen [jedoch] in den Erfordernissen weltgesellschaftlicher Kommunikation, in den strukturellen Bedingungen, die zu akzeptieren sind ... Nimmt man die Temporalstrukturen mit in den Blick, bestärkt sich das Urteil. Die Weltgesellschaft braucht und besitzt in den Massenmedien ein Instrument der Sofort-Integration, der Herstellung gemeinsamer Aktualität."[156]

Frank Marcinkowski kritisiert Luhmanns Vagheit und versucht, Klarheit zu schaffen. Er plädiert dabei für ein autopoietisches System Publizistik, muß aber im Verlauf der Argumentation Relativierungen vornehmen. So räumt er genetische Schritte bzw. logische Grade von Autonomie bei Systemen ein[157] und geht von einer "spezifischen Kombination von Selbst- und Fremdreferenz"[158] bei sozialen Systemen aus, während biologische Systeme eben tatsächlich als selbstreferentielle Systeme gelten können. Im weiteren Verlauf geht er von einer "zirkulär-geschlossene(n) und selbstreferentielle(n) Operationsweise des Gesamtsystems" Publizistik aus und versucht "zumindest Ansätze einer autopoietischen Selbstreprdouktion" des Leistungssystems Journalismus (nicht jedoch des Funktionssystems Publizistik) zu zeigen,[159] doch handele es sich hierbei um den "Extremfall".[160]

Als Primärfunktion des Systems Publizistik läßt sich Marcinkowski folgend die Selbstthematisierung der Gesellschaft, und zwar die einzelnen Funktionssysteme und deren Leitdifferenzen (und Systemlogiken) überschreitend, begreifen. Publizistik bie-

154 vgl. Marcinkowski (1993), S. 53-71
155 vgl. hierzu ausführlicher Hejl (1986), S. 63-66
156 Luhmann (1981), S. 319; Zitatergänzung KB
157 vgl. Marcinkowski (1993), S. 44-45
158 Marcinkowski (1993), S. 51
159 Marcinkowski (1993), S. 98
160 Marcinkowski (1993), S. 109

tet somit eine Beobachtung zweiter Ordnung.[161] Das System Publizistik steht aber durch das Publikum in Resonanz zu anderen Funktionssystemen, in denen durch Irritation Anschlußkommunikationen (auf der Basis der dort geltenden generalisierten Medien, etwa Geld, Macht, Recht, Liebe etc.) stattfinden können.[162]

Kehren wir für einen Moment zu den von Luhmann angesprochenen Temporalstrukturen zurück, auf die ich noch ausführlicher eingehen werde: Aktualität ist offensichtlich eines der wesentlichen Selektionskriterien vieler Massenmedien (aber keineswegs des gesamten Systems). Auch wenn das Aktualitätsprinzip der technischen Eigendynamik der Medien entspricht, ist hier nicht von einer Verursachung auszugehen: die Temporalstrukturen und Handlungslogiken des ökonomischen und politischen Systems prägen in weiten Teilen die Operationen der Massenmedien. Zudem gelingt es offensichtlich anderen Subsystemen (wie z.B. der Politik, dem Sport etc.), künstliche "Dauer"aktualitäten zu erzeugen, auf die das Mediensystem trotz seiner Aktualitätsfixiertheit "reagiert, als ob" es sich um wirkliche Neuigkeiten handelte. Die Temporalstrukturen der Massenkommunikation sind nicht ausschließlich selbstreferentiell, sondern funktional für und funktionalisierbar von anderen sozialen (Sub-) Systemen.

Ohne hier zu einer abschließenden Einschätzung eines "laufenden Theorieprojektes" gelangen zu können, komme ich doch zu dem Schluß, Kommunikation, Massenkommunikation oder öffentliche Kommunikation nicht als autopoietische Systeme zu definieren.

Für die Betrachtung von Kommunikation gilt wie für die Konzeptionalisierung des Mediensystems und für die Soziologie insgesamt, daß man - wenn man Kommunikation überhaupt als System betrachten will - keineswegs fordern muß, Kommunikation selbst müsse ein *autopoietisches* System sein. Hejl hat auf die Gefahren der Übertragung der Theorie autopoietischer Systeme auf Sozialsysteme hingewiesen und geht lediglich von "relativ vagen Ähnlichkeiten zwischen lebenden und sozialen Systemen aus". Er plädiert dafür, die Theorie der Autopoiesis in der Biologie zu belassen und Gewinn für die Soziologie lediglich daraus zu ziehen, die sozialen Phänomene aus den Interaktionen lebendiger, mit Recht als autopoietisch zu bezeichnender Systeme (Individuen) zu konstruieren.[163] Die bereits erwähnten synreferentiellen Systeme (Sozialsysteme) werden durch Teile von autopoietischen Systemen (kognitiv: Gehirne; biologisch: Individuen) konstituiert bzw. konstruiert.

Für das Erkenntnisziel dieser Arbeit ist es nicht notwendig, Frank Marcinkowski zu folgen, der Publizistik als autopoietisches System betrachtet; auch ist hier nicht der Raum, gar den empirischen Nachweis der sachlichen, zeitlichen und sozialen Autopoiesis zu erbringen oder die These Marcinkowskis zu widerlegen. Zum ersten werden wir uns im folgenden auf die zeitliche Dimension der Publizistik konzentrieren, so daß sachliche und soziale (Nicht-)Geschlossenheit nur eine untergeordnete Rolle spielen. Zum zweiten ist nicht der Nachweis dafür angestrebt, daß mediale Kommunikation, insbesondere die Publizistik völlig neue oder neuartige Zeitlichkeiten - gar auf ausschließlich selbstreferentielle Weise - hervorbringt. Überspitzt formuliert geht es im Gegenteil sogar darum, ausgehend von konstruktivistischer Kognitionstheorie und allgemeinen Qualitäten sozialer Zeit die Zeitgestalten der Medien als zeitliche Qualitäten

161 vgl. Marcinkowski (1993), S. 118-133
162 vgl. Marcinkowski (1993), S. 133-146
163 vgl. und zit. Hejl (1986), S. 59

und Konstruktionen im Kontext sozialen Alltagshandeln zu untersuchen und herauszuarbeiten.

Bei ihrer Konstruktionsarbeit orientieren sich professionelle Kommunikatoren an system*typischen* Regeln: professionelle und ethische Normen des Journalismus, Marktgesetze der Medienökonomie, Normen des Medienrechts, "Nachrichtenfaktoren" u.a. Medienökonomische und -rechtliche Rahmenbedingungen sind, soweit ich sehe, jedoch nicht ausschließlich vom Medienystem intern und selbst hervorgebracht, sondern das Ergebnis einer langfristigen Ko-Evolution mit dem Wirtschaftssystem, dem politischen System und dem Rechtssystem. Der Prozeß der Ausdifferenzierung des Medienssystems ist (noch) nicht so weit fortgeschritten, daß von Autopoiesis die Rede sein könnte.

Operationale Geschlossenheit ist aus meiner Sicht keine notwendige Forderung, um sich mit - wenn man so will - "systemspezifischen Operationsweisen" wissenschaftlich auseinanderzusetzen. Auch die konstruktivistische Kognitionstheorie erfordert keineswegs, das Mediensystem als autopoietisches System zu betrachten, denn der radikale Konstruktivismus ist keine soziologische oder medienwissenschaftliche Theorie. Habermas folgend gehe ich davon aus, daß Gesellschaft nur als System *und* Lebenswelt zu begreifen ist und daß die *Medien der symbolisch strukturierten Lebenswelt verhaftet* bleiben.[164] Die analytische Differenzierung eines autonomen oder gar autopoietischen Mediensystems reduziert daher die Komplexität der sozialen Wirklichkeit in für diese Arbeit bedenklicher Weise.

Normativ betrachtet sollte die kommunikationspolitisch wünschenswerte, *dienende Funktion des Mediensystems* für die Gesellschaft das Augenmerk des Kommunikationswissenschaftlers bei seinen Konstruktionen vielleicht gerade auf die operationelle Offenheit des Mediensystems und dessen Erhaltung lenken.

1.9 Zusammenfassung

(1) **Der radikale Konstruktivismus** ist eine Kognitionstheorie mit erkenntnis- und wissenschaftstheoretischen Folgen. Er kann auf sich selbst angewendet als Konstruktion begriffen werden, die die Erkennbarkeit von Realität und Wahrheit bezweifelt, aber trotzdem an der Möglichkeit und Sinnhaftigkeit von Wissenschaft (Konstruktion von Lösungen) festhält. Selbst wenn man vorhandene Inkonsistenzen und offene Probleme berücksichtigt, handelt es sich doch um eine mögliche und hilfreiche "Beschreibungssprache" bzw. ein "Beschreibungsmodell ..., innerhalb dessen Probleme reformuliert werden können ..."[165] Die Nützlichkeit dieses Ansatzes für die soziologische und kommunikationswissenschaftliche Forschung zu zeigen, ist ein Ziel der vorliegenden Untersuchung.

(2) **Kognition** kann als Operation semantisch geschlossener, strukturdeterminierter und durch Pertubationen (Irritationen, Deformationen) der Umwelt in systemspezifischer Weise reizbarer kognitiver Systeme verstanden werden, die Wirklichkeiten konstruieren, Realität aber nicht erkennen können.

---

164 vgl. Habermas (1982), Bd. 2, i.b. S. 173-181
165 Nüse et al. (1991), S. 270

(3) In der **Interaktion** werden eigene und fremde Wirklichkeitskonstruktionen durch das kognitive System berücksichtigt. Es kommt zur Emergenz synreferentieller Systeme, denn Interaktion findet nicht unvermittelt und direkt zwischen Menschen statt:

> "Vielmehr interagieren menschliche Interaktionspartner jeweils mit Beschreibungen (strukturierten, figurativen etc. Wahrnehmungen), in deren Gestalt jeder von ihnen *innerhalb* seines eigenen Kognitionsbereichs den jeweils anderen erlebt; unsauber gesprochen, enthalten sie sich gegenseitig in ihren jeweiligen Kognitionsbereichen."[166]

Nicht Repräsentation, sondern reflexive Beobachtung ist die Grundlage der Interaktion. Dabei spielen Sprache und Medientechnologien eine wichtige Rolle, weil sie die Verbindung der Wirklichkeitskonstruktionen organisieren.

(4) Kommunikation muß von Interaktion - entgegen Watzlawick[167] u.a. - deutlich unterschieden werden. Kommunikation beinhaltet immer Zeichengebrauch. Zeichengebrauch setzt die gleichzeitige oder *zumindest hinreichend parallele Ausbildung eines konsensuellen, sozialen, sprachlichen Bereichs durch eine strukturelle Kopplung dritter Ordnung* voraus. Dieser soziale Bereich *ist eine kognitive Konstruktion, keine erfahrbare Realität* (im Sinne einer wahren, objektiven Welt). Kommunikation kann nicht hinreichend als wie auch immer gearteter Transportprozeß und Information nicht als transportierte Substanz modelliert werden. Diese alltäglichen und kommunikationswissenschaftlichen Konstruktionen von Kommunikation und die mit ihnen verbundenen Methoden erweisen sich als nicht viabel, weil sie die "gemessene Wirkungslosigkeit" der Medienkommunikation nicht erklären.

(5) Medienangebote dringen nicht ins Bewußtsein und nicht in das kognitive System ein, sondern sie können Anlässe für Irritationen, Pertubationen oder interne Deformationen[168] (Struktur- bzw. Zustandsveränderungen) sein, d.h. sie können das System bei seinem Operieren "irritieren" und im Rahmen der Vorgaben des Systems Operationen beeinflussen.

Kommunikate gibt es nur für diejenigen, die sie als solche verstehen. Der Verstehensprozeß ist ein individuell vollzogener, kognitiver Konstruktionsprozeß. Eine objektive Beschreibung von Kommunikationsinhalten ist deshalb nicht möglich. Medien können keine Realität konstruieren, nur Indiviuen können dies und tun dies anläßlich von Medienangeboten in einem sozialen Prozeß. Trotzdem ist die Konstruktion von Sinn durch den Rezipienten nicht beliebig und rein individueller Natur. Kognition und Sinn-Konstruktion sind soziale, reflexive Prozesse, die auf sozialen Handlungen beruhen. Dies erklärt, warum wir überhaupt in der Lage sind, einander zu verstehen und unsere Handlungen aneinander zu orientieren und nicht als solipsistische Monaden scheitern müssen. Verantwortlich für unsere Konstruktionen (Handlungen) bleiben wir selbst.

---

166 Rusch (1987a), S. 140, Hervorhebung KB

167 Watzlawicks erstes "pragmatisches Axiom der Kommunikation" lautet "Man kann nicht nicht kommunizieren" und basiert auf der Trivialiserung von Kommunikation, die nicht mehr von Interaktion differenziert wird, weil die Konstruktion von *Verstehen und Verstandenwerden* nicht berücksichtigt wird.

168 Rusch (1987a), S. 141

(6) Für die **Massenkommunikationsforschung** ist Krippendorffs Forderung zuzustimmen, daß eine Abkehr von der Betonung der Kommunikationsinhalte (und den damit verbundenen Wirkungs- und Nutzungsvorstellungen) und eine Hinwendung zu den medialen Formen notwendig ist.[169] Aus dem Konstruktionscharakter der Kommunikation ergeben sich ethische[170] und methodologische Konsequenzen:

(a) Kommunikationswissenschaftler erkennen nicht reale Kommunikation, sondern sie konstruieren Kommunikation (Modelle, Metaphern, Konzepte). Auch ihr Wissen muß konstruktiv erzeugt werden.

(b) Die Konstruktionen sind das Werk von Wissenschaftlern, die für sie verantwortlich sind. Die "Daten" der "Realität" begründen und rechtfertigen an sich gar nichts und sollten nicht zur Verschleierung des Beobachter- oder Konstrukteurstandpunktes herangezogen werden.

(c) Keine Konstruktion von Kommunikation kann sich auf die Realität als Wahrheitskriterium berufen. Deshalb sollte ein pluralistischer Wettbewerb zwischen den Konstruktionen um die Lösung von Problemen an die Stelle objektivistischer Letztbegründungen oder gar orthodoxer Festlegungen treten. Es gibt mehrere passende Lösungen, so daß die Vielfalt von Lösungsvorschlägen erstrebenswert erscheint.

(7) Wissen erfährt keine ontologische Letztbegründung, weil die Korrespondenz- und Repräsentationstheorie der Wahrheit kognitionspsychologisch widerlegt ist. Statt eines deklarativen Wissensbegriffs (Begriffe) müssen wir von einem operationalen, prozeduralen Wissensmodell ausgehen: Wissen ist immer - über die Zeit hinweg relativ invariantes - Handlungswissen im Viabilitätstest. Wissen schließt die Möglichkeit von Irrtum ein und muß als kognitives Konstrukt, also als das zeitweilige Resultat interner Vorgänge des kognitiven Systems begriffen werden. Wissen ist nur relational zu anderem Wissen, in das es einzubetten ist, begründbar. Seel hat vier kognitionsinterne Kriterien angeführt: (a) die interne Konsistenz (Widerspruchsfreiheit der Elemente), (b) die Kohärenz (Paßgenauigkeit der Elemente zueinander), (c) die Plausibilität (gemessen am allgemeinen Weltwissen) und (d) den pragmatischen Erfolg des Wissens in unserem sozialen Leben.[171]

(8) Vor dem Hintergrund der radikal konstruktivistischen Kognitionstheorie erscheint die Luhmannsche Version der **soziologischen Systemtheorie** - trotz seiner konstruktivistischen Begründungsversuche - weniger überzeugend und anschlußfähig als der Vorschlag Hejls, der von synreferentiellen Systemen ausgeht. Dies ergibt sich aber nicht nur aus der kognitionstheoretischen Grundlage, sondern auch aus den ungelösten Problemen, Selbstreferentialität und Selbsterhaltung von Kommunikation nachzuweisen. Die Lösung dieser Probleme ist jedoch die Voraussetzung für die Übertragung der Theorie autopoietischer Systeme. Ferner erlaubt die Theorie Hejls eher den Anschluß an wissenssoziologische und handlungstheoretische Konzepte.

---

169 vgl. Krippendorff (1991), S. 25-26
170 vgl. Krippendorff (1989b), S. 79-93 sowie Krippendorff (1989a), i.b. S. 62-63
171 vgl. Seel (1990), S. 270

(9) Das Mediensystem (Schmidt) bzw. "publizistische System" (Marcinkowski) kann nicht hinreichend als autopoietisches System erklärt werden, weil es nicht selbstreferentiell, selbsterhaltend und operational geschlossen ist.

(10) Kommunikation muß aufgrund der konstruktivistischen Kognitionstheorie keineswegs als autopoietisches System begriffen werden, es stellt sich sogar die Frage, ob dies überhaupt möglich ist. Auch hier erscheint Hejls Konzeption synreferentieller Systeme und der Emergenz sozialer, konsensueller Handlungsbereiche angemessener. Kommunikation kann als synreferentieller Bereich (oder: System) durch die strukturelle Kopplung mindestens zweier kognitiver Systeme emergieren. Medien können dabei als Synchronisatoren fungieren.

II

Genese und Reichweite natur- und geisteswissenschaftlicher Zeitkonstruktionen

"Die Sterne sind im Gehirn des Menschen."[1]
(Bertrand Russell)

---

1 zit. nach Laing (1969), S. 15

1 Die Schere zwischen Lebenszeit und Weltzeit und die "Erfindung" der Zeit durch die historischen Wissenschaften

Im Alltag scheint die Zeit zunächst fraglos gegeben zu sein. So lange wir in der "Sphäre ständiger Anwesenheiten" (Husserl)[1] leben, ist Zeit unproblematischer "Hintergrund" unserer Existenz. Zur alltäglichen Gewißheit gehört aber auch die Erfahrung, daß die Welt, in der wir sind, schon vor uns war und nach uns sein wird. Wir erfahren, so Blumenberg, die "unschlichtbare Rivalität zwischen Lebenszeit und Weltzeit"[2]. Das Nicht-Gegenwärtige, Abwesende ist uns in modernen Gesellschaften nicht mehr gleichgültig, unbekannt oder gar unvorstellbar,[3] sondern wird zum Thema von Reflexionen und Diskursen. Die Existenz von Nicht-Präsentem (also von Vergangenem und Zukünftigem) führt zur Transzendenz der Lebenszeit und zur "Entdeckung" bzw. zur Erfindung von "Zeit" durch Philosophie und wissenschaftliche Theorie. "Zeit" wird als Erklärungsfaktor benötigt, sobald wir uns gedanklich aus der lebensweltlichen Sphäre der Anwesenheit entfernen. Dies gilt in besonderem Maße für die wissenschaftlichen und philosophischen Haltungen, deren Ziel es ist, die Selbstverständlichkeit der Welt in Verständlichkeit zu verwandeln. Die britischen Ideenhistoriker Stephen Toulmin und June Goodfield kommen in einer empirischen Untersuchung der Wissenschaftsgeschichte zu dem Ergebnis, daß

> "es noch nicht lange her ist, seit die wissenschaftliche Forschung das ungeheure Ausmaß der vergangenen Zeit erkannt hat. In den letzten zweieinhalb Jahrhunderten, in denen die Vergangenheit von sechstausend auf sechs Milliarden Jahre erweitert worden ist, sah sich der Mensch gezwungen, alle seine Erkenntnisse neu zu überdenken, um sie dieser neuen Zeitperspektive anzupassen. ... Wie weit der Mensch in seine Vergangenheit zurückreichen kann, hängt weniger von seiner persönlichen Erfahrung, als von der kulturellen und geistigen Tradition der Gemeinschaft ab, in der er lebt."[4]

Die Geschichte der (Natur-)Wissenschaften ist eine Geschichte der "Entdeckung der Zeit" und der Überwindung von Zeitschranken (individuelles Gedächtnis, materielle Überlieferung, kirchliche Dogmatik), bei der sich "aus alten mythologischen und theologischen Denkformen allmählich ein Sinn für die Geschichte herausgebildet hat."[5] Die *Überwindung der Zeitschranken* ist untrennbar mit Kommunikation verbunden und setzt schon mit dem Mythos ein.

Die *Technik der Erzählung* (Legende) ermöglichte das Fort-Schreiten über die Schranken der Lebenszeit (Gedächtnis) hinweg und *führte zur Öffnung der Zeitschere zwischen individueller Lebenszeit und Weltzeit.* Gesteigert wird die Fähigkeit der Akkumulation von Wissen noch durch die Entwicklung *technischer Kommunikationsmedien (beginnend mit der Schrift).* Die *Ausweitung der Zeit* durch Legende

1 Blumenberg (1986), S. 34
2 Blumenberg (1986), S. 27
3 Blumenberg (1986), S. 35
4 Toulmin / Goodfield (1985), S. 13-14, Umstellung im Zitat KB
5 Toulmin / Goodfield (1985), S. 8

und Mythos verbleibt noch *im Vagen* und ist weit entfernt von wissenschaftlicher Beschreibung. In der antiken ionischen Philosophie (Milet etwa 550 v. Chr., Anaximanders Kosmologie) gab es durchaus Ansätze einer entwicklungsgeschichtlichen Betrachtung der Welt, doch durch den zunehmenden Einfluß der Mathematik auf die Philosophie setzte sich die historische Perspektive nicht wirklich durch. Mit Ausnahme der Epikuräer setzte sich allgemein die Auffassung in der Philosophie durch, historische Abläufe und Veränderungen verstellten nur den Blick auf die *"ewigen Prinzipien" eines stabilen Kosmos* (und einer stabilen menschlichen Gesellschaft). Fragen der Weltentstehung (Kosmologie) wurden aus der historischen Betrachtung ausgegrenzt und Gegenstand separater spekulativer Betrachtung.[6]

Die religiösen Vorstellungen des Christentums erwiesen sich über Jahrhunderte als Maßstab für die Entwicklung neuer Zeitkonzepte und oft als Hemmschuh für den wissenschaftlichen Fortschritt. Weltgeschichte war demnach "eine Folge einzigartiger Ereignisse, zwischen denen nicht der geringste ursächliche Zusammenhang bestand" und nicht etwa eine "allmählich fortschreitende Entwicklung".[7] Die *aktuelle Vielgestaltigkeit der Welt* wurde allenfalls *als Hierarchie* (Stufenleiter der Natur), *nicht aber als Chronologie interpretiert.* Die Frage nach ihrem Ursprung wurde nicht wissenschaftlich, sondern durch den Verweis auf die Offenbarung durch die biblische Genesis beantwortet: Gott konnte je nach "Bedarf" entweder als "ursprünglicher Schöpfer" oder als "Grund allen Seins" aufgefaßt werden.[8]

Auch die Renaissance der (antiken) Gelehrsamkeit brachte keinen plötzlichen Wandel in die Betrachtung der Zeitlichkeit der Welt. Bis "um 1730 war die Naturanschauung bei vielen westeuropäischen Wissenschaftlern womöglich noch statischer und starrer als im mittelalterlichen Europa, und das 6000-Jahre-Schema hatte kaum etwas von seiner Autorität eingebüßt."[9]

Erste Ansätze für eine Dynamisierung des Weltbildes kamen aus der Geologie und aus der Kosmologie. Doch die geologischen Arbeiten von Hooke, Steno und Burnet sprengten das enge biblische Zeitschema noch nicht.[10] Auch Newtons Planetentheorie bezog sich explizit erst auf den Zeitraum nach der göttlichen Schöpfung vor 6000 Jahren.[11] Bacon, Vico, Kant und Voltaire gelten als Wegbereiter der Dynamisierung und Temporalisierung der Wissenschaft.

Erst durch den Rationalismus Bacons kann aus der pessimistischen "Endzeit" mittelalterlicher Prägung eine "Neuzeit" werden, in der *Zeit als homogenes Medium des Fortschritts* verstanden wird, die *Wahrheit wird zur "Tochter der Zeit"*.[12] *Die empirische Methode Bacons beruht dabei weniger auf der Nutzung der Zeit, als vielmehr auf der systematischen Auswertung des in der Zeit angefallenen Materials.* Die Wahrheit ist also vor allem die Tochter der *vergangenen* Zeiten, die Wissen quasi als

6 vgl. Toulmin / Goodfield (1985), S. 29-50
7 Toulmin / Goodfield (1985), S. 57
8 Toulmin / Goodfield (1985), S. 70-74
9 Toulmin / Goodfield (1985), S. 79. Sie führen drei Gründen hierfür an: 1. Der neue Fundamentalismus der Reformation verstärkte die wörtliche (im Gegensatz zur eher allegorischen) Interpretation und Autorität der Bibel. 2. Der verbreitete Glaube an einen bevorstehenden Weltuntergang ließ die Frage nach der Vergangenheit weniger wichtig erscheinen. 3. Die mit Descartes einsetzende Mathematisierung der Wissenschaft stärkte die Bewertung der stabilen Prinzipien und lenkte den Blick gerade nicht auf den historischen Wandel (vgl. Toulmin / Goodfield (1985), S. 79-89).
10 vgl. Toulmin / Goodfield (1985), S. 97-101
11 vgl. Toulmin / Goodfield (1985), S. 102
12 vgl. Blumenberg (1986), S. 154-155 und Whitrow (1989), S. 135

Nachlaß kumuliert haben.[13] Insofern ist die - in der Lebenszeit liegende - Gegenwart ein besonders "günstiger", weil "zeitsparender" Augenblick. Der wissenschaftsfundierte Fortschrittsgedanke trennt ... Lebenszeit und Weltzeit endgültig voneinander,..."[14] *Die Institutionalisierung der Wissenschaft überbrückt die als diskontinuierlich erfahrenen Lebenszeiten einzelner Wissenschaftler und homogenisiert die Zeit.*[15] Das Erdbeben von Lissabon gilt den Aufklärern jedoch als deutliches Zeichen, daß *Fortschritt und Zeit keine automatisch aneinander gekoppelten, irreversiblen Prozesse* sind: Der Ablauf von Zeit allein garantiert keinen unumkehrbaren Fortschritt, die *Zeit* muß nunmehr *als indifferent* gegenüber dem, was in ihr geschieht angesehen werden,[16] *Fortschritt bedarf der Methode, der Organisation, der Institutuionalisierung und der Beschleunigung.*[17]

Vico löst sich als einer der ersten von der etablierten Vorstellung, daß auch Gesetzgebung und Gesellschaftsentwicklung Ausdruck unveränderlicher Gesetze seien[18], allerdings überschreitet seine Historisierung von Politik und Gesellschaft das biblische 6000-Jahre-Zeitschema nicht.[19] Diese enge Zeitschranke wird erst durch die *Kosmologie* Immanuel Kants durchbrochen, In der "Allgemeinen Naturgeschichte und Theorie des Himmels" (1755) wird nicht nur *das gesamte Weltall als dynamischer Entwicklungsprozeß* aufgefaßt, die dazu notwendige, vergangene Zeit schätzt Kant auf "vielleicht eine Reihe von Millionen Jahren und Jahrhunderten". Die Komplexität der aktuellen Welt bedarf langer Zeiträume für ihre Entstehung. So denkt auch Voltaire, der Begründer der "Mystik der langen Zeiträume: die Zeit erklärt, was wir nicht erklären können, ... Alles sei möglich, wenn man nur lange genug Zeit habe, ..."[20] Vicos und vor allem Kants Aufhebungen der Zeitschranke beruhten hauptsächlich noch auf Spekulation und nicht auf empirischen Erkenntnissen. Die erste Wissenschaft, die sich zwischen 1750 und 1850 zu einer *historischen Wissenschaft* entwikkelte, war die *Geologie*. Auch wenn Buffons Versuch, das Alter der Erde mit wissenschaftlichen Methoden zu berechnen, nicht zu den richtigen Ergebnissen führte, so war doch der Weg zur Aufhebung der Zeitschranke vorgezeichnet. Durch *geologische Funde und durch aktuelle Beobachtung* (i.b. die Starigraphie William Smith') setzte sich die Ansicht durch, daß die Erde nicht nur Produkt einer historischen Entwicklung sei, sondern auch, daß diese Entwicklung früher nicht mit völlig anderer Geschwindigkeit abgelaufen sei. *Folglich müsse die Erde sehr viel älter sein, als das alte biblische Zeitschema dies erlaubte.* Hinzu kam ein wachsendes Interesse an der *Paläontologie*, die u.a. auch Jean Baptiste Lamarck mit zu seinen entwicklungsgeschichtlichen Theorien angeregt haben dürfte.[21] Die Be-Funde paläontologischer Forschung und die Systematisierungen Linnes sprachen für die Annahme, daß es eine *zoologische Progression*, also eine relativ kontinuierliche Zunahme der Komplexität der Lebewesen in der Geschichte gegeben hatte, und regten schon vor Darwin zu *entwicklungsgeschichtlichen Abstammungstheorien* an, die sich jedoch u.a. aufgrund des mangelhaften

13 vgl.Blumenberg (1986), S. 156
14 Blumenberg (1986), S. 163
15 vgl. Blumenberg (1986), S.173
16 vgl. Blumenberg (1986), S. 208-212
17 vgl. Blumenberg (1986), S. 240
18 Vico kann als Begründer der Ansicht gelten, daß zum Verständnis von Natur und Gesellschaft die historische Perspektive notwendig sei (vgl. Whitrow (1989), S. 150)
19 vgl. Toulmin / Goodfield (1985), S. 142
20 Blumenberg (1986), S. 223
21 vgl. Toulmin / Goodfield (1985), S. 155-192

Kenntnisstandes der Genetik in wichtigen Punkten von Darwins Evolutionstheorie, die seit den 1840er Jahren entstand und 1859 veröffentlicht wurde, unterschieden.

Erst Darwins wohlbegründete Theorie besaß dynamischen und historischen Charakter und ging zudem zeitlich noch deutlich über die geologische Arbeit Lyells hinaus. Darwin setzte mehrere Phasen von jeweils mindestens zehn Millionen Jahren an, um die Evolution zu erklären.[22] Der *Begriff der Evolution* gewann weit über die Biologie hinaus Bedeutung. Die Anwendung der historischen Methode[23] und die (Wieder)Einführung der *historischen Perspektive* in die moderne Wissenschaft erfaßte nahezu alle ihre Disziplinen und beeinflußte im 19. Jahrhundert auch die geschichtsphilosophischen und politischen Theorien von Hegel, Comte und Marx, auch wenn deren teleologische Gerichtetheit der Geschichte in deutlichem Widerspruch zu Darwins Vorstellungen stand und dessen Argumente oftmals mißverstanden oder zur vermeintlichen Rechtfertigung vorgefaßter Ansichten mißbraucht wurden.[24]

Ermutigt durch paläontologische Funde (Neandertal 1856, Cro-Magnon-Mensch) bezog Darwin 1871 den Menschen ausdrücklich in seine Evolutionstheorie ein. *Archäologische Funde und die Entwicklung der Geschichtswissenschaft*, die unabhängig von Darwins Gedankengängen schon zu Beginn des 19. Jahrhunderts neue quellenkritische Methoden entwickelt hatte, führten zu einer "Pluralisierung" der Geschichte. Menschliche Geschichte war nicht mehr vorstellbar als "eine einzige Ausdrucksform der Vorsehung oder des Fortschritts."[25] Die Überschreitung der lebensweltlichen Zeitschranken durch die Erklärungen der historischen Wissenschaften beruht auf einer Konstruktion, die sich empirisch nicht beweisen läßt. Zeit wird als homogenes Kontinuum konstruiert, damit sich Vergangenes (und Zukünftiges) aktuell erklären läßt (*Prämisse des "Aktualismus"*): "Man muß ... die Vergangenheit sich mit der Gegenwart verbunden denken und die Spuren früherer Ereignisse durch dieselben Gesetze und Prinzipien interpretieren, die für die Gegenwart gültig" sind.[26] Den emprischen Beweis dafür anzutreten, daß die heute beobachtbaren (bzw. durch Beobachtung oder gar theoretisch gewonnenen) Gesetze schon in der Vergangenheit gegolten haben, dürfte für weiter zurückliegende Zeiträume nicht möglich sein. Für die historischen Wissenschaften läßt sich deshalb formulieren, daß sie letztlich auf der geistigen Konstruktion, nämlich der *zeitlichen Vorstellung von der ewigen Gültigkeit der Naturgesetze*, beruhen, *also auf einer menschlichen Setzung und keineswegs auf der vorurteilslosen Erkenntnis empirischer Tatsachen.* Das schmälert die Leistungen der historischen Wissenschaften gerade aus der Sicht des Konstruktivismus nicht, erweist sich doch die aktualistische Prämisse bei der Lösung der meisten wissenschaftlichen und alltäglichen Probleme als *nützlich.* Die Geschichte der historischen Wissenschaften kann deshalb nicht nur als "Entdeckung", sondern als "Erfindung" der Zeit beschrieben werden.

---

22 Toulmin / Goodfield (1985), S. 256 und Buckley (1966), S. 15-29

23 vgl. Buckley (1966), S. 20

24 vgl. Toulmin / Goodfield (1985), S. 270-274; vgl. hierzu auch: Blumenberg (1986), S. 221-233; Blumenberg betont vor allem die zunächst retrospektive Ablösung des engen biblischen Zeitschemas und die sich daran anschließende Möglichkeit der Geschichtsphilosophie, auch den Zeithorizont der Zukunft weiter zu öffnen.

25 Toulmin / Goodfield (1985), S. 278

26 Toulmin / Goodfield (1985), S. 285-286

2 Naturwissenschaftliche Zeitkonstruktionen

2.1 Objektivierung und Pluralisierung von Zeit

Seit der Thematisierung kosmologischer Fragen durch die Astrophysik ist von den durch Newton geforderten unveränderlichen physikalischen Eigenschaften der *Natur* nur noch die unveränderliche Gültigkeit der *Naturgesetze* (Aktualismusprämisse) übriggeblieben.[1] Die Dauer der "Weltzeit" (Naturgeschichte) beträgt nun bereits mindestens 7 Milliarden Jahre[2], die Schere zwischen Lebenszeit und Weltzeit hat sich also weit geöffnet.

Im mechanistischen Weltbild der klassischen Mechanik gilt Zeit als Konstante. Von der subjektiven Erfahrung der inneren Zeit wird eine objektive, äußere Zeit abgetrennt, die als universeller Maßstab dient. Galilei und Newton verstehen Zeit als *absolute Größe. Sie gilt als unabänderlich und gleichförmig in ihrem Ablauf.*[3]

> "Die Gesetze der klassischen Mechanik sind in der Zeit umkehrbar und die täglich erfahrene Gerichtetheit des Zeitflusses von Vergangenheit über die Gegenwart in die Zukunft wird unwichtig. Darüber hinaus verschwindet aus der Zeit der Physik endgültig die erlebte Gegenwart",[4] objektive Gegenwart wird zum "Trennpunkt ohne Dauer"[5].

Die 1687 von Newton formulierten Auffassungen von absoluter Zeit und absolutem Raum, die durch den Begriff der Bewegung miteinander verknüpft sind, beruhen nicht auf empirischen oder experimentellen Erkenntnissen, sondern es handelt sich um axiomatische Definitionen,[6] also letztlich philosophische Grundannahmen (Konstruktionen). Bei der Entwicklung von physikalischen *Modellen* und Theorien geht es *nicht* um die *ikonische Abbildung* der Realität, sondern um eine möglichst *nützliche Vorstellung* von dem, was wir Realität nennen und was unsere soziale Wirklichkeit ist. Die Nützlichkeit erweist sich dann in der Praxis, was auch einschließt, daß je nach gewählter Praxis bestimmte Theorien mehr oder weniger nützlich und hilfreich sind. Dies hat in der Physik zu einer Art *theoretischem Pluralismus* geführt, bei dem Theorien unterschiedlicher Reichweiten nebeneinander existieren, ohne daß diese schon zu einer großen einheitlichen Theorie verknüpft wären.[7]

Absolute Zeit und absoluter Raum, die Konstrukte Newtons, gewinnen einen physikalischen Sinn erst dann, wenn sie experimentell nachweisbar, also meßbar sind. "Räumlich unbegrenzt entfernte Uhren", so Fuchs, müßten dafür "zu synchronisieren,

---

1 vgl. Toulmin / Goodfield (1985), S. 292
2 vgl. Toulmin / Goodfield (1985), S. 298
3 vgl. Blaser (1989), S. 2-3
4 Grüsser (1989), S. 87
5 Blaser (1989), S. 1
6 vgl. Fuchs (1974), S. 175-176
7 vgl. hierzu auch Russell (1990), S. 142

also in zeitlichen Gleichlauf zu bringen" sein.[8] Bei genauer Beobachtung ergibt sich jedoch, daß die *Zeit keine absolute physikalische Größe, sondern von Bewegung abhängig, also relativ ist.* Auf zwei genau gehenden Uhren verstreicht die Zeit, wenn sich die eine relativ zur anderen sehr schnell bewegt, mit unterschiedlicher Geschwindigkeit.[9] Dies bedeutet, daß auch "die zeitliche Aufeinanderfolge von Ereignissen ... zum Teil vom Beobachter ab(hängt); sie ist nicht in jedem Fall und in vollem Umfang eine Relation zwischen den Ereignissen selbst."[10]

So lange es sich um menschliche Beobachter handelt, die sich mit der zeitlichen Einordnung von Ereignissen auf der Erde beschäftigen, enstehen keine Probleme mit der "absoluten Zeit", doch versagt diese "Erdzeit" bei der Erklärung physikalischer Phänomene in atomaren und in astronomischen *Größendimensionen.* Die Wahl einer anderen Beobachterperspektive, also die Berücksichtigung anderer Relationen von zueinander (sehr schnell) bewegten Körpern, sprengt den gewohnten Rahmen der Betrachtung. Zur Lösung dieser Probleme müssen neue theoretische Konstruktionen erdacht werden: In einem vierdimensionalen Raum-Zeit-Kontinuum wird die klassische Trennung von Raum und Zeit aufgegeben und das Prinzip der Kausalität fraglich.[11]

Russell warnt eindringlich vor einer philosophischen Überschätzung der Relativitätstheorien Einsteins. Es handelt sich zwar um eine Relativierung von Konzepten, die zuvor als absolut galten (Raum, Zeit, Masse, Kraft), nicht jedoch um eine "Subjektivierung" im philosophischen Sinn. Der Begriff des Beobachters bezeichnet eben nicht - oder doch nur ausnahmsweise - ein soziales oder kognitives System, sondern einen physikalischen "Beobachter". Die Relativitätstheorie und die Arbeiten Heisenbergs über die "Unschärferelation" widersprechen dem in der Mechanik Newtons und der Elektrodynamik Maxwells "stillschweigend angenommenen »Prinzip der störungsfreien Beobachtung«".[12]

Nur in Grenzfällen besitzt die Relativierung der Zeit in bezug zu Raum und Beobachter[13] *praktische* Auswirkungen, etwa bei der synchronen Steuerung von Satelliten.[14] Die *theoretische* Tragweite wird von unserer *Vorstellungskraft* nicht vollständig erreicht. Russell und Hawking gestehen ein, daß wir uns einen vierdimensionalen "Raum" eben nicht vorstellen können und daß wir oft genug bereits Probleme mit drei Dimensionen haben.[15]

2.2 Das Problem der Übertragbarkeit auf lebende Systeme

Ausgehend von der astrophysikalischen Zeittheorie versucht Hawking eine allgemeine Zeittheorie zu entwickeln. Er geht von "mindestens drei verschiedene(n) Zeitpfeile(n)" aus, die jedoch alle in die gleiche Richtung zeigen, weil sie dem - implizit als unver-

---

8 Fuchs (1974), S. 175
9 vgl. Russell (1990), S. 23
10 Russell (1990), S. 38 und Müller (1986), S. 69-70
11 vgl. Russell (1990), S. 51-57, S. 68-85 u. S. 163. Als Folge davon müßte auch die Trennung von Geschichte und Geographie aufgehoben werden (zumindest was die astronomischen Dimensionen betrifft, KB), so Russel (1990), S. 144
12 Fuchs (1974), S. 172
13 vgl. Blaser (1989), S. 6-7 und Hawking (1991), S. 39
14 vgl. Hawking (1991), S. 50-51
15 Hawking (1991), S. 40

änderlich betrachteten Gesetz der Wahrscheinlichkeit folgen. Neben dem (a) thermodynamischen Zeitpfeil (Zunahme der Entropie = Ungeordnetheit in geschlossenen Systemen) sind dies (b) der kosmologische Zeitpfeil (Ausdehnung des Universums vom Urknall bis zum Gravitationskollaps) und (c) *der psychologische Zeitpfeil, der wiederum "durch den thermodynamischen bestimmt wird".*[16]

Hawking *trivialisiert den psychologischem Zeitpfeil,* in dem er psychologische Prozesse auf energetisch-informationelle Vorgänge reduziert und hierzu typischerweise die *unhaltbare*[17] *Analogie von "Computergedächtnis" und menschlichem Gedächtnis* bemüht. Für lebende und psychische Systeme gilt (aus der Innenperspektive betrachtet) der zweite Hauptsatz der Thermodynamik "vorübergehend" nicht: Nicht mit dem Leben, sondern erst durch das Sterben wird der wahrscheinliche Zustand der Unordnung (wieder) hergestellt. Auch unsere psychischen Prozesse laufen dem thermodynamischen Gesetz zuwider, denn wir müssen uns (entgegen Hawking) nicht "wie ein Computer ... an die Dinge in der Reihenfolge erinnern, in der die Entropie anwächst."[18] Im Prozeß des Erinnerns besitzen wir durchaus größere *Freiheitsgrade,* als der thermodynamische Zeitpfeil vermuten ließe: Wir können uns selbstverständlich auch an einzelne Ausschnitte aus der Vergangenheit oder "in der falschen Reihenfolge" an Vergangenes erinnern.

Vehemente Kritik an Hawkings ambitiösem Versuch, mit den Mitteln der Physik deren Reichweite zu übertreffen, übt der Chemiker Helmut Tributsch:

> "Ohne Zweifel hat der Astrophysiker aus Cambridge mit seinen Gedanken den Boden der Wissenschaft verlassen und versucht sich als Philosoph. ... Hawking glaubt noch an die Allmacht einfacher und eleganter physikalischer Formeln. ... Hawkings Theorie ... ist also weltfremd, die Illusion eines Spezialisten, der noch immer hofft, daß die Eleganz einer einfachen Formel unsere Existenz und das Schicksal des Universums erklären kann."[19]

Die Grenzen physikalischer Zeitkonstruktionen werden beim Versuch der Übertragung auf lebende Systeme (Organismen) besonders deutlich und haben in der Biologie zur Bildung eigenständiger Zeitmodelle geführt.

Die Übertragungs- und Erklärungsprobleme stellen sich zusammengefaßt wie folgt dar: Organismen können weder als reversible Systeme im Sinne der klassischen Mechanik noch als materielle Systeme, die dem zweiten Hauptsatz der Thermodynamik unterliegen, hinreichend erklärt werden.[20] Für reversible Systeme würde Zeit keine Rolle spielen, weil der Nullpunkt der "Entwicklung" (und Messung) beliebig gesetzt werden kann und der Verlauf der homogenen, linearen Zeit als deterministische Kausalfunktion betrachtet wird, die berechenbar ist. Biologische Prozesse wie Reifung, Altern und Tod der Organismen sind damit nicht erklärbar. *Auch dem zweiten Hauptsatz der Thermodynamik entziehen sich lebende Systeme, so lange und weil sie leben.* Energetisch offene, lebende Systeme (dissipative Strukturen) entziehen sich partiell (nach innen betrachtet) und temporär (Lebenszeit) dieser Dynamik und bauen

---

16 Hawking (1991), S. 183

17 Man geht heute von vernetzten Modellen und parallelen oder ganzheitlichen (z.B. holographischen) und gleichzeitigen Ver- und Bearbeitungsformen statt von massenhaft seriellen und in schneller Folge ablaufenden Prozessen aus.

18 Hawking (1991), S. 186

19 Tributsch (1991), S. 206-208

20 Die Unangemessenheit physikalischer Zeitvorstellungen für die Erklärung biologischer Prozesse betont Frederic Vester (1979), S. 54-55

Ordnung auf, weil ihnen von außen Energie zugeführt werden kann. Letztlich (nach außen und langfristig betrachtet) produzieren sie jedoch Unordnung (Entropie) durch ihren Stoffwechsel und ihr Vergehen, so daß der zweite Hauptsatz der Thermodynamik seine Gültigkeit behält.[21] Leben besteht im - vorübergehenden - Aufbau von Ordnung durch sogenannte *dissipative Strukturen*, also durch Systeme, die Energie in großen Mengen benötigen und deren Existenz begrenzt ist. Systementstehung, -erhaltung, -entwicklung und -zerfall sind als irreversible Prozesse eine neue und andersartige Qualität von Zeit bzw. eine biologische Art der Beschreibung.[22]

Lebewesen zeichnen sich durch *drei zeitliche Prozesse* aus: *Metabolismus* (Stoffwechsel), autokatalytische *Replikation* (Fortpflanzung) und *Evolution* (Entwicklungsgeschichte). Stoffwechsel ist durch periodische biologische Uhren, die "circadianen" physiologischen Rhythmen[23] gekennzeichnet, Fortpflanzung ist eingebettet in eine Spanne zwischen Geburt und Tod, d.h. biologische Systeme entfalten ein ontogenetisches (Lebens)Alter, und Evolution schließlich kann als ein Feld von Bifurkationen (Gabelungen) gesehen werden, das die ontogenetische Dauer überschreitet und einen zur Zukunft hin offenen Zeithorizont besitzt. Alle drei Formen biologischer Zeitlichkeit beruhen auf dem *Prinzip der differentiellen Wiederholung*, Zeit ist auf allen drei beschriebenen Ebenen *Operator*, d.h. sie entfaltet eine biologisch wirksame Eigenzeitlichkeit.[24] Sie ist nicht reversibel und wird nicht durch den "thermodynamischen Zeitpfeil" determiniert. Alle drei Formen der Zeitlichkeit sind *erst durch die Ebene der Biologie erklärbar*, weil sie sich nicht durch die bloße Aggregation von physikalischen oder chemischen Elementen und deren Gesetzmäßigkeiten ergeben. Die Zeitstrukturen der Biologie zeichnen sich also nicht nur durch einen charakteristischen *Ausschnitt* aus der gesamten Weltzeit (von Nano- oder Pikosekunden bis zum Alter des Universums), sondern durch *Zeitfiguren* aus. Drei Beispiele mögen dies verdeutlichen:

(a) Biologen beobachten eine Fülle von charakteristischen Kreislaufprozessen, bei denen Vergangenheit und Zukunft eigentlich nicht mehr sinnvoll zu unterscheiden sind.[25] An die Stelle von gerichteten Zeitpfeilen und linearen oder räumlichen Modellen müssen hier kybernetische Theorien treten: Selbst die "berüchtigte Frage" nach dem Huhn und dem Ei ist mit Hilfe der physikalischen Zeitkonzeption nicht zu beantworten, denn "die objektive zeitliche Sukzession vermag nichts auszusagen über ... die *biologische* Priorität."[26]

(b) Die Zeitlichkeit der ontogenetischen Lebenszeit ist auf der Ebene des Organismus typisch für jede bestimmte Art (wenngleich es natürlich individuelle Variationen gibt). Verläßt man jedoch die Ebene des Organismus und isoliert beispielsweise einige Zellen aus einem tierischen oder menschlichen Körper, verlieren diese Zellen die typische Zeitlichkeit des Organismus', dem sie entstammen.[27] Tod ist ein typisches

---

21 vgl. hierzu auch Lüscher (1989), S. 365-368, sowie die Begriffsbildung durch Manfred Eigen, der die starke Zeitlichkeit der Organismen und die schwache Zeitlichkeit der Bewegung zum Gleichgewicht unterscheidet.
22 vgl. hierzu auch: Rusch (1987a), S. 32 und S. 57
23 Die Rhythmen heißen circa-dian, weil ihre Dauer nicht 24, sondern meist ca. 25 Stunden beträgt.
24 vgl. Rheinberger (1990), S. 127-133
25 vgl. Vester (1979), S. 56
26 Weizsäcker (1960), S. 13
27 vgl. hierzu auch Hassenstein (1961), S. 47-48

Kennzeichen von Lebewesen mit sexueller Fortpflanzung, die wiederum über die Rekombination der Gene zur *Beschleunigung der Evolution* beiträgt.[28]

(c) Eine weitere Bestätigung findet eine solche Eigenzeitlichkeit für biologische Systeme durch die Arbeiten Ilya Prigogines, der die "Dauer der Gegenwart" durch eine "charakteristische Zeit", ein Zeitintervall (und keine endlos dünne Grenze), einführt.[29] Prigogine betrachtet Zeit als Emergenzerscheinung von Komplexität und kritisiert ausschließlich physikalistische Zeittheorien, die die Vielfalt der irreversiblen Prozesse übersehen würden.[30]

(d) Viktor von Weizsäcker hält das physikalische Zeitkonzept für biologisch unzureichend und entwickelt ein biologisches Zeitmodell der Gestaltzeit, die neben der mathematischen, historischen und physikalischen Zeit Bestand habe.[31] Die Eigenzeitlichkeit der biologischen Prozesse beschreibt er als "die Gestalt einer Bewegung", "Weg" oder "Simultanrepräsentierung sukzessiver Vergangenheiten". Es ist also "eigentlich ein Akt der der *Erinnerung*." Demgegenüber "hat der »Weg« und damit die Gestalt ... in raum-zeitlich, objektiver Physik ... überhaupt keine Realität, denn diese Physik-Welt besitzt kein Gedächtnis. Ein am Ziel angekommener Stein weiß nichts von seinem Weg."[32] Für die Beziehung zwischen Zeit und Gestalt ergibt sich folglich, "daß ... Gestalt nicht *in* der Zeit entsteht oder besteht, sondern *Zeit in der Gestalt* entsteht und vergeht."[33] Dieser Gedanke, daß das Leben Zeit erst hervorbringt, knüpft - auf naturwissenschaftlicher Basis - an die philosophischen Überlegungen von Husserl und von Bergson an: Was Husserl als die Funktion von "Retention" und "Protention" bei der "Konstitution" des "intentionalen" "Zeitbewußtsein" beschreiben würde, formuliert von Weizsäcker so:

> " ... Gestalten fordern Synchronismus von objektiv nicht mehr Seiendem mit objektiv noch nicht Seiendem in einer Gegenwart - sie entlaufen also dem Gesetz der objektiven Zeit und werden in objektiver Zeit zunichte."[34]

(e) Auch auf der Ebene des Metabolismus lassen sich Eigenzeitlichkeiten feststellen, die in der Literatur vielfach mit dem Begriff der "inneren Uhr" bezeichnet werden, was allerdings mißverständlich ist. Es handelt sich nämlich nicht um Meßinstrumente, sondern um aktive Zeitregulatoren, die Eigenrhythmen physiologischer Abläufe hervorbringen. Robert Heiss hat den Begriff "Eigenrhythmus" vorgeschlagen,[35] um die enge Verbindung zwischen der äußeren physikalischen und der inneren biologischen Zeit zu erfassen.[36] Zur Vermittlung beider ist die Einführung einer dritten Zeit, der "Zeit des Menschen" notwendig, zu der soziale Komponenten wesentlich beitragen.

---

28 vgl. hierzu auch Fraser (1991), S. 165-169

29 Prigogine (1985), S, 248; vgl. auch Florey (1991), S. 178

30 Vortragsnotizen anläßlich des Vortrages "Time, Chaos and Laws of Nature" am 29.6.1993 bei den Bamberger Philosophischen Meisterkursen (Hegelwochen)

31 vgl. Weizsäcker (1960), S. 12

32 Weizsäcker (1960), S. 32-33, Textumstellung KB

33 Weizsäcker (1960), S. 42

34 Weizsäcker (1960), S. 54

35 Klar unterschieden werden sollten die hier betrachteten "Eigenrhythmen" oder "biologischen/inneren Uhren" von den sog. "Biorhythmen". Die hier vorgestellten Ergebnisse beruhen im Gegensatz zu den seit einigen Jahren sehr populären Veröffenlichungen über sog. "Biorhythmen" auf experimentellen Methoden. Wendorff weist im übrigen darauf hin, daß der Berliner Arzt Wilhelm Fliess mit seiner Veröffentlichung "Der Ablauf des Lebens" aus dem Jahre 1906 als deren "Entdecker" gelten kann. vgl. Wendorff (1985), S. 497

36 vgl. Heiss (1961), S. 125-128

Zur Erforschung endogener, physiologischer Rhythmen beim Menschen bedient man sich vorzugsweise sogenannter Isolationsversuche, um experimentell möglichst alle äußeren Einflüsse (von denen möglicherweise eine Synchronisation ausgehen könnte) auszuschalten. Die Isolationsversuche des Max-Planck-Instituts für Verhaltensphysiologie, die zum Teil über mehrere Wochen den Versuchspersonen alle äußeren natürlichen (Tageslicht) und sozialen Zeitgeber (Uhren, Massenmedien) vorenthielten, ergaben, daß es für viele Körperfunktionen circadiane Rhythmen (meist zwischen 24,7 und 26 Stunden)[37] für viele Körperfunktionen gibt, die zudem individuell variieren.[38] Die Isolationsversuche haben die Bedeutung sozialer Zeitgeber ausdrücklich bestätigt:

> "Bei solchen Experimenten zeigt sich weiter, daß soziale Faktoren (z.B. akustische Signale anderer Personen) eine starke Zeitgeberfunktion für den Menschen haben. Die Bedeutung sozialer Signale kann man auch einem anderen Experiment entnehmen, in dem eine Gruppe von Versuchspersonen nach einer Zeitverschiebung durch einen Flug über mehrere Zeit-Zonen hinsichtlich des Zeitverlaufs der Synchronisierung ihrer Organfunktionen an die neue Tagesperiodik untersucht wurden: Solche Versuchspersonen, die z.B. das Hotel verlassen konnten, paßten ihre Organfunktionen rascher an als solche, die keinen Ausgang hatten."[39]

Auf den vermittelnden sozialen Charakter des menschlichen Zeiterlebens weist auch Werner Arthur Stoll resümierend hin:

> "Das Zeiterleben ... wird dem vielfältig wechselnden Erleben des Einzelnen gerecht und es schlägt immer wieder eine Brücke zur Umwelt, das heißt zu den Mitmenschen. Es führt stets neu zur Besinnung auf die Wirklichkeit, auf das Miteinandersein. Es gehört sehr eng zur Person, zum Ich, das sich andern verpflichtet weiß."[40]

2.3 Das Problem der Erweiterung auf Mensch und Gesellschaft

Alle Probleme, die sich bei den Anwendungsversuchen physikalischer Zeittheorie auf den Bereich der lebenden Systeme ergaben, treten natürlich auch auf, wenn es sich bei diesen "lebenden Systemen" um Menschen handelt. Gleichwohl werden immer wieder Versuche unternommen, das vielfältige Phänomen menschlicher Zeit mit - bestenfalls erweiterten - naturwissenschaftlichen Zeittheorien zu erklären. Am Ansatz von Wolfgang Kaempfer werden die Probleme solcher Versuche beispielhaft deutlich. Kaempfer, selbst Chemiker, Physiker und Germanist, versucht, "die Zeit auf eine einheitliche Struktur zurückzuführen",[41] relativiert sein überaus problematisches Vorhaben aber gleich selbst, wenn er schreibt:

---

37 vgl. Payk (1989), S. 73 unter Verweis auf Aschoffs Forschungen

38 vgl. Pöppel 1987, S. 96-105; Außer einer individuellen Varianz lassen sich auch mit erheblichen Leiden verbundene Pathologien des Zeitbewußtseins nachweisen, oftmals als "Dissoziation zwischen Ichzeit und Weltzeit" oder als Regression auf frühere Phasen der Entwicklung des Zeit- und Bewegungsbewußtseins. Heimann erwähnt vor allem schizophrene Psychosen, die sich u.a. äußern können durch eine "Ineinanderschachtelung der subjektiven Zeitdimensionen Vergangenheit, Gegenwart und Zukunft" und endogene Depressionen, die als "Stillstand der inneren Lebensgeschichte" erfahren werden, zu einer Fixierung auf die (unheilvolle) Vergangenheit führen können und vermutlich mit Störungen circadianer Rhythmen zusammenhängen. Vgl. hierzu Heimann (1989), i.b. S. 65-74 sowie für die entwicklungspsychologischen Aspekte Piaget (1974)

39 Menzel (1986), S. 170

40 Stoll (1964), S. 178

41 Kaempfer (1991), S. 9

"Das ist selbstverständlich nur eine »freie Deutung« und kein Ertrag aus einer konsequenzlogischen Konstruktion. Es ist ein Versuch der Übersetzung einer halluzinativ-mimetischen *Vision* in eins der Modelle, die aus den Naturwissenschaften bezogen sind, nicht mehr."[42]

Auf der Grundlage dieses Modells folgt die Zeit einem asymmetrischen Grundmuster von innerer (reversibler) und äußerer (irreversibler) Bewegung. Auch die Gesellschaft kennt angeblich beide Arten der Bewegung, die Kaempfer mit historischem Fortschritt (äußere, irreversible Bewegung: Geschichtszeit) und einer weniger klar definierten inneren Verkehrszeit (zyklische Prozesse der Ökonomie und der Kommunikation) identifiziert.

Die irreversible Zeit bildet die basale, lineare Bewegung, um die herum sich spiralförmig die zyklischen Prozesse der reversiblen Zeit abspielen. Allerdings gibt es einen Zusammenhang, den Kaempfer in naturwissenschaftlichen Theoremen (Thermodynamik und Relativitätstheorie) begründet sieht: Je langsamer die äußere Bewegung (der geschichtliche Fortschritt), um so schneller ist die innere Verkehrszeit der Systemerhaltung und umgekehrt. Dieses Grundgesetz vom Zusammenhang äußerer und innerer Bewegung, daß sich nach naturwissenschaftlicher Theorie aber nur bei Grenzgeschwindigkeiten (Lichtgeschwindigkeit oder "Null-Geschwindigkeit") feststellen läßt, überträgt Kaempfer nun auf soziale Systeme, freilich ohne diese deutlich zu definieren und sie von psychologischen oder politischen Systemen zu differenzieren![43] Die Grenzen zwischen "Geschichtszeit" und "Verkehrszeit" werden nicht definiert; die Maßstäbe, anhand derer "Fortschritt" oder "Geschwindigkeit der Geschichte" gemessen werden, bleiben nebulös. Zeit definiert Kaempfer paradox als "das absolut Bewegte"[44]. Die Verwischung der analytischen Grenzen zwischen sozialen und psychischen Phänomenen hat fatale Konsequenzen.[45]

Namhafte Naturwissenschaftler sehen folgerichtig nicht in der Ausweitung der physikalischen Zeittheorie zur Universaltheorie der Zeit, sondern in der Relativierung ihres Geltungsanspruchs die angemessene Reaktion auf die Probleme der Übertragung und Anwendung.

Gerald James Whitrow[46] hat schon 1982 Einwände gegen "die große Theorie", die alle Befunde über Zeitliches integrieren könne, vorgebracht. Nach jahrelanger intensiver Auseinandersetzung mit den Ansätzen und Ergebnissen naturwissenschaftlicher Zeitforschung resümiert er:

---

42 Kaempfer (1991), S. 180

43 vgl. Kaempfer (1991), S. 58-59 sowie S. 62: "Es sind vermutlich die Frequenz, die Schwingungszahl, der »Rhythmus« -etwa auch des Atems oder Herzschlags -, welche als die *Uhren* der Systeme aufgefaßt werden müssen. Vorauszusetzen ist dabei natürlich, daß jedes System sein eigenes Zeitmaß, seine eigene »Uhr« besitzt. ... Daß die äußere Bewegung (»Geschichtszeit«) die innere - die der Uhren - nachweisbar beeinflußt, wäre natürlich wiederum nur bei extremen Geschwindigkeiten (in der Nähe der Licht- oder Null-Geschwindigkeit) beobachtbar."

44 Kaempfer (1991), S. 79

45 Kaempfers ansonsten durchaus von Marx' materialistischer Sichtweise der Geschichte inspirierte Analyse wird bei der Betrachtung des Nationalsozialismus abgelöst durch eine auf die Psyche Hitlers zentrierte Darstellung. Die in weiten Teilen an der nicht unumstrittenen Hitler-Biographie Fests orientierte Schilderung beruft sich primär auf die Psychopathologien eines einzelnen, um den Stillstand der Geschichtszeit bei gleichzeitig extremer Beschleunigung der Verkehrszeit zu erkären! vgl. Kaempfer (1991), S. 183-191

46 Die führt er am Beispiel eines des Hawkingschen Versuchs nicht unähnlichen Konzeptes von David Layzer aus.

> "What the many attempts to analyse the nature of time have shown is that ultimately time must be regarded cosmologically. In the final count, time is a fundamental category of the relationship between the universe and the observer which cannot be reduced to anything else."[47]

Radikaler folgert der Biochemiker und Philosoph Bernd-Olaf Küppers aus seiner Darstellung der Entropie- und Zeitrichtungsproblematik (Forschungsergebnisse Boltzmanns und Reflexionen Kants verbindend):

> "Die Struktur der Zeit, wie sie sich im Unterschied von Vergangenheit und Zukunft manifestiert, ist aus den Grundgesetzen der Physik nicht ableitbar. Sie muß vielmehr als *a priori* vorhandene und objektive Eigenschaft des Naturgeschehens vorausgesetzt werden."[48]

Auf den Gedanken, daß Zeit durch physikalische Betrachtung erst hervorgebracht wird, also ein (letztlich soziales) Konstrukt ist, weist John Archibald Wheeler, selbst Physiker und einer der renommiertesten Zeit-Forscher hin, wenn er schreibt: "Die Zeit ist Sklave der Physik und sie endet mit der Physik."[49] Helmut Hönl begreift die durch die Physik objektivierte Zeit als eine abgeleitete, die "erst durch die Verlegung eines ursprünglich in der Innerlichkeit des Subjekts stattfindenden Vorgangs in ein Außen, durch den Prozeß der »Vermessung« der Zeit ... (existent bzw. konstruiert, KB) wird".[50] Auch ohne Konstruktivist zu sein, bemerkt Hawking zum Stellenwert physikalischer Theorie: "Eine Theorie existiert nur in unserer Vorstellung und besitzt keine andere Wirklichkeit (was immer das bedeuten mag)."[51] Konkurrierende Theorien sind deshalb auch danach zu befragen, welche die "nützlichere Beschreibung ist".[52] Wie jede - noch so anspruchsvolle - Theorie besitzt auch die Relativitätstheorie eine Grenze, nämlich die zeitliche Grenze des Urknalls, der zugleich auch den Beginn physikalischer Zeit überhaupt bezeichnet.[53]

47 Whitrow (1972), S. 162
48 Küppers (1987), S. 148
49 Wheeler (1989), S. 17
50 Hönl (1961), S. 34
51 Hawking (1991), S. 23
52 Hawking (1991), S. 177
53 Hawking (1991), S. 67

3 Zeitwahrnehmung und Gedächtnis

3.1 Zeitwahrnehmung aus psychologischer Sicht

Wir haben bereits gesehen, daß lebende Systeme eigene Zeitlichkeiten hervorbringen, die auch den Menschen in seiner Eigenschaft als "lebendes System" betreffen. Was den Menschen vor anderen Lebewesen auszeichnet ist sein *Bewußtsein von Zeit*. Kognitions- und entwicklungspsychologisch stellt sich nun die Frage, wie es zu diesem Zeitbewußtsein kommt, ob und wie Zeit vom Menschen wahrgenommen wird und schließlich welche besonderen Qualitäten diese "psychologische Zeit" kennzeichnen. Bei der Beantwortung dieser Fragen kann eine erschöpfende Darstellung oder eingehende Kritik der Forschungsergebnisse der traditionsreichen psychologischen Zeitforschung[1] nicht geleistet werden, vielmehr sollen einige Grundzüge behandelt werden, auf die ich im Rahmen dieser Arbeit zurückgreifen werde.

Wahrnehmung bezeichnet die Grenze zwischen der "objektiven" Zeit der Physik und der "subjektiven Zeit" des Menschen. Beide Zeiten erfahren wir im Alltag als voneinander getrennt und unterschiedlich, wir attribuieren ihnen verschiedene Eigenschaften. Offensichtlich führt Wahrnehmung nicht zu einer ikonischen Abbildung objektiver Zeit im Subjekt. Ohne hier auf alle Theorien der Zeitwahrnehmung eingehen zu können,[2] läßt sich doch feststellen, daß Zeitwahrnehmung überwiegend als elaborativer bzw. kreativer Prozeß verstanden wird. Diese Annahme liegt schon deshalb nahe, weil wir eindeutig über kein zeitspezifisches Sinnesorgan verfügen, Zeit also nicht wie Licht oder Schall wahrnehmen können. Der bekannte englische Neurologe Sir Charles Scott Sherrington betrachtet Zeit als "Erfindung" des Gehirns, die aber für die Funktion des Gehirns unabdingbar ist.[3]

Die Zeit der Psyche (des kognitiven Systems) wird also nicht durch etwaige Zeitstrukturen der Außenwelt determiniert, sondern durch die Struktur unserer Wahrnehmung und unseres kognitiven Systems. Zeit wird - wie alle Eigenschaften, die wir der Welt zuschreiben - kognitiv durch interne Zustandsänderungen erzeugt. Sie ist das Ergebnis eines Irritationsprozesses und nicht eines Informationsflusses. Ernst Pöppel hält die zeitliche Struktur der Hirntätigkeit, das Wahrnehmungserlebnis selbst für entscheidend[4] und belegt dies mit Befunden zu den elementaren Phänomenen des menschlichen Zeiterlebens[5]:

---

1 Die experimentelle Psychologie und Physiologie beschäftigte sich bereits seit Mitte des 19. Jahrhunderts mit der Untersuchung der menschlichen Zeiterfassung, man denke an Mach, Vierordt 1868, Kollert 1883, Mehner 1883, Estel 1884, Glass 1887, Ejner 1889, Münsterberg 1889, Meumann 1893-1896, Schumann 1889 (vgl. Wendorff (1985), S. 428) sowie später an Guyau, Janet, Bachelard, Fraisse, Piaget sowie Michon / Jackson (1985).

2 Eine bündige Zusammenstellung von 13 verschiedenen Perzeptionstheorien, die sich auch mit der Wahrnehmung von Zeit befassen, findet sich bei Allport (1955), i.b. S. 580

3 Sherrington, Charles Scott: Man on His Nature. Cambridge 1951, S. 212; nach Bruneau (1982) S. 3

4 Pöppel (1987), S. 139-146

5 vgl. Pöppel (1987), S. 15

(a) Gleichzeitigkeit bzw. Ungleichzeitigkeit ist ein relatives Phänomen. Es hängt von der Sinnesmodalität und nicht von der "objektiven", chronometrischen Struktur von Ereignissen ab, ob diese noch als gleichzeitige oder schon als ungleichzeitige Ereignisse konstruiert werden:

> "Was innerhalb der auditiven Modalität, also beim Hören, als ungleichzeitig bestimmt werden kann - wenn der Reizabstand etwa sechs tausendstel Sekunden beträgt -, wäre innerhalb der taktilen Modalität, des Tastsinns, noch gleichzeitig. ... in der visuellen Modalität ... müssen etwa 20 bis 30 tausendstel Sekunden vergehen, damit zwei Seheindrücke als ungleichzeitig erscheinen."[6]

Die unterschiedliche Verarbeitungsgeschwindigkeit der menschlichen Sinnesorgane führt zu einer *zeitlichen Verschiebung unserer Sinneswelten*, d.h. "objektiv gleichzeitige Ereignisse sind subjektiv ... gegeneinander verschoben", so daß unsere akustische Welt bei Entfernungen unter 12 Metern schneller ist als die visuelle Welt, die jedoch bei größeren Entfernungen (aufgrund der höheren Licht-Geschwindigkeit) schneller ist als die akustische.[7] Auch wird die Reizlänge (gemessen in "objektiver", physikalischer Zeit) nicht im Verhältnis 1 : 1 vom kognitiven System übersetzt: Ein relativ kurzer Reiz kann zu sehr langen Erregungspotentialen im neuronalen System führen, die noch aktuell sind, wenn schon weitere Signale eintreffen, die "objektiv" nicht gleichzeitig verursacht wurden.[8]

(b) Die Leistung unseres Gehirns, Ereignisse in eine zeitliche Ordnung von "vorher und nachher" zu bringen, findet ihre Grenze bei etwa 30 Ereignissen pro Sekunde.[9] Aus neurophysiologischen Gründen besitzen wir nicht permanent, sondern nur an etwa 30 Punkten innerhalb einer Sekunde ein waches Bewußtsein, um Einschätzungen vorzunehmen und zu reagieren. "Wir können deshalb annehmen, daß die subjektive Zeit diskontinuierlich abläuft, daß der Ablauf unseres Erlebens zerhackt ist in Zeitquanten."[10] "Die Kontinuität unseres Erlebens wird *dadurch* gewährleistet, daß es eine *inhaltliche* Verknüpfung, eine *semantische* Vernetzung der verschiedenen Bewußtseinsinhalte gibt"[11]; die Kontinuität der Welt ist keine von Menschen beobachtbare Eigenschaft der Welt, sondern das Konstrukt unseres kognitiven Systems.

(c) Erlebte Gegenwart besitzt eine Dauer, die sich experimentell mit maximal etwa drei Sekunden bestimmen läßt.[12] Ein anderes Konzept vertritt G. A. Miller. In an Husserl erinnernder Weise geht er davon aus, daß etwa sieben Einheiten ("chunks" genannt) gleichzeitig im Bewußtsein sein können. Neu ins Bewußtsein tretende Chunks verdrängen die jeweils ältesten bzw. sorgen für deren Verblassen. Unerheblich ist es nach diesem Konzept, wieviele Unterscheidungen (bits) in einem Chunk enthalten sind. A. E. Adams hält 10 Sekunden für die Obergrenze der psychischen

6 Pöppel (1987), S. 20. Abweichend davon gibt Wendorff für das Gehör 2 Millisekunden, für den Tastsinn 10 Millisekunden und für den optischen Sinn 30-50 Millisekunden an. Für die Erfassung der Differenz zwischen zwei Sinneseindrücken braucht das menschliche Bewußtsein etwa drei bis vier Hundertstelsekunden (vgl. Wendorff (1988), S. 46-47). Schaltenbrand nennt als Trennschärfe für Berührungsreize 0,027 und für Lichtreize 0,043 Sekunden (vgl. Schaltenbrand (1988), S. 39).
7 Pöppel (1987), S. 31-32
8 vgl. Grüsser (1989), S. 121
9 vgl. Pöppel (1987), S. 25
10 Pöppel (1987), S. 41
11 Pöppel (1989), S. 15, Hervorhebungen, KB
12 Vgl. Pöppel (1987), S. 62

Gegenwartsdauer.[13] Georges Schaltenbrand hingegen zitiert Ergebnisse, die zwischen 2,3 und 12 Sekunden als "längste Gegenwart" liegen[14] und folgert daraus:

> "Deswegen glaube ich nicht an die Existenz einer oberen Grenze und eine einheitliche Länge der Gegenwart in der Zeit. Meiner Ansicht nach hat jedes Wahrnehmungselement seine adäquate Dauer, ... Mit anderen Worten, ich glaube nicht, daß es richtig ist, das Dasein aus kleinsten Zeitatomen aufzubauen ..."[15]

Die Ausgedehntheit der psychischen Präsenszeit ("specious present") steht - unabhängig von ihrer wirklichen Dauer oder Bestimmbarkeit - im Gegensatz zum mathematisch-physikalischen Konzept der Gegenwart und entspricht eher Bergsons "durée" und Husserls "innerer Dauer".[16]

(d) Vorgängen, die die Dauer unserer Präsenzzeit überschreiten, schreiben wir das Prädikat der Dauer zu. Diese Dauer ist jedoch im strengen Sinne nicht beobachtbar. Die *Konstruktion des Zusammenhangs*, der Kontinuität der Präsenzzeiten ist eine kognitive Leistung und keine wahrnehmbare oder sich offenbarende Eigenschaft der Welt.[17] Nur so läßt sich die Heterogenität des menschlichen Zeiterlebens erklären, also die Tatsache, daß wir nicht alle Stunden als gleich lang erleben. Retrospektiv erscheint uns "Langeweile" als kurze Dauer, aktuell hingegen als "lange Weile". Beide Einschätzungen hängen nicht nur mit dem erfahrenen Informationsreichtum zusammen, sondern auch mit dem Grad des (emotionalen) Engagements und der erfahrenen Befriedigung.[18]

Neben der Zeitwahrnehmung spielt auch die zeitliche Vorstellungskraft des Menschen in unserem Alltag eine nicht unbedeutende Rolle:

> "Der längste uns vorstellbare Zeitraum entspricht etwa unserem Lebensalter. Das heißt ein Jahrhundert können wir uns in etwa noch vorstellen. Der Zeitraum eines Jahrtausends beginnt in unserer Vorstellung bereits etwas zu verschwimmen. Wenn wir den Korridor der Geschichte entlangblicken, so machen wir uns selten klar, daß in der Dimension der Zeit ein Aristoteles achtmal weiter von uns entfernt ist als ein Galilei. Unser Zeitgefühl ist demnach eingefangen in dem Käfig, der durch die Geschwindigkeit der schnellsten physiologischen Vorgänge und durch die Alterungsprozesse in unserem Körper begrenzt wird."[19]

Die Transzendenz unserer Lebenszeit wird erst durch unser soziales Sein möglich. Die Einschätzung von sehr langsamen Veränderungen (Bewegungen, die lange dauern) ist für die menschlichen Sinne nicht mit gleicher Präzision möglich, wie die theoretische Betrachtung und Berechnung dies leisten kann. So ist Glas naturwissenschaftlich betrachtet " *eine unterkühlte Flüssigkeit extrem hoher Zähigkeit und praktisch unendlich kleiner Fließgeschwindigkeit.* Wahrnehmung würde uns niemals dazu verhelfen,

---

13 Vgl. Rusch (1987a), S. 308
14 Vgl. Schaltenbrand (1988), S. 40
15 Schaltenbrand (1988), S. 41
16 vgl. hierzu auch Teil II, Kap. 5
17 vgl. Rusch (1987a), S. 319-323
18 Vgl. Ring (1990) belegt dies durch eine Reihe empirischer Untersuchungen und versucht sogar, eine grobe Meßskala einzuführen, um einen intersubjektiven Vergleich zu ermöglichen. Die Interpretationen des Noelle-Neumann-Mitarbeiters Ring bezüglich der Einstellungen zu Arbeit und Freizeit erscheinen jedoch stark normativ geprägt und insofern eher zweifelhaft.
19 Haber (1977), S. 75; aus dieser begrenzten Zeit-Vorstellungskraft resultieren schwerwiegende ethische Probleme und Probleme der politischen Kommunikation: Umweltprobleme, insbesondere solche, die aus den (gemessen an Legislaturperioden) unvorstellbar langen Halbwert-Zeiten radioaktiver "Abfälle" folgen, sind das wohl brisanteste Beispiel.

eine solche Definition zu finden."[20] *Anfang und Ende der Zeit, sowie schnellere oder langsamere Zeit können von uns nicht gedacht werden.*[21]

Heinz Haber verweist auf psychologische Untersuchungen, die sich mit der *Einschätzung von langen Zeiträumen* anhand der eigenen Biographie beschäftigen. Demnach *beschleunigt sich der Lauf der Zeit mit steigendem Alter* drastisch. Vor die Aufgabe gestellt, verschiedene Ereignisse der eigenen Biographie räumlich auf einem Zeitpfeil anzuordnen, führten zu dem Ergebnis, daß - unabhängig vom Alter der Versuchsperson - die ersten 18 Lebensjahre als etwa gleichlang wie die restlichen Jahre eingeschätzt wurden.[22]

3.2 Vergangenheit als Konstruktion: Gedächtnis und Erinnern

Das noch immer nicht eindeutig erklärte Phänomen des déjà vu, also die paradoxe und deshalb verunsichernde Erfahrung, etwas zu "kennen", von dem wir wissen, daß wir es tatsächlich nicht zuvor erfahren haben können, das uns aber so vertraut vorkommt, als hätten wir es bereits gekannt, ist ein Indiz für die konstruktive Funktionsweise unseres Gedächtnisses: Offensichtlich verbinden wir *Vertrautes* immer mit dem *Modus der Vergangenheit*, auch wenn es der Vergangenheit (unserer Erinnerung nach!) nicht entstammt bzw. gar nicht entstammen kann.

Die psychologischen Konzeptionen von Gedächtnis, Erinnern und Erinnerung haben im Laufe dieses Jahrhunderts eine Dynamisierung und Virtualisierung erfahren. Schon Freud und Bergson haben - trotz aller methodischen und theoretischen Unterschiede ihres Denkens - beide darauf bestanden, daß *Vergessen ein reversibler Prozeß* ist, weil es sich bei ihm nur um ein aktuelles und u.U. vorübergehendes "Gerade-nicht-erinnern-können" handelt und nicht um einen aktiven, irreversiblen Prozeß des "Löschens" (etwa im Sinne des Computermodells). Das Gedächtnis spielt demnach eine *kreative Rolle* (G. E, Müller 1911), es handelt sich nach den Erkenntnissen Bartletts nicht um einen Zugriff auf ein (unverändertes und statisches) Engramm, sondern um einen "constructive process which never literally repeats a past experience or activity."[23] Der *Abkehr vom statischen Engramm-Modell* des Gedächtnisses folgte das informationstheoretische Modell technischer Kommunikation, d.h. zur Erklärung menschlicher Gedächtnistätigkeit bedient(e) man sich der zweifelhaften Analogie der (computerisierten) Informationsverabeitung. Wir haben bereits den Unterschied zwischen trivialen und nicht-trivialen Maschinen kennengelernt,[24] der hier erneut Bedeutung erlangt. Nach J. M. Hunter und Humberto R. Maturana ist es *nicht die Funktion des Gedächtnisses, die Vergangenheit zu konservieren, sondern Leben und Handeln des autopoietischen Systems (in unserem Falle also des Menschen) in Gegenwart und Zukunft zu beeinflussen.* Dies kann aber nicht durch die Einrichtung eines Speichers erfolgen, sondern durch die *Veränderung der Reaktivität* des Nerven-

20 Blumenberg (1986), S. 255-256
21 vgl. Blumenberg (1986), S. 302
22 vgl. Haber (1977), S. 77
23 vgl. hierzu Whitrow (1980), S. 86-90. Whitrow bezieht sich seinerseits vor allem auf Müller, G. E.: Zur Analyse der Gedächtnistätigkeit und des Vorstellungsverlaufes. 3 Bde. Leipzig 1911-1917 sowie Bartlett (1932). vgl. auch Rusch (1987a), S. 336-338
24 vgl. Teil I, Kap. 1

systems,[25] d.h. durch Lernprozesse einer "nicht-trivialen Maschine". Menschliches Gedächtnis besteht in der Verkörperung der eigenen Systemgeschichte, nicht im Speichern von Daten (wie es technische Medien von der Fotografie bis zum Computer leisten) oder irgendeine andere Repräsentation der Außenwelt. Erinnerung ist die Aktualisierung dieser Systemgeschichte im gegenwärtigen Handlungskontext.
Wenn wir aber unsere Erinnerungen aktuell erzeugen, es sich also um Konstruktionen (und nicht um "Wiederentdeckungen") handelt, dann stellt sich die Frage, was die Substanz der Vergangenheit ist bzw. ob es "Vergangenheit" überhaupt als Objekt gibt. *Vergangenheit ist aus konstruktivistischer Perspektive betrachtet vielmehr eine - an ihrer Viabilität, Nützlichkeit etc. zu messende - Konstruktion, die eines (uns zugänglichen) Referenten in der Realität entbehrt. Vergangenheit, Gegenwart und Zukunft sind funktionale Konzeptionalisierungen, die unsere Handlungsfähigkeit und, wenn man so will, unsere Effizienz erhöhen.* "Vergangen", "gegenwärtig" und "zukünftig" bezeichnen Qualitäten von aktuell präsenten Bewußtseinsinhalten und nicht von Entitäten der Außenwelt.[26] *Vergangenheit ist also das Ergebnis der Erinnerung und nicht umgekehrt die Erinnerung das abbildhafte Produkt der Vergangenheit.* Die Funktionalität der Erinnerungen für unsere Handlungen verweist auf ihre soziale Bedeutung.

3.3 Folgen für die zeitsoziologische Betrachtung

(1) Objektive, physikalische Zeit wird durch Wahrnehmung nicht reproduziert und abgebildet, sondern konstruktiv erzeugt. Auch die Zeitmodi Gegenwart, Vergangenheit und Zukunft sowie die Zeitqualitäten Dauer, Wiederholung und Reihenfolge sind kognitive Konstruktionen, weil sie durch die Struktur unserer Wahrnehmung und nicht durch die Beschaffenheit der Außenwelt determiniert werden und weil unser Gedächtnis keine triviale Speicher-Maschine ist. Der Begriff der objektiven Zeit erhält so den Rang eines "sekundären Konstruktes"[27] im Sinne Husserls. Diese Sichtweise bestätigen u.a. die Arbeiten von Fraisse[28], Wessman / Gorman[29] und von Schaltenbrand, der zusammenfaßt: *"Der Zeitbegriff entsteht nur dadurch, daß bewußte Wesen ihre Erfahrungen mit Zeitmarkierungen versehen."*[30]

(2) Die Psychologie des Zeitbewußtseins ist reich an Hinweisen auf die überragende Bedeutung unserer sozialen Lebensweise für die Entwicklung und Funktion des menschlichen Zeitbewußtseins und des Gedächtnisses. Entwicklungspsychologisch betrachtet spielen "sprachliche Lernprozesse"[31], Handlungen[32] und Kommunikation eine besonders wichtige Rolle.

---

25 vgl. Rusch (1987a), S. 343
26 vgl. Rusch (1987a), S. 383
27 Pöppel (1989), S. 380; auch der geisteswissenschaftliche Zeitbegriff ist selbstverständlich nur ein sekundärer; Pöppel greift bei seiner Argumentation zumindest implizit auch Husserls phänomenologische Argumentation zurück, die lediglich das lebensweltliche Wissen als "primäre Konstruktion" gelten lassen würde, während wissenschaftliche Erkenntnisse Ergebnisse von Reduktionen sind.
28 Fraisse (1963)
29 Wessman, A. E. / Gorman, B. S.: The Emergence of Human Awareness and Concepts of Time. In: Gorman, B. / Wessman, A. E. (Hrsg.): The Personal Experience of Time. New York 1977, S. 6 nach Grabowski (1984), S. 29-30
30 Schaltenbrand (1988), S. 51
31 Grüsser (1989)
32 Vgl. hierzu auch Wendorff (1988), S. 49-50) und Wendorff (1985), S. 488

4 Zeitbewußtsein und das "Wesen der Zeit"

4.1 Zeit und Zeitliches

Die Fragen nach dem Wesen der Zeit und nach der Konstitution unseres Zeitbewußtseins gehören zu den grundlegenden und ältesten Problemen der Philosophie. Die vorliegende Literatur ist entsprechend umfangreich und vielfältig, so daß eine philosophiegeschichtliche oder systematische Darstellung hier nicht in Betracht kommt.[1]

Ein seit Parmenides und Heraklit bekanntes und noch immer ungelöstes Problem der Philosphie der Zeit besteht im Nachweis von Objektivität[2] und Realität der Zeit. Einigkeit besteht noch nicht einmal darüber, ob diese Fragen philosophisch überhaupt entscheidbar sind.[3] Die "Relativierung" der Zeit zur bloßen Kategorie der Wahrnehmung ist in der Philosophie seit Aristoteles, der davon ausging, "daß die *Zeit nicht unabhängig von einem Bewußtsein von ihr* sei",[4] verbreitet.[5] Aus konstruktivistischer Sicht und im Rahmen dieser Arbeit spielt das ontologische Zeitproblem keine Rolle, so daß uns die Schwierigkeiten des Augustinus erspart bleiben, der bekannte:

> "Quid est tempus? Si nemo ex me quaerat, scio, si quaerenti explicare velim, nescio."[6]

Wilhelm Perpeet kritisiert zutreffend, daß in vielen wissenschaftlichen und philosophischen Betrachtungen nicht beachtet wird, ob der Gegenstand der Untersuchung tatsächlich noch (bzw. schon) die *Zeit selbst* ist oder ob es sich nicht vielmehr um eine Betrachtung von *Zeitlichem*, also von Ereignissen, die selbst *in der Zeit* ablaufen, handelt. Der Kern des Problems liegt allerdings tiefer. Nicht nur der Philosophie, auch *der menschlichen Erfahrung ist die Zeit sinnlich-erfahrungsmäßig nicht zugänglich* (vgl. Teil II, Kap. 3). Die philosophische Frage "Was ist Zeit?" richtet sich aber nicht an etwas Zeitliches, sondern fragt nach dem *Wesen der Zeit* selbst. Daraus schließt Perpeet, daß die Zeit " - wenn überhaupt - nur denkend zu begreifen" ist.[7] Das Denken

---

1 Verwiesen sei hier vor allem auf die Werke von Werner Gent: Gent (1926) und Gent (1930)

2 vgl. Wenzl (1955)

3 Peter Bieri, der versucht, den Nachweis der Entscheidbarkeit (im positiven Sinne) zu führen, muß eingestehen, daß es "unmöglich" ist, "für »Zeit« eine zirkelfreie Realdefinition zu formulieren, die sich auf Bestimmungen zurückführte, die man nicht bereits als »zeitlich« bezeichnen würde." (Bieri (1972), S. 14) Die Realitätsproblematik lasse sich nicht ohne Rekurs auf die "Zeiterfahrung" entscheiden. (Bieri (1972), S. 78)

4 Kümmel (1982), S. 8 unter Hinweis auf Aristoteles Physica IV, 14, 223a, Hervorhebung KB

5 Kant bemerkt diesbezüglich: "Die Vorstellung der Zeit entspringt nicht aus den Sinnen, sondern wird von ihnen vorausgesetzt. ... Die Zeit ist nicht etwas Objektives und Reales, sondern eine subjektive, durch die Natur des Geistes notwendige Bedingung, beliebige Sinnendinge nach einem bestimmten Gesetze miteinander zusammenzuordnen, und eine reine Anschauung ..." (zit. nach Fraser (1991), S. 62-63). Bei Leibniz werden *Raum und Zeit zu Ordnungsprinzipien unserer Wahrnehmung*, sind also keine Dinge, sondern Anordnungen von Dingen.

6 Übersetzung: "Was ist die Zeit? Wenn mich niemand danach fragt, weiß ich es; wenn ich es einem Fragenden aber erklären will, weiß ich es nicht.", Augustinus-Zitat aus Buch 14, Kap. 11 der "Confessiones"/Bekenntnisse Gent (1930), S. 397

7 Perpeet (1955), S. 532

selbst ist aber ein zeitlicher Vorgang und kann davon auch nur schwerlich abstrahieren, so daß die meisten Philosophen zunächst doch wieder bei den zeitlichen Vorgängen ansetzen.[8]

Folgt man Perpeets Differenzierung von Zeit und Zeitlichem, so versteht sich die vorliegende Arbeit nicht als eine Auseinandersetzung mit der "Zeit", sondern mit "Zeitlichem" (speziell: mit Zeitlichem in der Medienkommunikation). Wo im weiteren Verlauf von "Zeit die Rede" ist, geschieht dies vor allem aus pragmatischen Gründen der Verständlichkeit und um einer Verwechslung mit Heideggers Begriff "Zeitlichkeit" vorzubeugen. Die Auseinandersetzung mit der Philosophie der Zeit beschränkt sich in dieser Arbeit auf Fragen der Konstitution des Zeitbewußtseins. Besonderes Augenmerk gilt dabei den Werken von Bergson und Husserl, weil diese (zeit-)soziologischen Theorien als Fundament dienen.

4.2 Konstitution des Zeitbewußtseins

Der Widerspruch zwischen "äußerer", "objektiver", "physikalischer" oder "chronometrischer" Zeit und der Erfahrung der "inneren", "subjektiven", "psychologischen" und "wahren" Zeit zählt zu den ungelösten Problemen der Philosophie, die entsprechenden Dichotomisierungen gehören zu den typischen Denkfiguren der Zeitphilosophie.[9] So unterscheidet auch Henri Bergson *zwei Modifikationen der Zeit mit ihren jeweils spezifischen Zugangsmöglichkeiten*:

(1) Die *gedachte, abstrakte, symbolische, verräumlichte, homogene Zeit* ist in Teile zerlegbar, die miteinander identisch und austauschbar, also *durch Analyse erkennbar* sind. Sie ist paradoxerweise aus Zeitpunkten, die selbst keine Ausdehnung (Dauer) besitzen, zusammengesetzt. Bergson verweist auf ein altbekanntes philosophisches Problem[10], wenn er die Frage stellt:

> "*Was ist genau genommen die Gegenwart?* Wenn es sich um den gegenwärtigen Augenblick handelt, ... um eine Art mathematischen Moment, der für die Zeit dasselbe wäre, was der mathematische Punkt für die Linie ist, ... so könnte man niemals aus solchen Augenblicken eine Zeit zusammensetzen, genau so wenig, wie man aus mathematischen Punkten eine Linie zusammensetzen kann. Die beiden Augenblicke könnten dann voneinander durch ein Zeitintervall getrennt sein, da nach Voraussetzung die Zeit auf ein Nebeneinander von Augenblicken zurückgeführt werden sollte. Sie wären also durch nichts getrennt, und infolgedessen würden sie zusammenfallen."[11]

Wenn Zeit selbst eine Ausdehnung hat, so wird der Begriff der Gegenwart inhaltslos. Wenn Gegenwart etwas bezeichnet, das zwischen der abgeschlossenen Vergangenheit (sonst wäre die Unterscheidung Vergangenheit/Gegenwart hinfällig) und der noch nicht existierenden Zukunft (sonst wäre die Unterscheidung Gegenwart/Zukunft hinfällig) liegt, dann kann sie selbst keine Ausdehnung haben, weil sie sonst Teile ihrer

8 vgl. Perpeet (1955), S. 533-535

9 Er dient immer wieder als Hintergrund für kulturkritische Klagen, vgl. für viele Nebel (1965)

10 Dieses Paradoxon geht auf Zenon von Elea zurück: Ein fliegender Pfeil nimmt in jedem Augenblick einen Raumbereich ein, der genau seiner Länge entspricht. Wenn er aber nicht mehr Raum in Anspruch nimmt, dann kann er sich auch nicht bewegen, denn sonst würde er ja zugleich mehr Raum einnehmen müssen. *Ein zeitlicher Ablauf (Bewegung) läßt sich logisch eben nicht aus unzeitlichen, d.h. unbewegten "Atomen" zusammensetzten.* vgl. auch Schmidt-Biggemann (1986), S. 284)

11 Bergson (1985), S. 172, Hervorhebung, KB

eigenen Vergangenheit und Zukunft schon enthalten würde. Wenn die Gegenwart keine Ausdehnung hat (also bloße Grenze ist), kann sie aber auch kein "Material" produzieren (was ein Prozeß in der Zeit sein müßte), aus dem sich dann vergangene Gegenwarten (Vergangenheit) "sedimentieren" könnten. Wenn es also keine Ausdehnung der Gegenwart gibt, kann auch nie Vergangenheit entstanden sein.[12]

Ein weiteres ungelöstes Problem ist das Verhältnis von Raum und Zeit, das ja schon in der Physik zu einem theoretischen Konstrukt geführt hat, das wir uns nicht vorstellen können. Unsere gängigen *bildlichen Vorstellungen* von der Zeitlinie, dem Zeitpfeil, dem Zeitraum usw. weisen ebenso wie unsere *sprachlichen Begriffe* für Zeitliches auf die Tendenz oder gar den Zwang hin, Zeit zu ver-räumlichen.[13] Henri Bergson hat - deutlicher und radikaler als viele akademische Philosophen - anschaulich gemacht, daß wir Zeit immer nur räumlich begreifen können und letztlich alle philosophischen und wissenschaftlichen Zeitmodelle nicht zufällig in Metaphern des Raumes beschrieben werden. Unser "gesunder Menschenverstand" zerlegt die Zeit wie den Raum in teilbare Abschnitte: Jede Bewegung wird von unserem Gehirn wie von einer Filmkamera in eine Folge von Momentaufnahmen zerlegt.[14] Was Bewegung aber wesentlich ausmacht, ihre unteilbare Kontinuität, bleibt unerkannt. Die meßbare Zeit des Alltags und der Wissenschaft ist aber nur eine sekundäre Wirklichkeit, die abgeleitet wird von einer anderen, ursprünglichen Erfahrung der wahren Zeit.

(2) *Diese wahre, konkrete, schöpferische Zeit des seelischen und geistigen Geschehens* verliert nie den Zusammenhang mit sich selber. Die Vergangenheit erhält sich automatisch in kontinuierlicher Durchdringung mit der Gegenwart (Erinnerung und Gedächtnis), und ein Teil der Vergangenheit entfaltet sich in die Zukunft, denn Erfahrungen beeinflussen Wahrnehmungen und Handlungen.[15] Diese Zeit ist *heterogen*, d.h. sie läßt sich nicht in Teile aufsplittern, die zur Deckung gebracht werden können, wohl aber teilt sie sich selbst ständig in einem gegenwärtigen schöpferischen Prozeß (und verändert sich dabei qualitativ als Gegenwart).[16] Sie ist folglich auch nicht meßbar, sondern kann nur konkret gelebt werden. Bergson bezeichnet diese Modifikation der Zeit auch als reine Dauer (durée). Erfahren läßt sich die durée nur als psychisches Phänomen (*Erleben*) und - durchaus methodisch[17] - mit *Hilfe der "Intuition"* des Bewußtseins (das für Bergson mit dem Gedächtnis identisch ist).[18] Durch *Intuition* wird Zeit als unteilbare Kontinuität erfahren, so wie in der Musik nicht jeder der aufeinanderfolgenden Töne allein, sondern als Ganzes, als Melodie wahrgenommen wird, wobei der aktuelle Ton seinen 'Wert' nur in der Harmonie mit allen anderen Tönen erhält. Die intuitive Zeiterfahrung ist intensiv und inkommunikabel, nicht extensiv und meßbar.[19]

Betrachtet man das Gesamtwerk Bergsons kritisch, so ergeben sich unauflösbare Widersprüche: (a) Zeit wird zum einen als psychisches Phänomen, das durch die Intuition (also einen menschlichen Bewußtseinsakt) erfahren werden kann, verstanden.

---

12 Dieses Paradoxon ist auch schon von Augustinus formuliert worden.vgl. bspw. Oeser (1991), S. 179
13 vgl. zu den räumlichen Zeitmetaphern auch Kümmel (1962), i.b. S. 4-13
14 vgl. Kolakowski (1985), S. 18
15 Die Vergangenheit wird nicht rekonstruiert, sondern sie ist als Gedächtnis eine Konstruktion, vgl. auch Deleuze (1989), S. 72-77
16 vgl. Deleuze (1989), S. 59
17 vgl. Deleuze (1989), S. 51
18 vgl. hierzu auch Kolakowski (1985), S. 44
19 vgl. Kolakowski (1985), S. 33 und Kümmel (1962), S. 17-18

Zum anderen ist Zeit für Bergson aber auch eine kosmologische Größe, nämlich das Werk eines göttlichen Handwerkers.[20] (b) Die strikte Trennung in Quantitäten/Extensitäten/Raum und Qualitäten/Intensitäten/Zeit (Dauer) bereitet den Bergson-Interpreten Schwierigkeiten: Deleuze interpretiert die Gegensätze als absolute Gegensätze von Tendenzen,[21] Kümmel kritisiert zutreffend, daß sich eine absolute Trennung nicht aus den Phänomenen selbst ergibt, "sondern aus einem dualistischen Ansatz mit metaphysischen Prämissen".[22] Gleichwohl haben Gedanken Bergsons die Soziologie beeinflußt;[23] die Dichotomisierung der Zeit wurde dabei immer wieder kulturkritisch verlängert. Die Gegnerschaft zur "quantitativen Zeit" führte mitunter dazu, Uhren- und Kalenderzeit aus der soziologischen Analyse auszuschließen,[24] statt sie als *eine* Erscheinungsform sozialer Zeit zu betrachten.

Von vergleichbarer Relevanz für die Soziologie ist die Phänomenologie Edmund Husserls, der sich ebenfalls eingehend mit dem Problem der Zeit beschäftigt hat.[25]Husserl geht davon aus, daß eine Bestimmung der Zeit nicht ohne Einbezug des Zeit wahrnehmenden Menschen möglich ist. Der naturwissenschaftliche Zugriff auf Zeit und sein Ergebnis, das Konzept einer objektiven Zeit begreift er als bloße Umdeutung der menschlichen Erlebniszeit.[26] Als Phänomenologe[27] will Husserl aber "zu den Sachen selbst" gelangen, d.h. zu den *Phänomenen, wie sie im Bewußtsein unmittelbar gegeben sind.* Im Zentrum seines Denkens steht nicht "die reale Existenz von Gegenständen", sondern "die Gegenstände im Wie ihres Gegebenseins als intentionale Korrelate zu den Akten, die sie geben ..."[28] Bewußtsein ist immer intentional, d.h. "Bewußtsein von etwas".

Die phänomenologische Zeit-Analyse ist also eine Analyse des Zeit-Bewußtseins, bei der die objektive Zeit und die ontologische Frage "eingeklammert", also aus der Betrachtung ausgeschlossen wird.[29]

Nicht die objektive Umwelt determiniert unsere Wahrnehmung, sondern unsere Wahrnehmung wird - in der Lebenswelt pragmatisch - motiviert und richtet sich auf unsere Umwelt. In unserem gegenwärtigen Bewußtsein können nun Vergangenheit

---

20 vgl. Kolakowski (1985), S. 103-105
21 Deleuze (1989), S. 35 und S. 117
22 vgl. und zit. Kümmel (1962), S. 21
23 Eine systematische Überprüfung der Bedeutung Bergsons für die zeitsoziologische Theoriebildung hat Schmied (1985), i b S. 26-66 vorgenommen. Wir werden vor allem im Zusammenhang mit der Soziologie Alfred Schütz auf Bergson zurückkommen.
24 Vgl. hierzu auch Schmied (1985), S. 82-85. Schmied wirft diesen Soziologen sogar vor, in ideologischer Weise die "Rückkkehr in die hypothetische Welt der Primitiven" zu postulieren.
25 Die Auseinandersetzung Edmund Husserls mit dem Zeitproblem kann hier nicht erschöpfend behandelt werden. Sie läßt sich jedoch in vier Phasen einteilen, deren wichtigste Erkenntnisse referiert werden. vgl. Bernet (1985), S. XVIII
26 vgl. auch Bernet (1990), S. 73
27 Husserl unterscheidet natürliche Einstellung (Einstellung der Alltagswelt, Einstellung der Lebenswelt, "Verschossensein in die Gegenstände", keine Reflexion über das Wie ihrer Wahrnehmung, "Naivität") und Wissenschaftliche Einstellungen (empirische Natur- und Geisteswissenschaften (positive Wissenschaften, eidetischen Wesenswissenschaften und transzendentalphänomenologische Wissenschaft). Voraussetzung der letzteren ist die Befreiung von der Naivität der Lebensweltlichkeit und der positiven Wissenschaften, also die "Durchstreichung", "Einklammerung", "Inhibition", "Epoché" der Frage, *ob* es die Tatsachen wirklich gibt (der ontologischen Frage).
28 Marx (1987), S. 47
29 "Das erste bei einer phänomenologischen Analyse der Zeit-Erlebnisse ist der völlige Ausschluß aller Suppositionen in betreff einer objektiven Zeit." (Husserl (1985), S. 53 = Husserliana, Bd. X, S. 187) sowie Husserl (1985), S. 35 = Husserliana, Bd. X, S. 169

und Zukunft als *intentionale Bewußtseinsinhalte*, nämlich als *gegenwärtig wahrgenommene, abhängige Zeitformen* begriffen werden. Während die Gegenwart die "selbständige Grundform der Zeiterfahrung" darstellt,[30] sind "Erinnerung" und "Erwartung" intentionale Akte der "Vergegenwärtigung".

Die Wahrnehmung eines immanenten (d.h. dem Bewußtsein als Phänomen gegebenen) Zeitgegenstandes heißt bei Husserl "Urimpression". Mit dieser Urimpression, die nicht auf einen (im streng mathematischen Sinne) Punkt begrenzt, sondern als "Zeithof"[31] gedacht ist, sind die unselbständigen Momente der "Retention" und der "Protention" verbunden, die etwas qualitativ Anderes als Erinnerung und Erwartung sind: Retention und Wiedererinnerung unterscheiden sich nicht durch ihren Vergangenheitsbezug (im Sinne von länger zurückliegender Vergangenheit) als vielmehr in ihrem Modus und dem Status der Vergangenheit. Bei der Retention wird *vergangene Gegenwart als Gegenwart* (Ur-Impression oder Jetzt-Bewußtsein) "behalten", es handelt sich nicht um ein Wieder-holen von Vergangenem, sondern um ein sich stetig modifizierendes Bewußtsein. Retention ist ein Moment des unzeitlichen, d.h. absoluten Bewußtseins. Wiedererinnerung hingegen vergegenwärtigt *vergangene Gegenwart als Vergangenheit* noch einmal von neuem. Wiedererinnerung ist ein intentionaler Akt, der die paradoxe Leistung vollbringt, einen Gegenstand zugleich als vergangen und als gegenwärtig erscheinen zu lassen, also "Gleichzeitigkeit" herstellt. Erinnerung muß immer anders sein als das Erlebnis selbst, da der *Zeitmodus* des Jetzt eben nicht in die Vergangenheit gerettet werden kann.[32]

Durch Sukzession kommen immer neue Jetzt-Momente zur Wahrnehmung, die quasi automatisch die vorangegangenen Jetzt-Momente in die Vergangenheit schieben, ohne daß diese vergessen werden (sie werden vielmehr als Retention "behalten"). Es ist im aktuellen Jetzt nicht genug Platz, um die vorangegangenen Gegenstände als jetzige aufzuheben, allerdings kann ich behalten, daß sie wahrgenommen wurden. Die Wahrnehmung hat ja auch selbst eine Dauer, und eben diese Dauer kann ich wahrnehmen. Das aktuelle Jetzt besteht folglich aus der aktuellen Wahrnehmung, dem Gegenstand B und der Wahrnehmung des Gegenstandes A als gehabter (vergangener) Wahrnehmung. So wie auch zwei Menschen ein gemeinsames bzw. gleichzeitiges Jetzt-Bewußtsein haben können (und haben müssen), so erlaubt die Retention eine Gleichzeitigkeit.[33] In der Wahrnehmung (Protention und Retention einschließend) besteht Gleichzeitigkeit zwischen der Zeit der Dinge und der körperlichen Vorgänge und der Zeit der geistigen Vorgänge, während in der Erinnerung Erinnertes und Erinnerung nicht gleichzeitig sind.[34] Der Ursprung des Zeitbewußtseins liegt nach Husserl also im intentionalen Bewußtsein (Akte der Vergegenwärtigung), das jedoch nicht ohne ein absolutes Bewußtsein (Retention und Protention) auskommt.

Bernet kritisiert nun, daß die Ursprungsfrage damit lediglich "um eine Stufe verschoben" sei und Husserl zu weiteren Erklärung unter dem "intentionalen Bewußtsein" noch eine tieferliegende Schicht, die des "absoluten Bewußtseins", konstruieren muß, das selbst unzeitlich ist. Eine Letztbegründung des Zeitbewußtseins ist mit Husserls phänomenologischer Methode nicht gelungen, das Problem wird von Bewußtseins-

30 Bernet (1990), S. 75
31 Husserl (1985), S. 34 = Husserliana, Bd. X, S. 168
32 vgl. Husserl (1985), S. 25 = Husserliana, Bd. X, S. 159
33 vgl. Husserl (1985), S. 73-74 = Husserliana, Bd. X, S. 207-208
34 vgl. Husserl (1985), S. 153-154 = Husserliana, Bd. X, S. 287-288

ebene zu Bewußtseinsebene verschoben.[35] Dieses letztendliche *Scheitern der Phänomenologie Husserls* als "strenge Wissenschaft" konstatieren auch Bieri, Bergmann[36] und Leszek Kolakowski, der Husserls Werk zwar als den "bedeutendste(n) und ernsthafteste(n) Versuch ... in unserem Jahrhundert, ... zu den letzten Quellen des Wissens zu gelangen", bezeichnet,[37], jedoch auf die Widersprüchlichkeit und Unvereinbarkeit des Husserlschen Verfahrens hinweist:

> "Die Strenge einer Untersuchung impliziert ihre Kommunizierbarkeit: wir müssen imstande sein, ihren Inhalt in Worten mitzuteilen, so daß, wer immer uns versteht, die gleiche Gewißheit erlangt. Das ist bei der Phänomenologie nicht der Fall. Gewißheit liegt im Akt der Einsicht, nicht im Diskurs."[38]

Für Husserl und Bergson "stellt sich heraus, daß letzte Gewißheit nur in der Immanenz erreicht werden kann und daß der letzte Gehalt dieser Gewißheit inkommunikabel ist."[39]

4.3 Folgen für die zeitsoziologische Betrachtung

(1) Die ontologische Frage ist offen, selbst über ihre grundsätzliche Entscheidbarkeit wird gestritten. Husserls phänomenologische "Einklammerung" der Realität und die konstruktivistische Kognitionstheorie stehen dabei in Einklang. Mit Perpeet ist die Abstraktion "Zeit" begrifflich deutlich von "Zeitlichem" zu differenzieren. Ich werde im folgenden den Begriff Zeit weiter verwenden, bezeichne damit aber nicht das Wesen einer als gegeben zu betrachtenden Entität.

(2) Die Widersprüche äußere vs. innere, objektive vs. subjektive Zeit haben vielfältige Re-Formulierungen erfahren, ohne daß die Dichotomie aufgelöst oder das zugrundeliegende Problem gelöst worden wäre. Bergson und Husserl haben gezeigt, daß die scheinbar objektive, meßbare Zeit kein Anrecht auf Priorität beanspruchen kann und daß sie unsere Erfahrung von Zeit(lichem) nicht hinreichend reflektiert. Die Grundlage unseres Zeitbewußtseins liegt nicht in der objektiven Zeit, sondern in aktiven (intentionalen) und konstruktiven Wahnehmungsakten.

---

35 vgl. auch Bernet (1990), S. 75-77

36 Im Anschluß an Bieri kritisiert Bergmann (1981), S. 23-32) die phänomenologische Zeittheorie Husserls aus soziologischer Sicht. Bergmanns Fazit, daß die phänomenologische Analyse aufgezeigt habe, daß man zwischen einer realen Zeit (vorher/gleichzeitig mit/nachher-Ordnung) und der Zeitordnung von Vergangenheit, Gegenwart und Zukunft, als Ergebnis des menschlichen Konstitutionsvermögens (intentionalen Bewußtseins), unterscheiden könne, muß hier jedoch widersprochen werden. Von einem konstruktivistischen Standpunkt aus wird einsichtig, daß uns auch die vorher/gleichzeitig mit/nachher-Reihe nur als Kognition und nicht als Realität zugänglich ist. Auch bei dieser sog. B-Reihe (nach McTaggert) handelt es sich um eine soziale Konstruktion und nicht um eine vom erfahrenden Bewußtsein unabhängige Struktur der objektiven Welt.

37 vgl. und zit. Kolakowski (1986), S. 11

38 Kolakowski (1986), S. 61-62

39 Kolakowski (1986), S. 82

5 Die Konstruktion "geschichtlicher Zeiten"

Die Betrachtung der Entwicklung der historischen Naturwissenschaften hat gezeigt, daß Zeit als Größe der Natur (Naturgeschichte) erst einmal erfunden und ihre Dauer dann ausgedehnt werden mußte. Zeit konnte deshalb sehr gut als Konstruktion begriffen werden. Vergleichbares gilt, so meine These, auch für die Thematisierung der Kulturgeschichte, die sich als Konstruktion von "Geschichtszeit" oder "geschichtlicher Zeit" (Koselleck) betrachten läßt.

"Eigenzeit" von Geschichte ist nur sinnvoll, wenn sie sich von der physikalischen Zeit der Naturgeschichte unterscheidet. Diese Differenz bildet in zweifacher Hinsicht die Basis für "Geschichtszeit", denn es bedarf zum einen eines gemeinsamen, universellen und epocheübergreifenden Maßstabes (Chronologie als Hilfswissenschaft), dem sich Historiker nahezu unabhängig von ihrem eigenen zeitgeschichtlichen Standpunkt aus zum Zwecke wissenschaftlicher Datierung bedienen können. Zum zweiten darf Geschichtszeit nicht in der universellen, natürlichen Zeit aufgehen, wenn sie neben ihr ein eigenständiges Recht *sui generis* behaupten will.

Die Geschichtsschreibung hat durch unterschiedliche Periodisierungsmodelle eine eigenständige Zeitdimension konstruiert, die nicht am astronomischen Kalender oder anderen natürlichen Rhythmen ortientiert ist. Als geschichtlich bzw. geschichtswissenschaftlich bedeutsam können unterschiedliche Intervalle (die römischen "aetates", die vier Weltreiche (imperia) oder eben die ursprünglich rein kunstgeschichtliche Einteilung in "Altertum", "Mittelalter" und "Neuzeit") angesehen werden. Die Wahl der Periodisierung richtet sich nach den Forschungsproblemen und unterliegt selbst einem historischen Wandel,[1] sie ist "*subjektive* Formgebung eines *objektiv* gegebenen Materials".[2] "Geschichtliche Zeiten", wie Reinhart Koselleck in Anbetracht der historischen Genese die Geschichtszeit nennt, unterscheiden sich also in der Art und Weise, wie vermeintlich "objektive" Vergangenheit und Zukunft jeweils "subjektiv" aufeinander bezogen werden[3]:

> "Die Hypothese ist dabei, daß sich in der Differenzbestimmung zwischen Vergangenheit und Zukunft, oder anthropologisch gewendet, zwischen Erfahrung und Erwartung, so etwas wie »geschichtliche Zeit« fassen läßt."[4]

Dies impliziert zum einen, daß es *historisch unterschiedliche Weisen des In-Beziehung-Setzens von Vergangenheit und Zukunft* gegeben hat. Dies läßt sich durch Detailstudien, etwa an der Begriffstriade "modernus"/"novus"/"antiquus" und ihrer

1 vgl. Hassinger (1961), S. 71-74

2 Hassinger (1961), vgl. S. 75, S. 79-81, Zitat S. 81. Die "Objektivität" des Materials - dies sei hier schon angedeutet - steht allerdings ebenfalls zur Diskussion, wenn man erkenntnis- und wissenschaftstheoretisch radikaler nach ihr fragt.

3 Oakeshott unterscheidet vier Relationierungen von Gegenwart und Vergangenheit, vgl. Adam (1990), S. 144-147

4 Koselleck (1989), S. 12

Entwicklung im Laufe des Mittelalters belegen.[5] Zum anderen sprechen aber auch *sozial und kulturell bedingte Unterschiede* für Kosellecks Annahme sowie der Wandel der *Geschichtskultur*[6] (Hardtwig).

Philippe Aries unterscheidet (a) persönlich-authentische, "existentielle Geschichte" und (b) an objektiven und universellen Maßstäben orientierte "wissenschaftliche Geschichte" als *zwei Formen der Konstruktion von Geschichtszeit* und damit von Geschichts(sub)kultur.[7] Die existentielle Geschichte ist eng verbunden mit Alltag, Herkunft und Gruppenzugehörigkeit (Familiengeschichte, Genealogie, Stadt- und Regionalgeschichte). Ihre Akzentuierung wird oftmals geradezu als Strategie gegen das verunsichernde Eindringen der großen Weltgeschichte in das private Leben eingesetzt. Die eigene Vergangenheit ist ein sicherer Besitz und "Tradition, Brauch, Gewohnheit" verschaffen Sicherheit.[8] Die Vielfalt der möglichen Subjekte der Geschichte führt zu einer *Pluralisierung des Geschichtsbegriffs*: Jede Gesellschaft, Kultur, Zivilisation oder Klasse besitzt dann ihre eigene Geschichte.[9] (b) Die wissenschaftliche Konstruktionsweise der Geschichte bemühte sich hingegen lange Zeit ausschließlich um die einheitliche, objektive Weltgeschichte. Die "Abtötung der Geschichte" durch ihre Objektivierung wird, so kritisiert Aries, dabei "zur Methode" erhoben.[10]

Die moderne wissenschaftlich-historische Methode kann als dreifacher Konstruktionsprozeß begriffen werden:

1. Die *Aufstellung der Tatsachen* (res gestae) ist eine Rekonstruktion durch Rückgriff auf Dokumente und deren kritische Interpretation, oder mit den Worten Aries': "Die Tatsache verdankt sich dem Historiker, sie war vor ihm nicht im Dokument enthalten: sie ist eine Konstruktion des Historikers."[11]

2. Die *Herstellung der Kontinuität der Tatsachen* (historiae) läßt die Kontingenz der Konstruktion besonders deutlich werden.

3. Die *Auslegung der Tatsachen* (Geschichtswissenschaft) bedeutet die Konstruktion einer *Ordnung*, die - über die rein chronologische hinausgehend - *Sinn* konstituiert (etwa durch das Kausalitätsprinzip).[12]

Der konstruktive, aktuelle Charakter von Geschichtsschreibung kommt schon in Benedetto Croces Satz "Alle Geschichte ist Zeitgeschichte" zum Ausdruck und wird mit der Ablehnung des Historismus in der franzöischen Historikergruppe um die Zeitschrift Annales etwa bei Marc Bloch zum Programm. Demnach soll Geschichte nicht die Gegenwart durch die Vergangenheit verstehen, sondern die Vergangenheit durch die Gegenwart.[13] Vielfältig bestätigt wird der konstruktive Charakter der Tätigkeit des Historikers durch Selbstbeschreibungen von Historikern und geschichtsphilosophische Reflexionen. Walter Benjamin, C. Levi-Strauss, R. G. Collingwood, C. Beard, W. H. Walsh, L. J. Goldstein, H. M. Baumgartner, D. Harth und W. H. Mommsen, die sich

5 vgl. Freund (1957)
6 Wolfgang Hardtwig versteht unter "Geschichtskultur ... eine Sammelbezeichnung für höchst unterschiedliche, sich ergänzende oder überlagernde, jedenfalls direkt oder indirekt aufeinander bezogene Formen der Präsentation von Vergangenheit in einer Gegenwart." vgl. Hardtwig (1990), S. 265-266
7 vgl. Aries (1988), S. 249
8 Aries (1988), S. 35-36
9 Vgl. hierzu auch Barth (1964), S. 318-341, i.b. S 321
10 Aries (1988), S. 208
11 Aries (1988), S. 225
12 Aries (1988), S. 224-229
13 Vgl. LeGoff (1992), S. 144 u. 143

selbst allesamt nicht als Konstruktivisten bezeichnet haben oder als solche bezeichnen würden, beschreiben die historischen Methoden als konstruktive und deren Ergebnis *nicht als Reproduktion oder als bloße Re-Konstruktion von Vergangenheit, sondern als aktuelle Konstruktion*. Diesen Feststellungen folgen dann unterschiedliche Bewertungen, die von einer kritisierend-beklagenden Haltung bis hin zu emphatischer Begrüßung des Konstruktionscharakters reichen.[14] Aries verdeutlicht an Fallstudien, wie die Konstruktion der "gleichen" Geschichte (Realität) zu unterschiedlichen Zeitpunkten zu unterschiedlichen "Geschichten" (Wirklichkeiten) führt und somit vor allem Auskunft über den Geschichtsschreiber (Konstrukteur) gibt.[15]

Geschichte als Betrachtung und Wissenschaft unterliegt selbst einem geschichtlichen Prozeß, d.h. das "Ob" und die Art und Weise der Konstruktion von "Geschichte" ist historisch. Eine der wohl grundlegendsten Entwicklungen im Verlaufe dieses Prozesses besteht in der *Temporalisierung des Geschichtsverständnisses*: Die Antike kannte noch keine existentielle Sorge um Geschichte, erst das Christentum brachte "die Vorstellung einer engen Abhängigkeit zwischen dem Menschen und der Geschichte"[16] hervor, doch *zu einer Betrachtung der Geschichte in ihrer ganzen Kontinuität kam es vorläufig nicht*. Noch im 17. Jahrhundert beschäftigte man sich mit den *ausgesuchten Epochen* der biblischen und der klassischen Antike, methodisch herrschte bis zur Mitte des 18. Jahrhunderts die Kompilation vor.[17] Der Zeitbezug von Politik und Geschichtsschreibung war bis zur Aufklärung ein zeitgeschichtlicher, der nicht weiter als drei Generationen zurückreichte und die Zukunft als überschaubare Größe begriff. *Geschichtliche Erfahrungen galten als wiederholbar*, was zugleich bedeutete, daß sich in der Zukunft nichts wirklich qualitativ Neues ergeben würde. Dies war geradezu die Voraussetzung dafür, daß die *Historie die Lehrmeisterin des Lebens* (Cicero: Historia Magistrae Vitae) sein konnte, eine Ansammlung lehrreicher, weil auf Gegenwart und Zukunft anwendbarer Fremderfahrungen.[18] *Bis zur frühen Neuzeit lag die Bedeutung der Vergangenheit in der Gegenwart, das Verhältnis beider zueinander war ein legitimatorisches.*[19]

Bis zur Aufklärung kann im Bewußtsein der jeweiligen Zeitgenossen nicht von einer Geschichtszeit gesprochen werden, da die notwendige Differenz zur natürlichen Zeit nicht ausgeprägt war. *Erst im Zuge von Aufklärung und (beschleunigter) Revolution kommt es zur "Verzeitlichung"*[20] *von Geschichte*. Die Revolution selbst wurde - schon aufgrund ihres ungewohnten Tempos - als *Einmaligkeit* erfahren und stellte etwas historisch Unvergleichliches, etwas wirklich Neues dar. *Die Vorstellung der Wiederholbarkeit mußte aufgegeben werden*, Geschichte bekam einen eigenen Zeit-Wert, und die Zukunft erschien nun als unbekannte, offene Zukunft.[21]

Schließlich veränderte sich der *Geschichtsbegriff selbst*. Geschichte wurde zunehmend als Prozeß *sui generis*, mit eigenen *immanenten* Kräften, als weltge-

---

14 vgl. Rusch (1986), S. 6-10 und Rusch (1987a), S. 296-298 sowie Benjamin betreffend Folkers (1991)
15 vgl. Aries (1988), S. 137-157
16 vgl. und zit. Aries (1988), S. 82
17 vgl. Aries (1988), S. 126-129
18 vgl. Koselleck (1989), S. 87-88 und S. 32-48 sowie Aries (1988), S. 77
19 vgl. Thomas (1988), S. 13-15
20 Koselleck (1989), S. 58
21 Die Revolution führte eben nicht zu bekannten Zuständen zurück (was ihrer alten Wortbedeutung entsprochen hätte), sondern öffnete einen Erwartungshorizont. Doch nicht nur die geschichtlichen Bewegungsbegriffe veränderten sich. (vgl. Koselleck (1989), S. 339-344).

schichtliches System und nicht länger als chronologisch-historische Beispielsammlung begriffen. Das Wechselspiel von (synchronen) Ereignissen und (diachronen) Strukturen erklärt die *Geschichte als Kollektivsingular. Noch bis Mitte des 18. Jahrhunderts hatte man meist von "Geschichten" gesprochen.*[22]

Erkenntnistheoretisch begleitet wird dieser Wandel des Geschichtsbegriffs durch die Einführung der räumlichen und zeitlichen Perspektive des Historikers. Die bis ins 18. Jahrhundert üblichen Forderungen der Parteilosigkeit, Enthaltsamkeit und Neutralität basierten auf einer Art naivem Realismus: den Augenzeugen (Zeitgenossen) und in zweiter Linie den Ohrenzeugen (zweite Generation) galt das historische Interesse. In Deutschland wurde diese Haltung vor allem durch Chaldenius (1710-1759) in Frage gestellt; erst seither wurde *der zeitliche Standort nicht für unvermeidbar gehalten, sondern als erkenntnisförderlich und wissensproduzierend angesehen.*[23] Geschichtsschreibung ist eben ein Prozeß der Konstruktion, also vom sozialen, politischen, geografischen, kulturellen und zeitlichen Standpunkt des Beobachter-Konstrukteurs abhängig und nie die absolut getreue Abbildung der "Geschichte selbst". Die Vergangenheit wird durch die Geschichte nicht "re-konstruiert" (wie Koselleck formuliert), sondern konstruiert, denn sie wird nicht als (vergangene) Gegenwart vorgestellt, sondern explizit als Vergangenheit (also in einem Status, den "sie" zuvor noch nie besaß):

> "Nicht mehr die vergangene Gegenwart ist Thema, ... die Vergangenheit selbst wird jetzt thematisiert, und zwar, wie sie sich in ihrer Eigentümlichkeit erst heute darbietet, *in einer ganz anderen Gestalt.* Aus einer Erzählung vergangener Gegenwarten wird eine reflektierte Vergegenwärtigung der Vergangenheit."[24]

Geschichtsschreibung ist eine konstruktive, *gegenwärtige, kulturelle Orientierungsleistung.*[25] Geschichte wird in doppeltem Sinne (Politik und Wissenschaft) *"gemacht"* und *nicht mehr* (im Plural) *erzählt.*[26]

---

22 vgl. Koselleck (1989), S. 50
23 vgl. Koselleck (1989), S. 176-190
24 Koselleck (1989), S. 191
25 Vgl. Rüsen (1983), S. 30
26 Der konstruktive, ja kompositorische Charakter der Geschichtsschreibung wird im übrigen hier noch einmal besonders deutlich: Gerade im Zuge der Aufklärung wurden "die Wände zwischen den beiden Lagern der Historiker und der Dichter osmotisch durchlässig ...", (Koselleck (1989), S. 279) Man denke in diesem Zusammenhang etwa an Schiller, KB.

6 Zusammenfassung

(1) Die einzelnen Wissenschaftsdisziplinen haben eigenständige Zeitkonzeptionen oder -modelle entwickelt, die wissenschaftshistorisch variabel und theoretisch heterogen sind. Sie erklären oder beschreiben jeweils nur bestimmte Ausschnitte der disziplinären Zeitproblematik, d.h. innerhalb der meisten Wissenschaftsgebiete gibt es keine einheitliche Vorstellung von Zeit. Die Auseinandersetzung mit den unterschiedlichen Zeitkonzepten der historischen Naturwissenschaften hat die konstruktivistische Auffassung erhärtet, daß das Gemeinsame der Zeitkonzepte nicht in der Erkenntnis der objektiven realen Zeit) liegt, sondern in der kognitiven und sozialen Konstruktion von problemlösenden Wissen besteht.Die Naturwissenschaften eröffnen keinen privilegierten Zugang zur Natur der Zeit. *Die Geschichte der historischen Naturwissenschaften läßt sich deshalb als vielfältige "Erfindung" der Zeit beschreiben.*

(2) Die mathematisierte Physik stellt nicht den "Königsweg" der Erkenntnis von Zeit dar. Viele für den Menschen und die Gesellschaft bedeutsame Aspekte des Zeitlichen bleiben ausgeklammert. Biologische Systeme und Prozesse sind hinsichtlich ihrer zeitlichen Aspekte beispielsweise nicht hinreichend mit den Konstruktionen der physikalischen Zeit beschreib- und erklärbar.

(3) Es gibt keine priviligierte Wissenschaft, die das Wesen der Zeit verstehen oder erklären könnte[1] oder eine hinreichende Supertheorie der Zeit zur Verfügung stellen würde. Damit fehlt auch die Möglichkeit, zeittheoretische Ansätze der Naturwissenschaften auf sozialwissenschaftliche Fragestellungen zu übertragen. Aus konstruktivistischer Sicht erscheinen die hier erörterten Konzepte der "Beobachterabhängigkeit" von Zeit und der "Eigenzeit" *als Metaphern* für die sozial- und kommunikationswissenschaftliche Thematisierung von Zeitlichem hilfreich.

(4) Eine Ontologisierung der Zeit entbehrt wissenschaftlicher und erkenntnistheoretischer Grundlagen und trägt wenig zur Lösung des Zeit-Problems bei. Im Grunde müßten wir immer von "Zeitlichem" oder "Zeitlichkeit(en)" sprechen. Zeitlichkeit und zeitliche Strukturiertheit sind Konstruktionen eines Beobachters und nicht das Wesen von Objekten. Schon von der Etymologie des deutschen Wortes "Zeit" her erschließt sich das "Gemachte" der Zeit. Die althochdeutschen (zit), germanischen (ti-di), altindischen (dati) und altnordischen (tina) Wortwurzeln bedeuten "zerteilen, zerschneiden, zerpflügen", beziehen sich also auf die Ordnung und Gliederung durch eine menschliche Handlung und nicht auf eine vorfindbare Entität der Natur.[2]

---

1 " ... time emerged as a fundamentally transdisciplinary subject and necessiated an understanding that is no longer containable within the traditional assumptions and categories of social science." Adam (1990), S. 149

2 Vgl. Bellebaum (1990), S. 68-69

III

"Soziale Zeit": zeitsoziologische Theorieansätze als Grundlage kommunikationswissenschaftlicher Analyse

> "Seen in one light, time is very much a social construct, formed by individuals who are also more than individuals."[1]

---

1 Auf diesen Nenner bringen Young und Schuller einen Beitrag von Marie Jahoda, in dem sie die Notwendigkeit des sozialpsychologischen Zugangs zur Zeit begründet (vgl. Young (1988), S. 10)

1 Einleitung

Das zentrale Anliegen jeder soziologischen Zeittheorie muß zunächst darin bestehen, einen soziologischen Zeitbegriff zu begründen, der nicht restlos auf die Zeitbegriffe anderer Wissenschaften reduzierbar ist. Im Unterschied zur "natürlichen Zeit" wird "soziale Zeit" in der sozialwissenschaftlichen Theoriebildung - ungeachtet aller sonstigen Widersprüche - nahezu einhellig entweder als soziale Tatsache, soziales Produkt, das Resultat eines sozialen Konstitutionsprozesses oder eben als soziale Konstruktion aufgefaßt. Die ontologische Frage wird dabei weitgehend ausgeklammert.[1]

Noch 1974 beklagte Kurt Lüscher einen Mangel an soziologischen Zeittheorien. Dies hat sich - entgegen stereotyper Klagen[2] - mittlerweile geändert, denn das Thema Zeit erlebt eine Konjunktur in den Sozialwissenschaften. Doch die vorliegenden Ansätze zeichnen sich eher durch Widersprüchlichkeit und Unvollständigkeit aus als durch einheitliche theoretische Fundierung. Helga Nowotny kommt zu dem wenig ermutigenden Schluß, daß "die Zeit der Soziologie unterentwickelt, beiläufig, paratheoretisch" geblieben sei: "Die Befassung mit Zeit beruht entweder auf unkritischer Akzeptanz und nicht-reflektierter Unterwerfung unter die Zeit der Physik oder ist durch unterschiedliche Strategien der Abgrenzung gegenüber den Nachbardisziplinen und deren Zeitbegriff geprägt."[3]

Für den Zweck dieser Arbeit können wir also weder auf *die* soziologische Zeittheorie zurückgreifen, noch kann die gesamte Vielfalt der vorliegenden Literatur zur Zeit[4] hier in Form einer Metatheorie integriert werden. Ausgeklammert bzw. einer gesonderten Betrachtung vorbehalten müssen alle Theorien sozialer Zeit bleiben, die sich primär mit Fragen gesellschaftlicher Zukunft und Vergangenheit (z.B. Theorien des sozialen Gedächtnisses) beschäftigen.[5] Die Auseinandersetzung mit zeitsoziologischen Ansätzen erfolgt lediglich, um die begriffliche Basis für die kommunikations-

---

1 Dies vertritt auch Adam (1990), S. 42

2 Vgl. für viele Barth (1964), S. 318-341, S. 330: "Es läßt sich nicht übersehen, daß in der Gesellschaftwissenschaft des 20. Jahrhunderts der Raum einen erstaunlichen eigentümlichen Vorrang vor der Zeit eingenommen hat."; Lauer (1981), S. 13-17 sowie noch 1990 Hassard (1990), S. 1-18, S. 1

3 Nowotny (o.J.), S. 28

4 Einen Literaturüberblick bietet Bergmann (1983). Der gesamte Bereich der volkswirtschaftlichen Theorie (i.b. Say, Ricardo, Malthus, Schumpeter, Kontradieff, Marx) bleibt ebenso wie die Theorien des sozialen und kulturellen Wandels außen vor. Vgl. hierzu auch die systematische Darstellung Martins (1974), i.b. S. 263-273. Viele Studien zum sozialen Wandel nehmen statische Messungen in Form von Panels (Querschnittsvergleich) vor, so daß sie gerade das Moment des Wandels, des Werdens und Vergehens, aus dem Blick verlieren. Zudem wird auch hier die Uhren- und Kalenderzeit oftmals lediglich als vorgegebener und scheinbar neutraler Parameter in die Untersuchung einbezogen (vgl. Adam (1990), S. 101 sowie Waldmann (1971), i.b. S. 690-691). Zeit wird entweder mit Wandel gleichgesetzt (vgl. vor allem Giddens (1979) S. 198-233) oder als Störfaktor begriffen, der das soziale System aus seinem stabilen Gleichgewicht bringen kann (und damit Historiker "zum Zuge kommen lassen" würde).

5 Diese Beschränkung erfolgt in erster Linie aus Gründen des Umfangs, wenngleich gerade Medien eine besondere Rolle für das soziale Gedächtnis spielen dürften und dieser Zusammenhang bislang noch kaum wissenschaftliche Aufmerksamkeit gefunden hat.

wissenschaftliche Problematik zu erlangen, also "soziale Zeit" und die Kriterien ihrer Beschreibung zu erklären.

Vorab werde ich auf das Problem der Dichotomisierung von sozialer und natürlicher Zeit eingehen. In den beiden ersten Kapiteln werden sozialpsychologische und handlungstheoretische Ansätze referiert, um Zeit auf soziale Tatsachen zurückzuführen (Kapitel 2). Auf dieser Grundlage aufbauend kann soziale Zeit als alltägliches bzw. lebensweltliches Wissenselement begriffen werden, dessen Symbolisierung wissenssoziologisch analysiert werden muß (Kapitel 3). Eine Integration von radikalem Konstruktivismus und den zeitsoziologischen Ansätzen erfolgt mit Hilfe des "sozialen Konstruktivismus" (Kapitel 4). Je weiter wir uns bei der Untersuchung von der konkreten Handlungssituation entfernen, um so deutlicher treten die Qualitäten sozialer Zeit und ihre vielgestaltige Heterogenität zu Tage. Soziale Rhythmen verdichten sich dabei zu Zeitordnungen, die in einem Vermittlungsverhältnis zum Zeitbewußtsein stehen (Kapitel 5). Beide unterliegen sowohl kultureller Varianz als auch historischer Entwicklung, die schließlich ein komplexes Alltagsbewußtsein von Zeit und eine chronotopische Zeitordnung hervorgebracht haben (Kapitel 6). Dieser Komplexität werden soziologische Theorieansätze und Forschungsmethoden nicht gerecht, die Zeit einseitig ökonomistisch konzeptionalisieren und methodisch auf ihre chronometrisch meßbaren Aspekte reduzieren (Kapitel 7). Abschließend werde ich den zeitsoziologischen Rahmen, den ich für die kommunikationswissenschaftliche Untersuchung entwickelt habe, noch einmal zusammenfassend skizzieren und dabei die Qualitäten sozialer Zeit, die zugleich Kriterien der nachfolgenden Untersuchung sind, herausarbeiten (Kapitel 8).

Wie wir gesehen haben, kann aus der Sicht des radikalen Konstruktivismus der oft gebrauchte Gegensatz zwischen Natur und Gesellschaft nicht *die* geeignete Grenzlinie für die Formulierung einer soziologischen Zeit-Konstruktion sein, handelt es sich doch bei Natur bzw. "natürlicher Zeit" letztlich um ein soziales Konstrukt. Soziale Zeit ist in diesem Sinne mehr als nur "Eigenzeit"[6] des sozialen Systems, und man kann Barbara Adams Formulierung "all time is social time"[7] zustimmen.

Wenn alle Zeit sozial erzeugt wird, so darf sich die Soziologie nicht damit begnügen, Zeit als vorgegebenen Parameter zu verwenden. Die Theorie muß vielmehr zeigen, wie Zeit sozial erzeugt wird und welche besonderen sozialen Funktionen und Bedeutungen sie besitzt. Ferner sind Methoden zu entwickeln, die den sozialen Qualitäten von Zeit Rechnung tragen. Zunächst muß Zeit also in das soziologische Begriffssystem eingebunden werden, was je nach theoretischer Provinienz unterschiedliche Gestalt annehmen kann:

(a) Friedrich Fürstenberg bemerkt, daß in "jeder Gesellschaft ... Ereignisabläufe und -folgen durch zeitliche Periodisierung strukturiert, durch zeitliche Zuordnung funktionalisiert und durch zeitlichen Bewertung normiert"[8] werden. John McHale verknüpft Zeit mit den eingeführten soziologischen Kategorien Institution, Wert und Rolle. Demnach regulieren Institutionen die zeitliche Ordnung des sozialen Lebens im weitesten Sinne, als Werte lassen sich spezifische individuelle und kulturelle handlungsleitende Zeitkonzepte begreifen, und mit Rollen verknüpfen sich differenzierte

6 Der Begriff stammt m.W. von Helga Nowotny.
7 Adam (1990), S. 42
8 Fürstenberg (1986), S. 23

zeitliche Handlungserwartungen und -anforderungen.[9] Betont wird die gesellschaftliche Seite der zeitlichen Wahrnehmungsstrukturierung und der Ordnung von Handlungen.

(b) Phillip Bosserman weist zugleich auf die soziale Natur, die symbolische Form und verhaltenregulierende Funktion von sozialen Zeiten hin, wenn er schreibt:

> "*Time is the product of interaction with others.* It is a cultural product along with languages, roles, authority, and norms, indeed it is a symbol, a medium of regularizing behavior, *making group life possible.* ... All social times, being creatures of groups, are conventions. ... There is nothing in the nature of humans which says »clock time« is the right, universal, social time."[10]

(c) Heinemann / Ludes begreifen Zeit als soziale Konstruktion und verweisen damit zugleich auf den wissenssoziologisch zu erforschenden Zusammenhang von Zeitbewußtsein und Gesellschaftsstruktur:

> "Zeit ist ein Aspekt der sozialen Konstruktion der Wirklichkeit; Zeitverständnis, das Bewußtsein des Tempos und der Knappheit der Zeit, die Weite des entscheidungsrelevanten Horizonts in die Vergangenheit und in die Zukunft, die verschiedenen Formen der Datierung der Zeit und der Gliederung des kontinuierlichen Zeitflusses durch Ereignisketten oder Zeitpunktreihen und damit die zeitliche Ordnung von Beständen und Verhaltensplänen, des Rhythmus und Ablaufs von Ereignissen und Erwartungen, all dies ist in einzelnen Gesellschaften unterschiedlich und abhängig von den jeweiligen sozialen Strukturen."[11]

Auch Nowotny weist auf die kultur- und wissenssoziologischen Gehalte der Zeitsoziologie hin:

> "The ways in which societies conzeptualize their experience of time is neither immutable nor universally valid. ... [Zeitvorstellungen] are not arbitrary constructs, however, since they reflect society's deeply structured expierence of time and its collective time consciousness. ... Time is not only a symbolic construct, but it is also ... »embedded« in the spatial configurations of dead and living matter. ... Time is not only embedded in nature, however, but also in artefacts, in the purposeful and instrumental devices that men and women have invented ... It is embedded in the sense that all these artefacts, especially technologies, are not time-neutral or time-independent. Rather, ... technologies constitute an important constraining and determining factor in the ways in which the symbolic processes of time structuring unfold."[12]

Nowotny zählt neben den (a) Technologien, die beschleunigt räumliche Distanzen überbrücken und auf diese Weise Raum und Zeit in ein verändertes Übersetzungsverhältnis bringen, und (b) den Produktionstechnologien (c) die "information-intensive technologies" zu den Technologien, die unsere Zeitnormen (Mobilität, Sparsamkeit, Flexibilität), unser Verhalten und unser Zeitbewußtsein beeinflussen.[13]

Soziale Zeit besitzt, das haben die unterschiedlichen theoretischen Perspektiven gezeigt, mehrere Dimensionen. Auf der Ebene der Wahrnehmung von Ereignissen kommt es zur Ausbildung von zeitlichen Strukturen und Zeitbewußtseinen, die sozial bestimmt sind. Auf der Ebene der Handlungen existieren Zeitordnungen, die an bestimmte Rollen geknüpft sind, auf Werten basieren und von bestimmten Institutio-

---

9 McHale (1979), S. 85-86
10 Bossermann (1975) S. 21-44; Hervorhebungen KB
11 Heinemann / Ludes (1978), S. 220
12 Nowotny (1990), S. 9-10; Satzergänzung KB
13 Vgl. Nowotny (1990), S. 10-18 Nowotny wendet sich explizit gegen jede Form von technologischem Determinismus, sieht eine bedeutende Folge unseres Einsatzes dieser Technologien jedoch in der Tendenz, die Gegenwart auf Kosten unserer Zukunft auszudehnen.

nen sanktioniert werden. Gesellschaftliche Differenzierung führt zur Entwicklung mehrerer sozialer Zeiten. Zeiterfahrung und Handeln sind wiederum miteinander verknüpft. Kurz: soziale Zeit erweist sich als komplexes Phänomen, das der sozialpsychologischen, handlungstheoretischen und wissenssoziologischen Untersuchung bedarf. Bloße Deskription sozialer Phänomene durch Messung und Quantifizierung von Zeit in Form von Uhren- oder Kalenderzeit ist soziologisch nicht hinreichend, solange - in positivistischer Manier - nicht auch nach den Qualitäten der Zeiten und ihrer sozialen Bedeutung gefragt wird. Viele ökonomische Zeittheorien, die Zeit unhinterfragt als neutrale, knappe (aber meßbare) Ressource ansehen, sind durch ein solches Theoriedefizit gekennzeichnet.[14] Aber auch eine relativ stark entwickelte zeitsoziologische Forschungsrichtung, nämlich die Zeitbudgetstudien, die vor allem in der Arbeits(zeit)- und Freizeitsoziologie verbreitet sind, leisten nur wenig zur soziologischen Zeittheoriebildung[15] (vgl. Kap. 7). Präzision als Selbstzweck sowie ökonomische und politische Verwertbarkeit der Ergebnisse (Messungen) lassen sich anscheinend eher durch Quantifizierbarkeit (das vermeintliche Erkennen "harter Fakten") als durch die schwierigeren Fragen nach Qualitäten und Bedeutungen erzielen. Dieser positivistische Umgang mit Zeit prägt auch weite Teile der Kommunikationswissenschaften. Erst in den letzten Jahren wird er ergänzt durch qualitative Fragestellungen wie etwa die Aufmerksamkeitsforschung. Um Mißverständnissen vorzubeugen, weise ich darauf hin, daß die soziologischen Zeitbudgetstudien und die kommunikationswissenschaftliche Mediennutzungforschung, die primär Zuschauerzahlen und Nutzungszeiten (Dauern, Häufigkeiten und Zeitpunkte) erfassen, durchaus wichtige und notwendige Hinweise liefern können. Die erreichbare Exaktheit der Messungen trägt aber noch nicht zur Lösung des Problems bei, welche Bedeutung es denn besitzt, wenn im langfristigen Vergleich die Nutzungsdauer der Tageszeitung abnimmt und die des Fernsehens steigt. Lebensweltlich und sozialwissenschaftlich betrachtet, bedeuten 10 Minuten Fernsehen etwas durchaus anderes als 10 Minuten Zeitunglesen.

Aus dem Defizit der positivistischen Zeitsoziologie nun den Umkehrschluß zu ziehen, soziale Zeit habe gar nicht mit meßbaren Größen oder der "Uhrenzeit" zu tun, wäre fatal. Die eingangs kritisierte Dichotomisierung von Natur und Gesellschaft und ihre zahlreichen zeittheoretischen Verlängerungen (quantitative vs. qualitative, objektive vs. subjektive, abstrakte vs. konkrete, lineare vs. zyklische oder gar Uhren- vs. soziale Zeit) fallen hinter den Erkenntnisstand der zeitsoziologischen Ansätze zurück, die alle Zeiten als soziale Konstruktionen begreifen. Es darf nicht beim bloßen theoretischen Postulat nach einer sozialen Zeit bleiben, wie Corazza zu Recht kritisiert.[16]

Die Überwindung der Dichtomisierung gelingt, wenn man auf der Basis des radikalen Konstruktivismus oder Barbara Adam folgend "human society *as* nature" des Menschen betrachtet, die zu einer "multiplicity of times in their relation and syntheses" führt.[17]

---

14 Neben der punktuellen Datenerhebung in vorher festgelegten Zeitintervallen (Panel) wird mittlerweile auch die aus der Biologie und Medizin stammende sog. "survival-Analyse" in den Sozialwissenschaften angewendet. Für die Beschreibung im kommunikations- und medienwissenschaftlichen Zusammenhang ist allerdings auch diese Methode nur begrenzt von Nutzen. Vgl. Diekmann / Mitter (1984)

15 vgl. Adam (1990), S. 94-96

16 Corazza (1985), S. 294

17 vgl. Adam (1988), S. 205

Auch die Uhrenzeit (newtonsche, lineare, objektive Zeit) muß als soziale Zeit begriffen werden, die eine Doppelfunktion[18] besitzt: Zum einen ist sie konventionell gewählter Referenzpunkt in modernen Industriegesellschaften (Externalisierung im Sinne Berger / Luckmanns), zum anderen ist sie aber gerade in diesen Gesellschaften mittlerweile zu einer symbolischen Größe - Gerhard Schmied[19] spricht von einer "Schlüsselzeit" - geworden, von der handlungs- und verhaltensnormierende Funktionen ausgehen (Internalisierung der Normen). Ähnlich unproduktiv und unhaltbar erscheint der Gegensatz von linearer und zyklischer Zeit, denn *beide* Zeitstrukturen besitzen soziale Bedeutung und sind ineinander verschlungen.[20] Lineare Zeitstrukturen besitzt nach Weigart im Alltagsleben vor allem der eigene Lebensweg von der Geburt bis zum Tod. Der Prozeß des Alterns wird als irreversibel erfahren, der biographischen Zeit eine lineare Qualität attribuiert. Gleichwohl ist diese lineare Zeit eine soziale Zeit, denn das Indiviuum durchläuft sozial prästrukturierte Lebensphasen und Rollen (verbunden mit sozialem Status), die oftmals durch bestimmte Übergangsriten voneinander getrennt bzw. miteinander verbunden sind. Soziale Zeiten umfassen also sowohl repetitive, zyklische Strukturen, die Beständigkeit und Sicherheit garantieren als auch lineare Zeitstrukturen, die das Moment des Wandels, der irreversiblen Veränderung in den Alltag bringen (Biogra-phie, Geschichte).[21] Zeit ist zugleich das Produkt sozialer Handlungen und unterliegt sozialen Normen und Institutionen. Um einer übermäßigen Normierung zu entgehen, haben sich deshalb unterschiedliche Techniken des "Auszeit-Nehmens" entwickelt, die von den unterschiedlichsten Pausenformen ("Zigaretten-", "Kaffee-", "Verschnauf-pausen" etc.) bis hin zum Drogenkonsum (mit ganz anderen Zeiterlebnisformen), Formen des Spiels, Hinwendung zu kulturellen und medialen Ereignissen (Musik, Theater, Film, Fernsehen, Lesen etc.) und zur Religion (Suche nach "Ewigkeit" als Zeitlosigkeit) reichen. All diese Formen der Auszeit lösen unser Erleben aus der alltäglichen, lebensweltlichen Zeit mit ihren Normen und Anspruchshaltungen anderer heraus.[22]

Generell gilt, daß mit dem Grad der sozialen Integration und wachsender Komplexität die Ansprüche an die Synchronisation zugleich steigen und schwieriger zu bewerkstelligen sind. Dies führt oftmals zur stärkeren Stratifizierung, d.h. die Hierarchie der Zeitreferenzen prägt sich schärfer aus. Mit der steigenden Integration wird Zeit zunehmend als knapp empfunden, weil es nun auch schon auf sehr kleine Zeiteinheiten ankommen kann.[23] Im Alltag erleben wir lineare und zyklische Zeit nicht als dichotomisch getrennte, sondern als komplementäre - mikro- und makroperspektivische - Sichtweisen.[24]

---

18 vgl. hierzu bereits Lüscher (1974), S. 106

19 Gerhard Schmied wendet sich folgerichtig gegen die unzutreffende Dichotomisierung von (mathematischer) Uhrenzeit und "sozialer Zeit". Die tendenzielle, normative Ablehnung und die empirische Vernachlässigung der mathematisch bestimmten Uhrenzeit in der zeitsoziologischen Forschung speist sich Schmied zufolge aus der Philosophie Bergsons, die von vielen Soziologen aufgegriffen worden sei (vgl. Schmied (1985)).

20 vgl. Weigart (1981), S. 198-212

21 vgl. Weigart (1981), S. 213-224

22 vgl. Weigart (1981), S. 231-237

23 vgl. Lewis / Weigart (1981/1990), S. 95-98

24 vgl. Young (1988), S. 14

2 Zeit und Interaktion im Alltag: sozialpsychologische und handlungstheoretische Grundlagen sozialer Zeit

2.1 Einleitung

Wir hatten bereits festgestellt, daß soziale Zeit ein komplexes Phänomen ist, das nicht hinreichend durch positivistische Messung oder behavioristische Beschreibung von beobachtbaren Dauern und Handlungsabläufen verstehbar ist. Die beobachtbaren Handlungen dürfen nicht losgelöst von Bewußtseinsstrukturen betrachtet werden. Hägarstrand unterscheidet deshalb *"embedded time" und "symbolic time"*. Während embedded time die Zeit der greifbaren, wahrnehmbaren Umwelt umfaßt und die beobachtbaren Ergebnisse menschlichen Handelns einschließt, ist symbolic time eine ausschließlich konzeptionelle, kulturelle Schöpfung des Menschen.[1]

Beide Zeittypen stehen jedoch nicht unverbunden nebeneinander, sondern werden durch das menschliche Handeln miteinander verknüpft: Aus den konzeptionellen Vorstellungen der symbolic time folgen bestimmte Handlungen, die sich in der Wirklichkeit der embedded time äußern und sich dort entweder als viabel oder als ungeeignet erweisen. Die Entfaltung von symbolic time verläuft somit keineswegs beliebig oder "rein intellektuell",[2] sondern ist eine kulturelle Modifikation der Rhythmen und Zeitverläufe der embedded time. Ihr Sinn und Zweck (Funktion) besteht darin, das Überleben der Gemeinschaft oder gar der Gesellschaft zu sichern oder angenehmer zu gestalten.[3]

Die Analyse der sozialen Zeit muß sich, Helga Nowotny folgend, auf beide Seiten und ihre Relationen erstrecken, denn schon der Begriff "social time refers to the experience of inter-subjective time created through social interaction, both on the behavioural and symbolic plane."[4] Folgerichtig fordern auch Joseph E. McGrath und Janice R. Kelly:

> "A time-centered social psychology must take into account both time as experienced, and time as laid out in the culturally dominant, logically powerful, though over-simplified and abstract Newtonian picture - even though it is messy and inconvenient to do so."[5]

---

1 vgl. Hägarstrand (1988), S. 35
2 vgl. Hägarstrand (1988), S. 38
3 Vier Aspekte der kulturellen Manipulation von embedded time sind zu beobachten: (1) Die Techniken der Beschleunigung, mit der räumliche Distanzen überwunden werden können, (2) die "Kolonialisierung der Zukunft" durch Antizipation und Planung, (3) die zunehmende Herstellung von Artifakten, die eine veränderte Nutzung der Zeit erlauben (z.B. Werkzeuge und Automatisierung) und schließlich (4) der schrittweise technische Wandel mit den damit verbundenen z.T. weitreichenden Gefahren und Bedrohungen (vgl. Hägarstrand (1988), S. 39-41).
4 Nowotny (1975), S. 326
5 McGrath / Kelly (1992), S. 406

Ich werde versuchen, dieses Postulat in den nächsten Kapiteln zu befolgen, und *soziale Zeit zugleich als soziales (durch Handlung erzeugtes) Konstrukt, als Handlung normierende Ordnungsdimension* und als vielfältig mit dem Alltagsbewußtsein von Zeit verknüpftes Phänomen zu untersuchen.

2.2 Symbolischer Interaktionismus

Wir haben bereits bei der Auseinandersetzung mit psychologischen Zeittheorien und Forschungsergebnissen in (vgl. Teil II, Kap. 3) festgestellt, daß sich Zeit nicht hinreichend als individual-psychologische Kategorie erklären läßt. Individuelles Denken und Handeln ist nur in einer sozialen Welt vorstellbar, und es sind gerade diese Bezüge, die soziologisch und kommunikationswissenschaftlich relevant sind. Obgleich auch die modernen Sozialpsychologen die Vernachlässigung des zentralen Themas Zeit durch ihre Disziplin beklagen,[6] gibt es doch einige fruchtbare Ansätze schon bei einem der Begründer der Sozialpsychologie, dem Sozialphilosophen George Herbert Mead.[7]

Beeinflußt durch die pragmatische Philosophie von Dewey und James und in zunehmend kritischer Distanzierung zur funktionalistischen Psychologie[8] entwickelte Mead eine Sozialpsychologie und -philosophie des Kommunikativen Handelns[9], die unter der Bezeichnung Symbolischer Interaktionismus[10] bekannt wurde.[11]

Im Gegensatz zu sozialen Tieren, die Verhalten lediglich durch Gebärden (zum Ausdruck von Emotion) koordinieren, entwickelt der Mensch signifikante Symbole, die er in der Kommunikation *bewußt* verstehen kann.[12] Interaktion besteht aus Gesten und Gebärden des Interaktionspartners A, die vom Interaktionspartner B verstanden werden, d.h. sie lösen bei B Reaktionen aus. Symbolische Interaktion setzt darüber hinaus voraus, daß der Interaktionspartner A selbst die Bedeutung seiner Aktion erkennt, und zwar schon vor ihrer Ausführung. A kann sich also - vorab - in die Rolle

6 vgl. beispielsweise McGrath / Kelly (1986), S. 4 -5. (Eine Ausnahme sieht Mcgrath lediglich in Bales, R. F.: Interaction process analysis. A method for the study of small groups. Cambridge 1950) und McGrath (1988), i.b. S. 7-11

7 Mead hat sich auch philosophisch ausführlich mit der Zeit beschäftigt (Mead, George Herbert: The Philosophy of the Present. Chicago 1932, 1980. Die meisten Teile sind ins Deutsche übersetzt und an verschiedenen Orten publiziert, vor allem als "Philosophie der Sozialität", Frankfurt am Main 1969). Sein Zeit-Konzept wurde jedoch "niemals auf seine Relevanz für soziologische Zwecke hin untersucht." (Strauss, Anselm: Einleitung. In: Mead (1969b), S. 11-34, S. 17-18). Deshalb nutze ich hier die Möglichkeit, einige Parallelen und Zusammenhänge zwischen Meads philosophischen Zeit-Überlegungen und seinem, dem symbolischen Interaktionismus inhärenten Zeitkonzept aufzuzeigen. Der für Meads Zeitverständnis zentrale Begriff *Perspektive* ist in der Auseinandersetzung mit der Relativitätstheorie und der Philosophie Alfred N. Whiteheads enstanden. Schlüsselbegriff und Verbindungsglied zwischen der Sozialpsychologie und der Philosophie der Gegenwart ist bei Mead die "Sozialität", die in seinem Spätwerk sogar zu einer Eigenschaft des Universums wird. Alle Ereignisse, die zugleich zwei Bezugssystemen angehören, können "sozial" genannt werden. Was in der Sozialpsychologie als Rollenübernahme (role taking) bezeichnet wurde, ist in der Naturwissenschaft als Perspektivenwechsel durch Transformationsformeln herstellbar.

8 Die funktionalistische Psychologie versucht, alle psychischen Leistungen und Vorgänge als funktional für die Lösung von Verhaltensproblemen zu interpretieren; vgl. hierzu auch Joas (1988), S. 422

9 vgl. Wenzel (1990), S. 9

10 Diese Bezeichnung wurde erst nach Meads Tod durch Blumer 1938 geprägt (vgl. Joas (1988), S. 419)

11 Mead ist sich gleichwohl darüber im klaren, daß sich "zwischen Sozialpsychologie und Individualpsychologie keine scharfe Trennungslinie ziehen" läßt. Mead (1978), S. 39

12 vgl. Mead (1978), S. 121

von B (des Verstehenden und Reagierenden) versetzen.[13] Diese Möglichkeit der *Rollenübernahme*[14] ist zentral für das Verständnis von symbolischer Interaktion. Auch wenn die Handlung nie ausgeführt wird, so erlaubt Sprache doch ihre gedankliche Antizipation. Der konkrete Interaktionspartner wird durch den *generalisierten Anderen* ("die Gesellschaft", "die organisierte Gemeinschaft oder soziale Gruppe") ersetzt.

Bezogen auf die handelnde Gemeinschaft der Menschen *bedeutet Sozialität Gleichzeitigkeit von Interaktionspartnern* in einem Handlungssystem. Gleichzeitigkeit und Sozialität sind identisch:[15] "Sozialität ist die Fähigkeit, mehrere Dinge gleichzeitig zu sein."[16] Konstruktivistisch formuliert handelt es sich um die wechselseitige und synreferentielle kognitive Konstruktion des Selbst und des Anderen zumindest in den wesentlichen Elementen seiner Handlungsrolle. Mead legt damit den "Grundstein einer intersubjektivitischen Theorie des Zeitbewußtseins",[17] die sich eben nicht mehr auf die Konstitution des "inneren Zeitbewußtseins" - wie bei Husserl - bezieht, sondern durch das Element des Handelns das Individuum transzendiert, Umwelt und andere Subjekte also berücksichtigt. Eine gemeinsame Zeitperspektive kann nur im gemeinsamen, gegenwärtigen Handeln entstehen. Die Handlung wird zum Parameter der Gegenwart, d.h. sie bestimmt mit ihren Vergangenheits- und Zukunftsbezügen die Dauer der Gegenwart (die nicht mit der psychologischen Präsenszeit zusammenfällt): "Die Spanne der Gegenwart, in der dieses Selbst-Bewußtsein sich selbst findet, ist durch die jeweilige soziale Handlung, mit der wir beschäftigt sind, begrenzt."[18] Mead führt hierfür den Begriff der "*funktionalen Gegenwart*" ("functional present") ein, die immer über die aktuelle Gegenwart im psychologischen ("specious present") wie im mathematisch-physikalischen Sinne (als Zeitpunkt) hinausreicht. Die Sozialpsychologie erweitert und differenziert den Gegenwartsbegriff der Psychologie also entscheidend. Im Gegensatz zu psychologischen Zeittheorien, z.B. auch der Entwicklungspsychologie Piagets, wird die Zeitkonstitution an *soziales* Handeln und nicht nur an *instrumentelles* Handeln gekoppelt.[19] Gegenwart hat sozialen Charakter, denn in ihr kommt es durch Handlung zur Vergleichzeitigung, zur Sozialität von Objekten unterschiedlicher Bezugssysteme, genauer von handelnden Subjekten (Interaktionspartnern) mit unterschiedlichen Zeitperspektiven. "*Zeiterfahrung ist sozial konstituiert, da sie letztlich auf der in Rollenübernahmen gegründeten Fähigkeit beruht, sich ein Objekt bewußt zu vergegenwärtigen.*"[20]

Sprache ermöglicht Intersubjektivität und Zeitlichkeit. Das Symbol, insbesondere seine entwickelste Form, das sprachliche Symbol kann von der konkreten Präsenz (Gegenwart) seines Trägers isoliert werden und vom Bewußtsein als Reiz herausgegriffen werden.[21] Mead spricht von einer "konstruktiven Auswahl" "durch unser physiologisches Empfindungsvermögen", deren Ergebnis wir "Bewußtsein nennen". "Der

13 vgl. Mead (1978), S. 24
14 Die Symbole lösen im Individuum, das sie verwendet ähnliche Reaktionen aus, wie beim Interaktionspartner. Insofern bezeichnet Mead sie gleichzeitig als *Reiz und Reaktion* (vgl. Mead (1978), S. 111-113).
15 vgl. hierzu auch Joas (1980), S. 178-179 und Adam (1990), S. 163
16 Mead (1969a), S. 280
17 Joas (1980), S. 184
18 Mead (1969a), S. 321
19 vgl. hierzu auch Joas (1980), S. 191-192
20 Wenzel (1990), S. 127
21 vgl. Mead (1978), S. 162-164

Organismus ist also in gewissem Sinne für seine Umwelt verantwortlich."[22] Sprache als genuin soziales Phänomen erlaubt jedoch die soziale Kontrolle von Sinn[23] und bewahrt damit vor solipsistischer Willkürlichkeit.

2.3 Zeit als Vielfalt der Perspektiven

Im Handeln und Denken entwickelt jedes Individuum - auf der Grundlage eines sozialen Symbolsystems (Sprache) - zu jedem Zeitpunkt eine eigene Perspektive. Vergangenheit und Zukunft sind "Arbeitshypothesen"[24]. Ihre Gültigkeit und Bedeutung erstreckt sich nur auf die Gegenwart, in der sie entworfen werden, um ein Problem zu lösen, durch das eine Handlung unterbrochen wurde. Es gibt folglich so viele Vergangenheiten, wie es handelnde Ichs oder *Perspektiven* gibt.[25]

Zeit (Vergangenheit und Zukunft als Arbeitshypothesen, Gegenwart als Handlung) ist für Mead also nicht ontologisch, sondern handlungstheoretisch faßbar. Real ist sie nur in der Gegenwart des handelnden Ich. An die Stelle der objektiven Welt mit absoluten Größen tritt die Gesamtheit der Perspektiven. Nicht die (subjektive) Repräsentation eines identischen Inhalts, sondern die Überschneidung von Ereignisreihen verschiedener Zeitsysteme ist das Denkmodell, das hinter dem Konzept der Perspektiven steht. Mead geht davon aus,

> "daß es eine unbegrenzte Anzahl möglicher Gleichzeitigkeiten jedes Ereignisses mit anderen Ereignissen gibt und folglich unbegrenzt viele zeitliche Ordnungen derselben Ereignisse; deshalb ist es möglich, sich ein und dieselbe Gesamtheit der Ereignisse in unendlich viele verschiedene Perspektiven eingeordnet zu denken."[26]

Die Pluralität der Zeitverhältnisse zwischen den individuellen, gleichermaßen objektiven[27] Zeitperspektiven und ihre Beziehung zur Zeitperspektive des generalisierten Anderen (bzw. Gruppe),[28] eröffnet einen neuen Problemhorizont:

---

22 Mead (1978), S. 170-171

23 vgl. Mead (1978), S. 174

24 Mead, George Herbert: Geschichtswissenschaft und experimentelle Methoden. In: Mead (1969b), S. 395-403 (deutsche Übersetzung von: The Philosophy of the Act, Chicago 1938, S. 92-100), S. 399 sowie Mead (1969a), S. 229 und S. 241

25 vgl. auch Mead (1969a), S. 283-284. Hier formuliert Mead die Pluralität der Zeitperspektiven als kosmologisches Prinzip für alle Objekte.

26 Mead, George Herbert: Die objektive Realität von Perspektiven. In: Mead (1969a), S. 213-228, S. 216

27 Die Perspektiven sind gleichermaßen objektiv und keine willkürlichen oder solipsistischen Konstrukte. *Innerhalb* einer Perspektive gilt: was geschehen ist, ist tatsächlich geschehen und irreversibel, Ereignisse sind unwiderrufbar. vgl. Mead (1969a), S. 242

28 Ohne sich auf das Meadsche Konzept der Zeitperspektiven zu berufen, haben sich andere Sozialpsychologen mit den unterschiedlichen Zeitperspektiven oder Zeitorientierungen von Kulturen, Klassen, Gruppen und Individuen befaßt und versucht, diese empirisch nachzuweisen und zu vergleichen. vgl. i.b. Frank (1939), Leshan (1952), O'Rand / Ellis (1974). Viele der empirischen Einzelstudien, die sich meist mit der Zeitperspektive von Rand- oder Problemgruppen beschäftigen, leiden an ihrer Singularität und an einer eher zweifelhaften empirischen Basis (vgl. Vogt (1986), S. 219-220).) Die meisten Studien leiden unter erheblichen methodischen Mängeln, die wiederholt kritisiert wurden. (vgl. Lüscher (1974), S. 104, Nowotny (1975), S. 327, Bergmann (1983), S. 467 und Coser / Coser (1963), S. 640-646). Jones (1988) schlägt deshalb vor, time perspective nicht als prinzipielle Prägung ganzer sozialer Klassen oder Gruppen anzusehen, sondern als situations- und kontextabhängige individuelle Perspektiven.

"Jedes einzelne Individuum befindet sich vermittels seiner jeweiligen Handlungsakte relativ zu einer spezifischen Perspektive, nämlich einem Zeitsystem von Ereignisabläufen, welches es mit den in seinem jeweiligen Handeln kooperierenden anderen teilt. Nicht bereits als Lebewesen mit gleicher organischer Ausstattung und auch nicht allein durch die Zugehörigkeit zu einer sozialen Gruppe oder Gemeinschaft teilen die Individuen eine gemeinsame Welt, sondern erst relativ zu den wechselseitig aufeinander bezogenen Handlungen, die sie in einem gemeinsamen Zeitsystem, einer Perspektive der Natur, miteinander verbinden."[29]

Von besonderem Interesse erscheinen dabei die Artikulation der Zeitperspektiven und die (kommunikativen) Mechanismen ihrer Vermittlung: Symbolische Interaktion (Kommunikation) ermöglicht nicht nur Rollenübernahme, sondern auch Perspektivenwechsel bzw. Perspektivenvermittlung.[30]

Das Problem der sozialen Zeit ist demzufolge ein Kommunikationsproblem. Die Wahl der Kommunikationsmedien dürfte deshalb nicht ohne Folgen für die soziale Konstruktion von Zeit sein.

2.4 Handeln und Sinn als Zeitphänomene

Alfred Schütz greift Meads Theorie der Perspektiven auf und verbindet sie mit Elementen der Handlungstheoretie von Max Webers. Dessen Konzept des sinnhaften Handelns betonte in starkem Maße den *rationalen* Handlungstypus und damit eben nur einen Teil der sozialen Welt. Vereinfacht kann man zusammenfassen, daß die Entwicklung zur modernen Industriegesellschaft (Entzauberung und Sinnentleerung der Welt) dazu geführt hat, Sinn lebensweltlich und soziologisch bei den *alltäglichen* Handlungen selbst (und nicht bei einem transzendenten oder gar metaphysischen Ziel) zu suchen.[31] Sinnsetzung erfolgt in der Lebenswelt auf mehreren Stufen, die Schütz - angeregt durch Bergson[32] - zur Formulierung von sechs idealtypischen *Lebensformen* führten.[33]

Schütz temporalisiert und verbindet in seiner Theorie Handlungs- und Sinnbegriffe Webers, der der Konstitutions*weise* des subjektiven Sinns wenig Aufmerksamkeit geschenkt hatte: "Schon eine oberflächliche Analyse zeigt nämlich, daß das *Sinnproblem ein Zeitproblem* ist ... [und zwar] ein solches des »inneren Zeitbewußtseins«, des Bewußtseins der je eigenen Dauer, in dem sich für den Erlebenden der Sinn seiner Erlebnisse konstituiert."[34]

Unter Handeln versteht Schütz menschliches Verhalten, das vom Handelnden im voraus geplant wird, also auf der Grundlage eines Entwurfes stattfindet.[35] Der subjektiv gemeinte Sinn gehört für Schütz zu den "Konstruktionen erster Stufe"

---

29 Kellner, Hansfried: Vorwort und Einleitung. In: Mead (1969a), S. 7-35, S. 30

30 Kommunikation kann nämlich auch dazu dienen, bislang objektive (d.h. kommunikativ geteilte) Perspektiven in Frage zu stellen. Dies verdeutlicht Mead am Beispiel des ptolemäischen Weltbildes (vgl. Mead, George Herbert: Die objektive Realität von Perspektiven. In: Mead (1969a), S. 213-228, S. 224)

31 vgl. Srubar (1988), S. 20

32 vgl. Srubar (1988), S. 55

33 Mit den *Lebensformen* unternimmt Schütz den Versuch, die Stufen der Sinnkonstitution von der inneren durée des Ich über das Du bis hin zur raumzeitlichen Außenwelt zu rekonstruieren. Zu den sechs Lebensformen gehören Symbolisierungssysteme, die der Sinnsetzung dienen; vgl.: Schütz (1981), S. 69

34 Schütz (1981), S. 20; Zitatergänzung KB

35 vgl. Schütz (1971), S. 22

("Alltagsverstand"): "Folglich müssen auch die wissenschaftlichen Konstruktionen zweiter Stufe einen Bezug auf den subjektiven Sinn des Handelns für den Handelnden aufweisen, falls die Sozialwissenschaften ernsthaft auf eine Erklärung sozialer Wirklichkeit gerichtet sind."[36] Nicht nur rationales Handeln (wie bei Weber bevorzugt), auch traditionales oder habituelles Handeln ist mit subjektiv gemeintem Sinn verbunden. Deshalb darf es auch aus der soziologischen (und kommunikationswissenschaftlichen) Betrachtung keineswegs ausgeschlossen werden. Hierauf werde ich bei der Kritik der motivationalen Ansätze in der Kommunikationsforschung zurückkommen.

Das Handeln selbst besitzt eine Zeitstruktur, die mit dem Entwurf der Handlung beginnt. Im Entwurf wird die Handlung als vollendete, abgeschlossenes Handeln vorgestellt. Sie ist das Ziel des Handelns, das im Vorgriff auf die Zukunft *modo futuri exacti* vorgestellt wird.[37] Der "subjektiv gemeinte Sinn" einer Handlung (Weber) liegt im "Um-zu-Motiv" der Handlung. An den Entwurf bzw. mehrere alternative Entwürfe fügt sich sodann der Entschluß zur Handlung an, mit dem das Handeln beginnt. Das Handeln selbst gehört zwei Zeiten zugleich an: einerseits der inneren Dauer (durée) im Sinne Bergsons bzw. des "inneren Zeitbewußtseins" im Sinne Husserls[38] und andererseits der Weltzeit, was der Handelnde reflexiv wahrnimmt.[39] Entwürfe und Entschluß basieren auf sedimentierten Wissenselementen aus der Vergangenheit, die in typisierter Form vorliegen und auf die Zukunft gerichtet sind.[40] Alle Schritte des Handelns finden selbst in der reinen Gegenwart statt. Sie ist der Referenzpunkt für den Entwurf der anderen Zeiten: Erst Handeln läßt Zukunft (Möglichkeit, "Um-zu-Motiv") und Vergangenheit (Bedingung, "Weil-Motiv") zu sinnvollen Konstrukten werden.[41] "Von kommunikativem Handeln sprechen wir dann, wenn sich die Um-zu- und Weil-Motive von Interagierenden wechselseitig verschränken." Im Falle der Medienkommunikation kommt es bei dieser Verschränkung jedoch zu einer neuen Zeitgestalt: Kommunikation wird aktuell vereinseitigt durch Medientechniken wie Schrift oder Programmierung, die Produktion und Rezeption zeitlich getrennt anordnen, ein Dispositiv bilden, das zugleich auch ein soziales Machtverhältnis darstellt.[42]

Jede *Handlung* besitzt also zwei unterschiedliche Zeitstrukturen: Sie ist *linear in ihrem äußeren Ablauf, aber zirkulär in bezug auf ihre Motive bzw. ihr antizipiertes Ziel*, das Anfangs- und Endpunkt der Handlung ist.[43]

Wenn Sinn aber ein Zeitphänomen ist, dann ist seine Konstitution nur vor dem Hintergrund von lebensweltlicher Erfahrungsaufschichtung (durch vergangene Handlungen) verstehbar.[44] Schütz und Luckmann entwickeln folgerichtig eine Theorie der Lebenswelt.

---

36 Schütz (1971), S. 72
37 vgl. Schütz / Luckmann (1990), S. 27
38 Auch Schmied vertritt die Meinung, daß Schütz diese beiden Begriffe faktisch gleichsetzt. vgl. Schmied (1985), S. 41-42
39 vgl. Schütz / Luckmann (1990), S. 28-33
40 vgl. Schütz / Luckmann (1990), S. 34-83
41 vgl. Dux (1989), S. 51
42 vgl. Hitzler (1987), S. 23-24, Zitat S. 23
43 vgl. Dux (1989), S. 56-58
44 Max Weber hat zwei Formen des *Sinnverstehens* expliziert, die sich durch ihre zeitliche Charakteristik unterscheiden. (1) Das *aktuelle Verstehen* des gemeinten Sinns einer Handlung oder Äußerung (etwa der Aussage: 2 x 2 = 4) sagt aber noch nichts über das Warum der Äußerung oder Handlung aus. Das Verständnis der Motive erfolgt erst durch das (2) *erklärende Verstehen*. Dieses setzt aber

2.5 Lebenswelt, Alltagswelt und ihre Zeitstrukturen

Den Begriff *Lebenswelt* übernimmt Alfred Schütz aus der phänomenologischen Philosophie von Edmund Husserl, um darauf eine pragmatischen Lebensweltheorie[45] aufzubauen. Im Gegensatz zu Husserl will er die Lebenswelt aber nicht über die (intentionalen Akte der) *Wahrnehmung*, sondern pragmatisch, d.h. durch *Handeln* und Wirken erschlossen sehen.[46] Dabei beruft er sich wiederum auf Weber, der alle Phänomene der soziokulturellen Welt in sozialem Handeln begründet sieht.[47]

Die Lebenswelt ist in der natürlichen Einstellung *als* objektive gegeben; sie gilt als selbstverständlich und intersubjektiv gültig (Husserl). Lebenswelt besteht für Habermas "aus individuellen Fertigkeiten, dem intuitiven Wissen, wie man mit einer Situation fertig wird, worauf man sich in einer Situation verlassen kann."[48] Methodologisch führt diese Selbstverständlichkeit des lebensweltlichen Wissens zu einem Erhebungsproblem, denn wir sind es nicht gewohnt, unsere "Um-zu-Motive" zu verbalisieren, den Sinn unserer alltäglichen Handlungen jedesmal zu reflektieren und zu explizieren. Der lebensweltliche Wissensvorrat versorgt die Interaktionspartner mit "Hintergrundüberzeugungen"[49], die selbstverständlich, unproblematisch und fraglos gegeben sind. Die alltagsweltliche Wirklichkeit ist die Gemeinschaft. Wir leben nicht in einer Welt der Objekte, sondern in einer Welt der Bedeutungen, die sozial bzw. kulturell konstruiert sind. Die Lebenswelt ist von Anfang an Sozial- und Kulturwelt, weil wir bereits auf Sinn treffen, der durch vergangene Handlungen konstruiert wurde. Wir leben immer schon in einem "Universum von Bedeutungen"[50].

Die alltäglichen, mit subjektivem Sinn verbundenen Handlungen sind durch "Weil-Motive" (also Vergangenes) und "Um-zu-Motive" (also vorgestellt Zukünftiges) motiviert. Die Lebenswelt ist demnach nicht vollständig auf die reine Gegenwart begrenzt, sondern besitzt eine raumzeitliche Binnendifferenzierung: Sie ist räumlich und zeitlich "aufgeschichtet".

Räumlich lassen sich die Welt in aktueller Reichweite, die Welt in potentieller Reichweite und die Wirkzone unterscheiden. Die *zeitliche Struktur* der Lebenswelt betrifft die Erfahrbarkeit der Weltzeit, die Zeit der Reichweite und die subjektive Zeit. Erinnerung und Antizipation (Erwartung) transzendieren in unserer Alltagswelt unsere innere Dauer als Subjekt: Sie verweisen auf die Weltzeit. Die Weltzeit wird als zwangsläufig erfahren, sie erlegt uns durch die Naturgesetze, die innerhalb (organische Rhythmen und Prozesse) und außerhalb unseres Körpers (z.B. Technik) herrschen, eine unausweichliche Reihenfolge auf. Die Inkongruenz der verschiedenen Zeiten und Rhythmen, in denen wir leben, führt immer wieder zur Erfahrung des Wartens. In der Sozialwelt erfahren wir uns - durch den Tod der anderen - als endlich gegenüber einer dauerhaften Weltzeit. Mit den Mitmenschen (und Nebenmenschen)

---

eben die Kenntnis des *Sinnzusammenhangs*, also zumindest von Teilen der *Vergangenheit und Zukunft* des Handelnden voraus (vgl. Schütz (1981), S. 33-37).

45 Dieser Begriff stammt m.W. von Ilja Srubar (vgl. Srubar (1988), vgl. besonders: S. 198 und S. 261), der die genetischen und logischen Zusammenhänge der Schützschen Theorie mit Scheler, James, Heidegger, Husserl, Dewey, Whitehead und Mead aufzeigt (vgl. hierzu insbesondere S. 254-281).

46 vgl. Schütz / Luckmann (1988), S. 25-29 und Srubar (1988), S. 263

47 vgl. Schütz (1971), S. 168

48 Habermas (1984), S. 593

49 Habermas (1982), S. 191

50 Schütz (1971), S. 11

sehen wir uns in einer bestimmten historischen Situation.[51] Die Zeitstruktur der Reichweite entwickelt drei subjektive zeitliche Korrelate: die aktuelle Reichweite, also die Gegenwart des Erlebens und Handelns, die wiederherstellbare Reichweite (Erinnerung) und die erlangbare Reichweite (Erwartung). Dabei wird die Vergangenheit unter der Idealisierung des "Ich-kann-immer-wieder", die der Erwartung unter der Idealisierung des "Und-so-weiter" erlebt.

Schütz differenziert folgerichtig das Verstehen der verstehenden Soziologie in ein Verstehen der *Mit*welt, der *Vor*welt und der *Folge*welt, während wir in der Alltagswelt uns auf das schlichte aktuelle Verstehen der sozialen *Um*welt beschränken.[52] Während ich die Umwelt räumlich und zeitlich unmittelbar erlebe, existiert die Mitwelt zwar gleichzeitig mit mir, aber außerhalb meiner räumlichen und damit sozialen Reichweite. Der Vorwelt und der Folgewelt kann das Ich niemals handelnd oder erlebend zugekehrt sein, sondern lediglich betrachtend.[53] In der umweltlichen Sozialbeziehung leben Ich und Du (als Alter ego vorgestellt) als Wir in gemeinsamem Raum und *gemeinsamer Dauer der intersubjektiven Sozialwelt.*[54] Was bei Mead als "Perspektivenwechsel" thematisiert wird, ist bei Schütz die "Generalthese der Reziprozität der Perspektiven": In der Wir-Einstellung nimmt das Ich an, daß das Du mit seiner Handlung ebenfalls subjektiven Sinn verbindet, also ein Subjekt ist wie das Ich. Schütz charakterisiert diese Gleichzeitigkeit in der Wir-Beziehung als "Phänomen des Zusammenalterns"[55].

Mit wachsender raum-zeitlicher Distanz wächst die *Anonymität* der Sozialbeziehung zwischen den Interaktions- und Kommunikationspartnern, die Symptomfülle und Leibhaftigkeit sinkt. Allerdings sind die Übergänge zwischen der Umwelt und der Mitwelt nicht völlig unvermittelt. Sprache und Medien (Schütz erwähnt Telefon und Brief) vermitteln zwischen dem Ich und dem Alter ego der Mitwelt. Aus dem Mitmenschen der Umwelt ist nunmehr der Nebenmensch geworden, von dessen gleichzeitiger Existenz ich nur über das Medium weiß.[56] Der Nebenmensch ist mir nur in *Typisierungen* zugänglich, die ich aus meiner unmittelbaren Umwelt abgeleitet habe; aus der "Du-Einstellung" wird die "Ihr-Einstellung". Die Typen werden zunehmend anonymisiert, d.h. von den subjektiven Sinnzusammenhängen abgelöst, in denen sie sich einst konstituierten, und nähern sich dem *Idealtypus des "immer wieder"* an: Rollen- und Funktionsträger, etwa Polizisten oder Postboten, werden sich immer wieder so verhalten. Die personalen und materialen (auf den Ablauf von Handlungen gerichteten) Idealtypen, mit denen das Ich nun operiert, sind von der in der Du-Einstellung der Umwelt erfahrenen konkreten Dauer abgelöst.[57] Der Idealtypus lebt in einer "imaginären Dauer", einer "fiktiven Zeit".[58] Die Idealtypen sind aber nicht unabhängig von den Interessen und Problemlagen des sie verwendenden Ichs, Schütz spricht schließlich sogar von einer "Konstruktion" der Idealtypen.[59] Auch die Übergänge zwischen der Vorwelt und der Um- oder Mitwelt sind fließend. Die

51 vgl. Schütz / Luckmann (1988), S. 73-78
52 vgl. Schütz (1981), S. 40-41
53 vgl. Schütz (1981), S. 201-203
54 vgl. Schütz (1981), S. 232
55 Schütz (1981), S. 144
56 vgl. Schütz (1981), S. 245-246
57 vgl. Schütz (1981), S. 253-261
58 Schütz (1981), S. 267
59 Schütz (1981), S. 287

(idealtypische) "reine Vorwelt" ist ein abgeschlossener Bereich, zu dem zwar Fremdeinstellungen unterschiedlichster Art denkbar sind, nicht jedoch ein Fremdwirken. Folglich kann das Ich auch keine echte Sozialbeziehung zur Vorwelt aufbauen. Das Alter ego der Vorwelt ist wie das der Mitwelt nur mittelbar (z.B. auch medial vermittelt) und idealtypisch erfaßbar. Von der Folgewelt ist nur erfahrbar, *daß* es sie geben wird, nicht jedoch, *wie* sie sein wird.[60]

An den Lebensweltbegriff von Schütz knüpfen Luckmann und Berger mit ihrem Konzept der *Alltagswelt* an, die phänomenologisch als (intentionales) Bewußtsein von der Wirklichkeit analysiert wird. Die Alltagswelt wird von den Subjekten aus unterschiedlichen Perspektiven wahrgenommen, ist aber immer schon eine soziale, intersubjektive Welt, die uns als zweifelsfrei gegeben erscheint. Diese scheinbare Objektivität der Alltagswelt ergibt sich durch ihre vor allem sprachliche Vorstrukturierung. Im alltäglichen Handeln bewähren sich die alltagsweltlichen Wirklichkeitsauffassungen wechselseitig, Handeln erhält und stiftet Sinn. Auch bei ihnen ist Zeit ein durch Handeln (Sprache und Denken einschließend) konstruiertes Wissenselement, das Resultat einer Zuschreibung und nicht Teil einer ontologischen Struktur der Welt.

Die konstruktiven Prozesse alltagsweltlicher Wissenserzeugung und Vermittlung sind Gegenstand der wissenssoziologischen Betrachtung, auf ich noch detailliert eingehen werde, weil sie sich gerade hinsichtlich der sozialen Konstruktion von Zeit als besonders fruchtbar erwiesen hat.

2.6 Zusammenfassung

(1) Meads Theorie der symbolischen Interaktion und die Handlungstheorie von Alfred Schütz haben sich als *eine* plausible Fundierung des Begriffs sozialer Zeit bewährt. Handlung und Sinn sind eng verknüpfte soziale Phänomene, Handlung besitzt selbst Zeitcharakter und entfaltet eine zeitliche Perspektive, die sich in der Interaktion (Rollenübernahme, generalisierter Anderer) mit anderen Zeitperspektiven verzahnen und so zur Emergenz einer sozialen Zeit führen kann. Soziale Zeit ist ohne Handlung und Bedeutungsdimension kein viables Konstrukt, da soziale Zeit ansonsten keine ausreichende Differenz zur "objektiven" Zeit-Konstruktion der Physik einerseits und zur "subjektiven" Zeit-Konstruktion der Psychologie andererseits aufweisen würde.

(2) Sozialpsychologie und Handlungstheorie beziehen sich zunächst auf direkte Interaktionsformen (oder - wenn man will: einfache Sozialsysteme). Die Zeitstrukturen größerer Gruppen, Gemeinschaften oder gar Gesellschaften sind damit nur ansatzweise zu verstehen. Sozialpsychologie und pragmatische Lebensweltheorie müssen deshalb wissenssoziologisch erweitert bzw. fortgeführt werden, um komplexe Zeitordnungen und Zeitbewußtseine verstehen zu können.

---

60 vgl. Schütz (1981), S. 295-302

3 Zeit als Kategorie und Kollektivvorstellung: eine wissenssoziologische Ergänzung

3.1 Einleitung

Die pragmatische Lebensweltheorie von Schütz begreift Zeit als lebensweltliches Wissenselement und legt eine wissenssoziologische Analyse nahe. Bevor wir uns mit den Ansätzen von Berger / Luckmann und von Norbert Elias beschäftigen, müssen wir uns über die wissenssoziologischen Grundbegriffe und über den Beitrag der Wissenssoziologie zum Zeitproblem Klarheit verschaffen. Dabei soll nachgewiesen werden, daß wissenssoziologische Konzepte an die *Kognitionstheorie des radikalen Konstruktivismus* anschließen und die soziologische Leerstelle, die dieser hinterläßt, füllen können. Wissen wird in der pragmatischen Lebensweltheorie, der Wissenssoziologie und im radikalen Konstruktivismus übereinstimmend als konstruktiv erzeugtes, pragmatisches Wissen verstanden und nicht als Repräsentation der Realität oder erkannte Wahrheit. Die Wissenssoziologie beschäftigt sich vor allem mit den sozialen Aspekten der Konstruktion, die der radikale Konstruktivismus lediglich postuliert, ohne selbst detailliert über die Beschreibung der individuellen Kognitionsprozesse hinauszugehen.

3.2 Grundbegriffe der Wissenssoziologie und ihre Anwendung auf Zeit

Die Wissenssoziologie unternimmt den Versuch, Denken und Erkennen nicht philosophisch (vom "reinen Bewußtsein" ausgehend) oder psychologisch (vom individuellen Bewußtsein ausgehend) zu beschreiben und zu verstehen, sondern beide unter Einbezug der alltäglichen, vorwissenschaftlichen Denkweisen im *Zusammenhang mit dem kollektiven Handeln* und als "Manifestation des sozialen Seins"[1] zu verstehen. Im Gegensatz zur philosophischen Erkenntnistheorie ist nicht das Individuum oder "der Mensch" das erkennende Subjekt, sondern *das sozialisierte Individuum*, der Mensch als soziales Wesen. Das Individuum bleibt zwar der eigentliche Akteur des Denkens, doch sein Denken ist Teil einer *Denkweise* oder eines *Denkstils*[2], die - ähnlich wie die Sprache - erst durch den Einbezug von Kultur und Gesellschaft in die Analyse verständlich werden.[3] Erkenntnis ist außerdem für die Wissenssoziologen niemals durch

1 Eisermann (1969), S. 512. Ernst Grünwald hat darauf hingewiesen, daß es sich bei der Wissenssoziologie nicht um eine handlungstheoretisch begründete soziologische Teildisziplin im Sinne Max Webers handeln kann, sondern um einen im weiteren Sinne kultursoziologischen Ansatz, der Wissen (wie Kunst, Religion, Recht etc.) *als Manifestation des gesellschaftlichen Seins verstehen* will. (vgl. Grünwald (1934), S. 58-64)
2 vgl. Stark (1960), S. 15-29
3 vgl. Mannheim (1985), S. 3-5 sowie S. 26

den erkannten Gegenstand determiniert, sondern das Ergebnis eines aktiven schöpferischen Prozesses.[4]

Über die Wurzeln und Traditionen der Wissenssoziologie herrscht keine einhellige Ansicht,[5] was aufgrund ihrer theoretischen Heterogenität kaum überrascht. Einen der Ausgangspunkte der Wissenssoziologie bildet die materialistische Grundaussage von Karl Marx, nach der das Sein (die Produktionsverhältnisse) das Bewußtsein bestimme.[6] Sprache und Bewußtsein sind "von vornherein schon ein gesellschaftliches Produkt".[7] Erst auf der Basis idealistischer Philosophie und Geschichtsauffassung wurde den Ideen eine eigene, determinierende geschichtliche Kraft zugeschrieben. Zuweilen wird in der marxistischen Literatur deshalb der ökonomischen Basis ein höherer Realitätsgehalt zugeschrieben als dem intellektuellen Überbau, was aus konstruktivistischer Sicht hingegen unhaltbar ist. Marx selbst beschäftigt sich aber nicht weiter mit explizit wissenssoziologischen Fragen, sondern konzentriert sich auf die Ideologien bestimmter Klassen und Gruppen. Wissenssoziologische Ansätze lassen sich im 19. und frühen 20. Jahrhundert bei sehr unterschiedlichen Autoren erkennen,[8] doch ist als zweite fruchtbare Wurzel die Religionssoziologie Emile Durkheims anzuführen. Durkheim und Marcel Mauss formulierten 1903 die zentrale These, daß mit der Klassifikation von Dingen die Klassifikation von Menschen reproduziert werde.[9] Nicht die Dinge oder die Beziehungen zwischen den Dingen, sondern die soziale Natur des Menschen und die Form seines Zusammenlebens bestimmen die Wissenserzeugung.[10] Dieser Soziozentrismus gilt "selbst (für) so abstrakte Ideen wie Zeit und Raum."[11]

Zeit gehört zu den "Kategorien", also den kollektiven Vorstellungen von den "allgemeinsten Eigenschaften der Dinge" ("Zeit, Ort, Substanz, Qua[n]tität, Qualität, Relation, Tätigkeit, Leiden, Verhalten, Befinden"[12]), die unser intellektuelles Leben

4 vgl. Lieber, Hans-Joachim: Wissen und Gesellschaft. Die Probleme der Wissenssoziologie. Tübingen 1952, S. 139

5 So werden die religionssoziologischen Studien Durkheims zumindest als Vorläufer oder Wurzeln, oft sogar als Grundlegung der Wissenssoziologie verstanden, andererseits z.B. Ernst Grünwald Durkheim ab, überhaupt zur Wissenssoziologie beigetragen zu haben (vgl. Grünwald (1934), S. 16-20). Einige Autoren zählen auch Sigmund Freud, Marcel Mauss und Emile Durkheim (vgl. Stehr/ Meja (1981), S. 11) sowie Comte (vgl. Eisermann (1969), S. 493) und Bacon zu den Wegbereitern (vgl. Fraser (1990), S. 329) Grünwald betrachtet Hegels Geschichtsphilosophie als Fundament der Wissenssoziologie, weil Marx und Dilthey hieraus ihre Beiträge entwickelt hätten (vgl. Grünwald (1934), S. 29 und S. 43-47).

6 Marx / Engels (1988), S. 22-23

7 Marx / Engels (1988), S. 33

8 Bei Nietzsche tauchen unter der Bezeichnung "aristokratische" bzw. "demokratische Kulturen" Ansätze einer soziologischen Zuschreibung bestimmter Denkweisen auf (vgl. Weingart (1976), S. 22). Die Wahrheitstheorie der Pragmatisten, insbesondere die von William James enthält ebenfalls erste Ansätze einer "Wissenssoziologie": Kategorien wir Raum, Zeit und Kausalität sind demnach vom Menschen geschaffen, um im "Chaos" der Welt zu überleben. vgl. James, William: Der Pragmatismus. Hamburg 1977 (Original 1907) nach Durkheim (1987), S. 9-168, S. 91 Der Pragmatismus geht jedoch nicht tiefer auf die soziale Genese ein und argumentiert meist eher psychologisch als soziologisch. Dies hat übrigens schon Karl Mannheim kritisiert (vgl. Mannheim (1935), S. 170-174).

9 vgl. Durkheim/ Mauss (1987), S. 179. Diese elementare wissenssoziologische Behauptung suchten sie mit ethnologischem Material zu belegen, dessen Beweiskraft jedoch heute als sehr gering gilt (vgl. Bloor (1981), S. 20-21).

10 vgl. Durkheim / Mauss (1987), S. 194, S. 250

11 Durkheim / Mauss (1987), S. 256

12 Durkheim (1981), S. 27

bestimmen. Kategorien sind genetisch und substantiell sozialer Natur,[13] weil sie schon vor jeder individuellen Wahrnehmung oder Erkenntnis *gewissermaßen* a priori existieren.[14] Als Kollektivvorstellungen hängen die Kategorien entscheidend davon ab, "wie diese Kollektivität zusammengesetzt und organisiert ist ..."[15] und welches Wissen sich zum Kollektivbewußtsein sedimentieren konnte. Zeit wird wie alle Kategorien durch Interaktion und Kommunikation (Sprache) vermittelt: Sie wird durch sie reproduziert, und zugleich reguliert sie das Handlungssystem, denn Zeit wird in der Interaktion nicht ständig neu erfunden: "Keines der in unserer Gesellschaft nachwachsenden Gattungsmitglieder erfindet Weihnachten und Neujahr neu."[16] Je komplexer die Interaktionssysteme nun werden, "desto stärker treten ereignisunabhängige, abstrakte Zeitbegriffe und Strukturen bei der kulturellen Konstruktion von Zeit in den Vordergrund."[17]

> "Die Kategorie der Zeit ... ist die der Gruppe gemeinsame Zeit, sozusagen die soziale Zeit."[18] "Ihre Einteilung in Tage, Wochen, Monate, Jahre usw. ist pragmatischer Natur und entspricht der Periodizität der Riten, der Feste, der öffentlichen Zeremonien. Ein Kalender drückt den Rhythmus der Kollektivtätigkeit aus und hat zugleich die Funktion, deren Regelmäßigkeit zu sichern."[19]

3.3 Objektivierung und Seinsverbundenheit des Wissenselements Zeit

Auch Max Scheler, der sich vor allem um eine anthropologische Fundierung der Wissenssoziologie bemüht,[20] geht von der sozialen Natur des Menschen aus und betrachtet alles Wissen radikal als soziales Wissen. Das "Urerlebnis" der Zeit ist ein a priori der Erfahrung.[21] Erst im Anschluß kann es zu einer Objektivierung der Zeit kommen, also zu einer Übertragung auf die Umwelt. Dies erfolgt in mehreren Stufen, wobei es zur Ausprägung von immer allgemeineren Zeitbegriffen kommt.Obgleich Zeit genetisch betrachtet soziales Wissen ist, so ist die Wissenssubstanz (der Wissens*inhalt)* und ihr Wahrheitskriterium extra-sozial.[22] Die philosophisch a-historische

---

13 vgl. Durkheim (1981), S. 588-591. Kollektivvorstellungen und Kategorien werden nicht nur sozial erzeugt, sondern sie beschreiben auch die Gesellschaft bzw. die gesamte gesellschaftliche Wirklichkeit, mit den Worten Durkheims: " ... sie beziehen sich auf die ganze Wirklichkeit" (S. 588).

14 vgl. Bloor (1981), S. 42. Durkheim lehnt sowohl die aprioristische Auffassung als auch die empiristische bezüglich der Natur der Kategorien ab. Die Kategorien, also auch die Kategorie Zeit, sind Teil der *Rationalität* (vgl. Durkheim (1981), S. 33). Kategorien sind allgemeiner als die individuellen Erfahrungen und deshalb auch nicht aus ihnen ableitbar (Argumentation des Empirismus), denn es muß etwas Neues, Überindividuelles hinzukommen. Andererseits erklärt die Annahme, die Kategorien seien a priori gegeben, nicht, wie sie entstanden sind bzw. wer sie auf welche Art und Weise erzeugt hat (vgl. Durkheim (1981), S. 38).

15 Durkheim (1981), S. 37

16 Dux (1989), S. 70

17 Heinemann / Ludes (1978), S. 221

18 Durkheim (1981), Fußnote 6, S. 29

19 Durkheim (1981), S. 29. Durkheim bezieht sich bei der Behauptung, die soziale Zeiteinteilung entspreche der Periodizität religiöser Handlungen auf ein Kapitel eines nicht genauer bibliographierten Werkes von Hubert und Mauss: Mélanges d'histoire religieuse. Paris o.J.

20 Scheler grenzt sich deutlich von allen materialistisch-naturalistischen, insbesondere aber von der ökonomistischen Marx-Interpretation ausdrücklich ab, indem er *anthropologisch konstante, historisch nicht wandelbare Triebstrukturen* und *"Realfaktoren"* als Kräfte betrachtet, die das Wissen der Gesellschaft (die *"Idealfaktoren"*) selektiv steuern. Das Erlebnis der Zeitlichkeit liegt in unserem triebhaften Streben (also letztlich dem Bereich der Realfaktoren) begründet (vgl. Scheler (1960), S. 39 und S. 50). vgl. hierzu auch Mannheim (1985), S. 266-267.

21 vgl. Scheler (1976), S. 227-228

22 vgl. Scheler (1960), S. 58 u. Stark (1960), i.b. S. 89-93 und S. 163-175

Position Schelers wurde von Karl Mannheim kritisiert,[23] der Wissenssoziologie als "soziologische Disziplin" begreift, "die als Theorie eine Lehre von der sogenannten »*Seinsverbundenheit*« des Wissens aufzustellen und auszubauen ... bestrebt ist."[24] "Seinsverbundenheit"[25] meint "die gesellschaftliche Gebundenheit von Theorien und Denkweisen".[26] Erkenntnisprozesse sind demnach durch außertheoretische Faktoren, nämlich soziale Prozesse und *Konstellationen*[27] gelenkt. Die Individuen, die Probleme formulieren und aufgrund von ausgewähltem Material auf spezifische Art und Weise bearbeiten, handeln dabei als soziale Wesen und haben Teil an bestimmten "Denkstilen". Sie entwickeln einen "Habitus" (Pierre Bourdieu).[28]

Die Tatsache der sozialen Wissensgenese bleibt für das Wissen selbst nicht äußerlich, sie wird konstitutiv für die Resultate und die Struktur, letztlich sogar für seinen Geltungsbereich und Wahrheitsanspruch.[29]

Mannheims Wissenssoziologie ist nicht nur Theorie der Seinsverbundenheit, sondern auch Forschungs*methode*[30], die *Distanzierung*, *Relationierung* und *Partikularisierung* des Wissens erlaubt. Distanzierung meint Betrachtung des Wissens von außen (außerhalb des Kollektivs), was bei allen nicht-mathematischen Wissenstypen zur Einsicht führt, daß dieses *Wissen* sich in Entstehung, Gebrauch und Gültigkeit *in einem Verhältnis zu dieser Gruppe* befindet (Relationierung). Aus der *Standortgebundenheit des Wissens* folgert Mannheim, daß es sich beim relationierten Wissen "vermutlich" um eine "*Teil*ansicht" handelt (Partikularisierung).[31]

Letztlich erweist sich nun aber jeder erkenntnistheoretische Wahrheitsbegriff als "seinsverbunden", also sozial erzeugt und historisch bedingt. Eine "Sphäre des Geltens an sich" verweist Mannheim denn auch ins Reich der Metaphysik,[32] relativiert damit aber nur das "ältere, statische Ideal ewiger, desubjektivierter unperspektivischer Wahrheiten"[33] und hält am Begriff Wahrheit fest, ohne ihn explizieren zu können.[34]

---

23 vgl. Mannheim (1964), S. 308-387, S. 337-340

24 Die Idee der Seinsverbundenheit und die Nähe zur Ideologienlehre, die er der Wissenssoziologie attestiert, belegen die Inspiration Mannheims durch Marx, Engels und Georg Lukacs (vgl. Merton (1961), S. 490-491). Gleichwohl gelingt es Mannheim, die Verengung der Wissenssoziologie (als Exegese der Marxschen Vorstellungen von der Klassengebundenheit der Ideologie etc.) aufzuheben sowie dogmatische und vulgärmarxistische Ansätze zu überwinden (vgl. hierzu auch Merton (1961), S. 465).

25 "Seinsverbundenheit" darf hierbei allerdings nicht mit vulgärmarxistischem Materialismus gleichgesetzt werden. Lewalter, Adler, Lukacs, Korsch und Mannheim weisen nach, daß Marx den Unterbau keineswegs als völlig geist- und sinnlos begreift (vgl. Grünwald (1934), S. 153 und Mannheim (1964), S. 308-387).

26 vgl. und zit. Mannheim (1985), S. 227

27 vgl. Mannheim (1964), S. 308-387, S. 308-309

28 Der Begriff "Habitus" wurde von Bourdieu in Anlehnung an den Kunsthistoriker Erwin Panofsky entwickelt. Riten, Schulen - heute m.E. aber auch Medien - können als Institutionen aufgefaßt werden, die habitusbildend wirken. Habitus bezeichnet dabei einen Komplex von gesellschaftlich präformierten Einstellungen, Erwartungen, Fähigkeiten, Gewohnheiten und Interpretationsschemata. vgl. u.a. Bourdieu (1991), S. 132-143

29 Mannheim spricht von der Aspektstruktur von Wissen und Erkenntnis, zu der insbesondere die verwendeten Begriffe, das angewendete Denkmodell, die Stufe der Abstraktion oder Konkretion einer Theorie und die vorausgesetzte Ontologie einer solchen Theorie beitragen (vgl. Mannheim (1985), S. 230-233).

30 vgl. Mannheim (1985), S. 229

31 vgl. Mannheim (1985), S. 241-243

32 vgl. Mannheim (1985), S. 250-255

33 Mannheim (1985), S. 258

34 vgl. Mannheim (1985), S. 6. An anderer Stelle gesteht er ein, daß "wir ... noch keinen ausgearbeiteten, dem heutigen Stand der Einsichten entsprechenden Wahrheits- und Wirklichkeitsbegriff, der

Bei Mannheim erfüllen diese "Teilwahrheiten" die Funktion des konstruktivistischen "Passens/Nichtpassens". Die Relationierung des Wissens erfolgt bei Mannheim aufgrund der sozialen Seinsverbundenheit, bei den radikalen Konstruktivisten aufgrund der biologischen und sozialen Seinsverbundenheit (Strukturdeterminiertheit). Eine Synthese beider Theorien löst das Relationismus/Relativismus-Problem, das Kritiker gegen Mannheim angeführt haben.[35]

Die Wissenssoziologie Mannheims diente angesichts des Aufkommens von Faschismus und Nationalsozialismus primär nicht der Analyse alltäglicher Denkweisen, sondern war in eine *politische und theoretische Debatte* eingebunden. Das Problem der sozialen Zeit wurde von Mannheim als wissenssoziologischer Topos erkannt, analysiert hat er lediglich unterschiedliche Haltungen zur historischen Zeit (Denkstile) und ihre politisch-ideologischen Implikationen.[36]

3.4 Wissenssoziologische Betrachtung der Entwicklung des Zeitbewußtseins

Anknüpfend an die marxistische Basis-Überbau-Theorie stellt William Grossin die These auf, "every society has its own collective representation of time ... that is tied to the dominant mode of production." Veränderungen der kollektiven Zeitbewußtseine verlaufen immer nur stufenweise und in enger Verbindung mit den ökonomischen und technischen Entwicklungen. Die Art und Weise der Vermittlung bleibt aber unterdefiniert, wenn er von "correspondence" oder gar nur "correlation" spricht.[37] Sein Entwicklungsmodell des Zeitbewußtseins orientiert sich nahezu ausschließlich an der Produktions- und Wirtschaftsweise von vier idealtypischen historischen Gesellschaften: Der entwickelte Industriekapitalismus der westlichen Welt bringt demnach eine Zeit hervor, die Grossin als "linear, abstract, continuous, regular, homogenous, oriented, irresistible, external to beings, infinite in its past as well as its future, divisible, measurable, commutable ..."[38] charakterisiert. Zeit wird zum chronometrisch-objektiven Maßstab für unterschiedliche Tätigkeiten und bemißt zugleich deren Wert. Die Uhrenzeit erweist sich als inflexible Herrscherin. Doch die ökonomische und technische Entwicklung der Basis ist bereits weiter vorangeschritten und mit ihr die Entwicklung des Zeitbewußsteins: Im "Zeitalter der Automation" gilt, daß Roboter die Arbeiter von den Zwängen der Zeit befreien, die *schedules* werden flexibler. Wie die Produktion, so wird auch die Zeit weniger homogen und repetitiv, sondern differenzierter und formenreicher.[39]

Eine empirische Prüfung dieser wissenssoziologischen Entwicklungstheorie würde hier zu weit führen (vgl. Teil III, Kap. 6), theoretisch erscheint die ökonomistische Erklärung jedoch eher problematisch.

---

gerade dieses seinsverbundene Denken und Erkennen zur Grundlage hätte, ... haben." (vgl. Mannheim (1964), S. 308-387, Zitat S. 364; Umstellung KB)

35 Die bisherigen Lösungsversuche, z.B. Schaaf (1956), S. 213, beruhten auf einer philosophischen Rückorientierung, die die Wissenssoziologie entscheidend relativiert hätte.

36 vgl. Mannheim (1985)

37 Grossin (1993), S. 159-160

38 Grossin (1993), S. 164

39 vgl. Grossin (1993), S. 173-174

Norbert Elias, ein Schüler Mannheims überwindet diese ökonomistisch-materialistische Sichtweise,[40] hinterfragt aber auch die idealistische Philosophie und Epistemologie. Er kritisiert Kants Hypothese vom a priori der Kategorie Zeit und wendet sie soziologisch. Die Betrachtung des Prozesses der Zivilisation[41] als Verknüpfung von Soziogenese und Psychogenese des Menschen führt zu einer wissenssoziologischen Analyse, die gleich zwei unglückliche Dichotomien überwindet: die von Individuum und Gesellschaft und die von objektiver und sozialer Zeit.

> Grundsätzlich gilt, daß die "Art und Weise, in der einzelne Mitglieder einer Gruppe erleben, was immer ihre Sinne affiziert, die Bedeutung, die ihren Wahrnehmungen beiliegen, ... von dem Standard des Wissens und damit auch der Begriffsbildung abhängig (sind), den ihre Gesellschaft jeweils im Laufe ihrer Entwicklung erreicht hat."[42]

Für die Entwicklung des Wissens gilt, "daß der Wissensprozeß nicht einfach additiv verläuft ..." Vielmehr "wandelt sich die ganze Struktur des menschlichen Wissens und so auch des Erlebens ebenso wie die ganze Art und Weise des Denkens."[43] Der Prozeß der Zivilisation ist langfristig durch die Tendenz zu wachsender Affektregulierung und *Distanzierung* gekennzeichnet. Die mit ihm verknüpften Formen des Wissens sind deshalb durch eine zunehmende *Rationalisierung* und Phantasieferne charakterisiert.[44]

Menschliches Wissen ist grundsätzlich nicht auf rein kognitive oder gar rationale Bestandteile reduzierbar, seine *affektive Bedeutung* für den Menschen (Angstreduktion durch Wissen) hat bei der Wissensproduktion und Entwicklung des Wissensfundus eine bedeutende Rolle gespielt.[45] Die gesamte psychologische Persönlichkeitsstruktur ist das Ergebnis eines gesellschaftlichen Zivilisationsprozesses: Selbst so *elementare Verhaltens- und Handlungsbereiche* wie Essen, Sexualität und Aggressivität erweisen sich als soziohistorisch veränderbar. Unterschiedliche Maße von Affektnähe des Verhaltens sind in unterschiedlichen Gesellschaftsstrukturen funktional und empirisch nachweisbar. Erst auf einem höheren Interdependenzniveau, das durch ökonomische und politische Differenzierung entstanden ist, wurde die indivduelle Affektkontrolle bedeutsamer und schließlich erfolgsnotwendig. *Fremdzwänge*, zu denen auch die Zeit zu zählen ist, werden zu *Selbstzwängen* und entziehen sich auf diese Weise oftmals einer bewußten Problematisierung. Ist in einem bestimmten Bereich eine sozial normierte Affektregulierung nicht mehr von Belang, so kann es wieder zu einer Lockerung des Zwangs, zur *Informalisierung* des Verhaltens kommen.

---

40 vgl. hierzu auch Korte (1988), S. 100

41 Der Prozeß der Zivilisation (Elias' Hauptwerk) ist ein langfristiger, anfangloser und ungeplanter Prozeß des Figurationswandels. Der Mensch ist dabei nicht durch die sozialen Interdependenzen (Beziehungsgeflechte) determiniert, sondern besitzt innerhalb bestimmter Spielräume relative Autonomie. Die Gesellschaft besteht aus den Individuen und ihren Beziehungen, sie ist kein abstraktes oder gar transzendentes System, sondern eine Figuration, die nun wiederum die (Handlungs- und Denk-)Spielräume markiert. Die gesellschaftliche Figuration ist wie ein Gesellschaftstanz nicht ohne Individuen vorstellbar, gleichwohl ist sie unabhängig von spezifischen Individuen. Die beteiligten Individuen können aber gleichzeitig die gesamte Figuration beeinflussen und verändern (etwa beschleunigen oder verlangsamen). Die Psychogenese ist bei Elias ein individueller Zivilisationsprozeß, der gesellschaftlich präformiert ist. Die Soziogenese Europas ist beschreibbar als Prozeß der staatlichen Entwicklung. vgl. Elias (1991)

42 Elias (1987), S. 11-12

43 Elias (1987), S. 92

44 vgl. Elias (1987), S. 96

45 vgl. Elias (1987), S. 111

Individuelle Erkenntnisakte, die Elias nicht bestreitet, *sind nur auf der Basis eines sozialen Wissensschatzes möglich.* Dies gilt schon deshalb, weil sich das erkennende "Subjekt" *sozialer Symbolsysteme* (Sprache, Begriffe, Bedeutungen etc.) bedienen muß. Auch das individuelle Wissen und der individuell vollzogene Wissenszuwachs über Zeit baut immer auf dem schon vorhandenen sozialen Wissensschatz auf.[46]

Der Begriff der Zeit ist kein Ergebnis der Erkenntnis objekthafter Natur, sondern symbolischer Ausdruck einer menschlichen Syntheseleistung, die sich im Verlaufe des Prozesses der Zivilisation entwickelt hat:

> "Der Zeitbegriff selbst ist der Ausdruck einer Synthese zwischen zwei oder mehr Wandlungskontinuen, von denen eines gewöhnlich geeicht ist, so daß man mit seiner Hilfe gewissermaßen Meilensteine in den unablässigen Fluß des Wandels bauen kann und auf diese Weise die nicht direkt faßbare Länge der Intervalle zwischen dem, was früher, und dem, was später geschieht, bestimmen kann. Bei dem heutigen Stande des Wissens stehen allerdings die den verschiedenen Wissenschaften zugeordneten Zeittypen, also etwa die physikalische Zeit, die biologische Zeit oder die soziale Zeit, wie diese Wissenschaften selbst unverbunden nebeneinander."[47]

Nicht nur mechanische und elektronische Uhren sind solche Wandlungskontinuen mit gesellschaftlichem Charakter und Nutzen, denn alle "Uhren sind sozial normierte Geschehensabläufe mit gleichmäßig wiederkehrenden Ablaufmustern, wie etwa Stunden oder Minuten."[48] Diese Uhrendefinition schließt alle sozialen Zeitgeber ein: Auch Medien können als Uhren betrachtet werden, denn Medien besitzen wie Uhren die Funktion der Orientierung[49] und der Regulierung des Verhaltens.

Zeit ist ein kommunizierbares soziales Symbol (Elias), das je nach Verwendung und Kontext unterschiedliche Bedeutungen haben kann. Wissenssoziologisch und -historisch stellt der Zeitbegriff der Physik eine relativ junge Erscheinung dar, die auf der sozialen Zeitbestimmung basiert (und nicht etwa umgekehrt). Die physikalische Zeitbestimmung ist eine aus der menschenzentrierten Zeitbestimmung abgeleitete und entwickelte sich zusammen mit der wissenschaftlichen (d.h. nicht-lebensweltlichen) Naturbetrachtung erst mit Galilei. Danach wurde die physikalische Zeitvorstellung mit dem Aufstieg der Physik und der gesamten Naturwissenschaft zum *Prototyp* des Zeitmodells.[50]

Die Fähigkeit zur Syntheseleistung (zweier Wandlungskontinuen) ist ein Resultat des jeweils aktuellen menschlichen *Gedächtnisses.* Die Bedeutung von "Vergangenheit", "Gegenwart" und "Zukunft" sind deshalb relativ, weil die Gegenwart des aktuellen Bewußtseins (Gedächtnisses) die Syntheseleistung erst erbringen muß, damit "Vergangenheit" und "Zukunft" existieren. Die drei Zeitmodi sind ohne erlebenden Menschen sinnlos,[51] weil sie erfahrungsbezogen sind.[52]

---

46 vgl. Elias (1989), S. XII. Kants a priori wird von Elias negiert: "Ich konnte nicht mehr übersehen, daß alles, was Kant als zeitlos und vor aller Erfahrung gegeben hinstellte, sei es die Vorstellung einer Kausalverknüpfung, die der Zeit oder die natürlicher und moralischer Gesetze, zusammen mit den entsprechenden Worten von anderen Menschen gelernt werden muß, um im Bewußtsein des einzelnen Menschen vorhanden zu sein. Als gelerntes Wissensgut gehören sie also zum Erfahrungsschatz eines Menschen." (vgl. Elias (1984), S. 19).

47 Elias (1987), S. 206

48 Elias (1989), S. VII

49 Zeit erlaubt die Positionsbestimmung mit Hilfe sich bewegender Maßstäbe, während Raum die Positionsbestimmung mit Hilfe unbewegter Maßstäbe leistet.

50 vgl. Elias (1989), S. 81-95

51 vgl. hierzu auch Elias (1989), S. 47-51

Das Symbol der Syntheseleistung Zeit besitzt wie alle anderen Symbole menschlichen Wissens drei *Funktionen*:

(1) Die *kommunikative Funktion*: Jedes einzelne Mitglied einer bestimmten Gesellschaft verbindet mit dem Lautwert des Begriffs "Zeit" ("time", "temps" etc.) ein "erlerntes Erinnerungsmuster", einen bestimmten sozialen Sinn. In der deutschen Sprache kommt es durch einen irreführenden Sprachgebrauch zur Verdinglichung der Zeit: sie wird substantiviert statt - wie etwa im Englischen - Verb zu bleiben (engl.: to time, timing; deutsche Äquivalente müßten etwa "zeiten" und "verzeiten" in Analogie zu "orten" und "Verorten" heißen.)[53]

(2) Die *Orientierungsfunktion*, d.h. Ereignisse und Abläufe können geordnet werden. Dies gilt für Physiker wie für Historiker oder den Menschen des Alltags, der die Uhr- oder Kalenderzeit abliest.

(3) Die *Regulierungsfunktion* beschreibt, daß menschliches Verhalten und Empfinden durch soziale Zeitpläne koordiniert, synchronisiert und somit reguliert wird.[54] Dabei wird der soziale Fremdzwang Zeit zunehmend internalisiert und als Selbstzwang nicht mehr weiter hinterfragt (Veralltäglichung).[55] Je länger die Interdependenzketten und je komplexer die Beziehungsgeflechte in einer Gesellschaft sind, um so strenger wird das Regiment der sozialen Zeit, der von jederman und überall ablesbaren Uhrenzeit. Für die verschiedenen Stufen des Zivilisationsprozesses lassen sich spezifische Arten des Zeiterlebens beschreiben (vgl. Teil III, Kap. 6).

Die Vorstellung, die ein einzelner Mensch von der Zeit hat, hängt vom Entwicklungsstand der die Zeit repräsentierenden und kommunizierenden sozialen Institutionen ab. In modernen Industriegesellschaften, die sich durch ein hohes Maß an Arbeitsteilung und Differenzierung auszeichnen, ist nach der Zivilisationstheorie von Elias die Internalisierung der Fremdzwänge zu Selbstzwängen weit fortgeschritten. Zeit wird deshalb in allen Lebensbereichen als wichtig empfunden, wir leben auch im privaten Alltag zeitsensibel. Der ursprüngliche Fremdzwang Zeit wird heute als naturgegeben erfahren.[56] *Zeit wurde erst im Laufe des Zivilisationsprozesses verdinglicht und erhielt einen ontologischen Status, weil die Tatsache der menschlichen Synthese "vergessen"* wurde.

3.5 Zusammenfassung und Kritik der Wissenssoziologie

(1) Der Begriff "Wissen" ist bei den meisten Wissenssoziologen absichtlich weit gefaßt,[57] in ihren Analysen thematisieren sie meist nur bestimmte Wissenstypen. *All-*

52 Luhmann hat dies systemttheoretisch reformuliert: Die Eigenzeit des Systems entsteht durch Selbstbeobachtung des Systems, also selbstreferentiell (vgl. Luhmann (1972), S. 83 u. Nassehi (1993), S. 200-207). Die Gleichzeitigkeit von System und Umwelt wird nun aber im Rahmen der Operation des Unterscheidens von System und Umwelt (und um die Komplexität zu reduzieren) "invisibilisiert" (vgl. Luhmann (1990c), S. 95-130, S. 105-107). Dieses Unsichtbarmachen der Gleichzeitigkeit erfolgt durch historisch unterschiedliche Formen der Zeitmessung, wobei die Zeit als Eigenschaft der "Außenwelt" (Umwelt) betrachtet wird (vgl. Luhmann (1990c), S. 95-130).

53 vgl. Elias (1989), S. 8

54 vgl. Elias (1989), S. XLV-XLVI

55 vgl. Elias (1989), S. XVIII-XIX

56 vgl. Elias (1989), S. XXXVII

57 Scheler unterscheidet nach dem Ziel und Wert drei Wissenstypen und sieben Klassen von Wissensformen (Scheler (1947), S. 25-27, Scheler (1960), S. 63), Eisermann klassifiziert sechs "Wissens- und Erkenntnisarten" (Eisermann (1969), S. 520).

tägliches Handlungswissen spielt in der klassischen Wissenssoziologie vor Elias und Berger / Luckmann keine bedeutende Rolle. Die Entstehung von Wissen wird sehr unterschiedlich erklärt.[58] Für Zeit als lebensweltliches Wissenselement ist aufgrund der vorangegangenen Untersuchungen die pragmatische Konstruktion zu favorisieren.

(2) Zeit kann wissenssoziologisch als philosophische Idee, als (unterschiedlich formuliertes) fachwissenschaftliches Konzept und als lebensweltliches geistiges Gebilde (Kollektivvorstellung, Kategorie) betrachtet werden. Zeit ist in jedem Fall nicht das Resultat der Erkenntnis objekthafter Natur, sondern seinsverbundene gesellschaftliche Konstruktion und symbolischer Ausdruck einer menschlichen Syntheseleistung (Elias). Diese Synthese hat sich im Verlauf des Prozesses der Zivilisation (auf der Basis von mindestens zwei Wandlungskontinuen) entwickelt. Neben den Uhren können auch Medien als solche Wandlungskontinuen aufgefaßt werden, denn sie besitzen ebenfalls kommunikative, orientierende und regulierende zeitliche Funktionen.

(3) Alltägliche Zeitordnungen (*embedded time*) und lebensweltliches Zeitbewußtsein (*symbolic time*) stehen in einem Vermittlungsverhältnis. Unter "Vermittlung" verstehe ich im Sinne der "funktionalistischen Theorien"[59] (Stark) das Phänomen, daß Ideen eine bestimmte Funktion für die Totalität der Gesellschaft (deren Teil sie zugleich sind) erfüllen. Die Gesellschaft wird mit ihren Ideen als organisches Ganzes betrachtet, Wechselwirkungen sind möglich (und "natürlich"). Das funktionalistische Erklärungsmodell ist überzeugend mit dem radikalen Konstruktivismus vereinbar, und sie geht wie die pragmatische Theorie von zeitgebundenen, sozialen Wahrheiten aus.[60] Unser Forschungsproblem läßt sich nunmehr folgendermaßen formulieren:

Welche Funktion besitzen Medien bei der Vermittlung gesellschaftlicher Zeitordnungen und Zeitbewußtseine, welche Leistungen erbringen sie im Rahmen der sozialen Konstruktion von Zeit, wie werden sie zur Ordnung von Zeit benutzt und welche Zeitbewußtseine verbinden sich mit diesen Handlungen?

---

58 Stark (1960), S. 177-200 unterscheidet idealtypisch acht Erklärungsmodelle für Wissen.

59 vgl. Stark (1960), S. 218-229. Stark nennt als Vertreter der funktionalistischen Sicht so unterschiedliche Autoren wie Comte, Condorcet, Marx, Durkheim und Mannheim (vgl. Stark (1960), S. 265-270).

60 In letzter Konsequenz bedeutet dies allerdings die *Aufgabe des metaphysischen Ideals absoluter Wahrheit.* Daß dies keineswegs ethisch bedenkliche Konsequenzen haben muß, sondern im Gegenteil zu einem universellen Toleranzgebot führt, hat bereits unsere Begründung des radikalen Konstruktivismus bewiesen. Und in der Tat finden sich bei den Vertretern des Funktionalismus ähnliche Formulierungen wie bei radikalen Konstruktivisten: Stark faßt zusammen, "daß für Mannheim das wahr ist, was »klappt«." (vgl. Stark (1960), S. 270-284). Während selbst die "radikalen Wissenssoziologen" lediglich das geisteswissenschaftliche Wissen für seinsverbunden in allen Aspekten (Form, Gestalt, Genese, Inhalt, Geltungsbereich und Wahrheitsanspruch) halten, erlaubt die konstruktivistische Kognitionstheorie die Erweiterung auf das gesamte menschliche Wissen: Natur-, Geistes- und Sozialwissenschaften unterliegen ebenso wie die anderen kulturellen Wissensformen und das alltägliche Handlungswissen einem kognitiven und sozialen Konstruktionsprozess. (Die Einteilung in "gemäßigte" und "totale" bzw. "radikale" Wissenssoziologen stammt von Lieber. Die gemäßigten Wissenssoziologen wie z.B. Scheler halten lediglich formale und genetische Aspekte des (geisteswissenschaftlichen) Wissens für wissenssoziologisch erkärbar. Wissen ist für sie keine Funktion der (und für die) Gesellschaft, sondern ein Teilhaben an der absoluten Wahrheit (vgl. Lieber (1952), S. 142-144).

4 Sozialer Konstruktivismus als Synthese

4.1 Einleitung

Peter L. Berger und Thomas Luckmann reichern die phänomenologische Handlungstheorie von Schütz durch wissenssoziologische Theorieelemente an und erreichen damit zugleich eine Erweiterung und Fokussierung der Wissenssoziologie. Im Sinne von Robert Ezra Park können positives, formalisiertes oder gar systematisch bzw. wissenschaftlich erworbenes "Wissen über" (knowledge about) und synthethisches, durch persönliche Erfahrung generiertes, "erlebtes" Wissen im Sinne von "Bekanntheit" oder gar nahezu körperlicher "Vertrautheit mit" (acquaintance with) auf einer kontinuierlichen Skala angeordnet werden. Sie können als unterschiedliche Wissensformen betrachtet und müssen keineswegs dichotomisch getrennt werden.[1] Wie schon bei Elias wird der Gegenstandbereich der Wissenssoziologie so auf das Alltagswissen erweitert. Nicht mehr die Analyse besonderer Wissenssysteme (als Wissen*schafts*soziologie oder Ideologiekritik), sondern die "Analyse des Wissens, welches das Verhalten in der Alltagswelt reguliert"[2] wird zum Hauptgegenstand ihrer reformulierten Wissenssoziologie. Die gesamte Wirklichkeit der Alltagswelt wird auf der Theoriegrundlage von Mead, Schütz, Scheler und Mannheim[3] als "socially constructed"[4] begriffen. Damit wird zugleich die Beschränkung auf die sozialpsychologische Ausgangssituation unmittelbarer Interaktion aufgehoben. Berger / Luckmann argumentieren streng soziologisch und gehen nicht auf kognitionstheoretische Grundlagen ein. In diesem Sinne kann man ihre - mit dem radikalen Konstruktivismus vereinbare - Theorie als "sozialen Konstruktivismus" bezeichnen.

4.2 Typisierung, Anonymisierung und Objektivation von Wissen

Ausgangspunkt und Prototyp der Analyse von handlungsrelevanten und -regulierenden Wissens ist die "Vis-à-vis-Situation", also die direkte Interaktion kopräsenter Individuen. Die Interaktion in dieser Situation ist durch ständige Reziprozität, den maximalen Grad an Wirklichkeit des jeweils anderen und wechselseitige Typisierung[5] der beiden Partner gekennzeichnet. Typisierungen sind Wissenselemente, die die Einordnung des anderen erlauben und erleichtern, indem sie Handlungserwartungen aus-

---

1 vgl. Park (1955), S. 71-78 u. S. 84-87

2 Berger / Luckmann (1989), S. 21

3 vgl. Berger / Luckmann (1989), S. 1-20 sowie das Vorwort von Helmuth Plessner, ebda. S. IX-XVI. Theoriegeschichtlich und wissen(schafts)soziologisch ist diese Erweiterung der Wissenssoziologie das Ergebnis der amerikanischen Rezeptionsgeschichte deutscher Wissenssoziologie; vgl. Wolff (1968), S. 272-274. Meads Werk spielt bei Gordon Child (vgl. Wolff (1968), S. 81 u. S. 284) und bei Berger / Luckmann eine wichtige Rolle (vgl. Berger / Luckmann (1989), S. 18).

4 Berger (1966), S. 136

5 vgl. zur Typik ausführlicher Schütz / Luckmann (1988), S. 277-290

drücken und damit Unsicherheit reduzieren und Zeit sparen. Je indirekter der Kontakt der Interaktionspartner ist, je weiter die Interaktionssituation also von der prototypischen Vis-à-vis-Situation entfernt ist, um so anonymer sind die Typisierungen. Die Spannbreite reicht sozial-räumlich vom Mitakteur bis hin zum bloßen Zeitgenossen und zeitlich über den Zeitgenossen hinaus bis zu den Vor- und Nachfahren.[6] Schon Zeitgenossen werden dabei ausschließlich in typisierter und anonymisierter Form erfahrbar.[7] In der Interaktion kommt es zur *Objektivation*, d.h. zur Vergegenständlichung der subjektiven Intentionen, deren wichtigste Form die *Zeichengebung* darstellt.

4.3 Die Bedeutung und Funktion von Zeichen und Sprache

Zeichen und Zeichensysteme reichen über die prototypische "Hier-und-Jetzt"-Situation hinaus: Sie sind von der konkreten Gegenwart ablösbar,[8] und können sogar zur Transzendenz von Lebenszeit und Lebenswelt führen.

Schütz unterscheidet vier Zeichentypen,[9] die zu bestimmten Appräsentationssystemen (der Begriff stammt von Husserl) gehören und die zugleich Instrumente der Objektivierung subjektiven Wissens[10] sind. Alle dienen der Grenzüberschreitung, indem sie etwas außerhalb der jeweiligen Erfahrung liegendes vergegenwärtigen und somit Präsentes mit Nicht-Präsentem verbinden:

(1) Merkzeichen sind individuell gesetzt und insofern beliebig, sie dienen der wiederholten Erkennung und überbrücken somit biographische Zeit zwischen vergangenem und aktuellem Handeln.

(2) Anzeichen gelten als typisch für einen bestimmten Zusammenhang (zwischen A und B) und überbrücken eine Distanz zwischen Erreichbarem (z.B. A) und außerhalb der Reichweite Liegendem (z.B. B).

(3) Zeichen gehören der Außenwelt als Gegenstände, Gegebenheiten oder Geschehnisse an und appräsentieren für den Deutenden die Gedanken eines anderen Subjektes. Zeichen überbrücken also eine intersubjektive Distanz.

(4) Symbole gehören zur Wirklichkeit des Alltags, verweisen jedoch gleichzeitig auf eine geschlossene, außeralltägliche Sinnprovinz (etwa die individuelle Traumwelt).[11] Sie überbrücken also eine soziale (zeitliche und/oder räumliche) Distanz zwischen der Sozialwelt und anderen Bereichen. So besteht beispielsweise im Traum eine Differenz zwischen der Weltzeit und der "inneren Zeit". Symbole unterscheiden sich von allen anderen Appräsentationssystemen dadurch, daß das Appräsentierte nicht nur abwesend ist, sondern grundsätzlich einem anderen Bereich angehört.

---

6 vgl. Berger / Luckmann (1989), S. 31-36
7 vgl. Schütz / Luckmann (1988), S. 103-118
8 vgl. Berger / Luckmann (1989), S. 36-39
9 vgl. Schütz (1981), S. 165-175 und Schütz / Luckmann (1990), S. 178-200
10 vgl. Schütz / Luckmann (1988), S. 317-342
11 Erfahrungen, die sinnverträglich sind, können geschlossene Sinngebiete bilden, ein Wechsel von der Alltagswelt in ein Sinngebiet ist als schockartig erlebter Sprung vorzustellen: das Öffnen des Theatervorhangs, das Erwachen aus einem Traum usw. (vgl. Schütz / Luckmann (1988), S. 49-50). Den einzelnen Sinnprovinzen entsprechen spezifische *Erlebnis- und Erkenntnisstile* mit besonderen *Zeitperspektiven* (vgl. Schütz / Luckmann (1988), S. 53-61).

> "Die symbolischen Bedeutungen sind also - an bestimmten Bedeutungsträgern festgemachte - Erinnerungen an Erfahrungen in außeralltäglichen Wirklichkeiten, die aus anderen Zuständen in den Normalzustand des Alltags zurückgebracht worden sind."[12]

Die Sprache ist nach Schütz ein Zeichensystem, dem besondere soziale Bedeutung zukommt und das darüber hinaus auch noch auf der Ebene der Symbole fungieren kann:[13]

> "Sprache ist das hauptsächliche Mittel des gesellschaftlichen Aufbaus jeder *menschlichen* Wirklichkeit; sie ist aber auch das Hauptmedium der *Vermittlung* einer bestimmten, also geschichtlichen, gesellschaftlich schon aufgebauten Wirklichkeit."[14]

Sprache leistet *Symbolisierung*, ein Begriff, den Schütz von Bergson übernommen hat. Gemeint ist die Fähigkeit und Tätigkeit des menschlichen Verstandes, Erlebnisse aus dem Erlebnisstrom des dauernden Ich (durée) herauszugreifen, zu fixieren, zu isolieren und zu verräumlichen. Symbolisierung (Bergson, Schütz) ist damit wie Objektivation (Berger / Luckmann) die Voraussetzung für die reflexiv oder protentional verlaufende Sinnkonstitution im Handlungsablauf.

Für Berger / Luckmann ist Alltagswelt nun explizit "Leben mit und mittels Sprache".[15] Sprache birgt die Möglichkeit, Sinn und Bedeutung sowie Erfahrung aufzubewahren und zu übermitteln, sie typisiert und anonymisiert und erweist sich deshalb als Instrument der *Integration* verschiedener "Hier-und-Jetzt"-Situationen zu einem sinnhaften Ganzen. Sachlich leistet sie - durch symbolische Sprache - die *Anbindung geschlossener Sinnprovinzen* (etwa unseres Traumerlebens) und Subsinnwelten[16] *an die Alltagswelt*, zeitlich leistet sie eine *Vergegenwärtigung* von Phänomenen (Handlungen und Personen) aus der Vergangenheit und Gegenwart und eine *Synchronisierung* von Zeitsequenzen verschiedener Subjekte.[17] Ohne Sprache wäre die Entwicklung eines "gesellschaftlichen Wissensvorrates", der die handlungsrelevanten Typisierungen liefert, nicht vorstellbar. Sprache ist somit ein wesentliches Element der Objektivation: *Durch Sprache schaffen sich Menschen*, denen es an Instinkt-Determiniertheit mangelt, *ihre Umwelt, nämlich ihre Gesellschaft selbst.*[18]

4.4 Externalisierung und Internalisierung

Gewohnheitsmäßige, habitualisierte Handlungen werden als typische Handlungen wechselseitig institutionalisiert und schließlich über die Generationenfolge tradiert. Dabei verändert sich die ihnen zugeschriebene Qualität auf eigentümliche Weise: Die durch die Akteure selbst geschaffene, konstruierte intersubjektive Welt wird nun *als* vorgegebene, objektive Welt wahrgenommen und erlebt. Die Welt wird *externalisiert*, also als außerhalb der Subjekte liegend erfahren, weil sie zeitlich über das Subjekt

---

12 Schütz / Luckmann (1990), S. 197

13 vgl. Schütz / Luckmann (1990), S. 205-207 und Srubar (1988), S. 242-243

14 Schütz / Luckmann (1990), S. 209, Hervorhebung durch Schütz / Luckmann

15 Berger / Luckmann (1989), S. 39

16 Durch die Spezialisierung des Wissens im Sinne einer zunhemenden Rollengebundenheit und durch soziale Differenzierung kommt es zur Entstehung von "Subsinnwelten" und zur Entwicklung einer Vielfalt von Perspektiven.

17 vgl. Berger / Luckmann (1989), S. 39-41

18 vgl. Berger / Luckmann (1989), S. 43-65

hinausgreift.[19] Die Tradierung der Institutionen erfolgt im Prozeß der *Sozialisation*, der wesentlich ein sprachlicher Prozeß ist, in dem auf den gesellschaftlichen Wissensvorrat zurückgegriffen wird. Das Ergebnis der Sozialisation ist schließlich die *Internalisierung* der durch Externalisierung entstandenen "objektiven" Welt, der nunmehr subjektiver Sinn zugeschrieben werden kann.[20] Die *Legitimierung* der Institutionen-auf die ich hier nicht weiter eingehen kann[21] - erfolgt dabei ebenfalls durch Sprache: Sprache macht soziale Erfahrung allen zugänglich und dient als Medium beim Erlernen von Wissen über die Gesellschaft und ihre Institutionen. Erfahrungen können sprachlich symbolisiert und somit sedimentiert zu einem Teil des gesellschaftlchen Wissensvorrates werden.[22] Gleichwohl gilt, daß der gesellschaftliche Wissensvorrat nicht unabhängig vom individuellen Wissenserwerb ist. Subjektiver Wissenserwerb ist die genetische und logische Voraussetzung für den gesellschaftlichen Wissensvorrat. Dieser umfaßt allerdings mehr als der subjektive Wissensvorrat und mehr als die Summe aller subjektiven Wissensvorräte, zugleich "fehlen" aber Wissenselemente, die nur an die Biographie anknüpfbar sind oder ausschließlich dem Individuum zugänglichen Sinnprovinzen (etwa der Traumwelt) angehören und sich sprachlicher Objektivierung entziehen. Objektivierung ist - wie wir gesehen haben - die wichtigste Voraussetzung für die Übernahme subjektiver Wissenselemente in den gesellschaftlichen Wissensvorrat.[23].

Intersubjektiv ist die Lebenswelt nicht nur deshalb, weil Sinn interaktiv "ausgehandelt" wird, sondern weil die Interaktionspartner dabei auf gesellschaftliches Wissen zurückgreifen. Die Lebenswelt ist zugleich Kulturwelt, denn Sprache spielt eine entscheidende Rolle bei der Verständigung über Sinn. Bei direkter Kommunikation werden zwei Abläufe der inneren Zeit (die des "Redners" und die des "Zuhörers") aufeinander und auf die Welt abgestimmt.[24] Medientechniken, wie etwa Schrift oder Druck, ermöglichen Sinnverstehen durch "Pseudo-"[25] oder "Quasi-Gleichzeitigkeit": Der Leser vollzieht die Setzungsakte des Autors so nach, "als ob sie vor seinen Augen gesetzt würden."[26]

4.5 Zeit als lebensweltliches Wissenselement

Das lebensweltliche Subjekt ist durch sein Handeln (Wirkwelt) und seine Zeitlichkeit mit der Lebenswelt verbunden:

> "Als ein Ablauf in der Außenwelt wird das Wirken und damit das Erleben des Subjekts von außersubjektiven Zeitrhythmen bestimmt ... In seinem Wirken erfährt also das Subjekt seine innere und die es transzendierende Zeitdimension der Welt und bringt so eine Synthese der beiden Dimensionen hervor, die ein spezifisch menschliches - man könnte sagen: soziales - Zeitkontinuum darstellt, von Schütz die »bürgerliche Zeit« ... oder der »bürgerliche Tag« ... genannt."[27]

19 vgl. Berger / Luckmann (1989), S. 43-65
20 vgl. Berger / Luckmann (1989), S. 139
21 vgl. zu den vier Ebenen der Legitimierung Berger / Luckmann (1989), S. 100-138
22 vgl. Berger / Luckmann (1989), S. 72-73
23 vgl. Schütz / Luckmann (1988), S. 315-316
24 vgl. Srubar (1988), S. 235 sowie Schütz (1981), S. 177
25 Schütz / Luckmann (1988), S. 121
26 Schütz (1981), S. 188-189
27 Srubar (1988), S. 178-179

Im Alltagsleben sind wir also keine solipsistischen Individuen (wie im Traum), sondern werden von pragmatischen Motiven beherrscht. Handlung und Verständigung setzen eine gemeinsame, synchronisierte, intersubjektive Zeit voraus. Die Koordination routinisierter Handlungen bedient sich dabei zunehmend vorgefertigter Kategorien, die in relativ starkem Maße typisiert und anonymisiert, also von der direkten sozialen Interaktionssituation abstrahiert sind. Soziale Zeit unterliegt wie andere typisierte Wissenselemente einer Objektivation und Externalisierung. Wissen über sie wird habitualisiert und tradiert, um soziale Zeit nicht für jede Handlungskoordination neu aushandeln zu müssen. Soziale Zeitkategorien stellen also einen "zeitlichen Hintergrund" zur Verfügung, vor dem gehandelt und vor dem individuelle Dauern synchronisiert werden können.[28] Je weiter sich alltagsweltliche Zeiterfahrung von der Situation unmittelbarer Reichweite entfernt, um so abstrakter und "objektiver" erscheinen die Zeitkategorien und -normen. Doch tatsächlich sind auch sie ein Produkt sozialen Handelns, deren Entstehungsgeschichte "überdeckt" ist. Man kann mit Elias sagen, daß wir die Tatsache der Synthese, also den Akt der Konstruktion ontogenetisch wie phylogenetisch vergessen haben, sobald wir ihn vollendet haben:

> "Wir denken Zeit als etwas Natürliches, als eine natürliche Dimension der eigenen Existenz wie des Seins überhaupt. Der Gesellschaftlichkeit von Zeiterfahrung sind wir uns jedoch in der Regel nicht bewußt."[29]

Zeit als Kategorie der "transzendentalen Grundausstattung" des Subjekts ist nicht a priori gegeben, wie viele Philosophen und Anthropologen annehmen, sondern erst das Resultat von Handlung und Erfahrung in der Sozialwelt (Lebenswelt):

> "Die anthropologische Verfassung macht deutlich, daß Zeit als konstruktives Verfahren der Daseinsführung des Menschen ausgebildet werden muß. Wie alle geistigen Formen ist sie an den Erwerb von Handlungskompetenz gekoppelt und deshalb auch in die Strukturen der Handlung selbst verstrickt. Alle naturwüchsig entstehende Zeit ist Handlungszeit."[30]

Die Erfahrungen des Wartens, der Endlichkeit, der Zwangsläufigkeit der Abfolge sind als subjektive Korrelate der Transzendenz der Weltzeit ein wichtiges Grundelement des lebensweltlichen Wissensvorrates, weil sie handlungsrelevant und -regulierend wirken. Ins Bewußtsein treten sie hingegen erst in der Reflexion der theoretischen Einstellung, in der natürlichen Einstellung der Lebenswelt sind sie selbstverständlicher Rahmen. Es ist routinemäßig nutzbares Grundwissen.[31] Die innere Dauer, die organische Eigenzeit ist lediglich die Basis unseres Zeitbewußtseins, auf der alle anderen, sozialen Zeitstrukturen aufbauen. Über diese sozialen Zeitlichkeiten erwerben wir im Verlaufe unserer Sozialisation Wissen, das wir eben nicht seit der Geburt besitzen.[32]

Zeit kann als Wissensbestand aufgefaßt werden, der in der primären und der sekundären Sozialisation eine zentrale - weil handlungsrelevante und -regulierende - Rolle spielt. In der *primären Sozialisation* entwickelt das Kind ein Bewußtsein für den generalisierten Anderen (Mead) und damit auch für dessen Zeitperspektiven. In der

28 vgl. Luckmann (1986), S. 152-158, Zit. S. 158
29 Zoll (1988b), S. 72-88
30 Dux (1989), S. 64
31 vgl. Schütz / Luckmann (1988), S. 134-144
32 vgl. Luckmann (1986), S. 151

sekundären Sozialisation erwerben wir rollenspezifischen Wissen über die Zeitstrukturen der Rollen und des Rollenverhaltens. Die gesellschaftlich konstruierte Wirklichkeit muß ständig abgesichert werden. Hierbei spielt Kommunikation eine entscheidende Rolle: "Das notwendigste Vehikel der Wirklichkeitserhaltung ist die Unterhaltung. Das Alltagsleben des Menschen ist wie das Rattern einer Konversationsmaschine, die ihm unentwegt seine subjektive Wirklichkeit garantiert, modifiziert und rekonstruiert."[33] Diese "Konversationsmaschine", so mein Vorschlag, umfaßt nicht nur die gesprochene Sprache, sondern auch technische Medien, die zur Konstruktion gesellschaftlicher Wirklichkeit auf zweifache Weise beitragen: Medien gestatten den Zugriff auf den gesellschaftlichen Wissensvorrat und sie gestalten ihn durch die Art der Erfahrungen, die sie vermitteln, mit. Kommunikation (Symbolisierung) ist letztlich der Grund für die Sozialität allen Wissens.

4.6 Medienhandeln

Nicht nur die Sprache, auch die anderen Zeichen und Symbolsysteme fungieren als Depot gesellschaftlichen Wissens und auch sie synchronisieren unterschiedliche "Hier-und-Jetzt"-Situationen. Was in unserem Problemzusammenhang besonders interessiert, sind die Funktionen des institutionalisierten Medienhandelns für die zeitliche Integration der Alltagswelt. Auf die besondere Bedeutung der Sprache als Medium der Integration - durch Zugriff auf den gesellschaftlichen Wissensvorrat - sind Berger und Luckmann bereits eingegangen. Zu fragen ist nunmehr, worin die Präsentationsleistungen (im Sinne zeitlicher Vergegenwärtigung) und die Synchronisationsleistungen (bezogen auf die Zeitordnungen und Zeitbewußsteine verschiedener Akteure) bestehen.

Allgemein formuliert geht es um die Analyse der Rolle der Medien bei der Vermittlung sozialer Zeit als Element des gesellschaftlichen Wissensvorrates. Vermittlung muß dabei als wechselseitiger Interaktionsprozeß zwischen sozialen Zeitordnungen und Zeitbewußtseinen operationalisiert werden.

Luckmann weist auf die Bedeutung der Schrift für die gesellschaftliche Zeit-Kategorienbildung hin: In schriftlosen Gesellschaften ist die "Grenzlinie" zwischen den abstrakten, stark objektivierten Kategorien der Zeit und der alltäglichen, in "reiner Intersubjektivität" jeweils aktuell ausgehandelter und gelebter sozialer Zeit noch nicht so stark gezogen. In schriftkulturellen Gesellschaften haben sich die abstrakten Zeitkategorien einerseits vollständig von der unmittelbaren Alltagserfahrung gelöst und sind zum (natur)wissenschaftlichen oder religiösen Sonderwissen geworden. Andererseits durchdringen diese abstrakten Zeitkategorien über Alltagstechniken (Uhr, Notizkalender), die einfach zu handhaben sind, alle Ebenen des sozialen Lebens bis hin zu direkten sozialen Interaktion.[34]

Handlungstheoretisch wird Massenkommunikation von Schütz / Luckmann als einseitig mittelbares Handeln verstanden, denn der Handelnde (Kommunikator) entwirft eine Handlung, die einseitig bleiben soll und die diesen Entwurf tatsächlich verwirklicht.[35] Die " ... weitgehende Anonymisierung mancher (wichtiger) Sozialbezie-

33 Berger / Luckmann (1989), S. 163
34 vgl. Luckmann (1986), S. 161-162
35 vgl. Schütz / Luckmann (1990), S. 127-129

hungen"[36] läßt "Antworten" auf solche einseitigen Handlungen (Massenkommunikation) strukturell nicht mehr sinnvoll erscheinen, weshalb Schütz / Luckmann die Qualität der Beziehungen als echte Sozialbeziehung sogar in Frage stellen.[37] Massenkommunikation erschöpft sich aber nicht in einseitigem mittelbaren Handeln von Kommunikatoren. Die Mediennutzung der Rezipienten stellt eine unabdingbare Voraussetzung und Bedingung - auch für Bewußtsein und Handlung der Kommunikatoren - dar. Mediennutzung und Rezeption kann handlungstheoretisch als *Medienhandeln* aufgefaßt werden, das - wie alle Handlungen - eine Zeit- und Sinnstruktur besitzt. Die Zeitperspektiven des "Um-zu-" und des "Weil-Motivs" (Schütz) und intentionale Bezüge kennzeichnen dieses Medienhandeln, partiell tritt sogar eine parasoziale Interaktion hinzu. Medienhandeln kann als Teil des Vermittlungsprozesses sozialer Zeit verstanden werden, wobei sich das Medienhandeln der Kommunikatoren und der Nutzer/Rezipienten miteinander verschränkt, weil beide Akteure ihre Partner und deren Handlungen wechselseitig in stark typisierter und anonymisierter Form wahrnehmen. Aus der Perspektive der Nutzer nehmen die Medienhandlungen der Kommunikatoren die Form von Zeitordnungen (Periodik und Programme) an, die Teil der komplexen lebensweltlichen Zeitordnung (Chronotop) sind.

Medienhandeln ist soziales Handeln, weil subjektiv gemeinter Sinn dieses Handeln motiviert. Es unterscheidet sich von kommunikativem Handeln dadurch, daß die Intention (das Motiv) nicht in der Bedeutungsvermittlung an Interaktionspartner liegt bzw. liegen muß. Andere können aber sehr wohl versuchen, den subjektiv gemeinten Sinn zu verstehen und ihre eigenen Handlungen hieran orientieren.

4.7 Zusammenfassung

(1) Wir haben gesehen, daß *Zeitwahrnehmung* (Kognition), *Zeiterleben* und -empfinden (Emotion) und die Entwicklung von *Zeitperspektiven* (Vergangenheit - Gegenwart - Zukunft) keine hinlänglich individualpsychologisch erklärbaren Prozesse sind. Diese Erkenntnis gilt auch für die das *Zeitbewußtsein* und das *Zeithandeln.*

(2) Zeit ist ein pragmatisch in der Lebenswelt erzeugtes Wissenselement, eine Kategorie im wissenssoziologischen Sinne. Durch Symboliserung wird es zunächst objektiviert und externalisiert, um dann wieder (durch Sozialisation) internalisiert zu werden. Zeit ist im soziologischen Sinne als Teil der Kollektivvorstellungen a priori und kein Resultat der Wahrnehmung und Erkenntnis objekthafter Natur. Lebensweltliches Handeln, Objektivation, Externalisierung (Symbolisierung) und Internalisierung (Synthese) beschreiben den Prozeß der sozialen Konstruktion der Zeit.

(3) Unter Zeitbewußtsein verstehe ich Alltagsbewußtsein von Zeit, d.h. nicht die abstrakten wissenschaftlichen, religiösen oder metaphysischen Zeitkonzepte, wie August Nitschke sie untersucht hat,[38] sondern alltägliches, lebensweltliches, handlungsrelevantes Wissen über Zeitliches steht im Vordergrund der Untersuchung. Unter Zeitbewußtsein ("time consciousness") möchte ich mit Nigel Thrift also "an ideology

36 Schütz / Luckmann (1990), S. 133-134
37 vgl. Schütz / Luckmann (1990), S. 134-135
38 vgl. hierzu Nitschke (1990)

of everyday time practice, that is a set of accounts of (or conversations about) temporal practice through which people interpret/construct what »time« is"[39] verstehen. Individuell in der Sozialisation internalisiertes Zeitbewußtsein ist durch die Einbindung in ein soziales Handlungssystem, in Sprache und Alltagskultur immer *ab origine* ein soziales Konstrukt.

(4) Der Begriff Zeithandeln dient nicht nur der besonderen Betonung der zeitlichen Struktur aller Handlungen, sondern verweist darüber hinaus auf den Umgang mit Zeit und die aktive Zeitgestaltung durch individuelle oder kollektive Akteure. Zeithandeln bringt - vor allem durch Habitualisiertung und Institutionalisierung - gesellschaftliche Rhythmen und Zeitordnungen hervor (vgl. Teil III, Kap. 5 und 6).

(5) Medienhandeln ist intentionales, mit subjektivem Sinn verknüpftes Handeln, das - wie alle Handlungen - zugleich als Zeitgestaltung ("Zeithandeln") betrachtet werden kann. Die Verknüpfung von Zeit und Sinn beim Medienhandeln wird in Teil IV dieser Arbeit behandelt.

---

39 Thrift (1988), S. 54

5 Qualitäten sozialer Zeit und soziale Zeitordnung

5.1 Einleitung

Die raumzeitliche Aufschichtung der Lebenswelt und die Tatsache, daß Lebenswelt immer schon sprachlich und symbolisch vorgeformte Kulturwelt ist, führt zu der Frage, mit welchen Zeitordnungen sich das Individuum in einer modernen Gesellschaft konfrontiert sieht, welche Zeitbewußtseine sich herausgebildet haben und welche Qualitäten soziale Zeit besitzt. Zur Beantwortung dieser Fragen werde ich sozialpsychologische und wissenssoziologische Ansätze aufgreifen, die die Komplexität sozialer Zeit im Alltag - auch jenseits direkter Interaktion - thematisieren.

5.2 Soziale Rhythmen

Schon auf der Ebene einfacher Handlungen läßt sich im Alltag eine *zeitliche Ordnung der Interaktion* und damit unseres sozialen Lebens erfahren. Erving Goffman verwendet in seiner auf der Theatermetapher basierenden Rahmenanalyse den Begriff der "zeitlichen Anfangs- und Schlußklammern" der Interaktion. Diese Klammern beruhen auf sozialen Konventionen (er nennt die Theater-Pausen und Film-Abblenden), die auch in der alltäglichen Interaktion wirken und kultureller Varianz und historischem Wandel unterworfen sind. Goffman geht es aber bei seiner Rahmenanalyse nicht um das Verstehen der sozialen Organisation, sondern um die Erklärung individueller Erfahrungsorganisation.[1] Zudem bezieht sich seine Rahmenanalyse - wie die Handlungstheorie von Schütz, die Sozialpsychologie von Mead und das Modell von McGrath und Kelly - primär auf einfache Formen direkter Interaktion.

Die sozialen Zeitordnungen werden jedoch komplexer, wenn es die Interaktionsnetze werden. Auf der Ebene größerer Gruppen, Gemeinschaften oder gar der Gesellschaft bedarf es deshalb einer weiterführenden Theorie, die auf der handlungstheoretisch-wissenssoziologischen Basis aufbaut. Zu diesem Zweck erweitern McGrath und Janice R. Kelly das Social Entrainment-Modell von Chapple[2] um die Möglichkeit vernetzter Wechselwirkungen. "Entrainment" stammt ursprünglich aus der Biologie und bezeichnet bei Kelly und McGrath nun prozeßorientiert die wechselseitig beeinflussende Durchdringung von zwei oder mehr Rhythmen unterschiedlicher Natur

1 vgl. Goffman (1980), S. 279-286 und S. 22

2 E. D. Chapple hat auf behavioristischer Grundlage in den 70er Jahren ein Social Entrainment-Modell entwickelt, dem zufolge das Verhalten jedes Interakteurs einem oder mehreren Rhythmen folgt, die während einer Interaktion wechselseitig zwischen den Partnern harmonisiert werden (Chapple, E. D.: Culture and biological man. Explorations in behavioral anthropology. New York 1970 u. ders.: Towards a mathematical model of interaction. Some preliminary considerations. In: Kay, P. (Hrsg.): Explorations in mathematical anthroplogy. Cambridge, Ma. 1971. Hall gibt William S. Condon als Begründer des behavioristischen Entrainment-Modells an. vgl. Hall (1984), S. 177 und S. 234. Zur Kritik Chapples vgl. Warner (1988), S. 72-73.

(physiologisch, psychologisch, interaktions- bzw. verhaltensbezogen, sozial übergreifend etc.).[3] Zeit wird dabei - wie in unserem Alltagsbewußtsein auch - nicht als mathematische Zeit im Sinne Newtons, sondern als konkret erfahrbare, zum Teil widersprüchliche und vielfältige Struktur unseres Lebens begriffen. Einzelne Rhythmen beeinflussen sich dabei zum einen untereinander wechselseitig, zum anderen aber - und dies ist der kommunikationswissenschaftlich interessanteste Aspekt - haben McGrath / Kelly eine vierte Ebene in das Modell eingeführt, nämlich "external pacer events or entraining cycles"[4].

Neben den endogenen psychischen Rhythmen, die in einer Feedback-Beziehung zu den rhythmischen Interaktionselementen eines Partners stehen und im Zuge des "entrainment" miteinander in Einklang gebracht werden (RHYTHM und MESH), gibt es gesellschaftlich vorstrukturierte Verhaltensabläufe, -rhythmen und -geschwindigkeiten (TEMPO) und eben die unter "PACE" zusammengefaßten externen Rhythmen oder Abläufe unterschiedlichsten Charakters (vom gesetzten Zeitlimit bis zu den technischen Kommunikationsmedien). McGrath / Kelly weisen darauf hin, daß diese PACE-Ebene nicht als alleinige Ursache oder zentrales Regulativ sozialer Rhythmen angesehen werden kann, sondern daß es sich um eine beeinflussende soziale Größe handelt.[5] McGrath und Kelly haben sich in ihren empirischen Untersuchungen bislang vor allem auf die Anwendung des Modells auf aufgabenorientierte Interaktionen unter Zeitdruck (als PACE-Element) beschränkt, eine Anwendung auf die mediale Kommunikation fehlt. Wenn man Medien bzw. Medienangebote als Zeitgestalten (z.B. Rhythmen) begreift, so sind sie sicherlich unter der vierten Modellkomponente subsummierbar.[6]

Zu den bedeutendsten alltäglichen Zeitordnungen gehören die "objektiven" Zeitordnungen des Kalenders und der Uhr. Bei eingehender wissenssoziologischer Analyse läßt sich der soziale Synthese- und Konstruktionscharakter dieser symbolischen Zeitordnungen rekonstruieren. Erst durch den Prozeß der Externalisierung entsteht der lebensweltliche Eindruck von Objektivität. Dies nachzuweisen gelingt vor allem Pitrim Aleksandrovic Sorokin[7], der eine eigenständige "sociocultural time different from all these, and having its own structure and functions"[8] fordert.

(1) Sozial bedeutsame *Ereignisse* wie Jagderfolg, Hungerperioden, Schlechtwetterperioden oder Unwetter, Krankheiten und Epidemien dienten ursprünglich *als Zeitindikatoren* und -referenten. Andere Ereignisse lassen sich dann als "vorher", "während" und "nachher" oder auch als "lange vorher", "kurz nachdem" usw. einordnen. Die biologisch-biographische Zeit des menschlichen Lebens wird durch *Übergangsriten* sozial (bzw. religiös) angeeignet, thematisiert und bewältigt. Dabei erhalten biologische Phänomene einerseits soziale Bedeutung, andererseits beginnt bereits

3 vgl. Kelly (1988), S. 89-91
4 McGrath / Kelly (1986), passim
5 vgl. McGrath / Kelly (1986), S. 86
6 vgl. Kelly (1988), S. 91
7 Sorokins voluminöses Hauptwerk ist eine Art "Soziologie des kulturellen Wandels" und besitzt eine mindestens ebenso große Nähe zur Geschichtsphilosophie wie zur Soziologie. Er macht m.W. als erster auf den Fehler vieler Theorien des sozialen und kulturellen Wandels aufmerksam, die Zeit-Einheit(en) des Prozesses nicht zu spezifizieren bzw. einfach die mechanische Uhren-Zeit als Parameter zu übernehmen und auf dieser brüchigen Grundlage verschiedene Prozesse des Wandels zu vergleichen (vgl. Sorokin (1962) Vol. 4, S. 289-293).
8 vgl. Sorokin (1964), S. 158

der Prozeß der Ablösung von der biologischen Vorgabe mit Hilfe kultureller Techniken (nämlich des Ritus). Die *Leidensriten* dienen als ereignisgebundene Riten der Bewältigung individuell oder kollektiv bedrohlicher Zeiten (Gegenwart und Zukunft), also von Krankheiten, Dürre, aber auch Zauberei etc. *Kosmische Riten* dienen der (z.B. kalendarischen) Beherrschung der kosmischen Zeit, die als bedrohlich empfunden werden kann, sobald sich unlösbare Sinnfragen ergeben.[9]

Die sozial-religiöse Zeitgliederung unterscheidet sich wesentlich von der naturhaft-mathematischen, denn die einander folgenden Teile sind nicht homogen, d.h. sie sind sozial gleichwertig, aber mathematisch ungleich lang. Zudem unterbrechen bestimmte herausgehobene Momente ("critical dates") die Kontinuität, und die Phasen zwischen zwei "critical dates" sind echte, unteilbare Einheiten.[10]

(2) Der den sozialen Rhythmen zugrundeliegende Kalender ist keine Reproduktion astronomischer Abläufe (eine bis heute auch unter Soziologen[11] verbreitete These), sondern ein durch und durch soziales Konstrukt.[12] Schon Marcel Mauss und Henri Hubert verstehen den *Kalender* nicht als quantifizierendes Meßinstrument, sondern *als sozialen Rhythmusgeber.* Zeit wird durch religiös geprägte Kalender heterogen, diskontinuierlich, dehnbar und teilweise reversibel strukturiert. Ereignisse können ein folgendes Zeitintervall (oder ein bevorstehendes wie den christlichen Advent) "kontaminieren", so daß die Zeit einen "spasmodischen Charakter" erhält.[13] Die Existenz eines Kalenders ist ein deutlicher Hinweis darauf, daß *Zeit* nicht nur als Natur, sondern als sozialer Bedeutungsträger erfahren und empfunden wird.[14] Erst die Einteilung der Zeit, z.B. in heilige und profane Zeiten, ermöglicht eine differenzierte Bedeutungszuweisung. Die *Kalendersysteme* der Babylonier, Ägypter, Chinesen, Hebräer, Griechen, Römer, der Hindus, Koreaner, Araber, Mohammedaner und der Christen besitzen als Ausgangs- und *Referenzpunkt* ihrer Zeitrechnung allesamt historische, d.h. menschliche und soziale Ereignisse und eben keine astronomischen.

Die *Wahl des Kalenderjahres* ist eine soziale Konvention. Nicht nur der *Beginn einer Zeitrechnung* (Jahreszählung), auch der *Beginn des einzelnen Jahres* (z.B. unser 1. Januar) ist astronomisch-mathematisch beliebig, sozial aber bedeutungsvoll oder doch zumindest traditionell. Die - mißlungenen - Versuche, im Zuge politischer Revolutionen auch die Kalender zu revolutionieren, belegen die soziale Bedeutung, die ihnen zugemessen wird. Als Längenmaß für ein Kalenderjahr kann man sich als Gesellschaft prinzipiell der Mond-, des Sonnen- oder des Sternenjahres oder aber eines *synthetischen Jahres* bedienen. Die jährliche Wiederkehr bestimmter Tage wie Geburtstage, Jahrestage, Feiertage etc. bestimmt eine Fülle ein- und mehrjähriger Rhythmen (4 Jahre: Wahlen, Olympiaden, populäre Sportweltmeisterschaften; 5 Jahre: Wahlen; 25, 50, 75 und 100 Jahre: große Jubiläen von Institutionen im privaten, öffentlichen und geschäftlichen Bereich) benutzen soziale (bzw. historische) Ereignisse als Referenzpunkte. Diese Orientierung an historischen Ereignissen, insbesondere wenn sie sich mit biographischen Erlebnissen verbinden (Krieg, Beitritt der DDR

---

9 vgl. De Heusch (1985), S. 91-94
10 vgl. Sorokin (1964), S. 171-184
11 vgl. bspw. Bergmann (1981), S. 138-146
12 vgl. Sorokin (1962) Vol. 4, S. 542-547 sowie Goody (1968), S. 32-36
13 vgl. Mauss, Marcel / Hubert, Henri: Étude sommaire de la répresentation du temps dans la religion et la magie. In: Mélanges d'histoire des religions. Paris 1909, S. 189-229 nach Schmied (1985), S. 36-37 und nach Kern (1983), S. 31-32
14 vgl. Zerubavel (1981), S. XIV

usw.), nutzen wir im Alltag vor allem für lange Zeiträume. Die Rhythmisierung der Alltagszeit, die Einteilung in moderne heilige und profane Zeiten (Feste, Feiern vs. Arbeit) ist trotz vorangeschrittener Säkularisierung noch immer eine wichtige Grundfunktion des Kalenders. An seiner Umsetzung ist Massenkommunikation - wie Harry Pross bemerkt - wesentlich beteiligt. Kalender geben uns Handlungsanweisungen, und sie erweitern die zeitlichen Möglichkeiten von Kooperation und Koordination durch Kommunikation.

(3) Die *Jahreszeiten* sind ebenfalls soziale Einteilungen, *weil sie mit bestimmten sozialen Verhaltensweisen und individuellen und kollektiven Handlungen (bzw. Handlungsanweisungen) sinnhaft verbunden werden.* Die Zusammenfassung der Jahreszeiten (im übrigen nach Klimazonen variabel) zum Jahr ist ebensowenig *notwendig* wie die Bestimmung der exakten Länge der einzelnen Phasen (die zudem ja veränderlich sind). Der *Jahreszeitenrhythmus* verliert in modernen Industriegesellschaften mehr und mehr von seinem Zusammenhang mit klimatischen und biologischen Rhythmen. Im Bereich der Mode ist die *Entkoppelung* am deutlichsten sichtbar. Die Abfolge der Jahreszeiten bilden ökonomisch, kulturell und sozial bedeutsame Rhythmen (Modefarben, Tourismus, Festival- und Spielzeitphasen etc.).

(4) Der Woche entspricht keine astronomische Periode, sie ist ein "reines Kulturprodukt" (Wendorff).[15] Arbeitstage im Wechsel mit dem (in der Regel) arbeitsfreien Wochenende bilden einen typischen Wochenrhythmus. Vielerorts stellen Freitag (Islam), Samstag / Sabbat oder Sonntag einen besonderen Tag der Woche dar, der durch bestimmte Handlungen (vom religiösen Ritus bis zu spezifischen Formen der Freizeitgestaltung) und Verhaltensweisen (Kleidung etc.) ausgezeichnet ist. Fest- und Kirchenkalender, aber auch Ausstellungen, Messen und Markttage folgen in ein- oder mehrwöchigen Rhythmen. Der Charakter der *sozialen Konstruktion der Woche* wird auch im Kulturvergleich deutlich. Die meisten Gesellschaften haben einen Wochenrhythmus entwickelt, seine Länge variiert aber - mathematisch-astronomisch - von drei bis zu 16 Tagen. Rhythmus-Geber für die Wocheneinteilung ist meistens der Markttag gewesen,[16] der vielerorts auch ein besonderer "Kommunikationstag" gewesen sein dürfte. Eine Vielzahl von beruflichen und privaten Tätigkeiten und Verabredungen (von der Geschäftskonferenz bis zur Vereinssitzung) kehrt im wöchentlichen Rhythmus wieder.

(5) Das gleiche gilt für den *Monat* als "abgeleitete", "abstrakte Größe" (Wendorff).[17] Der soziale Monat hat mit dem lunaren Monat wenig gemeinsam, da sich Wochen- und (solarer) Jahresrhythmus als relevanter erwiesen haben und es zu den bekannten "Umrechnungsproblemen" kommt. Unsere sozialen, kalendarischen Monate sind bekanntlich weder alle gleich lang, noch folgen ihre unterschiedlichen Längen einer logisch oder naturwissenschaftlich begründeten Periodik; der Monat Februar schließlich kann mit seinen Unregelmäßigkeiten als wohl deutlichste Illustration des *Konventionscharakters* gelten. Trotzdem handelt es sich beim Monat um einen wichtigen sozialen Rhythmus: Arbeits- und Mietverhältnisse aller Art, ja selbst Schwangerschaften werden im Alltag (was ungenau und unpraktisch ist) in Monaten berechnet und angegeben. Monate werden auch heute noch als Einheiten erfahren und zum Teil sogar affektiv bewertet ("Wonnemonat Mai" vs. "grauer November").

---

15 vgl. Wendorff (1993), S. 120
16 vgl. Sorokin (1964), S. 190-191
17 vgl. Wendorff (1993), S. 122

(6) Der *Tag*, dessen Beginn (mit Sonnenaufgang, Mitternacht usw.) ebenso beliebig gesetzt (und historisch und kulturell variabel) ist wie seine Länge (12- oder 24-Stundentag als Hauptformen), wird vielleicht noch am anschaulichsten durch die natürliche Periode der Erddrehung dargestellt. Wendorff erkennt jedoch, daß "die zeitliche Strukturierung des Tages ein reines Zivilisationsprodukt" ist.[18] Unsere Tagesaktivität orientiert sich nämlich nicht mehr (oder nur in Ausnahmefällen) an den beobachtbaren Konsequenzen dieser natürlichen Periode, d.h. wir arbeiten in unseren geographischen Breiten des Winters morgens und abends ohne natürliches Licht, weil die soziale Konvention uns die Orientierung an der Uhrenzeit nahelegt bzw. vorschreibt. Unsere circadianen *Rhythmen* stimmen nicht exakt mit dem mathematischen *Takt* der 24-Stunden-Periodik überein; sie unterliegen ohnedies auch externen, zum Teil sozialen Zeitgebern.

(7) *Stunde und Minute* sind völlig künstliche, rein mathematisch gewonnene Einteilungen ohne natürliche Referenten (bzw. mit unanschaulichen, nachträglich konstruierten Natur-Maßstäben wie Atomschwingungen), die reinen Konventionscharakter besitzen. Die Konstruiertheit dieser Einteilungen und die Funktionalität ihrer Manipulation wird immer dann deutlich, wenn es zu Abweichungen kommt: So wollte die British Rail 1991 angeblich die 66-Minuten-Stunde einführen, um verspäteten Zügen dreimal in der Stunde in einem 2-Minuten-Intervall die Möglichkeit zu geben, Verspätungen aufzuholen.[19] Die UdSSR hat mehr als sechs Jahrzehnte (von 1930 bis 1991) mit der "falschen" Moskauer Zeit (drei statt nur zwei Stunden früher als Greenwich Mean Time) gelebt, weil die Umstellung auf die Winterzeit 1930 versäumt wurde.[20]

5.3 Qualitäten sozialer Zeit

Die von Sorokin ausgehende wissenssoziologische Analyse bestätigt nicht nur die soziale Konstruktions- und Funktionsweise von Kalender- und Uhrenzeit. Zugleich treten die vielfältigen Qualitäten sozialer Zeit zutage, denn soziale Zeit beschreibt Dauer, Synchronizität, Abfolge, Geschwindigkeit und Zäsuren sozialer Phänomene, wobei als Referenzpunkte und Vergleichsgrößen andere soziale Phänomene fungieren. Die Wahl von "objektiven" Referenzpunkten oder -systemen für soziale Zeitordnungen ist ein sozialer Wahlakt. Zeiterfahrung und Zeitmessung sind abhängig von "social activities or group achievements"[21]. Soziale Zeit zeichnet sich gegenüber anderen Zeitkonstruktionen (etwa der Mechanik) durch die Qualitäten Diskontinuierlichkeit, Inhomogenität, begrente Teilbarkeit, Konkretheit (Handlungsbezug), Spezifität, kurz: durch "Gestalt" aus. Rhythmen und Zyklen spielen offensichtlich ebenso eine besondere Rolle wie "critical dates", also besondere Momente oder Schwellenwerte: Wenn die Volljährigkeit heute in der Bundesrepublik mit 18 Jahren erreicht wird, so bedeutet dies eben nicht, daß man mit neun Jahren "halb volljährig" sei. Die Zeit bis zur Erreichung der Volljährigkeit ist mathematisch beliebig oft teilbar. Sozial ist der 18. Geburtstag ein besonderer Zeitpunkt, von dem sich in nicht-mathematischer,

18 Wendorff (1993), S. 116
19 vgl. Meldung in "die tageszeitung", Berlin 16.12.1991, S. 20
20 vgl. o.V.: UdSSR hat wieder korrekte Zeit. In: Der Tagesspiegel, 1.10.1991, S. 32
21 vgl. Sorokin / Merton (1990), S. 56-60, Zitat S. 59

disproportionaler Weise die Stufen der eingeschränkten und erweiterten Volljährigkeit (Strafmündigkeit ab 14 bzw. 16, Erlangung passiver Wahlrechte bis zum 40. Lebensjahr) ableiten.

Wenngleich Sorokin und Merton zu Recht darauf hinweisen, daß soziale Zeit durchaus "quantitative aspects"[22] besitzt, so hat die bisherige Untersuchung der sozialen Zeitlichkeiten doch eindeutig gezeigt, daß ihre Beschreibung *allein* mit Hilfe mathematischer oder quantitativer Zeitkonzepte fehlschlagen muß, denn mathematische Zeitkonzepte sehen Zeit als kontinierlich, nicht-geliedert, inhaltlich "leer" und deshalb als universellen Maßstab ohne Referenzpunkte an.

Georges Gurvitch hat versucht, die Vielfältigkeit sozialer Zeitlichkeit zu systematisieren[23], doch erfährt sein Ansatz dabei ein Maß an begrifflicher Differenzierung,[24] daß an der Anwendbarkeit seiner gesamten zeitsoziologischen Theorie Zweifel aufkommen müssen. So hat Gerhard Schmied hat die "unklaren Vorstellungen und kaum überprüfbaren Vorgehensweisen" zutreffend kritisiert:

> "In der Praxis besteht dann diese Methode vor allem darin, verschiedene, oft gegensätzliche Zeittypen bestimmten sozialen Phänomenen ohne hinreichende Begründung zuzuordnen."[25] "Gurvitch reduziert die Komplexität sozialer Realität in einer allzu »souveränen« Weise, die das Attribut »oberflächlich« für seine Darstellung nahelegt. Die lückenlose Zuordnung von Zeiten zu gesellschaftlichen Elementen bzw. Gesamtgesellschaften geht verdächtig glatt auf."[26]

Ebenso kritisiert Kurt K. Lüscher:

> "The most extreme conceptualization of social time is constructed by Gurvitch ... Unfortunately, this conception of time lacks a systematic reference to empirical events. So the case of Gurvitch can be used as an illustration of a[n] one-sided, therefore non-operational conception of time which excludes the subjective component."[27]

5.4 Soziale Zeitordnung

Sorokin unterscheidet drei zeitliche Ordnungsprinzipien: *Tempo ("tempo"), Rhythmus ("rhythm") und Periodizität ("periodicity").* Unter Tempo versteht er Geschwindigkeit im physikalischen Sinne (mit den Bezugsgrößen Zeit und durchmessener Raum), Rhythmus ist die geordnete Folge von gleich oder ungleich langen Phasen, wobei die Länge dieser Phasen ebenfalls variieren kann: Gleich bleibt lediglich immer die Folge A - B - C - D (beispielsweise die wiederkehrend gleichbleibende Folge ungleich langer und in der Länge über die Jahre variierender Jahreszeiten oder die Phasen des menschlichen Lebens: Kindheit, Jugend, Reife und Alter). Die *Periode* ist bei Sorokin ein Spezialfall des Rhythmus: Bei ihr kehren gleichlange Zeiträume immer wieder. Der *Takt* ("measure") schließlich stellt eine gleichbleibende Untergliederung in

---

22 vgl. und zit. Sorokin / Merton (1990), S. 61

23 vgl. zu den acht Zeittypen Gurvitch (1964), S. 13-14 sowie S. 31-33.

24 Gurvitchs "dialektisches" Analyseschema umfaßt 7 Tiefenschichten, 3 mikrosoziologische Strukturen, aufgrund von 15 Kriterien (mit 48 Ausprägungen) beschreibbare Gruppentypen, 4 soziale Klassen und 15 "global societies". Hinzu treten nun 6 Wissensarten sowie die 8 Arten sozialer Zeit.

25 Schmied (1985), S. 57. vgl. allgemein zur Methodik Gurvitchs auch König (1967), S. 111, S. 307 und S. 320-323

26 Schmied (1985), S. 103

27 Lüscher (1974), S. 107

Abschnitte dar, wobei die Abschnitte aber völlig unterschiedliche und sich nicht wiederholende Inhalte haben können (wie die Takte der Musik).[28]

Sorokins Unterscheidung von Rhythmus, Periode und Takt erscheint wenig einleuchtend und läuft fast allen gängigen Definitionen zuwider. Deshalb möchte ich von Sorokin abweichend definieren: Perioden sind zyklische Sequenzen, bei denen sich ein oder mehr Elemente wiederholen. Über die Dauer der Intervalle, der Ereignisse oder deren Homogenität bzw. Heterogenität ist damit noch nichts ausgesagt. Die Periodizität stellt die abstrakteste, allgemeinste Form zyklischer Widerholung dar. Rhythmus und Takt sind hingegen die besonderen Formen der Periodizität. Rhythmus wiederholt in typischer Weise charakteristische, distinkte Elemente. Seine Phasen (Intervalle) können dabei gleich oder ungleich lang sein. Je typischer und "individueller" der Rhythmus (beispielsweise in der Musik), um so größer dürften seine affektiven Komponenten sein. Der Takt (beispielsweise einer Maschine) wiederholt das Gleiche in gleichem Abstand. Während laut Ludwig Klages im Rhythmus etwas Ähnliches erneuert wiederkehrt, wiederholt der Takt bloß Gleiches.[29]

Als grundlegende Qualität ist die *Dauer* sozialer Zeitlichkeiten hier zu ergänzen, ohne die Geschwindigkeit und Periodizität nicht vorstellbar wären. Die Dauer von Ereignissen oder Zeiträumen zwischen Ereignissen kann durch soziale Konvention festgelegt sein, weil dies etwa bei Schulstunden, einigen Sportarten und bei den meisten monetarisierten Verhältnissen (Arbeitszeit, Lieferfristen, Mietverträge etc.) der Fall ist. Sie kann sich aber auch aufgrund inhaltlicher Zeitgestalten ergeben, etwa bei Open-end-Diskussionen, bei Sportarten, die nach Punkten und Sätzen (Tennis etc.) gespielt oder "gegen die Zeit" (Rennen aller Art) ausgeführt werden. Auch diese nicht uhrenzeitlich definierten Dauern sind durch soziale Konvention (wenngleich chronometrisch variabel) in ihrer Dauer *qualitativ* definiert. Wie Sequenz und Frequenz, so besitzt auch die Dauer einer Handlung eine soziale Bedeutung: Lange Zeitstrecken besitzen eine besondere Wichtigkeit, wenn z.B. die Länge eines Gesprächs oder gar einer Audienz als Maßstab der Wertschätzung und Bedeutung des Partners genommen wird. Umgekehrt gilt, daß besonders langes, zum Teil ritualisiertes und instrumentelles Wartenlassen die Hierarchie betont (oder als "Rache" und Machtdemonstration von ansonsten eher untergeordneten Bedienungen eingesetzt wird). Ereignisse, Dienstleistungen oder Waren, die erst nach einer Wartezeit zu erleben oder zu erhalten sind, werden durch die Wartezeit - innerhalb gewisser Grenzen - aufgewertet.[30]

Mit Dauer, Geschwindigkeit und Periodizität (Periode, Rhythmus, Takt) haben wir die ersten Grundelemente der Zeitordnung und damit zugleich Qualitäten sozialer Zeit definiert. Die ordnungstheoretische Betrachtung der Zeit von Wilbert E. Moore fügt dem weitere hinzu: *"synchronisation", "sequence" und "rate"* bewirken zusammen das *"timing"* der Handlungen.[31]

(1) *"Synchronisation"* bezeichnet die durch Rollenanforderungen, Zeit- und Stundenpläne (schedules) oder auf andere Art und Weise institutionell abgesicherte Pünktlichkeit der Handlungen (Programme) bzw. die durch diese Maßnahmen abgesicherte Harmonie. Nicht immer ist die *Gleichzeitigkeit* (etwa bei der Kommunikation)

28 vgl. Sorokin (1962) Vol. 4, S. 389-393, zit. S. 393
29 vgl. Klages (1934), S. 32
30 In einer ökonomisch fundierten und orientierten Theorie des "Schlangestehens und Wartens" weist Barry Schwartz ausführlich auf die Machtaspekte hin. vgl. Schwartz (1974), S. 841-870
31 vgl. Moore (1963), S. 8

erwünscht, sondern oftmals die *Komplementarität* (z.B. von Reden und Zuhören). Uhren und mediale Signalgeber spielen hierbei im Alltag eine wichtige Rolle, die Synchronisation über räumliche und zeitliche Entfernungen ist in komplexeren Gesellschaften ohne Kommunikationsmedien wie Brief oder Telefon nicht denkbar. Der englische Ausdruck *"schedules"* gehört zu den eingeführten zeitsoziologischen Begriffen und bezeichnet gleichermaßen Zeit- und Stundenpläne (etwa in der Schule) wie die formal-zeitliche Programmstruktur der Rundfunkmedien; insofern ist er für unsere Zwecke besonders geeignet. Im folgenden werde ich ihn in Ermangelung eines dekkungsgleichen deutschsprachigen Begriffs verwenden. *Schedules* verknüpfen, um Synchronisation herzustellen, mehrere zeitliche Ordnungselemente: Sie regeln nicht nur - wie bei Moore - die zeitliche Abfolge ("sequence") und die Frequenz der Wiederholung ("rate"), sondern sie legen auch die Dauer einer Aktion und ihre zeitliche Lokalisation, also den Zeitpunkt ihres Beginns relativ zu anderen Aktionen bzw. innerhalb des Weltzeitschemas fest.[32]

Die durch *schedules* hergestellten und abgesicherten Regelmäßigkeiten sind ein wesentlicher Bestandteil unserer kognitiven Ordnung der Welt.[33] Die Reduktion von Unsicherheit (in der Zukunft) durch Rückführung auf Bekanntes (Vergangenheit), die Vorherseh- und -sagbarkeit von Ereignissen besitzen eine nicht zu unterschätzende Entlastungsfunktion. Umgekehrt gilt aber auch, daß erst durch die Möglichkeit des Verstoßes gegen die Regelmäßigkeit Überraschungen wahrnehmbar und somit Neues deutlich erkennbar wird. Nicht die Natur des Ereignisses, sondern von der Regelmäßigkeit abweichende Zeitpunkte, Dauern oder Reihenfolgen bewirken Überraschung.[34] Unsere alltägliche Orientierung in der Zeit erfolgt keineswegs ausschließlich durch die formalisierten symbolischen Systeme Kalender und Uhr, die Regelmäßigkeit der Handlungen selbst bildet ein zeitliches Netz, das wiederum der Orientierung von Anschlußhandlungen dient: Nicht die Uhr, sondern das Erscheinen des Lehrers (der mehr oder weniger pünktlich nach der Uhr handelt) markiert den Beginn der Schulstunde. Anfang oder Ende bestimmter Radio- oder Fernsehsendungen weisen uns nach dem Muster der Gewohnheiten ("Immer wenn ..., dann ...") auf unsere Situation im Tagesablauf und auf die nun vorgesehenen Handlungen hin. Die vielfach abgesicherte Regelmäßigkeit der miteinander verzahnten *schedules* trägt wesentlich zum Gefühl der "Normalität des Alltags" bei.[35]

(2) *"Temporal sequences"* basieren auf kulturell fixierten oder auf sozial aktuell ausgehandelten *Prioritäten*setzungen, oftmals vor dem Hintergrund technischer Sachzwänge. Rituale, Zeremonien und alltägliche Routinen sind wichtige Beispiele für solch relativ festgelegte zeitliche Reihenfolgen. *Soziale Macht, Status und Prestige* spielen eine wichtige Rolle bei der Bestimmung *zeitlicher Reihenfolgen* (Höflichkeitsformen, Rederechte etc.), die zugleich *soziale Rangfolgen* bedeuten.

(3) Unter "*rate*" versteht man die zeitliche Ordnung von Handlungen durch die Festlegung der Anzahl der *Wiederholungen* in einem gegebenen Zeitraum, d.h. es werden letztlich die Tatsache der Wiederholung von Handlungen *und* das Handlungstempo reguliert.[36] Der *Frequenz*, mit der sich zwei Personen zu Gesprächen treffen

---

32 vgl. Zerubavel (1981), S. 1
33 vgl. hierzu auch Zerubavel (1981), S. 12
34 vgl. Zerubavel (1981), S. 24
35 vgl. hierzu auch Zerubavel (1981), S. 21
36 vgl. Moore (1963), S. 18-53

oder telefonieren, lesen wir im Alltag eine soziale Bedeutung ab: Entweder handelt es sich um ein sehr kooperatives, vielleich sogar intimes Verhältnis oder um ein hierarchisches, das durch Mißtrauen und permanente Kontrolle gekennzeichnet ist.

(4) Die *Beschreibung der zeitlichen Lokalisation* bedient sich einer meist übergeordneten, relativ abstrakten Referenz (Uhren- oder Kalenderzeit).[37] Die Festsetzung von planbaren Ereignissen ist immer eine Machtfrage: Gesamtgesellschaftliches "Timing" beruht nahezu immer auf habituellen Zeitordnungen, die durch langjährig gültige Konvention abgesichert sind. Alle Veränderungen, die das gesamtgesellschaftliche Timing betreffen, besitzen politischen Charakter. Auch im mikrosoziologischen Bereich, etwa im Betrieb oder in der Familie dürfte der - oder seltener die - Mächtigste das Timing bestimmen. Dem Zufall überlassen bleiben natürlich alle nicht planbaren Un-Fälle.

Wie die wissenssoziologische Untersuchung bewiesen hat, beschreiben die bisher herausgearbeiteten Qualitäten sozialer Zeit nicht nur die Ebene der "embedded time", also die "Realzeitordnung" (Schöps) der Handlungen, sondern stehen in nicht auflösbarer Beziehung zu Formen des gesellschaftlichen Zeitbewußtseins. Schöps[38] unterscheidet in starker Anlehnung an Rammstedt[39] drei *Realzeitordnungen*, die jeweils mit spezifischen Formen des *Zeitbewußtseins* verbunden sind. Zeitbewußtsein bezeichnet in diesem Zusammenhang die "subjektive Interpretation der das soziale Handeln strukturierenden Zeitnormen und ihrer Sanktionschancen ..."[40] (1) Die *aktuelle Zeitordnung* umfaßt Normen, die eine unmittelbare Verbindlichkeit beanspruchen (kurzfristige Termine, Ultimaten, Notfälle etc.). Das *aktuelle Zeitbewußtsein* erfaßt die Dringlichkeit der Normerfüllung und antizipiert die möglichen Sanktionen im Falle der Nichterfüllung. (2) Die *zyklische Zeitordnung* reguliert in regelmäßigen oder unregelmäßigen Intervallen zu wiederholende Handlungen (Routinen). Das entsprechende

---

37 vgl. Zerubavel (1976), S. 91-92

38 Schöps zählt zu den Vertreterinnen eines explizit *ordnungstheoretischen Ansatzes* in der Zeitsoziologie. Sie hebt die handlungsstrukturierende, normative Funktion der Zeit hervor und versucht, die rechtssoziologische Lehre Theodor Geigers auf die Zeit anzuwenden. Zeit gilt ihr als eigenständiges Ordnungsprinzip, dem Normenkern, Normadressaten sowie Kontroll- und Sanktionsmechanismen zukommen.

39 vgl. Rammstedt (1975), S. 50-59. Otthein Rammstedt unterscheidet nicht nur drei, sondern vier grundsätzliche Formen des Zeitbewußtseins, denen jeweils eine typische Form der *rationalen* Zeiterfahrung zugeordnet werden kann. (1) Das "occasionale" Zeitbewußtsein (typisch für einfache soziale Systeme) versteht Zeit nicht als Kontinuum, sondern als "erlebte Folge von nichtkontinuierlichen Ereignissen". Nicht zeitliche Gesetzmäßigkeiten, sondern mythische, nicht prognostizier-, plan- oder gar beeinflußbare Kräfte, Willkürakte oder der Zufall bewirken Veränderungen. Rational kann nur zwischen Jetzt und Nicht-Jetzt differenziert werden. (2) Zyklisches Zeitbewußtsein (typisch für segmentär differenzierte soziale Systeme) basiert auf der Messung von kontinuierlich wiederkehrenden Bewegungen und schließt hieraus "auf den kreisförmigen Verlauf aller Bewegungen". Die Zukunft ist nicht durch mythische oder willkürliche Kräfte, sondern durch die Vergangenheit prädestiniert. Rational lassen sich Vorher und Nachher bestimmen (3) Das "lineare Zeitbewußtsein mit festgelegter Zukunft" (typisch für unvollständig funktional differenzierte soziale Systeme) setzt ein bekanntes Ziel (Telos) voraus und erlaubt die Verwendung einer "Universalzeitrechnung". Die Zeit strebt progressiv und irreversibel diesem Ziel oder Ende zu: Vergangenheit, Gegenwart und Zukunft können unterschieden werden. (4) Das "lineare Zeitbewußtsein mit offener Zukunft" (typisch für funktional differenzierte spätkapitalistische Systeme) versteht Zeit ebenfalls als irreversibel, jedoch als unterschiedlich schnell: Zukunft wird als machbar vorgestellt, die einzelnen Subsysteme können mit unterschiedlichem Handlungstempo unterschiedliche Ziele verfolgen. Neben der kontinuierlichen Bewegung kann auch Beschleunigung erfahren werden. Veränderung ist ein gesellschaftlicher, nicht jedoch unbedingt ein individueller Wert; unterschiedliche Gruppierungen einer Gesellschaft können - systemstrukturell bedingt - abweichende Zeitbewußtseine ausbilden.

40 Schöps (1980), S. 197

Zeitbewußtsein beruht auf der Erwartung der Wiederkehr und ist somit durch eine Entlastung von Unsicherheit (bezüglich der Zukunft) und Orientierungsproblemen charakterisiert. (3) Die *lineare Zeitordnung* reguliert zielgerichtete, zeitlich begrenzte oder offene Handlungsketten und schließt langfristige Entwicklungen ein. Das *lineare Zeitbewußtsein* interpretiert einzelne Handlungen oder Teile der Handlungskette als Teile eines zielgerichteten Weges. Antizipation des Ziels und dauerhafte Veränderung des Status quo verleihen der Zukunft ein Primat gegenüber der Gegenwart.[41]

Die ordnungstheoretische Sichtweise betont vor allem die handlungsregulierende Funktion gesellschaftlicher Zeitordnungen. Die Einhaltung der zeitlichen Ordnung wird durch *interpersonelle Kontrolle* (wie viele andere Normen auch), aber darüber hinaus durch eine *spezifische Selbstregulation* gewährleistet. Bei Nichteinhaltung der Zeitordnung kommt es - das ökonomische Ressourcenmodell der Zeit als herrschendes Zeitkonstrukt vorausgesetzt - zu einer eigentümlichen *Verknappung der Zeit selbst*: Es entstehen Phänomene wie Zeitdruck, Streß, Warten und andere Synchronisationsprobleme (die jedoch subjektiv und je nach Handlungsaufgabe ganz unterschiedlich erlebt und bewertet werden können)[42]. Diesen Zeitproblemen kann nun wiederum durch die Veränderung des Handlungstempos, der Substitution zeitintensiver Verhaltensweisen, der Verlegung oder Verschiebung von Terminen und Fristen, aber auch durch Routinisierung und Delegierung von Aufgaben (Vertrauen) begegnet werden.[43]

Zeitordnungen und Schedules entlasten das im Handlungskonflikt stehende Individuum. Ereignisse werden prognostizierbar in ihrer Dauer, in der Häufigkeit ihres Eintretens und in ihrer "richtigen" Reihenfolge (sachliche Prioritäten werden in eine zeitliche Sequenz übersetzt). Regelmäßige Wiederkehr erlaubt ein Planen und die Reduktion von zeitlicher, sachlicher und sozialer Unsicherheit. Individuelle Habitualisierung von Handlungen, normative Vorgaben und gesellschaftlich verbreitete Wertschätzungen (z.B. Priorität der Arbeit) wirken so zusammen auf die Organisation von Handlungen.[44] Problematisch können Schedules und Zeitordnungen aber dennoch sein, weil sie der Spontaneität nur wenig Raum lassen und selten demokratisch ausgehandelt werden.

Die primär ordnungstheoretische Betrachtung der Zeit führt allerdings zu einer eklatanten Vernachlässigung der sozialen Genese der Zeitnormen und damit ihrer historischen Veränderbarkeit und kulturellen Varianz. Der *Konstruktionscharakter von Zeit* wird "verschleiert": Nicht mehr die Handlung konstruiert die Zeit, sondern die Zeitnorm reguliert die Handlung, wenn man diesem ordnungstheoretischen Ansatz folgt. Zeit wird erneut "ontologisiert", und zwar als bestehende Norm.[45]

Deshalb unterscheidet Schäuble im Anschluß an Schöps *statuierte* und *habituelle / traditionale Zeitordnungen*, bezieht also ihre Entstehungsweise in die Beschreibung ein. Die statuierten Zeitordnungen basieren auf Gesetzen, Verordnungen, Dekreten oder auf Verträgen und sind vor allem im Arbeits-, Miet- und Handelsrecht

---

41 vgl. Schöps (1980), S. 106-119

42 Freedmann und Edwards (1988) haben in Untersuchungen herausgefunden, daß auch die Produktivität nicht linear mit dem Zeitdruck ab- oder zunimmt, sondern daß Streß *bis zu einer bestimmten Grenze* als erwünscht und motivierend erfahren wird und sich bei aufgabenorientierten Tätigkeiten produktionssteigernd auswirken kann (i.b. S. 127-132).

43 vgl. Schöps (1980), S. 195-196

44 vgl. hierzu auch Heinemann / Ludes (1978), S. 226-230

45 vgl. Schöps (1980), S. 10 u. S. 17

anzutreffen. Die habituellen und traditionellen Zeitordnungen sind meist weniger auf nur einen konkreten Zweck antizipierend bezogen, sondern sind das Ergebnis von alltäglicher Gewohnheit oder Überlieferung. Ihre Wurzel liegt in ehemals zeitnormativ unstrukturierten oder zufälligen Handlungen.[46] Folgerichtig begreift Schäuble "alle Zeitbegriffe" als "gedankliche Konstruktionen".[47]

Zeitordnungen gelten nicht nur gruppen-, alters- und geschlechtsspezifisch, sie besitzen - wie alle Normen - auch intern je nach Macht und Status des betreffenden Individuums unterschiedliche Verbindlichkeit. Auch Rammstedt betrachtet das Zeitbewußtsein als sozialstrukturell und systemevolutionär bedingt.[48] Art und Grad der sozialen Differenzierung bestimmen das Zeitbewußtsein. Für moderne Gesellschaften räumt er zwar ein, daß es gruppen- oder subsystemspezifische Zeitbewußtsein gebe, doch offenbar sind die systemevolutionär früheren Zeitbewußtseine - einmal überwunden - nun überhaupt nicht mehr vorhanden oder wirksam. Jedenfalls beschreibt Rammstedt okkasionale oder zyklische Zeitbewußtseine nicht einmal als Residuen und reduziert damit m.E. die Komplexität des alltäglichen Zeitbewußtseins zu stark. Ich werde an anderer Stelle zeigen, daß es aufgrund nachweisbarer Temporalstrukturen medialer Formen zumindest naheliegt, okkasionale und zyklische Elemente im modernen Alltagsbewußtsein von Zeit anzunehmen (vgl. Teil III, Kap. 6).

Die eingangs im Entrainment-Modell angesprochenen "PACE"-Elemente können mit Elias als Uhren oder symbolische Zeitgeber verstanden werden, deren Bedeutung erst sozial und individuell erlernt werden muß. Mit Jürgen Rinderspacher kann man nun zwischen *formellen und informellen Zeitgebern* unterscheiden, die jeweils ein Netz von Zeitstrukturen ausbilden können. Das Netz der informellen Zeitgeber entspricht den habituellen und traditionalen Zeitordnungen (Schäuble): Es setzt sich aus den Lebensgewohnheiten und Gebräuchen zusammen und variiert relativ stark in bezug auf die Zugehörigkeit zu Klassen, Gruppen, Kulturen und Subkulturen (Lifestyles). Die formellen Zeitgeber dienen gesetzlich, vertraglich oder über den Verwaltungsweg verordneten, statuierten Zeitordnungen und regulieren die Öffnungszeiten öffentlicher und halböffentlicher Einrichtungen aller Art (von der Sportstätte über den Kindergarten bis zum Finanzamt), Arbeitszeiten, Schulzeiten, Fahrpläne der öffentlichen Verkehrsmittel, Straßenbeleuchtung, gesetzliche Ladenöffnungszeiten.[49]

Der Betrachtung der Zeitordnungen, wie sie Schoeps und Schäuble leisten, fügt Rinderspacher eine dritte alltägliche Zeitstruktur hinzu, die "*enttakteten Systeme*",[50] die vor allem in den Städten anzutreffen sind, aber - wie zum Beispiel das Telefon - auch darüber hinaus zur Enttaktung, also zur Aufweichung der Zeitordnungen beitragen und gleichzeitig wiederum eingebunden werden in veränderte Zeitordnungen (z.B. regelmäßige Telefonate). Die Homogenisierung und Restrukturierung der Zeit durch enttaktete Systeme wurde von Melbin als "Kolonisation der Nacht" und von Fraser als "Ergrauen des Kalenders" charakterisiert.[51] Den Funktionen der Medien im Netz der Zeitgeber und enttakteten Systeme werde ich an anderer Stelle vertiefend nachgehen (vgl. Teil IV, Kap. 3).

---

46 vgl. Schäuble (1985), S. 58-60
47 Schäuble (1985), S. 86
48 vgl. Rammstedt (1975), S. 55-59
49 vgl. Rinderspacher (1988), S. 12-20
50 vgl. Rinderspacher (1988), S. 20-23
51 vgl. Melbin (1987) und Fraser (1991), S. 385

6 Zeitordnung und Zeitbewußtsein

6.1 Einleitung

Wenn es sich bei Zeit um ein soziales Konstrukt handelt, dann müssen sich historische Entwicklung und kulturelle Varianz nicht nur bei wissenschaftlichen, sondern schon bei alltäglichen und gesamtkulturellen Zeitvorstellungen und Zeitordnungen nachweisen lassen. Maßstab dieser Zeitkonstrukte ist nicht ihre *"Wahrheit"* (als Verhältnis zur Realität bzw. zur natürlichen, objektiven Zeit), sondern ihre *alltägliche Brauchbarkeit* für die Lösung *sozialer* Probleme. Mit fortschreitender gesellschaftlicher Differenzierung läßt sich eine Ausdifferenzierung der Zeitkonzepte feststellen. Die Komplexität des Alltagsbewußtseins von Zeit, also des lebensweltlichen, handlungsleitenden Wissens über Zeit nimmt mit der Differenziertheit der sozialen Zeitordnung zu, wenn beide in einem Vermittlungsverhältnis zueinander stehen. Das durch Externalisierung gewonnene soziale Konstrukt Zeit wird gesellschaftlich durch den Prozeß der Veralltäglichung und individuell durch Sozialisation internalisiert.

Zur Überprüfung der Hypothese über den Konstruktcharakter von Zeit ergeben sich zwei Möglichkeiten, nämlich der ethnologische, synchrone Kulturvergleich und die diachrone Betrachtungsweise der Sozial- und Kulturgeschichte.

Für Gurevich[1], Green[2], Hall, Bruneau und für viele andere gehören Zeitvorstellungen und Geschwindigkeiten zu den "significant features of cultural identities"[3]. Der Weg des ethnologischen Vergleichs ist immer wieder beschritten und insbesondere in Form einiger Sammelbände dokumentiert worden.[4] Er soll hier - schon aus Gründen des Umfangs - nicht weiter vertieft werden, zusammenfassend läßt sich mit Paul Ricoeur jedoch feststellen, daß der menschliche Geist eben kein universelles Kategoriensystem für den Ausdruck von Zeiterfahrung(en) entwickelt hat, sondern *kulturelle Vielfalt* ("diversity") herrscht, die sich systematisch auf mehreren Stufen manifestiert.[5]

Die Thematisierung der kultur- und sozialgeschichtlichen Entwicklung der Konstruktion Zeit erweist sich für unser Vorhaben als fruchtbarer, weil zugleich das Vermittlungsverhältnis von Gesellschaftsstruktur und Zeitbewußtsein, der Prozeß der Veralltäglichung *und* die Komplexität moderner Zeitordnungen analysiert werden können.

---

1 vgl. hierzu auch Gurevich (1976), S. 229
2 vgl. Green (1972), S. 402
3 Bruneau (1982), S. 10
4 vgl. Gardet (1976) und zusammenfassend bzw. überblicksartig Maxwell (1971), i.b. S. 47-56 mit ausführlichem Literaturverzeichnis, S. 69-72 sowie Hall (1984), S. 78-90. Hall bietet im gleichen Werk einen Vergleich der Zeitkulturen der USA und Japans (S. 91-107) sowie Frankreichs, Deutschlands und der USA (S. 108-123).
5 vgl. Ricoeur (1976)

6.2 Die kulturhistorische Entwicklung der sozialen Konstruktion Zeit bis zur frühen Neuzeit

Auch die kulturgeschichtliche Entwicklung von der "cock-crow time" zur "clock-strike time"[6] kann und braucht hier nicht erschöpfend dargestellt werden, zumal entsprechende Standardwerke, vor allem die von Rudolf Wendorff und von Gerald James Whitrow, vorliegen.[7] Ausgehend von Kants Annahme, daß Zeit eine apriorische Leistung des menschlichen Bewußtseins (also keine durch Wahrnehmung erkannte Eigenschaft der objektiven Welt) ist,[8] kommen beide zu dem Schluß, daß Zeit und Zeitbewußtsein historisch, kulturell und sozial variable Schöpfungen des Menschen sind.[9] Withrow geht über Kant hinaus, wenn er feststellt:

> "It is now coming to be realized that, instead of being prior condition, our concept of time should be regarded as a consequence of our experience of the world, the result of a long evolution."[10]

Ahasver von Brandt betrachtet die "historischen Grundlagen und Formen der Zeitrechnung" und kommt dabei zu dem Schluß, daß die beobachtbaren zeitlichen Prozesse der Himmelskörper, der Vegetation und des Klimas zwar *als Parameter* der Zeitgliederung dienten, diese jedoch niemals Zeit kausal determiniert haben.

> Zeitrechnungssysteme sind vielmehr "äußerst komplexe Gebilde aus astronomischen, umweltlichen, kultischen und praktischen Elementen und Bedürfnissen ..., mithin: jeweils *Ausdruck einer Kultur* ... (...) Das heißt also: Der Mensch hat von frühester Zeit an die naturgegebenen Gesetzlichkeiten des Zeitablaufes an seine Sinnesfähigkeiten, an seine praktischen Bedürfnisse und an die abweichenden Gegebenheiten seiner individuellen oder gesellschaftlichen Umwelt angepaßt, er hat sie abgewandelt und verändert, und er tut das fortwährend noch heute."[11]

Kulturelle Zeitstrukturierungen und -ordnungen beruhen auf sozialer Konvention und nicht auf objektiver Erkenntnis von Natur.[12]

Die ersten Zeugnisse eines entstehenden kulturellen Zeitbewußtseins stammen aus der menschlichen Vor- und Frühgeschichte: Die *Aufbewahrung von Feuer* (zumindest über die Nachtzeit)[13] impliziert ein planendes Vorausschauen über die sichtbare oder anderweitig sinnlich direkt zugängliche Gegenwart und unmittelbare Zukunft hinaus. Die *Herstellung von Werkzeugen* setzte vor etwa 1,5 Mio. Jahren ein.[14] Voraussetzung hierfür ist ein Zeitbewußtsein, das alle drei Modalitäten von Zeit umfaßt, denn bei der

---

6 Hier ist vor allem die Betrachtung des Einflusses der Schriftkultur auf den Wandel des sozialen Zeitbewußtseins von 1100 bis 1300 zu nennen (vgl. Thrift (1988)).

7 vgl. Wendorff (1985) und Whitrow (1980)

8 Vgl. Kants Werke, hrsg. von A. Messer, Berlin und Leipzig 1924, Bd. III, S. 65) nach Wendorff (1988), S. 100

9 Wendorff (1985), S. 400 u. Wendorff (1988), S. 7

10 Whitrow (1989), S. 186

11 Brandt (1966), S. 721-722

12 Als Belege für den Konventionscharakter lassen sich Kalender- und Tageszeiteinteilungen (Whitrow (1989), S. VI, S. 4 u. S. 120), sehr unterschiedliche Jahreszeiteneinteilungen (Maxwell (1971), S. 64-66), Beobachtungen in unterschiedlichen Kulturen bzw. Sprachkreisen (Whitrow (1989), S. 6-10, vgl. hierzu auch Green (1972)) und die wechselhafte Geschichte des "abendländischen" Kalenders anführen, die durch jehrhundertelange Kämpfe und immer wiederkehrende Reformversuche gekennzeichnet ist (vgl. hierzu Fraser (1991), S. 105-117 sowie die gut lesbare Kulturgeschichte des Kalenders von Wendorff (1993)).

13 Melbin gibt an, daß Menschen etwa seit 9000 Jahren über verläßliche Techniken des Feuermachens verfügen (vgl. Melbin (1987), S. 11).

14 vgl. Maxwell (1971), S. 38

Werkzeugherstellung wird die Erfahrung vergangenen Gebrauchs in die Möglichkeit zukünftigen Gebrauchs umgesetzt. Der Fund von *Grabbeigaben* aus der Zeit der Neandertaler (vor ca. 60.000 Jahren[15]) deutet auf die Entwicklung einer sozialen Zeitvorstellung hin, die den Rahmen der biographischen Lebenszeit überschreitet. Nach gängiger Interpretation werden die etwa 15.000[16] bis 20.000 Jahre (Cro Magnon) alten *Höhlenmalereien* von Lascaux als Teil eines Ritus verstanden, bei dem das vergangene Jagdglück abgebildet wurde, um mit Hilfe der Bilder (und zusätzlicher Techniken) zukünftiges Jagdglück zu beschwören. Die Höhlenmalereien können insofern als eine primitive Medientechnik mit Zeitbezug (Speicher- und "Prognose"medium) betrachtet werden. Soziale Genese und Funktion von Zeitstrukturierungssystemen lassen sich also schon für archaische Gesellschaften nachweisen, in denen enge Verbindungen zwischen der sozialen Zeit und der rituellen und religiösen Praxis (rites de passage) existierten.[17] Die Zeitperspektive dieser Gesellschaften erstreckte sich vermutlich vor allem auf die konkreten, aktuellen Handlungen und bezog nur die gerade zurückliegende Zeit der Vergangenheit und die unmittelbare Zukunft mit ein.[18] Gurevich vetritt die These, daß Zeit in primitiven Gesellschaften als mächtige, zyklische Kraft konzipiert und erfahren wurde. Die Wiederkehr der Jahreszeiten mit ihrer Bedeutung für die gesellschaftlichen Produktionsrhythmen verstärkte dabei ein Konzept, in dem nicht die Suche nach dem völlig Neuen, sondern die Erwartung des Alten, Bekannten im Neuen im Vordergrund des Interesses stand und dabei nicht folgenlos für die gesellschaftliche Entwicklung bleiben konnte: Die Vergangenheit dominierte die Gegenwart, die wiederum eine (magische) Beeinflussung der (nie völlig neuen) Zukunft erlaubte.[19]

Der Beginn der Zeitmessung dürfte etwa fünf bis sechs Jahrtausende zurückliegen.[20] Er geht mit einem gestiegenen gesellschaftlichen Koordinationsbedarf einher, der durch Arbeitsteilung (Ackerbau, Großprojekte) das Zusammenleben in Städten und den Beginn der Geldwirtschaft verursacht wurde und zur zyklischen Zeitordnung (sumerische 5-Tage-Woche, babylonische 7-Tage-Woche[21]) führte.

Im Gegensatz zu den polytheistischen Kulturen beobachtet Wendorff bei den monotheistischen **Juden** bereits den Übergang zu stärker linear geprägten Zeitvorstellungen,[22] im antiken **Iran** dagegen eine Kombination zyklischer und linear-gerichteter Zeit. Die alltäglichen Erfahrungen von Kontinuität (Strömen des Nils) und Rhythmus (jahreszeitliche Überschemmungen) und (vermutlich) die Erfindung des 365-Tage-Kalenders bei den **Ägyptern** deuten auf eine beginnende Ablösung der Zeitgliederung von rein astronomischen "Vorgaben" und eine Anlehnung an die zivilisatorischen

---

15 Hall geht von 35.000-70.000 Jahren aus (vgl. Hall (1984), S. 127)

16 vgl. Maxwell (1971), S. 43. Hall gibt ein Alter von 37.000 Jahren an und beruft sich dabei auf Marschak, Alexander: Ice Age Art. (1981); vgl. Hall (1984), S. 127

17 Die Erfahrung von Geburt (Gebären) und Sterben steht für S. G. F. Brandon am Beginn der Religion (vgl. Brandon, S. G. F.: The origin of religion. In: Hibbert Journal 57 (1959), S. 349-355 nach Whitrow (1980), S. 55). Mircea Eliade hat viele Beispiele für die stetige Wiederholung von Riten, die zu einer Dehnung der Gegenwart führten, genannt (vgl. Eliade, Mircea: Kosmos und Geschichte. Der Mythos der ewigen Wiederkehr. Frankfurt am Main 1986 (Dt. Erstausgabe 1949); Hinweis aus Whitrow (1980), S. 55). vgl. außerdem Gennep, Arnold van: Übergangsriten (Les rites de passage). Frankfurt am Main, New York, Paris 1986 (Originalausgabe 1909)

18 vgl. hierzu auch Dux (1989), S. 123 und S. 167

19 vgl. Gurevich (1976), S. 231-232, Dux (1989), S. 185 und Cohen (1968), S. 272

20 vgl. Wendorff (1988), S. 8

21 Whitrow (1989), S. 33

22 vgl. Wendorff (1985), S. 28-29

Bedürfnisse des Gemeinwesens hin.[23] Wille zur Überlieferung und Wunsch nach Transzendenz der Lebenszeit manifestierten sich in bis heute beeindrukkenden Monumenten.[24] Im antiken **Griechenland** spielte die Thematisierung von Zeit eine vergleichsweise untergeordnete Rolle, weil Großprojekte und Städte in babylonischen oder ägyptischen Ausmaßen fehlten.[25] Die Kalender besaßen lediglich lokale Grundlagen (Regierungsjahre) und Geltung.[26] Die Zeitvorstellungen im **Römischen Reich** sind an den pragmatischen Bedürfnissen einer Weltmacht orientiert. Die Stundengliederung wurde verfeinert, doch galten (Wasser-)Uhren und Zeitsensibilität als ausschließliche Merkmale der Oberschicht.[27]

Erst "durch das **Christentum** entwickelte sich in der Welt ein neues, intensives und positives Verhältnis der Menschen zur Zukunft, damit aber auch zur Gegenwart und zur Zeit überhaupt als einer kontinuierlichen, vorwärtsgerichteten und normalerweise aufsteigenden Linie. Der Geschichte wurde ein Anfang zugedacht und ein Ende, das gleichzeitig als Ziel *(telos)* verstanden wurde."[28] Aus diesem "Gesamt-Zeitmodell" leitet sich für Denken und alltägliches Leben der (gläubigen und tätigen) Christen - *theoretisch* - eine tiefgehende Temporalisierung ab. Es entsteht nämlich ein zeitlicher Erwartungsdruck (heilbringende Zukunft). Aus der Begrenztheit der (irdischen) Zeit wird eine Verantwortung für das *Handeln* des einzelnen abgeleitet, die zur Entwicklung von "*Techniken*" zur Minderung des Erwartungsdrucks führen: Die chiliastische Vorstellung des "Tausendjährigen Reiches" und die Mystik als direkter Zugang zur Zeitlosigkeit können insofern als Zeittechniken der Beschleunigung betrachtet werden. Im *Alltagsleben* dürfte die Temporalisierung jedoch vergleichweise gering ausgefallen sein.[29]

Christliche Mönchsregeln und Liturgie sorgten seit dem **10. Jahrhundert** lediglich in den Klöstern für eine *Entkoppelung des Tagesablaufs von den natürlichen Zeitgebern*, was am Beispiel der mitternächtlichen Messe besonders deutlich wird.[30] Im Klosterleben entwickelt sich unter Einsatz von Uhren eine weitaus feinmaschigere Zeitordnung als im Alltag der Bevölkerung; Pünktlichkeit wird zu einer Tugend. Die soziale Differenzierung von Zeitordnung und -konzepten setzt ein: Je nach Stand, Lebensalter, sozialer Gruppe, Beruf und Lebensweise (Stadt und Land, Laien und Mönche) differenzierten sich soziale Zeiten aus. Die Kontrolle *über die* soziale Zeit, die maßgebend ist für alle übergreifende Koordination, wird zu einer Machtfrage, die die Kirche im Mittelalter eindeutig zu ihren Gunsten entscheidet. Dies betrifft die kalendarisch-alltägliche Ordnung des Jahres (Feiertage und Werktage, Essens- und Fastenzeiten, Zeiten des "erlaubten" und "verbotenen" Sexuallebens usw.) wie die

---

23 vgl. Wendorff (1985), S. 48

24 Nach Assmann herrschte im pharaonischen Ägypten ein zweigliedriges Zeitkonzept vor, das statt Vergangenheit, Gegenwart und Zukunft die Aspekte Dauer (Perfektivität) und Wandel (Imperfektivität) betont. Die politisch-klerikalen Oberschichten ließen für die Dauer bauen (Pyramiden, Tempel, Mumien etc.), von den "Unterschichten" und der "alltäglichen Zeit" ist praktisch alles dem Wandel anheim gefallen. vgl. hierzu Oeser (1991), S. 171 und Assmann (1988b), i.b. S 102. Assmann spricht von einem "Doppelgesicht der Zeit", das auch im Tempussystem der Sprache bestehe.

25 vgl. Wendorff (1985), S. 53-64 und Romilly (1968), S. 3 und S. 34

26 Whitrow (1989), S. 43-44

27 vgl. Wendorff (1985), S. 76 und Whitrow (1989), S. 66

28 vgl. Wendorff (1985), S. 77 sowie Whitrow (1989), S. 57-65 u. S. 80-81

29 Hohn (1981), S. 102: "Da Zeit als Problem oder reiner Begriff dem Klerus und den Philosophen vorbehalten war, erlebte die Masse der Bevölkerung Zeit naturgebunden und genealogisch, also primär zyklisch ..."

30 Landes (1983), S. 59-64

biographische Ordnung des Lebens (irdisches Leben, Tod, ewiges Leben als Versprechung).[31]

Noch im **Hoch- und Spätmittelalter** stellte der "*Alltag* ... keine neuen inspirierenden Anforderungen an das Zeitbewußtsein, zumal die weitgehende Dezentralisation des politischen und kulturellen Lebens und sein ländlicher Charakter vorherrschten. (...) Uhren und Kalender waren normalerweise überflüssig."[32] Selbst *staatliche Behörden* hielten es mit der Pünktlichkeit nicht so genau.[33] Thrift macht den grundlegenden Wandel des sozialen Zeitbewußtseins in der Phase von 1100 bis 1300 an den Einflüssen der *Schriftkultur* (Datierung und Archivierung als Bestimmung, Verfügbarmachung und Ausweitung vergangener Zeit), der Weiterentwicklung der technischen *Zeitmessung* (Uhren und Signalisierung) und ihrer Anwendung im Arbeitsalltag zur Durchsetzung der *Zeitdisziplin* und -wertschätzung fest.[34] Erst mit der zunehmenden Entwicklung von *Handwerk und Städten* kam es auch außerhalb der Klostermauern zu einer Ablösung des alltäglichen Lebens- und Arbeitsrhythmus' von den "Vorgaben" der Natur. Handwerker, Unternehmer und Kaufleute entwickelten ein *Interesse an einer engeren Koordination und genaueren Planung und Kontrolle ihrer Geschäftsvorgänge*, die sich ohnehin weitgehend von den jahreszeitlichen und tageszeitlichen Rhythmen der Natur entkoppelt hatten. Diese neuen Schichten entwickelten eine *erweiterte Handlungskompetenz*, deren Folgen auch eine Erweiterung des räumlichen und zeitlichen Weltbildes beförderte. Die Zeit wurde nun als eigenständig wertvoller, weil produktiver und daher wertschaffender Faktor betrachtet. Zeit wurde zunehmend zu einer "Substanz", die man sparen oder verschwenden konnte. Zur *Formalisierung, Nivellierung und Objektivierung von Zeit* trug die Technik der zwischen 1270 und 1300 entwickelten *Räderuhren* bei.[35] Der "Bürgerstolz" der Handwerker und Händler strebte auch nach einer Emanzipation von der Zeitsetzungs- und Kontrollmacht der Kirche.[36] Begleitet von dem pragmatischen Bedürfnis zur genaueren Zeitmessung und zur Terminierung von Aktivitäten aufgrund der *politischen Selbstverwaltung* der Städte (Gremiensitzungen) und der Einrichtung von *Schulen*[37], fanden die relativ teuren (Turm- und Rathaus-)Uhren im **14. Jahrhundert** ihren Platz im öffentlichen Raum.[38] Die optische Zeitangabe wurde durch eine anfangs manuell[39], später automatisch gesteuerte (Schlagwerk) akustische Zeitangabe ergänzt.

Die Stadt ist also der soziale Ort, an dem sich die *weltliche Arbeitszeit* von der klerikal kontrollierten Zeit differenziert.[40] Die Zeitdisziplin der Städte bestand nicht mehr - wie die klösterliche - aus negativen Regeln (*Verboten*, Zeit müßig zu *ver-*

---

31 vgl. Gurevich (1976), S. 239 und Thrift (1988), S. 85 sowie Hohn (1981), S. 99: "Die Definitionskompetenz und die Kontrollmacht über den Umgang mit der Zeit lag also nahezu ausschließlich bei der Kirche ..."

32 Wendorff (1985), S. 121

33 Das Datieren von Dokumenten und Briefen kam erst seit dem Spätmittelalter etwas häufiger in Gebrauch (vgl. Glasser (1936), S. 65), hatte aber nur begrenzten Wert, da auf relativ kleinem Raum (etwa in Oberitalien) unterschiedliche Kalender konkurrierten (vgl. Whitrow (1989), S. 82-84 und Poole, R. L.: Medieval Reckonings of Time. London 1918, S. 46-47)

34 vgl. Thrift (1988), S. 82-83 und S. 58-63

35 vgl. Wendorff (1985), S. 133 -137

36 vgl. Gurevich (1976), S. 240-241 und Dux (1989), S. 348

37 vgl. Dohrn-van Rossum (1989), S. 56-57

38 vgl. Cipolla (1978), S. 40-43. Gustav Bilfinger hat 1892 darauf hingewiesen, daß auch die an kirchlichen Gebäuden angebrachten Uhren primär profanen Zwecken der alltäglichen Zeiteinteilung und nur sekundär dem Ruf zum kirchlichen Gebet dienten (vgl. Bilfinger (1892/1969).

39 vgl. Cipolla (1978), S. 38, Wendorff (1985), S. 144-145 sowie Becker (1986), S. 99

40 vgl. Le Goff (1984), S. 29-30

schwenden), sondern aus dem positiven, zeitökonomischen *Gebot*, Zeit positiv zu *nutzen*.[41] Die Etablierung der Räderuhren forcierte die Homogenisierung und Veralltäglichung der Zeit bis zum 16. Jahrhundert. Die Temporalstunden (auch kanonische Stunde genannt) von unterschiedlicher Länge wurde nun auch im Alltag durch die zuvor nur in der Astronomie benutzte *Äquinoktialstunde* (auch bürgerliche Stunde genannt) abgelöst.[42] Die im Jahresverlauf unterschiedliche Länge der Temporalstunden resultierte aus der Einteilung der hellen Tageszeit in eine gleiche Anzahl von Abschnitten und hatte den Bedürfnissen der sich am Tageslicht orientierenden ländlichen Bevölkerung genügt, erwies sich aber für die städtisch-bürgerliche Zeitordnung als unzureichend.

Die Zeit*stunde* ersetzte bald darauf in der (arbeits- und damit zeitintensiven) Textilindustrie den *Tag* als Zeitmaß der Arbeit.[43] Die zunehmende Verknüpfung der Arbeitszeit mit dem Arbeitslohn ist der Hintergrund für die im 14. Jahrhundert einsetzenden Forderungen der Arbeiter (!) nach einer Ausweitung der Arbeitszeit und die Bemühungen der Arbeitgeber, eine genauere Zeiterfassung zu bewerkstelligen.[44] Auf dem Lande dienten noch jahrhundertelang die natürlichen Zeitgeber, das Verhalten von Pflanzen und Tieren als wichtige "Uhren" bzw. "Kalender". Große Bedeutung für die Interpunktion des Tagesablaufs besaßen (und besitzen) aber auch die Mahl*zeiten*.[45] Doch auch diejenigen, die keine Uhr besaßen, konnten sich dem sozialen Erfolg der mechanischen Uhr nicht vollständig entziehen, wenn sie auf die Kooperation mit Menschen angewiesen waren, deren Tages- und Arbeitsablauf sich an relativ exakten Uhrzeiten orientierte. Hierzu gehörten insbesondere Richter, Lehrer und Universitätsdozenten. Je mehr Menschen über eine Uhr verfügten und ihren Tagesablauf mit ihrer Hilfe organisierten, desto wichtiger wurde der Besitz einer Uhr für ihre Mitmenschen.[46]

Die Zeitordnung wurde immer feingliedriger und die Uhrenzeit alltäglicher: Bis zu Beginn des 16. Jahrhunderts gewannen schließlich auch die Viertelstunden alltägliche Bedeutung, und die Uhren eroberten als Zimmer-, Tisch- und als Reiseuhren (seit Mitte des 15. Jahrhunderts mit Federantrieb) weitere Räume des Alltags.[47] Die spätmittelalterliche und die frühneuzeitliche Zeitordnungen können keineswegs als homogen und linear bezeichnet werden. Soziale Differenzierungsprozesse haben bereits zu einer komplexen Zeitordnung und zu einem differenzierten Zeitbewußtsein geführt.

6.3 Die Entstehung des modernen "linearen Zeitbewußtseins"

Obgleich Wendorff und Thrift darin zuzustimmen ist, daß der Industriekapitalismus weder die einzige Quelle noch der Beginn der Herausbildung eines "modernen linearen Zeitbewußtseins" ist,[48] so kann man doch keineswegs von einem ausgeprägten und allgemein verbreiteten "linearen Zeitbewußtsein" in der frühen Neuzeit ausge-

41 vgl. hierzu auch Thrift (1988), S. 82 unter Hinweis auf Focoult, Michel: Überwachen und Strafen. Die Geburt des Gefängnisses.
42 vgl. Wendorff (1985), S. 146-147 und Whitrow (1989), S. 107 und 112
43 vgl. Landes (1983), S. 72-75 und Whitrow (1989), S. 108
44 vgl. Le Goff (1984), S. 31-32
45 Whitrow (1989), S. 113-114
46 Whitrow (1989), S. 113 und Cipolla (1978), S. 104
47 vgl. Cipolla (1978), S. 50 u. S. 53 sowie Macey (1980), S. 17
48 Wendorff (1985), S. 150, Thrift (1988), S. 86-87 sowie Wendorff (1988), S. 104

hen. Klöster und Städte mit ihren Zeitordnungen stellten eher "Zeitinseln" in einer Agrargesellschaft dar.[49] Ähnliches gilt für die ersten Manufakturen im Zeitalter des Merkantilismus.[50] Erst mit der zunehmenden Industrialisierung, begleitet und verstärkt durch die religiösen Strömungen der Calvinisten, Puritaner und Pietisten, kam es zur Ausbildung eines modernen Zeitbewußtseins und zur Etablierung einer ökonomischen Zeitordnung, die Zeit als knappes Gut behandelte. Die protestantische Ethik wirkt nicht nur als Arbeitsethik, sondern sie erstreckt sich auf das ganze Leben und wurde von Max Weber als Voraussetzung und nicht als Produkt des Kapitalismus betrachtet.[51] E. P. Thompson belegt, daß es sich hierbei um einen langwierigen, bis ins 19. und 20. Jahrhundert reichenden Prozeß handelt, der aus einer Mischung aus äußerem Zwang, ökonomischem Anreiz und Internalisierung resultiert. Thompson und Rinderspacher[52] folgend läßt sich anhand von Fabrikordnungen, der Abschaffung traditioneller Fest- und Feiertage, der Einführung des zeitlich straff organisierten Schulsystems[53] und des Militärs, dem Einsatz von Moralpredigten, aber auch an den entsprechenden Widerständen überzeugend belegen, daß erst mit der Etablierung der kapitalistischen Wirtschaftsform sich auch Zeitbewußtsein und -ordnung wandelten.[54] Orientierte sich die weltliche Zeitmessung zuvor aufgabenbezogen am Arbeitszyklus ("Tagewerk"), so wird sie dem Auftreten der *Arbeitsteilung* von einer zeitbezogenen Strukturierung abgelöst.[55] Zeit ist in Geld übersetzbar, alle Ökonomie ist letztlich Zeitökonomie (Marx).

Mit der *sozialen Differenzierung der Zeitordnung* im Zeitalter von Renaissance und Reformation wächst auch die seither nicht mehr zu versöhnende *Differenz zwischen "objektiver" Uhren-Zeit und "subjektiver" Empfindungs-Zeit.*[56] Es kommt zu einem *Leiden an der Zeit,* das wir heute als Langeweile bezeichnen.[57]

Die soziale Zeiterfahrung des **17. Jahrhunderts** bleibt von den technischen und wissenschaftlichen Fortschritten zunächst relativ unberührt, die Gesellschaft als Ganzes ist stärker durch die negativen politischen Erfahrungen des Dreißigjährigen Krieges und der innenpolitischen Repression (Hexenverfolgungen) geprägt. Die *Angst vor der Zukunft* führt zur Konzentration auf den Augenblick und bringt *eskapistische Techniken* hervor, die sich auf die (als besser erinnerte oder idealisierte) Vergangenheit, religiöse Zeitlosigkeit (Mystik) oder den Raum richten (z.B. durch Entdeckungsreisen angeregt).[58] In England, dem wirtschaftlich fortschrittlichsten Staat, finden hingegen zur gleichen Zeit bereits Wettrennen als "matches against time"[59] statt.

Für das **18. Jahrhundert** konstatiert Wendorff eine "*Dynamisierung* des Lebensgefühls"[60], die sich aus den *Fortschritten in Wissenschaft und Technik* und den

---

49 vgl. auch Dohrn-van Rossum (1988), S. 91-102
50 Becker (1986), S. 62
51 vgl. hierzu auch Neumann (1988)
52 vgl. Rinderspacher (1985), S. 41-54
53 vgl. hierzu vor allem Andriole-Gebauer (1981). Die Autorin beschreibt die damaligen Schulen als Dressureinrichtungen für die synchrone Ausrichtung der Aufmerksamkeit und die Stillstellung und Kontrolle der Motorik. Es sei nicht um methodisches Lernen, sondern um ein mechanisches Sich-Einüben auf eine mechanische Fertigkeit gegangen.
54 vgl. Thompson (1973), S. 92-100
55 vgl. Thompson (1973), S. 83-88
56 vgl. Wendorff (1985), S. 151-156 sowie den "Renaissance-Menschen" vielleicht etwas idealisierend Quinones (1972), S. 504 sowie Glasser (1936), S. 177
57 vgl. hierzu ausführlich Bellebaum (1990), S. 25-66 u. S. 88-89
58 vgl. Wendorff (1985), S. 212
59 vgl. Wendorff (1985), S. 244
60 Wendorff (1985), S. 256

daraus resultierenden (geschichts)philosophischen Weiterungen ableitet, die wir schon im Zusammenhang mit der Geschichte der historischen Naturwissenschaften behandelt haben. Glasser hält die *Säkularisierung* der Zeit, also die Entkoppelung der Begriffe Gott und Zeit, die sich weniger in den philosophischen Systemen als allgemein geistes- und kulturgeschichtlich manifestiere, für ein wesentliches Kennzeichen dieses Zeitraumes.[61] Die Veralltäglichung der Uhrenzeit hält sich noch in Grenzen, denn der *Besitz von Uhren und der Gebrauch von Uhrenzeit* waren sozial ungleich verteilt. Von ihnen waren vorzugsweise Gruppen, die aus religiösen (etwa bestimmte Sekten) oder ökonomischen Gründen sich zur Zeitökonomie verpflichtet fühlten, betroffen.[62]

Dies änderte sich im **19. Jahrhundert**, ablesbar an der wachsenden Verbreitung und industriellen Fertigung von immer flacher und billiger werdenden Taschenuhren[63] und am Einzug von Standuhren in die bäuerlichen Haushalte.[64] Die Verbreitung der mechanischen Uhr "dissociated time from human events and helped create belief in an independent world of mathematically measurable sequences: the special world of science."[65], vermutet Lewis Mumford. Die Einführung und *Verbreitung moderner Transport-, Kommunikations- und Produktionstechniken* begleiteten einen tiefgreifenden Wandel des gesellschaftlichen Zeitbewußtseins.[66] Technische Innovation und ökonomischer Fortschritt riefen *romantische, viktorianische und biedermeierliche Gegenbewegungen* hervor,[67] die für die "Wiedererlangung des unmittelbaren Genusses und Bewußtseins der Zeit" plädierten und das Lob der Langsamkeit sangen.[68]

Durch die *Ausweitung der Arbeitszeit* auf bis zu 12 Stunden täglich wurde eine Auseinandersetzung mit Zeit zu einem alltäglichen und sozial weit verbreiteten Phänomen, die (zeit)ökonomische Logik drang zusehends auch in den privaten Bereich ein.[69]

> "The clock, not the steam engine, is the key-machine of the modern industrial age."[70]

Tatsächlich ist die sozialgeschichtliche Funktion der Uhren und ihrer Verbreitung nach Mumford kaum zu unterschätzen, doch erweist sich bei genauerer Analyse die

---

61 vgl. Glasser (1936), S. 193

62 "Zeitnutzung" ist auch vom Wortsinn her nicht ökonomisch zu vereinseitigen, sondern ein Begriff, den Pietisten wie Spener, Puritaner wie Baxter und Herrenhuter wie Zinzendorf prägten. Selbst Franklins oft zitierte Äußerung von 1748 bedeutet eigentlich "Bedenke, daß Zeit auch (!) Geld ist!" vgl. Wendorff (1985), S. 274-279.

63 Nachdem Uhren in Frankreich und in der Schweiz bereits kurz nach der Jahrhundertwende in Fabriken hergestellt wurden, setzte sich diese Entwicklung in Deutschland etwa um die Jahrhundertmitte durch. Zur gleichen Zeit brachte G F. Roskopf seine preiswerten "Proletarieruhren" auf den Markt, und in den USA wurden seit 1837 Uhren für nur 1,50 Dollar produziert, die seit den 40er Jahren auch nach Europa exportiert und im Volksmund (der Industriearbeiter) "Amerikaner" genannt wurden. vgl. Wendorff (1985), S. 387-389. Armbanduhren setzten sich erst nach dem ersten Weltkrieg durch. Zur Sozialgeschichte der Uhren vgl. außerdem Macey (1980), S. 49, Wendorff (1985), S. 429-430 und S. 542, Whitrow (1989), S. 166 und Lamprecht, Karl: Deutsche Geschichte der jüngsten Vergangenheit und Gegenwart. Berlin 1912, Bd. I, S. 171 sowie Kern (1983), S. 111.

64 vgl. Wendorff (1985), S. 268-271

65 Mumford, Lewis: Technics and Civilization. London 1934, S. 15; zit. nach Whitrow (1989), S. 127

66 vgl. Buckley (1966), S. 1-5 und S. 9 sowie Kern (1983), S. 1 -9

67 vgl. Buckley (1966), S. 120

68 vgl. Glasser (1936), S. 206 (Zitat) bzw. S. 212-213 sowie Wendorff (1985), S. 358-359 und S. 363 sowie Buckley (1966), S. 55-70

69 vgl. Wendorff (1985), S. 382-383

70 Mumford, Lewis: Technics and Civilization. London 1934, S. 14; zit. nach Whitrow (1989), S. 164

Dampfmaschine selbst in mehrfacher Hinsicht als "Zeitmaschine": Als stationäres Antriebsaggregat verursachte sie in der Industrie hohe Kosten, die eine möglichst effektive zeitliche Auslastung und ein enstprechendes Fabrikregime (Pünktlichkeit, Zeit als Maß der Arbeit) nahelegten.[71] Als Antrieb der Eisenbahn trug die Dampfmaschine ebenfalls zur Temporalisierung alltäglicher Lebensgewohnheiten bei:

(1) Ökonomische und sicherheitstechnische Überlegungen führten zur *Synchronisierung und Standardisierung der Zeit.* Die Gestaltung von Fahrplänen war auf der Basis voneinander abweichender lokaler Zeiten nicht praktikabel,[72] denn es war zu erheblichen Unfällen gekommen. Die globale Aufteilung in 24 Zeitzonen begann 1884 und war erst 1894 in Europa abgeschlossen.[73]

Die wachsende Bedeutung meßbarer Uhren-Zeit im Alltag wurde von vielen Zeitgenossen, die Dampfschiffe oder Eisenbahnen benutzen, als Schrumpfung des Raumes erfahren.[74] Die Funktion der Eisenbahn als sozialer Zeitgeber und "Synchronisator" erfaßte nicht nur die direkten Nutzer, sondern die gesamte Gesellschaft.[75] Bereits gegen Ende des 19. Jahrhunderts konnte man von einer Ubiquität der Uhren im öffentlichen Raum der Städte (Normaluhren, Bahnhofsuhren, Werksuhren, Uhren an öffentlichen Gebäuden und Arbeitsstätten, Aushanguhren der Geschäfte, Turm- und Kirchen- bzw. Rathausuhren) wie im privaten Raum (Küchenuhr, Wecker, Tischuhren, Taschen- bzw. Armbanduhren) sprechen.[76]

(2) Die *Beschleunigung der Fortbewegung* und des Transports trug wesentlich zum Entstehen einer "panoramatischen Wahrnehmung" (Dolf Sternberger) bei, die sich auch in anderen Bereichen des öffentlichen Lebens, etwa in der Warenpräsentation und Architektur der großen Kaufhäuser wiederfinden sollte und als paradigmatisch für das 19. Jahrhundert angesehen werden kann.[77] Die Entwicklung der Wahrnehmungsmuster findet ihren Niederschlag auch im künslerisch-medialen Bereich (Revue, Film, Collage etc.).

(3) Das neuartige "*Gleichzeitigkeitsprinzip*" findet bei der Eisenbahn seinen Ausdruck im Speisewagen, der ab 1880 das Essen während der Fahrt - eine zeitverdichtende Parallelhandlung - erlaubte[78] und in der Einführung parallel geführter

---

71 vgl. Whitrow (1989), S. 160

72 vgl. Whitrow (1989), S. 158-159 und Zerubavel (1982), i.b. S. 5-8

73 In den USA gab es 1860 etwa 300 Lokalzeiten; bis 1875 galten in Buffalo drei, in Pittsburgh sechs verschiedene Eisenbahnzeiten gleichzeitig (Knotenpunkte der Linien), 1918 wurde schließlich die "Standardzeit" für jedermann eingeführt. In Deutschland gab es Proteste gegen eine Einheitszeit, erst am 1.4.1893 wurde die "gesetzliche Zeit" geschaffen (die sich nach dem 15. Längengrad von Greenwich richtet), nachdem die Initiative hierzu schon 1891 vom Generalstabschef Moltke ausgegangen war (vgl. Wendorff (1985), S. 420-421 und Whitrow (1989), S. 166 sowie Schivelbusch (1977), S. 44). Das Netz der Zeitgeber wird heute international vom Pariser "Bureau International de l'Heure koordiniert. Dort laufen die Zeitsignale von 80 Uhren in 24 Ländern der Erde zusammen (vgl. Whitrow (1989), S. 167).

74 vgl. Heinrich Heines Diktum von der "Tötung des Raumes" sowie ausführlich Schivelbusch (1977), i.b. S. 35-36

75 Seit Ende des 18. Jahrhunderts (z.B. 1780 in Genf, 1782 in Wien, 1792 in London, 1810 in Berlin, 1816 in Paris, 1842 in Zürich) hatte man auf lokaler Ebene (Stadt) mit der Synchronisierung der Uhren begonnen. Erst die Einführung von Eisenbahnfahrplänen (ab 1839 in England) machte - zunächst in England (1848) - die landesweite Synchronisierung notwendig. "In den Übergangsjahrzehnten gab es hier und da in Europa Uhren, die auf einem Zifferblatt die Ortszeit, auf dem anderen die Bahnzeit angaben ... ." (vgl. und zit. Wendorff (1985), S. 390 und Whitrow (1989), S. 161).

76 Wendorff (1985), S. 431

77 vgl. hierzu Schivelbusch (1977), S. 60 bzw. S. 169

78 Zuvor waren bei Reisen zu Fuß oder mit der Kutsche, aber auch bei Bahnreisen (20minütige) Pausen für die Mahlzeiten eingelegt worden.

Schienenstränge, die die gleichzeitige Nutzung einer Strecke in beide Richtungen ermöglichte.[79]

Entwicklung und Veralltäglichung des neuen, "uhrenzeitlichen" Bewußtseins verliefen wiederum sozial differenziert: Städter und Industriearbeiter waren (und sind vielleicht bis heute) besonders betroffen. Unterschiedliche tatsächliche oder unterstellte Zeit- und Planungskompetenzen führten zu einem nach Tagelohn, Wochenlohn und Monatsgehalt abgestuften Entlohnungssystem. Die *Objektivierung von Arbeitsabläufen* durch eine genaue zeitliche Erfassung und Berechnung wird in Deutschland seit 1924 durch den Reichsausschuß für Arbeitsstudien (REFA) vorgenommen,[80] während sich die dispositiven Tätigkeiten des Managements einer solchen zeitlichen Analyse weitgehend entziehen. Analog gilt dies für die Arbeitszeitkontrolle durch Stechuhren oder elektronische Systeme.

6.4 Modernes Alltagsbewußtsein von Zeit: "Veralltäglichung" und "Chronotop"

Zeit wird - von Angehörigen der westlichen Kulturwelt - *vorwiegend* als festgelegte, unveränderbare, natürliche Zeit erfahren, der wir nicht entkommen können. Sie gilt im Alltag *weitgehend* nicht mehr als wirkende Kraft, sondern wird als Zeit*raum* aufgefaßt. Die Vorstellung wird gestützt von unserer wissenschaftlichen Kultur und veranschaulicht durch räumlicher Vorstellungen: Zeit gleicht dabei einer Straße, die von der Vergangenheit in die Zukunft führt. Diese von Bergson und vielen anderen kritisierte Verräumlichung der Zeit läßt sich anschaulich durch die Synthese des *"time track"-Modells* (Lyman/Scott) und des *"Behältermodells"* (Corazza) beschreiben:

Das gesamte soziale Leben ist aus "time tracks" zusammengesetzt, die durch spezifische Normen, die die Reihenfolge und die Geschwindigkeit des Voranschreitens regulieren, sowie durch den Grad ihrer Determiniertheit oder Indeterminiertheit (Endpunkte und Ziele) charakterisiert sind. Verbunden werden diese phasenartigen "time tracks" oftmals durch "rite-de-passages" (Gennep) oder "Auszeiten". Zeitabschnitte, die die Form erzwungenen Wartens, freiwilligen Rückzugs oder einer pausenartigen "Auszeit" besitzen, werden als "side tracks" bezeichnet.[81] Zeit wird immer dann als knapp empfunden, wenn der Eindruck entsteht, noch nicht alles inhaltlich zum betreffenden "time track" Gehörende bewältigt zu haben, obgleich sich dessen sozial normiertes zeitliches Ende bereits abzeichnet.[82] Time tracks sind nun aber keineswegs mit uhrenzeitlich meßbaren oder gar gleich langen Zeitabschnitten identisch, sondern sie besitzen spezifische *Erlebnisqualitäten und Bedeutungsgehalte.*[83]

Die "time tracks" oder "Behälter", wie Corazza sie in seinem Modell nennt, sind eingeordnet in einen "Gesamtbehälter" sozialer Zeit. Einzelne Zeit-Behälter gehören zu bestimmten Rollen und Situation. Zur Sicherung der Identität des Individuums bedarf es einer "Weltzeit", die alle eigenen "Zeitbehälter" (als Kontinuität) und die "Zeitbehälter" der Interaktionspartner umfaßt.[84] Diese Beschreibungen lebensweltli-

79 vgl. Becker (1988), S. III
80 vgl. Wendorff (1985), S. 567
81 vgl. Lyman / Scott (1970), S. 189-201
82 Lyman / Scott (1970), S. 211
83 vgl. Lyman / Scott (1970), S. 212
84 vgl. Corazza (1985), S. 76-88. Auch Melbin spricht von einem "Container"-Modell der Alltagszeit. vgl. Melbin (1987), S. 1

cher Zeitkonstruktionen machen deutlich, daß in unserem Alltagsbewußtsein von Zeit die philosophische Dichotomisierung der Zeit in verwandelter Gestalt wiederkehrt: Wir linearisieren und homogenisieren die Zeit zwar als raumhafte Weltzeit, betonen aber gleichwohl die qualitativen, erlebnishaften Aspekte der Zeit.

Joseph E. McGrath und Janice R. Kelly lokalisieren das in den gegenwärtigen westlichen Kulturen vorherrschende Alltagsbewußtsein von Zeit anhand eines vierdimensionalen Schemas (structure, flow, reality, validity of time)[85] als eine modifizierte Newton'sche Auffassung von Zeit: Entgegen Newton wird Zeit als irreversibel und *epochal* (also aus unterschiedlich langen Einheiten zusammengesetzt), als entwicklungsmäßig in die Zukunft gerichtet, als konkret und vielfältig rhythmisiert erfahren und begriffen.[86] Unser Alltagsbewußtsein in den industrialisierten Ländern besteht nach Hall[87] aus einer "gemischten Form" von monochronen ("one thing / event at a time") und polychronen ("several things at once") Zeitordnungen und Zeitbewußtseinen, die in jeweils bestimmten Lebensbereichen unserer Alltagskultur (z.B. betrieblicher Alltag vs. Haushaltsarbeit) dominieren.

Im Zeitbewußtsein sind *verschiedene Zeiten mitunter gleichzeitig präsent*, d.h. die Zeitmodi Vergangenheit, Gegenwart und Zukunft sind ineinander verschränkt: Wir können uns die Vergangenheit unserer Gegenwart bewußt machen, aber auch die Zukunft einer Vergangenheit oder die Vergangenheit einer Gegenwart. Die grammatikalischen Zeiten unserer Sprache dürften hierfür als Illustration ausreichen. Ineinander verschränkt sind aber auch unser *alltagszeitlicher und unser lebenszeitlicher Horizont.* Alltagszeit ist dabei weitgehend durch tägliche Routinen und zyklische Strukturen geprägt, während das Besondere, das uns aus diesen Routinen "herauskatapultiert" oder doch zumindest reflexiv heraustreten läßt, in der Regel nicht wiederkehrt. Es ist besonders, weil es - zum Teil sogar irreversible - Veränderungen hervorruft, die unserer Biographie (Lebenszeit) entscheidende Impulse geben. Diese Biographie stellen wir uns nicht als Zyklus, sondern als Strecke von der Geburt bis zum Tod vor, die durch besondere Ereignisse oder Handlungen (Umzüge, Familiengründung, Ausbildungsabschlüsse, Unfälle etc.) in verschiedene Behälter gegliedert ist.[88]

Die Betonung der Qualitäten sozialer Zeit darf nicht darüber hinwegtäuschen, daß unser Alltagsbewußtsein von Zeit in *Wechselbeziehung zur Uhrenzeit* steht. Die Tatsache, daß moderne Industriegesellschaften die "objektive, physikalische Zeit" als Referenten für ihre soziale Zeit gewählt haben, hat eine partielle *"Veralltäglichung"* von Zeit zur Folge. Die Strukturierung und Bemessung der Arbeit durch die Uhrenzeit statt durch die zu erfüllenden Aufgaben (Tagewerk) machen aus dem *aufgabenstrukturierten Werk*tag einen *zeitstrukturierten All*tag. Veralltäglichung des Zeitbewußt-

---

85 Aus diesen vier Dimensionen ergeben sich 16 mögliche Merkmale zur Beschreibung unterschiedlicher alltäglicher und wissenschaftlicher Zeitkonzepte: (1) Die Struktur der Zeit kann als ganzheitlich und unteilbar oder als atomistisch und teilbar, als homogen oder als qualitativ unterschiedlich zusammengesetzt vorgestellt werden. (2) Der Fluß der Zeit kann reversibel oder irreversibel, einförmig oder phasenförmig sein. (3) Der Zeit kann absolute ontologische Geltung oder eine objekt- und ereignisrelative Existenz beigemessen werden, sie kann abstrakt (als bloße Dimension) oder konkret (als wirkende Kraft) aufgefaßt werden. (4) Zeit kann als universal gültig oder als Vielfalt von Zeiten, als raum- und bewegungsunabhängig oder als diesen Größen inhärent begriffen werden.vgl. McGrath / Kelly (1986), S. 28-29

86 vgl. McGrath (1988), S. 256-257 und McGrath / Kelly (1986),S. 49-56

87 Aufgrund globaler Wanderungsbewegungen und des damit verbundenen kulturellen Austauschs und Wandels haben sich ursprünglich typisch nordeuropäische "monochronic"- und eher mediterane "polychronic"-Zeitordnungen vermischt (vgl. Hall (1984) S. 45-58).

88 vgl. Alheit (1988), i.b. S. 371-373

seins bedeutet *Entqualifizierung der Zeit*: Zeit wird grundsätzlich als inhaltsleere Form, als "Behälter" vorgestellt, der auf unterschiedliche Weise gefüllt werden kann. Jetzt erst kann Zeit als knapp empfunden werden, denn es gibt Alternativen der Zeitverwendung, und die Entscheidungen für bestimmte Optionen sind oftmals mit Normenkonflikten verbunden. Zur absoluten Zeitknappheit, die aus der Einsicht in die Begrenztheit (aber Unberechenbarkeit) der Lebenszeit und ihrer Divergenz zur Weltzeit resultiert, tritt nun die relative Zeitknappheit: die dauerhafte und ubiquitäre Konkurrenz von Zielen und Alternativen, der im alltäglichen Handeln mit den Techniken der "Zeiteinsparung" begegnet werden soll.[89]

Zeitökonomie wird zur Grundlage des bürgerlichen Leistungsprinzips[90]; Fremdbestimmung der Arbeit und die Entfremdung von der "natürlichen Zeit" der Tages- oder Vegetationsrhythmen gehen Hand in Hand. Das Prinzip der stetigen Wiederholung relativ kurzer Dauern[91] im Arbeitsprozeß verbunden mit der Entfremdung vom Arbeitsprodukt (zeitlich als nicht mehr sichtbarer Anfang bzw. Ende des Prozesses) und der durch Arbeitsteilung und Taylorisierung gestiegene Kooperationsdruck mit seinen Pünktlichkeitsanforderungen kennzeichnen die Zeitordnung der Industriearbeit. Laermann behauptet nun, daß der Verlust eigenmächtiger Zeit- und Handlungsperspektiven über die Arbeitswelt hinaus in den privaten Alltag reiche.[92] Durch Habitualisierung übertragen wir das Zeitmanagement unserer Arbeitswelt mit den Normen der Geschwindigkeit und des Zeitsparens auch auf Bereiche, in denen dies kontraproduktiv (Sexualität), unangemessen (Sozialbeziehungen, Kunstrezeption) oder gar lebensbedrohlich (Straßenverkehr) sein kann. Am Ende dieses Veralltäglichungsprozesses sehen Kulturkritiker wie Peter Weibel gar die "Chronokratie". Doch hinter diesem neuen Begriff verbirgt sich nichts anderes als eine Art "Zeitkapitalismus": Die Herrschaft der geldwerten Zeit habe sich verabsolutiert, die Kapitaleigner und Betreiber der "Zeitindustrie" sind die neuen "Zeitherren", die - merkwürdigerweise nicht bürgerlich, sondern feudalistisch - über "Zeitsklaven" herrschen.[93] Weibel fällt damit noch weit hinter die Marx'sche Analyse zurück. Der Absolutheitsanspruch zur Erklärung einer Gesellschaftsform erscheint schon bei Marx absurd und ist heute weniger denn je haltbar, Weibel fügt dem auch noch eine moralisierende Komponente hinzu, die Marx sicherlich nicht geteilt hätte.[94]

Auch wenn sich empirische Belege für die Verlängerung zeitökonomischer Sicht- und Handlungsweisen über die Arbeitszeit hinaus finden lassen,[95] so müssen

---

89 vgl. zur Unterscheidung von absoluter und relativer Zeitknappheit Balla (1978), S. 28

90 vgl. hierzu auch Ermert / Rinderspacher (1981)

91 Als kleinste Einheit der "time and motion studies" in den REFA-Studien und anderen arbeistwissenschaftlichen Untersuchungen wird die Dauer von 0,036 Sekunden (sog. therblig) verwendet. vgl. Peters (1991), S. 24

92 vgl. Laermann (1975), S. 96-100

93 Weibel (1987), S. 144, 150-151

94 Weibel spricht nämlich nicht mehr von Ausbeutung der Zeit durch die "Zeitkapitalisten", sondern vom "Betrug" "in Form von Freizeit" (Weibel (1987), S. 152).

95 Die strukturierende Bedeutung der Arbeitszeit, ihre Scheduling-Funktion für den *ganzen* Tag, geht aus einer der "klassischen" empirischen Untersuchungen hervor. Marie Jahoda, Paul Lazarsfeld und Hans Zeisel haben in ihrer Untersuchung über die Arbeitslosen von Marienthal eine Desintegration der Zeit bei den Arbeitslosen beobachtet. Diese Desintegration bezieht sich sowohl auf die Planung zukünftiger Zeitabschnitte, als auch retrospektiv auf die verwendete Zeit: "Losgelöst von ihrer Arbeit und ohne Kontakt mit der Außenwelt, haben die Arbeiter die materiellen und moralischen Möglichkeiten eingebüßt, die Zeit zu verwenden. (...) Der Arbeitslose ist einfach nicht mehr imstande, über alles, was er im Laufe des Tages getan hat, Rechenschaft zu geben. Nennen und aufzählen lassen sich außer den Orientierungspunkten nur die wenigen noch sinnerfüllten Handlungen am Tag. (...), das Gefühl ... , unbegrenzt Zeit zu haben, macht jede Zeiteinteilung überflüssig. (...)

die Aussagen Laermanns und Weibels doch erheblich relativiert werden. Der Prozeß der Veralltäglichung hat sicherlich nicht zur vollständigen Homogenisierung des modernen Zeitbewußtseins, also zur "Vergleichgültigung der Zeiterfahrung" (Laermann) oder gar zur Etablierung der absoluten Chronokratie (Weibel) geführt. Uhrenzeit übernimmt die Funktion eines *"Zeit-Esperanto"* (Sorokin), wo wir mit unseren "lokalen Sprachen" nicht mehr weiter kommen: bei der internationalen Kommunikation und Koordination in der modernen technisierten Welt.

Tatsächlich leben wir aber in einer zeitkomplexen Umwelt, deren Vielgestaltigkeit bzw. Pluritemporalität wir auch im Alltag wahrnehmen.[96] Unterschiedliche Zeitordnungen und Zeitqualitäten sind in Form eines *"Chronotops"*[97] miteinander verwoben. Für "die moderne kapitalistische Gesellschaft", die "Weltgesellschaft" oder das "global village" gilt in noch stärkerem Maße Paul Ricouers - Fazit: "Nowhere, in actual fact, do we find societies wholly uniform in their attitude to time; variation occurs not only between but inside cultures."[98] Rein ordnungstheoretische (Schöps), sozialevolutionäre (Rammstedt), kapitalismuskritische (Thompson, Laermann u.v.a.) oder andere strukturdeterministische[99] Erklärungsansätze greifen vor diesem Hintergrund aus einer ganzen Reihe von Gründen zu kurz:

(1) Individuen und Gruppen, die dem industriekapitalistischen Zeitreglement nicht (noch nicht, nicht mehr, gar nicht) unterworfen sind oder sich ganz oder teilweise von ihm befreit haben, entwickeln ein anderes Zeitbewußtsein, weil ihr "Alltag" bzw. ihre Lebenswelt zeitlich anders strukturiert ist. Die Zeiterfahrungen und Zeitbewußtseine von Kindern, Jugendlichen, Nichterwerbstätigen, Alten, vielen Freiberuflern im künstlerischen und wissenschaftlichen Bereich, aber auch von vielen Menschen, die anderen Kulturkreisen enstammenen, unterscheiden sich von den oben charakterisierten des "Industriekapitalismus". Sie leben aber zusammen in einer Gesellschaft, "altern zusammen", teilen ihre Lebenswelten. So brechen beispielsweise Zeiterfahrungen und -bewußtseine von Kindern *in die Lebenswelt* der Erwachsenen *ein*, was zu einer Reihe von Problemen und Konflikten führen kann, in jedem Fall aber die Lebenswelt der Erwachsenen mit Elementen zyklischen Zeitbewußtseins anreichert und ihre Zeitkomplexität steigert.[100]

(2) Hinzu kommt, daß es eine *Fülle individueller und kollektiver Verarbeitungsformen der industriekapitalistischen Zeitordnung* gibt. *Zeitpioniere*,[101] also Erwerbspersonen, die freiwillig ihre Arbeitszeit reduzieren und somit Einkommens-

---

Wo der Wert der Stunde nicht mehr erlebt wird, läßt sich auch nicht stundenweise abgrenzen und verrechnen." (Jahoda / Lazarsfeld / Zeisel (1982), S. 83-87)

96 vgl. hierzu auch Sorokin (1964), S. 197

97 vgl. Hörning / Gerhardt / Michailow (1990), S. 138

98 vgl. und zit. Ricoeur (1977), S. 20

99 vgl. die Kritik von Hörning / Gerhardt / Michailow (1990), S. 185-186

100 Der zweckrationalen intentionalen Handlungsweise steht beispielsweise die Unterbrechung der Handlung, ja die häufig wiederkehrende Zerstückelung des Handlungsbogens durch die Ansprüche des Kindes entgegen, die "Moral des Zuende-Bringens", die Vorstellung, durch Konzentration und Beschleunigung der Handlungsketten Zeit sparen zu können, können nicht mehr verwirklicht werden. Als Gegenstrategie entwickeln viele Erwachsene (wie im beruflichen Alltag gewohnt) das Konzept der Gleichzeitigkeit von Handlungen, was oftmals zu einem Gefühl von Gehetztheit, Hektik und zu Streßsymptomen führen wird. Die Bedürfnisse des Kindes nach Wiederholung (Zyklizität) werden von den Erwachsenen lediglich als äußerst langweilig empfunden: "Die Langeweile ist eine unauffällige Form von Druck, unter den Erwachsene geraten, die Zeit mit Kleinkindern teilen ..." Der Prozeßorientierung und dem spontanen Abbruch einer Handlungsfolge, wie sie bei Kleinkindern zu beobachten ist, stehen auf der Seite der Erwachsenen Ziel-/Ergebnisorientierung und Planmäßigkeit gegenüber. vgl. Sichtermann (1981), S. 7-16, Zitat S. 15

101 vgl. Hörning / Gerhardt / Michailow (1990), S. 7-12

einbußen in Kauf nehmen, um mehr Flexibilität bei der zeitlichen Strukturierung des Alltags (oder gar eine partielle Entstrukturierung und damit wirklich freie Zeit) zu gewinnen, sind zur Zeit noch eine kleine Minderheit. Vielleicht erweisen sie sich tatsächlich als "Pioniere", die einem breiteren gesellschaftlichen Trend nur voranschreiten.[102] Die neueste Diskussion um die Flexibilisierung und Reduzierung von Arbeitszeiten (Lebensarbeitszeit, "Sabattjahre", Vier-Tage-Woche in der Automobilindustrie etc.) weisen jedenfalls in diese Richtung. Mit den veränderten alltäglichen Zeitstrukturen (in der Arbeits- und der "Freizeit") gehen Änderungen im Zeitbewußtsein einher, so daß Hörning et al. von einem veränderten *Lebensstil* sprechen.[103] Der Konstruktionscharakter der Zeit wird den Zeitpionieren deutlich, nachdem Zeit und (fremdbestimmte) Zeitstrukturen thematisch geworden sind und man die Vorzüge und Nachteile des veränderten Lebensstil erprobt hat. Während zumindest bei Erwerbspersonen gewöhnlich die "industrielle Zeit" gegenüber der sozialen (gesamtgesellschaftlich-kulturellen) und der subjektiven (biologisch-psychologische Eigenzeit) Zeitreferenz dominiert, verändert sich dies bei den Zeitpionieren.[104] Betroffen vom Wandel des Lebensstils ist aber auch das gesamte Wertesystem.[105] Zeitautonomie, Streßvermeidung durch antizyklische Verhaltensweisen, das Offenhalten von alltäglichen und biographischen Zeitverwendungsoptionen, gesteigerte Erfahrungsintensitäten, Betonung der Gegenwart (statt der zukünftigen - durch Arbeit zu erreichenden Ziele) charakterisieren nach Hörning et al. Vorstellungen und Verhalten der Zeitpioniere.[106]

(3) Schließlich muß man die Frage stellen, ob unsere Gesellschaft noch hinlänglich durch die Vokabel *Industrie*kapitalismus gekennzeichnet ist und sich nicht vielmehr durch ein hohes Maß an *systeminternen und systemkonformen Flexibilisierungsformen der Zeitordnung* auszeichnet. Neben den automatisierten Produktionstechniken spielen hierbei Daten- und Medientechnologien eine bedeutende Rolle, auf die ich später noch ausführlicher eingehen werde.

(4) Trotz der unbestreitbaren Macht metrisch-sukzessiver Zeitordnungen existieren in unserem Alltag auch habituelle und tradionale Zeitordnungen und zeitliche Rhythmen. "The long arm of the job"[107] reicht in andere Lebensbereiche hinüber, doch kann die Komplexität des Chronotops damit nicht hinreichend erklärt werden. Wahlakte und herausgehobene Augenblicke, die für eine Abstraktion des Gewöhnlichen stehen, strukturieren den Alltag. Die "Momente" (Lefebvre) von Liebe, Arbeit, Spiel etc. ergeben sich im Alltag und aus dem Allltag heraus. Das Moment distanziert sich vom Alltag und kritisiert ihn, bleibt aber auf ihn bezogen; es besitzt eigene Dauer und Geschichte und rhythmisiert somit als wiederholende Form den Alltag.[108]

---

102 vgl. hierzu Hörning / Gerhardt / Michailow (1990), S. 185-191

103 vgl. Hörning / Gerhardt / Michailow (1990), S. 18

104 vgl. Hörning / Gerhardt / Michailow (1990), S. 25-36

105 Der Produktivitätsmythos der Arbeitsgesellschaft, die Vorstellung von Zeitknappheit und die ökonomistische Losung "Zeit ist Geld", aber auch die herrschenden Geschlechterbilder, die Sinnschöpfung und Identitätsstiftung aus der Arbeit werden in Frage gestellt und verlieren an Bedeutung; .vgl. Hörning / Gerhardt / Michailow (1990), S. 89-114 sowie S. 127-132

106 vgl. Hörning / Gerhardt / Michailow (1990), S. 145-167

107 Rinderspacher (1985), S. 232

108 vgl. Lefebvre (1975), S. 180-193

7 Soziologie der Freizeit und Zeitbudgetforschung

7.1 Einleitung

Soziologische Zeitforschung bestand und besteht zu großen Teilen aus empirisch-quantitativen Beschreibungen und Analysen der Arbeitszeit (ihrer Dauer, Verteilung, ihres Tempos, ihres Rhythmus, ihrer normativen Strukturierung etc.) und der Freizeit (unter meist recht ähnlichen Fragestellungen). Zeitbudget- und Zeitallokationsstudien ("time use studies", "time budget studies") werden in der politischen Planung und Auseinandersetzung gerne herangezogen, in entsprechendem Umfang fließen offenbar auch die Forschungsgelder. Die Debatte um die Arbeitszeitverkürzung,[1] die zeitliche Flexibilisierung und die wünschenswerte oder drohende "Freizeitgesellschaft"[2] haben wesentlich zur "Konjunktur" dieser Forschungen beigetragen.

Das aus freizeitpädagogischer Sicht - vor allem aufgrund der Annahme einer quantitativen Vermehrung von Freizeit - formulierte "Freizeitproblem" hat sich mittlerweile als Chimäre erwiesen, weil weite Teile der Bevölkerung keineswegs eine Steigerung "echter" Freizeit erfahren haben.[3] Abgesehen davon, daß es sich ohnehin ausschließlich um ein Problem der entwickelten Industriegesellschaften handelt, ist auch in diesen Gesellschaften die Verteilung und Strukturierung von Freizeit durchaus eine gesellschaftliche und politische Machtfrage. Die empirisch abgesicherten Befunde lassen sich so zusammenfassen:

> "Im Vergleich zu vorindustriellen Zeiten ist die Rede von der Arbeitszeitverkürzung seit Jahren widerlegt. Bezogen auf die Zeit nach 1918, ist durchaus eine relative Konstanz der Arbeitszeiten festzuhalten. ... Nach Lage der Daten ist davon auszugehen, daß seit der Industrialisierung der gesamtgesellschaftliche Umfang von Reproduktionsarbeit nicht etwa abgenommen, sondern erheblich zugenommen hat."[4]

---

1 In diesem Zusammenhang sind vor allem ökonomische Ansätze verfolgt worden. Vgl. z.B. Andreae (1970) und Külp (1983)

2 Hierbei reicht das Spektrum von soziologischen Untersuchungen über ethische Abhandlungen bis hin zu kulturpessimistischen Klageschriften. Eine der Grundthesen, daß es historisch eine eindeutige und relativ stetige oder gar eine sich beschleunigende Zunahme der Freizeit gebe, ist unhaltbar: Erst durch die Verringerung der Zahl der kirchlichen Feiertage kam es im Laufe der industriellen Entwicklung zu einer starken Zunahme der "Arbeitszeit" und im Anschluß, etwa ab dem 19. Jahrhundert, tendenziell wieder zu einem Rückgang. Vgl. differenzierter Andreae (1970), S.14-31. Zudem spielt hierbei die Frage der Definition von Freizeit eine bedeutende Rolle. Auch hier herrscht keine Einigkeit.

3 Christiane Müller-Wichmann hat darauf hingewiesen, daß insbesondere Frauen - erwerbstätige wie Hausfrauen - aufgrund sozialstruktureller Bedingungen keineswegs in einer Freizeitgesellschaft leben. Das Problem der Langeweile und der Wahlfreiheit stellt sich für sie deshalb nicht. Vgl. Müller-Wichmann (1984). Für die USA gilt offensichtlich: "Despite technological changes in the home, unemployed woman today spend as much time at housework as did their grandmothers (figures range from fiftyfive to seventy hours a week) and in some specific areas, such as laundry and shopping, they spend more time." Vanek, Joanne: Time Spent in Housework. In: Scientific American 1974, zit. nach: Forman (1989), S.3

4 Müller-Wichmann (1984), S. 146-147

Die Wurzel des Freizeitproblems, wenn es denn eines gibt, kann also nicht einfach in einer quantitativen Steigerung von Freizeit gesucht werden. Vester nennt sechs Dimensionen des Freizeitproblems, denen sich die freizeitsoziologische Forschung bislang gewidmet hat: (1) die Beziehung zwischen Arbeit und Freizeit, (2) die schichtenspezifische Verteilung von Freizeit, (3) die altersspezifische Verteilung und Nutzung von Freizeit, (4) die räumlichen Kontexte von Freizeit (i.b. Tourismusforschung), (5) die Probleme der Freizeitindustrie und schließlich (6) Freizeitberatung und Freizeitpolitik.[5] Hinzuzufügen wäre sicherlich noch die Untersuchung der berufsgruppenspezifischen und der geschlechtsspezifischen Verteilung und Nutzung der Freizeit,[6] die Lokalisation und Strukturierung der Freizeit und ihre Kontinuität oder Diskontiniutät (in Restzeiten) durch Deregeluierungs- und Flexiblisierungsprozesse. "Zeitbudget- und Aktivitätenanalyse stellen klassische Standbeine der empirischen Freizeitforschung dar ..."[7] und werden im zweiten Teil dieses Kapitels behandelt. Der theoretische Gehalt und der aus diesen Ansätzen und Studien hervorgehende zeitsoziologische "Gewinn" scheint indes eher fragwürdig zu sein. Dies gilt auch bezüglich der Anwendbarkeit oder gar Verwertbarkeit für kommunikations- und medienwissenschaftliche Fragestellungen.

7.2 Dichotomisierung von Arbeitszeit und Freizeit

"Die Unterscheidung von Arbeitszeit und Freizeit ist ... neu, kaum fünfzig Jahre alt; sie ist eine Folge des sozialen Drucks von seiten der sich als Klasse bewußt gewordenen Arbeiterschaft."[8] formulierte Walter Rüegg 1969 und kam schon damals zu dem Schluß, daß "Kategorien, die aus dem Gegensatz Arbeitszeit-Freizeit entwickelt sind, ... soziologisch unbefriedigend (bleiben), weil sie die unvermeidliche Wechselbeziehung dieser Bereiche nicht genügend berücksichtigen." Er illustriert dies an einem Beispiel aus dem Medienbereich: der Lektüre, die - als Bildungselement - nicht mehr eindeutig zuzuordnen ist.[9]

Das Problem der unzureichenden Abgrenzbarkeit des Gegenstandes der Freizeitsoziologie, z.B. bei der Definition von Freizeit-Aktivitäten, bemerken neben anderen auch Meyersohn[10], Vester[11] und Ronneberger, der als Beispiel die Tätigkeit des Einkaufens anführt. Einkaufen kann von ein und derselben Person je nach Situation als lästige Arbeit (Pflicht) oder als lustvolles Vergnügen bewertet werden.[12] Vester problematisiert dabei auch den stets normativen Gehalt der unterschiedlichen Freizeitbegriffe.[13] Die forschungslogische Aufteilung in Arbeitszeit und Freizeit hat sich allerdings erhalten und zementiert eine theoretisch unhaltbare Dichotomisierung, die von namhaften Soziologen im übrigen schon seit langem aus guten Gründen in Frage gestellt wird. Als prominentes (und recht frühes) Beispiel für viele Kritiker ist Jürgen

5 Vgl. Vester (1988), S. 10-12
6 Vgl. die hervorragende und lesenswerte Arbeit von Müller-Wichmann (1984)
7 Vester (1988), S. 13
8 Rüegg (1969), S. 146
9 Vgl. Rüegg (1969), S. 150-155, zit. S. 155
10 vgl. Meyersohn (1972), S. 20
11 Vgl. Vester (1988), S. 7
12 Vgl. Ronneberger (1980), S. 14. Gleichwohl hält Ronneberger an der Behauptung wachsender Freizeit fäßt und beruft sich dabei auf die Ergebnisse von Zeitbudgetstudien!
13 Vgl. Vester (1988), S. 18, Lalive d'Epinay (1988), S. 411

Habermas zu nennen. Er kritisiert die geringe theoretische Verankerung des Begriffs Freizeit, der lediglich als Restkategorie, nämlich negativ als Nicht-Arbeitszeit definiert ist. Freizeit wird im Verständnis der quantitaiv-empirischen Forschung unhinterfragt als individuell disponierbare Privatsache angesehen, ohne die kollektive Disponiertheit und Vor-Strukturiertheit dieser Zeit zu erkennen. Habermas geht stattdessen von der Verschränktheit der Arbeitszeit und der Freizeit aus, d.h. Freizeit-Dauer *und* Freizeit-Verhalten stehen in Wechselwirkung mit der Arbeitszeit und der Art des Arbeitsverhaltens.[14] Freizeit wird als *Suspendierung und Kompensation* der Arbeit(szeit), die im Falle des industriellen Arbeitnehmers durch Entfremdung, Abstraktheit und Unverhältnismäßigkeit der Leistungsanforderung gekennzeichnet ist, erfahren und gestaltet. Zeitvertreiben gelingt in der Freizeit durch Spielhandlungen, die nach Anders nötig geworden sind, weil wir im eigentlichen Bereich unseres Tätigseins, in der Berufstätigkeit, der Arbeit, nicht mehr wirklich handeln. Die Entfremdung der Arbeit durch ihre Technisierung und Maschinisierung hat den Menschen aus dem Gleichgewicht gebracht, so daß er nun in der Freizeit, um wieder wirklich zielgerichtet handeln zu können, zu - technologisch betrachtet - regressiven Tätigkeiten greift.[15] Die fremdbestimmte, konsumartige Nutzung der "modernen Freizeitmittel der Kulturindustrie"[16] stellt nach Habermas eine von sechs Arten der Freizeitgestaltung dar, die allesamt nur in Abhängigkeit von der Arbeitssphäre *verstanden* werden können. Die "Freizeit (steht) unter dem gesellschaftlich notwendigen Diktat der Arbeit".[17] Als Rekreationszeit besitzt sie so gesehen "Umwegrentabilität". Damit kritisiert Habermas Karl Marx, der einer vermehrten Freizeit bzw. ihrer veränderten gesellschaftlichen Verteilung noch eine hohe und positive Bedeutung bei der Entwicklung der kommunistischen Gesellschaft beimaß.[18]

Die Definition von *Freizeit als Residuum*, als bloß negative Restkategorie ist noch aus einem weiteren Grund unhaltbar: der Wertewandel stellt die grundsätzliche und dominante Orientierung an der protestantischen Arbeitsmoral grundlegend in Frage. Dies gilt besonders in einer Gesellschaft, in der nicht einmal die Hälfte der Menschen als "Erwerbspersonen"[19] gelten, die dieser Zeitmoral und dem damit verbundenen alltäglichen normativen Netz *unmittelbar* unterworfen sind. Zudem beginnen selbst Erwerbspersonen, sich von der Determination durch die Werte und Zeitordnungen der Arbeitsgesellschaft reflexiv zu distanzieren.[20]

Aber auch andere negative Defintionsversuche haben ihre Schwächen: Erwin K. Scheuchs Vorschlag, *"Freizeit" als "die Aktivitäten, die sich nicht notwendig aus den funktionalen Rollen ergeben"*[21], zu verstehen, überwindet die Arbeitsfixierung, läßt aber offen, was noch zur funktionalen Rolle (und was zum subjektiven Verständnis

14 Vgl. Habermas (1968), S. 103-115. Unterstützung findet die Annahme, daß die Art und das Ausmaß der Leistungsanforderungen in der Arbeitszeit auch die Optionen der Freizeitgestaltung beeinflussen, z.B. durch Rinderspacher (1985), i.b. S. 257

15 Vgl. Anders (1961), S. 226

16 Habermas (1968), S. 115

17 Habermas (1968), S. 117

18 Vgl. Marx, Karl: Theorien über den Mehrwert. MEW, Bd. 26.3., S. 253: "Aber free time, disposable time, ist der Reichtum selbst - teils zum Genuß der Produkte, teils zur free activity, die nicht wie die labour durch den Zwang eines äußren Zwecks bestimmt ist, der erfüllt werden muß, dessen Erfüllung Naturnotwendigkeit oder soziale Pflicht, wie man will."

19 Vgl. hierzu z.B. Vester (1988), S. 56

20 Vgl. Hörning / Gerhardt/ Michailow (1990)

21 Scheuch (1972), S. 31

von dieser Rolle) zählt und welche Tätigkeiten notwendig oder fakultativ sind. Marion Clawson bemerkt hierzu ebenso lakonisch wie treffend: "Manchmal läßt sich schwer entscheiden, ob ein Mensch eine spezifische Handlung ausführt, um fortleben zu können oder einfach, weil es ihm Vergnügen bereitet."[22]

7.3 Alternative Definitionsversuche

Weitere Definitionstypen wie der "humanistische" (*Freizeit als Muße*),[23] der "therapeutisch-funktionale", der institutionelle (*Freizeit als Institution* mit spezifischen Verhaltens- und Wertmustern) leiden vor allem an einer jeweiligen Verengung des Begriffs,[24] neuere Versuche, mit Hilfe von *Life Styles* nun Freizeit*stile* zu beschreiben, unterliegen einer gewissen Beliebigkeit bei der Zusammenstellung der entscheidenden Merkmale.[25] Opaschowskis Dreiteilung in Dispositionszeit (Selbstbestimmung), Obligationszeit (Zweckbestimmung) und Determinationszeit (Fremdbestimmung)[26] überwindet zwar die bloße Dichotomisierung, doch tauchen hier die bekannten Abgrenzungsprobleme in verwandelter Form wieder auf, und die Ebene der Bewertung, des Erlebens und der Befriedigung bleibt weiterhin unberücksichtigt. Im übrigen hält Opaschowski diese Dreiteilung bei seinen empirischen Studien selbst nicht durch. So rechnet er Medienhandeln, insbesondere das Fernsehen pauschal auf die Seite der Freizeitaktivitäten.[27]

Eine Definition, die die (subjektive) Sinndimension von Freizeit berücksichtigt, stammt von Kelly: *"Freizeit" ist die "Aktivität, die in erster Linie um ihrer selbst willen gewählt wird."*[28] Relative Wahlfreiheit, Aktivität und intrinsische Befriedigung sind sicherlich bedeutende Bestandteile von Freizeiterfahrung und -qualität,[29] doch müssen ergänzend kultursoziologische Gesichtspunkte, etwa die institutionellen Strukturen und "Vorgaben", bei der Analyse Berücksichtigung finden.

Eine differenziertere Betrachtung, die geeignet ist, die Dichotomisierung aufzuheben, hat Staffan B. Linder mit seiner wirtschaftswissenschaftlich motivierten Zeitallokationstheorie entworfen. Linder begreift Zeit als begrenzte Ressource, die nicht speicherbar oder absolut vermehrbar ist, um die fortschreitende Zeitknappheit zu erklären.[30] Um den Einfluß des Wirtschaftswachstums auf die Zeitverwendung zu beschreiben, führt Linder zunächst ein Kategoriensystem der Zeit ein:

---

22 Clawson (1972), S. 135

23 Vgl. zur Begriffs- und Bedeutungsgeschichte von Muße, Müßiggang und Kontemplation De Grazia (1972), S. 56-73

24 Vgl. Kaplan, Max: Leisure. Theory and Policy. New York 1975

25 Vgl. Vester (1988), S. 60-70. Als Beispiel für diesen Ansatz ist eine Studie aus den Jahren 1989-1990 zu nennen. Vgl. hierzu Lüdtke, Hartmut / Dahl, C.: Zeitbudgets und Lebensstile, Studie 0702. In: Zentralarchiv für Empirische Sozialforschung Köln (Hrsg.) Empirische Sozialforschung 1988, Frankfurt am Main und New York 1989

26 Opaschowski (1976)

27 Vgl. Opaschowski (1993), S. 5

28 Vgl. Kelly, John R.: Leasure. Englewood Cliffs 1982, S. 23 zit. nach Vester (1988), S. 24

29 Hier wird sowohl der normative Gehalt des Freizeitbegriffs, als auch seine Verwandschaft zum humanistischen Muße-Freizeitbegriff deutlich. Ein weiterer Vertreter dieser Richtung, den Freizeitbegriff von jeglicher Arbeits-, Reproduktions- und sogar der für politische und sozial organisierte Mitwirkung notwendigen "civic time" zu trennen, ist Gerard Degré (1985c), S. 216-219.

30 vgl. zusammenfassend Linder (1970), S. 129-130

(1) Die wichtigste Kategorie für die Zeit-Allokation ist die Arbeitszeit ("working time"), weil durch sie sowohl die Höhe des Einkommens wesentlich beeinflußt als auch das Ausmaß der verbleibenden Zeit bestimmt wird. Die Arbeitszeit beeinflußt dabei Angebot von und Nachfrage nach Zeit für andere Aktivitäten (je länger die Arbeitszeit, um so höher die Nachfrage nach "Freizeit" und um so geringer das "Angebot"; je kürzer die Arbeitszeit, um so höher das Angebot, aber um so geringer der Bedarf an Freizeit). (2) Die Zeit, die für den persönlichen Bedarf benötigt wird, also für die privaten, körperbezogenen Dienstleistungen und die sachbezogenen Dienstleistungen (Kleider- und Wohnungspflege etc.) läßt sich nicht immer klar abgrenzen gegenüber der (3) Konsumtionszeit ("consumption time"), also der Zeit, die wir mit dem Vebrauch oder dem Genuß von Waren oder Dienstleistungen verbringen: Beim Essen sind die beiden Kategorien beispielsweise wenig trennscharf. (4) Als "culture time" bezeichnet Linder die Zeit, die wir aufwenden, um uns künstlerischen, kulturellen oder religösen Dingen zu widmen. Diese Zeit ist z.T. ebenfalls mit dem Konsum von Dingen verbunden, doch steht dieser dabei nicht im Vordergrund. (5) Schließlich verbleibt ein historisch und sozial unterschiedlich großes Maß an Zeit als Freizeit im engeren, humanistischen Sinne, als echte Mußezeit ("free time in the strict sense of the word, i.e. time that is not utilized", "time idleness").[31] Linder überwindet die in der Ökonomie noch immer anzutreffende These, daß "Zeit Geld sei, weil Zeit Geld bringe", in dem er auch die Konsumptionszeit berücksichtigt. Der Zusammenhang von Zeit und Geld ist für Linder komplexer: Eine Gesellschaft kann niemals zugleich reich an Gütern und reich an Zeit sein. Mit wachsendem Wohlstand nimmt die Konkurrenz der Güter um Konsumptionszeit zu, d.h. Zeit wird um so knapper, je mehr materielle Güter bereitstehen.[32] Der Zeitknappheit (Konsum- und Freizeit) in Wohlstandsgesellschaften kann man nun durch radikaloppositionelle Konsumverweigerung ("Aussteiger"), durch "Freizeitverweigerung" ("Workaholismus") oder durch Techniken der Mehrfachnutzung und des Parallelkonsums begegnen. Medien spielen, wie wir noch eingehend analysieren werden, eine bedeutende Rolle bei der Realisierung der letzten Strategie. Die schon von Erich Fromm konstatierte Tendenz, in allen übrigen Lebensbereichen (Zeit-) Gewinne durch Geschwindigkeitssteigerung zu erzielen, steht im Widerspruch zur Notwendigkeit, Geduld, Ausdauer und damit (genrespezifische)[33] Zeitquanten für die praktische Ausführung von Künsten (etwa das Erlernen und Praktizieren von Musik) und für deren Rezeption aufzubringen. Theater- und Ballettaufführungen sowie Konzerte lassen sich eben nicht (ohne ästhetischen Verlust) beschleunigen. Sobald technische Medien ins Spiel kommen, gewinnen die Konsumelemente der "cultural time" an Gewicht: Die Strategie des zeitgleichen Konsums, etwa in Gestalt der Hintergrundmusik beim Lesen oder Essen ist zwar nicht neu, aber doch durch Speichermedien potenzierbar geworden.

Eviatar Zerubavel hat einen weitergehenden Vorschlag zur Überwindung der Arbeitszeit/Freizeit-Dichotomie vorgelegt: In einer Kultur, die im Arbeitsleben und im sog. Freizeitbereich zunehmend von ähnlichen Zeiterlebnis- und Zeitorganisationsformen geprägt ist, scheint eine Beschreibung anhand einer *Skala, die von "private time" bis hin zu "public time" reicht*, treffender zu sein. Dabei werden die beiden Pole als Idealtypen verstanden, reale Situationen in allen Lebensbereichen (also unabhängig

31 vgl. Linder (1970), S. 13-15
32 Ausnahmen bilden Konjunktur- und Innovationstheorien (z.B. Kondratjew, Schumpeter)
33 vgl. Linder (1970), S. 96-100

davon, ob es sich formal um "Arbeits-" oder um "Freizeit" handelt) sind dann immer beschreibbar als spezifische Mischungsverhältnisse aus Charaktersitika öffentlicher oder privater Zeit. Für Zerubavel ist Zugänglichkeit zur Person (accessibility) die Leitdifferenz, anhand derer sich der Grad der Öffentlichkeit der Situationen oder Phasen bestimmen läßt. *Öffentlichkeit und Privatheit sind zeitliche Konstrukte*, die sich nach dem phasenweisen (also dynamischen) Grad der Zugänglichkeit richten. Zugänglichkeit kann aber in der sog. "Freizeit" durchaus gegeben sein, während sie während der "Arbeitszeit" mitunter durch erheblichen bürokratischen Aufwand planmäßig reguliert wird: "Timing" und "Scheduling" sind die Schlüsselbegriffe, die - leider kaum ins Deutsche übersetzbar - den temporalen Konstruktionscharakter von Öffentlichkeit und Privatheit verdeutlichen, und mit denen ich mich deshalb ausführlicher auseinandersetzen werde. Private Zeiten sind sozial (Alter, Schicht, Geschlecht, Beruf etc.) und (inter)kulturell variabel in ihrer Länge, ihrer Häufigkeit und in ihrer Positionierung im Laufe des Alltags und des Jahresablaufs. Im Zuge der Modernisierung und Ausdifferenzierung der Gesellschaft kommt es zu einer immer genaueren und kleinteiligeren Formalisierung und Regulierung privater und öffentlicher Zeiten durch die "bureaucratization of social accesibility".[34] Als Person sind wir in mehrere unterschiedliche Rollen involviert, die einer genauen zeitliche Regulation bedürfen.

Je mehr Zeitsouveränität, die auch die Möglichkeit der "Abschottung" einschließt, ein Mensch besitzt, um so höher ist in der Regel sein sozialer Status. Wie das Beispiel der Telefonkommunikation zeigt, sind Medien nun ein wesentlicher Teil der Bürokratisierung der Zeitregulation, besitzen zugleich aber auch die Potenz, die Regeln partiell aufzuheben. Die Unterscheidung von öffentlicher und privater Zeit ist eine soziologisch begründete (soziale Zugänglichkeit), qualitative, graduelle Differenzierung, die darüber hinaus den bedeutenden Vorteil besitzt, für medienwissenschaftliche Fragestellungen geeignetere Anknüpfungspunkte zu bieten als die Arbeitszeit/Freizeit-Dichotomie.

7.4 Bewertung und Bedeutung von Zeit-Quanten

Der Zeitbudget-Begriff stammt aus dem Jahre 1876[35], er hat nicht nur eine lange Geschichte[36] und zahlreiche Anwendungsfelder[37] vorzuweisen, sondern diente auch als Grundlage für über 100.000 Einzelstudien[38] sowie einige internationale Ver-

---

34 Vgl. Zerubavel (1979), S. 38-42, Zitat S. 47

35 Nach Wolf Blass hat H. Giddings in diesem Jahre erstmals so genante Studien an der Columbia University durchgeführt. Vgl. Blass (1980), S. 23

36 Vgl. hierzu ausführlicher Blass (1980), S. 24-31. Converse (1968), S. 43 nennt sogar Beispiele aus dem 17. und frühen 18. Jahrhundert.

37 Blass nennt insbesondere Wirtschaftswissenschaften, Soziologie, Psychologie, Pädagogik, Ökotrophologie und sogar die soziale Kontrolle in der stalinistischen Sowjetunion. Vgl. Blass (1980), S. 33-77. Robinson systematisiert nach Fragestellungen: (a) sozialer Wandel der Zeitverwendung, (b) internationaler und interkultureller Vergleich, (c) gruppen- und klassenspezifische Studien und (d) Untersuchung der Zeitallokation für bestimmte Aktivitäten. Vgl. Robinson (1977), S. 180-182

38 Blass geht von über 100.000 Studien allein für die UdSSR aus, in den westlichen Industriestaaten sei die Zeitbudget-Studie vor allem in den 20er Jahren sehr oft als Instrument der Markforschung eingesetzt worden. Vgl. Blass (1980), S. 31

gleichsstudien.[39] Trotzdem ist die Formulierung einer allgemein akzeptierten Definition bislang nicht gelungen. Betont werden muß jedoch, daß es sich bei der *Zeitbudgeterstellung um eine wissenschaftliche Methode und nicht um eine Alltagshandlung handelt.* Erhoben werden begleitend oder ex post durch Umfragen, Interviews, Protokolle, Dokumentenanalyse, Beobachtung und Tagebücher[40] vor allem Art und Dauer der täglichen Aktivitäten. Zeitbudgetforschung, im angloamerikanischen als "time use studies" bekannt und verbreitet, erbringt letztlich nur statistische Auflistungen von Dauern, Reihenfolgen sowie Datierungen von beobachtbaren Ereignissen oder Tätigkeiten. Zeitallokationsstudien beziehen zusätzlich Entscheidungsprozesse und Alternativenauswahl bei der Zeitverwendung ein.[41] Im Alltag findet bestenfalls Zeitgebrauch oder -verwendung (time use) statt, eine bewußte Budgetierung (Zeit als knappe Ressource, detaillierte Planung) ist nicht *durchgängig* nachweisbar. Tatsächlich bleiben in der Zeitbudgetforschung ungeplant hinzukommende und weitere nichtbudgetierbare Ereignisse und Handlungen weitgehend unberücksichtigt. Alltagsbewußtsein von Zeit sowie koginitive und affektive Zeitbewertung werden entweder gar nicht berücksichtigt oder es wird der Versuch gemacht, diese zusätzlich zu "erheben".[42]

John P. Robinson, der an einigen der wichtigsten "time use studies" beteiligt war, faßt die auf die Zeitverwendung einflußnehmenden Faktoren in einem Modell[43] zusammen, aus dem klar hervorgeht, daß die subjektive Bewertung von Zeitquanten in diesem Forschungszweig keine Rolle als Einflußfaktor der Zeitverwendung spielt. Blass bezeichnet alle Zeitbudget-Studien nicht nur als methodisch unausgereift und mangelhaft[44] (was hier zunächst weniger interessiert), sondern auch als theorielos und rein deskriptiv:

> "Die *Erklärungen* der dabei gefundenen Verteilungen wurden immer *post facto*, also erst *nach der Erhebung der Zeitbudget-Daten* vorgenommen. (...) Insofern können die dargestellten Arbeiten - auch wenn sie sich "Theorie" nennen - *weder für die Erklärung noch für die Voraussage von Verhalten*, fruchtbar verwendet werden."[45]

---

39 Szalai / Scheuch / Converse / Stone (1972) sowie die m.W. jüngste, bereits in der Tagespresse zitierte europäische Zeitbudgetstudie einer "Multimediagruppe" mit dem Namen Information et Publicité (IP). IP hat Ende 1991 in zwanzig europäischen Ländern insgesamt 9774 Menschen ab 15 Jahren befragt. Die Aktivitäten waren dabei vorgegeben und Mehrfachnennungen (Parallelbeschäftigungen) möglich. Allerdings wurden bei den Tagesverläufen (Aufstehen, Arbeitsbeginn bis Abendessen) offensichtlich Mittelwerte gebildet; bei den summarischen Zeitaufwendungen für Arbeit wurden gar alle Angaben addiert und dann durch die Gesamtbevölkerung des jeweiligen Landes dividiert (!), so daß vollständig bedeutungslose Daten produziert wurden. Vgl. o.V.: Deutsche sind Europameister in Hausarbeit. Eine Studie vergleicht die unterschiedliche Einteilung des Tages in europäischen Ländern. In: Die Welt 5.12.1992, S. G 8

40 Blass geht statt von sechs nur von fünf Methoden aus und differenziert weiter nach dem Grad der Standardisierung (voll-, teil-, unstandardisiert) und nach Durchführung (Forscher, Beauftragter, Respondent selbst) sowie nach dem Zeitpunkt (simultan oder retrospektiv) des Einsatzes der fünf Methoden. So ergeben sich - ohne Kombinationsfälle - immerhin 90 "Strategien".

41 Vgl. hierzu und zur Kritik dieser Forschungsansätze auch Corazza (1985), S. 136-141

42 Zit. und vgl. Vester (1988), S. 58. Ein Versuch, das empfundene Zeittempo objektiviert zu erheben, liegt in Form des "Temposkala-Männchens" von Erp Ring vor. Befragte sollen dabei anhand einer piktografischen 7-Werte-Skala Geschwindigkeiten zuordnen. Die subjektive Bedeutung wird dabei aber ebenfalls nicht deutlich, zudem handelt es sich nicht um eine echte Intervallskala, so daß die Vergleichbarkeit sehr eingeschränkt ist; vgl. hierzu Ring (1990) und Wilke (1992), S. 261-264.

43 vgl. Robinson (1977), S. 28

44 Vgl. Blass (1980), S. 108-240 sowie abschließend S. 241

45 Blass (1980), S. 77, Hervorhebungen im Original

Converse kommt zu einem ähnlichen Schluß, wenn er schreibt: "Assuming that they are reliably executed, time budgets by themselves provide extensive but not intensive information: the data are broad but shallow."[46]

Methodisch bedeutsam ist zunächst das Erhebungsproblem: Zeitbudgetstudien beruhen schon aus Aufwands- und Kostengründen nahezu immer auf Selbstbeobachtung der "Probanden". Das Antwortverhalten bei Interviews, aber auch die Tagebucherhebungsmethoden werden - in unbekanntem Ausmaße - nicht nur durch das Problem der Aktivitätszuordnung, sondern auch durch die Berücksichtigung der "sozialen Erwünschtheit" unterschiedlicher Aktivitäten beeinträchtigt. Offensichtlich werden sehr häufig gesellschaftlich akzeptierte, prestige-orientierte Vorstellungen reproduziert, die mit dem eigenen konkreten Leben nur begrenzt zu tun haben. Opaschowski faßt diesen Effekt so zusammen: "Für Nichtstun und Fernsehen ist im Freizeit-Ideal kaum Platz - dafür um so mehr in der Realität!"[47]

Tagebucherhebungen stellen schon an sich ein Zeitproblem für die Probanden dar, von einer hohen Verweigerungs- bzw. Abbruchquote gerade bei den zeitlich stark Beschäftigten ist daher auszugehen, so daß die Repräsentativität bei Zeitbudgetstudien weitaus schwieriger als bei anderen Forschungsansätzen herzustellen sein dürfte. Die aktivitätsorientierte Zeitbudgeterhebung muß aufgrund der unklaren Tätigkeitszuordnung (oder, wenn dieses Problem durch eine offene Fragestellung relativiert ist) in jedem Fall durch die Tendenz, zeitliche Dauern zu überschätzen (insbesondere, wenn sie emotional oder sozial als positiv empfunden werden), als untauglich angesehen werden.

Dem Faktor Zeit wird kurioserweise bei Zeitbudgetstudien oftmals keine ausreichende Beachtung geschenkt: Erhebungszeitpunkt oder -zeitraum können aus technischen und ökonomischen Gründen nur ausnahmsweise so gewählt werden, daß eventuelle jahreszeitliche Aktivitätsmuster und andere mittel- bis langfristige Rhythmen und Verläufe beobachtbar wären.[48]

Zu diesen erhebungsmethodischen Defiziten kommen Probleme der Dateninterpretation, allen voran das grundsätzliche Problem der hohen Aggregation von Daten, die allenfalls zu einer zuweilen banalen Deskription anhand von Mittelwerten führt. Den geringsten Theoriegehalt weist wohl der korrelationstheoretische Interpretationsansatz auf, der - korrekterweise - aus dem Korrelieren von soziodemographischen Variablen mit dem Auftreten bestimmter Aktivitäten keinerlei kausale Schlüsse zieht. Freizeitverhalten kann aber auch als kongruent (kompensatorisch oder komplementär) oder als kontrastierend zum Arbeitsverhalten interpretiert werden. Einen engen Zusammenhang zur Arbeit sehen auch "Erholungstheorie" (Freizeit als notwendige Bedingung für den gesunden Arbeitnehmer) und die Katharsis- und Ventiltheorien. Zur Aufstellung und systematischen Überprüfung von Hypothesen ist es m.W. bislang in keinem Fall gekommen.[49] Auch jüngere Ansätze (Bardmann 1986, Rojek 1985) lösen das Problem des Theoriedefizits der Zeitbudget-Forschung nicht. Die vorgestellten soziologischen Großtheorien besitzen nach Vester allenfalls "marginale"

46 Converse (1968), S. 46
47 Opaschowski (1988), S. 16
48 Vgl. Ehling (1991), S. 33-41
49 Vgl. Blass (1980), S. 50-54

Bezugspunkte zum Freizeitproblem und integrieren empirische Befunde nahezu gar nicht.[50]

Zeitbudgetforscher lassen sich offenbar in ihrem positivistischen Bemühen, eine exakte (Sozial)wissenschaft zu betreiben, von der - scheinbaren - Meßbarkeit der Zeit als einer Variablen sozialer Phänomene blenden, wie das John P. Robinson stellvertretend für viele formuliert hat: "... the study of time presents many attractive features. First, it presents us with an opportunity to *observe normal everyday behavior - with a measure (i.e. time) that has true ratio-scale properties*." Als weitere Vorteile der Zeitbudgetforschung führt Robinson die zeitlich vollständige Erfassung der Aktivitäten (!) und die angeblich aus der Datenfülle ablesbaren Wertschätzungen und Verhaltenspräferenzen an.[51]

Hier zeigt sich nicht nur die von Habermas, Blass und anderen zu Recht beklagte Theorielosigkeit der Zeitbudgetforschung, sondern auch eine mangelhafte Forschungslogik. Die impliziten Annahmen, daß die uhrenzeitlich meßbare Zeitdauer in einem proportionalen oder sonstwie algorithmischen Verhältnis zur Wertschätzung dieser Beschäftigung oder Handlung steht, wird nicht einmal expliziert, geschweige denn begründet oder kritisiert. Die Behauptung, normales Alltagsverhalten sei beobachtbar, trifft auf die Interview- und Tagebuchmethoden (als am häufigsten verwendete) nicht zu, wie jedem einführenden Methodenlehrbuch zu entnehmen ist.

Die Aggregierung individueller Daten (ein wie zuverlässiges Bild der "Realität" sie auch immer bieten mögen) hebt die Analyse noch lange nicht auf ein soziologisches Niveau, wenn soziologische Erklärungen des Verhaltens fehlen. Aber nicht nur die Ebene der Aggregierung ist problematisch, auch die Grundannahme, der Tag habe 24 Stunden, erweist sich nicht als "hard fact": Parallel- und Mehrfachaktivitäten addieren sich zu individuell unterschiedlich "langen" Tagen, ein Problem, aus dem ich keinen rechnerischen Ausweg zu erkennen vermag. Schon die Frage, welche von den parallel ausgeführten Aktivitäten die primäre und welche die sekundäre Tätigkeit darstellt, ist nicht einfach - und schon gar nicht objektiv - entscheidbar. Die Zeit selbst wird dann zu einem regulierenden Faktor, wenn man sie auf der Meßebene als knappe Ressource (mit genau 24 Stunden täglich) ansetzt, obgleich sie im Alltag vielleicht gar nicht als begrenzt (Budget), sondern als vielfältig - eben durch Parallelhandlungen - verwendbar angesehen wird: Zeit wird dann zur durch Bewirtschaftung "vermehrbaren" Ressource.

Auch Robinson gesteht die Inkonsistenz der Resultate von "time budget studies" ein. In zwei time use studies , die in den USA 1965 und 1975 (mit der anspruchsvolleren Tagebuchmethode) durchgeführt wurden, wurde auch nach der Bewertung der Aktivitäten bezüglich des dabei empfundenen Vergnügens und der Befriedigung, die sie daraus zogen (enjoyment and satisfaction), gefragt:

> "How people felt about activities were among the strongest correlates of time spent in these activities (at the individual level). In other words, people who said they derived more enjoyment from reading also recorded more reading time in their diaries (than people who derived less enjoyment from reading)."[52]

---

50 Vgl. Bardmann, Theodor M.: Die mißverstandene Freizeit. Freizeit als soziales Zeitarrangement in der modernen Organisationsgesellschaft. Stuttgart 1986 und Rojek, Chris: Capitalism and Leisure Theory. London 1985 sowie Vester (1988), S. 5

51 Vgl. und zit. Robinson (1988), S. 134, Hervorhebungen KB

52 Robinson (1988), S. 142

Diese Korrelation mag im sog. Freizeitbereich wenig überraschen, dürfte allerdings bei Tätigkeiten wie Erwerbsarbeit nicht mehr beobachtbar sein. Aber auch im sog. Freizeitbereich sind die Ergebnisse widerspüchlich (und im übrigen kommunikationswissenschaftlich nicht uninteressant):

> "Between 1965 and 1975, for example, time spent watching TV increased significantly, while time spent visiting and in social interaction declined. Yet, TV was among the activities rated below average from enjoyment overall, while social interaction was among the highest rated activities in terms of enjoyment. Obviously, *other factors* came into play ..."[53]

Wenn dieser Befund (vorbehaltlich methodischer Einwände) besagt, daß externe Bedingungen die Menschen daran hindern, ihren "Lieblingsbeschäftigungen in der Freizeit" nachzugehen, so bestätigt dies die Habermas'sche These, daß Freizeit eben nicht das Reich der Freiheit ist. Der Befund kann aber auch so gedeutet werden, daß auf Nachfrage - vermeintliche - gesellschaftliche Wertschätzungen reproduziert wurden, ohne daß diese tatsächlich den eigenen Alltag gestaltend beeinflussen: Auch der Vielseher weiß, daß die Buchlektüre und das direkte Gespräch in der "Öffentlichkeit" (also auch beim intellektuellen Wissenschaftler oder Befrager) höher angesehen sind als die "Glotze". Eine dritte Erklärung scheint mir jedoch zeitsoziologisch am weitreichendsten: die uhrenzeitlich meßbare Zeit, die für eine Aktivität aufgewendet wird, ist kein geeigneter Maßstab für die Beschreibung der Wertschätzung einer Aktivität, auch nicht in *vergleichsweise* autonom gestaltbaren Zeiten. Aktivitäten, die ein hohes Maß an Vernügen und Befriedigung verschaffen, tun dies eben auch nur unter der Voraussetzung ihrer spezifischen zeitlichen Begrenztheit: den ganzen Tag schlafen, essen, lesen, einem Schauspiel beiwohnen oder sexuell aktiv sein, verspricht eben keine Steigerung der Befriedigung oder des Vergnügens. Für alle diese Aktivitäten könnten wir alltäglich ein Ideal-Maß (nach dem Lustprinzip) bestimmen, das in Abhängigkeit von vielen Faktoren schwanken dürfte. Wieviel Zeit wir dann tatsächlich darauf verwenden bzw. verwenden können (Realitätsprinzip), ist eine zweite, ebenfalls von vielen Faktoren abhängige Frage. Ob und in welchem Maße (bzw. *mit* welchem Maß: Minuten?), wir ein solches Kalkül überhaupt anstellen, steht erneut "auf einem anderen Blatt".

Uhrenzeitlich gleiche Zeiträume werden subjektiv qualitativ unterschiedlich erfahren und besitzen objektiv unterschiedliche soziale Bedeutungen. Die durch die Zeitbudgetstudien vermessenen "Zeitbehälter" besitzen, wie wir gesehen haben, unterschiedliche Erlebnis- und Geschehensqualitäten, und die Aktivitäten sind mit unterschiedlichem subjektivem Sinn verbunden. Die Sozialpsychologen McGrath und Kelly haben darauf hingewiesen, daß sich Aktivitäten im Hinblick auf ihre zeitliche Flexibilität (also die sinnvollerweise notwendige Zeit) und ihre Modularität (Können sie unterteilt, unterbrochen und fortgesetzt werden oder nicht?) unterscheiden und somit den sich aus ihnen ergebenden Zeiträumen ganz unterschiedliche Qualitäten verleihen. Hinzu kommt, daß sich nicht alle Zeiträume (etwa die Nacht oder die Mittagsstunde) gleichermaßen für alle Aktivitäten eignen.[54] Rest- und Splitterzeiten addieren sich nicht zu einer Freizeit, die der eines zeitsouveränen Individuums vergleichbar wäre, das Beginn und Dauer von freien Zeiten selbst bestimmen kann.[55] Opaschowski trennt

53 Robinson (1988), S. 142, Hervorhebung KB
54 vgl. hierzu auch McGrath / Kelly (1992), S. 407-408
55 vgl. hierzu auch Müller-Wichmann (1984), S. 155-157

beispielsweise deutlich zwischen Feierabendfreizeit und Wochenendfreizeit. Erstere steht unter stärkerem Einfluß des Arbeitsrhythmus (unmittelbare Vergangenheit und unmittelbare Zukunft) und ist durch eine Tendenz zur Ritualisierung und zum Passiv-Rezeptiven gekennzeichnet. Feierabendfreizeit und die Art ihrer Gestaltung wird psychologisch doppelt legitimiert (Erholung *vom* und *für* den folgenden Arbeitstag). Die einzelnen (Feier-)Abende der Woche sind wiederum emotional unterschiedlich besetzt und typischerweise durch bestimmte Aktivitätsmuster gekennzeichnet: Dienstag und Donnerstag gelten als "vergleichsweise neutral", der Montag ist problematisch wegen der Umstellung von Wochenendfreizeit auf Arbeit und Feierabendfreizeit, der Mittwoch gilt als "Bergfest" und geeignet für aushäusige Aktivitäten, der Donnerstag als heimzentriert und der Freitagabend als "Tor zum Wochenende" mit dem "schönsten Feierabend".[56] Wochenendfreizeit wird hingegen insgesamt eher aktiv und geplant verbracht.[57]

7.5 Zusammenfassung

Der Versuch, soziale Realität mit Hilfe möglichst einfacher Modelle zu erklären und Faktoren zu quantifizieren, liegt insbesondere da nahe, wo ökonomische und politische Interessen im Spiele sind und ein hoher Bedarf an Objektivierung besteht. Zeit ist dabei auf den ersten, "alltäglichen" Blick ein geeigneter Parameter, weil er als naturgegeben und somit objektiv gilt. Wissenschaftliche Analyse darf aber dabei nicht stehen bleiben, wenn sie den Alltag verstehen bzw. erklären will. Daß Zeit keineswegs ein objektiver naturhafter Parameter ist, hatten wir bereits hinreichend belegt. Die Konsequenz, daß nämlich Versuche, Zeit in der Soziologie als homogene, quantifizierbare Größe zu betrachten, ihren sozialen Charakter und ihre sozialen Funktionen verfehlen, haben die Ausführungen dieses Kapitels ergeben. Sie mögen ihren Nutzen in politischen Debatten oder sogar einen heuristischen Wert bei der Entscheidungsfindung in Unternehmen besitzen, soziologisch sind sie unbefriedigend. Mit Nauck läßt sich deshalb fetsstellen:

> "Wie die Analyse gezeigt hat, ist mit den bislang am häufigsten verwandten Erhebungstechniken dem Sachverhalt der Multifunktionalität, der Ambiguität und der subjektiven Bedeutung des Freizeitverhaltens nicht in angemessener Weise Rechnung getragen worden."[58]

Ihre Brauchbarkeit für kommunikations- und medienwissenschaftliche Fragestellung ist aus analogen Gründen in Frage zu stellen. Weite Teile der ("quantitativen") Mediennutzungsforschung übernehmen die Mängel der Zeitbudgetstudien, ohne sie zu hinterfragen. Solange nicht die affektiven und kognitiven Medienbewertungen durch die Nutzer sowie die situativen und medienspezifischen Faktoren berücksichtigt werden, auch wenn sich diese vermutlich überhaupt nicht quantifizieren lassen, bleiben diese Untersuchungen unvollständig und mangelhaft. Auf die Kritik dieser Verfahren und auf alternative Ansätze werde ich später noch eingehen.

---

56 vgl. Opaschowski (1988), S. 23-24
57 vgl. Opaschowski (1988), S. 24-26
58 Nauck (1983), S. 293-294

8 Zusammenfassung: "Soziale Zeit" und die Kriterien ihrer Analyse

8.1 "Soziale Zeit"

(1) *Zeit ist ein Aspekt der sozialen Konstruktion der Wirklichkeit.* Weil soziale Zeit nur ein Zeit-Konstrukt unter anderen darstellt, knüpfen sich keine ontologischen Wahrheitsansprüche an diesen Begriff. Eine Supertheorie der Zeit ist weder verfügbar noch notwendig. *Zeit ist eine seinsverbundene (Mannheim) kategoriale Kollektivvorstellung (Durkheim), die in einem funktionalen Zusammenhang mit der gesellschaftlichen Wirklichkeit steht,* jedoch keine Repräsentation oder Abbildung der Realität darstellt.

(2) *Soziale Zeit ist ein pragmatisch konstruiertes Element des Alltagswissens bzw. des lebensweltlichen Wissens* (Schütz), da die individuelle Lebenszeit in beiden Richtungen transzendiert werden kann. Zeitbewußtsein, verstanden als Alltagsbewußtsein von Zeit, ist aufgrund der Prozesse der Symbolisierung, Externalisierung und Internalisierung immer *ab origine* ein soziales Konstrukt.

(3) Als *Beobachter-Konstrukt* ist "soziale Zeit" das Ergebnis zugleich kognitiver wie sozialer Prozesse. Wenngleich nicht die Realität sozialer Zeit behauptet werden muß, so ist doch von der *alltäglichen Wirklichkeit im Sinne von Wirksamkeit* auszugehen. Wie andere soziale Wirklichkeitskonstrukte (Wissenselemente) wird auch Zeit individuell und sozial im Handlungsvollzug validiert (radikaler Konstruktivismus).

(4) *Soziale Zeit, Handlung und Sinn stehen in einem nicht reduzierbaren Zusammenhang*, dem die sozialwissenschaftliche Analyse gerecht werden muß (Schütz): Zeit ist das Produkt der Interaktion mit anderen und der kognitiven Konstruktion dieser Interaktion; Handlung bedeutet strukturelle Kopplung (Gleichzeitigkeit) von Eigenzeitlichkeiten. Handlung und Sinn sind eng verknüpfte soziale Phänomene, denn Handlung besitzt selbst Zeitcharakter und entfaltet eine zeitliche Perspektive. In der Interaktion (Rollenübernahme, generalisierter Anderer) verzahnen sich die Perspektiven miteinander und führen so zur Emergenz einer sozialen Zeit (Mead). Dieser grundsätzliche Aushandlungscharakter der Zeit wird an extremen Beispielen nur besonders deutlich, etwa wenn während politischer Verhandlungen die Saaluhren angehalten werden, um "Zeit zu gewinnen" und sich von selbst geschaffenem Zeitdruck zu entlasten.[1]

(5) *Soziale Zeitkonstruktionen variieren interkulturell und unterliegen historischem Wandel.* Die Bedeutung medial vermittelter Kommunikation in unserer Gesellschaft ("Mediengesell-schaft"), insbesondere für Handlungskoordinierung, soziale Wissensvalidierung und Wissenstradierung begründet die These, daß die Medien eine wichtige Funktion bei der sozialen Konstruktion der Zeit spielen. Zivilisationstheoretisch wurde Zeit im Rahmen zunehmender Affektkontrolle von einem Fremdzwang zu einem Selbstzwang, der nur ausnahmsweise noch bewußt thematisiert wird. *Die Tat-*

1 So geschehen bei den KSZE-Verhandlungen. vgl. o.V.: "Wieder eine doppelte Stunde zwischen zwei und drei Uhr"

sache der Konstruiertheit (Elias: Synthese) gerät in Vergessenheit, Zeit wird objektiviert und ontologisiert. Die Sprache ist das primäre Mittel von Symbolisierung und Objektivation von Zeit (Schütz, Berger / Luckmann). Die Welt und mit ihr die durch Handlung generierte und erfahrene Zeit (Warten, Abfolge, Endlichkeit etc.) werden externalisiert und generalisiert: Sprache symbolisiert Erfahrung (lebensweltliches Wissen) und macht es der Gemeinschaft kommunikativ zugänglich (synreferentieller Bereich). Zeiterfahrungen werden so Teil des gesellschaftlichen Wissensvorrates. Über die Sprache hinaus *erbringen Schrift und andere Medientechniken (Zeichensysteme) weitergehende Leistungen für die zeitliche Integration von Interaktion.*

(6) *Soziale Zeit ist eine Abstraktion, die auf unterschiedlichen "Zeitlichkeiten" basiert.* Die scheinbar objektive, meßbare Zeit kann kein Anrecht auf Priorität beanspruchen und thematisiert unsere Erfahrung von Zeit(lichem) nicht hinreichend (Bergson und Husserl). Die objektive Uhrenzeit selbst ist eine soziale Zeit (Sorokin), die eine herausgehobene Funktion in modernen Industriegesellschaften besitzt (Thompson, Laermann u.v.a.). Sie ist nicht als dichotomischer Gegenpol zur individuellen (erlebten, subjektiven usw.) Zeit zu sehen, sondern als Teil einer Vielfalt sozialer Zeitkonstruktionen.

(7) *Soziale Zeit ist keine homogene Konstruktion*, sondern der abstrakte Sammelbegriff für unterschiedliche Zeitkonstruktionen, die sich als Verwobenheit unterschiedlicher Zeitstrukturen und Zeitreferenzen im *"Chronotop"*, unserer zeitlichen Lebenswelt, darstellen. In modernen (differenzierten und komplexen) Industrie- oder "Mediengesellschaften" ist von einer *Heterogenität der Zeiterfahrung und des Zeitbewußtseins* auszugehen. Nicht eine Zeitordnung (etwa die des "Industriekapitalismus") gilt, sondern es gelten in unterschiedlichen Bereichen und mit unterschiedlicher Verbindlichkeit mehrere Zeitordnungen. Gleichwohl bleibt die symbolische Ordnung des Chronotops *auch* eine Machtfrage. Auch in modernen Industriegesellschaften existieren "wirklich" (Ebene der Handlungen) und im "Alltagsbewußtsein" (Ebene des Wissens) *zeitliche Rhythmen*; nicht alle Zeit ist also "ausgestreckt" und "eingeteilt", wie es das Modell der irreversiblen, linear-metrischen Zeit vorstellt. Herausgehobene Augenblicke oder Momente (Lefebvre) strukturieren den Alltag. Bedeutsame, d.h. sinnhafte Ereignisse dienen als soziale Zeitindikatoren. Die Wahl des Indikators oder Referenzpunktes ist eine soziale Entscheidung und sedimentiert sich in sozialer Konvention. Soziale Zeit ist in ihrem Sinngehalt nicht auf Zeitquanten reduzierbar und forschungslogisch mit quantitativen Kriterien nicht hinlänglich beschreib- und verstehbar. Die soziale Zeitgliederung unterscheidet sich von der naturhaft-mathematischen Zeitkonstruktion in mehrfacher Hinsicht (Sorokin / Merton). Soziale Zeit zeichnet sich insbesondere durch die *Qualitäten Diskontiniuerlichkeit, Inhomogenität, begrenzte Teilbarkeit, Konkretheit (Handlungs-bezug), kurz: durch Gestalt* aus.

(8) Aufgrund der qualitativen Heterogenität sozialer Zeit sind der vergleichenden Beurteilung des Tempos sozialer Prozesse enge Grenzen gesetzt (rein quantitative Veränderungen, rein quantitative raumhafte Veränderungen und partiell bei qualitativen Prozessen derselben Art). Vorsicht ist also bei übergreifenden "Beschleunigungstheorien" und "Geschwindigkeits-lehren" dringend geboten.

(9) Soziale Zeit ist immer ein aktuelles Konstrukt, das sich aber auch auf als "vergangen" oder "zukünftig" konstruierte Zeiten beziehen kann. Gedächtnis kann dabei als Basis der Kultur begriffen werden, ist jedoch nicht als (medial fixierter)

Informationsspeicher vorzustellen, sondern als aktiver, konstruktiver, kreativer sozialer Prozeß in der Gegenwart. Gruppen, Gemeinschaften und Gesellschaften verfügen über ein soziales Gedächtnis, das als interaktiv und kommunikativ erzeugter gemeinsamer Wissenssvorrat vorzustellen ist und entscheidende integrative und identitätsbildende Funktionen besitzt. Es geht dabei nicht um die objektive Produktion im Sinne der (Universal-)Geschichte, sondern um die selektive, aktuelle und somit variable, problembezogene Kommemoration.

(10) Medienhandeln ist intentionales, mit subjektiv gemeintem Sinn verknüpftes Handeln, das - wie alle Handlungen - zugleich als Zeitgestaltung ("Zeithandeln") betrachtet werden kann.

8.2 Qualitative Kriterien für die Untersuchung sozialer Zeitlichkeiten

Wenn sich die Vielfalt sozialer Zeit durch besondere Qualitäten, eine besondere Gestalt auszeichnet und von anderen Zeit-Konstruktionen unterscheidet, dann gilt es, einen Kriterienkatalog zu entwickeln, mit dessen Hilfe sich die Qualitäten sozialer Zeit beschreiben und analysieren lassen. Ein solcher Kriterienkatalog schließt aufgrund des Chronotop-Charakters sozialer Zeit die chronometrischen Kriterien keineswegs aus, er muß jedoch mehr als nur diese Dimension enthalten. Aus den vorliegenden disparaten zeitsoziologischen Ansätzen soll ein Analyserahmen gewonnen werden, der sich für die Untersuchung medialer Zeitstrukturen eignet. In den soziologischen Zeittheorien werden einige Begriffe sehr uneinheitlich benutzt, so daß eine Begriffserklärung angebracht erscheint.

Typisierungen gesellschaftlichen Zeitbewußtseins wurden meist aufgrund einer korrespondierenden Theorie gesellschaftlicher Evolution entwickelt. Ihre Kategorien sind daher relativ grundlegender Art und basieren oftmals auf einer Dichotomisierung, wobei bestimmten Polen des Zeitbewußtseins scheinbar eindeutig und zweifelsfrei bestimmte Stufen gesellschaftlicher Differenzierung zugeordnet werden.

Im Anschluß an Luhmann unterscheidet Schmied zwischen dem zeitpunkt- und zeitraumhaften Zeitbewußtsein einer Gesellschaft sowie zwischen zyklischer und linearer Zeitvorstellung. Hinzu tritt als dritte Kategorie die Akzentuierung von Vergangenheit, Gegenwart oder Zukunft.[2] Rammstedt differenziert (1) okkasionales (Zeit als nicht-kontinuerlich), (2) zyklisches, und zwei Formen des linearen Zeitbewußtseins: (3) das lineare Zeitbewußtsein mit festgelegter Zukunft (teleologisch, progressives Voranschreiten der Zeit) und (4) das lineare Zeitbewußtsein mit offener Zukunft (Zeit als irreversibler, unterschiedlich schneller Verlauf).[3]

Bergmann führt sechs Kriterien ein, die nicht nur der Beschreibung gesellschaftlichen Zeitbewußtseins, sondern partiell auch der Charakterisierung von Interaktion - und von Medienangeboten und -nutzung - dienen können: (1) Zeithorizont, (2) Zeittempo, (3) Kontinuität, (4) Qualität, (5) Zeitdauer, (6) Zeitrichtung (alternierend, zyklisch, linear: reversibel vs. irreversibel). Der Zeithorizont ist durch (a) die Zeitorientierung nach Vergangenheit, Gegenwart oder Zukunft, (b) die Weite und (c) die Tiefenschärfe gekennzeichnet. Schmied hat zu Recht kritisiert, daß insbe-

2 vgl. Schmied (1985), i.b. S. 117
3 vgl Rammstedt (1975), S. 55-59

sondere die Tiefenschärfe unterdefiniert ist.[4] Während sich das Zeittempo auf der Skala von langsam bis schnell offenbar auf chronometrisch meßbare Phänomene beschränkt, bezeichnet die Zeitdauer die "normative" Dauer, die ich deshalb besser als Gestalt-Dauer oder Gestalt-Zeit (in Anlehnung an biologische Zeitkonstruktionen) bezeichnen würde. Die Dimension "Qualität" wird von Bergmann als bipolar (vs. "Quantität") gedacht: Es geht um die Frage der Meßbarkeit oder Nicht-Meßbarkeit. Zugleich bezeichnen aber auch die Kriterien "Kontinuität" (vs. Diskontinuität) und "Zeitrichtung" Qualitäten von Zeitlichkeit, so daß Bergmanns Nomenklatur in der Tat zur Verwirrung Anlaß gibt.

Gegen die globalen Charakterisierungen des gesellschaftlichen Zeitbewußtseins lassen sich nicht nur empirische Argumente aus der Kulturgeschichte und Ethnologie anführen. Bruneau hat auf die Komplexität unserer "temporal environments" hingewiesen und die Vielschichtigkeit alltäglicher Zeiterfahrung und des Zeitbewußtseins in einem neundimensionalen Schema zum Ausdruck gebracht: (1) "temporal drives" bezeichnet die organischen Rhythmen, (2) "temporal cues" die Wahrnehmung dieser endogenen Rhythmen, (3) "temporal signals" umfaßt auch die Wahrnehmung äußerer Zeitsrukturen, (4) "temporal estimates" beziehen sich auf unsere Einschätzung zeitlicher Abläufe, unseren "Zeitsinn", (5) "temporal symbols" dienen der symbolischen Repräsentation, also dem Ausdruck zeitlicher Strukturen, (6) "temporal beliefs" sind Weltanschauungen über die Natur von Zeit und Raum, (7) "temporal motives" zielen auf die - psychologisch beschreibbare - Gestaltung und Beeinflussung zeitlichen Verhaltens, (8) "temporal judgements" beurteilen die Gültigkeit von "temporal beliefs, ... motives, ... values"[5]; (9) "temporal values" schließlich bezeichnen die gesellschaftlich und kulturell verankerten Zeitkonzepte.[6]

Neben den bereits im Verlauf der vorangegangenen Kapitel erörterten und kritisierten zeitsoziologischen Ansätze werde ich einige weitere in die Synopse einbeziehen, um sie bezüglich ihrer Begrifflichkeit und ihrer qualitativen Beschreibungskriterien zu überprüfen. Auf die bereits ausführlich dargelegten Konzepte werde ich im Text nicht weiter eingehen; alle behandelten Ansätze sind jedoch in der Synopse enthalten.

Ausgehend von einer - wissenssoziologisch unhaltbaren - strikten Trennung von Uhrenzeit und sozialer Zeit entwickelt Lauer einen Analyserahmen, der auf der individuellen, der interaktionellen und auf der Ebene des sozialen Wandels Anwendung finden soll.[7] Lauer unterscheidet drei Aspekte der Struktur der "sozialen Zeit": (a) "temporal system" (auch: "temporal pattern"[8]), (b) "temporal orientation" und (c) "temporal perspective". (a) "Temporal system" bezeichnet eine Art formales Ordnungssystem, mit dessen Hilfe das soziale Leben auf der Handlungsebene organisiert (und folglich auch beschrieben) werden kann. Lauer erkennt fünf zeitliche Qualitäten[9] des "Temporal system": (1) Periodizität (also die rhythmische Wiederkehr von Handlungsabläufen)[10], (2) Geschwindigkeit (also die Anzahl der Phänomene oder Handlungen in einem bestimmten Abschnitt sozialer Zeit), (3) "Timing" (als Synchronisa-

4 Schmied (1985), S. 118
5 Bruneau (1982), S. 96
6 vgl. Bruneau (1982), S. 94-96 sowie Bruneau (1979), i.b. S. 431-432
7 vgl. Lauer (1981), S. 23-45
8 Lauer (1981), S. 39
9 Lauer (1981), S. 28
10 vgl. Lauer (1981), S. 28-31

tion komplexer sozialer Handlungen und Beziehungen[11], (4) Dauer[12] und (5) die Ab- oder Reihenfolge von Handlungen ("sequence"), die stark normative Züge besitzt.

(b) "Temporal orientation" bezeichnet das Phänomen, daß das Verhalten von Individuen und Gruppen sich primär auf die Vergangenheit, die Gegenwart oder die Zukunft bezieht.[13] Die zeitliche Orientierung ist immer komplex, d.h. sie erschöpft sich nicht in der bloßen Wertschätzung eines Zeitmodus, sondern eine solche Wertschätzung hat zugleich immer Konsequenzen für die Einschätzung des anderen Zeitmodus und für die aktuellen Handlungen: Eine Gruppe, die ihre Handlungen vor allem auf die Vergangenheit bezieht (nach Weber: traditionales Handeln als dominanter Handlungstyp), wird dem Wandel gegenüber eher zurückhaltend (konservativ) eingestellt sein und entsprechend ihr Verhalten und Handeln danach ausrichten.

(c) "Temporal perspective" meint hingegen das Bild, das in einer Gruppe oder Gesellschaft von der jeweiligen Vergangenheit, Gegenwart oder Zukunft vorherrscht.[14] Eine Gesellschaft kann auf sehr unterschiedliche Weise bzw. mit sehr verschiedenen Gründen ("temporal perspectives") zukunftsorientiert sein: entweder, weil Fortschrittsglaube und positive Utopien die Vergangenheit in der Gegenwart überwinden helfen (sollen) oder weil die Zukunft als Bedrohung (wirtschaftliche oder politische Krisen, ökologische Katastrophen), als dystopische Kraft erfahren wird und in ganz anderer Art und Weise das gegenwärtige Handeln bestimmt. In analoger Weise kann die Vergangenheit gegenwärtig handlungsmächtig wirken, weil sie als Arsenal positiver Erfahrungen gilt (gleich, ob "zu recht" oder nicht) oder weil sie als historische Bürde begriffen wird. Auch können aus einer vergleichbaren Bewertung der Vergangenheit (etwa des Nationalsozialimus) offenbar ganz andere Handlungsprogramme abgeleitet werden (wie die jüngste Gegenwart selbst innerhalb des demokatischen Spektrums der politischen Parteien der Bundesrepublik zeigt). In jedem Fall dürfte das Bild von der Vergangenheit und ohnehin der Gegenwart (auf vermitteltere Art und Weise auch das der Zukunft) in modernen Gesellschaften kaum noch ohne zum Teil erhebliche Mitwirkung von Medien zustandekommen.

Moore bezieht - im Gegensatz zu vielen anderen zeitsoziologischen Ansätzen - die Uhrenzeit in die soziologische Betrachtung ein. Uhrenzeit wird sozial wirksam als knappe Ressource und als Ordnungsprinzip des sozialen Lebens des Individuums. Als Ordnungsprinzip kann die Uhrenzeit die Form von (1) Synchronisation (Gleichzeitigkeit, Komplementarität), (2) Sequenz (Abfolge: Rituale, Zeremonien, Routinen, Reihenfolge auf der Basis einer Bedeutungshierarchie oder eines Sachzwanges) und (3) Frequenz oder Häufigkeit der Wiederholung ("rate") annehmen.[15] Hinzu treten die (4) Dauer, die sich nicht aus der uhrenzeitlichen Länge, sondern aus dem sozialen Inhalt oder der Konvention ergibt, und die (5) zeitliche Lokalisation (Uhrenzeit, Kalender als soziale Konventionen). Für die Synchronisation sind (6) Schedules (also zeitliche Ablaufpläne, -programme) von großer Bedeutung.

Carol M. Werner et al. haben ein qualitatives Zeit-Analyeschema für kollektive Handlungen, speziell für Rituale und Zeremonien, vorgeschlagen, das aus fünf Dimensionen besteht:

---

11 vgl. Lauer (1981), S. 32-33
12 vgl. Lauer (1981), S. 33-34
13 vgl. Lauer (1981), S. 35-37
14 vgl. Lauer (1981), S. 38-39
15 vgl. Moore (1963), S. 5

(1) Unter "salience" verstehen sie die durch die Handlung hervorgehobene Akzentuierung von Vergangenheit, Gegenwart oder Zukunft. (2) "Scale" faßt alle Größenbestimmungen, also Dauer, Intervall-Länge, zeitliche Lokalisierung insgesamt zusammen. (3) "Pace" bezeichnet die Dichte der Ereignisse in einer gegebenen Zeiteinheit, also das Tempo der Abläufe (Handlungen).

(4) "Temporal sequencing" meint die zeitliche Ordnung einer (notwendigen) Reihenfolge. (5) "Temporal rhythms" beschreiben das Muster der Wiederholung oder Abfolge in der Zeit.[16]

Murray Melbin hat - für die Analyse kollektiver Verhaltensmuster in Metropolen - ein viergliedriges Begriffsschema entwickelt: (1) Zyklus (cycle) bezeichnet dabei alle wiederkehrenden Ereignisse, (2) Periode (period) die Zeitspanne für die Vollendung eines Zyklus. Wenn die Periode gleich bleibt, also regelmäßig ist, folgt der Zyklus einem Rhythmus (rhythm). Identifizierbare Abschnitte eines Zyklus sind (3) Phasen (phases). (4) Intervalle (intervals) nennt er die extern bestimmten Beobachtungszeiträume.[17]

Ein sehr differenziertes Begriffsinstrumentarium schlagen McGrath und Kelly vor: (1) Das Ereignis (Auftreten eines Ereignisses: "occurrence") bildet den Ausgangspunkt der Definitionen. Jedes Ereignis hat eine (2) Dauer ("duration"), das (3) Wiederauftreten eines Ereignisses (Wiederholung: "recurrence") kann einer (4) Periode folgen, die die (5) Intervalle, also die zeitliche Dauer zwischen dem Auftreten zweier Ereignisse, beschreibt. (6) Rhythmus bedeutet, daß entweder die Intervalle gleich lang dauern oder daß die Abfolge unterschiedlicher Intervalle in einem regelmäßigen Muster verläuft. Ereignisse können einmalig (7) lokalisiert sein, (8) regelmäßig wiederkehren und sind zeitlich (8) geordnet ("location", "regularity", "order"). Bei der regelmäßigen Wiederholung, also bei gleichförmigem Rhythmus kann man auch von der (10) Frequenz ("rate"), der Wiederkehr sprechen. Bei der (11) Simultanität (Gleichzeitigkeit) muß zwischen der vollständigen und der partiellen Simultanität unterschieden werden: Die vollständige Gleichzeitigkeit erfordert gleichzeitigen Beginn und gleichzeitiges Ende, die partielle entweder das eine oder das andere oder auch nur einen "Überlappungs"-Zeitraum. (12) Synchronisieren kann bedeuten, zwei oder mehrere Handlungen gleichzeitig oder systematisch versetzt (reziprok oder auf andere Weise komplementär) zu vollziehen. Die Bestimmung der Gleichzeitigkeit ist mit einem Meßproblem verbunden: Je kleiner die gewählte und darstellbare Zeiteinheit ist, um so weniger Ereignisse können wahrscheinlich als vollständig gleichzeitig gelten; im Alltag würden wir sie aber aufgrund unseres zeitlichen Auflösungsvermögens als gleichzeitig wahrnehmen oder aufgrund ihrer Funktion als solche *bewerten*. Ähnliches ergibt sich nun aber auch für die Bestimmung der Dauer und damit des Intervalls. Hieraus ergibt sich zwingend, daß auch die Bestimmung von Perioden, Rhythmen und Regelmäßigkeiten, ja schließlich sogar die Frequenz nicht unabhängig von der gewählten Maßeinheit ist.[18] Im Rahmen ihres Social Entrainment-Modells unterscheiden sie (1) rhythm (endogene Zeitlichkeiten), externe "Schrittmacher" oder Zyklen: (2) "pace", (3) "mesh", also die wechselseitige Synchronisation endogener Zeitlichkeiten und schließlich (4) "tempo", die zeitlichen Muster des Verhaltens.[19]

---

16 vgl. Werner et al. (1988), S. 203-232, S. 209-214
17 vgl. Melbin (1978), S. 457-458
18 vgl. McGrath / Kelly (1986), S. 166-170
19 McGrath / Kelly (1988), S. 85

RAMMSTEDT Alltagsbewußtsein von Zeit (1) okkasional (2) zyklisch (3) linear - geschlossen (4) linear - offen	**SCHMIED** ges. Zeitbewußtsein (1) Zeitpunkt - Zeitraum (2) zyklische - lineare Zeit (3) V - G - Z	**RINDERSPACHER** zeitökologisch (1) formelle Zeitgeber (2) informelle Zeitgeber (3) enttaktete Systeme	**SCHÖPS** ordnungstheoretisch (1) aktuelle Zeitordnung (2) zyklische Zeitordnung (3) lineare Zeitordnung
WERNER et al. primär: kollektive Handlungen (1) salience (Akzentuierung von V-G-Z) (2) scale (alle chrono-metrisch meßbaren Aspekte) (3) pace (Tempo der Interaktion als Häufig-keit pro Zeiteinheit) (4) sequencing (zeitl. Reihenfolge) (5) rhythms (Muster der Wiederholung)	**LAUER** Uhrenzeit vs. soz. Zeit (1) temporal system/ temporal pattern (Handlungsebene) - Periodizität - Geschwindigkeit - Timing - Dauer - Reihenfolge (2) temporal orientation (Verhaltensebene) Wertschätzung von V-G-Z Tradition u. Innovation (3) Temporal perspective (Kognitionsbene) kollektives Bild von V-G-Z	**MOORE** Uhrenzeit als soz. Zeit mit Ordnungsfunktion (1) Synchronisation (Gleichzeitigkeit und Komplementarität) (2) Sequenz: Reihenfolge (Ritual, Routine, Priorität) (3) "Rate": Frequenz der Wiederholung (4) Dauer (nicht chrono-metrisch) (5) zeitliche Lokalisation (6) Schedules (als Ablauf-pläne und -programme)	**SCHÄUBLE** ordnungstheoretisch (1) Zeitordnung (a) statuierte ZO (b) habituelle/ traditionale ZO (2) Zyklen (a) Rhytmische Zyklen - geschlossen (konstant) - wechselnd (regelmäßige Variation) (b) Arrhythmische Zyklen (c) Anti-Zyklen (d) Offene Zyklen (mit metrischen Passagen)
McGRATH / KELLY sozialpsychologisch (1) Ereignis mit (2) Dauer (3) Wiederholung mit (4) Periode aus (5) Intervallen (Zeit-räume zwischen zwei Er-eignissen) evtl. als (6) Rhythmus aus (a) gleichen Intervallen oder (b) gleichem Muster (7) Frequenz d. Wieder-holung (rate) (8) (einmalige) Lokali-sierung (9) Simulatanität: (a) vollständig oder (b) partiell (10) Synchronisation (Gleichzeitigkeit und Komplementarität)	**BERGMANN** "soz. Zeitbewußtsein" (1) Zeithorizont - Orientierung (V-G-Z) - Weite - Tiefenschärfe (2) Zeittempo (3) Kontinuität (4) Qualität (5) Zeitdauer (6) Zeitrichtung - alternierend - zyklisch - linear ir-/reversibel	**MELBIN** stadtsoziologisch (1) Zyklus: wieder-kehrende Ereignisse (2) Periode: Zeitspanne für Vollendung des Zyklus (2a) Rhythmus: Sonderfall der regelmäßigen Periode (3) Phasen: identifizier-bare Elemente des Zyklus (4) Intervalle: externe Beobachterzeiträume	**SOROKIN** wissenssoziologisch (1) tempo (im physika-lischen Sinne Raum/ Zeiteinheit) (2) Rhythmus: geordnete Folge von ungleich oder gleich langen Phasen (A-B-C-D) (2a) Periode: Sonderfall des Rhythmus; gleich lange Phasen (3) takt: gleicher Rhythmus bei wechseln-den Inhalten (4) Zäsuren: Interpunktion von Phasen und Verbin-dung zu etwas Ganzem
WEIGART alltagssoziologisch (a) self time (b) interaction time (c) larger temporal structures (d) biographical time (e) family and group times (hierarchisch nach sozialer und zeit-licher Reichweite)	**ZERUBAVEL** alltagssoziologisch (1) private time (2) public time (als Pole einer Skala sozialer Zugänglichkeit)	**KLAGES** "kulturkritisch" (1) Rhythmus: Wiederkehr von Ähnlichem (als Er-neuerung) (2) Takt: Wiederkehr von Gleichem (als Wieder-holung)	**ELIAS** wissenssoziologisch (1) Uhren: sozial normierte Geschehens-abläufe mit gleich-mäßig wiederkehrenden Ablaufmustern (2) Synthese: mensch-liche Leistung; zwei Wandlungskontinuen ergeben "Zeit" mit drei Funktionen: (a) kommunikat. Funktion: Vermittlung soz. Sinns (b) Orientierungsfunktion: Ordnung der Ereignisse und Abläufe (c) Regulierungsfunktion: Verhaltenskoordination

Abb. III. 8.1: Synopse zeitsoziologischer Theorieansätze

Die synoptische Darstellung hat noch einmal verdeutlicht, daß die qualitativen Kategorien für die Beschreibung sozialer Zeit je nach theoretischem Ansatz und Problemstellung stark divergieren und gleiche oder doch zumindest ähnliche Terminologien unterschiedliche Phänomene bezeichnen. Besonders deutlich wird das am Begriffspaar Rhythmus und Periode/Periodizität, die in unterschiedliche und somit widersprüchliche Hierarchieverhältnisse gesetzt werden, vergleichbare Widersprüche ergeben sich auch bei der Unterscheidung von Rhythmus und Takt. Im folgenden werde ich deshalb ein Begriffssystem entwerfen, das auf den eingeführten Begriffen aufbaut und somit unterschiedliche Ansätze integriert, zugleich aber auch die bestehenden terminologischen Widersprüche ausräumt und sich bei der Analyse medialer Temporalstrukturen bewähren soll. Dabei gehe ich von den Begriffssystemen Moores und Lauers aus, die ich jedoch vor allem um wissenssoziologische Komponenten (Sorokin und Elias) erweitern werde.

Als Prämisse ist zu wiederholen, daß Uhrenzeit (mit Moore und entgegen Lauer) als *eine* soziale Zeit betrachtet werden muß und deshalb nicht aus dem analytischen Instrumentarium ausgeblendet werden sollte. Wie in den vorgestellten Analyserahmen wird auch in meinem Entwurf eine völlige Überschneidungsfreiheit nicht zu erreichen sein. Die Vielfalt zeitlicher Strukturen und die jeweilige Beobachterperspektive lassen einige Kriterien bzw. Qualitäten bei manchen Phänomenen stärker in den Vorder- oder Hintergrund treten. Ferner müssen die einzelnen Qualitäten als zusammenhängende Aspekte betrachtet werden, die erst in ihrem Zusammenspiel und ihrer jeweiligen Kombination die Typik einer Zeitgestalt ausmachen.

8.3 Zusammenfassung der Analysekriterien

(1) **Dauer**: Hierunter ist nicht ausschließlich die chronometrisch meßbare zeitliche Erstreckung zu verstehen, sondern die sich aus der Handlung ergebende, emergierende Zeit: die Gestalt-Zeit eines sozialen Phänomens. Dauer meint (soziale) Präsenz, eine durchaus ausgedehnte Gegenwart, die sich nicht hinlänglich als physikalisch meßbarer Zeitraum beschreiben und verrechnen läßt. Die Dauer der Gegenwart definiert sich durch sozialen Sinn und nicht als Zeitatom oder bloße Grenze zwischen Vergangenheit und Zukunft.

(2) **Geschwindigkeit**: Das Tempo sozialer Prozesse läßt sich durchaus chonometrisch messen, die Bedeutung ergibt sich jedoch erst aus einem Vergleich mit anderen sozialen Prozessen. Die Ereignis- oder Aktionsdichte (Häufigkeit je Zeiteinheit) wird von einem zum anderen Betrachtungsobjekt schwanken, die Einschätzung auf der Skala von "ereignisreich bis ereignisarm" ist aber nur innerhalb eines Bereiches möglich, dessen Dauer ja letztlich nicht chronometrisch fixiert ist.

(3) **Timing** (Lauer) oder zeitliche Lokalisation (z.B. Moore) bedarf immer einer (a) Zeitordnung (Schöps / Schäuble), die durch (b) Zeitgeber (z.B. Rinderspacher), (c) Uhren (im Sinne von Elias), (d) Schedules (Moore) und (e) Zäsuren (Sorokin) sozial konstruiert werden kann. Die Funktionen dieser Instrumente (a-e) liegen in der (3.1)

Synchronisation von Handlungen oder Ereignissen, die sich als vollständige oder partielle Simultanität oder als Komplementarität (z.B. Reziproizität) herstellen läßt. Sie können weiter die Funktion der (i) partiellen Beschleunigung oder der (ii) partiellen Verlangsamung zeitigen oder - im Falle der Zäsur - zur (iii) Beendigung führen. Die Funktionen (i) bis (iii) können Elemente eines Synchronisationsprozesses sein, sie können aber auch zur (3.2) Diachronisierung beitragen, also bewußt differenzierend wirken. Die Implementation von Zeitordnungen und Schedules bedarf kommunikativer Akte, Zeitordnungen können interaktiv ausgehandelt werden.[20]

(4) Durch Timing können **Sequenzen** (Lauer, Moore), also Reihenfolgen konstruiert werden. Diese Sequenzen können als Ritual, als alltägliche Routine oder als Sachzwang konstruiert (und legitimiert) sein. Sie müssen jedoch eine sinnhafte soziale Einheit bilden (und nicht einfach chronometrisch aufeinander folgen). Sequenzen können wie Perioden aus unterschiedlich vielen Phasen konstruiert sein.

(5) **Perioden** (oder gleichbedeutend: Zyklen) stellen eine besondere Form der Sequenz dar, weil sich ein oder mehrere Elemente (Ereignisse, Handlungen) wiederholen. Perioden entstehen durch die Wiederholung bestimmter, gleicher (A - A - A - A ...) oder unterschiedlicher (A - B - C - D) Phänomene in regelmäßigen, aber nicht notwendig gleich langen Abständen (Phasen oder Intervallen), etwa: A --- B - C -- D · A - -- B - C -- D ... Die Ereignisse (A, B, C, D ...) können dabei durchaus sehr heterogen sein. Insgesamt ergibt sich ein typischer und gleichbleibender Zeitabschnitt (z.B.: A bis D).

Entgegen der Einteilung Sorokins folge ich der lexikalischen Bedeutung und den meisten anderen Terminologien und bezeichne mit (5.1) Rhythmus und (5.2) Takt bestimmte Qualitäten von Perioden: Rhythmus ist die charakterisierende Ordnung und Akzentuierung der Periode, ein konkretes Muster der Wiederholung mit starken affektiven Komponenten. Der Rhythmus gestaltet die Periode, z.B. durch die Betonung von Elementen und Komposition aus ansteigenden (impulsierenden) und absteigenden (repulsierenden) Phasen; in ihm kehrt Ähnliches wieder. Takt hingegen wiederholt mit exakter Frequenz (Wiederholungsrate) genau Gleiches, wobei die Elemente notwendig durch gleich lange Intervalle bzw. Phasen getrennt bzw. verbunden sind.

(6) **Okkasionalität**: Als Grenzfall sind aber auch singuläre Elemente, also einmalige (instantan, plötzlich auftretende), nicht rhythmisch/periodisch wiederkehrende Handlungen oder Ereignisse vorstellbar. Diese Qualität der Plötzlichkeit erklärt sich nicht aus der Geschwindigkeit (oder gar der Beschleunigung), sondern aus dem Grade der Erwartbarkeit bzw. Unvorhersehbarkeit, d.h. sie bedarf zwingenderweise eines Beobachters.

(7) **Aktualität** bezeichnet eine Relation zwischen einem Beobachter-Konstrukteur und einem konstruierten Ereignis. Sie kann dabei okkasional oder periodisch auftreten.

---

20 Dies hat Clayman (1989) konversationsanalytisch beschrieben.

(8) *Der* **Moment** erscheint zwar aktuell und singulär (als Augenblick), besitzt aber eine Bedeutung, die sich zeitlich über die Aktualität hinaus erstreckt. Als herausgehobener Augenblick kann *das* Moment ganze Sequenzen "kontaminieren", eine Zäsur darstellen oder eine Perdiode initiieren.

(9) Während Sequenzen und Perioden **Kontinuität** konstruieren, erzeugt okkasionale Aktualität Diskontinuität. Kontinuität und Diskontinuität sind dabei als beobachterabhängige Skala vorzustellen: Enttaktete Systeme können einerseits als extreme Kontinuitäten interpretiert werden (weil jederzeit eine Handlung möglich ist), andererseits können sie als diskontinuierlich beschrieben werden, weil sie aus bedeutungsmäßig völlig unzusammenhängenden, lediglich chronologisch folgenden Elementen konstruiert sind.

(10) **Zeitorientierung** bezeichnet die Dimension der konstruierten Reversibilität oder Irreversibilität der Sequenz. Damit zusammen hängen medientheoretische Fragen der Reproduzierbarkeit bzw. der Einmaligkeit.

(11) **Anfang und Ende**, also die zeitlichen Anfangs- und Schlußklammern der Interaktion sind Beobachterkategorien, die partiell durch soziale Konvention bzw. Ritualisierung geregelt sind.

(12) Durch Sequenzen und Periodizitäten konstruierte Kontinuitäten können aber auch die Qualität der (annähernden) **Permanenz** annehmen.

IV

Zeit und Medienkommunikation

1 Einleitung: Zeit, Kommunikation und Medien

1.1 Kommunikation und Zeit

Der Mensch hat kein Sinnesorgan für die Zeit, er konstruiert als soziales Wesen aufgrund seiner kognitiven Fähigkeiten und biologischer Notwendigkeiten Zeit auf soziale Art und kulturspezifische Weise. Hierbei spielt Kommunikation eine zentrale, wenn nicht die entscheidende Rolle, wie Paul Ricoeur betont hat.[1]

Zeit ist mit Kommunikation elementar verbunden: Kommunikation braucht - wie alle Handlungen - Zeit. Das heißt, in ihr entfaltet sich Zeit, sie konstruiert Zeit. Kommunikatives Handeln als direkte Verständigung und Medienhandeln als mit subjektiv gemeintem Sinn verknüpftes soziales Handeln besitzen Zeitcharakter. Die Form der Kommunikation und die Wahl der benutzten Medien bleiben dabei nicht rein äußerlich, sondern besitzen Folgen für die soziale Konstruktion von Zeit, die bislang kaum analysiert wurden.[2]

Der Zeitcharakter der menschlichen Sprache ist an erster Stelle der Analyse zu nennen, denn Sprache stellt das evolutionär und logisch primäre Medium zur Überwindung unmittelbarer Präsenz dar und ermöglicht die Konstruktion von Vergangenheit und Zukunft. Schon die verbale Erzählung erlaubt die Überwindung der individuellen Lebenszeit:

> "Das gesprochene Wort war die erste Technik, die es dem Menschen möglich machte, seine Umwelt loszulassen und sie in neuer Weise zu »begreifen«. ... Durch Übergang der unmittelbaren Sinneserfahrung in Lautsymbole kann die ganze Welt in jedem Augenblick gebannt und wiedererweckt werden."[3]

Die sprachliche Darstellung ist immer linear, d.h. Sprache verzeitlicht zwangsläufig alles. Das gilt auch für Phänomene, die eigentlich als gleichzeitig angesehen und empfunden werden. Alle sprachlichen Ausdrücke für zeitliche Verhältnisse gehen letztlich auf räumliche Beschreibungen zurück, d.h. Sprache verräumlicht Zeit auf der semantischen Ebene. Diese Verräumlichungstendenz der Sprache läßt sich in allen Sprachen nachweisen.[4] Der Zeitcharakter verbaler Kommunikation wurde bereits lange vor der Etablierung der Kommunikationswissenschaften, z.B. von Heinrich von Kleist, beschrieben.[5] Susanne K. Langer vergleicht die Wörter mit den "Perlen eines Rosenkranzes", die "nur eine lineare, gesonderte, sukzessive Ordnung ... kennen."[6] Grammatik und Semantik steigern die temporale Leistungsfähigkeit der Sprache noch erheblich, denn zusammengehörende Teile einer Aussage müssen nicht unmittelbar

1 vgl. Ricoeur (1977), S. 18
2 Zudem gilt Leonard W. Doobs Erkenntnis: "Any kind of communication involves temporal factors which are important in determining its effectiveness." (Doob (1971), S. 87)
3 McLuhan (1970), S. 68
4 vgl. Leisi (1964), S. 18
5 Vgl. Kleist (1966)
6 Langer (1965), S. 87

aufeinanderfolgen: Es entstehen zeitliche Spannungsbögen und Erwartungshaltungen, vor allem bei gebundener Sprache (Reim). Das erste Reimwort erzeugt die Erwartung eines zweiten und zugleich wird das erste Reimwort erst retrospektiv als solches interpretiert. Der Reim ist eine sprachliche "Zeitklammer".

Sprache ist also "durch und durch" ein Zeitobjekt im Sinne von Husserl.[7] Hier knüpft meine Ausgangsthese an, die lautet: Die sekundären Medien der Kommunikation sind ebenfalls Zeitgestalten, deren temporale Qualitäten und Funktionen einer kommunikationswissenschaftlichen Analyse bedürfen.

Diese Analyse hat bislang nur vereinzelt stattgefunden. Besondere Beachtung hat der "Medienübergang" von der gesprochenen Sprache zur Schriftlichkeit erfahren. In den Werken von Ong, Goody, Havelock, Innis, McLuhan, Sjökvist und anderen finden sich vor allem Hinweise auf die Linearität der Schrift, die das menschliche Denken und Bewußtsein verändert habe und auf die Wirkungen der Literalität für das indivduelle Erinnern, das kollektive Gedächtnis und die Organisation des gesellschaftlichen Wissensvorrates. Linearität als kognitive Grundstruktur der Wahrnehmung, als sozialer Habitus im Sinne Bourdieus ist jedoch nicht einfach die (Medien-)Wirkung alphabetischer Schrift, sondern bereits in der Sprache angelegt und wurde ausgebildet durch ein Schulwesen, das nahezu alle Teile der Bevölkerung erfaßt.[8]

Für die Sprache und für die künstlerischen Diskursformen der Verständigung, also die Literatur,[9] die darstellenden[10] und bildenden[11] Künste und die Musik liegen zahlreiche Einzeluntersuchungen sowie einige Versuche systematischer Analyse der zeitlichen Funktionen und der (ästhetischen) Zeitgestalten vor. Einige Beispiele sollen hier genügen, um die Ergiebigkeit solcher Untersuchungen aufzuzeigen:

Ausgangspunkt vieler Betrachtungen ist die Einteilung der Künste durch G. E. Lessing, der Raumkünste (Malerei, Skulptur, Architektur) und Zeitkünste (Musik, Literatur, Theater, Tanz) unterschieden hatte. Diese Einteilung erweist sich als zu grob, da auch die Raumkünste Zeitaspekte und die Zeitkünste meist Raumaspekte aufweisen. Mendilow unterscheidet deshalb zusätzlich "subject" und "medium" eines Kunstwerkes. So läßt sich in einem Gedicht mit zeitlichen Mitteln ("medium": Sprache, Literatur) etwas Un-zeitliches oder Statisches ("subject") darstellen; durch das statische "medium" Skulptur aber läßt sich auch Bewegung, also ein zeitliches "subject" repräsentieren bzw. kommunizieren.[12] Baudson problematisiert die spannungsreichen Zeitverhältnisse des bildnerischen Kunstwerks, die zwischen (1) der Zeitlichkeit des Dargestellten, (2) des Darstellers (Künstlers) und (3) der (angestrebten) Überzeitlichkeit der Darstellung (des Werkes) bestehen.[13] Jedes Kunstwerk besitzt nach Umberto Eco mindestens zwei Zeitlichkeiten: die Zeit des Ausdrucks ("Erzählzeit") und die Zeit des Inhalts ("erzählte Zeit"), als dritter Aspekt ist die "Zeit der Wiederzusammensetzung" ("Lesezeit"), die alle reproduktiven Künste

7 Vgl. hierzu auch Ströker (1983), S. 127
8 Hierauf weist Sjökvist (1991), S. 138 u. S. 171, relativierend hin.
9 Bachtin (1989), Jauss (1986), Lethen (1987), Macey (1981), Mecke (1990), Mendilow (1972), Müller (1955), Riha (1986), Straumann (1964), S. 140-160,
10 Vgl. hierzu Junghans (1931), Junghans (1931a), Hochkeppel (1957), Romilly (1968), Stutterheim (1968), Ungvari (1972), Csokor (1955)
11 Vgl. hierzu Frey (1955), Baudson (1985a), Baudson (1985b), Hauser (1955), Buckley (1966), Eco (1985)
12 vgl. Mendilow (1972), S. 23
13 vgl. Baudson (1985a) sowie Baudson (1985b), S. 159-161 und S. 164

(vom Puzzle-Spiel bis hin zur Musik-, Tanz- oder Theateraufführung) erfordern, zu nennen.[14] Lyotard differenziert (1) Zeit der Herstellung, (2) Zeit des Verbrauchs (notwendige Rezeptionszeit), (3) Zeit, auf die sich das Werk bezieht (erzählte Zeit, Zeit des diegetischen Bezuges), (4) Umlaufzeit (Zeit zwischen Produktion und Rezeption) und (5) die Zeit der Dauer des Werkes selbst.[15]

> "Herder weckte in seinem Shakespeare-Aufsaz als erster den Sinn für die Zusammengehörigkeit einer bestimmten Handlung und eines bestimmten raum-zeitlichen Gefüges [im Drama], indem er auf den qualitativen Unterschied von meßbarer Zeit bzw. bestimmbaren Lokal und dem subjektivem Erlebnis von Raum und Zeit hinweist."[16]

Wie der Raum besitzt auch die Zeit im Drama nicht nur eine "messende und ordnende Funktion", vielmehr handelt es sich bei Raum und Zeit, wie Bodo Rollka bemerkt, um "korrelative Fügungskräfte."[17] Mit Ferdinand Junghans lassen sich beim Theater (a) "Zeiterstreckung" (Handlungsdauer der Geschichte laut literarischer Vorlage), (b) Aufführungsdauer, (c) "Dauer" als das "intensive Maß dramatischer Handlung" ("Stück-Zeit") oder "dramatische Erlebnis-Zeitlichkeit" unterscheiden. Gemeint ist hiermit die beim Publikum erzeugte psychologische Dauer. Diese Kategorien lassen sich auch auf die Darstellungsformen der AV-Medien, insbesondere auf die dramatischen und narrativen Formen fiktionaler Unterhaltung anwenden, denn auch hier findet eine "Zeitbewältigung" statt. Hierunter versteht Junghans die "dichterischen Mittel" (etwa der Zeitraffung oder -dehnung) mit denen der Dichter versucht, auf der Grundlage der Zeiterstreckung eine bestimmte Dauer (Wirkung) zu gestalten bzw. beim Publikum zu erzielen.[18] Die Zeitbewältigung ist ein qualitatives Merkmal des Dramas: Zeit kann in der Handlung verräumlicht, im Dialog sprachlich (und nachträglich) eingeführt oder gar nur durch den Text der szenischen Anweisungen bewältigt werden.[19] Hinzu kommen (veraltete) Formen wie Chöre, die "Wanderung" auf der Bühne und das Innehalten der Schauspieler auf der Bühne, die Simultanbühne, die Verlagerung ganzer Zeitabschnitte auf die Hinterbühne sowie die Einteilung in Akte oder Bilder und der Einsatz von Zwischenvorhängen, Beleuchtung (Darstellung von Tageszeiten), Hintergrundgeräuschen (primär zur Zeitdehnung).[20] Im epischen Theater kommt die Hereinnahme un-dramatischer, epischer Elemente[21], bei den technischen Medien kommen weitere, im folgenden noch anzusprechende Mittel der Zeitbewältigung hinzu.

Mendilow begreift den Roman systematisch als "complex of relationships between the different timevalues of the reader, the author and the hero".[22] Die erzählte Zeit steht nun aber wiederum in einem komplexen Zusammenhang mit der Zeit des Autors und der Zeit des Lesers. Es kann sich um ein zeitgenössisches Verhältnis zwischen erzählter Zeit und Zeit des Autors handeln oder um ein historisches (bzw. "utopisches" im Sinne von "in die Zukunft weisend"). Durch das Hinzutreten des Lesers werden die Zeitverhältnisse komplexer: Auch hier kann es sich um ein zeit-

14 vgl. Eco (1985), S. 74-79
15 Lyotard (1991), S. 358
16 Rollka (1967), S. 14
17 vgl. u. zit. Rollka (1967), S. 13-14
18 vgl. und zit. Junghans (1931), S. 3-4
19 vgl. Junghans (1931a), S. 74-80, Zit. S. 79
20 vgl. Junghans (1931a), S. 85-92
21 vgl. Hochkeppel (1957), S. 30-31
22 Mendilow (1972), S. 63

genössisches Verhältnis handeln oder um ein historisches. Bei letzterem sind jedoch zwei Fälle zu unterscheiden: erstens kann es sich um die heutige Lektüre eines ehemals zeitgenössischen Werkes handeln (einfaches historisches Verhältnis). Zweitens kann es sich um die heutige Lektüre eines historischen (oder "utopischen") Werkes handeln, das nie zeitgenössisch (Autor - erzählte Zeit) war (doppelt historisches Verhältnis).[23] Michail M. Bachtin führt den Begriff des Chronotopos (Raumzeit) in die Analyse der literarisch erfaßten Zeit- und Raumbeziehungen ein und ordnet literarischen Gattungen und Genres bestimmte Chrontopoi zu.[24]

Aus diesen hier in aller Kürze skizzierten Beispielen wird bereits deutlich, daß wir in Analogie bei den Kommunikationsmedien von einem Komplex unterschiedlicher Zeitebenen und -bezüge ausgehen müssen. Wie die künstlerischen Diskurse spezifische Zeitgestaltungsmöglichkeiten aufweisen, so dürfte auch die mediale Kommunikation Zeitqualitäten besitzen, die über die skizzierte grundlegende Zeitlichkeit natürlicher Sprache hinausreichen. Sicherlich kann im Rahmen dieser Arbeit nicht die gesamte Komplexität der Zeitbezüge medialer Kommunikation reflektiert werden. Deshalb werde ich mein spezielles Vorhaben in einen Rahmen möglicher Fragestellungen einordnen.

1.2 Medien und Zeit: Drei Untersuchungsperspektiven

Für die temporalisierte Betrachtungsweise von Medienkommunikation ergeben sich drei Perspektiven:

Die Betrachtung aus der *Metaperspektive* thematisiert Aussagen *über* Zeit und deren Verarbeitung. Es geht also um die individuelle Bedeutungskonstruktion (Kognition) und das gesellschaftliche Wissen über Zeit, sofern Medienkommunikate hieran beteiligt sind. Nicht die Zeitlichkeit der kommunikativen Akte selbst, sondern die Zeitlichkeiten der Phänomene, die wir als Medieninhalte oder -ausssagen konstruieren, stehen im Mittelpunkt. Diese können so unterschiedliche Zeitkonstruktionen wie wissenschaftliche oder philosophische Zeitkonzepte, geschichtliche Zeiten, religiöse Zeitlehren und fiktionale, "erzählte" Zeiten thematisieren.

Aus der *Makroperspektive* gesehen fallen auf der Ebene der Gesamtgesellschaft als erstes kommunikations- und mediengeschichtliche Prozesse ins Auge, die Teil des sozialen, kulturellen und technischen Wandels einer Gesellschaft sind. Auf der Ebene des individuellen Medienhandelns führt eine temporalisierte Betrachtungsweise zur Konstruktion von Medienbiographien.

Die *Mikroperspektive* fokussiert das aktuelle Medienhandeln von Kommunikatoren und Rezipienten und die damit verbundenen Zeitbewußtseine. Dabei steht das rollengebundene Medienhandeln beider Akteursgruppen in einem (zeitlich komplexen) Interaktions- und Kognitionsverhältnis. Hieraus ergeben sich zeitlich relativ stabile mediale Zeitordnungen und rollen- bzw. situationstypische Zeitbewußtseine. Die Motive des Medienhandelns aller beteiligten Akteure reichen über die Gegenwart

---

23 vgl. Mendilow (1972), S. 86 und S. 95

24 Das Epos besitzt die "vollkommene Vergangenheit" als Quelle und Gegenstand und operiert von der Gegenwart des Sängers/Erzählers und Zuhörers aus, der Roman hingegen zeichnet sich gerade durch "Unabgeschlossenheit" der Zeiten, durch "die Zone des maximalen Kontakts mit der Gegenwart" aus; vgl. u. zit. Bachtin (1989) S. 218-223

hinaus in die aktuell konstruierte Vergangenheit ("Weil-Motive") und die Zukunft ("Um-zu-Motive").

zeitliche Perspektive	soziale Reichweite (Individuum - Gesellschaft)	
Metaperspektive	Wissen über Zeit (indiv. Kognition)	sozialer Wissensvorrat u. soziales Gedächtnis
Makroperspektive	Medienbiographie	Mediengeschichte
Mikroperspektive	Medienhandeln und Zeitbewußtsein	mediale Zeitordnung und Zeitbewußtsein

Abb. IV. 1.1: Medien und Zeit aus drei Untersuchungsperspektiven

1.2.1 Metaperspektive

Beobachtung aus der Metaperspektive heißt vor allem, sich mit den individuellen Kognitionsprozessen auseinanderzusetzen, und dabei die Besonderheiten medialer "Irritationen" für die Konstruktion von Zeitbewußtsein, Zeitvorstellung und Zeitperspektive zu verfolgen. Dieses kommunikations- und kognitionspsychologische Vorhaben wird hier aus Raum- und Kompetenzgründen nicht weiter verfolgt. Auf der sozialen Ebene ergeben sich aus der Metaperspektive die Frage nach dem gesellschaftlichen Wissensvorrat über Zeit (im Sinne positiven Wissens) und die Frage nach dem sozialen Gedächtnis. Hierbei interessiert vor allem, ob und auf welche Weise die Kommunikationsmedien als "Medien des sozialen Gedächtnisses" das Bewußtsein von der Vergangenheit einer Gruppe oder Gesellschaft formen. Diese Fragestellung kann im Rahmen dieser Arbeit lediglich aus Gründen des Umfangs nicht bearbeitet werden und bleibt somit einer späteren Untersuchung vorbehalten.

1.2.2 Makroperspektive

Die kommunikations- und mediengeschichtliche Betrachtung gehört zweifellos zu den klassischen Teildisziplinen der Kommunikations- bzw. Publizistikwissenschaft und zu den relativ gut erforschten Bereichen. Sehr viel jünger und weniger zahlreich sind die medienbiographischen Erklärungsansätze, die aus der Soziologie stammend als Reaktion auf die Vormacht sog. quantifizierender empirischer Methoden entwickelt wurden. Ihnen geht es darum, die "Lebenswelt" von Rezipienten mit qualitativen Methoden "ganzheitlich" oder "naturalistisch"[25] zu erschließen. Ziel einer solchen Methodik ist es, den jeweils subjektiv gemeinten Sinn der Handlungen der untersuchten Akteure in die Analyse miteinzubeziehen. Biographien spielen hierbei eine bedeutende Rolle nicht als "objektive" Grundlage, sondern als aktuelle individuelle

25 Baacke (1989), S. 90

(und insofern subjektive) Konstruktionen des je eigenen Lebenslaufs.[26] Medien besitzen bei der Konstruktion der Biographie Bedeutung, so wie biographische Strukturen für das Verständnis der Mediennutzung und -rezeption von nicht zu unterschätzendem Wert sind. Bei medienbiographischen Ansätzen handelt es sich also um interpretative und temporalisierte Vorgehensweisen, doch stellen sich bei kritischer Betrachtung erhebliche Defizite heraus.

Die "temporalisierte" Methodik medienbiographischer Forschung ist besonders den sozialisationstheoretischen zeitlichen Aspekten der Medienkommunikation (historische Rezipientenforschung, Lebenslauf und Mediennutzung, Generationsaspekte der Mediennutzung, Umbrüche, Veränderungen und Konsistenzen der Mediennutzung, Medien und Erinnerung, Neben- und Doppeltätigkeiten) adäquat. Die aktuellen Zeitstrukturen und das gegenwärtige Zeitbewußtsein spielen in der medienbiographischen Forschung eine eher untergeordnete Rolle. Zudem wird Zeit in Gestalt einander konzentrisch einschließender bzw. umgebender ökologische Zentren, Nahräume, Ausschnitte und Peripherien verräumlicht. Diese Konstruktionen sind selbst nicht zeitlich definiert, sondern sozial, denn sie prägen bestimmte Sozialisationsphasen.[27] Sander / Vollbrecht stellen fest, daß der medienbiographische Ansatz *eigentlich* "untersuchen ... *müßte* ..., welche Auswirkungen Medien auf die Gestaltung des Alltages und des Tagesablaufs besitzen."[28] Sie weisen damit auf ein theoretisches und empirisches Defizit der vorliegenden medienbiographischen Forschung hin. Während die medienbiogarphische Forschung sich bislang bei der Betrachtung der Qualitäten sozialer Zeit auf die langfristigen Wandlungs- und Sozialisationsprozesse konzentrierte, ist Sander / Vollbrecht zuzustimmen, die bemerken:

> "Die Mediennutzung ist jedoch überwiegend der zyklischen Struktur der »Alltagszeit« zuzuordnen, die sich der biographischen Aufschichtung entzieht. Zyklische Zeitkonzepte sind bislang in der Medienforschung jedoch zu wenig berücksichtigt worden, obgleich gerade diese mikrobiographischen Bereiche den besten Ertrag versprechen."[29]

Medien- und sozialökologische Ansätze bevorzugen gegenüber dem medienbiographischen Ansatz zwar die aktuelle Lebenswelt als mediale und nicht-mediale Umwelt des Handelnden, doch konzentrieren sie sich auf die Auseinandersetzung mit den sachlichen (räumlichen) und sozialen Faktoren und vernachlässigen die zeitliche Struktur der Lebenswelt. Zeit wird als objektive Rahmenbedingung räumlicher, "tektonischer Strukturen", z.B. bestimmter Verhaltensmuster (als "behavioral setting"),[30] und als objektive Grundlage von Interaktion gesehen, aber nicht als lebensweltliche Konstruktion problematisert. Es geht dem medienökologischen und -biographischen Ansatz um die "Interferenz von sozialen Räumen und Medien"[31], also um "Soziotope"[32] und nicht um Chronotope. Obgleich Raum und Zeit lebensweltlich in

26 Vgl. zur Methodik und Bedeutung des gesamten Ansatzes in den Kommunikationswissenschaften Hirzinger (1991)
27 Vgl. Baacke (1989), S. 110-112
28 Sander / Vollbrecht (1989), S. 162, Hervorhebung KB
29 Sander / Vollbrecht (1989), S. 170
30 vgl. u. zit. Baacke (1989), S. 94, S. 96-99
31 Baacke (1989), S. 117
32 Baacke (1989), S. 99

einem Zusammenhang stehen,[33] erfordert nach Harry Pross gerade diese "Verschränkung von Raum und Zeit als konstitutiver Größe der Kommunikation ... in der Analyse die strikte Trennung der jeweiligen Raum- und Zeitbedingtheiten ..."[34]

1.2.3 Mikroperspektive

Die Mikroperspektive stellt gewissermaßen die Zentralperspektive der temporalisierten Betrachtungsweise von Medienkommunikation dar. Der aktuelle Prozeßcharakter der Medienkommunikation ist die Voraussetzung ihrer sozialen Funktion: Es werden immer neue Irritationen produziert, die die Grundlage für kognitive Konstruktionsleistungen von "kommunizierenden" bzw. rezipierenden Individuen darstellen (Metabene). Medien bestehen aus Handlungen und Ereignissen, die vergehen oder vergessen werden und somit "Platz schaffen" für neue Handlungen und Ereignisse, die allerdings nicht voraussetzungslos sind, sondern an ihre Vorgänger anknüpfen können.

Medialer Produktions- und Rezeptionsprozeß basieren auf einem konventionalisierten Zeit-Spiel zwischen Kommunikatoren und Rezipienten. Es entstehen mediale Zeitordnungen, die mit Zeitbewußtseinen vermittelt sind, also auf wechselseitigen Kognitionen beruhen. So wissen wir als Leser beispielsweise, daß die gegenwärtige Schrift in der Vergangenheit produziert wurde. Wir lesen sie aber so, als ob es sich um gegenwärtige Äußerungen handele. Leser und Schreiber stellen eine mediale (in diesem Falle: literale) Gegenwart her, in dem sie in bezug auf Schreiben und Lesen so tun, als ob sie tatsächlich gegenwärtig wären.[35]

Die Mikroperspektive bedarf nach dem, was ich in der kognitionstheoretischen Einleitung und im zeitsoziologischen Teil dieser Arbeit dargelegt habe, einer sozialkonstruktivistischen Optik. Das heißt zugleich, daß die überwiegend an den sozialwissenschaftlichen, empirischen Methoden orientierte Massenkommunikationsforschung einer geisteswissenschaftlichen Ergänzung bzw. vice versa bedarf. Alltägliches Handlungswissen von Zeit ist eher wissenssoziologisch, denn als "Information" im Sinne der empirischen Massenkommunikationsforschung operationalisierbar. Die von Merton formulierte Trennung von Wissenssoziologie und empirischer Massenkommunikationsforschung[36] hat sich im wesentlichen bis auf den heutigen Tag erhalten: Von den 223 von der DFG-Enquette erfaßten bundesdeutschen Studien zur Medienwirkungsforschung zwischen 1970 und 1982 nimmt keine einzige direkten Bezug auf wissenssoziologische Theoreme und Autoren wie Scheler, Mannheim, Elias, Merton oder Wolff.[37] Leider gilt dies auch für die Soziologie der Massenkommunikation, in der die Theorie von Berger / Luckmann weitgehend ignoriert wird. Adoni / Mane kritisieren treffend die zweidimensionale Sichtweise[38] der meisten kultur- und kommu-

---

33 Die Überwindung räumlicher Distanz zwischen Kommunikanten bzw. zwischen Kommunikator und Rezipient stellt zeitlich betrachtet eine Ver-Gegenwärtigung dar; räumlich auch weiterhin Nicht-Gegenwärtiges wird synchronisiert.

34 Pross (1972), S. 22

35 Vgl. hierzu auch Gumpert (1987), S 39

36 vgl. Merton (1961), S. 439-449 u. Wolff (1968), S. 162-164

37 Vgl. DFG (1986) nach Ludes (1989), S. 30

38 Adoni und Mane gehen von der Existenz dreier Wirklichkeiten aus, der "objektiven Realität" (gemeinhin als fraglos angenommene, äußere Welt), der "symbolischen Realität" (Welt der kulturellen und medialen Formen und Aussagen) und der "subjektiven Realität" (individuelles Bewußtsein von den Realitäten). Vgl. Adoni / Mane (1984), S. 325-327

nikationssoziologischen Studien. Diese beschäftigen sich entweder mit den Beziehungen zwischen der "symbolischen" und der "objektiven Realität" (meist in ideologiekritischer Absicht) oder mit dem Verhältnis zwischen "symbolischer Realität" und "subjektiver Realität" (insbesondere Fragen nach der individuellen Wahrnehmung sozialer Realität: Agenda-Setting und Wissenskluft-Forschung).[39] Das Problem ist erst lösbar, wenn man auf der Grundlage konstruktivistischer Kognitionstheorie die Dimension der "objektiven Realität" relativiert (vgl. Teil I, Kap. 1.5 u. 1.8.2)

Einen der wenigen kommunikationstheoretischen Anknüpfungspunkte bietet in dieser Hinsicht das wissenssoziologisch fundierte Werk von Harry Pross, der zudem auch der Zeitdimension der Kommunikation besondere Beachtung schenkt. Pross begreift Kommunikation als "Vermittlung" im wissenssoziologischen Sinn. Sie ist kein bloßes "Überbauphänomen", das durch die ökonomische Basis determiniert würde, sondern besitzt eine "kognitive Dimension".[40] Kommunikation - und nicht Arbeit - ist für Pross der zentrale Begriff der Vermittlung gesellschaftlich konstruierten Wissens.[41] An die Philosophie des Symbolismus (Cassirer, Langer) anknüpfend formuliert er: "Was dem Menschen »Wirklichkeit« heißt, wird von ihm durch die *künstlichen* Medien der Zeichen erfaßt, so daß es keine Wirklichkeit für ihn gibt als die durch Zeichen erfahrene und vergegenständlichte."[42]

"Der Kommunikationsprozeß" ist "... eine Voraussetzung sozialer »Wirklichkeit« ".[43] Politische Ordnung, gesellschaftliche Zeitordnung (Kalender) und mediale Zeitordnung werden m.W. erstmals als zusammenhängend betrachtet, wobei Kommunikationsmedien eben keine neutralen Instrumente, sondern kraft ihrer spezifischen Eigenschaften und ihrer Produktionsweise partiell formgebend für eine emergente "Wirklichkeit" sind, die als "vielfach begründete, wechselnd verursachte, aber immer vom Menschen gemachte »gesellschaftliche Konstruktion« von Wirklichkeit begriffen ..."[44] wird. Somit gelingt es Pross, ohne radikal-konstruktivistische Herleitung, aber durchaus mit ihr im Einklang stehend, Prozesse der Massenkommunikation wissens- und kultursoziologisch zu fundieren und einzuordnen. Dies hat weitreichende Konsequenzen für die Publizistik- und Kommunikationswissenschaft,[45] denn Pross lehnt folgerichtig die verkürzte informationstheoretische Perspektive für die Humankommunikation ab, weil sie "nichts mit den Bedeutungen zu schaffen"[46] hat. Die Asymmetrie der publizistischen Medienkommunikation hat Pross dazu veranlaßt, die zeitliche Funktion der kommunikativen Funktion gegenüberzustellen:

> "Die Kommunikationsmittel dienen nicht der Kommunikation, was heißen soll: der zwischenmenschlichen Verbindung, sondern dem Zeitvertreib. Sie sind dann nicht Geräte, mit deren Hilfe Anerkennung des Mitmenschen durch Mitmenschen gesucht und vermittelt wird, sondern bloße Abwehrmechanismen gegen die Langeweile."[47]

---

39 Auch sog. "holistischen Ansätze" wie den Untersuchungen der "Kulturindustrie" und Gerbners "Cultivation Hypothesis" (vgl. Adoni / Mane (1984), S. 328-337) gelingt die von Adoni / Mane erstrebte "Versöhnung" des von Merton formulierten Widerspruchs nicht.
40 Vgl. und zit. Beth / Pross (1976), S. 36
41 Beth / Pross (1976), S. 64-65
42 Pross (1974), S. 23
43 Beth / Pross (1976), S. 76
44 Beth / Pross (1976), S. 110-111
45 Vgl. Pross (1971), S. 30
46 Beth / Pross (1976), S. 72
47 Pross (1972a), S. 315

Diese temporale Funktion ist soziologisch bedeutsam, denn es kommt zu einer "Kommunisierung" (Merten) durch zeitliche Reflexivität:

> "Jeder der Rezipienten ... *weiß* ..., daß nicht nur er, sondern auch andere diese Aussage rezipiert haben oder haben können, jeder weiß also, was die anderen wissen können oder sogar: daß sie wissen können, daß er weiß, was sie wissen."[48]

Reflexivität kennzeichnet den Prozeß der Massenkommunikation in der sachlichen und der zeitlichen Dimension: In der Sachdimension beziehen sich Aussagen und Meinungen aufeinander und schließen aneinander an.[49] Massenkommunikation erfüllt primär nicht die Funktion, Medieninhalte zu transportieren, sondern soziale Prozesse *auszulösen*.[50]

> "Reflexivität in der *Zeitdimension* bedeutet dabei, daß die Folgen von Kommunikation auf den Kommunikationsprozeß selbst zurückwirken, daß Kommunikation als selbstreferentieller Prozeß anzusprechen ist."[51] "Reflexivität in der Zeitdimension zeigt sich in der Massenkommunikation, indem Änderungen bestimmter Wissens- oder Meinungsbestände zugleich auf diese Bestände zurückwirken, da diese selbst Gegenstand möglicher Themen werden ..."[52]

In der vorliegenden Untersuchung werde ich mich also auf die Fragen konzentrieren, die sich aus der Mikroperspektive ergeben und versuchen, weitere zeitliche "Funktionen" (sensu Pross) der Massenkommunikation herauszuarbeiten. Dabei werde ich Mediennutzung als mit subjektiv gemeintem Sinn verbundenes Medienhandeln begreifen. Medienhandeln ist als Zeithandeln mit verschiedenen Formen des Zeitbewußtseins verbunden. Mediennutzer und Rezipienten konstruieren Zeit pragmatisch und kognitiv. Das Medienhandeln und das Zeitbewußtsein der Nutzer steht in einem wechselseitigen Vermittlungsverhältnis mit Medienhandeln und Zeitbewußtsein von Kommunikatoren. Beide "Seiten" des solchermaßen rekursiv verknüpften Medienhandelns werden in den folgenden Kapiteln hinsichtlich ihrer zeitlichen Qualitäten explorativ untersucht. Wenngleich die publizistischen Medien bei dieser Untersuchung im Vordergrund stehen, so ist doch keine medienwissenschaftliche Analyse beabsichtigt, deren Schwächen ich anhand der Arbeiten von Innis und McLuhan kurz charakterisieren möchte:

Bei Innis zeichnen sich die materiellen Formen der Medien durch einen spezifischen "bias", eine Neigung in Richtung Raum oder Zeit, aus, die der gesamten Kultur eine Orientierung gibt.[53] Einen "time-bias" besitzen Medien, die Zeithaftigkeit und dauernde Gültigkeit von Wissen betonen (also haltbare Trägermaterialen der Schrift wie Stein, Ton und Pergament), während die "space-biased" Medien weniger haltbar, dafür aber leicht transportierbar sind (Papyrus, Papier und die Rundfunkmedien).[54]

---

48 Vgl. Merten (1977), S. 146-147, Zitate S. 147

49 Gleichwohl geht Merten, der Luhmanns systemtheoretischen Ansatz nutzt, nicht von autopoietischer Geschlossenheit aus.

50 Vgl. Merten (1977), S. 147-151

51 Merten (1977), S. 161

52 Merten (1978), S. 578

53 Vgl. Innis (1964), S. 3-4, S. 31-34

54 Die Dominanz zeitbindender Medien in einer Zivilisation läßt dezentrale hierarchische Herrschaftsstrukturen (z.B. klassische Stadtstaaten der Antike) mit Traditionsorientierung entstehen, während Zivilisationen mit überwiegend raumbindenden Medien mit weniger hierarchisierten und dezentralisierten Herrschaftsformen sowie militärisch-expansiver Orientierung einhergehen (vgl. Innis (1950), S. 7 sowie Innis (1964), S. 44-60)

Raumakzentuierende Medien, zu denen auch die Tageszeitung zählt, beeinträchtigen die gesellschaftliche Zeiterfahrung.[55]

Innis' Analyseinstrumentarium erweist sich allerdings bezüglich der elektronischen Medien (die vor allem nach seinem Tode an sozialer Bedeutung gewannen) als unzureichend, weil es doch sehr stark am Gegensatz von oralen und verschiedenen Arten literaler Kulturen orientiert ist.[56] Das "bias"-Konzept zur Erklärung der Triade Medien, Organsiation von Wissen und Herrschaft soll zwar als dialektisches Vermittlungsverhältnis vorgestellt werden, doch ist eine Tendenz zum technologischen Determinismus und zu empirisch zum Teil äußerst fragwürdigen, monokausalen Erklärungen nicht zu leugnen.[57]

Die Werke des Innis-Schülers[58] Marshall McLuhan und des "Epigonen" Neil Postman lesen sich in weiten Teilen wie plakative Vergröberungen und Pauschalisierungen der Gedanken von Innis. McLuhan begreift Medien als technische Ausweitungen menschlicher Organfunktionen, was zu einem sehr weiten Medienbegriff führt, der auch elektrisches Licht oder Uhren umfaßt. Eine deutliche definitorische Trennung zwischen (kulturellem bzw. sozialem) Medium und Medien-Technik wird - wie bei Innis - nicht eingeführt. Von Bedeutung seien nicht die Inhalte der Medien, sondern die medialen Formen: "The medium is the message."[59] Den Medien (als Formen, nicht den Medieninhalten) wird eine überragende Wirkungsmacht in geradezu deterministischer Weise zugeschrieben: So würden die "Formen des menschlichen Zusammenlebens" von den Medien "gestaltet und gesteuert."[60] McLuhan unterscheidet "heiße" und "kalte" Medien, wobei heiße Medien wie Papier, Presse, Radio, Fotografie, Film und Plattenspieler tendenziell raumüberbrückend wirken und über Informationsfülle und Detailreichtum in nur einer Sinnesmodalität verfügen. Aufgrund dieser Detailfülle führten sie nur zu geringer Publikumsaktivität. Kalte Medien wie Telefon, Fernsehen, Comic Strip, gesprochenes Wort und Handschrift sind angeblich eher zeitbindend, weniger detail- und informationsreich und führten deshalb zu größerer Publikumsaktivität. Heiße und kalte Medientechniken würden konkurrieren und sich im geschichtlichen Verlauf ablösen.[61] Diese medientechnikfixierten, deterministischen Geschichtstheorien und die Grobtypisierung der Medien durch McLuhan erweisen sich bei näherer Betrachtung als unhaltbar. In jedem Fall behandeln sie Zeit eindimensional als historische oder als abstrakte Zeit, ohne der Komplexität des modernen Chronotops und der komplexen Zeitstruktur von Medienhandlungen Rechnung zu tragen.

Ich werde mich bei der Darstellung der zeitlichen Qualitäten des Medienhandelns also weder auf einige ausgewählte Medien beschränken, noch wird die Gliede-

---

55 Vgl. Innis (1952), S. 123, Innis (1964), S. 192, S. 60 u. S. 82

56 Vgl. hierzu auch Wernick (1986), S. 144

57 Medien besitzen für Innis eindeutige Wirkungen, jedoch nicht im Sinne des Stimulus-Response-Modells, sondern in Form von kontinuierlichen Rückkopplungen und Wechselwirkungen (vgl. hierzu auch Kleinsteuber (1992), S. 331). Medien und Medientechnik werden eindeutig als Basis der Gesellschaft begriffen und die Schilderung der Vermittlung kommt reichlich kurz. Vgl. zur Dialektik im Werk von Innis Kleinsteuber (1987), S. 59

58 McLuhan weist in seinen Werken explizit auf die Bedeutung von Innis für sein Werk hin. Sein Buch "Gutenberg Galxy" sei gar "a footnote of explanation to his work." McLuhan (1986), S. 50

59 McLuhan / Fiore (1967), S. 26

60 McLuhan (1970), S. 14; McLuhan schreckt auch nicht vor eindimensionalen Begründungen für weitreichende politische Phänomene wie dem Nationalsozialismus zurück (vgl. McLuhan (1970), S. 326).

61 Vgl. McLuhan (1970), S. 29-39, S. 300 u. S. 348

rung einer medienwissenschaftlichen Einteilung folgen. Medienhandeln wird als mit subjektiv gemeintem Sinn verknüpftes Handeln verstanden; Medien sind folglich soziale Handlungsschemata oder Scripts. Nicht der zweifelhafte Versuch, "Medieninhalte" objektiv als Aussagen über Zeit zu verstehen, sondern die zeitliche Ordnung der Medienhandlungen selbst stehen im Zentrum der Untersuchung. Dies bedeutet keinen Rückfall in die überkommene Dichotomisierung von Form und Inhalt: Die mediale Zeitordnung wird nicht als Medienform verstanden, der besondere Wirkungsmacht zugeschrieben werden könnte. Die zeitliche Ordnung der Medienhandlungen wird vielmehr interaktiv konstruiert, und zwar auf der Grundlage wechselseitiger (typisierter) Wahrnehmungen. Es handelt sich nicht um einen deterministischen Wirkungsprozeß im Sinne des Stimulus-Response-Modells, aber auch nicht um einen völlig autonomen Kreations- oder Nutzungsprozeß im Sinne motivationaler Ansätze, sondern um einen Vermittlungsprozeß im wissenssoziologischen Sinn.

Die Medien sind in modernen Gesellschaften immer schon Teil der Lebenswelt, werden aber immer wieder aufs Neue handelnd und wahrnehmend erzeugt. Medien sind Teil einer sozialen und öffentlichen Zeitordnung, sie vermitteln private und öffentliche Zeitlichkeiten,[62] was ich am Beispiel des medialen Rituals noch zeigen werde. Lebensweltlich nehmen wir als Nutzer oder Rezipienten das Medienhandeln der Kommunikatoren als zeitlich strukturiert wahr. Da es sich bei der sog. Massenkommunikation um einen stark typisierten und anonymisierten Prozeß handelt, kristallisieren die Medienhandlungsmuster der Kommunikatoren (und Produzenten im materiellen Sinn) zu medialen Formen, die typische Zeitgestalten aufweisen. Das Medienhandeln der Kommunikatoren beruht auf den - nur partiell systematisch - gewonnenen Kenntnissen über die zeitliche Strukturierung der Lebenswelt der potentiellen Mediennutzer. Kognitionen sind also auf beiden Seiten untrennbar mit Handlungen verknüpft. Bestandteil der Kognitionen sind die jeweiligen Vorstellungen über Handlungen und Kognitionen der jeweils anderen, am Prozeß der Massenkommunikation Beteiligten. Die zeitliche Struktur des Kommunikatorhandelns ist bislang nur sehr unzureichend erforscht.[63] Ich werde deshalb versuchen, sekundäranalytisch zumindest die Zeitgestalten herauszuarbeiten, die sich in den medialen Formen niederschlagen, die die Rezipienten als mediale Zeitordnung wahrnehmen können.

Die Betrachtung des Medienhandelns kann nicht von vornherein davon ausgehen, daß nur die ökonomische Verwendungslogik für den Umgang mit Zeit bestimmend sei. Zeitallokationsmodelle der Freizeitsoziologie, quantitative Verfahren im Sinne der Zeitbudgetstudien (oft in Form von Tagesablaufstudien) besitzen einen eng begrenzten Wert und sind deshalb durch weitere Methoden zu ergänzen. Die Heterogenität der Zeitordnungen im Chronotop, die Tatsache, daß Medienhandeln wohl oftmals eine Parallelhandlung ist, sowie die unterschiedliche subjektive Erlebnisqualität und soziale Bedeutung von Zeit entziehen sich der Telemetrie wie der Zeitbudgetforschung.[64] Die Mikroperspektive werde ich erst am Ende meiner Untersuchung verlassen, um auf der Basis der gewonnenen Systematik die These von der Beschleunigung unserer Kultur und unseres Zeitbewußtseins durch moderne Kommunikationsmedien zu kritisieren.

---

62 Vgl. hierzu auch Silverstone (1993), S. 294

63 Hierauf hat Rühl hingewiesen, ohne jedoch einen überzeugenden Thematiserungsansatz anzubieten (vgl. Rühl (1992), i.b. S. 185).

64 Vgl. hierzu auch Neverla (1992b), S. 38-41

2 Zeit in der Kommunikations- und Publizistikwissenschaft

2.1 Einleitung

Die evidente, grundlegende Zeitlichkeit aller Kommunikationsprozesse hat in der Publizistik-, Medien- und Kommunikationswissenschaft merkwürdigerweise nicht dazu geführt, die Untersuchungsdimension Zeit in den Mittelpunkt der Betrachtung zu stellen. Lediglich einige zeitliche Qualitäten erfahren theoretisch und forschungspraktisch besondere Beachtung, während andere weitgehend ignoriert oder doch stark vernachlässigt werden. An zeittheoretisch fortgeschrittene soziologische Konzepte wird dabei nur sporadisch angeknüpft. Obgleich die Zeitlichkeit aller Kommunikationsprozesse freilich nirgends bestritten wird, gehört der Zeitcharakter in den Standardwerken und Lehrbüchern nicht zu den zentralen Definitionskriterien von Massenkommunikation. So führt beispielsweise Denis McQuail in seiner Soziologie der Massenkommunikation sieben Charakteristika auf. Die Möglichkeit der Massenmedien, "gleichzeitigen Kontakt" zwischen großen Menschenmengen herzustellen, wird hierbei an fünfter Stelle genannt.[1] Ferner geht er auf die unterschiedlichen Zeitbindungsmerkmale der Rundfunk- und der Printmedien ein, berücksichtigt jedoch die Speichermedien nicht.

In verschiedenen Einzel- und Gesamtmedientheorien wird die Zeitdimension in unterschiedlichem Maße und mit verschiedenem theoretischen Stellenwert angesprochen, insgesamt wird sie jedoch eher vernachlässigt und, soweit ich sehe, nirgends als übergreifender oder integrierender Aspekt von Medienkommunikation konzeptionalisiert. Diese grundsätzliche Kritik am Stand der Forschung teilen auch Schulz, Wilke, Bonfadelh und Majorie Ferguson.[2] Innerhalb der Publizistik- und Kommunikationswissenschaft hat das Thema Zeit erst in den letzten Jahren - vielleicht angeregt oder provoziert durch "fachfremde" Veröffentlichungen unterschiedlichster Art - an Bedeutung gewonnen. Dies zeigt ein Blick auf die einschlägigen Veranstaltungsprogramme und jüngere Veröffentlichungen zum Thema. Allerdings ist dabei eine deutliche Zentrierung auf das Fernsehen zu erkennen, weil hier die Zeitaspekte am augenfälligsten hervortreten. Gleichwohl sollte die Fernseh-Zentriertheit auch in diesem Feld der Kommunikationsforschung zugunsten einer breiter angelegten Analyse aufgebrochen werden.

Für die theoretische Untersuchung der medialen Konstruktion von Zeit werde ich - wo dies möglich ist - immer wieder sekundäranalytisch gewonnene Belege anführen. Diese empirischen Belege stammen aus Forschungstraditionen, die dem Faktor Zeit ganz unterschiedliche Stellenwerte und Funktionen zuschreiben. Die oben skizzierte Mikroperspektive einnehmend werde ich deshalb zunächst untersuchen, welche der

1 McQuail (1973), S. 13
2 vgl. Ferguson (1990), S. 153

vielfältigen und disparaten Ansätze der Publizistik- und Kommunikationswissenschaft Zeit überhaupt, sei es empirisch oder theoretisch, berücksichtigen.

Methodologisch kann Zeit in der Kommunikationstheorie und -forschung (1) als erklärender sozialer Faktor, (2) als kausales Bindeglied zwischen anderen Variablen, (3) als quantitativer und (4) als qualitativer Maßstab konzeptionalisiert und verwendet werden.[3] Die Rolle des sozialen Faktors nimmt Zeit entweder als Ressource im Rahmen zeitbudgetartiger Studien ein, oder sie dient als Grundlage eines individuellen oder gesellschaftlichen Zeitbewußtseins (partiell sogar des "Zeitgeistes"). Kausalität wird durch bloße zeitliche Abfolge begründet, wobei in unzulässiger Weise aus einer "früher-später"-Sequenz ein Ursache-Wirkungs-Verhältnis konstruiert wird. Die Zeit(achse) wird ferner zur Ordnung von Phänomenen eingesetzt. Als Maßstab kann Zeit Interval-, Ordinal- und Nominalskalen fundieren: Als Beispiele aus dem Medienbereich können Diffusionsraten (Intervalmessung), die kognitive Entwicklung von Kindern (Ordinalmessung) oder die Entwicklung gesellschaftlicher Kommunikationssysteme bzw. deren Vergleich (Nominalskala) gelten. Die Verwendung von Zeit als qualitativem Maßstab dient der Unterscheidung von sozialen Prozessen und sozialem Wandel.[4] Kline kommt zu dem Schluß, daß die Berücksichtigung von Zeit in all diesen Methodenmodellen dem Prozeßcharakter von Kommunikation völlig unangemessen bleibt. An diesem Mißstand aus den Tagen der psychologischen Laborexperimente haben auch neuere Panel-Verfahren nur wenig geändert.[5] Zu ergänzen bleibt das theoretische Defizit, denn Zeit wird in keinem der von Kline skizzierten Modelle auf ihre Bedeutung hinterfragt, sondern als naturhaft gegeben oder gar als nahezu "magisch" wirkend konzeptionalisiert.

Die mangelhafte Berücksichtigung der elementaren Zeitdimension betrifft nicht nur die Erforschung der elektronischen Medien, denen in der öffentlichen Debatte gleichwohl erhebliche Zeit-Effekte zugeschrieben werden, sondern ebenso die "alten" Medien. So benötigten die Vorläufer der Zeitungs- bzw. Publizistikwissenschaft rund 150 Jahre vom "Erscheinen der ersten periodischen Zeitung bis zur Entdeckung der Kategorien Periodizität und Kontinuität". Erst Joachim von Schwarzkopf bezeichnet 1795 in seinem Buch "Ueber Zeitungen" die Periodizität, Kontinuität und Aktualität als "konstituierende Merkmale der Zeitung".[6]

2.2 Zeit in der Medienwirkungsforschung

Die Ausgangsfragestellung der wissenschaftlichen Kommunikationsforschung findet ihre knappste Formulierung in der sog. Lasswell-Formel ("Who says what in which channel to whom with what effect?"), die bemerkenswerterweise keinerlei zeitliche Fragestellung expliziert: Weder auf den temporalen Prozeßcharakter noch auf dynamisch-historische Aspekte der Kommunikation wird hier eingegangen. Medienkommunikation wird unabhängig von der Zeitdimension konstruiert, und die empirische Kommunikationsforschung ist dieser Vorstellung lange Zeit gefolgt. Winfried Schulz faßt die klägliche Bilanz für die Zeit bis 1982 zusammen:

---

3 vgl. Kline (1977), S. 189-190 in Anschluß an Heirich (1964)
4 vgl. Kline (1977), S. 190-201
5 vgl. Kline (1977), S. 202-203
6 vgl. u. zit. Hömberg (1992), S. 94-95

"Zu den größten Defiziten der Wirkungsforschung allgemein gehört die theoretische und methodische Nachlässigkeit gegenüber den prozessualen Abläufen zwischen Medienkontakt und meßbarer Publikumsreaktion."[7]

Dafür, daß sich hieran bislang nicht allzuviel verändert hat, spricht das noch immer übliche Verständnis von Medienwirkungsforschung. Medienwirkungsforschung bezeichnet im üblichen Sprachgebrauch die konkreten Studien und theoretischen Erklärungsansätze bzw. Teilmodelle, die auf Nachweis, Beschreibung, Erklärung oder gar Prognose von medialen Wirkungen auf die Psyche des Individuums zielen, wobei den "Medieninhalten" besonderes Augenmerk geschenkt wird. Hierin liegen gleich zwei forschungslogische Einschränkungen, die zwei Defizite bezüglich der hier zur Debatte stehenden Fragestellung nach der Zeitdimension begründen: die Priorität der Medieninhalte gegenüber den Formen und die psychologische Forschungsperspektive. Die Konzentration auf die Medieninhalte (Aussagen als statische Produkte) führt zu einer weitgehenden Vernachlässigung der medialen Form (pragmatische und kognitive Prozesse). Erich Strassner, der für den Zeitraum von 1971 bis 1982 insgesamt nur 74 empirische Studien zur Wirkung der medialen Form erfassen konnte, bemerkt zu deren Ertrag kritisch: "Insgesamt läßt sich aus den vorgestellten Untersuchungen kein überzeugendes Bild über die Wirkung der medialen Darstellungsformen gewinnen."[8] Der Grund liegt nach Strassner in der "unzureichenden" theoretischen Fundierung und dem geringen theoretischen Ertrag der Empirie.[9] Doch selbst auf der Ebene der Erforschung von Wirkungen der Medieninhalte, kommt die Zeitdimension - buchstäblich - zu kurz. Lutz Erbring hat auf das erhebliche "Archivdefizit" bei den elektronischen Medienaussagen hingewiesen. Eine langfristige Medienwirkungsforschung ist schon aus diesem Grund vielfach unmöglich.[10]

Die zeitliche Form der Medien kann mit Fischer[11] und Maletzke als Zeitbindung von Film, Rundfunk und gedruckten Medien bzw. als "Freiheit oder Bindung in der Zeit" begriffen werden. Gebunden wird dabei das Medienhandeln der Nutzer oder Rezipienten an eine mediale Zeitordnung. Als weitere zeitliche Qualität von Medienangeboten nennt Maletzke "Live"- oder "Konserve"-Charakter. Von Bedeutung ist diese Unterscheidung jedoch erst dann, wenn der Rezipient von dieser Qualität weiß und wenn er sich "aktualitätsbewußt" verhält, er der Live-Berichterstattung also selbst eine besondere Bedeutung zumißt. Hieraus ergibt sich eine grobe Typologisierung der Massenmedien nach temporalen Gesichtspunkten:[12]

7 Schulz (1986), S. 91
8 Strassner (1986), S. 75
9 vgl. Strassner (1986), S. 80-81
10 vgl. Erbring (1986), S. 44. Allerdings ergeben sich zusätzliche Zweifel an den Möglichkeiten einer langfristigen Archivierung und an den entsprechenden inhaltsanalytischen Methoden der Aufbereitung, wenn man von der konstrutivistischen Kognitionstheorie ausgeht: Die (objektive) Rekonstruktion von subjektiven Sinnkonstruktionen kann inhaltsanalytisch retrospektiv wohl kaum gelingen.
11 vgl. Fischer (1929), S. 43 u. S. 90
12 vgl. Maletzke (1963), S. 174-179

	zeitgebundene Rezeption	"zeitfreie" Rezeption
Konserve	Schallplatte, Film Rundfunk	gedrucktes Wort
Live	Rundfunk	

Abb. IV. 2.1: "Zeitbindungs"-Typologie der Massenmedien nach Maletzke

Die Wurzeln der Wirkungsforschung liegen in der Psychologie, der zeitliche Aspekt spielt deshalb primär bei der Betrachtung von Aufmerksamkeits-, Ermüdungs und Konzentrationsverläufen eine Rolle.[13] Weil sich Medienkommunikation in einem zeitlichen Ablauf entfaltet, kam Maletzke 1963 zu dem lakonischen (Be-)Schluß: "Es bedarf keines Beweises, daß diese der Aussage immanente Zeitstruktur sich auch stark auf die psychische Zeit des Rezipienten auswirkt."[14] Ein Nachweis im wissenschaftlichen Sinne ist damit keineswegs erbracht. Die neueren kognitionspsychologischen Erkenntnisse deuten eher darauf hin, daß das Verhältnis medialer Zeitstrukturen und psychischer Zeitstrukturen (Zeitbewußtsein) weitaus vermittelter (nämlich als unspezifische Irritation) zu denken ist.

Heinz Bonfadelli sowie Karin Böhme-Dürr et al. haben jüngst die anhaltend defizitäre Thematisierung von Zeit in der traditionellen Wirkungsforschung bestätigt.[15] Die psychologische Medienwirkungsforschung arbeitet als Laborforschung bis heute lediglich mit sehr kurzfristigen Zeitvorstellungen, die empirische Feldforschung zieht zwar durch die verbreitete Panel-Methodik längerfristige Wirkungen in Betracht, doch schaltet sie den Faktor Zeit als erklärende Variable durch die zeit*punkt*bezogene Erhebung geradezu aus.[16] Dazu ist sie schon aus forschungsökonomischen und zum Teil auch wissenschaftsethischen Gründen letztlich gezwungen: Eine permanente (teilnehmende) Beobachtung würde sicherlich nicht nur die Ergebnisse verfälschen, sondern auch den Beobachtungs"objekten" nicht zuzumuten sein. Zeitreihen-Verfahren und Vollzeiterhebungen von Kommunikationsprozessen führen - besonders im Fall von Bewegtbild- oder Mehrkanalkommunikation - zu ungeheuren Datenmengen. Der Vielschichtigkeit der Kommunikate läßt sich anschließend inhaltsanalytisch - wenn überhaupt - nur sehr schwer gerecht werden.[17]

Das zweite Defizit ergibt sich bezüglich der *sozialen* Zeitdimension, wenn Medienwirkungsforschung erst in einem zweiten Schritt (dem der methodisch kritisierbaren *Aggregierung* von Daten) nach *sozialen* Medienwirkungen fragt. Die Erforschung sozialer Medienwirkungen sieht sich mit der Zeitdimension konfrontiert, die besonders von drei Ansätzen explizit in die Betrachtung einbezogen wurde:

(1) Die Schwierigkeiten, manifeste und kurzfristige Medienwirkungen empirisch zu beweisen, haben zur Entwicklung von Hypothesen über zeitlich und sozial gestufte

13 vgl. Maletzke (1963), S. 156-157
14 Maletzke (1963), S. 169
15 vgl. Bonfadelli (1992), S. 139; Böhme-Dürr / Emig / Seel (1990), S. 12
16 vgl. hierzu auch Bonfadelli (1992), S. 152
17 vgl. hierzu bspw. Frey / Bente (1989)

("two-step-flow", "multi-step-flow"), verzögerte ("sleeper effect")[18] oder langfristige (eher latente) Medienwirkungen geführt, von denen vor allem die Hypothese von der wachsenden Wissenskluft zu nennen ist. Wie in allen sozialisationstheoretischen Modellen werden hierbei längere Zeiträume als Erklärungshintergrund gefordert. Zudem wird die gesamte Betrachtung dynamisiert, d.h. es kommt zu kumulativen oder gar akzellerierenden Effekten, etwa wenn "die Gebildeten" neue Wissenselemente aus den Medien gewinnen, die sie wiederum in die Lage versetzen, die folgenden Angebote effektiver oder schneller zu rezipieren usw.

(2) Unter Agenda-Setting wird bekanntlich die themensetzende Funktion der Massenmedien verstanden, wobei sich hier allerdings die "Huhn oder Ei"-Frage als letztlich unlösbar erweist: Wenn man das Mediensystem nicht als ausschließlich selbstreferentielles System betrachtet (autopoietische Geschlossenheit), dann korrelieren Medieninhalte - wenn auch auf partiell unspezifische Weise - mit Phänomen unserer sozialen Umwelt. Themensetzung erfolgt also nicht völlig willkürlich, so wenig wie soziale Tatsachen zwangsläufig zu Medienthemen werden müssen. Die Frage des initialen Ereignisses ist deshalb nicht beobachterunabhängig zu lösen; schon die Wahl des Untersuchungszeitraumes (und der analysierten Medien) kann zu gegenteiligen Ergebnissen führen. Zeitliche Verläufe spielen bei der Betrachtung von Themenkarrieren zwar eine wichtige Rolle, doch bleibt hier die Frage offen, was das chronometrische Erfassen und Beschreiben der Karriere als zeitlicher Verlauf erklärt. Wenn sich idealtypisch mehrere charakteristische Verläufe der Thematisierung beobachten lassen, so reicht die chronometrische Konzeption von Zeit zur Beschreibung solch komplexer Zeitgestalten nicht mehr aus.

(3) Die Diffusion von Nachrichten verläuft im allgemeinen ebenfalls in einer typischen Zeitgestalt: Die Anfangsphase ist durch eine eher langsame Verbreitung gekennzeichnet, die sich dann jedoch bedeutend beschleunigt, um gegen Ende eine Art Sättigungspunkt zu erreichen.

> "Das Mediensystem kann beispielsweise in der Anfangsphase eines Diffusionsprozesses beschleunigend wirken, wenn alle Medien konstant, kumulativ und mit hoher Frequenz sowie großer Publizität über ein von ihnen als wichtig definiertes Ereignis ... berichten. Umgekehrt kann etwa die Segmentierung des Mediensystems in Elite- und Massenpresse den Diffusionsprozeß in der Initialphase verlangsamen ..."[19]

Alle heute noch ernstzunehmenden Hypothesen über die Medienwirkung benötigen ein komplexeres Zeitkonzept, als es in Form der abstrakt-linearen und homogenen Zeit den empirischen Studien tatsächlich zugrundeliegt.

2.3 Zeit in der Mediennutzungsforschung

Die Auseinandersetzung mit Hypothesen, Modellen und Ansätzen, die von einem aktiven Mediennutzer oder -rezipienten ausgehen, besitzt im Rahmen dieser Arbeit einen besonderen Stellenwert, zumal hier eine enge Verbindung zur kognitions-

---

18 Der Sleeper-Effect beschreibt eine zeitverzögerte Medienwirkung, bei der die Informationsquelle schneller vergessen wird als die Botschaft, die einer Reaktivierung trotzdem zugänglich ist (vgl. Doob (1971), S. 89 mit Verweis auf Hovland, Carl I. / Janis, Irving L. / Kelley, Harold H.: Communication and Persuasion. New Haven 1953, S. 253-259).

19 Bonfadelli (1992), S. 146

theoretischen Basis des Konstruktivismus besteht. Zunächst sollen die konzeptionellen und theoretischen Grundlagen der Mediennutzungs- und Rezipientenforschung daraufhin untersucht werden, ob und auf welche Art sie die zeitlichen Aspekte des Medienhandelns berücksichtigen. Konkrete Forschungsergebnisse werden hier noch nicht referiert, sie werden im Verlauf der weiteren Argumentation als Belege für die theoretische Beschreibung und Erklärung des Medienhandelns herangezogen.

Unstrittig in der Mediennutzungsforschung ist, daß die Nutzung von Medien durch die Rezipienten als Prozeß eine evidente zeitliche Komponente besitzt; über deren Bedeutung und Erforschung bestehen allerdings durchaus unterschiedliche Ansichten. Die praktische Mediennutzungsforschung besteht, zumal wenn sie direkt wirtschaftlichen Interessen dient, methodologisch weitgehend aus Zeitbudgetstudien oder verwandten Verfahren, in denen vor allem die zeitlichen Qualitäten Dauer, Häufigkeit und partiell die zeitliche Verteilung (timing) erfaßt werden. Im Mittelpunkt des Interesses stehen Fragen der Zeitallokation für verschiedene Mediennutzungen in Abhängigkeit von soziodemographischen, insbesondere konsumrelevanten Merkmalen sowie die Zeitallokation bestimmter gesellschaftlicher "Gruppen" (im Sinne statistischer Aggregate). Üblicherweise werden bei solchen Studien die Nutzungszeiten einzelner Medien abgefragt bzw. erhoben (retrospektive Selbsteinschätzung oder Tagebuch). Aufgrund dieser Daten können dann absolute und relative Mediennutzungsdauern unterschiedlicher Gruppen (auf der Ebene aggregierter Daten) errechnet werden. Typisch für ein solches Vorgehen sind die Arbeit von Hornik / Schlinger (1981), die klassischen Studien des bekannten nordamerikanischen Zeitbudgetforschers John P. Robinson[20] sowie alle telemetrischen Verfahren. Jenseits solcher Feldforschung werden Laborstudien durchgeführt, die für den Zweck dieser Arbeit von vornherein ausgeschlossen werden können, da hier keine Aufschlüsse über *alltägliches* Medienhandeln erwartet werden können.[21]

Ausgehend von der bereits vorgetragenen Kritik (vgl. Teil III, Kap 7) kann das alltägliche Medienhandeln der Nutzer und Rezipienten nicht hinreichend als Allokation von Zeitressourcen für die Medienzuwendung interpretiert werden. Deshalb reichen auch im Feld der Medienforschung Zeitbudgetstudien zur Beschreibung oder gar Erklärung keineswegs aus. Auf die theoretischen und methodischen Defizite und Irrtümer dieser Verfahren bin ich an anderer Stelle ausführlich eingegangen, so daß ich mich hier auf die Kritik von Untersuchungen konzentrieren kann, die sich speziell mit kommunikationswissenschaftlichen Problemen befassen und zum Teil zu den Standardwerken zu rechnen sind. Es handelt sich um (1) die fernsehspezifischen Arbeiten der Zeitbudgetforscher, insbesondere einige beispielhafte Aufsätze von John P. Robinson, (2) die AWA, (3) die MA und (4) die Langzeitstudie Massenkommunikation von Berg / Kiefer. Abschließend werde ich dann noch kurz auf die gebräuchlichsten (5) telemetrischen Verfahren eingehen.

Im Anschluß an diese - üblicherweise der quantitativen empirischen Kommunikationsforschung zugeordneten - Basisstudien werde ich mich mit den theoretischen Konzepten und einigen empirischen Studien auseinandersetzen, die sich unter dem Rubrum "motivationale Ansätze"[22] summieren lassen.

---

20 Robinson (1972)
21 vgl. für viele Kubey / Csikszentmihalyi (1990), S. 48
22 Hierzu zählt Drabczynski den Uses-and-Gratifications-Approach und den Nutzenansatz (vgl. Drabczynski (1982), passim).

2.3.1 Zeitbudgetforschung und Telemetrie

Für alle Erhebungsmethoden der Publikums- und Rezipientenforschung, die sich auf Tagebücher und Umfragtechniken stützen, gilt, daß die Erfassung zeitlicher Abläufe nur in relativ grobmaschigen Rhythmen möglich ist. Während telemetrische Verfahren eine kontinuierliche, potentiell sekundengenaue Erfassung von Ein- und Umschaltungen erlauben, geben Telefonabfragen eine genaue, aber diskontinuierliche Momentaufnahme wieder. Die meisten Fragebögen[23] basieren auf 15-Minuten-Abschnitten, eine Einteilung, die mir durchaus zweifelhaft erscheint, wenn sie sich auf die Selbstauskunft über den vergangenen Tag bezieht. Selbst bei der unterstützenden Vorlage von Programmzeitschriften kann es zu Verzerrungen kommen, etwa wenn innerhalb einer Sendedauer ein- oder mehrmals das Programm gewechselt wurde oder wenn statt tatsächlichem Verhalten Programmpräferenzen reproduziert werden. In jedem Fall handelt es sich beim Viertelstundenraster (wie bei allen von Beobachtern willkürlich gewählten Intervallen) um eine künstliche Periodisierung, der implizite Annahmen zugrundeliegen, dich ich für äußerst problematisch halte: die Aktivitätserfassung im Viertelstundenraster strukturiert den *ganzen* Tag (oder Erhebungszeitraum) *aller* Untersuchungsteilnehmer einheitlich. Zeit wird als abstrakt, homogen und linear vorausgesetzt, die einzelnen Viertelstundenabschnitte gelten als gleichwertig und verrechenbar. Tätigkeiten, die von kürzerer Gesamtdauer sind oder solche, die spasmodischen Charakter besitzen, also Brücken zwischen den Intervallen bilden, ohne auch nur eines davon auszufüllen oder wesentliche zu beanspruchen, werden systematisch ignoriert. Abgebrochene, unterbrochene und wiederaufgenommene Handlungsbögen "rutschen durch das Gitter" der Beobachtungsintervalle, auch wenn sie durchaus tagesgestaltende Bedeutung haben können. Die objektivierte Zeit des wissenschaftlichen Beobachters oder des zur systematischen Selbstbeobachtung angehaltenen Akteurs hat nur noch wenig mit der Zeit des lebensweltlichen Akteurs gemein. Nicht erlebnis- und handlungstrukturierende Momente, sondern Dauern werden abgefragt. Die Inkongruenz von lebensweltlicher Zeitkonstruktion des Akteurs und wissenschaftlicher Beobachterkonstruktion ist sicherlich eine generelle, nicht behebbare Differenz, doch kommt im Falle der Zeitkonstruktionen ein besonderes Problem hinzu: die chronometrische, zeitökonomische Konzeption, die der wissenschaftlichen Beobachtung zugrundeliegt, gleicht *einigen* Phasen und Elementen lebensweltlicher Zeitkonstruktionen, während sie *anderen* widerspricht. Die Akteure teilen diese Sicht grundsätzlich und zu verschiedenen Zeiten in unterschiedlichem Ausmaß, so daß die "Verzerrung" (Inkongruenz der Konstruktionen) keine systematische (d.h. systematisch behebbare) ist.

Diese Schwächen von Fragebogen und zum großen Teil auch von Tagebüchern gelten für Zeitbudgetstudien ebenso wie für die hier zu kritisierenden AWA, MA sowie die Stichtagserhebung der Langzeitstudie Massenkommunikation. Beim Tagebuchverfahren, das für die Testpersonen einen erheblichen Aufwand bedeutet, treten weitere Probleme hinzu, die hier nicht ausführlich erörtert zu werden brauchen.[24] Verfahren der teilnehmenden Beobachtung oder der Video- und Fotoüberwachung sind bislang nur vereinzelt, meist zur Überprüfung anderer Erhebungsmethoden eingesetzt

23 MA, AWA, Langzeitstudie Massenkommunikation und die Studie "Fernsehen und Alltag" durch Buss et al. und für Österreich vgl. Zehetner (1992), S. 68-69).

24 vgl. hierzu bspw. Webster / Wakshlag (1985), S. 40-42

werden. Sie werfen erhebliche forschungsethische Probleme auf, und ihre Ergebnisse dürften in starkem Maße unter dem Phänomen der Reaktanz leiden.[25]

(1) John P. Robinson gilt wohl zu Recht als einer der führenden **Zeitbudget**forscher, seine Studien gelten neben dem multinationalen Zeitbudgetprojekt als die bedeutendsten. Auf nationaler Grundlage und international vergleichend wird die Zeitallokation im sog. Freizeitbereich erhoben. Dabei werden auch die Werte von Fernsehbesitzern und Nichtbesitzern miteinander verglichen und langfristige Vergleiche gezogen. Hauptergebnis solcher Untersuchungen ist, daß die Nutzung des Fernsehens zu den weitverbreitetsten Freizeittätigkeiten gehört, aber mittlerweile eine Sättigung eingetreten ist.[26] Die Einschaltdauer oder Nutzungsdauer des Fernsehens wird als Sehdauer begriffen und macht statistisch gesehen etwa die Hälfte der Freizeitdauer aus. Die Sehdauer wird dann in Beziehung gesetzt zu soziodemographischen Variablen.[27] Sowohl die implizite Definitionen von "Fernsehen" als auch die explizite Definition von Zeit, die diesem Typus von Forschung zugrundeliegen, halte ich für problematisch: "Fernsehen" wird gleichgesetzt mit der Betriebsdauer eines elektrischen Gerätes, der Dimension des Handelns mit ihren Qualitäten (Aufmerksamkeit, Selektivität etc.) wird keinerlei Beachtung geschenkt. Bezeichnend für die Auffassung von Zeit sind dabei Formulierungen wie "consuming ... time"[28], also *Ver-* statt *Ge*brauch von Zeit. Das Fernsehen wird - gestützt durch den langfristigen Vergleich statistischer Daten für die Nutzungsdauer - als "colonizer of free time in the daily lives"[29] verstanden, der das knappe Gut (Frei-)Zeit vernichtet. Die Qualität der begleitenden Handlung und der Zeitvertiefung gerät völlig aus dem Blick, wenn man wie Sahin und Robinson zu dem Schluß kommt: "Because of the 'zero sum' nature of time, the more time spent on one activity (such as television), the less must necessarily be spent on other activities. Hence television time is generally correlated negatively with time on other activities."[30] Die Dauern von Medienhandlungen völlig unterschiedlicher Qualität (wie Fernsehen, Zeitschriftenlektüre und Buchlektüre) werden einfach auf "per-minute basis" verrechnet.[31] Die Möglichkeit, die Tagebuchmethode auch zum Erfassen von Nebentätigkeiten einzusetzen, wurde in der Forschung nur sporadisch genutzt, wie Robinson selbstkritisch anmerkt.[32]

Die wenigen vorliegenden, meist explorativen Studien, die auf der Videobeobachtung von Fernsehhaushalten beruhen, lassen zudem erhebliche Zweifel an der Zuverlässigkeit der Tagebuch- und Stichtagserhebungsmethoden aufkommen.[33] Außer der - methodisch durchaus fragwürdigen - Ermittlung von Sehdauern haben die Zeitbudget- und -allokationsstudien nur wenige Erkenntnisse über die zeitlichen Qualitäten des Medienhandelns erbracht, auf die ich bei der Beschreibung der zeitlichen Qualitäten des Medienhandelns noch eingehen werde.

---

25 vgl. hierzu auch Webster / Wakshlag (1985), S. 45-46
26 vgl. z.B. Robinson (1972), S. 410-431
27 vgl. Robinson (1977), S. 100-101
28 Robinson (1977), S. 173
29 Sahin / Robinson (1980), S. 87 sowie ähnlich S. 89
30 Sahin / Robinson (1980), S. 92
31 Robinson (1977), S. 176
32 vgl. Robinson (1981), S. 121
33 vgl. die Untersuchung von Bechtel / Achelpohl / Akers (1972); beim Vergleich von Tagebuchangaben mit der Videobeobachtung eines Haushaltes ergaben sich Diskrepanzen von bis zu 25 %. Antworten auf die Frage nach dem Fernsehen am Vortag erwiesen sich als noch unzuverlässiger.

(2) Die Allensbacher Markt-Analyse/Werbeträger-Analyse (AWA) beruht auf einer ausführlichen, im Durchschnitt zweistündigen, mündlichen Befragung (strukturierter Fragebogen) von 19.139 Personen und ist repräsentativ für die deutsche Bevölkerung über 14 Jahre.[34] Neben den Medienreichweiten (meist bezogen auf die letzten vier Wochen; für Kino, Zeitschriften, Supplements, Wochen- und regionale Abozeitungen unbegrenzt), die zeitlich nicht genauer qualifiziert werden (Dauer, Lokalisation im Tagesablauf, Funktionen und Gratifikationen etc. bleiben offen),[35] weist sie zwar 58 verschiedene Freizeittätigkeiten (AWA 1991) aus. Dabei handelt es sich jedoch um Konsumentenmerkmale, die nicht im Zusammenhang mit alltäglichen Handlungsstrukturen und mit dem Medienhandeln interpretiert werden. Alle Tätigkeiten werden, differenziert nach den üblichen soziodemographischen Merkmalen, lediglich nach dem Muster "mache ich häufig" / "mache ich ab und zu" bzw. "gar nicht" abgefragt. Korrelationen mit Mediennutzungen, deren zeitliche Qualitäten ebenfalls nicht erfaßt werden, werden nur auf der Aggregatebene ausgewiesen, also für bestimmte soziodemographische Gruppen, nicht jedoch für "Typen".[36]

(3) Die jährlich im Interesse der Werbewirtschaft und der Programmplanung durchgeführte **Media-Analyse (MA)** ist eine für die Bevölkerung der Bundesrepublik über 14 Jahren repräsentative Tagesablaufstudie. Auf der Basis von 33.764 (MA 1992) standardisierten Interviews werden die medialen und nicht-medialen Tätigkeiten "im eigenen Haushalt" (Schlafen, Anziehen/Körperpflege, Essen, Haushalt/Beruf, Freie Zeit/Sonstige Tätigkeit) und "außerhalb des eigenen Haushalts" (Autofahren, Einkauf, Beruf/Arbeit, Schule/Studium, Essen, Freizeit/Sonstige Tätigkeiten) in einem Viertelstundenraster nachträglich (Vortag) erhoben und Durchschnittswerte für soziodemographisch definierte Gruppen errechnet.[37] Dabei werden "Reichweiten" sowohl für die spezifischen Medien als auch für die Freizeittätigkeiten nach Wochentagen getrennt angegeben. Verweildauern für diese Tätigkeiten und die Hör- und Sehdauer (nicht jedoch die Printmedien) werden für die tatsächlichen Nutzer ausgewiesen.

Die Erfassung zeitlicher Qualitäten ist aber auch bei der MA recht reduziert: Lediglich ungefähre Dauer (Genauigkeit: Viertelstunde!) und Zeitpunkt der Nutzung (Timing im 15-Minutenraster) können durch die Befragung (von methodischen Erhebungsproblemen einmal abgesehen) erfaßt werden.[38] Die Auswertung und Darstellung der Ergebnisse resultiert in Werten für den "weitesten Hörer-/Seherkreis" (also die Reichweite für die 2 Wochen vor der Befragung), die "Hörer/Seher gestern" (zwischen 5 und 24 Uhr) und die Hör-/Sehdauer in Minuten (für die Hörer/Seher gestern, jeweils gerundet über die Viertelstundenabschnitte und als "Verweildauer" umgerechnet auf die tatsächlichen Nutzer). Reichweiten (in %) und Verweildauern können tages- und wochenzeitlich differenziert werden. Beide Angaben werden zudem aufgrund der üblichen soziodemographischen Variablen für unterschiedliche Gruppen ausgewiesen. Tagesablaufkurven, die die Reichweite bestimmter Medien im Tagesablauf darstellen, können dann mit den anderen Aktivitäten in einen Korrelations-Zusammenhang gebracht werden.

---

34 vgl. AWA'92, Berichtsband IV, S. 173-177
35 vgl. AWA'92, Berichtsband IV, S. 192
36 vgl. Allensbacher Werbeträger-Analyse. 1991
37 vgl. Baldauf / Klingler (1993), S. 410
38 Auf die Unzuverlässigkeit von Antworten auf die Frage nach der Mediennutzung am Vortage habe ich bereits hingewiesen.

(4) Das bedeutendste Verdienst der **Langzeitstudie Massenkommunikation** liegt sicherlich in der Erhebungs- und Methodenkontinuität, die einen langfristigen Vergleich der Mediennutzungsgstrukturen von 1964 bis 1990 (und darüber hinaus) erlauben. Mit dieser Art der Langzeitstudien wird es möglich, Medienhandeln und sozialen Wandel, einschließlich des medienstrukturellen Wandels, miteinander in Beziehung zu setzen. Allerdings erweist sich die Studie in anderer Hinsicht als weitaus weniger "zeitsensibel", wie eine kritische Betrachtung auf der Basis der Studie von 1992 (1964-1990) zeigt:

Zunächst ist anzumerken, daß die Langzeitstudie nicht wirklich das Medienhandeln der Nutzer erhebt, sondern das Verhalten des Publikums (als Aggregat) in den Mittelpunkt stellt, weil sie ganz auf Repräsentativität und nicht auf das "Verstehen von subjektiv gemeintem Sinn" ausgerichtet ist. Ähnlich wie bei der MA werden Tagesabläufe (mediale und nicht-mediale Tätigkeiten anhand einer vorgegebenen Liste) in Viertelstundenzeiträumen bezogen auf den Vortag (5 bis 24 Uhr) in rund 6.000 Interviews rekonstruiert. Für die Tageszeit zwischen 24 und 5 Uhr werden lediglich die Mediennutzungen (Hörfunk, Fernsehen, Zeitung) in Viertelstundenintervallen erfaßt, aber offensichtlich nicht ausgewertet bzw. veröffentlicht. Der Erhebungszeitraum liegt immer im Spätsommer und Herbst (1990: Mitte September bis Ende November), so daß jahreszeitliche Rhythmen des Medienhandelns nicht erfaßt werden können. Auch wöchentliche Rhythmen entgehen der Untersuchung, da Durchschnittswerte für alle Werktage gebildet werden und die Wochenenden (Sonntag) erstmals 1990 überhaupt erfaßt wurden![39]

Berg / Kiefer übernehmen (vermultlich aus Gründen methodischer Kontinuität) eine problematische Freizeitdefintion. Freizeit ist bei ihnen eine Residualkategorie (24 Stunden abzüglich Essen, Schlafen, Berufs- und Hausarbeit inklusive Wegzeiten). Tätigkeiten persönlicher Reproduktion, ungleiche soziale Verteilung von Zeiten, Zuordnungsprobleme (besonders bei Paralleltätigkeiten) werden nicht berücksichtigt; die statistische Abnahme der durchschnittlichen "Produktionszeiten" führt durch dieses zeitökonomische Modell automatisch zu einer Zunahme der "Freizeit". Die Daten zur Entwicklung des "Freizeitbudgets" sind nicht gewichtet, d.h. etwaige Effekte durch demographischen Wandel, konjunkturelle Arbeitsmarktprobleme etc. sind nicht berücksichtigt. Das "Freizeitbudget" ergibt sich bei Berg / Kiefer, indem die Summe der "Freizeiten" der Befragten addiert und dann wieder auf alle Befragten "verteilt" wird. Dieses Verfahren ist bezogen auf die Erhebungswelle zwar repräsentativ, doch trifft es die tatsächliche Verteilung von Zeiten nicht. Wenn beispielsweise 1990 in eine repräsentative Stichprobe nur noch 30 % Erwerbstätige ("Zeit-arme") fielen, so ergeben sich insgesamt höhere Freizeitbudgets als 1970, wenn dort beispielsweise 40 % der Grundgesamtheit und der Befragten erwerbstätig gewesen wären. Die Tatsache, daß es vielleicht heute mehr (oder weniger) Rentner oder Arbeitslose ("Zeitreiche") gibt als vor 10 oder 20 Jahren, sagt nichts über die Freizeit der Erwerbstätigen, der Hausfrauen etc. aus, die nicht an der "Freizeit" einer Rentnerin oder eines Arbeitslosen partizipieren. Freizeitbudgets können als sinnvolle Größe nicht als Durchschnitt über alle Gruppen hinweg gebildet werden, weil die Ergebnisse dieser Rechnungen nichts mit dem Freizeitbudget (als indivdiuell verwendbarer Zeit) zu tun haben. Diese theoretisch unbefriedigende Operationaliserung führt denn auch

39 vgl. Berg / Kiefer (1992), S. 17-18 und S. 378-379

zu Interpretationsproblemen: (a) Es sind gerade spezifische sozio-demographische Gruppen, von denen - weil ihr Anteil an der Gesamtbevölkerung gestiegen ist, und nicht weil sie mehr Freizeit haben als vor 20 Jahren - veränderte Reichweiten und zeitliche Nutzungsmuster ausgehen, die auf das Gesamtergebnis "durchschlagen", wenn die Stichprobe repräsentativ ist. Jugendliche und Menschen über 60 Jahre sind für die Reichweitenzuwächse, die Verlängerung der Verweildauer und (die Jugendlichen) für eine tageszeitliche Vorverlegung der Fernsehnutzung "verantwortlich".[40] (b) Bei wachsender "Freizeit" und geringer gewachsener Mediennutzungsdauer sollte man erwarten, daß die zusätzliche Mediennutzung problemlos in der reichlicher vermehrten Freizeit stattfindet. Doch die Daten von Berg / Kiefer belegen eine andere Entwicklung. Selbst wenn man von einer durchschnittlichen täglichen "Freizeit" von fast 8 Stunden ausgeht, hat sich der Anteil der Mediennutzung außerhalb der Freizeit stärker vergrößert als der Anteil, der auf die Freizeit entfällt.

Die Behandlung von Freizeit als Residualkategorie führt zu einer täglichen Freizeitdauer von nahezu acht Stunden (alleine in der Zeit von 5 bis 24 Uhr), ein Wert der wenig plausibel erscheint (vgl. Abb. IV. 2.2). Fragt man die Selbsteinschätzung der Freizeitdauer ab, so kommt man auf weitaus geringere Werte. Dies zeigen die Daten einer repräsentativen Umfrage des ifak-Instituts,[41] die in Abb. IV. 2.3 wiedergegeben sind.

Der Befund, nach dem sich die Mediennutzungszeit außerhalb der Freizeit seit 1964 nahezu verdoppelt hat, während die Mediennutzung innerhalb der Freizeit "nur" um ein gutes Drittel angestiegen ist, deutet auf eine Funktion (oder einen Funktionswandel) der Medien hin, der sich nicht anhand des Gegensatzes von "Regenerations-, Produktions- und Freizeiten" verdeutlichen läßt. Medien besitzen Tagesbegleitfunktion, vor allem während der "Regene-rationszeiten".

Berg / Kiefer weisen - wie andere Untersuchungen auch - Verweildauern für die aktuellen Medien aus, ohne etwas über deren Struktur sagen zu können (vgl. Abb. IV. 2.4). Die Frage, ob die Mediennutzung en bloc oder gestreut (und nach welchem Muster verteilt) über den Tag erfolgt, bleibt offen. Sogar die zeitliche Lokalisation - obgleich in Zusammenhang mit der Dauer erhoben - wird nicht mit den Verweildauern verbunden und beispielsweise flächenrepräsentativ dargestellt.

Die Darstellungen des Tagesverlaufs der Mediennutzung beziehen sich auf das Publikum als Aggregat, d.h. es wird eine Reichweitenkurve nach Medien und Tageszeit erstellt. Auskunft über die Phasen, in denen die längsten Verweildauern für ein Medium liegen, lassen sich daraus nur hypothetisch ableiten. Bezogen auf einen Haushalt oder ein Individuum müßte eine Tagesverlaufskurve des Medienhandelns nämlich andere Parameter aufweisen. Die "Reichweite" kann auf das Individuum bezogen nur zwei Werte (ja/nein) annehmen, wenn man einmal die Skalierung der Aufmerksamkeit außer Acht läßt. Wichtige Größen sind zeitliche Lokalisation (Zeitpunkte), Dauer, Art und Einbettung des Medienhandelns in den Alltagsablauf anderer medialer und nicht-medialer Handlungen (und Bedürfnislagen). Solch sub-

40 vgl. Berg / Kiefer (1992), S. 100-101

41 Die Untersuchung wurde vom 20.10. bis 18.12.92 im Auftrag der Stiftung Lesen in Zusammenarbeit mit dem Börsenverein des Deutschen Buchhandels, dem Deutschen Bibliotheksinstitut und dem Zentrum für Kulturforschung auf der Basis eines für die über 14jährige Bevölkerung der BRD in Privathaushalten reprsäsentativen Samples (ADM, n = 2738) durchgeführt. vgl. Franzmann / Löffler (1993), S. 454-455

jektbezogenen "Tagesgestalten" sind aus den aggregierten Daten der Langzeitstudie (wie der anderen repräsentativen und telemtrischen Untersuchungen) nicht mehr rekonstruierbar. Eine methodologische Ergänzung und Vertiefung durch Sonderauswertungen (etwa nach sozio-demographisch definierten Gruppen), Tagebuchverfahren und Tiefeninterviews mit dem Ziel, "idealtypische Tagesverläufe" zu konstruieren, wäre hier dringend geboten. Vergleichbares gilt für die Wochen- und Jahresverläufe, die für die Rundfunkmedien und nur bruchstückhaft für die Printmedien (z.B. Tagesverläufe bei Berg / Kiefer und Jahresverläufe indirekt über die Absatzzahlen der IVW-Auflagenmeldungen) vorliegen.

	1964	1970	1974	1980	1985	1990
Allgemeine Tätigkeiten - Sammelkategorien						
Regeneration	6:20	6:06	4:48	4:45	4:31	4:57
Produktion	7:54	7:04	6:49	6:25	6:29	6:23
Freizeit	5:41	6:15	6:53	7:29	7:38	7:59
Mediennutzung						
Tageszeitung lesen	0:35	0:35	0:38	0:38	0:33	0:30
Radio hören	1:29	1:13	1:53	2:15	2:34	2:57
Fernsehen	1:10	1:53	2:05	2:05	2:01	2:13
die drei Medien gesamt*	3:08	3:34	4:26	4:46	4:55	5:27
Mediennutzung und Freizeit						
Zeitung lesen in der Freizeit	0:21	0:22	0:21	0:22	0:17	0:17
Zeitung lesen außerhalb der Freizeit	0:14	0:13	0:17	0:17	0:16	0:14
Radio hören in der Freizeit	0:36	0:26	0:37	0:44	0:57	0:63!
Radio hören außerhalb der Freizeit	0:53	0:47	1:15	1:32	1:38	1:58
Fernsehen in der Freizeit	1:04	1:41	1:54	1:54	1:50	2:01
Fernsehen außerhalb der Freizeit	0:06	0:12	0:12	0:11	0:12	0:13
Mediennutzung in der Freizeit gesamt	1:56	2:26	2:47	2:54	2:58	3:15
Mediennutzung außerhalb der Freizeit gesamt	1:12	1:08	1:39	1:52	1:57	2:12

* bei gleichzeitiger Nutzung von zwei Medien wurde für diesen Summenwert nur jeweils ein Medium gezählt

Abb. IV. 2.2: Zeitaufwand für allgemeine Tätigkeiten und Mediennutzung pro Werktag (Mo-Sa) 1964-1990/ Stunden:Minuten - alte Bundesländer[42]

42 Quelle: Berg / Kiefer (1992), S. 43

"freie Zeit"	Mo-Fr	Sa	So
Gesamt	4:19	6:32	7:47
West	4:24	6:39	8:03
Ost	4:03	6:07	6:51
14- bis 19jährige	4:42	8:10	9:11
20- bis 29jährige	3:49	6:46	8:05
30- bis 39jährige	3:26	5:37	7:03
40- bis 49jährige	3:46	6:14	7:40
50- bis 59jährige	4:03	6:10	7:31
Über 60jährige	5:42	6:57	7:54
Volksschule ohne Lehre	5:27	7:01	8:14
Volksschule mit Lehre	4:25	6:28	7:50
Weiterführende Schule	3:55	6:17	7:28
Abitur und Hochschule	3:56	6:51	7:59
Männer	4:23	6:57	8:16
Frauen	4:16	6:11	7:22

Frage: "Wenn Sie an einen normalen Werktag/Samstag/Sonntag vom Aufstehen bis zum Schlafengehen denken und an die Zeitabschnitte, in denen Sie nicht mit Arbeit, Beruf oder sonstigen Alltagspflichten beschäftigt waren, wieviel kommt dann an freier Zeit zusammen?"

Abb. IV. 2.3: Zeitbudget für Freizeitaktivitäten nach Selbsteinschätzung 1992 (Angaben in Stunden: Minuten)[43]

Personen, die am Stichtag ... haben	1964	1970	1974	1980	1985	1990
Radio gehört	2:11	1:47	2:41	3:15	3:22	3:42
ferngesehen	2:29	2:17	2:40	2:42	2:50	2:49
Zeitung gelesen	0:52	0:48	0:52	0:51	0:45	0:39

Abb. IV. 2.4: Verweildauer für die Nutzung aktuelle Medien (Mo-Sa) 1964-1990 (Angaben in Stunden:Minuten); Stichtagsnutzer - alte Bundesländer[44]

Trotz aller methodologischer Einschränkungen und inhaltlicher Defizite, die ich - bezogen auf das Erkenntnisinteresse dieser Arbeit - an der Studie von Berg / Kiefer vorgebracht habe, ergeben sich sekundäranalytisch betrachtet doch einige interessante Befunde bzw. Hinweise, auf die ich in den folgenden Kapiteln eingehen werde.

(5) Nach dem Sendebeginn des ZDF 1963 und aufgrund des daraus entstehenden, begrenzten Wettbewerbs um Werbekunden und Publikum setzte die **telemetri-**

43 Quelle: Franzmann / Löffler (1993), S. 455
44 Quelle: Berg / Kiefer (1992), S. 44

sche Fernsehforschung in der Bundesrepublik ein. Bis 1975 wurden (vor allem durch infratam) lediglich die programmbezogene Einschaltdauer sowie die Zeitpunkte des Ein- und Ausschaltens der Fernsehgeräte erfaßt. Erst ab 1975 wurden diese Daten (durch Teleskomat und ab 1979 durch TeleMetron-Geräte der Teleskopie) personalisiert: In den 1200 bzw. 1600 ausgewählten Haushalten konnten (und sollten) sich nun alle Nutzer (über drei Jahre) bei ihrem Ein- und Ausschaltverhalten identifizieren. 1985 wurde das repräsentative Sample durch die GfK-Fernsehforschung auf 2800 Haushalte ausgeweitet. Die elektronischen GfK-Meter erfassen automatisch Ein- und Ausschalten des Gerätes und damit die Einschaltdauer der einzelnen Programme. Ferner werden andere Bildschirmnutzungen, wie Videotext, Btx, Telespiele und Home Computer-Anwendungen mit Beginn und Ende erfaßt. Auch die Aufzeichnung und Wiedergabe von Videokassetten werden (getrennt nach Eigen- und Fremdaufzeichnungen) mit Anfangs- und Endzeiten (sowie der sich daraus ergebenden Dauer) erfaßt. Die *automatisch* erfaßten Daten sind aber lediglich Haushaltsdaten und keine Daten für Individuen. Die Personalisierung der Nutzungsdaten hängt weiter von der Aktivität der Probanden und ihrer Bereitschaft zur genauen Protokollierung ab.[45]

Telemetrie beschränkt sich als solche zwangsläufig auf deskriptive Statistik, ist also in jedem Fall ergänzungs- und korrekturbedürftig: Telemetrische Verfahren erfassen außer der Einschaltdauer bestimmter Kanäle bzw. der Betriebsdauer anderer Bildschirmnutzungen (sowie der Anfangs- und Endzeiten) nichts *zuverlässig*: Die Angabe der rezipierenden Personen erfolgt freiwillig und bedarf der Aktivität der Probanden in den Haushalten, eine Kontrollmöglichkeit besteht nicht. Die Dimension der Aufmerksamkeit und der Parallelhandlungen wird überhaupt nicht erfaßt, was erhebliche Defizite mit sich bringt: Buss nahm auf der Grundlage von Befragungen und Tagebüchern 1982 noch an, 73 % der Radionutzung, aber lediglich 7 % der Fernsehnutzung wären Sekundärnutzung.[46] Eine Video-Beobachtung von Familien beim Fernsehkonsum ergab hingegen, daß während 41 % der Einschaltdauer kein Rezipient das Programm verfolgte.[47] Böhme-Dürr nimmt aufgrund einer Sekundäranalyse internationaler Untersuchungen an, daß 15 bis 20 % der Einschaltdauer in völliger räumlicher Abwesenheit der angeblichen "Nutzer" fallen und daß sich zumindest Kinder in einem Viertel der ausgewiesenen Sehdauer anderen Tätigkeiten widmen.[48] Auf die Befunde über Paralleltätigkeiten werde ich noch detailliert eingehen. An dieser Stelle geht es vor allem darum festzuhalten, daß die Verläßlichkeit all dieser Angaben zu den Paralleltätigkeiten nicht ausreicht, um nach einer bestimmten Formel die gemessenen Einschaltdauern zu bereinigen. Dies gilt um so mehr, als hier auch tageszeitliche Schwankungen berücksichtigt werden müssen.[49] Besonders bei typischen (Tages-) Begleitmedien wie dem Hörfunk würde (einmal von den technischen und alltagspraktischen Problemen abgesehen) nicht einmal eine "harte" Protokollierung durch eine dem GfK-Meter vergleichbare Technik sonderlich hilfreich sein. Die

---

45 vgl. Lutz (1991), S. 87-91 und Büchner (1989), S. 11

46 vgl. Buss (1982), S. 587-588

47 vgl. Rust (1988), S. 65. Zu ähnlichen Werten gelangte C. l. Allen in den USA bereits Anfang der 60er Jahre. Durch Video-Monitoring stellte er fest, daß während 19 % der Einschaltdauer niemand in der "Reichweite" des Fernsehens war und während weiterer 21 % der Einschaltdauer dem Fernsehen keines der Haushaltsmitglieder Aufmerksamkeit schenkte (vgl. Comstock et al. (1978), S. 142).

48 vgl. Böhme-Dürr (1991), S. 183

49 vgl. Neumann-Bechstein (1988), S. 178 unter Berufung auf eine unveröffentlichte ZDF-Studie.

Selbsteinschätzung der Hörer erscheint hier vielleicht valider, denn sie wird vermutlich der Bedeutung des Radio*hörens* eher gerecht als die chronometrisch erfaßte *Einschalt*dauer. Hättenschwiler faßt die Ergebnisse seiner Sekundäranalyse der Hörfunknutzungsforschung zusammen:

> "In der bisherigen Forschung wurde die Funktion und die Bedeutung des Radiohörens in Abhängigkeit von zeitlichen und situativen Bedingungen weitgehend vernachlässigt."[50]

Trotzdem sind telemetrische Ergebnisse auch für unsere Fragestellung nicht bedeutungslos. Erfaßt werden ja immerhin außer den Reichweiten auch bestimmte zeitliche Qualitäten: die durchschnittliche Einschaltdauer (als Indiz für Sehdauern) und die Verteilung der Reichweiten auf den Tages-, Wochen- und Jahresverlauf sowie das Umschaltverhalten (leider nur in Form von unveröffentlichten Sonderauswertungen als "Fluktuationsanalysen"[51]). Hieraus lassen sich Hypothesen über das individuelle Medienhandeln ableiten.

Einen ersten Ansatz zur zeitlichen Differenzierung von Nutzertypen stellt das seit 1974 bekannte Konzept des "Vielsehers"[52] sowie davon abgeleitet der Wenig- und Durchschnittsseher dar, das sich auf Viel-, Durchschnitts- und Wenigmediennutzer erweitern läßt. Die Definitionen wurden sehr pragmatisch festgelegt:

> "Medienvielnutzer war, wer fünf Stunden und mehr für die Beschäftigung mit den drei aktuellen Medien pro Werktag aufwendete, als mittlerer Mediennutzer galt, wer zwei bis fünf Stunden lang Medien nutzte, und Wenignutzer war, wer unter zwei Stunden pro Tag blieb. Als extensiver Fernsehnutzer wurde definiert, wer wenigstens zweieinhalb Stunden pro Tag fernsah, als Vielhörer, wer mindestens eineinhalb Stunden lang Radio hörte, und als Vielleser, wer der Zeitungslektüre 45 Minuten und mehr widmete."[53]

Solange diese Typisierungen jedoch nur die Nutzungsdauer - bzw. die Einschaltdauer - zur Grundlage nehmen, bleibt ihre Erklärungskraft marginal. Daran ändert auch die Tatsache nichts, daß man in einem zweiten Schritt für diese willkürlich zeitlich definierten Nutzertypen durchschnittliche tägliche Verweildauern errechnen kann, wie Berg / Kiefer dies vornehmen.[54] Über die Gründe bzw. die Motive der Vielseher, möglichst jeden Tag fernzusehen, den Fernsehabend relativ früh zu beginnen und insgesamt viel fernzusehen, erfahren wir auch durch die soziodemographische Charakterisierung nur wenig. Auf dem Weg zur differenzierteren Beschreibung zeitlicher Strukturen des Medienhandelns, der die Beschränkung auf repräsentative Durchschnittswerte überwindet, ist jedoch ein erster Schritt getan. Wenn man Zeit als Variable in die Mediennutzungsforschung ernsthaft einbezieht, dann wird man feststellen, daß es keine *invarianten* Nutzer-Typen gibt. Dies gilt für die biographische Entwicklung der Rezipienten, aber auch schon für relativ kurze Zeiträume: Das Individuum konstruiert sich seine mediale Umwelt (oder: sein Mediensystem) jeweils

---

50 Hättenschwiler (1990), S. 214

51 vgl. Vorderer (1992) analysiert auf dieser Grundlage die Persistenz (Umschaltverhalten, Unterbrechung, Abruch und unvollständige Rezeption) bei der Fernsehfilmrezeption. Demnach rezipieren (nur) etwas mehr als ein Drittel der Zuschauer Fernsehfilme vollständig (vgl. S. 201-216, S. 208).

52 vgl. hierzu ausführlich Buss (1985)

53 Berg / Kiefer (1992), S. 137. Buss gibt für Vielseher die Kriterien 2 Stunden täglich bzw. 21 Stunden in der Woche an.

54 vgl. Berg / Kiefer (1992), S. 144

aktuell selbst. Mediennutzer-Typen sind also wissenschaftliche Beobachter-Konstruktionen, die nur eine begrenzt dymamisierte Betrachtungsweise erlauben.

Die Konstruktion von Typen wie die zeitkomplexe Beobachtung (Verlauf, Zeitpunkte, Dauer) von Medienhandeln blieb bislang eher die Ausnahme in der Nutzungsforschung.[55] Zwar wurden jahreszeitliche Rhythmen der Fernsehnutzung statistisch erfaßt und sogar ein mathematisches Modell entwickelt, das Umweltfaktoren (durchschnittliche Monatstemperatur, Niederschlagsmenge und Tageslicht in Minuten) berücksichtigt, doch wurden hierbei weder mediale Angebotsstrukturen noch Rezipientenmotive als erklärende Variablen herangezogen.[56]

Technisch mögliche Sonderauswertungen telemetrischer Daten (und partiell auch von Umfragedaten der MA) würden es erlauben, zumindest idealtypische Tages-, Wochen- und Jahresabläufe für verschiedene Nutzertypen zu konstruieren. Diese Ablaufmodelle könnten (auf der Basis lückenloser oder im 15-Minutentakt "erfaßter" Daten) über "durchschnittliche" Mediennutzungsdauern, -zeitpunkte und -regelmäßigkeiten Aufschluß geben. Durch anschließende Befragung der betreffenden Vertreter wären diese idealtypischen Abläufe dann zu verfeinern; durch Tiefeninterviews und Tagebuchverfahren könnten in einem nächsten Schritt die Medienhandlungen als sinnhafte, zeitkonstruierende Handlungen erschlossen werden. Bislang sind nur zu wenigen Problemen solche Sonderauswertungen vorgenommen worden.

Der große Vorteil der telemetrischen Verfahren liegt darin, daß die Nutzungsdaten nicht ex post, sondern während des Verhaltens erhoben (und wenig später, demnächst sogar zeitgleich übermittelt) werden. Dies kann mit herkömmlichen Fragebogen- und Interviewtechniken gar nicht und mit Tagebuchverfahren wegen des enormen Aufwandes der zeitlichen Vollerfassung nur sehr begrenzt erreicht werden. Telemetrische Forschung sagt aber nichts über die Motive des Handelns und über die handlungsbegleitenden affektiven und kognitiven Befindlichkeiten der "Probanden", also ihr lebensweltliches Zeitbewußtsein aus. Auch Jürgen Wilke weist darauf hin, daß Mediennutzung bislang nicht im Zusammenhang mit dem Zeitgefühl untersucht worden ist.[57] Die aus anderen Zusammenhängen verfügbaren Daten, die er sekundäranalytisch nutzt, erbringen uneinheitliche Ergebnisse, weil eine Fülle weiterer Faktoren (die ebenfalls als prinzipiell relevant für das Zeitgefühl angesehen werden müssen) analytisch nicht getrennt wurden (und sich vielleich auch gar nicht isolieren lassen).[58]

Versuche, die Vorteile der Fragebogen- bzw. Tagebuchmethoden und der Erfassung in "Echtzeit" zu verbinden, haben Kubey / Csikszentmihalyi in den USA und Eckhardt in der Bundesrepublik unternommen. Sie statteten die Teilnehmer der Untersuchung mit Telefon-Beepern bzw. Pagern und einem Fragebogenbuch aus. Nach einem den Teilnehmern nicht bekannten, zufallsgesteuerten Zeitschema wurden diese per Funk aufgefordert, mehrmals täglich in unregelmäßigen Abständen ihre Tätigkeiten, Aufenthaltsorte, Situationen und ihre jeweiligen emotionalen und affektiven Zustände standardisiert anhand von 40 Fragen, die in etwa 2 Minuten beantwortet werden konnten, zu bewerten und zu protokollieren.[59] Wenngleich auch hier kritisiert

55 vgl. Hättenschwiler (1990), S. 80-81
56 Es handelt sich also um ein rein statistisches Modell ohne jeglichen sozialwissenschaftlichen Erklärungswert. vgl. Barnett et al. (1991)
57 vgl. Wilke (1992), S. 261
58 vgl. Wilke (1992), i.b. S. 270
59 vgl. Kubey / Csikszentmihalyi (1990), S. 48-57

werden kann, daß die so erhobenen Daten lediglich Selbstauskünfte darstellen, die durch Überlegungen der "sozialen Erwünschtheit" etc. verzerrt werden können, so gelingt es Kubey / Csikszentmihalyi doch, Hinweise über die Erlebnisqualitäten nahezu in "Echtzeit" zu erfassen, ohne auf erheblich alltagsfernere Labormethoden zurückgreifen zu müssen. Während sich die Anwendung dieses innovativen Verfahrens bei Eckhardt vor allem auf die Erforschung von Musikpräferenzen im Zusammenhang mit den Tätigkeiten und Stimmungen im Tagesablauf bezog, lassen sich aus den Arbeiten von Kubey und Csikszentmihalyi auch zeitliche Qualitäten des Fernsehens ableiten, was ich an gegebener Stelle tun werde.

Zusammenfassend läßt sich feststellen, daß die Leistungen der "quantitativen Zuschauerforschung" darin liegen, "allgemeine Erreichbarkeitsmuster im Fernsehnutzungsverhalten aufzudecken. ... Die Frage, »warum der Rezipient sich so verhält, wie er sich verhält«, ist damit nicht hinreichend beantwortet."[60] Im folgenden werden wir uns deshalb mit der Erklärungskraft und Reichweite kommunikationswissenschaftlicher Ansätze auseinandersetzen, die Mediennutzung als sinnhaftes Handeln begreifen.

Chronometrisch betrachtet weist Mediennutzung nur zwei Zeitdimensionen auf, nämlich Dauer und Frequenz (Häufigkeit). Beide sind jedoch unabhängig von der Erhebungsproblematik weder intra- noch intermediär verrechenbar. Zunächst einmal können - durch die Möglichkeit gleichzeitiger Mediennutzung bedingt - Mediennutzungszeiten nicht addiert werden, um die gesamte Mediennutzungszeit im "Zeitbudget" zu erhalten. Hättenschwiler bemerkt jedoch, daß die "einfache Aufsummierung der Nutzungszeiten ein oft zu beobachtender Fehler bei der Interpretation von Nutzungsdaten" ist. Ferner "brauchen Nutzungsdauer und Nutzungsfrequenz ... keineswegs parallel zu verlaufen. Ein Proband, der sogar mehrmals täglich Radio hört, nämlich regelmäßig nur die Nachrichten, kann durchaus ein schwacher Nutzer bezüglich der Dauer des Hörens pro Woche sein. Außerdem gibt es Medien, welche eine hohe Frequenz favorisieren, wie Teletext ... und solche, die eher Nutzungsdauer betonen, wie Fernsehen."[61]

Auch die medienbiographische Dimension der Nutzer wird in den telemetrischen Studien auf das Lebensalter (in gößeren Intervallen) reduziert. Selbst wenn Typologien gebildet werden, die außer dem Lebensalter auch Sozialisationsmerkmale (wie Schulbildung etc.) heranziehen, so bleibt die *medien*bezogene Sozialisation doch völlig unberücksichtigt. Wie sinnvoll und notwendig eine Anreicherung mit Ergebnissen der medien- und entwicklungspsychologischen Forschung wäre, zeigt die Paneluntersuchung von Potter, aus der hervorgeht, wie stark sich die Sichtweise der Fernsehrealität bei Jugendlichen innerhalb von nur drei Jahren wandeln kann.[62]

Besondere Vorsicht ist bei der Interpretation von telemetrisch oder anderweitig gewonnenen Häufigkeits- und Reichweitendaten geboten. Versuche wie die von Opaschowski, aus der gleichen Wochenreichweite des Fernsehens bei Jugendlichen zwischen 14 und 17 Jahren und Personen über 65 die gleiche "Wichtigkeit" und

60 Büchner (1989), S. 18
61 Hättenschwiler (1990), S. 80-81
62 vgl. Potter (1992). Ein Blick in die entwicklungspsychologische Literatur würde hier sicherlich weitere bedeutende Faktoren erbringen.

"Faszination" abzuleiten, sind vollständig verfehlt.[63] Sie zeigen die Notwendigkeit der Temporalisierung der Kommunikationsforschung bezüglich der biographischen Zeitperspektive. Häufigkeit und Wichtigkeit sind bei der Erforschung der Nutzungsmotive keineswegs gleichzusetzen, wie eine Studie von Ecke belegt, in der Motive und Nutzen der Hörfunknutzung untersucht werden. Gleichwohl bestehen offensichtlich Zusammenhänge zwischen bestimmten Nutzungsmotiven und der zeitlichen Gestalt der Mediennutzung,[64] auf die ich an anderer Stelle noch eingehen werde.

Eckhardt hat zutreffend kritisiert, daß "die Frage nach Funktion und Bedeutung des Radiohörens in Abhängigkeit von zeitlichen und situativen Bedingungen weitgehend vernachlässigt"[65] worden ist. Dieses Defizit gilt bedauerlicherweise für die gesamte Medienforschung.[66]

Die zeitliche Strukturierung des Alltags ist vielleicht eine der wichtigsten Komponenten von Lebensstilen, die längst Eingang in die Konsumentenforschung gefunden hat. In der Medienforschung spielen diese Lebensstile eine eher nachrangige Rolle, und der Einbezug zeitlicher Aspekte findet so gut wie gar nicht statt oder beschränkt sich auf die Dimension Dauer bei der Zeitallokation für diverse Tätigkeiten. Dabei ergeben sich durchaus relevante Unterschiede, zum Beispiel zwischen Ost- und Westdeutschen: Nicht nur die durchschnittliche (!) tägliche Sehdauer der Erwachsenen über 14 Jahre lag 1992 in Ostdeutschland mit 199 Minuten um 31 Minuten deutlich höher als in den alten Bundesländern, auch das Fernsehzeiten-Timing unterschied sich erkennbar. Die Fernsehnutzung beginnt und endet tageszeitlich früher als bei den westdeutschen Nutzern.[67]

Karsten Renckstorf und Fred Wester haben bemerkt, daß die chronometrische Erfassung von Tätigkeiten und Mediennutzungen - nach dem Muster der von mir bereits eingehend kritisierten Zeitbudgetanalysen - "aus der Sicht einer sozialwissenschaftlichen, handlungstheoretisch begründeten Kommunikationsforschung unbefriedigend" bleiben: "Medien-nutzung wird hier nämlich als ein für die sozialen Zusammenhänge weitgehend unsensibles, kaum differenziertes Konzept gehandhabt ... Der soziale Kontext der »Mediennutzung« wird dabei jedoch weitgehend vernachlässigt."[68] Will man Zeit aber gerade als Dimension sozialen Sinns betrachten, so reduziert sich die Möglichkeit, sekundäranalytisch auf die vorliegenden Forschungsdaten zurückzugreifen, erheblich. Die verbreitete "book-keeping tradition" (Elihu Katz 1959) konstruiert zwar vergleichbare Beschreibungen, vernachlässigt aber den subjektiven Sinn sozialer Handlungen. Renckstorf plädiert deshalb für ein Anschließen an die von mir präferierten Theorien von Schütz und Mead, vor allem aber an die "neuere Wissenssoziologie" im Anschluß an Berger / Luckmann.[69] Ziel ist eine interpretative Forschung, deren Gegenstände "die Lebenswelt von Handelnden, deren Bedeutungszuweisungen und deren Wirklichkeitskonstruktionen"[70] sind.

---

63 vgl. Opaschowski (1993), S. 6
64 vgl. Ecke (1991), i.b. S. 156-161
65 Eckhardt (1982), S. 178
66 vgl. Hättenschwiler (1990), i.b. S. 215-216
67 vgl. Darschin / Frank (1993), S. 115 und Rave (1992)
68 Renckstorf / Wester (1992), S. 178
69 vgl. Renckstorf / Wester (1992), S. 187
70 Renckstorf / Wester (1992), S. 188

2.3.2 Motivationale Ansätze

Ein großer Vorteil der motivationalen Ansätze liegt in ihrem Konzept des aktiven Rezipienten, das durch die konstruktivistische Kognitionstheorie besonders gut gestützt wird. Die psychologische Lehre vom Nutzen durch Bedürfnisbefriedigung und die Theorie der symbolischen Interaktion stellen weitere substantielle Komponenten des Uses-and-Gratifications Approach dar.[71] Renckstorfs Nutzenansatz folgt darüber hinaus der Annahme von Schütz, daß "der größte Anteil alltäglicher Erfahrungen »routinemäßig«, nämlich in Übereinstimmung mit den Erfahrungen des »Alltagswelt-Wissens«, un-problematisch mit Sinn und Bedeutung versehen (wird)."[72] Der Mensch handelt und verhält sich gegenüber Dingen nur aufgrund zugeschriebener Bedeutungen, die keine solipsistischen Erfindungen sind, sondern aus sozialen Interaktionen abgeleitet und interaktiv modifiziert werden können.[73] Sie basieren auf einem sozialen Wissensvorrat; der Konstruktionsprozeß selbst ist ein sozialer Prozeß. Medien determinieren die Konstruktion von Sinn und Bedeutung aber schon deshalb nicht, weil sie nur einen Teil der sinnstiftenden bzw. sinnbesetzten symbolischen Umwelt darstellen und ihre "Inhalte" ohne den konstruktiven Rezeptionsprozeß nichts enthalten.[74] Medien werden jedoch - so meine These - als Zeitgestalten wahrgenommen, d.h. unser Medienverhalten basiert auch auf der Grundlage von Bedeutungen, die wir den Medien für unser zeitliches Erleben beimessen.

Dies scheint in Theorie und Forschungspraxis der "motivationalen Ansätze" - wie die Thematisierung der zeitlichen Komponenten des Medienhandelns insgesamt - bislang allenfalls am Rande berücksichtigt zu werden. Die vorliegenden Uses-and-Gratifications-Studien greifen auf eine Reihe von psychologischen und sozialpsycho logischen Theorien zurück, um die Motive der Mediennutzung zu benennen. Vorderer hat aus motivationspsychologischer Sicht die Theoriedefizite der motivationalen Ansätze kritisiert, die vielfach Motive als vorhanden voraussetzen und die Tatsache der Mediennutzung zirkulär als Beleg für das Vorhandensein dieser Motive ansehen.[75] Motivationale Ansätze, insbesondere der handlungstheoretisch fundierte Nutzenansatz begreifen Mediennutzung als intendiertes, zielgerichtetes (und insofern schon zeitbezogenes) Medienhandeln, das vor allem durch die erwarteten bzw. eintretenden Gratifikationen motiviert wird und verstehbar ist. Ferner werden "objektive Merkmale" (die üblichen soziodemographischen Variablen) und "subjektive Merkmale" (Meinungen, Einstellungen und andere psychische Prädispositionen) sowie "externe Bedingungsfaktoren der Mediennutzung" als relevante Erklärungsbestandteile betrachtet.[76] Hierunter werden bruchstückhaft auch einige zeitlichen Qualitäten des medialen Angebotes (die Zeitgestalt der Medien) und einige zeitliche Qualitäten des sozialen Lebens des Mediennutzers subsummiert. Diese erschöpfen sich allerdings meist in Zeitbudgetdaten und Fragen nach habitualisiertem Medienhandeln, ohne daß die Sinndimension erfragt würde.[77]

---

71 vgl. Maletzke (1988), S. 23 sowie Teil III, Kap. 2 u. 4.6 dieser Arbeit
72 Renckstorf / Wester (1992), S. 183, Umstellung im Zitat KB
73 vgl. Maletzke (1988), S. 24-25
74 Insofern scheint mir hier auch die Annahme einer autopoietischen Geschlossenheit des Mediensystems zu weit zu gehen.
75 vgl. Vorderer (1992), S. 9 u. S. 28-29
76 vgl. u. zit. Drabczynski (1982), S. 22
77 vgl. Drabczynski (1982), S. 21-23

Die erste Uses-and-Gratifications-Studie von Katz und Gurevitch erfaßte zwar auch die Bewertung von Items wie "to kill time", "to feel that I am utilizing my time well" und "to order my day" innerhalb einer Liste von 35 abgefragten Gratifikationen ("needs" und "goals"), doch wurde nur grob nach (technischen) Medien unterschieden und weder typische Handlungsmuster oder Nutzungssituationen noch deren sinnhafte Bewertung wurden abgefragt.[78] So innovativ diese Art der funktionalen Fragestellung für die Medienforschung (auch im Rahmen der Politikberatung) war und so positiv die sich hiermit eröffnenden Möglichkeiten des intermediären Vergleichs (über Mediennutzen-Profile) zu bewerten sind, so defizitär bleibt doch andererseits die Betrachtung der Zeitdimension. "Zeitvertreib", "Füllen von Leerzeit" und "Befolgen einer Gewohnheit" wurden auch in den späteren Untersuchungen immer wieder erfaßt, doch über eine grobe Typisierung von Medienprofilen reichen die Ergebnisse bezüglich der Zeitdimensionen der Mediennutzung nicht hinaus.[79]

Eine systematische Darstellung der in der Nutzenforschung postulierten Motive und der zugrundeliegenden Theorien durch McGuire ergibt, daß weder bei den kognitiven noch bei den affektiven Motivationen Elemente der Zeitstrukturierung des Erlebens und Handelns, geschweige denn ein "Bedürfnis nach Zeitgestaltung" eine explizite Rolle spielen.[80] Auch Motivationen und Bedürfnisse wie Tempolust, Geschwindigkeitsrausch und das Streben nach Grenzerfahrungen durch "Aufhebung von Raum und Zeit" (Simultanität), die etwa in der Musiktheorie oder bei der psychologischen Erklärung nicht-medienbezogener Verhaltensweisen eine Rolle spielen, werden in der kommunikationswissenschaftlichen Forschung nicht herangezogen. Implizit wird in der Nutzenforschung davon ausgegangen, daß die Gratifikation zeitlich am Ende der Mediennutzung oder als Resultat nach deren Beendigung eintritt und sich das Motiv auf das Ende der Handlung bezieht ("Um-zu-Motiv"). Diese Annahme erscheint - gerade wegen der darin enthaltenen Zeitlichkeit - problematisch, weil "intrinsische Nutzen", also Gratifikationen, die nur oder bereits *während* der Medienhandlung erfolgen, auf diese Weise leicht aus dem Blick geraten. Der (subjektiv gemeinte) Sinn einer Medienhandlung kann nun aber - wie bei anderen Handlungen auch - in der Handlung selbst liegen: ästhetischer "Wohlgefallen" aber auch das schlichte "entspannende Vergnügen" können hier als Beispiele gelten. Manche Motivation kann aber auch als "Weil-Motiv" erst durch Rückgriff auf die (Medien-)Biographie verstanden werden. Die motivationalen Ansätze bevorzugen hingegen eindeutig die (rationalen) "Um-zu-Motive" der Medienhandlungen als erklärende Faktoren. Zeitgefühl und Mediennutzung stehen nicht in einem linear-deterministischen Verhältnis: So kann ein bestimmtes Zeitgefühl (z.B. Langeweile) sowohl Motiv als auch Folge einer Mediennutzung (z.B. Fernsehen) sein. Die Rezeption des gleichen Inhaltes kann bei dem einen Langeweile hervorrufen oder dazu beitragen, beim nächsten kann sie Mittel zur Überwindung von Langeweile sein. Ähnliches gilt

---

78 vgl. Katz / Gurevitch (1976), S. 218-225 Die Untersuchung beruht auf dem Verfahren der Zeitbudgetanalyse. Standardisiert wurden die Dimensionen Verhalten (behaviour), Einstellungen (attitudes) und Funktion (functions) abgefragt. Einzelne Medien und nicht-mediale Aktivitäten konnten anhand einer Ordinalskala ("very important", "somewhat iportant" etc.) bezüglich der 35 Nutzen bewertet werden. (S. 23, S. 47, S. 67-71)

79 vgl. hierzu die Sekundäranalyse von Drabczynski (1982) sowie als Bsp. für die Nutzen-Profile INFRATEST (1978)

80 vgl. McGuire (1974)

für ein und denselben Rezipienten in zeitlicher Abhängigkeit von einer Fülle weiterer sozialer, psychologischer oder auch nur situativer Faktoren.

Karl Erik Rosengren ordnet die in der Kommunikationsforschung thematisierten Grundbedürfnisse bzw. Motivationen entsprechend der Bedürfnishierarchie nach Maslow ein. Demnach werden neben den grundlegenden psychologischen Bedürfnissen die "safety needs" durch die Uses-and-Gratifications-Forschung praktisch nicht berücksichtigt; gerade hier dürften aber mögliche Motive für die Entwicklung zeitlicher Routinen zu suchen sein. Ungeachtet der Mängel der Maslowschen Theorie wird deutlich, daß bislang in der Forschungspraxis nur Ausschnitte aus dem Feld menschlicher Bedürfnisse und Motive berücksichtigt wurden, was der Erweiterung allerdings nicht im Wege steht.[81] Die "klassischen" Studien betrachten die Zeitdimension lediglich als "extra-indivdiuellen" Faktor. Verfügbare Freizeit gilt als Randbedingung des Medienhandelns und abstrakt-objektives Maß der Mediennutzung, das allerdings der Ergänzung durch eine Medienbewertung seitens der Rezipienten bedarf.[82]

Im Rahmen der Uses-and-Gratification-Forschung lassen sich nach Hättenschwiler neben den (a) kognitiven und (b) affektiven allerdings auch (c) interaktive und (4) rekreative Bedürfnisse und Motive sowie (d) Motive und "Bedürfnisse integrativer Art" erforschen. Zu dieser letzten Gruppe zählen vor allem die temporalen Muster von "Gewohnheit, Vertrautheit und Geborgenheit" sowie das Bedürfnis nach "Zeitstrukturierung". Doch eine Bestandaufnahme der vorliegenden Studien offenbart eine nachrangige bis völlig fehlende Berücksichtigung dieser Bedürfnisklasse - was zu einem guten Teil an der viel gescholtenen "Theorie-feindlichkeit" kommerzieller Forschung, zum anderen aber auch an einem weniger häufig eingestandenen Theoriedefizit liegt.[83]

Früh und Schönbach kritisieren ebenso wie Alan M. Rubin die Vernachlässigung der ritualisierten bzw. habitualisierten Mediennutzung durch die motivationalen Ansätze, ohne allerdings dieses Defizit selbst theoretisch oder gar empirisch zu beheben. Früh und Schönbach betrachten den habitualisierten Medienkontakt als passive Komponente des Medienhandelns.[84] Auch Claudia Schmidt, die sich um eine Erweiterung des Nutzenansatzes durch Methoden der verstehenden Soziologie bemüht, betrachtet "Gewöhnung und Ritualisierung" als "unbewußte Motive". Dies spreche, wie die emotionalen Komponenten der Programmwahl und Mediennutzung, gegen eine rationale Entscheidung bzw. Medienzuwendung der Rezipienten.[85]

Rubin bildet Sehertypen, die - durchaus als Teil eines aktiven Publikums - mehr oder weniger aktiv und selektiv mit Medien umgehen: "a habitual viewer who watches to fill time and for companionship, relaxation, arousal, and escape, views a great deal of television, and displays a definite affinity with the medium; and a selective viewer who seeks information and watches news, talk, and magazine programs."[86] Auch der habituelle Nutzertypus befriedigt seine Bedürfnisse und zieht Nutzen aus seinen Medienhandlungen, er handelt insofern durchaus rational. Der Ansatz von Rubin überwindet eine Schwäche des ursprünglichen Uses and Gratifications-Approach,

81 vgl. Rosengren (1974), S. 270
82 vgl. Rosengren (1974), S. 273 u. 277
83 vgl. u. zit. Hättenschwiler (1990), i.b. S. 55
84 vgl. Früh (1991), S. 26
85 vgl. u. zit. Schmidt (1990b), S. 45
86 Rubin (1984), S. 69

indem er keine künstliche Dichotomisierung von instrumentellem, selektivem Medienhandeln einerseits und habitualisiertem und ritualisiertem (Rubin differenziert hier leider nicht) Medienhandeln andererseits aufbaut.[87] Die Nutzertypen Rubins beziehen sich jedoch noch auf Akteure und nicht auf Aktionen, d.h. sie sind als zeitlich relativ stabile Eigenschaften von Nutzern konzipiert und nicht als Typisierungen von Handlungen. So gelten bei Rubin Lebensalter und Bildungsniveau als Indikator für instrumentelle Nutzung. Hier scheint eine Dynamisierung folgerichtig und notwendig, zumal auch die enge Verknüpfung von bestimmten Gratifikationen mit einem der beiden Sehertypen eher fragwürdig erscheint. Schließlich kann die gleiche Handlung für unterschiedliche Individuen und/oder in unterschiedlichen Situationen ganz andere Bedeutung und anderen Nutzen besitzen.

In diese Richtung argumentiert auch Vorderer, der davon ausgeht, daß auch im Laufe eines Fernsehabends unterschiedliche Rezeptionsweisen einander abwechseln bzw. ineinander übergehen können. Er schlägt außerdem vor, die dichotomische Trennung durch ein Aktivitätskontinuum zu ersetzen, wobei er allerdings recht einseitig Aktivität durch Selektivität der Programmwahl operationalisiert. Die von ihm grundsätzlich zugestandene Konstruktivität der Wahrnehmung wird als Aktivität ebenso wie die Qualität der Aufmerksamkeit vernachlässigt. Das von ihm entwickelte Kontinuum besitzt als ausgeprägteste Formen die "instrumentell-objektspezifische Rezeptionsorientierung" (die bewußte Selektion einer bestimmten Sendung) und die "habitualisierte" (nicht deutlich von der ritualisierten getrennte) Rezeptionsorientierung. Dazwischen ist die "instrumentell-objektunspezifische" Orientierung anzusiedeln, bei der die Tatsache (unspezifischer) Rezeption an sich für die (spezifische) Motivation eine größere Rolle spielt als die bestimmte Sendung (i.b. die Inhaltsebene).[88] Die Betonung der Selektivität der Programmwahl als Hauptkriterium der Aktivität des Rezipienten erweist sich im Verlaufe der Untersuchung Vorderers immer dann als Problem, wenn er telemetrische Daten auswertet, die nicht die Rezeption, sondern die (bestenfalls personenbezogenen) Geräteeinschaltdauern messen.[89] Insbesondere die Operationalisierung eines habitualisierten Rezeptionsverlaufes durch den Vergleich von Minutenreichweitenwerten halte ich für überzogen. Habitualisierte Rezeption bedeutet nicht, daß mit der Präzision eines Uhrwerkes alle Rezipienten zur jeweiligen Zeit immer wieder genau das gleiche Verhalten zeigen.[90] Die These, daß habitualisierte und ritualisierte Nutzung mit geringer kognitiver Aktivität und Aufmerksamkeit einhergehe, während instrumentelle Rezeption eher konzentriert erfolge, ist vermutlich in erster Linie der inhaltlichen Beschränkung der empirischen Untersuchung auf die Fernsehfilmrezeption geschuldet.[91] Vorderer läßt alle seriellen Formen der Fernsehprogramme ebenso wie die okkasionalen Fernsehereignisse außer Acht: Die habitualisierte oder gar ritualisierte Nutzung der Tagesschau oder der Sportschau dürfte aber mit besonderer Aufmerksamkeit erfolgen. Auch die Ergebnisse, nach denen habitualisierte Nutzung eine vergleichsweise geringere Rolle spielt als selektive, am Inhalt orientierte Nutzungsmuster, ist aufgrund des gewählten Untersu-

87 vgl. Rubin (1984), S. 76
88 vgl. Vorderer (1992), S. 70-71
89 vgl. Vorderer (1992), S. 184-192
90 vgl. Vorderer (1992), S. 192-200. Im übrigen gilt auch hier wieder der Einwand, daß telemetrisch exakt nicht Verhalten, sondern Geräteeinschaltdauern gemessen werden.
91 vgl. Vorderer (1992), S. 142

chungsobjekts (Fernsehfilme) wenig verwunderlich. Vorderer behauptet nun aber umgekehrt nicht, daß habitualisierte und ritualisierte Rezeptionsorientierungen keinerlei inhaltsspezifische Hintergründe besäßen. Diese inhaltsbezogenen Erwägungen der Nutzer liegen aber länger zurück und bilden die Basis einer Grundsatzentscheidung, die - mit dem Effekt und Sinn der Entlastung durch Routinen - nicht jedesmal neu ausführlich problematisiert, sondern nur einer "blitzschnellen Passungsprüfung" unterzogen wird.[92]

Selbst bei der Rezeption von Fernsehfilmen sind die Ergebnisse Vorderers von einem interessanten Widerspruch geprägt:

> "Zusammengefaßt bedeutet dies, daß Zuschauer auf die Frage, was die Auswahl ihrer Fernsehfilme bestimmt, mehrheitlich auf die eigene Selektionsleistung verweisen, daß aber gleichzeitig der überwiegende Teil der Befragten Fernsehfilme nach eigener Einschätzung auch deshalb rezipieren, weil diese zu einem für sie günstigen Zeitpunkt ausgestrahlt werden."[93]

Dieser Befund deutet möglicherweise auf einen nachträglichen Rationalisierungseffekt des eigenen Medienhandelns hin. Zugleich kann man ihn als weiteres Indiz für die Existenz eines komplexen Vermittlungsverhältnisses von medialen und gesellschaftlichen Zeitordnungen, aktiver Zeitgestaltung durch Medienhandeln und den Feed-back-Mechanismen Zuschauerforschung, Programming und Programminformationsverhalten werten.

Die Tatsache, daß sich Produktion wie Rezeption erst auf der Grundlage der gleichen gesellschaftlichen Verhältnisse erklären lassen, veranlaßt Adorno dazu, von "Vermittlung" zu sprechen, um die (gesamt)gesellschaftliche Dimension gegenüber dem Begriff der Kommunikation hervorzuheben. Hierbei geht die "Kritische Vermittlungstheorie" über die motivationalen Ansätze sogar hinaus. Während der Nutzenansatz lediglich die Eindimensionalität und Ahistorizität des Wirkungsansatzes überwindet, jedoch weiterhin individualpsychologisch argumentiert, bezieht die Vermittlungstheorie Funktion und Struktur der Medien ein. Die Bedürfnisstruktur der Rezipienten, die ihnen erst das Erlangen von Gratifikationen erlaubt, soll soziologisch und nicht psychologisch erklärt werden.[94]

Die Unterbewertung der habitualisierten und ritualisierten Mediennutzung sowie die theoretischen Erklärungsprobleme, die sich hieraus für herkömmliche motivationale Ansätze ergeben, hängen auch mit der Übernahme des nachrichtentechnischen Informationsmodells zusammen. Demnach besitzt das Unwahrscheinliche oder Neue den höheren Informationswert, während im Alltag - jedenfalls in bestimmten Situationen - Informationen, die uns lediglich bestätigen, daß das Wahrscheinliche (Alte) weiter besteht, für uns von weitaus größerem Wert sein können. Ritualisiertes Medienhandeln dient demnach der Rückversicherung und ist weniger eine Suche nach Information (im informationstheoretischen Sinne) als eine Suche nach Redundanz. Redundanz als zeitliche Wiederholung versichert uns, daß die Welt "noch so ist, wie sie ist". Ritualisiertes Medienhandeln als aktive "Suche nach Redundanz" ist eine basale Zeittechnik lebensweltlichen Handelns, mit der wir uns der Kontinuität des All-Täglichen zu versichern suchen.

---

92 vgl. Vorderer (1992), S. 125-128
93 Vorderer (1992), S. 170
94 vgl. Kausch (1988), S. 102

Das Konzept des aktiven Rezipienten, auf dem letztlich alle motivationalen Ansätze beruhen, sollte nicht auf einen "rationalen Rezipienten" verkürzt werden, wenn mit Hilfe dieses Ansatzes der Anspruch der verstehenden Soziologie eingelöst werden soll, Medienhandeln und den mit ihm verküpften subjektiv gemeinten Sinn zu verstehen. Auch "latente" oder "unbewußte" Bedürfnisse und Motive können mit Palmgren und entgegen Schmidts Forderung im Nutzenansatz berücksichtigt werden, wenn dieser entsprechend erweitert wird. Schließlich beruht die ritualisierte Nutzung auf der aktiven Grundsatzentscheidung eines sozialisierten Individuums, die bei jeder Medienzuwendung erneuert und bekräftigt werden muß. Wenngleich auch diese latenten Bedürfnisse - zumindest auf Nachfrage - von den Handelnden sicherlich verbalisiert werden könnten, wird beim konkreten Handlungsvollzug nicht jedesmal eine Art "innerer Diskurs" inganggesetzt wie bei extensiven Entscheidungen. Insofern unterscheidet sich habitualisiertes oder ritualisiertes Medienhandeln von anderen Handlungstypen. Unbestreitbar scheint mir aber, daß sich Rezipienten durchaus reflexiv der Bedürfnisse bewußt sind, die ihrem gewohnheitsmäßigem Medienhandeln zugrundeliegen, denn bei Befragungen äußern sie diese auch. Vermutlich wird auch eine Bedürfnisbefriedigung erfahren, aus der sich Motive für die anhaltend regelmäßige Mediennutzung ergeben, die sich eben nicht vollständig aus sozialen oder kulturellen Zwängen und Fremdbestimmungen ergibt. Schließlich stehen auch alle anderen bedürfnisbefriedigenden Medienhandlungen in einem sozialen Kontext, der Individuen eine begrenzte Autonomie einräumt. Der Unterschied zwischen "bewußten", auf der Grundlage eines längeren Prozesses getroffenen Entscheidungen für eine Mediennutzung und den weniger intensiv reflektierten, habituellen und ritualisierten Medienhandlungen kann also nur ein gradueller Unterschied sein.

Die Bestimmung der "Rationalität" von Medienhandlungen darf nicht allein daran bemessen werden, ob die Nutzer ihre Handlungsentscheidungen primär an den vermuteten, erwarteten oder erfahrenen Inhalten des medialen Angebotes orientieren oder andere Entscheidungskriterien stärker berücksichtigen. Dies gilt um so mehr, wenn sich zeigen läßt, daß ein quantitativ bedeutender und qualitativ vielleicht noch wichtiger werdender Teil der heutigen Mediennutzung lediglich aus "parergischer" (Bausinger[95]), also beiläufiger Tätigkeit besteht.

Die hier nur skizzierte Vielfalt der Zeitbezüge des Medienhandelns muß sich in der kommunikationswissenschaftlichen Forschung wiederfinden. Die Mediennutzungsforschung darf ihre Sicht nicht auf eine Perspektive beschränken, wenngleich dies bei konkreten empirischen Vorhaben partiell unvermeidlich sein wird. McQuail und Gurevitch haben drei - bislang eher konkurrierende denn integrierende - Perspektiven in der Uses-and-Gratifications-Forschung unterschieden, deren Kombination mir dringend geboten erscheint, um auch die Dimension der Zeitgestaltung durch Medienhandeln erforschen zu können. Neben der überwiegend funktionalen Perspektive gilt es vor allem, die "structural/cultural perspective" und die "action/motivation perspective" zu stärken. Die erste Perspektive, zu der auch wissenssoziologische und kulturkritische Ansätze zu zählen sind, legt auf die Gratifikationen besonderen Wert, die sich aus den Formen des medialen Angebots und den gesellschaftlichen und kulturellen Makrostrukturen ableiten. Verkürzt könnte man für unseren Zusammenhang von der

95 Bausinger (1983a), S. 105

zeitordnenden Funktion bzw. Nutzung der Medien sprechen. Die zweite Perspektive zielt - im Gefolge der verstehenden Soziologie Schütz'- auf die subjektive Sinnzuschreibung des Medienhandelns und auf seine prospektive Zeitstruktur (also die Intentionalität des Medienhandelns).[96] Beide Aspekte begreife ich als aktives Medienhandeln, auch wenn dies nicht durch vollständig autonome Individuen, sondern sozial vermittelt vollzogen wird.

Drabczynski stellt den motivationalen Ansätzen und ihrer Sichtweise eines aktiven Rezipienten eine These von Nordenstreng entgegen, der den Rezipienten als passives Individuum betrachtet, "who *is led by its habits*, and whose interest in the information material has its *basis in daily rituals* rather than in an active desire for knowledge."[97] Dem aktiven Rezipienten wird hier der durch zeitliche Muster festgelegte passive Rezipient entgegengesetzt; ein scheinbarer Widerspruch, der sich durch eine Erweiterung des Nutzenansatzes auflösen läßt:

Wenn man Medienhandeln als aktives Zeit-Handeln begreift, dann bedeutet Mediennutzung (habitualisierte wie selektiv-okkasionale) letztlich immer intentionale Zeit-Gestaltung, die durch die Vorstellung bestimmter Gratifikationen motiviert ist. Dabei spielt es zunächst eine untergeordnete Rolle, daß bei ritualisiertem Medienhandeln (oder habitualisierter Mediennutzung) die Grundsatzentscheidung zeitlich weiter zurückliegt, als bei aktuell motivierten Medienhandlungen. Selbst die ritualisierte Medienhandlung verlangt eine auslösende Motivation, ohne die die Morgenzeitung nicht aus dem Briefkasten geholt (geschweige denn eine Kaufzeitung erstanden) oder das Rundfunkgerät eingeschaltet wird. Diese Routinen dürfen nicht mit der Programmierung trivialer Maschinen gleichgesetzt werden, denn noch das routinisierte Medienhandeln wird auf der Grundlage vorangegangener Erfahrungen (Lernen) vollzogen und nicht durch eine heteronome Programmierung.

Die Beachtung der temporalen Qualitäten des Medienhandelns setzt noch eine weitere faktische Modifikation des Forschungsansatzes und der -praxis voraus: die Aufhebung der Konzentration auf die Medieninhalte als einzige oder vordringliche Quelle möglicher Gratifikationen.[98] Die Zeitgestalten der medialen Form und die der Mediennutzer müssen demnach nicht mehr als bloße Randbedingungen oder "externe Faktoren" bestimmt, sondern zum festen Bestandteil der Analyse werden. Die Beschreibung medialer Zeitgestalten muß - wie wir im vorangegangenen Kapitel gesehen haben - nicht Gesamt-Medien (also *die* Zeitung, *das* Fernsehen etc.), sondern kleinere Formen zur Grundlage nehmen. Der Einbezug der zeitlichen Strukturen des Rezipientenlebens und -handelns erfordert die Berücksichtigung von Zeit auf der Ebene der Probleme und - als ihrer Basis - der Grundbedürfnisse. Zeitstrukturierung muß dabei nicht einmal als ein eigenständiges anthropologisches Grundbedürfnis postuliert werden, es ergibt sich aus der sozialen Notwendigkeit und dem menschlichen Bedürfnis nach Interaktion. Die soziale Natur des Menschen und die schon von Schütz konstatierte Tatsache, daß das Sinnproblem von Handlungen immer ein Zeitproblem ist, genügen als Basis für die Annahme, daß Zeit-Probleme vom (potentiellen) Mediennutzer als handlungsrelevante Probleme erkannt werden können. Diesen Zeitproblemen (z.B.

96 McQuail / Gurevitch (1974), i.b. S. 291-295
97 Nordenstreng (1969), S. 257 nach Drabczynski (1982), S. 23
98 Diese "Inhaltsfixierung" der Forschungspraxis wurde von Katz / Blumler und Gurevitch (1974), S. 24 (selbst-)kritisch angemerkt.

Synchronisation, Langeweile) und den wahrgenommenen Problemlösungen kann der Rezipient nun mit bestimmten (medialen und extra-medialen) Zeit-Techniken begegnen. Gratifikationen kann er aus einer (oder mehreren) der drei Quellen (1) Medieninhalt, (2) Mediennutzung als solcher und (3) sozialem Zusammenhang der Mediennutzungssituation erzielen.[99] Medieninhalte sind dabei offensichtlich nur relativ schwache Gratifikations-Quellen, die von vielen anderen Variablen in ihrem Erklärungs- und Prognosepotential übetroffen werden, wie Drabczynski bemerkt.[100] Konstruktivistisch betrachtet verwundert dies wenig, da Medien-*Inhalte* ein kognitionstheoretisch kaum haltbares und bestimmbares Konstrukt sind und die Annahme "gespeicherter" Informationen oder Bedeutungen ohne konstruktiven Wahrnehmungsprozeß geradezu absurd erscheint.

Der Einbezug der medialen Zeitgestalten (auch als Gegenstand der Wahrnehmung potentieller Lösungsstrategien für Zeitprobleme durch die Nutzer) und der lebensweltlichen Zeitstrukturen (Seite der Nutzer) führt zu einer Erweiterung des Nutzen-Ansatzes. Der vielfach vorgetragenen und partiell berechtigten Kritik an einer individualistischen, mentalistischen oder voluntaristischen Zuspitzung des Nutzenansatzes[101] kann *dann* entgegengehalten werden, daß die Zeitgestalten der medialen Formen und die Zeitordnungen und -strukturen der Lebenswelt genuin soziale Phänomene sind, die zum Gegenstand individueller Kognition des Mediennutzers werden können.

Die hier zu entfaltende Forschungsperspektive beschränkt sich also weder auf die klassische Wirkungsforschung noch auf die reine Nutzungsforschung, sondern versucht (darin dem rezipienten-orientierten Ansatz der Medienpsychologin Hertha Sturm[102] vergleichbar), Mediennutzung und mediale Form als Vermittlungsverhältnis zu begreifen. Wie Sturm für die Medienpsychologie vor allem die Mikrostrukturen der medialen Form heranzieht (also etwa Schnitte, Schwenks und Zooms bei konkreten Fernsehkommunikaten),[103] so verfolge ich ebenfalls die mediale Form, allerdings eher auf einer der Kommunikationssoziologie angemessenen Ebene der Handlungen. Wie Sturm zähle ich die Zeitqualitäten zu den besonders wichtigen Charakteristika der medialen Formen,[104] wobei meine Akzentuierung allerdings stärker die Medienhandlungen der Rezipienten berücksichtigen soll. Die Betonung der medialen Form, insbesondere der Zeitgestalt greift über die theoretische Reichweite und die empirische Praxis der motivationalen Ansätze der Mediennutzungsforschung hinaus.

Medienhandeln als Zeithandeln ist immer eingebettet in einen Alltagszusammenhang, der sich nicht ausschließlich aus Medienhandlungen zusammensetzt. So besteht ein Zusammenhang zwischen der räumlichen (Zwangs-)Mobilität, der "privaten (Auto-)Mobilisierung" und der Nutzung von Zeitungen in öffentlichen und Hörfunk in privaten Verkehrsmitteln. Das heißt, daß sich die Bedeutung von Medienhandeln nur im Zusammenhang mit alltäglichen Handlungen verstehen läßt und nach den dahinterstehenden Zeitstrategien der Akteure zu fragen ist. Die Berücksichtigung

99 vgl. bezüglich der 3 Quellen Katz / Blumler / Gurevitch (1974), S. 24
100 vgl. Drabczynski (1982), S. 41-42
101 vgl. zusammenfassend Drabczynski (1982), S. 70-72
102 vgl. Sturm (1975) u. Sturm (1987), S. 34-35
103 vgl. Sturm (1987), S. 35
104 Sturm führt als formale Aspekte, die für das Erleben insbesondere von Bewegtbildkommunikaten von Bedeutung sind, Schnelligkeit, Kurzfristigkeit, Verhältnis zu realen Handlungs- und Zeitverläufen sowie Umsprünge zwischen Wort und Bild an; vgl. hierzu auch Vitouch (1987), S. 103-104.

sozialer Zeitordnungen, die sich aus der medialen Zeitordnung und der Einbettung des Medienhandelns in den sozialen Alltag insgesamt ergibt, darf aber nicht dazu verführen, die kognitiven Aspekte der Mediennutzung und die psychischen Motive des Medienhandelns zu vernachlässigen. Dies unterläuft Leber in seiner angeblichen "Weiterung" des Uses-and-Gratifications-Approaches durch das freizeitsoziologische Allokationsmodell. Diese Weiterung erweist sich letztlich als Verengung,[105] denn Zeit wird losgelöst von dem mit ihr verbundenen subjektiven Sinn und von ihrer umfassenden sozialen Bedeutung lediglich als "Humanressource" betrachtet. Dieses knappe Gut Zeit kann für Medienhandeln und Nicht-Medienhandeln verwendet werden. Beide Aktivitäten stehen sich in der - von Leber als Begriff unkritisch übernommenen[106] - "Freizeit" konkurrierend gegenüber, und das mediale Handeln dominiert angeblich das nicht-mediale Freizeithandeln.[107] Medienhandeln reduziert sich bei Leber letztlich auf "ressourcenverbrauchenden Medienkonsum";[108] der homo oeconomicus entscheide lediglich nach (zeit)ökonomischen Kalkülen, die sich objektiv beschreiben ließen. Diese objektiven, "realen sozio-ökonomischen" Verhältnisse und die individuellen Motive stehen sich bei Leber unvermittelt gegenüber.[109] Einerseits ist das Medienhandeln ein "Abbild der Lebensverhältnisse moderner Industriegesellschaften", andererseits findet Mediennutzung in "relativ verhaltensbeliebigen Zeitabschnitten"[110] statt, was für den von Leber kritisierten Nutzenansatz in seiner einfachsten Form spräche! Die Analyse des medialen Angebotes und der Medienfunktionen bleiben oberflächlich, ohne empirische Belege und seine Prognosen somit reine Spekulation.[111] Schließlich muß Leber eingestehen, daß der Versuch, sozio-ökonomische Umweltfaktoren und individuelle Bedürfnisse als Determinanten des medialen und nicht-medialen Freizeithandelns zu *quantifizieren*, nicht gelingt. Die theoretische Absurdität dieses Unterfangens erkennt Leber aber nicht.[112] Die Erklärungskraft der Arbeit von Leber ist mithin äußerst begrenzt. So wird zwischen unterschiedichen Qualitäten und Funktionen von Medienhandlungen überhaupt nicht unterschieden, die medienspezifischen Zeitgestalten werden kaum einmal erwähnt. Pauschal werden als zeitliche Funktionen der Medien genannt: die Schließung von Handlungslücken (substitutive Funktion), die Begleitung routinisierter Handlungen (additive Funktion) und die handlungsanleitende (komplementäre) Funktion. Seine Folgerungen für die Publikumsattraktivität, die Grade der Gratifikation und die Wirkungen (im Sinne des S-R-Modells!) sind weder theoretisch noch empirisch belegt.[113]

---

105 vgl. Leber (1988), S. 1-5 und S. 316: Hier schreibt Leber selbst, daß es sich um eine "Reduktion" handele.
106 vgl. Leber (1988), S. 18-20
107 vgl. Leber (1988), S. 320. Als Begründung hält Leber offensichtlich die chronometrische Dauer, wie sie sich aus Zeitbudgetstudien ergibt, für ausreichend.
108 Leber (1988), S. 29
109 vgl. z.B. Leber (1988), S. 99 u. S. 321
110 Leber (1988), S. 290
111 vgl. Leber (1988), S. 294-308
112 vgl. Leber (1988), S. 629
113 vgl. Leber (1988), S. 322-347

3 Das Medienhandeln der Kommunikatoren und die Zeitgestalt medialer Formen

3.1 Einleitung

Bevor ich auf die zeitlichen Qualitäten des Medienhandelns der Rezipienten eingehe, möchte ich die Zeitgestalten der medialen Formen untersuchen. Diese Reihenfolge wäre grundsätzlich umkehrbar, denn beide "Seiten" des Medienhandelns stehen in einem Vermittlungsverhältnis, so daß die Einteilung des Medienhandelns in Aktion und Reaktion ein Beobachterkonstrukt ist, das sich mit dem sozialen und zeitlichen Standort des Beobachters verändert. Pross hat diese Wechselseitigkeit am Beispiel des "kalendarischen Rituals" verdeutlicht:

> "Die Interpretation des kalendarischen Rituals ist, vom Publikum her betrachtet, Konsum als »Freizeit«beschäftigung, von den Kommunikatoren her gesehen aber Produktion. Das heißt, daß Kommunikatoren und Rezipienten vom selben *Arbeitsritus* abhängen ... Was der Kommunikator an Aufwand für die Einzelmitteilung erspart, muß von den Rezipienten an subjektiver Lebenszeit und Mitteln aufgewendet werden."[1]

Es geht in dieser Arbeit nicht darum, mediengeschichtlich zu untersuchen, welche mediale Form als Reaktion auf welche Nutzungsweisen oder -bedürfnisse entwickelt wurde bzw. welche Nutzungsweise sich erst aufgrund eines bestimmten Angebotes einstellte (Makro-perspektive). Die Entscheidung, mit der Darstellung der zeitlichen Aspekte des Kommunikatorhandelns zu beginnen, darf insofern nicht als Aussage über eine historische Priorität verstanden werden.

Vorab bedarf der von mir verwendete Begriff "mediale Form" einer Klärung. Bei der medialen Form handelt es sich nicht um eine ontische, objektiv beschreibbare und stabile Einheit. Mediale Formen können als kognitive Muster der Rezipienten (und anderer, z.B. wissenschaftlicher Beobachter) beschrieben werden. Diese kognitiven Muster sind aufgrund der Asymmetrie der medialen Massenkommunikation in hohem Maße anonymisierte und typisierte Wissenselemente über das Medienhandeln der Kommunikatoren. Unter Kommunikatoren sollen im folgenden - abweichend von der gängigen Definition - alle "Konstrukteure und Konstrukteurinnen medialer Angebote" verstanden werden, also nicht nur die im engeren Sinne journalistisch Tätigen. Kommunikator in diesem weiteren Sinne sind also auch die Programmplaner sowie alle im ökonomischen oder technischen Bereich Beschäftigen, die die mediale Form (insbesondere deren zeitliche Qualitäten) gestalten. Auch die private Medienproduktion nicht-professioneller Kommunikatoren beruht im übrigen auf spezifischen Zeitbewußtseinen, die hier nicht weiter erörtert werden können.[2]

---

1 Pross (1983), S. 11

2 Das Aufzeichnen massenmedialer Angebote oder lebensweltlicher Ereignisse auf Tonband, Audio- oder Videocassette, Schmalfilm und Foto besitzt eine Zeitperspektive, die aktuelle Aufnahmesituation und (zumindest einige der) zukünftige(n) Verwendungssituation umfaßt. Solche Aufzeichnungen basieren also auf einer aktuellen Interpretation zukünftiger Situationen, in denen

Auf der Basis von interpretativer Soziologie (Schütz) und Wissenssoziologie (Berger / Luckmann) hat Gaye Tuchman die zeitliche Qualität von Medienhandlungs-Scripts untersucht. Journalisten entwickeln, um die Komplexität der Ereignisse in Arbeitsroutinen handhabbar zu machen, Typisierungen im Sinne von Schütz oder Frames (Goffman). Zunächst orientieren sie den zeitlichen Verlauf ihrer Tätigkeit institutionell an tages- und wochenzeitlichem Verlauf des Nachrichtenaufkommens, was Rückwirkungen auf das Verhalten der "Ereignis-" bzw. "Nachrichtenproduzen-ten" in Politik und Wirtschaft zeitigt und sich auf die Thematisierungschancen von Ereignissen, die sich außerhalb dieser Hauptarbeitszeiten der Nachrichtenredaktionen ereignen, besitzt. Neben diesen wechselseitig vermittelten Schedules existieren redaktionelle Zeitplanungen über mittelfristige Zeiträume, die die Berichterstattung über absehbare Ereignisse sichern und die Reaktionsschnelligkeit bei unabsehbaren Ereignissen wahren helfen.[3]

Die Typisierungen der Nachrichten beschreiben keine Wesensbestandteile realer Ereignisse, sondern beinhalten als bedeutende Definitionsbestandteile die temporalen Qualitäten medienspezifischer Bearbeitung. Neben der klassischen Trennung von "hard-" und "soft-news", unterscheiden Journalisten "spot news", "developing news" und "continuing news". Diese Einteilungen enthalten zugleich typische Handlungsanweisungen (Scripts oder Frames) für die professionelle Bearbeitung des Themas. Soft news ergeben sich "nonscheduled", also prinzipiell nicht abseh*bar* und konkret planbar, ihre Konstruktion unterliegt aber keinem Zeitdruck, d.h. auch die Bearbeitung und Weiterverbreitung erfolgt "nonscheduled" und liegt in der Entscheidungskompetenz des entsprechenden Redakteurs. Hard news hingegen können "prescheduled", also absehbar und planbar, oder "unscheduled", also *tatsächlich unvorhergesehen* anfallen, ihre Bearbeitung ist dringlich, und es bestehen nur geringe zeitliche Spielräume. Unvorhergesehen treten auch "spot news" und "developing news" auf, während "continuing news" absehbar und planbar (prescheduled) strukturiert sind. Alle drei Typisierungen schließen die schnelle Bearbeitung und Weiterverbreitung ein. Die tatsächliche Einteilung durch die Journalisten orientiert sich an ihren Handlungen und nicht am Ereignisverlauf: Die Konstruktionsmerkmale der Nachrichten und nicht die (unzugänglichen) ontischen Qualitäten der Ereignisse sind hier ausschlaggebend. So werden unerwartete Ereignisse zunächst als "spot news" typisiert, bis sich herausstellen sollte, daß sich nicht vermutete Konsequenzen daran anschließen und die Nachricht zu einer "developing news" machen. Für die Journalisten, für die dies von Anfang an absehbar ist, würde es sich um eine "continuing news" handeln, weil sie in ihrer Planung (prescheduling) bereits berücksichtig ist.[4]

Ein Ereignis kann bei einer Tageszeitung als "developing news" typisiert werden, weil die Entwicklung einen veränderten und verlängerten Arbeitsprozeß erfodert, um in der nächsten Ausgabe möglichst aktuell zu sein. Das gleiche Ereignis kann von den Fernsehjournalisten als "spot news" typisiert werden, weil sich an den Arbeitsab-

---

diese Interpretationshaltung als Vergangenheit konstruiert werden kann. Im Falle der Amateurfotografie und -filmerei handelt es sich oftmals um ritualisierte Verhaltensweisen mit durchaus "beschwörendem" oder "erhaltendem" Charakter. Susan Sontag hat bemerkt, daß sich die Familienfotografie zu einem Zeitpunkt etabliert hat, als sich die Großfamilie in den Industrieländern zusehends als kopräsente Lebensgemeinschaft auflöste (vgl. Sontag (1979), S. 8-9).

3 vgl. Tuchman (1978), S. 41-47

4 vgl. Tuchman (1978), S. 47-54

läufen nichts ändert: In den folgenden, planmäßigen Nachrichtensendungen werden jeweils die letzten Meldungen verbreitet. Wenn das Ereignis gar nicht stattgefunden oder sich nicht weiterentwickelt hätte, würde die Arbeit kaum anders aussehen.[5]

Diese temporalen Typisierungen stellen Handlungsanweisungen dar, die professionellen Journalisten die Reduktion alltäglicher Komplexität unter Zeitdruck erlauben. Wenn keine der gängigen Typisierungen greift, so bleibt nur die Typisierung als außergewöhnliche Story. Die von Tuchman als "*What*-a-story!"-Haltung beschriebene Einstellung charakterisiert das entsprechende Script, das den Ausstieg aus den Routinen vorsieht. Erfolgt dieser nicht, so kann es zu folgenschweren journalistischen Fehlern kommen.[6]

Nicht nur das journalistische Kommunikatorhandeln, auch die technische Produktion und Organisation unterliegen einer zum Teil sehr rigiden zeitlichen Handlungsstrukturierung. Diese ergibt sich aus den Anforderungen der Aktualität und Periodizität, aber auch aus langfristigeren, zum Teil strategischen Überlegungen. Insbesondere die Programm-Medien folgen einer explizit zeitgestalterischen Aufgabe, auf die ich noch ausführlicher eingehen werde.

Weil das Medienhandeln der Kommunikatoren im Alltag nur ausschnittsweise für die Rezipienten *direkt* beobachtbar ist, besteht das Wissen über Kommunikatorhandeln zu großen Teilen aus den Wahrnehmungen abgeschlossener Medienhandlungen, etwa in Form journalistischer Produkte, ganzer Programme oder Publikationen usw.

Mediale Formen werden von den Kommunikatoren nicht willkürlich oder solipsistisch konstruiert, sondern in einem sozialen (meist hochgradig arbeitsteiligen) Prozeß, der institutionalisierten Regeln, habitualisierten Handlungsmustern (Routinen) und expliziten Normen folgt. Bestandteil dieser kognitiven Schemata ist immer auch ein "Bild von der anderen Seite" und ein Wissen über "eigene und fremde Zeit". Dieses Zeitwissen steckt als Handlungswissen im Zeichengebrauch und damit auch im Medienhandeln[7] aller an diesem sozialen Konstruktionsprozeß Beteiligten. Dies sei an einem Beispiel verdeutlicht: die zeitliche Strukturierung des Rundfunkangebots, die sich als Programmstruktur beschreiben läßt, ist das Ergebnis des Medienhandelns von Kommunikatoren. Diese handeln jedoch auf der Grundlage einer Fülle von normativen Vorgaben (z.B. Zeitordnungen) und kognitiven Konstrukten (Zeitbewußtsein). Hierunter fallen auch die Vorstellungen von den Nutzern und den konkreten, zeitlich geordneten Medienhandlungen der Rezipienten. Die Mediennutzer wiederum handeln nicht vollständig autonom, sondern - neben anderen Faktoren - aufgrund ihrer Wahrnehmung der Programmstruktur. Es handelt sich also um einen rekursiven Vermittlungsprozeß von Handlungs- und Wissensstrukturen.

Die Schemata, die bei diesem Vermittlungsprozeß eine Rolle spielen, basieren auf vergangener Erfahrung (Strukturveränderung des kognitiven Systems) und nicht auf "gespeicherten Informationen". Handlungsschemata der Kommunikatoren und kognitive Konstrukte der Rezipienten sind nur für bestimmte mediale Formen inner-

---

5 vgl. Tuchman (1978), S. 55-56

6 vgl. Tuchman (1978), S. 58-60

7 Dieses implizite Wissen machen wir uns im Alltag nur ausnahmsweise bewußt. Es gibt im übrigen die begründete These, daß der Erwerb solchen Wissens (also Lernen) auch aufgrund des Medienhandelns verläuft, ohne bewußte Erinnerungen oder Begriffe zu hinterlassen (vgl. hierzu Engelkamp / Zimmer (1990), S. 80-82).

halb eines technischen Mediums (Medienformate im Sinne von Snow[8]) und nicht gleich für ganze Medien typisch. Zudem gibt es Schemata, die medien*übergreifend* wirksam sind. Der Begriff mediale Form ist deshalb geeigneter als die umfassenderen Begriffe Mediengenre (Siegfried J. Schmidt[9]) oder Medien-Metapher (Postman[10] und zuvor McLuhan[11]). Zugleich soll mit dieser Begriffswahl eine medienwissenschaftlichen Verengung verhindert werden, die oftmals mit einer Überbewertung des Fernsehens einhergeht.

Der in dieser Arbeit interessierende Aspekt medialer Formen entspricht dem, was Günter Bentele als "Binnenzeit von Medien" bezeichnet hat. Diese Binnenzeit läßt sich den Medienprodukten ablesen und ergibt sich aus dem medialen Produktionsprozeß.[12] Bentele begreift Medien nicht als Handlungsschemata im Sinne einer konstruktivistischen Kognitionstheorie, sondern als soziale Institutionen, die Realität und somit auch reale Zeit verarbeiten. Ihm geht es also ebenfalls nicht um die Klärung ontologischer Fragen, sondern um die Analyse bzw. Rekonstruktion medialer Regeln der Zeitverarbeitung. Mediale Zeitstrukturen stehen dabei in Wechselwirkung mit den Zeitstrukturen anderer Medien, aber auch mit nicht-medialen sozialen Bereichen wie Politik, Sport, Kultur oder Wirtschaft. Anhand einer explorativen Studie über die Tempusformen natürlicher Sprache in aktuellen Printmedien gelingt Bentele der Nachweis spezifischer medialer Zeitstrukturen, die sich von den allgemeinen Tempusverwendungsregeln der deutschen Sprache unterscheiden und die einem historischen Wandel des journalistischen "Handwerks" unterliegen. Brandt kommt bei der Untersuchung des Tempusgebrauchs in Hörfunk-Fußballreportagen hingegen zu dem Ergebnis, daß es keine signifikanten Abweichungen vom nicht-medialen Sprachgebrauch gibt.[13] Kern hat auf die Herausbildung eines journalistischen Sprachstils im Zusammenhang mit der Nutzung von Telegraph und Telefon für die aktuelle Nachrichtenübermittlung hingewiesen.[14] Clayman hat konversationsanalytisch herausgearbeitet, daß sich interpersonale Kommunikation im Fernsehen charakteristisch durch Timing und Termination von extra-medialer interpersonaler Kommunikation unterscheidet.[15]

In jedem Fall können wir davon ausgehen, daß mediale Formen charakteristische und komplexe Zeitgestalten sind, die sich nicht hinlänglich mit einem linear-chronometrischen Zeitmodell beschreiben lassen, sondern mit Hilfe der von mir erarbeiteten Kategorien sozialer Zeitqualität verstanden werden können. Die einzelnen zeitlichen Qualitäten der medialen Formen und des Kommunikatorhandelns stehen in vielfältigen Wechselbeziehungen (z.B. Aktualität, Okkasionalität und Periodizität), die bei einer systematischen Untersuchung nicht aus dem Blick geraten dürfen. Für die folgende Untersuchung bedeutet dies, daß auch andere Gliederungsmöglichkeiten denkbar wären, die hier gewählte aber am übersichtlichsten erscheint.

---

8 vgl. Snow (1987), S. 226
9 vgl. Schmidt (1987a)
10 vgl. i.b. Postman (1985), S. 19-21
11 vgl. McLuhan (1970), S. 70
12 vgl. Bentele (1992), S. 159
13 vgl. Brandt (1983), S. 314 u. S. 345
14 vgl. Kern (1983), S. 115
15 vgl. Clayman (1989), i.b. die empirische Mikroanalyse S. 668-683

Die folgende Untersuchung wird auf Ergebnisse der Kommunikatorforschung und publizistikwissenschaftliche Theorieansätze zurückgreifen, sofern sie die zeitliche Verfaßtheit öffentlicher Kommunikation thematisieren. Wenngleich die temporalen Qualitäten des journalistischen Handelns in der Kommunikatorforschung meist weniger Aufmerksamkeit erhalten als berufs-, organisations- und betriebssoziologische, ethische und kommunikationspolitische Fragestellungen, so gibt es doch einige Studien, die zum Teil expliztit hierauf Bezug nehmen sowie weitere, die zumindest sekundäranalytischen Wert für unsere Fragestellung besitzen:

Gelles / Faulkner fassen die zentrale Bedeutung der Zeit als Strukturelement des Medienhandelns der Kommunikatoren für den Nachrichtenjournalismus im Fernsehen zusammen: (1) "Temporal investments increase the news value of events." Die aufgewendete Zeit kann bei zunehmendem Zeitdruck zu einem Argument für die Thematisierung werden, das über den eigentlichen Nachrichtenwert triumphiert. (2) " »News« is action which occurs in time and at a given time." Zur Nachricht wird also nur das, was - für den Produktionsablauf - rechtzeitig passiert, und nur dann, wenn die Ereignisdauer ausreicht, um Filmaufnahmen anzufertigen (bzw. Ereignisauswirkungen noch sichtbar sind). Aus diesem Grund eignen sich beispielsweise Zug- und Flugzeugunfälle besser für die Berichterstattung als Auto- oder Busunfälle, denn die Aufräumarbeiten benötigen längere Zeit. (3) "Bias in local television news is more a product of occupational assumption and time constraints than political or social biases of news workers." Stereotypisierung erfolgt nicht aufgrund ideologischer Vorurteile, sondern aus Gründen der tatsächlichen oder vermeintlichen Zeitersparnis, der andere Überlegungen geopfert werden.[16]

Die Relevanz zeitlicher Handlungsregeln wird durch Versuche, auf systematischem Wege zu einer Nachrichten(wert)theorie zu gelangen, untermauert: Immerhin vier der zwölf von Galtung / Ruge herausgearbeiteten Nachrichtenfaktoren besitzen eindeutig temporalen Charakter und sind von mir bereits als allgemeine Qualitäten sozialer Zeit beschrieben worden (Vgl. Teil III, Kap. 8): Frequenz, Erwartung (als Element von Konsonanz), Überraschung (Unvorhersehbarkeit, Seltenheit) und Kontinuität. Die Frequenz bezeichnet bei Galtung / Ruge die Zeitspanne, die ein Ereignis zur Entfaltung seiner Bedeutung benötigt. Weil die Medien mit relativ hohen Frequenzen, also kurzen Fristen zwischen Aufnahme und Verbreitung von Nachrichten arbeiten, haben kurzzeitige Ereignisse höhere Chancen, zum Gegenstand der Berichterstattung zu werden, als langfristige Entwicklungen. Hat ein Ereignis einmal Eingang in die Berichterstattung gefunden, kann es dort auch fortlaufend weiterverfolgt werden, was der kontinuierlichen Produktions- und Distributionsweise der Medien entspricht und so die Thematisierungschancen erhöht. Seltene, außergewöhnliche und überraschende Ereignisse besitzen für Medien eine besondere Attraktivität, allerdings auch die erwartbaren,[17] weil diese - wie Tuchman zeigt - redaktionell gut planbar sind. Diese temporalen Nachrichtenfaktoren erscheinen zunächst widersprüchlich; insofern wird ihre Erklärungskraft auch oftmals kritisiert. Begreift man sie jedoch als zeitliche Qualitäten, die sich im Wechselspiel mit journalistischen Institutionen als Beobachter-Konstrukte erst entfalten und nicht als ontische Größen der Ereignisse, dann gewinnen sie an Erklärungskraft. Es handelt sich um jeweils eigenständige Zeit-

---

16 vgl. u. zit. Gelles / Faulkner (1978), S. 99-100
17 vgl. Galtung / Ruge (1965), i.b. S. 64-70

qualitäten, die ihre eigenen "Reize" für spezifisches Kommunikatorhandeln in spezifischen Medien besitzen.

Winfried Schulz hat die Bedeutung der Nachrichtenfaktoren Frequenz (Kurzfristigkeit), Kontinuität und Überraschung inhaltsanalytisch bestätigen können. Medienvergleichend kommt er zu dem Ergebnis:

> "Die berichteten Ereignisse sind überwiegend von relativ kurzer Dauer; sie haben sich innerhalb eines Tages oder sogar weniger Stunden entfaltet und vollendet. Doch stehen diese Einzelereignisse oft vor dem Hintergrund eines kontinuierlichen, thematisierten Geschehens, es sind dessen Höhepunkte und markante Zäsuren. Die Fokussierung der Aufmerksamkeit auf solche langfristigen Themen ist stark bei den Funkmedien, am ausgeprägtesten beim [1975 ausschließlich öffentlich-rechtlichen, KB] Fernsehen."[18] Der Faktor Überraschung war bei Fernsehnachrichtensendungen[19] und Zeitungsmeldungen[20] ausgeprägter als bei anderen medialen Formen.

3.2 Zeitliche Qualitäten medialer Formen

3.2.1 Dauer

Die Dauer von Medienhandlungen der Kommunikatoren und die Präsentationsdauer medialer Formen der elektronischen Programm-Medien läßt sich chronometrisch relativ einfach ermitteln. Die chronometrische Dauer erweist sich bei allen allgemeinökonomischen und zeitökonomischen Problemen als hilfreiches Konstrukt. Als "objektives", berechenbares Maß wird Dauer mit Geldwerten verknüpft und so zur Kostenrechnung bei betriebsinternen Abläufen und zur Tarifierung (Werbe- und andere Nutzungszeiten) herangezogen. Die chronometrische Dauer von Sende- und Betriebszeiten bildet den Kern der Werbetarife der Rundfunkmedien und der Nutzungstarife nahezu sämtlicher Telekommunikationsdienste. Die Kenntnis tageszeitlicher und jahreszeitlicher Verlaufskurven der Netzbeanspruchung ist eine Bedingung für den ökonomischen Betrieb komplexer Vermittlungsnetze[21] und bildet den Hintergrund für die unterschiedliche Bewertung chronometrisch gleicher Dauern. Die ökonomische Ausnutzung sehr kurzer Dauern ist in der Kommunikationstechnik von großer Bedeutung. So werden bei Zeitmultiplex-Verfahren in der Telekommunikation auch kleinste "Pausen" durch andere Übertragungen genutzt, längere Dauern werden zerstückelt, somit "komprimiert versendet" und schließlich wieder zusammengesetzt.

Dauer als Qualität sozialer Zeit erschöpft sich bekanntlich nicht in ihren chronometrisch meßbaren Aspekten, ihre Bedeutung ergibt sich in der Medienkommunikation aus einem komplexen Zusammenspiel mehrerer Faktoren. Im journalistischen Arbeitsprozeß spielen chronometrisch meßbare Dauern eine ambivalente Rolle: Einerseits sind vorgegebene Dauern ein wesentliches Element der Zeitknappheit und des daraus resultierenden Zeitdrucks bei der aktuellen Berichterstattung. Andererseits erfolgen Leistungskontrolle und Entlohnung faktisch weitgehend produktorientiert und nicht auf der Grundlage vertraglich vereinbarter, chronometrisch meßbarer Arbeits-

---

18 Schulz (1976), S. 115
19 vgl. Schulz (1976), S. 105
20 vgl. Schulz (1976), S. 113
21 vgl. die Schilderung dieser Kurven in Abhängigkeit vom Tagesverlauf und anderen Medienhandlungen der Nutzer z.B. Borgeest / Hartmann (1993), S. 16

zeit. Dies gilt in besonderem Maße für alle Formen der freien Mitarbeit, aber auch für festangestellte Journalisten.

Für interaktive Medien und Printmedien ist die chronometrische Bestimmung der Präsentationsdauer außerordentlich schwierig, weil diese durch das Medienhandeln der Nutzer individuell gestaltet wird. Die Betrachtung der Nutzung von Programm-Medien wird zeigen, welche Probleme sich auch hier bei der Messung einer Präsentationsdauer ergeben. Die Dauer von Sendungen folgt im Rundfunk weitgehend den Normen, die sich aus den Anforderungen des Scheduling ergeben.

Die Dauer, die Kommunikatoren einem Thema in den Programm-Medien einräumen, repräsentiert (neben dem Timing) ihren konstruierten Stellenwert. Je länger über ein Thema berichtet wird, um so höhere Bedeutung wird ihm durch die Kommunikatoren zugeschrieben. Die Präsentationsdauer besitzt eine dem Umfang bei den Printmedien vergleichbare Indikator- bzw. Signalfunktion für Relevanz. Medienpräsenz ist längst keine rein zeitliche Kategorie mehr, sondern ein kommunikationspolitisch umkämpftes "knappes Gut".

Die absolute, chronometrisch meßbare Dauer und vor allem die relative Dauer einer Sequenz oder einer Kameraeinstellung bei den audiovisuellen Medien besitzt eine besondere Bedeutung im Zusammenhang der Gesamtkomposition. Dabei müssen absolute oder relative Dauer nicht unbedingt in einem "proportionalen" Verhältnis zu ihrer Bedeutung für die Gesamthandlung bzw. das Gesamtprodukt stehen, besondere Momente können ganze Abschnitte prospektiv oder retrospektiv dominieren und die Kontinuität durchbrechen oder neu zentrieren. Die ungleiche Bedeutung von chronometrisch gleich langen Dauern, kann in den AV-Medien durch ungleiche absolute oder relative Dauern ausgedrückt werden: "Durch diese verschiedenen filmischen Zeitmaße einer gleichen realen Zeit wird eine *perspektivische Zeit* geschaffen ..."[22] Dauern können überbrückt und insofern komprimiert werden durch die klassischen theatralischen Mittel der Zeitbewältigung und der Montage.

Unabhängig davon, ob man Film nun semiotisch analysiert oder als "Sprache" betrachtet, kann man feststellen, daß Stummfilm wie Tonfilm über ein ganzes Repertoire formaler Mittel zur Konstruktion von Zeit verfügen. Der Behauptung von Balazs'[23] und ihm folgend Dadek[24] und Stephenson / Phelps[25], daß das Filmbild nur die Gegenwart kenne und unkonjugierbar sei, ist deshalb unzutreffend. Allerdings bildet der Film nicht einfach reale Zeit, gleich in welcher Modifikation, ab, wie Lawson annimmt,[26] sondern er konstruiert sie mit technisch-künstlerischen medialen Formen. Zeiträume werden nicht chronometrisch repräsentiert, wie Balazs zutreffend erkannt hat:

> "Die Länge oder Kürze der Szenen ist nicht nur eine rhythmische Angelegenheit, sondern *bestimmt ihren Sinn*. ... [Bei Kürzung einer Szene, KB] ... wird sie oft nur der Meterzahl nach kürzer - der Stimmung nach aber länger; denn das innere Tempo der Bilder ist vollkommen unabhängig von der Zeit, die ihr Abrollen erfordert."[27]

22 Iros (1962), S. 37
23 vgl. Balazs (1982), S. 117-118
24 vgl. Dadek (1968), S. 154-155
25 vgl. Stephenson / Phelps (1989), S. 143
26 vgl. Lawson (1964), S. 308-322
27 Balazs (1982), S. 123-124

Dadek spricht von der "Eigenzeit der Bilderreihe", die "in keinem determinierenden Verhältnis zu den Zeitzuständen der Realvorgänge" stehe. Diese weitgehende Autonomie von der chronometrischen Zeit hat Konsequenzen für die interne Zeitgestalt des Films: Dauern stehen nicht in einem meßbar proportionalen Verhältnis zueinander. Auf diese und weitere Elemente der Gestaltung von Dauern im Kontext (Sequenz, Timing) werde ich später noch ausführlich eingehen.

3.2.2 Geschwindigkeit

Bewegung und Geschwindigkeit können als Grunderfahrungen der Rezeption von audiovisuellen medialen Formen gelten. So leitet Kracauer, ausgehend von der "fotografischen Natur des Films" Folgerungen für die "filmischen", d.h. filmadäquaten Sujets ab. Film eignet sich demnach besonders zur Enthüllung von Realität in Bewegung: das Flüchtige ist - neben dem Ungewöhnlichen, zu Kleinem und zu Großem - Gegenstand des Films; Lust am Tempo, Verfolgungsjagd, Straße (statt Theater), Tanz, kurz "der Fluß des Lebens" sind für ihn Material des Films.[28]

Auch die Programm-Medien sind zusammengesetzte mediale Formen, die Bewegung und Geschwindigkeit vermitteln. Je kürzer die Dauer von einander folgenden medialen Formen chronometrisch ist oder empfunden wird, um so höher ist ihre Geschwindigkeit. Tempo, Rasanz, Beschleunigung sind mithin Effekte der Sequentialisierung und des Timings.

Chronometrisch betrachtet läßt sich bei den Programm-Medien ein Trend zu immer kürzeren Dauern der einzelnen Programmelemente[29] und insbesondere bei Videoclips und anderen Werbespots auch der einzelnen Einstellungen feststellen. Schon seit Mitte der 70er Jahre (also noch zur Zeit des "Drei-Kanal-Fernsehens" mit geringer Konkurrenz und vor der "Einfüh-rung" des Video-Clips 1978[30]) kam es in den Nachrichtensendungen von ARD und ZDF zu einer Häufung von relativ kurzen Einstellungen.[31] Bei Video-Clips sind Schnittfolgen von 2,2 Sekunden üblich, d.h. ein dreieinhalbminütiger Clip besteht aus rund 100 Einstellungen,[32] Hickethier zieht ein Musikvideo heran, das bei drei Minuten Länge sogar 150 Einstellungen und Schnittfolgen von einer halben Sekunde aufweist. Während ein durchschnittlicher Unterhaltungs-Spielfilm etwa aus 600 Einstellungen besteht, erzeugte Hitchcock in Psycho allerdings bereits vor Jahrzehnten Spannung durch 70 Einstellungen innerhalb von nur 45 Sekunden (Mordszene in "Psycho").[33] Auch "Konfektionsfilme" wie "Rambo II" weisen rasante Schnittfolgen auf. Hier liegt die *durchschnittliche* Einstellungslänge bei nur noch 2,9 Sekunden.[34] Die sogenannte Video-Clip-Ästhtetik prägte in den 80er Jahren auch Unterhaltungsserien wie "Miami Vice" oder "Baywatch" und wurde sogar von "Informationssendungen" wie "ZAK" und "Tagesthemen-Tele-

---

28 vgl. Kracauer (1964), S. 71-111
29 vgl. hierzu auch Krüger / Zapf-Schramm (1994), S. 111-113
30 vgl. Bleicher (1991), S. 324
31 So bestanden 123 untersuchte Kurz-Filmberichte der Sendung "heute" aus insgesamt 1098 Einstellungen und 118 Filmberichte der "Tagesschau" aus insgesamt 893 Einstellungen (vgl. Ballstaedt (1977), S. 445).
31 vgl. Nachtigäller (1989), S. 68
33 vgl. Hickethier (1987), S. 97 u. S. 99 sowie Monaco (1980), S. 161
34 Stephenson / Phelps (1989), S. 122

gramm" aufgegriffen. Beim Hörfunk wurde in den 80er Jahren eine kulturkritische Debatte um die Magazinierung der Sendungen und die Beschränkung auf "Dreiminutenbeiträge" geführt, mittlerweile liegt das Standardmaß für Wortbeiträge (oftmals mit Musik unterlegt) in vielen Programmen bei einer Dauer von nur noch 1:30. Die Gesamtdauer der einzelnen Hörfunknachrichtensendungen scheint ebenfalls rückläufig: Immer seltener werden zehn oder gar zwölfminütige Nachrichtensendungen und immer häufiger sogenannte Kurzmeldungen oder "Schlagzeilen"-Nachrichten bzw. Spot- und Flash-News.[35] Trotz der Verkürzung besitzen die Hörfunknachrichten - schon durch ihre Pünktlichkeit - weiterhin eine stark zeitstrukturierende Kraft (Timing).

Im Print-Bereich spiegelt die mediengeschichtlich beobachtbare Vereinfachung der geschriebenen Buchstaben und der Typographie eine Tendenz zur Beschleunigung des Schreibens und Lesens durch Informationsreduktion wieder. Schreib- und Lektürezeiten können dadurch intensiver genutzt werden.[36]

Obgleich Condry zu Recht das Defizit bei der Programmstrukturanalyse beklagt, läßt sich zumindest bezogen auf das Programm der drei US-Fernseh-Networks feststellen, daß die Anzahl der sog. "Nicht-Programm-Elemente" bei (gleichfalls) sinkender Dauer zugenommen hat. Zu diesen Elementen gehören kommerzielle und "gemeinnützige" Werbespots sowie die Eigenwerbung der Sender, die Senderkennungen und Programmvorschauen bzw. -ansagen. 1987 gab es pro Stunde in den erwähnten amerikanischen Programmen durchschnittlich 30,3 "Nicht-Programm-Elemente", deren Dauer von 30 Sekunden nunmehr auf die sog. "clutter"-Länge von nur noch 15 bis 20 Sekunden gesunken ist.[37] Im deutschen Fernsehen summieren sich diese kurzzeitigen Trailer auf täglich zwischen 15 und 60 Minuten Dauer je Programm. Insgesamt wurden 1993 über 20.000 Trailer gesendet.[38]

Ihre Ursache hat diese Programmgestaltung in Form kurzzeitiger Angebotsmuster (Magazinierung) und Minidramaturgien in medienökonomischen Erwägungen. Sendezeit in kommerziellen Systemen ist zum einen ein teures Gut, zum anderen wächst mit längerer Zeitdauer der Berichterstattung über ein Thema die Gefahr der Langeweile beim Rezipienten, worauf dieser in Vielkanalsystemen mit Programmwechsel bzw. mit vollständigem Rezeptionsabbruch reagieren kann. Kurzzeitige Angebotsmuster und das Wissen des Rezipienten über diese Zeitstruktur des Programms bzw. der Sendung führen zu einer Bereitschaft, den nächsten Themen- oder Formenwechsel abzuwarten. Folgt man dieser ökonomischen Logik, dann müssen die Nachrichten in den Programm-Medien schon wegen der höheren Zeitbindungskraft im Vergleich zu den gerade wegen ihrer geringen Zeitbindung und ihrer hohen Zeitdisponibilität geschätzten[39] aktuellen Printmedien eher kurzzeitigen, temporeichen Angebotsmustern folgen.

Aus der Zunahme von Einstellungen und Programmelementen mit sehr kurzer Dauer eine übergreifende Beschleunigung abzuleiten, die - letztlich als Medienwirkung - zu einer *gesellschaftlichen Beschleunigung* führt, halte ich ohne Beachtung des

35 vgl. zu den Nachrichtenlängen zu Beginn der 80er Jahre La Roche (1982)
36 vgl. Virilio (1989), S. 23
37 Für die US-Networks liegen Stichprobendokumentationen und Analysen vor. vgl. Condry (1989), S. 176-190
38 vgl. Mohr (1993), S. 34
39 Dies belegen die Studien anläßlich verschiedener Zeitungsstreiks (vgl. Dorsch (1984), z.B. S. 82-83).

Rezipientenhandelns für unseriös. Auf diese globalen Beschleunigungstheorien werde ich noch ausführlich eingehen (vgl. Teil IV, Kap. 5).

Geschwindigkeit prägt aber unbestreitbar über weite Strecken das Medienhandeln der Kommunikatoren, vor allem bei der aktuellen Berichterstattung und in Wettbewerbssituationen. Zeit wird in den Nachrichtenmedien weitgehend als im Laufe des Produktionstages knapper werdende Ressource betrachtet, weil die Dauer der Produktion begrenzt ist. Der entstehende Zeitdruck (als Produktionsdruck aufgrund von Fristen) muß durch arbeitsorganisatorische Entscheidungen bewältigt werden und kann zumindest partiell durch bestimmte Zeitstrategien oder -taktiken verringert werden. Hierzu zählen nicht nur Arbeitsroutinen, sondern auch der Einsatz von Archivmaterial und sogar das Nachstellen von Bildern und Szenen.[40] Zeit kann auch "gewonnen" werden (Reduktion von Dauer), indem die journalistischen oder ästhetischen Ansprüche reduziert werden, was unter wachsendem Zeitdruck zu beobachten ist. Zeitdruck und Aktualitätsgebot können dann kommunikationspolitisch und ethisch bedenkliche Konsequenzen zeitigen, wenn auf Hintergrundinformationen, Überprüfung und Gegenrecherche usw. verzichtet wird und der "Zeitgewinn" durch Stereotypisierungen von Handlungsabläufen oder gar von Personen und Gruppen "erkauft" wird. Technikeinsatz führt mithin nicht zur Beschleunigung des Journalismus, sondern potentiell zu Qualitätsverlusten.

Die Zahl der redaktions-organisatorischen "dead-lines" steigt bei den Rundfunkmedien mit der Zahl der Nachrichtensendungen und ist auch eine Frage der Zeitgestalt der Nachrichtensendungen: Ihre Gesamtdauer als zu füllende Zeit bzw. als Regulativ ("knappe Zeit"), die Anzahl und Dauer der einzelnen Elemente, ihr Lebenszyklus (Übernahme aus der letzten "Ausgabe", Update oder Ersatz durch anderen Beitrag bzw. andere Meldung) spielen hier eine entscheidende Rolle. Die Organisation des internen Timings und Tempos ist in professionellen Nachrichtenredaktionen genau geregelt. Bei der BBC beispielsweise ist das erwünschte Sprechtempo von drei Wörter/Sekunde sogar schriftlich fixiert.[41] Zeitdruck ist aber nicht nur Teil des journalistischen Berufsalltags und Selbstbildes, sondern dient zugleich als Legitimationsstrategie: Weil "tatsächlich" oder "angeblich" nicht genügend (Sende-)Zeit vorhanden war, konnte über bestimmte Ereignisse nicht oder nicht ausreichend berichtet werden.[42]

3.2.3 Sequentialität und Timing

Sequentialität haben wir bereits als Grundeigenschaft von Kommunikation kennengelernt. Weil nicht alles auf einmal mitgeteilt werden kann, muß eine Sequenz gebildet werden, die sich aus Dauern zusammensetzt: Komplexität wird temporalisiert. Als konstruierte Medienwirklichkeit erhalten Themen oder Programmelemente neben einer Dauer (Medienpräsenz) auch eine Zeitstelle (zeitliche Lokalisation). Raymond Williams hat darauf hingewiesen, daß den Nachrichten im Rundfunk (vor allem im Hörfunk, aber auch im Fernsehen) das Prädikat linear-sequentiell in stärkerem Maße zukommt als der Nachrichtenpräsentation in der Zeitung, die seit den 20er Jahren in

40 vgl. Gelles / Faulkner (1978), S. 97
41 vgl. Schlesinger (1977), S. 342
42 vgl. Schlesinger (1977), S. 343

den USA über ein Mosaik-Layout verfügt und Nachrichten zumindest virtuell simultan präsentiert.

Medienkommunikation ermöglicht unterschiedliche Formen temporaler *Gestaltung* von Sequenzen. Die Art und Weise der Sequentialisierung ist ein Kennzeichen spezifischer medialer Formen. Sequenzen habe ich als sinnhafte soziale Einheiten definiert, die nicht nur als bloß chronometrische Abfolgen verstanden werden dürfen. Gestaltung von Sequenzen bedeutet Timing von Dauern, also die zeitliche Ordnung mit Hilfe von Zeitgebern, Schedules und Zäsuren (Anfang und Ende). Die Ziele des Timings können in der Herstellung von Gleichzeitigkeit (als Simultanität oder als Synchronizität) durch Beschleunigung oder Verlangsamung bestehen oder in der Herstellung von Ungleichzeitigkeit (Diachronizität).

Montage, Programming und Serialität sind die medienspezifischen Formen des Timings.

3.2.3.1 Montage

Mit dem Begriff Montage wird vor allem das Medium Film assoziiert. Am Beispiel des Films wird deutlich, daß aus der Sequentialität der Bilder eine eigene Qualität, eine neue Form entstehen kann. Maurice Merleau-Ponty hält den Film "nicht (für) eine Summe von Bildern, sondern eine zeitliche Form". Die Bildfolge "schafft eine neue Realität, die nicht einfach die Summe der verwendeten Elemente darstellt."[43] Der Film beruht zwar zunächt darauf, daß Bilder bewegt werden - und hierauf bezieht sich Jean-Luc Godard in seinem Ausspruch "Film ist 24mal Wahrheit pro Sekunde!"[44] Doch die Bewegung unbewegter Schnitte (letztlich fotografischer Momentaufnahmen) erzeugt nur eine Bewegungsillusion. Kompositionselemente des modernen Films, der bereits die bewegte Kamera und die Montage kennt, sind aber nicht nur die in gleichen Abständen aufgenommenen unbewegten Bilder, sondern Einstellungen. Eine Einstellung ist ein bewegter Schnitt und besitzt sogar zwei Zeitaspekte: Nach innen besitzt sie eine Bewegung der Elemente der Kadrierung, nach außen ist sie Teil einer Bewegung des ganzen Films.[45] Diese doppelte Bewegungs- und Zeitstruktur des Films bemerkte Rudolf Harms[46] schon 1926, doch erst Deleuze knüpfte daran weitergehende philosophische Refelexionen. "Die Einstellung ist das Bewegungsbild",[47] der bewegliche Schnitt einer Dauer und noch kein Zeitbild. Das Bewegungsbild konstituiert lediglich "Zeit in ihrer empirischen Form, im zeitlichen Verlauf."[48] Erst die Montage setzt das Bild von der Zeit frei, denn die "Montage ist die Komposition, die Anordnung der Bewegungsbilder als Organisation eines indirekten Bildes der Zeit."[49] Montage ist "die Organisation der Bilder in der Zeit"[50] (Bazin), ist gestaltete Sequen-

---

43 Merleau-Ponty, Maurice: Das Kino und die neue Psychologie. In: Filmkritik 11/1969 nach Audick (1978), S. 36
44 nach Virilio (1980a), S. 57
45 vgl. Deleuze (1989a), S. 13-37
46 vgl. Harms (1970), S. 83-87
47 Deleuze (1989a), S. 40
48 Deleuze (1991), S. 346
49 Deleuze (1989a), S. 50
50 Bazin (1979), S. 260

tialität, die auch periodische und rhythmische Zeitgestalt annehmen kann. Montage in Theater, Kunst und vermutlich am populärsten im Spielfilm macht eine Qualität von Zeit anschaulich, die lebensweltlich zwar erfahren werden kann, aber selten zu Bewußtsein kommt. Zunächst ist die Montage eine technische Möglichkeit, nämlich Filmschnitt, die erst durch die Betrachtung des Films als Medium oder Kunst zu einer ästhetischen Möglichkeit werden kann, wenn sie bestimmte "Regeln" befolgt, wie sie die Filmtheoretiker unterschiedlichster Schulen explizieren. Von den sowjetischen Avantgardefilmern wurde die Montage als "Grundlage der Filmkunst", als "das eigentliche schöpferische Moment" (Pudowkin)[51] und als "das Problem des Filmes als solches" (Eisenstein)[52] begriffen. Andere Regisseure versuchten, die Montage durch möglichst unmerkliche Schnitte zu verbergen. Die "découpage classique" war im narrativen Hollywood-Unterhaltungsfilm der 30er und 40er Jahre üblich.[53] Widerstreitende Montagetheorien wurden formuliert. Nicht die tatsächlichen Vorgänge, sondern die Filmstreifen werden seitdem konsequent als Material der Filmkunst begriffen, das sich von der Wirklichkeit unterscheidet.[54] Aufgabe der Montage ist es nach Pudowkin, "aus Elementen der realen Zeit eine neue filmische Zeit"[55] zu formen:

> "Mittels der Kamera, die dem Willen des Regisseurs gehorcht, entsteht, wenn die Filmstreifen zerschnitten und wieder zusammengesetzt sind, eine neue *filmische* Zeit; nicht die wirkliche Zeit, welche die Begebenheit beanspruchte, als sie vor der Kamera stattfand, sondern eine neue, filmische Zeit, die allein durch die Geschwindigkeit der Beobachtung und durch die Anzahl und Länge der Einzelelemente, welche zur filmischen Darstellung der Begebenheit ausgewählt wurden, bedingt ist."[56]

Die neue filmische Zeit ist eine konzentrierte Zeit, in der Handlungen gerafft und sogar einzelne Bewegungen des Menschen konzentriert werden können.[57] Dadek hat ergänzt, daß nicht nur die Konzentration der Zeit, sondern die Zeitdehnung als Verlängerung der Erfahrungszeit als mindestens ebenso bedeutsam für die Konstruktion von Zeit im Film angesehen werden muß. Dabei besitzen - oftmals in Verbindung mit analytischer Montage - die filmischen Bilderfolgen eine längere chronometrische Dauer, als die Handlung in der Wirklichkeit besitzen würde.

In Anbetracht des neuen Tonfilms bestanden Eisenstein, Pudowkin und Alexandrow darauf, die Montage als "das elementare (und einzige) Mittel", als weiterhin "vorrangige(s) Gestaltungsmittel" zu betrachten.[58] Ton und Bild sollen demnach kontrapunktisch oder asynchron eingesetzt werden, um unterschiedliche Wirklichkeitsebenen darzustellen. "Objektive Welt" und "subjektive Wahrnehmung" erhalten im Tonfilm neue Darstellungsmöglichkeiten. Stellte schon die Bildmontage eine künstlerische "Repräsentation" der subjektiven Wahrnehmung dar, so schlägt Pudowkin nun für den Tonfilm vor: "Das Bild kann das Tempo der realen Welt beibehalten, während der Tonstreifen dem wechselnden Rhythmus menschlicher Wahrnehmung folgt, oder umgekehrt."[59]

---

51 Pudowkin (1979a), S. 73 u. S. 74
52 Eisenstein (1979a), S. 282
53 vgl. auch Monaco (1980), S. 202-203
54 vgl. Pudowkin (1979), S. 89-90 u. S. 92
55 Pudowkin (1979), S. 107
56 Pudowkin (1979), S. 93
57 vgl. Pudowkin (1979), S. 90
58 Eisenstein / Pudowkin / Alexandrow (1979), S. 42
59 vgl. u. zit. Pudowkin (1979), S. 219-220

Ejchenbaum spricht explizit von der "Konstruktion" der Filmsequenz "nach dem Prinzip räumlicher und zeitlicher Kontinuität". Die dramaturgische "Einheit der Zeit" sei das zentrale "Problem der Konstruktion der Zeit" gegenüber der bloßen Ausfüllung der Zeit im Theater: "Im Film wird die Zeit nicht ausgefüllt, sondern gemacht. ... Im Film haben wir also zwei Arten des Tempos: das der Handlung und das der Montage. Durch eine Kreuzung dieser beiden wird auch die spezifische Filmzeit geschaffen."[60] Die Vernachlässigung der eigenen Filmzeit in vielen Amateurfilmen, in denen Filmwahrnehmung naiv realistisch als Realitätswahrnehmung konstruiert wird, hat fatale ästhethische Folgen: Die meisten Einstellungen werden als zu lang empfunden.

Arnheim hat auf die dramaturgischen Notwendigkeiten der Filmmontage beim narativen Film hingewiesen und dabei vor allem auf die Verständlichkeit für den Rezipienten abgehoben. So stellt er etwa die Regel auf, daß der realistische Zeitablauf innerhalb einer Szene nicht gestört (unterbrochen, verkürzt oder umgestellt) werden darf, daß zumindest alle wesentlichen Elemente einer Handlung gezeigt werden müssen, während ganze Szenen montiert werden können, wenn aus der dargestellten Handlungsstruktur die Zeitordnung rekonstruierbar ist.[61] Montage stellt dabei Gleichzeitigkeit ganzer Szenen (durch Parallel- und Simultanmontage) oder innerhalb einer Einstellung (etwa durch Kamerafahrt oder andere Elemente innerer Montage) her, sie kann zeitlich indifferente Elemente nach anderen (inhaltlichen, symbolischen etc.) Kriterien anordnen und sie kann die zeitliche Folge des Vorher-Nachher von ganzen Szenen wie innerhalb von Szenen (als Folge von Einstellungen) organisieren.[62] Die Schachtelmontage erlaubt es sogar, "eine Sequenz ohne Rücksicht auf die Chronologie zu erzählen",[63] wenn dies durch den Gesamtzusammenhang verständlich wird oder für das Gesamtverständnis keine Rolle spielt. Montage kann aber auch in bewußtem Gegensatz zum Handlungstempo ein Montagetempo vorlegen, daß den Eindruck von Tempo beim Rezipienten erzeugt. Die Parallelmontagen in den Filmen von Griffith gelten in der Literatur weithin als eindringlichster Beleg hierfür[64] und werden auch als beschleunigte Montage (treffender wäre vielleicht noch: beschleunigende Montage) bezeichnet.[65] Bewegung innerhalb des Bildes (oder Bewegungslosigkeit) und Bewegung der Bilder selbst stehen dann in einem kontrapunktischen Verhältnis.[66]

Die Montage erlaubt die Herstellung neuer narrativer Kontinuitäten; ein frühes und gleichwohl extremes Beispiel hierfür ist griffith's "Intolerance", in dem zehn Schauplätze in vier Jahrhunderten eine Rolle spielen.[67] Montage visualisiert, daß Zeit kein homogener Fluß sein muß. Das Zeit-Bild hat sich die Bewegung untergeordnet, und Bewegung wird zu einer Perspektive der Zeit; Zeit ist nicht mehr nur das Maß für Bewegung.[68] "Unser Sehen ist stets Montage, eine Montage von Zeitlichkeiten. Zeit wird nicht allein durch Macht, sondern auch durch Technologien organisiert."[69] So macht der Film dem Betrachter deutlich, daß Sehen immer Montage von Zeitlichkei-

---

60 vgl. u. zit. Ejchenbaum (1979), S. 128-129
61 vgl. Arnheim (1979), S. 35-38
62 vgl. Arnheim (1979), S. 118
63 Monaco (1980), S. 205
64 vgl. z.B. Balazs (1982), S. 123
65 vgl. Monaco (1980), S. 204-205
66 vgl. Balazs (1984), S. 91
67 vgl. Virilio (1989a), S. 46-47; Gessner (1965), S. 165, spricht sogar von 5 Jahrhunderten in vier Ländern.
68 vgl. Deleuze (1991), S. 37
69 Virilio / Lotringer (1991), S. 75

ten ist, und das Bewußtsein immer ein zusammengesetztes und kein kontinuierliches ist.[70]

Die asynchrone Montage von Bild und Ton gestaltet bei den AV-Medien Protention und Retention: Erwartung von und Reminiszenz an Vorgänge, die noch nicht oder nicht mehr gegenwärtig, aber doch noch bewußtseinsmäßig aktuell sind.

Die Bewegungsbilder werden bei der klassischen Filmmontage rational verknüpft, d.h. die sensomotorischen Bewegungsbilder werden aneinander angeschlossen. Jedes aktuelle Bild des Films geht über die Gegenwart in doppelter Hinsicht hinaus: Zum einen können die Filmbilder beim Betrachter Erinnerungs-, Traum- oder sonstige Weltbilder evozieren, die über Erinnerung oder Assoziationen aktualisiert werden: Kötz behauptet sogar, das "allgemeine Zeitgefühl im Kino, von dem jedermann berichten kann ... ", entspreche immer der Vergangenheit, da die Handlungsaufforderung und -möglichkeit der Gegenwart fehle.[71] Zum anderen besitzt jedes aktuelle Filmbild ein virtuelles Filmbild und umgekehrt. So wie bei Husserl von Retention und Protention als aktuelle Bewußtseinsinhalte die Rede ist, so beruft sich Deleuze auf Bergson und behauptet die Gleichzeitigkeit von aktuellen und virtuellen Filmbildern. Diese Struktur bezeichnet er als "Zeitkristall".[72] In jedem Bewegungsbild bestehen also zugleich aktuelle und virtuelle Zeitbezüge, die durch die Montage zum Erscheinen gebracht werden können. Die Montage hat im modernen Film deshalb eine veränderte Funktion. Die zeitlichen Beziehungen des Filmganzen herzustellen, heißt nun nicht mehr, sensomotorische Bewegungsbilder rational zu verknüpfen, sondern die Konstruktion direkter Zeitbilder aus rein (d.h. abgeschlossenen) optischen oder akustischen Situationen durch "falsche Anschlüsse", "abweichende Bewegungen",[73] serielle (statt sequentieller) Strukturen. So werden im Film verschiedene Vergangenheitsschichten (etwa in Welles "Citizen Kane" von 1941 und vor allem in den Filmen von Alain Resnais) als alternative, gleichwahrscheinliche Vergangenheiten visualisiert, und serielle Schnittweisen treten, z.B. bei Godard, an die Stelle von rationalen, sequentiellen Monatgeverfahren.[74] Durch Schärfentiefe ("innere Montage") kann nun innerhalb der Einstellung ("Bewegungsbild") ein Bezug zum Gedächtnis hergestellt werden. Im Gegensatz zur Rückblende handelt es sich dann aber nicht "um eine psychologisches, aus Erinnerungsbildern zusammengesetztes Gedächtnis ...", sondern um ein "retentionales Phänomen" (Husserl), nämlich "entweder um eine innerhalb der aktuellen Gegenwart enstandene Erinnerungsleistung, die der Bildung der Erinnerungsbilder vorangeht, oder um die Erforschung einer Vergangenheitsschicht, aus der später diese Erinnerungsbilder auftauchen."[75]

Die Konstruktion von Zeit im Film ("spezifische Filmzeit", "filmische Zeit", "Zeit-Bild", "film time"[76]) als von der physikalischen Zeit unterschiedene Zeit erfolgt durch Montage, besitzt ihre Grundlagen im Bewegungsbild der einzelnen Einstellung, worauf Tynjanov bereits 1927 hingewiesen hat:

---

70 vgl. Virilio / Lotringer (1991), S. 75
71 vgl. u. zit. Kötz (1986), S. 150
72 vgl. Deleuze (1991), S. 95-113
73 Deleuze (1991), S. 60-62
74 vgl. Deleuze (1991), S. 348-254
75 Deleuze (1991), S. 146
76 vgl. Stephenson / Phelps (1989), S. 115-116

> "Das Spezifische der filmischen »Zeit« zeigt sich an einem Verfahren wie der Großaufnahme. Die Großaufnahme abstrahiert, sie löst den Gegenstand, das Detail oder das Gesicht aus den räumlichen Korrelationen und gleichzeitig aus der zeitlichen Kontinuität heraus." Wiederholung von Einstellungen und Herauslösung aus der Kontinuität "unterstreichen, daß die »Filmzeit« keine reale, sondern eine bedingte Dauer ist ..."[77]

Die Nahaufnahme ist nicht nur eine räumliche Kadrierung, sondern nach Kötz immer auch eine zeitliche Metapher dafür, daß dem Protagonisten oder dem Thema nur wenig Zeit eingeräumt wird. Die Totale zeigt dementsprechend nicht nur viel Raum, sondern beansprucht auch eine lange Dauer.[78] Neben den Einstellungsgrößen erlauben die Technik der Blende, die mit der gleichzeitigen Bewegung im Bild und der Bewegung des Bildes arbeitet, und das Einfügen von Zwischen- und Standbildern die Thematisierung (z.B. "Überbrückung") von Zeit.[79]

Die aus anderen, zum Teil älteren Künsten bekannten Techniken der Montage, Rückblende, Zeitkonzentration (Raffung) und Beschleunigung erhalten im Film neue anschauliche, und zum Teil zwangloser rezipierbare Gestalt.[80]

Wenngleich der "Flashback" keine spezifisch filmische Wortprägung ist und auch in anderen Künsten sowie in der "Alltagspsychologie" bekannt ist, so nimmt er doch im Spielfilm einen besonderen Stellenwert ein. "Flashback" bzw. "Rückblende" bezieht sich keineswegs nur auf die visuelle Ebene, sondern betrifft das gesamte Spektrum filmischer Ausdrucksmittel, also auch die verbale Erzählung, die visuelle Rückblenden einleiten, begleiten und beenden oder eine selbstständige Rückblende (z.B. als innerer Monolog) entwickeln kann. Turim, die eine Geschichte der Rückblende im internationalen Spielfilm von der Stummfilmzeit bis heute verfaßt hat,[81] hält die Darstellung von Geschichte und persönlicher Erinnerung sowie deren Verknüpfung für die zentralen Funktionen der Rückblende im Film. Die subjektive Erinnerung dient dabei der Motivation von Handlungen und die Darstellung von Geschichte der Erklärung und Erzählung. Geschichtliche Ereignisse werden oftmals als persönliche Erinnerungen in der Rückblende thematisiert. Rückblenden besitzen unterschiedliche dramaturgische Funktionen,[82] die hier nicht im einzelnen zu erörtern sind, interessanter scheint mir die Tatsache, daß immer wieder gedächtnistheoretische Vorstellungen der Zeit mit filmischen Rückblendeformen korrespondieren. So zeigt Turim Paralellen zwischen der Theorie Bergsons und dem französischen Film der 20er Jahre sowie zwischen der psychoanalytischen Theorie Freuds und dem deutschen Film der 20er Jahre auf.[83] Kognitionspsychologische und neurobiologische Vorstellungen von der Funktionsweise des Gedächtnisses spiegeln sich nach dem Zweiten Weltkrieg in veränderten Darstellungen der Erinnerung und der verdrängten Vergangenheit in Film-Flashbacks. Diese sind nun Darstellungsformen für das Unbewußte und für Verdrängtes, werden aber vielfach nur noch als verkürzte, wiederholt

---

77 Tynjanov (1979), S. 152-153
78 vgl. Kötz (1986), S. 155-156
79 vgl. Balazs (1984), S. 94-96
80 vgl. hierzu auch Dadek (1968), S. 151-153
81 vgl. Turim (1989), S. 21-246
82 vgl. Turim (1989), S. 33
83 vgl. Turim (1989), S. 64-67, S. 84-92

erscheinende Erinnerungsbilder ("memory flashes") und nicht mehr als eigenständige Handlungs- und Erzählstränge eingesetzt.[84]

Extremer Gerbrauch wird von der "Verlangsamung" der Zeit im wissenschaftlichen Film gemacht: Mit spezialisierten Filmkameras, die eine weitaus stärkere Zeitlupe als die Videotechnik gestatten, können bis zu zwei Millionen Bilder in der Sekunde belichtet werden. So läßt sich ein Vorgang von einer Sekunde Dauer etwa bei 6000 Aufnahmen in der Sekunde auf vier Darstellungs-Minuten, bei zwei Millionen Bildern/Sekunde auf einen ganzen Tag ausdehnen und analysieren.[85] Walter Benjamin schrieb vom "Dynamit der Zehntelsekunden", mit dem der Film unsere kontinuiierliche Alltagswahrnehmung sprenge.[86] Zeitlupe, Zeitraffer und Rückwärtslauf als Formen veränderter Bewegungsdarstellung haben im nicht-wissenschaftlichen Film bislang nur begrenzte Verwendung (meist als Formen der Groteske) gefunden, ein Mangel, den bereits Arnheim dem künstlerischen Film vorwirft.[87] Stephenson / Phelps nennen zwar einige Beispiele für die Verwendung von Zeitlupe, -raffer und Standbildern im modernen Unterhaltungsspielfilm, während es nahezu überhaupt keine Anwendungen des Rückwärtslaufs zu geben scheint.[88]

Montage prägt nicht nur die mediale Form des Films, sondern auch die Rundfunk- und Printmedien. Montage verräumlicht Zeit und verzeitlicht Raum. Bei der Zeitungsmontage werden Elemente aus der Zeit "gegriffen" und räumlich neu geordnet. Im Prinzip ist eine Zeitungsseite eine Simultanisierung unterschiedlicher Zeiten, wenngleich durch typographische Gestaltung und die Aktivität und Selektivität des Lesers diese Simultanität nicht eindeutig ist. Bei der akustischen Montage im Hörspiel, tendenziell aber beim Hörfunk insgesamt werden Klänge in eine zeitliche Folge gebracht (was eine Simultanität von mehreren Klängen nicht ausschließt.) Bei der Filmmontage wird die Zeit materiell als Sequenz von Bildern, also medial räumlich organisiert, und die unterschiedlichen Räume werden in eine zeitliche Folge gebracht. Diese prinzipielle Medieneigenschaft erlaubt es nun, im Film zeitliche Elemente wie räumliche zu behandeln, d.h. ihre Anordnung freier zu gestalten, als die rein zeitliche Abfolge dies ermöglicht. Ungebrochene Kontinuität und umumkehrbare Richtung der Zeit werden hierdurch überwunden:

> "Sie kann zum Stehen gebracht werden: in Großaufnahmen; zurückgeschraubt werden: in Retrospektiven; und übersprungen werden: in Zukunftsvisionen. Parallellaufende, simultane Vorgänge können nacheinander, und zeitlich auseinanderliegende - durch Zusammenkopieren oder durch alternierende Montage - gleichzeitig gezeigt werden; das Frühere kann später, das Spätere vorzeitig erscheinen."[89]

Montage, "flash-back" und "flash-forward", so typisch sie für den abstrakten und den narrativen Film sind, stellen nicht rein kinematographische Formen dar. Bereits vor Erfindung des Kinofilms war die Montage - auch als Begriff - im Theater und der Literatur und - in der Praxis - längst in Zirkus und Varité bekannt. Die Entwicklung der Filmmontage beruhte zunächst auf einem Mangel an Rohfilmmaterial in der UdSSR, so daß auf bereits belichtetes und entwickeltes Material zurückgegriffen

---

84 vgl. Turim (1989), S. 206-235
85 vgl. Blum (1993), S. 24
86 Benjamin (1977a), S. 35
87 vgl. Arnheim (1974), 134-140
88 Stephenson / Phelps (1989), S. 100-106
89 Hauser (1967), S. 1009

wurde.[90] Eisenstein[91] und Wertow importieren dabei den Begriff Montage in die Welt des Films,[92] wo er freilich eine neue Dimension einnimmt.

Kontinuität und Diskontinuität erhalten für die Zeitgestalt des Hörfunks ganz besondere Bedeutung, weil der Hörfunk stärker noch als die audiovisuellen Medien an den Zeitverlauf gebunden ist. Schwitzke spricht in diesem Zusammenhang gar von der "Eindimensionalität" des Hörfunks.[93] Die Bedeutungen der Klänge und der Pausen ergeben sich nur aus dem zeitlichen Kontext.[94] Wahrnehmbar sind akustisch nur die Veränderungen, während bei den Medien, die sich visueller Formen bedienen, auch die gleich- oder sehr ähnlich bleibenden Elemente des Raumes (z.B. als Hintergründe) wahrnehmbar sind und so Kontinuität herstellen. Die Herstellung von Kontinuität gelingt nicht en passant, sondern bedarf medialer Techniken. Hier sind vor allem die Wiederholung (Redundanz) und die Montage zu nennen. Redundanz ist notwendig, weil der Hörfunk wie die gesprochen Sprache in hohem Maße "flüchtig" ist, ohne die Möglichkeit des interaktiven Feed back zu bieten. Montage dient der Konstruktion von Kontinuität aus diskontinuierlichen Segmenten und Sequenzen. Für Arnheim besitzt die Hörfunkmontage größere gestalterische Freiheiten als die Filmmontage, eben weil die rein akustischen Elemente sehr viel diskreter sind als die Bilder des Films:

> "Der Rundfunk montiert räumlich, zeitlich, oder gedanklich voneinander Entferntestes mit verblüffender Eindringlichkeit direkt nebeneinander."[95]

Vor allem im Hörspiel stehen der Montage Mittel zur Verfügung, die denen der Filmmontage vergleichbar sind. Arnheim spricht vom "Auf-", "Ab-" und "Überblenden" des Tones, um verschiedene "Szenen" zu verbinden, von "akustischen Vorhängen" in Gestalt von Pausen, Gongs oder Zwischenmusiken und von der Herstellung "akustischen Gleichklangs", der analog zum "weichen Filmschnitt" fließende Übergänge erlaubt.[96] Auch Schwitzke hält die aus Literatur, Theater und Film bekannte Blende für das "vermutlich ... modernste Kunstmittel überhaupt"[97]. Im Hörspiel kommt der Einsatz der Blende zur Vollendung: Zeitraffung, Zeitdehnung und Zeithalt sind im Hörspiel mit größerer Freiheit möglich als in den anderen medialen Formen. Die "spielerische Lust der Freiheit im Zeitablauf" und die "Spannung, in der es zur empirischen Zeit steht, machen den genuinen Reiz des Hörspielhörens aus."[98] Der weitaus überwiegende Teil des heutigen Hörfunks besitzt nach Arnheim allerdings keinen "Zeitvektor" mehr, weil er als "Bunte Stunde" "eine lose Aneinanderreihung, ... ein Nebeneinander gleichgeordneter Teile als ein Nacheinander" ist.[99]

---

90 vgl. Zielinski (1989), S. 110
91 So verfaßte Eisenstein seinen Text "Montage der Attraktionen" anläßlich einer Theaterinszenierung; vgl. Eisenstein (1979)
92 vgl. Weibel (1978), S. 98-99
93 vgl. Schwitzke (1963), S. 241-244
94 vgl. Arnheim (1970), S. 17-18 und Crisell (1986), S. 6, S. 45 u. S. 56
95 Arnheim (1970), S. 73
96 vgl. Arnheim (1970), S. 70-71
97 Schwitzke (1963), S. 245
98 Schwitzke (1963), S. 250
99 Arnheim (1970), S. 65

3.2.3.2 Programming

Bezieht sich Montage auf die zeitliche Gestaltung einzelner Medienprodukte, so meint Programming die zeitliche Sequentialisierung und Strukturierung mehrerer solcher Produkte zu einem umfassenden Programm. Programming ist grundsätzlich in allen Medienbereichen anzutreffen: Die sachliche und zeitliche Gestaltung eines Verlagsprogramms, die Periodik der Presse und die Spielpläne und Einzelprogramme von Filmtheatern gehören ebenso zur medialen Zeit-Strategie des Programming wie das Rundfunkprogramming im engeren Sinne. Die folgende Darstellung konzentriert sich auf den Bereich der AV- und Rundfunkmedien, weil hier Programming seine komplexeste Form angenommen hat.

Programming findet im Rundfunkbereich auf drei zeitlichen Ebenen statt: Programme werden jahres-, wochen- und tageszeitlich getimt. So unterliegt dem Fernsehprogramming ein jahreszeitlicher Grundrhythmus: Im Herbst werden neue Serien gestartet, die - bei hinreichendem Erfolg - im Winter laufen (und in dieser Zeit die höchsten Werbeerträge liefern). Im Frühling werden neue Serien erprobt, während im Sommer vor allem Wiederholungen und "Resteverwertung" (etwa Pilotfilme für nicht produzierte Serien) stattfinden.[100] Lineare Zeitstrukturen des Programms, die langfristig einem programmlichen Fortschritt dienen sollen, und zyklische Zeitstrukturen, die solche Inventions-, Innovations- und Etablierungsphasen (einem Produktlebenszyklus vergleichbar) entfalten, spielen hier zusammen. Es handelt sich keineswegs nur um "zyklische Reste"[101], die gleichsam einer Rationalisierung (in Gestalt der Linearisierung) harren, sondern um funktionale Bestandteile des Rundfunkprogrammings, die wie die alltäglichen Zyklen des Programms mit den Medienhandlungen der Rezipienten bzw. Nutzer vermittelt sind.

Die Sendezeiten der Programm-Medien Hörfunk und Fernsehen sind nicht gestaltlos, sondern strukturiert. Programmzeit ist kein homogenes Gut, sondern mit unterschiedlichen Bedeutungen und Werten versehene Dauer. Die Heterogenität der Programmzeit ist mit Sinn- und Bedeutungszuschreibungen der Nutzer bzw. deren Antizipation durch die Kommunikatoren verknüpft. Bestimmte Wochentage können spezifische "Programmfarben" haben, wie dies beispielsweise 3sat mit einem "kulturellen Samstag", dem "jugendorientierten Montag" und den "Kinotagen Mittwoch und Donnerstag" versucht. "Der Zuschauer soll quasi blind Sendetag und Sendeinhalte verbinden", so jedenfalls die Vorstellung der Programmentwickler und -gestalter.[102]

Auch bestimmte Tages-Sendezeiten besitzen spezifische Bedeutung. Die zeitliche Ordnung von Formen und Themen im Programm kann als Weltordnung[103] von den Rezipienten angenommen oder abgelehnt werden. Die Zerstörung oder Durchbrechung dieser Programmordnung durch simultane Berichterstattung (Phantome) indiziert eine Störung der Weltordnung. Die einzelnen Programmelemente werden durch ihre Placierung zugleich bewertet: Wichtige Nachrichten eröffnen als Top-Meldung die Nachrichtensendung, besonders relevante Themen oder mediale Formen

---

100 vgl. auch Blum / Lindheim (1987), S. 5-6 sowie Barwise / Ehrenberg (1988), S. 13 und Furno-Lamude / Anderson (1992), S. 362

101 Hickethier (1984), S. 452

102 vgl. u. zit Huber (1993), S. 17

103 vgl. Hickethier (1992), S. 206

werden zur Primetime präsentiert. Hierbei kann Relevanz sehr unterschiedlich begründet werden. Dem öffentlich-rechtlichen Auftrag stehen ökonomische Erwägungen der Publikumsmaximierung gegenüber. "Primetime" ist ein sinnhaftes zeitliches Konstrukt, eine bevorzugte Zeit des Medienhandelns im Alltagskontext. Programme sind mehr als bloße chronometrische Sequenzen, weil sie nach bestimmten Prinzipien komponiert werden. Während "moderne" Hörfunkprogramme *vergleichsweise* einfach strukturiert sind, nämlich als relativ stetiger Wechsel von Musik und Wortbeiträgen, weisen Fernsehvollprogramme in der Regel komplexere Programmstrukturen auf. Typischerweise beginnen diese ihre Primetime mit leichter Unterhaltung, während die "schwierigeren" Elemente (sog. anspruchsvolle Unterhaltung, Fernsehspiel, Theateraufzeichnung oder Kulturberichterstattung) erst in den späten Abendstunden folgen. Im Gegensatz zu den Printmedien, deren Komposition nur räumlich erfolgen kann, wenngleich dies natürlich zeitliche Folgen hat (etwa bei der Placierung, Auffälligkeit oder Länge eines Zeitungsartikels), nimmt die Komposition bei den Programm-Medien eine ausschließlich zeitliche Gestalt an. Allerdings darf man vermuten, daß bestimmte Programmformatierungen der Rundfunkmedien Versuche analoger Konstruktionen bei den Printmedien hervorgerufen haben. Ein Blick in die deutsche Boulevard-, zunehmend aber auch die Abonnementpresse oder auf das vielzitierte Vorbild "USA Today" bestätigt diesen Eindruck.

"Programm" ist ein zukunftsorientierter Begriff, mit dem sich der Aspekt der (gegenwärtigen) Ankündigung zukünftiger Vorhaben und der normative Aspekt des programmatischen Gehalts (Vor-Schrift) verbindet. Programme stellen insofern immer eine Form des Timing dar, die sich bestimmter "programmlicher" Instrumente bedient, um deren Analyse es im weiteren gehen wird. Was getimt wird, ist jedoch primär nicht die mediale Produktion, sondern die Distribution.[104] Die Rede von den "Programm-Machern" mag zwar sprachlich unschön klingen, doch besitzt sie den Vorteil, den Konstruktionscharakter zu verdeutlichen. Die Macher berücksichtigen bei ihrem Konstruieren in unterschiedlichem Maße technische Faktoren, aber auch ökonomische und politische Interessen und Aufgaben. Als kommunikationswissenschaftliches Konstrukt hat der Begriff "Programm" nur dann seine Berechtigung, wenn es zu zeigen gelingt, daß das Programm mehr ist als die Summe seiner Teile (etwa der Sendungen). Medienpraktisch ist davon auszugehen, daß unter der Bedingung des Vielkanal-Rundfunks erfolgreiches "Programming", d.h. eines, das die werbewirtschaftlich "richtigen" Zuschauer bindet, wachsende Bedeutung erlangen wird. Zugleich stellen sich dem Programming große und zum Teil neuartige Probleme durch die wachsende zeitliche Autonomie der Nutzer bzw. Techniken der "Entprogrammierung" (Fernbedienung, Video und Bildplatte, Abrufangebote u.a.m.).

Jürgen Doetz, Geschäftsführer von SAT1, faßt die Versuche, angesichts dieser Probleme ein wiedererkennbares Programm-Schedule zu schaffen, das Reichweiten maximieren und Zuschauer binden soll, so zusammen: "Wir wollen Geborgenheit und Ritual bieten."[105]

Der Programmbegriff ist älter als die Rundfunkmedien und bezeichnete schon im Theater (Spielplan) und im Varieté die Zusammenstellung inhaltlich unterschiedlicher und zeitlich heterogen strukturierter Elemente (Zeitgestalten) zu etwas Ganzem,

104 vgl. Hickethier (1991), S. 436-437
105 Thomsen (1993), S. 24

das in der Regel über klar definierte Anfänge und Enden sowie über eine zeitliche Binnenstruktur (z.B. die Differenzierung in Primetimes und "fringe hours"[106]) verfügt. Die Zusammenstellung kann dabei dramaturgischen (Steigerung bis zu einem Höhepunkt etc.), ökonomischen oder situativen Faktoren folgen, immer handelt es sich aber um eine zeitliche Gestaltung, deren Strukturmerkmal Kontinuität durch Wechsel ist. Das Varieté mit seinen Nummern ist eng mit der Geschichte des Kinos verknüpft: 1896 zeigte Max Skladanowsky die ersten Bioscop-Filme im räumlichen und programmlichen Rahmen des Varietés (des Berliner Wintergarten), ähnliches gilt für die Entwicklung in Frankreich, wo Lumière ab Dezember 1895 im Grand Café seine Filme vorführte.[107] Knut Hickethier sieht im frühen Kinoangebot eine Zwischenform der Programmentwicklung: Dem Theater- und vor allem dem Varieté-Muster folgend bestand ein Kino-Programm aus bis zu 15 kurzen, etwa dreiminütigen Filmen, die nach dem Prinzip wechselnder Attraktionen kombiniert wurden. "[I]n den zwanziger Jahren besteht ein konventionelles Kinoprogramm aus einer Wochenschau, ein bis zwei kürzeren Filmen und einem Hauptfilm. Als Hauptfilm gilt in der Regel ein Spielfilm."[108] In der Weimarer Republik waren auch Programme mit zwei und mehr Spielfilmen verbreitet, bis die Nationalsozialisten 1934 per Erlaß die Programmstrukturen standardisierten (Wochenschau, Kulturfilm, Kurzfilm: Lustspiel oder Groteske mit bis zu 900 m, Hauptfilm: Spiel- oder Kulturfilm). Kaum verändert wurde diese Programmstruktur auf das nationalsozialistische Fernsehen (dessen Rezeption überwiegend in kinoartigen Situationen stattfand)[109] übertragen. Diese Form prägte das Kino bis in die 60er Jahre und wurde lediglich um Werbefilme zu Beginn des Programms ergänzt.[110] In den USA setzte der Wandel der Kinoprogrammstruktur etwas früher ein. Während zunächst eher Programme nach dem Varieté-Muster vorherrschten, ist ab etwa 1915 eine Entwicklung zu längeren Filmen, die ununterbrochen rezipiert werden (sollen), also dem bürgerlichen Theater-Muster folgen, zu beobachten.[111]

Die Programme der Bühnenkünste, des Kinos sowie der Frühzeit des Hörfunks und des Fernsehens bis in die 50er Jahre hinein waren von ihrer Dauer her noch auf vollständige Rezeption hin angelegt. Anfang und Ende des Programms waren deutlich definiert, während die Binnenstrukturen weniger deutlich markiert waren.[112]

Der Hörfunk übernahm den Programmbegriff in den 20er Jahren, wobei den strukturierenden Elementen mit der Ausweitung der täglichen Sendedauer von dreieinhalb auf 16 bis 20 Stunden täglich eine wachsende Bedeutung zukommt. Auch beim Fernsehen läßt sich feststellen, daß die Programmausdehnung mit einer stärkeren Binnenstrukturierung und Regelmäßigkeit der Sendezeiten einhergeht. Lineare Expansion (Ausweitung der Dauer) erfordert offensichtlich eine zunehmende zyklische Ordnung (Regelmäßigkeit als Produktions- und Orientierungshilfe). Anfangs erfolgte Hörfunkprogramming nach einem Okkasionalitätsmodell, d.h. es wurden unterschiedliche

---

106 Unter diesen "Fransen-Stunden" versteht man die Programmend- und -übergangszeiten, also bspw. die späte Nacht, den Sonntagmorgen oder auch die Zeit unmittelbar vor und nach den Haupt-Abendnachrichten; vgl. bspw. Condry (1989), S. 178

107 vgl. Sadoul (1982), S. 19

108 Hickethier (1992), S. 198, Zitatergänzung KB

109 "In den Jahren 1929 bis 1934 war elektrisches Fernsehen nichts anderes als auf einem neuen Weg verteiltes und in seinen Produktionen zurechtgestutztes Kino, *Fernkinematographie* eben." (Zielinski (1989), S. 156)

110 vgl. Hickethier (1992), S. 198-199

111 vgl. hierzu auch Houston (1984), S. 192

112 vgl. Hickethier (1984), S. 444-446

Sendungen als Einzelsendungen angeboten. Zwischen diesen Sendungen gab es zumindest kürzere Pausen, die einen "Ausstieg" aus dem Programm geradezu provozierten. Erst die tageszeitliche Programmausweitung brachte diese diskontinuierlichen, Interpunktionen betonende Muster zum Verschwinden. Das ausgeweitete Programm war nicht mehr auf vollständige Rezeption angelegt, es entstanden bevorzugte Sende- bzw. Hörerzeiten zu bestimmten Tageszeiten. Die Programmstruktur läßt Schwerpunkte erkennen und bietet wiedererkennbare Marken. Programmstrukturen dienen dabei sowohl der Programmplanung auf der Produzentenseite wie der Programmnutzung und Programmnutzungsplanung auf der Rezipientenseite.

Die Programmgeschichte des deutschen Fernsehens belegt, daß unter den Verhältnissen der Programmkonkurrenz die zyklisch-rhytmische Strukturierung des Programms eine gesteigerte Bedeutung erhält.[113]

Die Tendenz zur tages- und wochenzeitlichen Programmausdehnung verändert die Programmstrukturierung beim Hörfunk und seit den 60er Jahren auch beim Fernsehen qualitativ: Im Unterschied zu Theater, Konzert und Kino besitzen Hörfunk und Fernsehen - begünstigt durch die Verlagerung des Rezeptionsortes und die dadurch bedingte erleichterte Synchronisation - die Tendenz von Medien ohne Pausen.[114]

Für das Programming von Fernsehvollprogrammen besitzen die Schedules und einige zentrale Annahmen über die zeitliche Strukturierung des Zuschauerverhaltens eine entscheidende Bedeutung. Dies gilt sowohl für Grundsatzentscheidungen über den Ankauf oder die Produktion einer Sendung oder Serie als auch für die konkreten Programmstrategien. Die - m.W. kommunikationswissenschaftlich nicht hinlänglich fundierte - Grundannahme über das Publikumsverhalten fassen Blum und Lindheim in einem der wenigen verfügbaren Grundlagenwerke über "Primetime Network Television Programming" so zusammen:

> "Scheduling theory is based on the principle of low entropy, an understanding that, despite the emergence of remote-control devices, the average viewer prefers to make as few choices (defined as channel changes) as possible."[115]

Für die Grundsatzentscheidungen ergibt sich daraus, daß die Programmwahl der Veranstalter sich an den Erfordernissen ihres Sendeschemas orientiert und dabei durchaus inhaltliche oder sonstige Qualitätskriterien nachgeordnet behandelt werden. Die zeitliche Placierung einer Sendung wird als mindestens ebenso entscheidend für den Publikumserfolg angesehen wie ihre sonstigen Merkmale.[116]

Für die konkrete Programmplanung, also die Vergabe der Sendeplätze, ergibt sich aus der angenommenen "Trägheit" des Publikums ein Bündel von Programmstrategien, bei denen die zeitlichen Aspekte der Placierung eine wichtige Rolle spielen. Etwa neun Hauptstrategien[117] lassen sich unterscheiden:

(1) Counter Programming orientiert sich an den Schedules der Konkurrenten. Bindet der Konkurrent in einem bestimmten "time-slot" eine bestimmte, große Zielgruppe (beispielsweise das männliche Publikum durch eine Sportsendung), so ver-

---

113 Hickethier (1984) schildert dies schon für die Phase der Einführung eines zweiten ARD- bzw. ZDF-Fernsehprogramms in den frühen 60er Jahren (vgl. S. 456-462).

114 vgl. Nowotny (1989c), S. 6 und Nowotny (1992a), S. 28

115 Blum / Lindheim (1987), S. 133

116 vgl. Blum / Lindheim (1987), S. 133

117 vgl. hierzu auch Blum / Lindheim (1987), S. 8-9 u. S. 134-136; Gitlin (1983), S. 56-62

sucht man, einen spezifischen anderen Teil des Publikums (beispielsweise das weibliche Publkum durch eine Familiensaga) zu binden. Das Ergebnis ist eine Art Kontrastprogramm.

(2) Beim Competitive Programming hingegen wird um das gleiche Publikumssegment mit einer attraktiven Sendung geworben.

(3) Block Programming führt dazu, daß mehrere aufeinanderfolgende Sendeplätze mit ähnlichen Sendetypen belegt werden, um die gleichen Zuschauer beim Programm zu halten. Es entsteht ein vertikales zeitliches Muster im täglichen Programmverlauf.

(4) Beim Strip-Programming werden gleiche Zeiträume an den Werktagen mit gleichen Serien oder vergleichbaren Sendetypen belegt. Es entsteht ein "horizontales" zeitliches Muster über den Wochenverlauf.

(5) Die Placierung einer neuen oder reichweitenschwachen Sendung nach einer reichweitenstarken versucht, den Lead-in - Effekt zu nutzen. Die Zuschauer sollen "hängenbleiben" und so die Reichweiten für die zweite Sendung maximieren.

(6) Durch "Hängematten"-Programming soll dieser Effekt noch verstärkt werden: Ein neues oder reichweitenschwächeres Programm wird zwischen zwei erfolgreiche Sendungen gesetzt, um auch noch von der Erwartungshaltung gegenüber der dritten Sendung zu profitieren. Der Zuschauer - so die Überlegung - müßte gleich zweimal umschalten, um der weniger erfolgreichen mittleren Sendung zu "entgehen". Die Sendung wird im sogenannten "Hammock Slot" placiert. Vor allem bei SitComs hat sich diese Programmingform bewährt, weil sich die SitCom erst durch Gewöhnung ihr Publikum "selbst schaffen" muß.

(7) Umgekehrt kann beim "Tendpoling" auch eine erfolgreiche Sendung zwischen zwei neuen oder reichweitenschwächeren placiert werden, um Erwartungs- und Lead-out-Effekte zu nutzen.

(8) Besondere Bedeutung besitzen die Sendungen, die an den - vermutlichen - "Scharnierstellen" des Publikumsverhaltens placiert werden, weil man hier nicht von Lead-in-Effekten ausgehen kann und - die Trägheit des Publikums vorausgesetzt - zu diesen Zeitpunkten Grundsatzentscheidungen für den gesamten Fernsehabend oder doch größere, einzelne Sendeplätze überschreitende Dauern getroffen werden. Prinzipiell stehen hier zwei Strategien zur Verfügung. Entweder wird der Sendplatz mit einer besonders attraktiven Sendung (etwa der Tagesschau) belegt, oder man versucht, durch Bridging diese Scharnierstelle zu überwinden (dies entspricht der ZDF-Strategie gegenüber der Tagesschau). Man versucht also, Publikum an eine Sendung zu binden, die schon vor der fraglichen Zeit beginnt, und so ein Umschalten problematisch erscheinen läßt.

(9) Schließlich kann durch "Stunting" das gewohnte Schedule gezielt durchbrochen werden. Dabei speist sich der Ereignischarakter weniger aus der Einmaligkeit des Inhalts, denn aus der abweichenden Zeitgestalt: veränderte Sendezeiten oder Sendedauern, Double-Features etc.

Schedules sollen die extramedialen alltagsweltlichen Zeitstukturen der Nutzer und die medialen Zeitstrukturen synchronisieren. Ziel des Scheduling ist es in erster Linie, die Reichweiten (Rating) zu maximieren und einen möglichst großen Marktanteil (Share) zu erzielen. Folglich muß zunächst einmal der potentielle Markt definiert werden, und auch dies erfolgt natürlich zeitlich differenziert. Das Programm-Schedule soll bei

Vollprogrammen dem Tagesablauf der zu bestimmten Tagesabschnitten jeweils größten, vom Werbestandpunkt aus betrachtet hinreichend attraktiven Zielgruppe entsprechen. Zielgruppen ergeben sich so nicht zuletzt aufgrund spezifischer (idealtypischer) Tagesabläufe. Bestimmte Zeitspannen des Tages werden so zur "Kinderstunde", zum "Hausfrauenfernsehen" oder gar zum zynischerweise so genannten "Arbeitslosenfernsehen" am Vormittag. Beim Spartenprogramm hingegen soll das Programmscheduling mit dem Tagesablauf einer zuvor definierten Zielgruppe korrespondieren.

Sinn und Effizienz der Programming- und Scheduling-Strategien sind durchaus umstritten. Arnold Becker (CBS) sowie Deanne Barkley und Paul Klein (vormals NBC und ABC) halten diese Art des Programming für eine Mischung aus Glücksspiel und Arbeitsplatzsicherung der Programmplaner.[118] Wenn es zutrifft, daß die meisten Fernsehveranstalter noch immer einen Großteil ihrer Forschungsaktivitäten auf quantitative Reichweitenforschung verwenden, dann stellt sich die Frage, auf welcher Grundlage die Annahmen über das Zuschauerverhalten und die Tagesabläufe denn überhaupt beruhen. Bewertungen und Nutzen, die Zuschauer mit bestimmten Sendungen zu bestimmten Zeiten verbinden, entziehen sich ebenso wie Entstehung, Verstärkung und Bedeutung von Nutzungsgewohnheiten (Habitualisierung und Ritualisierung) offensichtlich weitgehend den Kenntnissen der Programming-Entscheider.

Dem Fernsehprogramm ist ein getaktetes "Zeitraster" (Hickethier) unterlegt. Dabei handelt es sich seit der Etablierung des "Kontrastprogramms" ZDF im April 1963 um einen 15-Minuten-Rhythmus. Nahezu alle Sendeformate ergeben sich aus Vielfachen dieser Dauer, als fernsehtypische Sendedauern resultieren dann 15, 30, 45, 60 und 90 Minuten. Ein solches basales Zeitraster erleichtert im übrigen auch den Programmwechsel der Zuschauer, so daß aus der Sicht des kommerziellen Fernsehens (gleichgültig welcher Organisationsform) Gegen-Strategien zu entwickeln sind. Die Formatierung auf typische und im Pogrammablauf kompatible Dauern kann zu einem bedeutenden dramaturgischen und journalistischen Problem werden. Bleicher spricht von einer "additiven" Programmstruktur,[119] was jedoch die tatsächliche Nutzung der Programme ebenso außer Acht läßt wie die programmliche Entwicklung der öffentlich-rechtlichen und die Scheduling-Strategien der privaten Fernsehanbieter. Zwar sind - zumindest im Programm von ARD und ZDF - die 15-Minuten-Zyklen noch erkennbar, doch kommt es zunehmend zu einer Dynamisierung der Programmschedules, die begleitet wird durch eine Ent-Programmierungsstrategie der Rezipienten. Für das kommerzielle Fernsehen in den USA geht Postman schon von einem wesentlich kürzeren 8-Minuten-Raster aus.[120] Eine Verkürzung der einzelnen Programmelemente und eine partielle Dynamisierung der Schedules läßt sich auch im deutschen Fernsehen nachweisen.

Hier kann keine vergleichende Programm-Schedule-Analyse für die deutschsprachigen Rundfunkprogramme vorgenommen werden. Die folgenden Untersuchungsergebnisse dienen vor allem dem Nachweis, daß eine solche, bislang m.W. nirgends durchgeführte Anaylse eine wertvolle Informationsbasis darstellen würde. In einem zweiten Schritt müßten dann mögliche Wechselwirkungen zwischen diesen programmstrukturellen zeitlichen Charakteristika und dem Medienhandeln der Nutzer

118 vgl. Gitlin (1983), S. 60-62
119 vgl. Bleicher (1991), S. 320
120 vgl. Postman (1985), S. 124

untersucht werden. Die Schedule-Analyse kann entweder aufgrund der Programmschemata erfolgen, die den Programmplanern als Grundlage dienen und die zumindest von den öffentlich-rechtlichen Veranstaltern auch regelmäßig veröffentlicht werden. Als zweite Möglichkeit ergibt sich der Vergleich anhand der Programmzeitschriften, wodurch auch die jahreszeitlichen Rhythmen oder sonstige Abweichungen vom allgemeinen Schema erfaßt werden können. In beiden Fällen könne aktuelle Programmänderungen nicht berücksichtigt werden. Diese kurzfristigen Änderungen müßten wie die temporalen Mikrostrukturen, die weder aus der Programmpresse noch aus den veröffentlichten Schemata hervorgehen, durch die zeitliche Vollerfassung mit Hilfe von Videoaufzeichnungen ermittelt werden. Zu den Mikrostrukturen zähle ich Trailer, Teaser, An- und Absagen, Vor- und Abspänne (evtl. durch Voice-over-Verfahren mit An- und Absagen kombiniert), Sendersigneteinblendungen sowie die Unterbrecherwerbeblöcke. Nur so lassen sich auch zeitliche Überschneidungen z.B. von Unterbrecherwerbeblocks programmübergreifend erfassen und das entsprechende Medienhandeln der Nutzer - erfaßt über telemetrische Verfahren - hierzu in Beziehung setzen. Vergleichbare Schedule-Analysen wären auch für den Hörfunkbereich wünschenswert, wobei hier den temporalen Mikrostrukturen vermutlich noch größere Aufmerksamkeit gegenüber den relativ einfachen Makrostrukturen zu widmen wäre.

Wenn man die Programmschedules der öffentlich-rechtlichen Fernsehanbieter analysiert, so fällt auf, daß vor allem Samstag und Sonntag grundsätzlich von den Schedules für die Werktage abweichen. Dies beginnt mit dem nur an Werktagen ausgestrahlten "Morgenmagazin" (ARD und ZDF) bzw. "Morgenmagazin"/"Pluspunkte" (ARD 1plus) und setzt sich mit der am Samstag und Sonntag (1plus) bzw. nur am Sonntag fehlenden Ausstrahlung von "Tagesschau" oder "heute" um 9.00 Uhr fort. Das Gleiche gilt für das "Mittagsmagazin" (ARD, ZDF) bzw. die Magazin-Leiste und das "Tagesgespräch" in der Zeit von 14 bis 15 Uhr bei 1plus. Makrostrukturell betrachtet setzen sich die Programmtage Samstag und Sonntag bei allen drei untersuchten öffentlich-rechtlichen Fernsehprogrammen (vor allem beim ZDF und bei 1plus) insgesamt aus längeren Dauern zusammen als die Werktagsschedules. Bei allen drei öffentlich-rechtlichen Programmen erweisen sich die Hauptnachrichtensendungen ("Tagesschau", "Tagesthemen" und etwas abweichend "heute" und "heute-journal") als stabilste Elemente, sie werden gleichbleibend getimt (Strip-Programming). Bei privaten Anbietern finden sich zudem zahlreiche Serien in festen (werktäglichen) Programmstreifen. Die Nachrichtensendungen der öffentlich-rechtlichen Anbieter können auch als ritualisierter Programmschluß gelten, dem neuerdings "Nicht-Programm-Elemente", wie "S-Bahn-Fahrten" oder das "ORB-Aquarium" folgen. Vormittags-, Nachmittags- und Vorabendprogramme sind makrostrukturell eindeutig feinmaschiger gegliedert als die Haupt- und Spätabendprogramme. Lediglich das Freitagabendprogramm nach 22 Uhr ist bei ARD und ZDF aus kürzeren Dauern zusammengesetzt. Die Programmschemata zeigen eine Fülle von periodisch wiederkehrenden Sendungen und Genres, bevorzugt wird dabei ein wöchentlicher Grundrhythmus, der oft durch mehrwöchige interne Rhythmen z.B. bei den Magazinen ergänzt wird. Ebenfalls klar erkennbar sind die vor allem an den Werktagen ausgeprägten Programmleisten (Strip-Programming).

Über alle öffentlich-rechtlichen Angebote hinweg, also auch den Großteil der dritten Fernsehprogramme betreffend, entsteht eine Timing-Kompatibilität durch eine starke Orientierung am 15-Minutenraster auf der Basis voller Zeitstunden. Typische

Anfangs- und Endzeiten (volle, viertel, halbe, dreiviertel Stunde) erleichtern die Programmwahl bzw. das Umschalten strukturell. Das Vorabendprogramm von ZDF und vor allem der ARD erweist sich, zum Teil aufgrund der Regionalisierung (ARD), vor allem aber durch seine Funktion als "Werbefernsehen" als weitaus kleinteiliger als das Hauptabendprogramm. Diese Programmstruktur könnte dem Tagesablauf vieler Nutzer entgegenkommen, denn in diese Zeit fallen noch viele Nebentätigkeiten (Hausarbeit) und das Nachhausekommen der meisten Arbeitnehmer. Das Viertelstundenraster, vor allem aber die Tagesschau als Zeitgeber für das Hauptabendprogramm (Primetime) gelten auch unter den Wettbewerbsbedingungen des Vielkanalfernsehens fort. Ein Blick auf die Anfangszeiten von 23 deutschsprachigen Fernsehprogrammen (13 öffentlich-rechtliche, 10 privatrechtliche, davon 3 Sparten- und 1 Pay-TV-Programm) in einer zufällig ausgewählten Programmwoche ergibt folgendes Bild:

Beginn der Primetime	vor 20.00	um 20.00	um 20.15	nach 20.15
Werktage	19 (14)	16 (6)*	69 (25)	5 (0)
Samstag	2 (2)	2 (1)	16 (6)	3 (1)
Sonntag	3 (3)	4 (1)	14 (5)	2 (1)

* hier sind evtl. auch noch die Primetime - Anfänge von "vox" (an 5 Tagen jeweils um 20.10) sowie eine Anfangszeit von hr 3 (20.14) zu berücksichtigen.

Abb. IV. 3.1: Beginn der Primetime nach Uhrzeiten und "Tagesschau-Kompatibilität" bei den deutschsprachigen Fernsehprogrammen

Ausgewertet wurden die Programme ARD, ZDF, 1plus, 3 sat, West 3, Bayern 3, Nord 3, Hessen 3, Südwest 3, MDR 3, ORB 3, B 1 (SFB), arte, RTL, SAT.1, Pro 7, Kabel, RTL 2, DSF, VOX, Eurosport, Premiere, n-tv in der Programmwoche vom 16.10.-22.10.1993 auf der Grundlage einer Programmzeitschrift[121]. Die Angaben in Klammern beziehen sich auf privatrechtliche Anbieter. Diesen kann unterstellt werden, daß sie kein primäres Interesse an der Förderung der Tagesschau-Reichweite haben, während dies bei den Programmen der Landesrundfunkanstalten angenommen werden muß. 20.15 Uhr scheint noch immer die ritualisierte Anfangszeit für das Hauptabendprogramm zu sein. Dies gilt auch, wenn man die privatrechtlichen Anbieter (Angaben in Klammern) betrachtet. Bei den nationalen Vollprogrammen weisen lediglich der Kabelkanal (mit 7 Abweichungen/Woche), vox (6) und das ZDF (2) Schedules auf, die gar nicht oder nur begrenzt mit dem Timing verträglich sind, das die Tagesschau (sowie weitere Hauptnachrichtensendungen bei Pro7 und RTL 2) mit der 20.15-Marke setzt. Die anderen Abweichungen ergeben sich vor allem bei den Spartenkanälen n-tv

121 Programmzeitschrift "TV klar" Nr. 41/93 v. 7.10.1993

(7/Woche), DSF (7) und Eurosport (7), bei denen der Begriff der Primetime ohnehin fragwürdig erscheint. Die übrigen Abweichungen beziehen sich auf regionale ARD-Programme, insbesondere MDR 3 (Primetime beginnt immer um 20.00 Uhr) sowie auf die multinationalen Programme 3sat und arte.

Die hier nur angedeuteten Möglichkeiten der makrostrukturellen Analyse bedürfen der (EDV-gestützten) Fortführung über tages- und jahreszeitlich längere Zeiträume sowie der Verfeinerung (nach einzelnen Wochentagen, Programmsparten usw.) und des Vergleichs bezüglich weiterer zeitlicher Qualitäten.

Wenngleich die Programmingstrategien neben produktionsökonomischen Gründen sicherlich auf intuitiven und wissenschaftlich untermauerten Bildern vom Rezipienten beruhen, darf man nicht ohne weiteres davon ausgehen, daß sie die Bedürfnisse der Nutzer befriedigen und zu den Nutzungsweisen passen bzw. diese abbilden. Ich werde im folgenden Kapitel (vgl. Teil IV, Kap. 4) Techniken der Entprogrammierung untersuchen, die von den Nutzern zur zeitlichen (und inhaltlichen) Optimierung des "vorgefertigten Programms" eingesetzt werden können. So kann die starke Zeitbindung der Programm-Medien durch den indivduellen Einsatz der "Zeitmaschine" Videorecorder (Zielinski)[122] gelockert werden.

3.2.3.3 Serialität

Von der grundsätzlichen und von der gestalteten Sequentialität von Kommunikation läßt sich ferner die serielle Konstruktionsweise von medialen Produkten und Formen abheben. Die serielle *Präsentationsform* nimmt den Ereignissen ihre Einmaligkeit und macht sie zu etwas Vertrautem und somit Wertvollem. Nur das, was als massenhaft reproduzierte Ware immer wieder in Besitz genommen und besessen werden kann, was sich nicht im einmaligen Akt verbraucht, verschafft uns Sicherheit und Genuß. Faulstich sieht in der Serie das Wesen des Fernsehens, seine "ökonomische Struktur", den "Stempel des Kapitals im Fernsehen",[123] denn er subsummiert in grob vereinfachender Weise alle Arten des Programming (vom Sendeschedule bis zur Wiederholung) unter dem angeblichen Schlüsselbegriff der Serie.[124] Diese Pauschalisierung dient wohl dem Zweck, ideologiekritische Ziele (Faulstich hängt einer kruden Manipulationsthese an) ohne jegliche Detailanalyse zu verfolgen. Wenngleich Faulstichs Position überzogen scheint, kommt der seriellen Form im Fernsehen - aus ökonomischen Gründen - eine besondere Bedeutung zu, und es lohnt, "Fernsehen als Serie" zu begreifen und nicht nur "Serien im Fernsehen" zu analysieren.[125] Darüber hinaus muß die serielle Form aber medienübergreifend betrachtet werden und nicht (einzel-) medienwissenschaftlich.

Serielle Präsentations- und Erzählformen sind nämlich keine Erfindung des Fernsehens: Schon die Märchen aus 1001 Nacht können als serielle Erzählung gelten, in der Weimarer Republik waren auch im Kino Serienfilme verbreitet,[126] und seit den 30er Jahren ist die Serie typisch für den nordamerikanischen Hörfunk. Als Vorbild

---

122 Zielinski (1989), S. 232
123 Faulstich (1982), S. 132 bzw. 135
124 vgl. Faulstich (1982), S. 139-140
125 vgl. Faulstich (1982), S. 139
126 vgl. Hickethier (1991a), S. 18-19

dieser "radio serials" dienten die Fortsetzungsgeschichten in Tageszeitungen und Publikumszeitschriften, die schon seit der Jahrhundertwende populären Fortsetzungsromane[127] sowie die Comic Strips in den Tageszeitungen.[128] Hintergrund dieser Programminnovation war die "Entdeckung" der nordamerikanischen Hausfrauen als Konsumentengruppe und der Versuch, gesponserte Programme anzubieten, "that fit the housewife's daily pattern."[129] Nach ersten Versuchen in den 20er Jahren begann die große Zeit der "daytime serials" im Februar 1932 mit werktäglichen Folgen von jeweils 15 Minuten Dauer. Viele der "serials" liefen mehrere Jahre, und ihre Reichweiten wurden durch Block Programming, also die Bündelung mehrerer Serien in Folge, seit 1933 noch gesteigert. Weil sich die Hörerinnen über den raschen Fortgang der Handlung beklagten, mußten Zusammenfassungen angeboten und schließlich sogar das Erzähltempo reduziert werden. Die Hörerforschung ergab, daß durchschnittlich nur zwei bis drei der fünf wöchentlichen Folgen angehört wurden, so daß in einer Folge nicht "zu viel" geschehen durfte, um den Anschluß nicht zu verpassen.[130] Die "daytime serials" können zweifellos als Vorläufer der TV-Soap operas betrachtet werden, zumal einige Hörfunkserials im Fernsehen fortgesetzt wurden.[131] Hickethier konstatiert und einen Bedeutungsgewinn der Serien für das Fernsehen, aber eine mengenmäßige Abnahme und einen Bedeutungsverlust der fiktionalen seriellen Formen im Kino und im Hörfunk, wo allenfalls Satire- und Comedy-Beiträge mit höchstens fünf Minuten Dauer noch serielle Form annehmen. Stedman belegt diese Entwicklung für die USA ab Anfang der 50er Jahre.[132] Dieser Bedeutungsgewinn erstreckt sich nicht nur auf den Beitrag der Serien zur Bewältigung unmittelbarer wirtschaftlicher Probleme im Gefolge der Programmausweitung, sondern auch auf die Imagewirkung insbesondere von eigenproduzierten Serien, die als Markenartikel eines Veranstalters gelten können.[133]

Serialität und Programm stehen in einem funktionalen Zusammenhang: Die Tendenz zur Programmausweitung bis hin zur Permanenz und die auf Wiedererkennbarkeit angelegte Programmstrukturierung führen einerseits zu einem hohen Programmbedarf und gleichzeitig zu standardisierten Programmplätzen. Die Serialisierung der Programmproduktion und die Serialisierung der Distribution sind die ökonomisch (Kostendegression und Publikumsbindung) und organisatorisch (Planung) naheliegende Folge. Die Serialisierung besitzt ein produktinhärentes Äquivalent in der Magazinierung: Hier können durch Segmentierung inhaltlich disparate, zeitlich diskontinuierliche Themen durch Segmentierung in Elemente kurzer Dauer zeitlich kompatibel gemacht und somit zu einem Magazin integriert werden. Die Struktur eines Magazins konstituiert sich wiederum aus bestimmten Rhythmen der Wiederkehr von Formaten.

Serialität bezieht sich nicht nur auf die medienwissenschaftlich so definierten fiktionalen Serien, sondern ebenso auf journalistische Informations- oder Bildungssendungen. Nach Hickethier unterscheiden sich die fiktionalen seriellen Formen durch

---

127 vgl. Stedman (1977), S. 235 unter Berufung auf einen der Serienentwickler und Hauptautoren, Frank Hummert sowie S. 283-284
128 vgl. Durzak (1979), S. 73
129 Stedman (1977), S. 235
130 vgl. Stedman (1977), S. 225-275
131 vgl. Stedman (1977), S. 351
132 vgl. Stedman (1977), S. 352-353
133 vgl. Hickethier (1991a), S. 16-28

die inhaltliche Variation des gleichen Repertoires von den nicht-fiktionalen seriellen Formen, die immer neuen, aktuellen Stoff präsentieren.[134] Zumindest auf der visuellen Ebene ist dies jedoch einzuschränken, werden doch auch bei den Nachrichtensendungen letztlich immer wieder die gleichen Darstellungs- und Präsentationsmuster (Scripts) benutzt und durch relativ kontinuierliche Selektionskriterien zumindest ähnliche Inhalte thematisiert.

Im Bereich fiktionaler Fernsehunterhaltung unterscheide ich fünf serielle Formen:

(1) **"Serials"**, langlaufende Serien" oder Einzelfolgen-Serien (Bsp.: "Bonanza") präsentieren nicht älter werdende Seriencharaktere, die zeitlich nicht genau, meist jedoch in der Vergangenheit lokalisiert sind. Die einzelne Folge ist nicht zwingend in eine Chronologie der Gesamtserie eingeordnet, sondern die Reihenfolge ist prinzipiell austauschbar, weil die einzelne Folge handlungsmäßig abgeschlossen und zugleich offen (d.h. die Kontinuität der Charaktere verlängernd) ist. SitComs, Detektiv-, Polizei- und Abenteuerstoffe werden in den USA bevorzugt als Serials formatiert.[135] Serials unterscheiden sich von der Serie durch einige zeitliche Qualitäten. In Serials wird die Serial-Vergangenheit nur in geringem Maße explizit thematisiert, es wird allerdings auf historisch-narrative Stringenz geachtet. Die Vergangenheit kann aber auch in überraschender Weise als Erklärung herangezogen werden, ohne daß die Erklärung in einer früheren Folge thematisiert worden wäre.[136] Kontinuität wird nicht durch Progression (wie in der Serie), sondern durch endlose Variationen regelmäßiger Muster erzielt.[137] Die Programmplätze von Serials sind typischerweise in starken Maße "scheduled", während Serien auch in nicht periodischer Sequenz ausgestrahlt werden. Dies geschieht vorzugsweise, wenn auch der soziale Kalender "entperiodisiert" ist, etwa durch eine Folge von Feiertagen und Wochenden wie in der "Zeit zwischen den Jahren". Im Gegensatz zur Serie erzeugen Serials ein "feeling of an unwritten future while giving neccessary access to the past."[138] Zwischen den einzelnen Folgen (also wenn die Charaktere gerade nicht "auf Sendung" sind) existiert im Serial eine relevante Zeit, die als vage parallel zur Zeit der Rezipienten beschrieben werden kann. In dieser Zeit können neue Probleme entstehen, es können aber auch solche, die am Ende der letzten Folge offen geblieben waren, gelöst werden. Lösungen können deshalb auch von Folge zu Folge verschoben werden, einzelne Folgen können dramaturgisch dann mit zeitweiligen Lösungen oder mit "Cliffhangers" schließen, prinzipiell ist die Zeit des Serials jedoch endlos.[139] Die Periodizität ihrer Ausstrahlung ist annähernd endlos (wie bei der Presse) oder doch zumindest langanhaltend, wie "Coronation Street" und "Lindenstraße" eindrucksvoll belegen. Die konstruierte "Ewigkeit" der Serials wird besonders dann deutlich, wenn eine "vergangene" Staffel (deren Produktion Jahre zurückliegen kann) auf einem anderen Sendeplatz oder Kanal wiederholt wird, während die "aktuelle" Staffel noch läuft. Unterschiedliche Staffeln von "Peyton Place" liefen beispielsweise an drei verschiedenen Sendeplätzen in der Woche.[140] Offensichtlich ist es dem Erfolg keiner der beiden Stafeln abträglich, wenn

134 vgl. Hickethier (1991a), S. 13
135 vgl. Batra (1987), S. 128
136 vgl. Geraghty (1981), S. 16-17
137 vgl. Geraghty (1981), S. 25
138 Geraghty (1981), S. 25
139 vgl. Geraghty (1981), S. 10-11
140 vgl. Stedman 81977), S. 493

die gleichen Geschichten und Charaktere - zum Teil mit anderen Darstellern besetzt - parallel und somit a-chronologisch laufen. Bei Serials ist das gesamte Personal kontinuierlich vertreten, allenfalls kurze "Abwesenheiten" einzelner Charaktere sind erlaubt.

Fernsehserials, insbesondere **Soap operas**, zeichnen sich nicht nur durch begrenzt dauerhafte Periodizität der wiederkehrenden Sendeplätze im Programmschema aus, sie besitzen charakteristische - damit zusammenhängende - interne Zeitgestalten. Durch ihre regelmäßige Wiederkehr können sich ebenso regelmäßige Nutzungs- und Sehgewohnheiten entwickeln, die durch den Anschein der Koevolution der Seriencharaktere und der Zuschauer (Synchronisa-tion) verstärkt werden soll. Da es sich nun aber allenfalls um para-soziale Interaktion handeln kann und die Identifikation mit den Seriencharakteren ja von einem möglichst zahlreichen Publikum vollzogen werden soll, müssen die Folgen einer Serie auf spezielle Weise indifferent gehalten werden. Auf der zeitlichen Ebene geschieht dies durch Konstruktion von Alltäglichkeit[141] im Serial: Gegenwart, Routinen und Unmitelbarkeit kennzeichnen den Zeithorizont der Seriencharaktere und ihrer Handlungen: "Die Zeit des Serienhelden ist die mythische Gegenwart. Geschichtliche Progression ist nur quantitativ vorhanden."[142] Die Zukunft wird regelmäßig aufgeschoben (da sie das Ende der Serie durch irreversible, strukturverändernde Handlungen bedeuten könnte), Rückbezüge auf die Vergangenheit finden nur spärlich statt (da sie neuere Rezipienten ausschließen könnten). Ausgedehnte, ja "endlose" Gegenwart, "process without progress" kennzeichnet die Zeitgestalt der Serien- bzw. Episodenhandlung.[143] McEachern hat darauf hingewiesen, daß es trotzdem gelingen kann, eine Serienwelt zu konstruieren, in der die Uhren anders gehen, die Seriencharaktere zwar einen Alltag besitzen, mit dessen zeitlicher Struktur sich die Rezipienten hinreichend identifizieren können, gleichwohl aber nicht den gleichen zeitökonomischen und lebenszeitlichen Zwängen unterworfen scheinen.[144] So können etwa für die Darstellung besonders wichtiger oder interessanter Handlungsaspekte extreme Zeitdehnungen vorgenommen werden, die spielfilmtypische Zeitdehnungen weit überschreiten. Derry berichtet von einer Schwangerschaft, die über zwei Jahre dauerte![145]

Die Zeitgestalt der Soap opera kommt ohne herausragende Augenblicke aus und basiert im Gegensatz zu den aktuellen medialen Formen auf einem endlosen Erzählstrom ohne wirkliche Kulminationspunkte oder Katastrophen. Die Geschichte geht mit ihren Höhen und Tiefen, aber mit Sicherheit "irgendwie weiter."[146]

(2) Eine etwas andere, spezifisch lateinamerikanische Form, die sich jedoch zunehmender Exporterfolge erfreut, stellt die **Telenovela** dar. "Ihre spezifischen Charakteristika sind die offene, potentiell endlose Form, die alltägliche Präsenz",[147] mit Ausnahme des Sonntagabends. Eine erfolgreiche Telenovela besteht aus etwa 150 bis 250 Folgen und einer Laufzeit von sechs bis neun Monaten. Im Gegensatz zum Serial sind die einzelnen Folgen aber nicht autonom, d.h. das "Verpassen" von Folgen

141 vgl. McEachern (1993), S. 9
142 Durzak (1979), S. 76
143 vgl. McEachern (1993), S. 10-12
144 vgl. McEachern (1993) Sie kommt anhand einer empirischen Analyse der auf dem Land spielenden britischen Soap Opera "Emmerdale" bzw. Emmerdale Farm" zu diesen Schlüssen.
145 vgl. Derry (1985), S. 89
146 vgl. hierzu auch Braudy (1982), S. 488-490
147 Armbruster (1986), S. 331

erschwert das Verständnis der nächsten erheblich. Telenovelas müssen also sehr regelmäßig verfolgt werden oder "das Verpaßte" muß durch Kommunikation mit Bekannten und Verwandten oder durch andere Medien, die Zusammenfassungen anbieten, nachgeholt werden.[148] Telenovelas unterscheiden sich von langlaufenden Serien dadurch, daß eine (historische) Progression und damit eben auch ein Ende (meist als "Happy End") wenn nicht notwendig, so doch plausibel erscheint. Die einzelne Folge ist wie beim Serial offen, wie in der Serie mit Mäanderstruktur existieren mehrere Handlungsstränge, in der mexikanischen Telenovela meist sogar mehr als nur die drei der nordamerikanischen Serie und Soap Opera. Die mexikanische Telenovela ist in der Regel bei Sendebeginn komplett vorproduziert, während Autoren der brasilianischen Telenovela noch auf "simultane" Publikumsreaktionen eingehen können.[149]

(3) **"Mehrteiler"** ("Bsp. Heimat") mit meist vier bis 12 Folgen, seit den 70er Jahren verstärkt auch **Mini-Serien** (zwei bis drei Teile mit zusammen etwa 5 bis 18 Stunden Dauer[150]; Bsp.: "Roots") und andere **Serien mit weiterführender Handlung** (Bsp.: "Forsythe Saga") sind hingegen chronologisch geordnet, die einzelnen Folgen sind nicht austauschbar und ihre Zahl ist strukturell absolut begrenzt (oft durch die lebensweltliche Gegenwart). Besonders historische Stoffe oder Stoffe mit historischem Hintergrund, die sich nicht für Serials eignen, werden in diesem Format präsentiert. Durch Zeitraffung und Zeitdehnung (entscheidende Momente) wird ein längerer Zeitabschnitt (z.B. eine Familiengeschichte über mehrere Generationen) in der dargestellten Zeit strukturiert und dramaturgisch bis zu einem Ende gestaltet. Jede Folge besitzt - wie die Kapitel eines Romans - eine bestimmte Story, die gegebenenfalls weitergeführt wird. Die Lösung von Problemen und Konflikten findet aber immer *in* einer Folge statt, es gibt - im Gegensatz zum Serial - keine *relevante* Zeit außerhalb der dargestellten Episoden.[151] Charaktere und Schauplätze können auf der Basis von Kontinuität begründet wechseln. Idealer Programm-Startplatz für Mini-Serien und Mehrteiler sind Sonntag- oder Feiertagsabende, ähnliches gilt für die in der Regel längeren "Pilotfilme" von Serien.

(4) **Serien nach dem Mäanderprinzip** (Bsp. "Dallas") arbeiten mit mehreren Handlungsbögen (bei sog. amerikanischer Dramaturgie zur Maximierung der Werbeeinschaltmöglichkeiten mit mindestens drei "story lines"),[152] die alle in der Gegenwart spielen, sich dabei überlappen und durchdringen können, letztlich aber jede Folge noch einmal in (meist 5 oder 7) Episoden zerlegt.[153] So entsteht ein handlungsreicher Eindruck, ohne daß es zu wirklichen "Fortschritten" kommen könnte.[154] Im Gegensatz zu den tendenziell "endlosen" Serials sind hier die Strukturen einzelner Serien-Staffeln erkennbar. Die einzelnen Folgen sind aber nicht in so starkem Maße geschlossen wie bei Serien mit nur einem Handlungsstrang, z.B. den typischen Kriminalserien, in denen ein Fall einer Folge entspricht ("Derrick", "Columbo", "Miami Vice" etc.). Bei Serien wie "Derrick" sind nur die Protagonisten jedesmal die gleichen, während ihre

148 vgl. Armbruster (1986), S. 335-336
149 vgl. Klindworth (1993), S. 537
150 vgl. Batra (1987), S. 198
151 vgl. Geraghty (1981), S. 10-12
152 vgl. Batra (1987), S. 71-72
153 vgl. auch Durzak (1979), S. 77
154 vgl. Hickethier (1992), S. 217-218

Gegenspieler wechseln (müssen). Insofern besitzen Serien eher lineare Struktur und Serials sowie Serien nach dem Mäander-Prinzip linear-parallele Gestalt.[155]

(5) **Anthologien** oder **Sendereihen** besitzen einen gemeinsamen thematischen Rahmen und mindestens ähnliche Einzelformate. Die Protagonisten können jedoch ebenso wie die Schauplätze diskontinuierlich wechseln, was für Serial und Serie undenkbar wäre. Anthologien können auch "nachträglich" programmiert werden, während die seriellen Typen (1) bis (4) in jedem Fall auch Produktionsserien bzw. Serienproduktionen darstellen.

Alle seriellen Sendeformate (mit Einschränkungen bezüglich der zweiteiligen Miniserie) beruhen auf einem doppelten zeitlichen Formprinzip: relativ abgeschlossene Episodenstruktur in periodischer Wiederkehr (Einbindung in Schedules mit potentieller Timing-Funktion für die Rezipienten) und potentieller Aufbau einer Erwartungshaltung durch Kontinuität von Handlung und Charakteren oder Themen (Anthologie). Serielle Formen gestalten aus dem "flow of programm" (Williams) einen durch zyklische Widerkehr regulierten Programm-Fluß.

3.2.4 Aktualität

Aktualität (actualis) bezeichnet im Neulateinischen nicht eine ausschließlich zeitliche Qualität, sondern den Gegensatz zum bloß Möglichen (potentialis). In der neuzeitlichen Wortbedeutung spielt nach Haacke der Aspekt der Wirklichkeit im Sinne von Wirksamkeit und Verwirklichung eine wichtige Rolle.[156] In der frühen zeitungskundlichen Literatur wurde Aktualität nur am Rande thematisiert, doch seit der Etablierung der Disziplin als Zeitungswissenschaft gehört die Erörterung der Aktualität zu deren Kerngebiet. Spätestens seit dem Erscheinen von Löbls "Kultur und Presse" im Jahre 1903 gilt Aktualität als Grundbegriff der periodischen Presse.[157] Karl Bücher hielt in seinen "Grundlagen des Zeitungswesens" den "Gesichtspunkt der Aktualität" für "ausschlaggebend".[158]

Aktualität wurde von Dovifat und partiell auch noch von Haacke[159] ontologisch als "Wesen" der Nachricht oder der Zeitung definiert, jedoch schon relativ früh als eine relationale Qualität beschrieben. Mit dem ontologischen Bestimmungsversuch geht eine objektivistisch-chronometrische Zeitauffassung einher: Aktualität gilt als "Gleichzeitigkeit oder annähernde Gleichzeitigkeit"[160] von Ereignis und Rezeption. Diese Auffassung vertritt im wesentlichen auch noch Otto Groth, für den Aktualität "an sich ein reines Zeitverhältnis ist, ... der Begriff eines Objektiven, ... das Verhältnis zweier Punkte in der objektiven Zeit ..." ausdrückend. Allerdings "erhält" Aktualität "ihr subjektives Moment sozusagen mittelbar, durch das Medium der Gegenwart, die immer die Gegenwart eines Menschen ist ..."[161] Die objektive Beziehung, die sich an den konkreten Medieninhalten und ihren realen Referenten bemißt, bleibt für Groth eindeutig Grundlage für die subjektive Aktualitätsbeziehung. Aktualität besitzt das,

155 vgl. hierzu auch Oltean (1993), S. 18-21
156 vgl. Haacke (1959), S. 6
157 vgl. Löbl (1903), S. 19-21 u. 248-249
158 vgl. Bücher (1926), S. 21-31
159 vgl. Haacke (1959), S. 4
160 Hagemann (1947), S. 16
161 vgl. u. zit Groth (1960), S. 171

was Kontinuität zur Gegenwart des Subjekts besitzt. Diese Gegenwart kann allerdings sehr ausgedehnt sein und ist nicht chronometrisch a priori fixierbar: "Für jeden liegt die Aktualitätsschwelle verschieden, ja sie kann für ihn in jedem einzelnen Fall verschieden liegen."[162] Ähnlich erweitert auch Hagemann den chronometrisch bestimmten (a) primären publizistischen Aktualitätbegriff. Er führt eine (b) sekundäre Aktualität zeitlos gültiger Bewußtseinsinhalte, eine (c) ideelle Aktualität als positive subjektive Leistung und schließlich eine (d) künstliche Aktualität (durch Übertreibung, Verzerrung und Erfindung) als negative subjektive Leistung der Vergegenwärtigung ein.[163]

Lediglich Dovifat begründete noch 1955 "Aktualität" chronometrisch: Aktualität wird von ihm gleichgesetzt mit "(aller)jüngstes Gegenwartsgeschehen"[164], dessen regelmäßige Vermittlung an die breiteste Öffentlichkeit wird als "Wesen der Zeitung" betrachtet.[165] "Gegenwartsnähe, Tatfrische, wache Eile und Bewegung"[166] kennzeichnen in Dovifats sozialwissenschaftlich unbedarfter Analyse aktuelle Nachrichten. Erst auf der Ebene der Nachricht und nicht schon beim Begriff der Aktualität bringt er die Beziehung zum Rezipienten ins Spiel, freilich auf eine ihm eigene, sprachlich wie theoretisch bedenkliche Weise: "Nachrichten sind Mitteilungen über neue im Daseinskampf des Einzelnen und der Gesellschaft auftauchende Tatsachen. Zur Nachricht gehört somit: a) daß sie dem Empfänger von Wert und Nutzen ist, b) daß sie neu, d.h. sofort übermittelt ist ... Die Schnelligkeit der Übermittlung bleibt immer die Voraussetzung für den Wert der Nachricht."[167] Neuigkeit ist bei Dovifat Folge technischer Übermittlungsgeschwindigkeit, die wiederum zum Wesensbestandteil der aktuellen Nachricht wird. Ein Blick in die Mediengeschichte und die Alltagserfahrung widerlegen Dovifats eindimensional chronometrischen Definitionsversuch. Eine erstmalige (oder gar eine damals bereits veröffentlichte) Nachricht von Jahre zurückliegenden Ereignissen kann - zumal durch investigativen Journalismus - Aktualität erhalten. Hierbei spielen eine Reihe von nicht-chronometrischen Faktoren der sachlichen und sozialen "Nähe" eine Rolle: Wahrgenommene Relevanz, Betroffenheit, Kontextualität müssen notwendig in die Definition publizistischer Aktualität einfließen. Jüngste Beispiele haben sich im Zusammenhang mit der Öffnung von Archiven in Osteuropa und mit dem Zusammenbruch der SED-Herrschaft in der DDR ergeben.

Erich Everth hatte bereits 1931 versucht, Aktualität nicht mehr nur als Geschwindigkeit der Übermittlung, sondern als eigenständig wirkende, Handlungen hervorrufende oder beschleunigende Kraft (auch im politischen Sinne) zu definieren.[168] Aktualität als Relation meint nicht allein die zeitliche Beziehung zwischen "realem Ereignis" und "berichtetem Ereignis", sondern setzt den aktiven Rezipienten voraus. Bereits 1905 formulierte Gusti, "daß Aktualität nie den Ereignissen als solchen zukommen kann, daß sie nur Bestand hat in dem Interesse, das sich diesen Ereignissen zukehrt. Mit anderen Worten: Aktualität kann nur bestehen in einem Bewußtsein."[169] Die Bindung von Aktualität an das bewußte Interesse von Mediennutzern wird durch

---

162 vgl. Groth (1969), S. 171-182, zit. S. 183
163 vgl. Hagemann (1966), S. 284-285
164 Dovifat (1955^3), S. 7 bzw. S. 8
165 Dovifat (1955^3), S. 8
166 Dovifat (1955^3), S. 52
167 Dovifat (1955^3), S. 52-55
168 vgl. Everth (1931), S. 43-51 nach Haacke (1959), S. 11
169 Gusti (1909), S. 484-487 nach Haacke (1959), S. 12

den sozialpsychologischen Begriff von Aktualität gestützt.[170] Das Bewußtsein ist bei der Konstruktion von Aktualität wiederum nicht völlig autonom, sondern sozial geprägt. Hintergrundwissen, Relevanzstrukturen, mediales Angebot und Interaktionsorientierung bilden die sozialpsychologischen Komponenten, die an der Konstruktion von Aktualität beteiligt sind. Aktualität ist also eine mediale soziale Konstruktion und kein Wesenszug eines Natur- oder Kulturphänomens. Soziale Gleichzeitigkeit muß Bestandteil einer publizistischen Aktualitätsdefinition sein: Damit fließen Faktoren wie Sinnhaftigkeit, Relevanz, soziale Nähe oder "Betroffenheit" in die Definition ein. Zugleich sind dem Aktualitätsbegriff hiermit Grenzen gesetzt, die sozial und kognitiv bestimmt sind. Es kann nicht alles gleichzeitig sein, Komplexität muß temporalisiert werden. Medientechniken, die eine Manipulation von Zeitlichkeit erlauben (etwa "Speicherung", Wiederholung oder Verzögerung), gewinnen auf diese Weise eine wichtige Funktion für die Herstellung von Aktualität im Sinne sozialer Gleichzeitigkeit. Aktualität wird immer aus der Perspektive der Zukunft konstruiert: Nur *das* Vergangene, Gegenwärtige und Zukünftige, was noch Re-Aktionsweisen offen läßt, kann "in actu"[171] (Hagemann), also aktuell sein. Auf die Grenze der Aktualität zur Simultanität werde ich bei der Erörterung des "Live"-Prinzips noch eingehen.

Die medienhistorische Entwicklung hat zu einer gesteigerten Aktualitätsdichte geführt, wenn man darunter lediglich den chronometrischen Abstand zwischen Ereignis in der sozialen Wirklichkeit und seiner medialen Konstrution versteht. Dies hat Wilke anhand von Hamburger Zeitungen aus vier Jahrhunderten untersucht und belegt:

Zwischen Datum der Nachrichten und Datum der Zeitungsausgabe liegt/liegen ... % der Nachrichten	1622	1674	1736	1796	1856	1906
... ein Tag (auch vom gleichen Tag)	-	9	2	-	11	95
... zwei bis sieben Tage	2	27	19	26	68	5
... mehr als eine bis zu zwei Wochen	20	46	57	63	16	-
... mehr als zwei Wochen bis zu einem Monat	73	18	20	10	5	-
... mehr als ein Monat	5	-	2	1	-	-
n (Anzahl der Nachrichten mit Datierung)	434	399	514	638	1113	712

Abb. IV. 3.2: Aktualitätsdichte der Nachrichten in der Presse am Beispiel Hamburger Zeitungen[172]

170 vgl. Haacke (1959), S. 3
171 Hagemann (1947), S. 15
172 Quelle: Wilke, Jürgen: Nachrichtenauswahl und Medienrealität in vier Jahrhunderten. Berlin und New York 1984, S. 119; vgl. Wilke (1992), S. 260

Der Abstand zwischen "realem" Ereignis und Berichterstattung hat sich erst im Laufe der technischen und gesellschaftlichen Entwicklung reduziert. "Das älteste Nachrichtenblatt, in dem die Bezeichnung »Neue Zeitung« auftaucht, enthält noch einen Bericht von der Wiedereroberung der Insel Lesbos durch die Venezianer und Franzosen, die damals bereits über ein Jahr zurücklag."[173] Dieses Beispiel macht die zeitkonstruierende Kraft der Medien - zumindest in bezug auf Ereignisse, die sich außerhalb unserer Reichweite befinden - deutlich: Aktuell wirksam kann für Individuen und Gruppen nur das werden, was sie wahrnehmen oder wissen. Das Medium stellt - in diesem Fall erst nach über einem Jahr - diese aktuelle Wirksamkeit (Wirklichkeit) her. Unabhängig von dem als real konstruierten zeitlichen Verlauf ("vor mehr als einem Jahr ist folgendes geschehen") kann das berichtete Ereignis erst mit der Berichterstattung wirken; der zwischen Ereignis und Bericht liegende Zeitraum wird durch das Medium in einer Art Sprung oder Zeitklammer erst geschaffen und zugleich überbrückt (Diachronisierung). Bentele hat in einer explorativen Studie anhand aktueller Berichterstattung überregionaler deutscher Tageszeitungen verdeutlicht, daß aktuelle Meldungen, auch wenn es sich um eindeutig vergangene oder gar um zukünftige Ereignisse handelt, überwiegend in der Tempusform des Präsens (Überschriften) und des Perfekt (erster Satz der Meldung) präsentiert werden.[174] Es handelt sich also um den Einsatz von Zeitklammern zur Ver-Gegenwärtigung vergangener oder erwarteter Ereignisse. Bei dieser zeitlichen Präsentationstechnik wird bewußt (und insofern wieder regelhaft) die grammatische Grundregel des Tempusgebrauchs gebrochen bzw. durch eine spezielle journalistische Regel ersetzt.

Die Aktualitätsdichte nimmt mit gesteigerter Periodizität und medientechnischer Beschleunigung potentiell und tendenziell zu. Neben den periodischen Printmedien dienten seit den 20er Jahren die Kino-Wochenschauen und seit den 50er Jahren zusätzlich die Aktualitätenkinos ("AKI") mit ihren - zum Teil aus dem Fernsehen übernommenen - Endlos-Programmen der aktuellen Berichterstattung.[175] In ihrer chronometrischen Aktualitätsdichte blieben sie jedoch erkennbar hinter Hörfunk und Tagespresse und später dem Fernsehen zurück. Schon aufgrund der technischen Notwendigkeit der chemischen Entwicklungszeit bzw. wegen des impliziten Wissens der Rezipienten um diese Zeit, zeigen Fotos und Filme immer Vergangenheit.

Das Aktualitätsgebot der (Nachrichten-)Medien und der daraus folgende Stellenwert, den Neuheit, Neuartigkeit und Modernität als Nachrichtenfaktoren bei der journalistischen Selektion spielen, und die aktuelle Wiederholung der Nachrichten - als Wiederholung mit Variation - im Rundfunkbereich beruhen auf einer stillschweigenden Annahme: Das Neue steht unter Wahrheitsverdacht oder wie Pross unter Bezugnahme auf die seit der Renaissance bekannte Formulierung ("veritas filia temporis") es ausdrückt: die Wahrheit ist eine Tochter der Zeit.[176] Dem liegen ein abstrakter, quantifizierter Zeitbegriff und die Vorstellung zugrunde, Ereignisse seien punktartige Phänomene. Kommuniziert wird also eine spezifische Zeitkonzeption; das Aktualitätsprinzip als mediale Form trägt zur Konstruktion einer spezifischen Zeitvorstellung bei.

---

173 Hömberg (1992), S. 97
174 vgl. Bentele (1992), i.b. S. 166-172
175 vgl. Zielinski (1989), S. 200
176 vgl. Pross (1974), S. 127

Wenn Aktualität zum Synonym für Neuigkeit und vice versa wird, dann ist eine Konsequenz, daß sich Themen rasch "abnutzen". Läßt der Neuigkeitswert nach, ist ein Thema nicht mehr aktuell, d.h. es gehört nicht mehr auf die öffentliche, mediale Agenda.

Aktualitätsdruck sorgt auf der Seite der Kommunikatoren, wie wir gesehen haben, für Reduktion von Komplexität durch Routinisierung der Arbeitsabläufe und der Darstellungsweisen. Das "Neue" wird eingebettet in das (allzu) Bekannte und Vertraute. Die nahezu liturgischen Abläufe der (periodischen) "Tagesschau" und anderer Hauptnachrichtensendungen nehmen dem Neuen das potentiell bedrohlich Ungewisse. Insofern gleichen die periodischen Nachrichtenmedien den seriellen Formen im fiktionalen Bereich. Die starke personelle Kontinuität gerade bei NachrichtensprecherInnen und ModeratorInnen (vor allem Köpcke, Berghoff, Friedrichs, Christiansen) ist hierfür ebenso ein Indiz wie die - inhalts- und diskursanalytisch wiederholt nachgewiesene "Eindimensionalität des Tagesschau-Textes"[177] (als verbaler, vermutlich aber auch als visueller "Text"). Die gleichbleibende Erzählweise nimmt den letztlich gleichen Inhalten, die unter neuen Namen auftauchen, ihre Neuheit:

> "Die Aktualität der »Tagesschau« ist immer Gleiches unter neuem Namen. Wer einmal hört, glaubt, täglich neue Geschichten zu erfahren; wer wiederholt liest, findet immer die gleiche Geschichte. ... Das Stückwerk garantiert Aktualität, das allseitig verwendbare Repertoire Kontinuität."[178]

Der höheren Aktualitätsdichte steht eine Erwartungsdruck des Publikums und ein Zeitdruck auf seiten der Produzenten gegenüber. Für die Rezipienten des Fernsehens sind Live-Sendung und Aufzeichnung auf der visuellen Ebene nicht unterscheidbar, wenn dies nicht journalistisch oder durch andere Formen der Gestaltung erkennbar gemacht wird. Auch die Live-Sendung ist eine (geplante und spontane) Montage, die einer Erzählintention, einem Script folgt, also eine Interpretation ist.[179] Im Gegensatz zum Film, bei dem es sich für jeden Rezipienten erkennbar und von Anfang an um Aussagen über Vergangenes handeln muß, wird Fernsehen tendenziell als zeitgleiches Medium rezipiert. Das Wissen um die technische Möglichkeit der Simultanität unterstützt die Erwartung von Aktualität. Auf der Seite der Kommunikatoren kann dies dazu führen, daß nicht nur zeitlich, sondern auch sachlich oder sozial weiter entfernte Informationen - schon aus Gründen der Zeitnot - nicht mehr berücksichtigt werden (können). Aktualität wird zwar nicht zum einzigen oder vorherrschenden Selektionskriterium bzw. "das Reproduktionsprinzip" des "Systems der Massenkommunikation", wie das Luhmann[180] behauptet, sondern zu einem für die Nachrichtengebung und die Nachrichtenmedien entscheidenden Selektionsskriterium. Dabei muß man aber feststellen, daß klassische Nachrichtenmedien wie die Tageszeitung bereits vom Aktualitätsdruck wieder entlastet werden, weil die Rundfunkmedien diese Funktion *partiell* übernommen haben. Durch beschleunigte Techniken (Computerisierung der Redaktionen, der Satzherstellung, des Drucks und des Vertriebs) und durch Telekommunikationsmedien kann die Recherche und Produktion auch für die "alten" oder "langsamen" Medien beschleunigt werden. Der schnellere Zugriff auf zeitlich, sach-

---

177 Schmitz (1990), S. 251
178 Schmitz (1990), S. 252-255
179 vgl. hierzu auch Eco (1990), S. 188-198
180 vgl. Luhmann (1981), S. 317 und Luhmann (1975), S. 154

lich oder sozial weiter entfernte Medien via Datenbankrecherche ist ebenso Teil des "Mediensystems".

Typisch für die Zeitqualität Aktualität ist die mediale Form der Nachricht. Aktualität bzw. Neuigkeit ist deshalb zu Recht unverzichtbarer Bestandteil publizistikwissenschaftlicher Nachrichtendefinitionen.[181] Die Struktur des Nachrichtenwesens ist neben den Kriterien der Relevanz und des räumlichen oder lebensweltlichen Bezuges durch zwei temporale Charakteristika gekennzeichnet: eben Aktualität im Sinne des Unerwarteten und in der geringen Dauer, d.h. Nachrichten sind kurzfristig und bedürfen der periodischen Aktualisierung. Von der Ausnahme der Sondermeldung (Relevanzkriterium besonders bedeutsam) folgt die Nachrichtengebung einem festen Rhythmus, der durch die Periodizität der Erscheinungsweise oder die Rhythmen der Programmstruktur vorgegeben ist. Dabei sind die Nachrichten der Programm-Medien in der Regel von gleicher Dauer, auch wenn nicht immer die gleiche Menge gleichermaßen relevanter Nachrichten vorliegt. Hrachowetz geht sogar so weit zu behaupten, daß die Norm der Objektivität in den Nachrichten der Programm-Medien zur nahezu unterschiedlosen Zurverfügungstellung gleich langer Zeiteinheiten reduziert sei.[182] Negt / Kluge halten "Stoffülle und organisierten Zeitmangel" für die auffälligsten Erscheinungen des Fernsehprogramms, wobei die Stoffülle eben nicht mehr nach politisch-sozialer Relevanz, sondern nur noch nach dem temporalen Kästchenschema des Programms organisiert werde. Die so entstehenden Nahtstellen werden von Programm-Machern und -kritikern nicht mehr problematisiert, sondern als vermeintlicher Sachzwang hingenommen.[183]

Mit der Angebotsstruktur der Nachrichten korrespondiert eine Erwartungshaltung beim Publikum: Zu bestimmten Zeiten wird das Unerwartete erwartet, das meist nicht eintritt.

> "Nachrichtenwissen wird daher nicht kumuliert ..., sondern es hat nur eine konservative updating-Funktion. Sowie diese erfüllt ist, ist das Nachrichtenwissen wertlos: Nachrichten sind zum Vergessen. ... Von daher ist die unter kulturkritischer Perspektive geübte Kritik am Vergessen von Nachrichten nicht nur völlig unberechtigt, sondern geradezu widersinnig."[184]

Die Voraussetzung der Aktualität ist jedoch die Erinnerungsfähigkeit an Vergangenes. Dies wird am Hörfunk vielleicht besonders deutlich: Die Visualisierung des Gehörten scheint für die Aufhebung der Einsinnigkeit des Mediums unerläßlich. Die Erinnerung an vergangene Assoziationen, Bilder und Bedeutungen ist hier also Voraussetzung. Aktualität besitzt als temporale Qualität medialer Formen drei Ausprägungen mit unterschiedlichen Bedeutungen und Folgen. (1) Als Okkasionalität bezeichnet sie eine auf den besonderen, oftmals nur einmaligen Zeitpunkt begrenzte Aktualität, als (2) dauernde, begleitende oder wiederkehrende Aktualität nimmt sie die Zeitgestalt der Periodizität (Rhythmus oder Takt) oder der kontinuierlichen, zur Permanenz gesteigerten Periodizität an. (3) Als Simultanität im Sinne einer (annähernden) chronometrischen Gleichzeitigkeit von Ereignis und Medienpräsenz ("Live") wird Aktualität schließlich journalistisch fragwürdig.

---

181 vgl. z.B. Noelle-Neumann / Schulz (1971), S. 195, Koszyk / Pruys (1981), S. 196
182 Hrachowetz (1990), S. 14
183 vgl. Negt / Kluge (1972), S. 201-209, Zitat S 201
184 Engelkamp / Zimmer (1990), S. 36

3.2.5 Okkasionalität

Am Beginn der medialen Entwicklung stehen reine "Zeitpunkt-Medien" (Hömberg), insbesondere die Einmaldrucke (Flugblätter, Affichen, Broschüren und Bücher), die der einmaligen Berichterstattung anläßlich eines bestimmten Ereignisses (Okkasion) dienen und dessen Überlieferung erleichtern. Diese mediale Form ist bis heute im Flugblatt erhalten geblieben, die Telefon-Kette oder die mobile Lautsprecherdurchsage sind andere moderne Beispiele. Aktualität und Dringlichkeit des Berichterstattungsgegenstandes werden bei diesen Medien zunächst nicht oder nicht ausschließlich durch die formulierte Aussage symbolisiert. Die bloße Tatsache der "plötzlichen", diskontinuierlichen Äußerung besitzt bereits Signalcharakter.

Okkasionale Aktualität besitzen auch heute noch spezifische mediale Formen, die Dayan / Katz zutreffend als "Media Events", also als Medienereignisse bezeichnet haben. Olympische Spiele, Staatsbesuche, Königshochzeiten oder -begräbnisse, Krönungen, nationale Feier- und Gedenktage oder historische Friedensschlüsse können Medienereignisse sein, die sich durch unterschiedliche Scripts auszeichnen und verschiedene soziale Funktionen besitzen. Notwendiger Teil der Definition eines Medienereignisses ist dabei nicht, daß es intentional oder gar ausschließlich für die Medienberichterstattung inszeniert wird. Phänomene hergestellter Öffentlichkeit oder sog. "Pseudo Events" (Boorstin[185]) stellen nur *eine* Art von Medienereignis dar. Auf den sozialen Sinn unterschiedlicher Medienereignistypen werde ich später eingehen, hier sollen zunächst nur einige Charakteristika aufgezeigt werden. Medienereignisse sind heute zumeist in erster Linie Fernsehereignisse, die einiger Planung bedürfen und folglich erwartbar sein müssen oder eigens für die Medienberichterstattung bzw. mediengerecht inszeniert werden. Für das Fernsehprogramming spielen sie dann als "Perennials"[186] eine wichtige Rolle. Alle Medienereignisse sind nach Dayan / Katz notwenigerweise "live, remote, preplanned" und "interrupting". Die unterbrechende Qualität von Medienereignissen ist eng mit ihrer sozialen Funktion verknüpft und wird deshalb an gegebener Stelle ausführlich thematisiert (Vgl. Teil IV, Kap. 4.2.3.2) Dem Aktualitätsanspruch der Okkasionalität werden heute nur noch Live-Übertragungen gerecht, denn die Entfernung des Publikums vom Ort des Geschehens ist Kernbestandteil der medialen Übertragung und Prägung des Ereignisses. Nur so kann das Publikum erweitert und das Ereignis zu einem Medien-Ereignis werden. Das Timing und die Notwendigkeit der Vorausplanung ergeben sich aus der Technik der medialen Inszenierung und aus der Tatsache, daß an der Konstruktion des Medienereignisses notwendig mindestens drei funktionale Gruppen beteiligt sind: ein nicht-medialer Veranstalter (Staat, Kirche, öffentliche Körperschaft, Internationale Organisation etc.), Medienunternehmen und natürlich das Publikum. Die Art des gewählten Scripts muß zwischen allen Beteiligten ausgehandelt werden, zumal wenn diese jeweils unterschiedliche Interessen und Ziele verfolgen. Allerdings sollte man nicht übersehen, daß die Rezipienten keine organisierte Interessengruppe darstellen.[187]

---

185 vgl. Boorstin (1963), passim
186 vgl. z.B. Blum / Lindheim (1987), S. 169
187 Hierzu neigen Dayan / Katz (1992), S. 54-55

Idealtypisch lassen sich drei Scripts sowie deren Kombinationsformen unterscheiden: "Contest, Conquest, and Coronation",[188] also (a) Wettkampf, insbesondere bei Sportereignissen, (b) Eroberung bzw. Bewältigung einer bedeutenden Aufgabe (z.B. die Mondlandung) und (c) Zeremonien wie etwa eine Krönung, aber auch Hochzeiten, Beerdigungen, Paraden oder Preisverleihungen. Diese Okkasionalitäts-Scripts unterscheiden sich - unter anderem - durch ihre hier besonders interessierende Temporalität: (a) Wettkämpfe kehren periodisch wieder, meist in einem sehr exakt zu timenden Rhythmus, (b) Eroberungen/ Aufgabenbewältigungen finden nur einmal statt und sind zwar erwartbar, aber nicht mit absoluter Sicherheit zeitlich zu lokalisieren (da sie scheitern oder sich verzögern können). (c) Zeremonien kehren zwar immer wieder und sind insofern nahezu periodische Sequenzen, aber sie sind nicht durch einen erkennbaren Rhythmus bestimmt bzw. fixierbar. Diese drei Scripts sind ferner durch die vorwiegenden Zeitorientierungen (a) Gegenwart (Wettkampf), (b) Zukunft (Eroberung/Bewältigung) und (c) Vergangenheit (Zeremonie) geprägt.[189]

Medienereignisse und unvorhersehbare "spot news" besitzen okkasionale Aktualität und erhalten bereits dadurch, daß das Programmschema durchbrochen wird, eine besondere sachliche und soziale Bedeutung. Dies kann durch die Verlängerung der Dauer einer programmäßigen Nachrichtensendung, durch Programmunterbrechung oder -ergänzung ("news-flash" oder Schriftgenerator) oder sogar in Gestalt mittelfristiger Suspendierung des Programms durch Sondersendungen (z.B. "Brennpunkt") erfolgen. Bei der Rundfunkberichterstattung über Katastrophen wird die Zeit auf gewisse Weise angehalten, der Fluß der Programm-Medien wird unterbrochen. Bei den Printmedien wird die Periodik unterbrochen oder der gewohnte Rhythmus durch "Extrablätter" oder "Sonderausgaben" unterlaufen. Die Normalität und Sicherheit suggerierende Kontinuität des Flusses wird angehalten, die Zukunft gilt als zweifelhaft. Und doch bezeugt die Tatsache der Unterbrechung zugleich, daß die Normalität fortbesteht. Das Medium funktioniert (noch), die Rezeption hält an und versichert dem Rezipienten, daß ihm nichts passiert: "television is shock and therapy; it both produces and discharges anxiety. ... TV is both source and solution."[190] Die Katastrophenberichterstattung des Fernsehens versteht Mellenkamp als "manmade hazard actualizations."[191]

Der Live-Berichterstattung der Rundfunkmedien, insbesondere des Fernsehens liegt ein erweiterter, funktionaler Aktualitätsbegriff zugrunde. Live-Reportagen beschränken sich keineswegs auf die zeitgleichen, simultanen Ereignisse, sondern beziehen über Kommentar und zunehmend auch visuell Vergangenheit mit in die Inszenierung ein. Wo das Script des Ereignisses noch nicht vollständig den Erfordernissen des Medienereignisses angepaßt worden ist oder angepaßt werden kann, entstehen vermeintliche oder tatsächliche "ereignisarme Phasen" in einer Live-Übertragung. Diese Phasen, in denen für das Medium nichts geschieht, werden "angereichert" durch Bild- und Textmaterial aus der Vergangenheit (Archivmaterial, Wiederholung) oder von anderen Orten. Bei der Sportberichterstattung hat die Wiederholung der unmittelbaren Vergangenheit im "Replay" und unterschiedlichen Formen der Zeitlupe seit Mitte der 60er Jahre (Beginn der elektronischen Zeitlupe) und zunehmend in den 80er

188 Dayan / Katz (1992), S, 25
189 vgl. Dayan / Katz (1992), S. 34-35
190 Mellenkamp (1990), S. 246
191 Mellenkamp (1990), S. 251

Jahren die gesamte Ästhetik der Berichterstattung verändert. Die Vervielfachung der Kameras bei der Sportberichterstattung erlaubt die Wiedergabe der gleichen Szene aus unterschiedlichen Perspektiven, die technischen Be- und Verarbeitungsmöglichkeiten die visuelle Kommentierung und Interpretation der Szene. Für Horst Seifart ist das eigentliche Live-Bild deshalb nur noch die "willkommene Matrix der nachfolgenden Pointe. Es ist förmlich zur schnell-lebigen, sich verflüchtigenden Matrix degradiert."[192] Die Pause des Sportgeschehens wird in der Fernsehübertragung zum eigentlich Bedeutenden: Das soeben Geschehene wird analytisch, dokumentarisch, ästhethisch, emotional oder moralisch verdoppelt.[193] Der extra-mediale Augenblick wird medial mehrfach genutzt, Zeit wird vertieft. Seifart macht anhand erster statitischer Daten deutlich, daß bei den publikumsattraktiven Fernsehübertragungen von Fußball und Tennis reichlich Pausen entstehen, die durch mediale Bilder gefüllt werden können, ohne daß damit schon gegen Hertha Sturms Forderung nach einer rezipientenfreundlichen Dramaturgie verstoßen wird. Bei einem Fußballspiel entstehen demnach durchschnittlich 37 Minuten (etwa 40 %) "Ruhephasen" und Spielunterbrechungen, die angereichert werden. Beim Tennis bestehen durchschnittlich sogar nur 10 % der Spiel- und Sendezeit aus handlungsreichem Sportgeschehen.[194]

3.2.6 Periodizität

Aktualität ist nicht immer okkasionale Aktualität, sie kann auch eine Qualität periodischer Medien sein, weshalb Traub den Begriff "periodische Aktualität" prägte.[195] Periodische Aktualität bezeichnet eine multiple Zeitgestalt der Pressemedien: Produktionsweise, Erscheinungsweise und Präsentationsformen besitzen einen vertrauten Rhythmus. Nach Dovifat wendet die Zeitung "in allen Dingen der Meinungsbildung aus ihrer inneren Natur heraus eines der ersten Gesetze jeder Werbung" an. Dieses "Gesetz der hämmernden Wiederholung"[196] erklärt die Eignung von Periodika als Werbeträger und Propagandamittel, es beschreibt die Zeitgestalt der Zeitung jedoch nur sehr unzureichend. Schließlich unterscheiden sich die Aussagen von Ausgabe zu Ausgabe, besonders vor dem Hintergrund, daß immer neue indivdiuelle und konstruktive Kognitionsprozesse vom Leser oder Rezipienten vollzogen werden können. Tageszeitungen waren nicht schon immer aktuelle Medien im heutigen Verständnis, in stärkerem Maße stand die Chronistenpflicht des Journalisten im Vordergrund (bis heute werden Tageszeitungen und Zeitschriften ja als "zukünftige historische Quellen" gesammelt). Auch heutige Tageszeitungen bestehen nicht ausschließlich - und vielleicht sogar zu sinkenden Anteilen - aus "brandaktuellen" Berichten.

Die Chroniken zeichneten sich durch Einmaligkeit aus, weil sie im Gegensatz zum Kalender - als erstem periodischen Druckwerk - zeitlich und räumlich (im Sinne der sozialen Zugänglichkeit) einmalige "Publikationen" waren und der Legitimation gegenwärtiger und zukünftiger Herrschaft durch Vergegenwärtigung von Vergangenheit (z.B. über Genealogien) dienten. Serialität kann deshalb als medienhistorische

192 Seifart (1993), S. 3
193 vgl. Seifart (1993), S. 5
194 vgl. Seifart (1993), S. 6-8
195 vgl. Traub (1933), S. 9-24
196 vgl. u. zit. Dovifat (1955³), S. 10

Vorstufe der Periodizität gelten. Hömberg hat auf die "Serienzeitungen"[197] hingewiesen, die unregelmäßig und ohne inhaltliche Kontinuität, jedoch formal serialisiert (also mit fortlaufenden Nummern versehen) erschienen. Diese im 16. und 17. Jahrhundert verbreiteten "Neuen Zeitungen" erschienen also noch nicht periodisch.[198] Erst die Vereinigung der Chronik mit der Skandal-Chronik führt - in Gestalt der Zeitung - zur periodischen Aktualität.[199] Als ältestes periodisches Druckwerk und Vorläufer aller periodischer Publikationen kann der Kalender, das "Zeit-Buch"[200] (Pross) gelten. Der Kalender macht eine soziale Zeitordnung erfahrbar, er vermittelt sie und dient als Medium der Einteilung der Zeit, womit er zugleich ein Instrument politischer Herrschaft wird.[201] Ebenfalls jährlich erschienen astrologische Jahresprognosen, die "Prognostica" und "Parktica".[202] Aus Anlaß der Handelsmessen erschienen seit den 80er Jahren des 16. Jahrhunderts zwei- bis dreimal jährlich Meßrelationen. Auf das Jahr 1597 wird die erste bekannte Monatsschrift aus Rorschach am Bodensee datiert. Zu Beginn des 17. Jahrhunderts kamen die ersten wöchentlichen Zeitungen auf (Straßburger "Relation" und Wolfenbütteler "Aviso").[203] Ab 1650 erscheinen die ersten Tageszeitungen (Leipzig: "Einkommende Nachrichten")[204], allerdings war die tägliche Erscheinungsweise "bis ins 19. Jahrhundert ... noch nicht die Regel."[205] Hömberg ist allerdings zu widersprechen, wenn er behauptet die Periodizität der Medien orientiere sich "im wesentlichen (an) den Zyklen der astronomischen Zeit":[206] Vielmehr handelt es sich hierbei um *soziale* Rhythmen (Sorokin), und kommunikationswissenschaftlich interessant ist der Beitrag der periodischen Erscheinungsweise der Medien zur Etablierung dieser sozialen Rhythmen. Es waren politische, ökonomische und technologische Faktoren, die die Etablierung und Verfeinerung der Periodizität der Printmedien beeinflußten: gesetzliche Bestimmungen (Zensur, Privilegien und andere Instrumente der Pressepolitik), Möglichkeiten der Nachrichtenbeschaffung und des Druckes sowie des Vertriebs und die schon angesprochene Nachfrage bzw. das Bedürfnis auf der Leserseite.

Die Tatsache, daß die Periodizität bei den Printmedien zunächst immer feingliedriger wurde und nach dem Zweiten Weltkrieg eine Umkehr dieser Entwicklung eingetreten ist, bedarf der soziologischen Erklärung durch soziale Tatsachen und Rhythmen und nicht des Verweises auf natürliche "objektive" Rhythmen. Während im 17. Jahrhundert die meisten Zeitungen ein- oder zweimal je Woche erschienen,[207] steigerte sich die Erscheinungshäufigkeit bis zum ersten Drittel des 20. Jahrhunderts. Nach 1848 gingen immer mehr Zeitungen zu zweimaligem Erscheinen pro Tag, seit den 80er Jahren manche sogar zu drei- und viermaliger Erscheinungsweise am Tag

197 vgl. Hömberg (1992), S. 91
198 vgl. Hemels (1992), S. 125
199 vgl. Pross (1972), S. 198- 200
200 Pross (1972), S. 195
201 vgl. Pross (1972), S. 195-197; Hierauf hat im übrigen auch Innis (1964), S. 61-91 hingewiesen.
202 Zit. u. vgl. Hömberg (1992), S. 91
203 Hemels (1992), S. 123
204 Hemels (1992), S. 128-129
205 Hömberg (1992), S. 92
206 Hömberg (1992), S. 92
207 vgl. Lindemann, Margot: Deutsche Presse bis 1815. Geschichte der deutschen Presse, Teil I, Berlin 1969, S. 95 nach Hemels (1992), S. 129

über.[208] Seit 1911 erschien die "Kölnische Zeitung" 25mal in der Woche.[209] Durch Wirtschaftskrise, die nationalsozialistische Pressepolitik, Krieg und alliierte Lizensierungspraxis sowie durch insgesamt sich wandelnde Lebens- und Medienwelten wurden solch hohe Frequenzen nie mehr erreicht. Sogar die Sonntagsausgaben vieler Blätter wurden eingestellt, schließlich verlagerte sich die Erscheinungsweise deutlich zu den Morgenausgaben (als einzige Tagesausgabe), so daß nicht mehr die Aktualität (auch in der intermediären Konkurrenz) das primäre Kaufmotiv und gewichtigste Verkaufsargument sein kann.[210] Periodische Medien sind in starkem Maße an die lebensweltlichen Rhythmen gebunden und zugleich Teil von ihnen. In der Bundesrepublik gibt es keine Zeitung mehr, die mehrmals täglich erscheint, in der Schweiz lediglich noch die "Neueste Züricher Zeitung". Der Versuch Robert Maxwells, die "London Daily News" mehrmals täglich in aktualisierter Fassung zu vertreiben, scheiterte nach wenigen (kostenreichen) Monaten 1987.[211]

Periodizität erleichtert tendenziell Aktualität: Antizipatorische Planung und Organisation durch die Kommunikatoren sowie die Erwartbarkeit für den Rezipienten ermöglichen aktuelle Berichterstattung in bestimmten formalen Grenzen.

Der Aktualitätsdruck entsteht durch die schnellen Rhythmen konkurrierender Periodika und permanenter Programme und die Internalisierung des Produktionsdrucks in Form professioneller Normen. Auf der Grundlage teilnehmender Beobachtung und Befragung hat Mark Fishmann[212] die täglichen Routinen von Print-Journalisten in den USA untersucht. Philip Schlesinger[213] hat die zeitlichen Produktionsroutinen im Rundfunk-Nachrichtenjournalismus der BBC beschrieben. Richard J. Gelles und Robert R. Faulkner haben eine vergleichbare Studie für das lokale Fernsehen in den USA vorgelegt. Sie betrachten Zeit sogar als "key independent variable in the selection and assembly of hard news".[214] Nachrichten werden von den Kommunikatoren als schnell verderbliche Ware betrachtet, die jeweils spezifische Zeitwerte ("time-values") besitzen; die Nachrichtenredaktionen lassen sich als "time-machines" begreifen. Der Zeithorizont der Nachrichtenjournalisten wird letztlich von ihnen selbst als "newsday" konstruiert, der sich sich aus dem Nachrichtenfluß von jeweils 24 Stunden ergibt. Leitmotiv des journalistischen Medienhandelns ist "immediacy", also die möglichst direkte Bearbeitung und Weiterleitung von Nachrichten. Diese angenommene Dringlichkeit der Nachrichten stößt auf die "Eigenzeiten" des journalistischen Handelns und der Redaktionsorganisation.[215] Der so als Ergebnis von Zeitknappheit entstandene Zeitdruck nimmt im journalistischen Arbeitsprozeß meist die Form von "organizational dead lines" an, deren Einhaltung *ein* Selektionskriterium für Nachrichten ist.[216] Zeitdruck ("dead lines") und die Präformierung des Nachrichtengeschehens in Form bestimmter "frames" (Goffman bzw. Minsky)[217], "Phase Structures"

208 Hagemann (1957), S. 196

209 vgl. Hemels (1992), S. 133, der sich auf eine nicht näher bibliographierte juristische Dissertation Herbert Krumbhaars aus Breslau im Jahre 1919 bezieht.

210 vgl. Hagemann (1957), S.196 u. 200-201

211 vgl. Hemels (1992), S. 135

212 vgl. Fishman (1980), S. 37-44

213 Schlesinger (1977)

214 Gelles / Faulkner (1978), S. 89

215 vgl. Schlesinger (1977), S. 339

216 vgl. für viele Schulz (1976), S. 11

217 vgl. Gofman (1977), passim u. Minsky (1975), S. 212

(Fishman)[218], Scripts (Schank / Abelson)[219] oder "Produktionsschemata" (van Dijk)[220] kennzeichnen laut Gaye Tuchman die Zeitstrukturen der Nachrichtenproduktion. Diese zeitlichen Rahmen erlauben eine routinisierte Verarbeitung von Nachrichten, weil sie - in typischer, ja stereotypisierter Weise - Erwartungshaltungen bei den Journalisten auslösen und so eine Planung oder gar Antzipation ermöglichen: Der zeitliche Rahmen beispielsweise eines typischen Staatsbesuches löst bei Nachrichtenredakteuren bestimmte typische Erwartungen über weitere Meldungen (z.B.: Ankunft, Empfang, Rede, Gespräch, Unterzeichnung, Bankett, Gegeneinladung etc.) aus und erlaubt ihnen den "Nachrichten-Tag" oder sogar größere Zeitabschnitte zu planen und vorzubereiten. Die Handlungsrahmen entwicklen sich zu wahrnehmungsleitenden Interpretationsrahmen der journalistischen Arbeit.[221] Die Rezipienten verfügen zumindest partiell über die Kenntnis dieser Rahmen, Scripts und Rituale, so daß auch sie entsprechende Erwartungsroutinen und Antzipationshaltungen einnehmen können.[222]

Die faktische Wiederholung oder doch zumindest die prinzipielle Wiederholbarkeit ist ein wesentliches Kennzeichen der Drucktechnik, in der Terminologie McLuhans "die Botschaft" der medialen Form des maschinellen Drucks.[223] Otto Groth schlug sogar vor, die sich ausschließlich mit Printmedien befassende damalige "Zeitungswissenschaft" in "Periodik" umzubenennen,[224] weil die Periodik das "Wesensmerkmal"[225] der Presse (Zeitung und Zeitschrift) sei. Auf die Betrachtung der periodischen Druckwerke solle sich die kulturwissenschaftliche Disziplin[226] beschränken, also Medien wie Buch, Film und Rundfunk aus der Betrachtung ausschließen. Wenngleich sich Groth mit seinem Konzept der *Periodik* aus guten Gründen nicht hat durchsetzen können, so sind seine Äußerungen zur *Periodizität* dennoch hilfreich.

Periodizität ist ein Zeitbegriff, der die Form des Periodikums beschreibt und dabei kein rein objektives Merkmal des Werkes ist. "Die Periodizität ist ... notwendig teleologisch gebaut, hat »Sinn« für den Menschen ..." und ist immer schon auf das Subjekt "ausgerichtet".[227] Die Periodizität der Presse steht in engem Zusammenhang mit den Rhythmen des sozialen Lebens. Ihr Ziel liegt nicht in sich selbst, im Gegenteil: die Aktualität und die jeweilige Nachrichtenlage führen zur Aufhebung zumindest der Präzisison der Periodizität. Die angestrebte Simultanität von Ereignis und Bericht ist der Sinn der Periodizität, den Groth von den materiellen und historischen Entstehungsbedingungen trennt. Hierzu zählen die "portions-weise", aber regelmäßige Abschöpfung von Kaufkraft, die technischen Voraussetzungen (Nachrichtenbeschaf-

---

218 vgl. Fishman (1980), S. 54-69
219 vgl. Schank / Abelson (1977), passim
220 vgl. van Dijk (1980), S. 129
221 vgl. Fishman (1980), S. 63
222 vgl. hierzu auch Tuchman (1983), S. 334-335
223 vgl. McLuhan (1970), S. 174
224 Groth (1960), S. VI
225 Groth (1960), S. 107
226 vgl. Groth (1960), passim; Groths Betrachtunsgweise zielt auf das Werk (Werkganze) und nicht auf soziale Zusammenhänge. So liegt für ihn z.B. auch der Sinn des Periodikums nur im Objekt und nicht in den damit (aus soziologischer Sicht untrennbar verbundenen) Handlungen. Sinn existiert für Groth anscheinend subjekt-unabhängig. Ähnliche Widersprüche ergeben sich bei der Betrachtung der "Vermittlung", dessen wissenssoziologische Bedeutung Groth nicht kennt oder ignoriert (vgl. Groth (1960), S. 543-544 bzw. S. 558-563).
227 Groth (1960), S. 108

fung, Herstellung) und Erfordernisse (Pünktlichkeit der Vertriebswege) sowie die kulturellen Entwicklungen, die zu einem anderen Nachfrageverhalten geführt haben.[228] Groth erkennt bereits den "einheits- und gemeinschaftsbildenden"[229] Wert der Periodika und den zuvor geschilderten funktionalen Zusammenhang von Aktualität und Periodizität. Periodizität ist bei Groth nicht die Ursache, sondern die Folge der angestrebten und durch bewußte Handlungen und Planungen hergestellten Kontinuität des Werkes (des konkreten Periodikums).[230]

Groths Analyse leidet jedoch unter einer selbst gewählten und unzeitgemäßen zeitungswissenschaftlichen Verengung der Perspektive. Aktualität wird (wie Universalität) als inhaltliches, Periodizität (wie Publizität) als formales Wesensmerkmal der periodischen Presse aufgefaßt. Das funktionale Verhältnis von Periodizität und Aktualität (und vice versa) wird als mathematisches Gesetz - mit dem Ziel der Quantifizierbarkeit der Beschreibung - formuliert.[231] Er glaubt, hieraus ein zweites Gesetz ableiten zu können. Diesem "Gesetz der Vervollkommnung" zufolge ergibt sich für die Periodizität eine Tendenz zu möglichst rascher Wiederkehr (Ideal: Kontinuität) und für die Aktualität eine solche zur möglichst beschleunigten Veröffentlichung (Ideal: Simultanität).[232]

Zunächst muß man hier anmerken, daß es sich nicht um Gesetze im naturwissenschaftlichen Sinne handelt (und nicht handeln kann). Ausformuliert ("Je aktueller der Stoff sein soll, um so häufiger muß die Zeitung erscheinen, und umgekehrt.") wird der normative Charakter deutlich, der sich von einem prognostischen Charakter deutlich unterscheidet. Weiter muß festgestellt werden, daß Groths "Gesetzmäßigkeiten" empirisch mehr als zweifelhaft sind: Es gibt aktuelle Medien (und zwar die vielleicht aktuellsten im Sinne primärer Aktualität, die für Groth ja die Grundlage darstellt), die gar nicht periodisch, sondern nur okkasional erscheinen. Versteht man Aktualität als publizistische Qualität im weiteren Sinne, dann verbietet sich eine Quantifizierung ohnehin. Zudem gibt es Medien, die periodisch erscheinen, ohne - im Sinne primärer Aktualität - aktuell zu sein (z.b. Sammel- und Lieferwerke). Schließlich sind die Medien nicht eindeutig nach den Kriterien Aktualität und Periodizität zu klassifizieren, denn selbst nach Groths eigenen Untersuchungen gehört "Nicht-Aktuelles" in die Zeitung und in die Zeitschrift. Groths medienbezogene (und zusätzlich noch auf die Zeitungswissenschaft als "Periodik" begrenzte) Sichtweise scheitert an der Komplexität des Gegenstandes. Aktualität und Periodizität müssen als *Qualitäten* begriffen werden (bei Groth sind es Quantitäten), die bei *einzelnen medialen Formen* unterschiedliche *Gestalt und Gestaltkombinationen* annehmen *können.*

Periodizität ist die Voraussetzung für habitualisierte Mediennutzung und vice versa. Das ökonomische Interesse des Verlegers nach optimaler Ausnutzung seiner personellen und technischen Kapazitäten (aufgrund der technischen Entwicklung mit wachsender Kapitalbindung verbunden) und sein publizistisches Interesse sind nur "eine Seite der Medaille", das Bedürfnis der Rezipienten nach regelmäßiger Unterrichtung stellt die andere Seite dar.[233] Erst Periodizität erlaubt langfristiges publizisti-

228 vgl. Groth (1960), S. 113-118
229 Groth (1960), S. 121
230 vgl. Groth (1960), S. 105
231 vgl. Groth (1960), 350-359
232 vgl. Groth (1960), S. 367
233 Dies hat schon Hagemann (1966), S. 287, erkannt.

sches "Wirken" - einen Beitrag zur öffentlichen Meinungsbildung zu wechselnden oder kontinuierlichen Themen. An gesteigerte Periodizität knüpft sich - zumindest ceteris paribus - deshalb bei Groth und vielen anderen meist die Erwartung einer erhöhten Wirkungsmacht der Presse.[234]

Timing-Funktion besitzen nicht nur die Programm-Medien mit ihren durchstrukturierten, kontinuierlich-diskontinuierlichen Programmen, sondern auch die periodischen Medien. Während die Präzision des Timings für den Erscheinungszeitpunkt bei den Zeitschriften eine eher untergeordnete Rolle spielt, so gewinnt sie bei Wochenzeitungen und vor allem bei den Tageszeitungen erheblich an Bedeutung.

> "Die Erscheinungszeit der Zeitungen ist aufs engste verflochten auf der einen Seite vor allem mit den Berufs- und Wohnverhältnissen, den geistigen Interessen und traditionellen Gewohnheiten der Leser, auf die sich die Zeitungen stützen, auf der anderen Seite mit den Möglichkeiten der Stoffbeschaffung und des Vertriebes der fertigen Exemplare. Auch hier zeigen sich ganz charakteristische Unterschiede zwischen den Nationen und innerhalb dieser wieder zwischen den Stämmen (Landschaften) und den Schichten einer Nation."[235]

Hinzu kommt ein historischer Wandel der Erscheinungszeiten, der durch einen eindeutigen Trend zur Morgenzeitung gekennzeichnet ist. Für Groth stellte sich dies 1972 offensichtlich noch klarer differenziert dar:

> "Die wichtigsten Zeitungen der Großstädte werden in der Mehrzahl morgens ausgegeben, doch fordert ihr nachrichtenhungriges Publikum vielfach zur Ergänzung auch ein Erscheinen nach Arbeitsschluß und während des Abends; das mittelstädtische Publikum bevorzugt die Lektüre in den Stunden der Mittags- und Abendruhe - Erscheinen vor Mittag; das ländliche Publikum beschränkt sich auf die Abendlektüre - Erscheinen am Nachmittag."[236]

Periodische Medien strukturieren Zeit durch ihre Erscheinungweise. Erwartungen werden zeitlich strukturiert, ohne inhaltlich oder sozial definiert zu sein. Die Grundaussage, die durch diese mediale Form impliziert wird, lautet jedoch, daß zwischen dem Vorher-Nachher und dem Gestern und Heute kein epochaler Unterschied besteht. Die formale Gestaltung der Nachrichtensendungen entwickelt sich nur langsam, was mit der Langfristigkeit politisch-historischer Entwicklungen korrespondieren dürfte, wenngleich ich hier keinen gemeinsamen Maßstab zu erkennen vermag.

3.2.7 Simultanität

Um der "Verderblichkeit der Ware Nachricht" zuvorkommen, greifen die Rundfunkmedien immer häufiger zum Mittel der Live-Berichterstattung. CNN hat dies bei seiner Golfkriegsberichterstattung zum Prinzip erhoben (auch wenn tatsächlich vermutlich weniger live gesendet wurde, als viele Medienkritiker glauben). Diese Art von Beschleunigung erhöht nun aber bei genauerem Hinsehen keineswegs die Aktualität einer Nachricht, sondern zerstört sie. Die Nachricht ist ein Nach-Bericht und muß es immer sein, weil sie das Produkt eines journalistischen Arbeitsprozesses ist, der immer Zeit benötigen wird. So wenig wie die Live-Übertragung eines Fußballspiels aus

---

234 vgl. Groth (1972), S. 16
235 Groth (1961), S. 7
236 Groth (1972), S. 31

einem Stadion als Nachricht gelten kann, so wenig kann die Live-Berichterstattung von einem Kriegsschauplatz als Nachrichtenjournalismus gelten.

Hagemann erkennt bei den modernen Printmedien einen Trend zur Beschleunigung: Die Aktualitätskonkurrenz steigere das Tempo der Berichterstattung, die kurzfristige Rezeption wiederum "beflügele" das öffentliche Leben, so daß schneller erneut Berichtenswertes entstünde usw. Peridoizität wird bei ihm somit zu einer Funktion der Aktualität.[237] Doch erst die elektronischen Medien erlauben technische Simultanität. Neverla bezeichnet die Tatsache, daß die Produktions- und Distributionszeiten der elektronischen Medien gegen Null tendieren, in Anlehnung an Nowotny als "Nullzeit".[238] Die Periodizität wird tendenziell zur Permanenz verdichtet, d.h. sie wird so weit enttaktet, daß jederzeit Simultanität zwischen Ereignis und Rezeption hergestellt werden kann. Dieses Live-Prinzip, das historisch erst durch den Hörfunk erreicht werden konnte (ab 1922 wurden in den USA Ereignisse live übertragen), suggeriert eine Unmittelbarkeit, die den Berichten eine besondere Authentizität zukommen läßt. "Das live-Prinzip zeigt die Wirklichkeit real als permanentes Jetzt und beschneidet sie damit ihres Gestern und Morgen."[239] Alles, was gesendet wird, steht in der Gefahr, durch die Form der Präsentation zu etwas Transitorischem zu werden.

Live-Sendungen erzielen eine Beinahe-Simultanität von Ereignis und Rezeption, doch können sie damit noch keine Gegenwart konstruieren. Zur wirklichen Gegenwart gehört die Gegenseitigkeit, die, wenn sie schon nicht durch räumliche Unmittelbarkeit (Modell der Face-to-face-Kommunikation), so doch mindestens durch simultane Interaktionsmöglichkeit (Modell der Telefon-Kommunikation) gekennzeichnet ist. Mehr als bloße Simultanität erreicht das Schau-Spiel, das tatsächlich in räumlicher Gegenwart, in echter An-Wesenheit des Publikums stattfindet. Die Aufführung wird von den Rezipienten bewußt als Spiel verstanden, d.h. jeder Zuschauer weiß, daß die Zeit nicht real gedehnt oder gerafft wird, sondern daß dies aufgrund der Theaterkonvention nur von allen Beteiligten vorausgesetzt werden kann. Das Spiel selbst findet immer in der reinen Gegenwart statt: Dialog und Handlung selbst sind gegenwärtig (im Gegensatz zum Epos), nur ihre Inhalte können sich auf andere Zeitmodi (Vergangenheit und Zukunft) beziehen.[240] Zeitgestaltung und Zeitbewältigung werden nicht verschwiegen, sondern sichtbar gemacht. Diese Transparenz der Zeitgestaltung und die Gegenseitigkeit tatsächlich gegenwärtiger "Kommunikatoren" und Publika kann durch die simultane Fernseh- oder Hörfunksendung nicht konstruiert werden.

Bei der Live-Fernsehübertragung handelt es sich nicht mehr um die Sendung von Bildern: Bilder sind durch ein typisches Zeitverhältnis als Abbilder oder Nach-Bilder gekennzeichnet.[241] Ein solches Zeitgefälle ist - wenngleich chronometrisch meßbar - menschlich zumindest nicht mehr wahrnehmbar: So wenig uns Fenster, Brillen oder Fernrohre Bilder vermitteln, sondern lediglich die simultane Wahrnehmung von Ereignissen technisch erlauben, so wenig liefert eine Live-Übertragung Bilder. Das simultan Konstruierte liegt nur scheinbar in unserer Reichweite, es handelt

---

237 vgl. Hagemann (1947), S. 39

238 vgl. Neverla (1992a), S. 59

239 vgl. Faulstich (1981), S. 14; zit. S. 39

240 Bezüglich des Inhalts macht dann auch die Einteilung in "zeitlose Dramen" (Stoffe von immer wiederkehrender Gültigkeit) und Zeitstücke (prominent durch Shakespeare vertreten und später zu zeitkritischen bzw. sozialkritischen Stück sich weiterentwickelnd) Sinn, die beispielsweise Csokor (1955) vornimmt.

241 vgl. hierzu auch Anders (1961), S. 129-134

sich nicht wirklich um Gegenwart, sondern um "Phantome" (Anders). Echte Gegenwart bedingt Isotopie (Gleichörtlichkeit, Welt der Reichweite im Sinne Schütz') und Isochronie (Gleichzeitigkeit). Heideggers "Zeit des Weltbildes", also der ständigen Präsenz aller Dinge (und damit der Welt als Bild), ist so wenig eingetroffen, wie Flussers Utopie der Telematik: Die gegenwärtigen Diskurse sind noch nicht durch Vernetzung zu einem Dialog geworden. Die Sinnlichkeit der Medien ist gegenüber der echten Gegenwart unterentwickelt. Flussers Annahme, dies werde sich durch die technische Entwicklung (z.B. Cyberspace) in absehbarer Zeit ändern, ist aus guten Gründen umstritten.[242] Nicht die Bilder werden also beschleunigt, sondern es entsteht mit den "Phantomen" eine neue "Zwitterform" von Gleichzeitigem, aber Nicht-Gegenwärtigem. Im Gegensatz zur oralen Gesellschaft bedeutet Simultanität nicht mehr körperliche Ko-Präsenz. Das Fernsehen erweitert unsere Gegenwart nicht wirklich, sondern nur scheinbar:

> "... zwar weiß man, daß, was man da soeben miterelebt hat, sich wirklich soeben, im selben Augenblick, da man es auf dem Schirm sah, abgespielt hat; aber man *weiß* es eben nur; das Wissen bleibt doch ganz unlebendig; das winzige Bild mit dem irgendwo dort hinten Geschehenden, das hiesige jetzt mit dem dortigen in Kongruenz zu bringen; also das Jetzt als wirklich gemeinsames, als ein und dasselbe *dort-und hier-Jetzt* aufzufassen, gelingt nicht; also bleibt auch unsere Erschütterung klein und imaginär ..."[243]

Die Erschütterung kann dabei sogar kleiner bleiben als bei der ästhetischen Rezeption von ganz bewußt fiktionalen Darstellungen, etwa im Theater. Die chronometrisch schnellen Medien liefern also eine unvollständige Aktualität ohne Handlungsmöglichkeit. Mit der beschleunigten technischen Verbreitung gehen andere Zeitqualitäten einher. Die Zeitbindung des besonders schnellen Hörfunks ist deutlich höher als die der relativ langsamen Tageszeitung. Die zeitliche Sequenzialisierung der Rundfunknachrichten ist durch selektive Medienhandlungen des Rezipienten nicht aufhebbar, der transitorische Charakter des gesprochenen Wortes führt zu einer sehr kurzzeitigen und redundanten Präsentation: "In semiotic terms we might say that signs which exist in time are rather less efficient than those which exist primarily in space ..."[244]

Durch Simultanmontage oder Split-Screen-Darstellung können auch zwei oder mehr Ereignisse mit dem Rezipienten simultanisiert werden, ohne daß die Ereignisse untereinander und die Rezipienten tatsächlich die gleiche Gegenwart teiten würden. Als medienästhethisches Mittel soll aber zumindest die Illusion der echten Gleichtzeitigkeit erzeugt werden. Ein anderes, im narrativen Film gebräuchlicheres und spätestens seit Griffith bekanntes Mittel ist die Parallelmontage von zwei Abläufen, die somit als gleichzeitig, aber getrennt-räumlich interpretiert werden können (Gleichzeitigkeit von Nicht-Gegenwärtigem).

Simultanität von Ereignis und Perzeption durch beschleunigte Datenübermittlung und sog. Live-"Berichterstattung" steigern aber nicht zwangsläufig die Aktualität. Aktualität kennzeichnet als publizistikwissenschaftlicher Begriff eine Qualität journalistischer Produkte, also handwerklich und intellektuell nach-bearbeiteter Aussagen. Nach-richten und Nach-bilder entstehen bei Live-Übermittlungen aber nur noch im

---

242 vgl. Kloock (1991), S. 23
243 Anders (1961), S. 153
244 Crisell (1986), S. 69

eingeschränkten Sinn. Die Simultanität, die auf Phantomen beruht (Anders), stellt also eine Pseudo-Aktualität her, die andere Qualitäten aufweist als eine "beschleunigte Aktualität". Es handelt sich nicht mehr um professionell nachbereitete, sondern um simultan oder vor-produzierte "journalistische Elemente". Die im engeren Sinne journalistischen Leistung in Gestalt von beschreibenden, interpretierenden und kommentierenden Texten *folgt* bei Live-Übertragungen meist *nach* der schnellen Bildübertragung, zum Teil werden sogar die zeitgleich übermittelten Bilder wiederholt.

Die Aktualität der potentiellen Simultanität in den elektronischen Medien besitzt eine weitere neue Qualität für die Rezeption: Live-Sendungen und aufgezeichnete Sendungen sind in Hörfunk und Fernsehen nicht zweifelsfrei vom Rezipienten zu unterscheiden. Hierfür sind Zusatzinformationen notwendig, deren Wahrheitsgehalt oder Glaubwürdigkeit nicht ohne weiteres überprüft werden können. Während bei Presse und Film auch im Falle aktueller Berichterstattung (z.B. der Sonderausgabe oder der Wochenschau) für jeden Rezipienten erkennbar ist, daß es sich um Nachrichten aus der Vergangenheit handeln muß, ist die potentielle Aktualitätsdichte der Simultanmedien so weit gesteigert, daß scheinbar simultane Berichterstattung auch aufgezeichnet und scheinbare Aufzeichnungen auch simultane Übertragungen sein könnten. Der Zeitcharakter der Rundfunkmedien ist - bezogen auf die lebensweltliche Zeitorientierung (Vergangenheit-Gegenwart-Zukunft) - nicht mehr selbstverständlich gegeben. Auch die Etikettierung der Sendungen als "Live" oder "Aufzeichnung" bietet im übrigen keine glaubwürdigen Hinweise mehr: Die Aufnahme des (mutmaßlich publikums- und werbewirksamen) Prädikates "live" im Sendetitel führt spätestens bei deren Wiederholung im Vormittags-, Nacht- oder in Satelliten- und 3. Fernsehprogrammen der öffentlich-rechtlichen Sender in die Irre. Zudem enthalten viele dieser Live-Sendungen vorgefertigte Elemente, und selbst die besonders auf Aktualität bedachten Fernsehnachrichtensendungen werden nur teilweise live gesendet.[245] Generell können die Rundfunkmedien wegen ihrer Potenz der Simultanität als diskontinuierlich beschrieben werden, obwohl sie durch den formalen Programmcharakter eine tendenziell endlose, ja pausenlose Kontinuität darstellen. Die permanent bestehende Möglichkeit der Unterbrechung der Kontinuität durch eine Sonder- oder Eilmeldung, die inhärente und insofern erwartbare Überraschungsmöglichkeit zeichnet die Kontinuität der Rundfunkmedien aus. Tendenziell besteht eine Zeitgleichheit - mitunter gar in Form parasozialer Beziehungen - zwischen Rezipienten und Kommunikatoren. Gumpert spitzt diese Tendenz bezüglich des Fernsehrundfunks zu, in dem er verallgemeinert: "While film involves a separation in time and space (by mere defintion of process), television potentially dismisses time and emphasizes space."[246]

245 So werden selbstverständlich auch hier vorgefertigte Elemente verwendet, um technische und organisatorische Probleme (z.B. Satellitenfrequenzen) zu bewältigen. Gumpert schildert aber zudem, daß die CBS-Hauptnachrichten nur in wenigen Städten der amerikanischen Ostküste live übertragen (6.30 P.M), ansonsten jedoch zeitversetzt ausgestrahlt und nur bei dringendem Bedarf live unterbrochen werden; vgl. Gumpert (1987), S. 49.

246 Gumpert (1987), S. 43

3.2.8 Kontinuität

Montage und Programming (als Serialität oder Periodizität) stellen aus diskreten, diskontinuierlichen Elementen auf je spezifische Art und Weise kontinuierliche Sequenzen zusammen. Die Rundfunkprogramme entfalten dabei eine gesteigerte Kontinuität, die Günther Anders aufgrund seiner amerikanischen Exilerfahrungen bereits 1956 beschrieb. Jahrzehnte bevor die empirische Medienforschung diesen Trend des Radios zum Tagesbegleitmedium[247] erkannte, wies Anders auf den enttakteten, pausenlosen Charakter des Hörfunks hin und knüpfte daran kulturkritische Überlegungen (vgl. Teil IV, Kap. 4). Andere Autoren haben die Permanenz und tendenzielle Monotonie des kontinuierlichen Programmflusses mit den religiösen Praktiken des Gebets bzw. der Gebetsketten und -mühlen verglichen.[248] Adorno hat eine Verbindung hergestellt zwischen dem permanenten Tagesbegleitmedium Hörfunk, der ökonomisch begründeten Zeitgestalt der Wiederholung und der Veränderung der (Musik-) Wahrnehmung. Als typisch kulturindustrielle Form tritt die zeitliche Wiederholung im Hörfunk als "plugging" auf. Plugging ist Bestandteil der "Regression des Hörens", zu der auch die Tatsache zu rechnen ist, daß Hörfunk- und die beginnende Fernsehrezeption nurmehr "nebenbei"[249] erfolgen. Durch die ständige, absichtsvolle Wiederholung von Musikstücken oder Werbeeinschaltungen wird ein hoher Wiedererkennungswert erreicht. Die Wiederholung selbst wird zum Wert, hinter dem der Inhalt verblaßt:

> "Das Prinzip der Wiederholung des Immergleichen steht nun im Gegensatz zum Zwang, ständig neu erscheinen zu müssen. ... Der Zwang zur ständigen Pseudo-Neuheit ist der Zwang zur Vergänglichkeit."[250]

Voraussetzung für die Nutzung pausenloser Programme ist die zunehmende Enttaktung der gesellschaftlichen Zeitordnung, verstanden als Pluralisierung der sozialen Zeit im Chronotop. Arbeitszeit, Reproduktionszeit und Freizeit sind nicht eindeutig zu definieren; vor allem unterliegen sie einer mehrfachen gesellschaftlichen Differenzierung (funktional, biographisch, segmentär). Temporale soziale Differenzierung, deren Teil die temporale Differenzierung massenmedialer Angebote ist, bildet den Hintergrund für die Ausweitung der Programmdauern.

In der Bundesrepublik entwickelte sich der Hörfunk rasch zu einem enttakteten 24-Stunden-Medium. Der NWDR strahlte seit 1947 dreimal wöchentlich ein Hörfunk-Nachtprogramm aus, seit 1959 gibt es ein gemeinsames ARD-Nachtprogramm (mittlerweile als "ARD-Nachtexpreß"). 1980 und 1985 kamen weitere ARD-Nachtprogramme ("Nachtkonzert" und "Rocknacht"/"Popnacht") hinzu. Seit 1988 ist eine weitere Ausdifferenzierung der Nachtprogramme im öffentlich-rechtlichen (SWF mit SDR und Bayern 3 "Lollipop", NDR mit "NDR 2-Nacht" sowie der MDR) und privaten Hörfunk festzustellen.[251] Die aus Abb. IV. 3.3 hervorgehende Ausdehnung der durchschnittlichen täglichen Programmdauer des ersten Fernsehprogramms der ARD

247 vgl. Anders (1961), S. 108 und S. 226; Anders spricht vom "Fließband des Radio" und der "Tatsache, daß beides heute *zugleich* stattfindet, nämlich in den Millionen Heimen und Werkstätten, wo der Fluß von Arbeit und der der Radiosendung zu einem *einzigen* Fluß werden."

248 vgl. bspw. Moles (1983), S. 17-18

249 vgl. Kausch (1988), S. 230-231

250 vgl. Kausch (1988), S. 227 und S. 87 (Zitat S. 87)

251 vgl. Winter / Tichatschek (1992), S. 35

ist keine singuläre Erscheinung. Auch das ZDF-Programm und die dritten Fernsehprogramme der ARD sind in vergleichbarem Maße "gewachsen". Die Zunahme der Hörfunkprogrammdauer ergibt sich bei öffentlich-rechtlichen Anstalten weniger aus einer tageszeitlichen Ausdehung der einzelnen Programme als aus der Vermehrung der Hörfunk-Wellen.

Die Ausweitung der täglichen Programmdauer gewinnt unter den Bedingungen des Wettbewerbs eine Eigendynamik. Um nie bei Null beginnen zu müssen, sondern die Reichweiten durch "lead in"-Effekte von vornherein zu maximieren, wird die eigentliche Sendung durch einen programmlichen Vorlauf erweitert und durch einen Nachlauf verlängert. Um die Attraktivität des Vormittagsprogramms in Anbetracht der Konkurrenz durch die privaten Fernsehanbieter zu erhöhen, führten ARD und ZDF nach der Schließung der "Mittagslücke" (durch die typischerweise serielle Form des "Mittagsmagazins") seit dem 2.10.1989 ein gemeinsames Frühstücksfernsehen von 6 bis 8 Uhr ein. Wenige Monate nach dem Start des regelmäßigen Frühstücksfernsehen am 13. Juli 1992[252] berichtete ARD-Chefredakteur Fritz Pleitgen, man überlege, vor dem Frühstücksfernsehen einen 30- bis 60minütigen Programmvorlauf (aus Wiederholungen) auszustrahlen, "um nicht ganz ohne Zuschauer starten zu müssen."[253] Das Frühstücksfernsehen selbst scheint auch für die privatrechtlichen Anbieter aufgrund der niedrigen Einschaltquoten und Werbepreise nicht gewinnträchtig zu sein, doch spielen offenbar strategische Erwägungen mit dem Ziel der Zuschauerbindung eine große Rolle.[254]

Auch das Spätabendprogramm bzw. Nachprogramm der öffentlich-rechtlichen Anbieter wurde seit 1991 ausgedehnt, eine Reaktion auf die Programmingstrategien der privatrechtlichen Anbieter, die seit 1987 ihr Programmangebot schon deshalb in die Nachtstunden ausdehnten, weil auf diese Weise insgesamt und vor allem tagsüber absolut längere Werbezeiten zu realisieren waren (die ja laut Rundfunkstaatsvertrag höchstens 20 % der gesamten Sendezeit betragen dürfen, aber nicht gleichverteilt sein müssen). Nachdem die privatrechtlichen Fernsehanbieter zunächst an den Wochenden und dann auch an den Werktagen ein Programm rund um die Uhr angeboten hatten, setzte sich der Trend zum endlosen Programm auch bei den öffentlich-rechtlichen Anbietern fort. Eine Vorreiterrolle scheinen hier die dritten Fernsehprogramme zu besitzen, in denen die Sendezeit durch die bereits erwähnten Nicht-Programmelemente ("Aquarium", "S-Bahn" etc.) verlängert werden. Ab 1.1.1994 wird das dritte Fernsehprogramm des WDR im 24stündigen Rotationsverfahren ausgestrahlt und die "Nachtlücke" mit Wiederholungen vom Vortag geschlossen. Erwägungen, das erste ARD-Fernsehprogramm und das ZDF-Programm 24 Stunden täglich auszustrahlen, um die Zuschauerbindung zu erhöhen, kamen 1993 auf.[255]

---

252 vgl. zur Programmentwicklung und Ausdehnung Krüger (1993), S. 247

253 Meyer (1993), S. 21

254 vgl. Heinlein (1993)

255 vgl. o.V. (ap): West 3 geht in den Rotationsbetrieb. In: TSP 20.11.1993, S. 20 sowie o.V. (ap/dpa): West 3 künftig ein 24-Stunden-Programm. In: TSP 31.12.93/1.1.94, S. 17

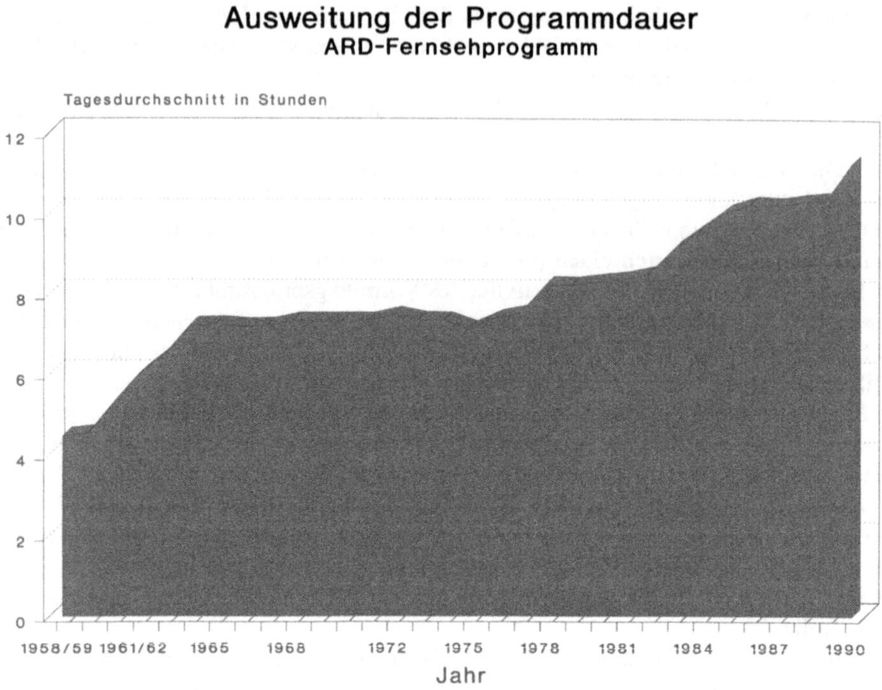

Abb. IV. 3.3: Ausweitung der durchschnittlichen Tagesprogrammdauer am Beispiel des ersten ARD-Fernsehprogramms 1958 - 1990, ohne Regional- u. gemeins. Vormittagsprogramme[256]

Kontinuität wird - schon aus ökonomischen Gründen - bevorzugt durch Redundanz (Wiederholung) und Serialität hergestellt. Angesichts der "Endloszeit"[257] des medialen Angebots sind Anfang und Ende der individuellen Rezeption ohnehin nicht eindeutig bestimmbar. Durch die Programmausweitung sinkt aber die Wahrscheinlichkeit, daß die Rezeption der Individuen gleichzeitig anfängt oder endet und die Varianz der Rezeptionsdauer wächst. Folglich müssen die Programm-Medien (in stärkerem Maße als Theater oder Konzert) möglichst viele Unikate produzieren bzw. senden, um die länger verweilenden Rezipienten zu befriedigen bzw. um längere Rezeptionsdauern zu erleichtern. Andererseits muß das Programm so strukturiert sein, daß Einstieg und Ausstieg auch kurzfristig möglich sind. Anfang und Ende bilden bei strukturierten, tendenziell "pausenlosen" Programm-Medien Übergänge, die rituell gestaltet sein können: Es kommt zur Bildung von Pausen, die jedoch nicht als Aus- oder Leerzeiten gestaltet sind, sondern eher als Verbindungs-Scharniere. Gleichwohl bieten diese rituellen Übergänge immer auch Aus- und Einstiegsmöglichkeiten in das

256 Quellen: ARD-Jahrbuch 69, S. 310; Media Perspektiven Basisdaten 1989, S. 16 und Media Perspektiven Basisdaten 1987, S. 12, Media Perspektiven Basisdaten 1991, S. 16; Angaben ab 1972 ohne Regional- und ohne gemeinsames Vormittagsprogramm von ARD und ZDF).

257 vgl. Neverla (1992a), S. 59 in Anlehnung an Nowotny

Programm, das Nutzungsverhalten läßt sich nicht determinieren, sondern allenfalls - im konstruktivistischen Sinn - irritieren. Unterschiedliche Programmbestandteile müssen zugleich voneinander getrennt und - schon im Interesse der Publikums- bzw. Aufmerksamkeitsmaximierung - miteinander verbunden werden: Schwarzbilder, Senderkennungen, Vor- und Abspanne, Teaser, aber auch die Einblendung von Uhren, insbesondere zur Trennung von fiktionalen von nicht-fiktionalen Sendungen werden hier regelmäßig verwendet. Nach Hickethier sind beim Hörfunk bereits Pausen (also Stille) von nur drei Sekunden Dauer bedenklich, weil dann das Medium für den Hörer schon nicht mehr existiert.[258] Weder im Hörfunk noch im Fernsehen sind längere Pausen als Stille oder Schwarzbild/Rauschen (mit Ausnahme des Sendeschlusses) heute noch vorstellbar. Durch die Ästhetik des Fernsehsenders vox sollen jegliche Brüche und zu stark trennende Interpunktionen zwischen den Sendungen verhindert werden: Ansagen werden durch Teaser ersetzt, wie dies auch in anderen Programmen üblich ist, doch erscheint in einem geteilten Bild, noch während ein Teaser läuft, bereits das Logo der unmittelbar folgenden Sendung. Filmabspänne, die alle Fernsehsender nicht nur bei Kinofilmen übernommen, sondern auch bei ihren Fernseh-Eigenproduktionen nachgeahmt hatten, verschwinden mehr und mehr aus dem Programm. Sie werden - bei SAT 1, Pro7 und partiell bei den öffentlich-rechtlichen Anbietern - durch eingeblendete Tafeln, die nur die Namen der Hauptdarsteller, des Regisseurs und andere grundlegende Angaben enthalten, ersetzt oder - insbesondere bei RTL (bzw. RTLplus) und Pro7 - durch die Ansage der folgenden Sendung im Voice-Over-Verfahren "übersprochen". "Paralleles" Fernsehen soll so den Ausstieg aus dem Programm verhindern. In amerikanischen Fernsehprogrammen werden selbst so kurze Programmeinheiten wie einzelne Nachrichtenbeiträge in Teasern angekündigt, um die Zuschauer über die folgende Werbeeinblendung hinweg zu halten.[259] Veränderte Nutzungsgewohnheiten und gewachsene Konkurrenz machen so etwas wie "Toddlers Truce", eine tägliche fernsehfreie Stunde zwischen 18 und 19 Uhr (wie in den Anfangsjahren des britischen Fernsehens) heutzutage undenkbar.[260]

Houston charakterisiert das Fernsehprogramm im Gegensatz zum Kinofilm als permanentes, nicht-gehaltenes Versprechen von endlosem Konsum. Einlösbar sei das Kontinuitätsversprechen erst mit werbefreiem Pay-TV.[261] Pay-TV kann somit als Handel mit Zeit, als Kauf von kontinuierlicher (weil nicht durch Werbung unterbrochener) Rezeptionszeit interpretiert werden. Das Programming des Fernsehens hat sich vom Konzept der einfachen Distribution von heterogenen Bestandteilen als Sequenz merklich zu einem Programming des "flow", wie Raymond Williams bereits Mitte der 70er Jahre auf der Grundlage vergleichender empirischer Programmstudien festgestellt hat, gewandelt. Doch ist dieser Fluß nicht unstrukturiert linear, sondern zusammengesetzt aus linearen und zyklischen Elementen sowie komplexen Kombinationsformen. Die Gitterelemente des Programms, also Ansagen und Moderationen, Sendersignets etc. dienen - soweit sie noch vorhanden sind - der Abgrenzung unterschiedlicher Programmteile und der Begrenzung spezifischer Zeitgestalten und Sinnprovinzen. Die Rezipienten sollen aus der Zeitgestalt der beendeten Sendung

---

258 vgl. Hickethier (1987), S. 99
259 Hierdurch kann es zu einer eigentümlichen formalen Vermengung von kurzzeitigen Nachrichten und Werbespots kommen. vgl. Cameron / Schleuder / Thorson (1991)
260 vgl. Scannell (1988), S. 26
261 vgl. Houston (1984), S. 187-192

herausgelöst werden, was zum Beispiel durch die Präsentation von Uhren oder durch eine Live-Ab- bzw. Ansage geschehen kann.

Bei den meisten Printmedien und den konventionell programmierten Rundfunkmedien richtet sich die Erwartung des angenommenen Rezipienten noch auf diskrete Ausgaben bzw. Sendungen mit erkennbaren thematischen und formalen Grenzen, die vom Veranstalter in einer Mischung - quasi komponiert - verbreitet werden. Bei den nach dem Programmprinzip des endlosen Flusses veranstalteten Angeboten lassen sich zwar formal und produktionstechnisch noch Sendungen unterscheiden, im Falle der Nachrichten sind sie auch noch klar erkennbar und selektiv nutzbar, doch insgesamt richtet sich die Rezipientenerwartung stärker an das Medium an sich: *Wir hören oder sehen nicht mehr eine bestimmte Sendung an, sondern wir verbringen unsere Zeit mit "Fernsehen" oder Radiohören".* So jedenfalls läßt sich eine grundlegende Arbeisthypothese der Programm-Macher verkürzt formulieren. Die Bedeutung von echten Intervallen, die als Grenz- und Übergangsrituale zwischen verschiedenen diskreten, diskontinuierlich sequenzierten Sendungen begriffen werden können, geht in den meisten sog. "modernen" Hörfunk- und Fernsehprogrammen dementsprechend zurück.[262]

Kontinuität und Diskontinuität bilden ein eigenartiges Amalgan. Für McLuhan war die Diskontinuität der Tageszeitung bereits bemerkenswert: Die "Mosaikkform" der Zeitung stelle "die diskontinuierliche Vielfalt und Ungereimtheit des Alltagslebens" dar.[263] Für andere Autoren boten diskontinuierliche Formen in den Print- und Audiomedien sogar Anlaß zur kulturkritischen Klage,[264] doch erst das Fernsehen vollendet die Kontinuität der diskontinuierlichen Formen. Es findet im fragmentarischen Werbespot zu seiner eigentlichen Präsentationsform.[265] Postman hat die zutreffende Analogie zum Varieté geprägt: Das Fernsehprogramm besitzt einen modernisierten Varieté-Charakter,[266] der durch "einen bunten Strauß" kurzzeitiger, inhaltlich heterogener "Nummern" geprägt wird. Wie im Varieté ist der Grad an Diskontinuität so hoch, daß nicht einmal mehr die Widersprüchlichkeit der Elemente bewußt werden kann. In der Tat lassen sich inhaltsanalytische Belege dafür anführen, daß es einen Trend zu kürzeren Einstellungsdauern und schnelleren Schnittfolgen gibt, der insbesondere in Video-Clips und anderen Werbespots, aber auch in Nachrichtensendungen und Unterhaltungsfilmen feststellbar ist. Was bei den Varieté-Nummern allerdings unbedenklich erscheint, hält Postman bei den Fernsehnachrichten für eine politische Gefahr.[267] Die Ursache sieht er - wie schon McLuhan 25 Jahre vor ihm[268] - in der beschleunigten Übermittlungsgeschwindigkeit der Medientechnik, die bereits mit der Telegraphie einsetzte und zu einer Kapazitätssteigerung geführt habe. Dieses "mehr an Information" führe nun zu einer zeitlichen Begrenzung der jeweiligen Dauer der Präsentation.[269] Diese beschleunigungstheoretische Begründung der diskontinuierlichen medialen Präsentationsform greift jedoch zu kurz und basiert auf einem technologischen Determinismus, der die ökonomischen Erwägungen der

262 vgl. Williams (1974), S. 78-93
263 McLuhan (1970), S. 221-226
264 Hierüber berichtet - partiell relativierend - Groth (1972), S. 14-17.
265 vgl. McLuhan (1967), S. 90 und McLuhan / Foiore (1967), S. 126
266 vgl. Postman (1985), S. 130
267 vgl. Postman (1985), S. 136
268 vgl. McLuhan (1970), S. 232-233
269 vgl. Postman (1985), S. 90-95

Medieneigner, die journalistischen Regeln und die Bedürfnisse der Rezipienten nicht hinreichend in Rechnung stellt (Vgl. Teil IV, Kap. 5).

Die Herstellung der Kontinuität des Beliebigen, das Programming als "flow" ist keineswegs die historische oder gar deterministisch notwendige Folge der beschleunigten Nachrichtentechnik allein. Durch die Etablierung der Schnittstellenästhetik wird die Unterbrecherwerbung des kommerziellen Rundfunks zum integralen Bestandteil der visuellen Sequenz und damit des Programms. Werbung und Eigenwerbung (z.B. in der Form von Trailern und Teasern) sind keine Unterbrechung mehr, sondern geplantes und erwartbares Kompositionselement, so Williams.[270] Ob die Rezeptionserfahrung dies tatsächlich bestätigt, ist allerdings noch nicht hinreichend untersucht - als Programmingtendenz und als ökonomisch sinnvolle Strategie besitzt Williams Erklärung aber Plausibilität. Durch den Wettbewerb in gemischten Rundfunksystemen setzt sich das "flow"-Prinzip auch in der Programmpolitik der nicht werbefinanzierten (BBC) und der öffentlich-rechtlichen Veranstalter durch. Sichtbares Zeichen für den Versuch, Rezipienten für den gesamten Tag oder Fernsehabend zu (unter)halten, ist die steigende Zahl der Programmtrailer auch in diesen Programmen. In privaten Fernsehprogrammen summierte sich die tägliche Trailer-Dauer 1993 auf 30 bis 60 Minuten, bei ARD und ZDF waren es sieben bis 15 Minuten.[271] Grundlage dieses Programming ist die Vermutung, daß viele Zuschauer dem Effekt des "Hängenbleibens" ausgesetzt sind und daß gleichzeitig der Programmeinstieg erleichtert wird. Auch Dramaturgie und visuelle Gestaltung der Eingangssequenzen von einzelnen Fernsehsendungen haben sich verändert. Um das Publikum über die erste Werbesequenz hinaus zu binden (diese folgt in den USA laut Williams bereits nach zwei bis drei Minuten!), sind die Anfangsszenen handlungsreich, verwirrend, erregend, oftmals gewalthaltig, um die notwendige Erwartungsspannung zu erzielen. Sie gleichen damit Trailern für sich selbst.[272] Auch hier stehen empirische Rezeptionsuntersuchungen m.W. noch aus. Dramaturgisch folgt aus der Zerstückelung in immer kürzere Sequenzen und kürzere Rhythmen, daß auf komplexe Narrationsstrukturen wohl zwangsläufig verzichtet werden "muß".

Die Abnahme der Dauer einzelner Programmelemente antizipiert schon das vermutete Umschaltverhalten des Rezipienten: "Unterbrechung wird zum Programmprinzip". Die so enstehende "Schnittstellenästhtetik" führt zu einem gesteigerten Bedarf an Programmdesign, das - digital hergestellt und häufig erneuert - nicht mehr nur einem Zweck dienen, "sondern Stück für Stück selber auffallen will."[273]

> "In diese in kleinste Partikel zerstückelten televisionären Welten ist der jederzeitige Ein- oder Ausstieg der Zuschauenden und -hörenden nicht nur möglich, sondern geplant und willkommen. Ständige Retardierungen einzelner Videoclips gewährleisten, daß über einen längeren Zeitraum hinweg keine der Reklamebotschaften versäumt wird bzw. sorgen dafür, daß sie sich der Erinnerung einprägen. Das in seinem subjektiven Zeitbewußtsein fraktalisierte Subjekt geht bereits als Voraussetzung in die Gestaltung ein."[274]

---

270 vgl. Williams (1974), S. 69-70 u. S. 90-91

271 vgl. Mohr (1993), S. 34. Insgesamt liefen 20.400 Trailer, der Jahresumsatz mit Trailern betrug angeblich bereits 160 Mio. DM.

272 vgl. Williams (1974), S. 92-94

273 Zit. und vgl. Kraft (1993), S. 83

274 Zielinski (1989), S. 229-230

Gleichzeitig werden bestimmte Ordnungselemente im Programmfluß betont. Allen voran sind hier die auf Pünktlichkeit und fixierte Zeitgestalten (Dauer, Verlauf) bedachten Hauptnachrichtensendungen zu nennen. Diese scheinen sich in besonderem Maße für Programmnutzungsaus- und -einstiege anzubieten, weil sie sich gut zur habitualisierten und ritualisierten Nutzung eignen. Ähnliches gilt für Serien, zumal wenn sie in Form von Strip-Programming vorkommen.

Permanente Programme entsprechen einer tagesbegleitenden Nutzung unter der Voraussetzung ubiquitärer Verfügbarkeit des Mediums. Diese ist zur Zeit beim Hörfunk schon gegeben, während dies beim Fernsehen und beim Telefon zum einen noch auf technische bzw. ökonomische Grenzen stößt, und weil andere zeitliche Nutzungsmuster mit diesen Medien verknüpft sind. Für den Hörfunk läßt sich aber auf der programmlichen Seite bereits deutlich feststellen, daß zwar die Sendedauer enttaktet ist, die Programminhalte und -formen aber an den vermuteten Tagesabläufen der Nutzergruppen orientiert sind. Das heißt, daß das Medium Hörfunk zu verschiedenen Tageszeiten ganz unterschiedliche Funktionen erfüllen kann, indem es nicht nur verschiedene Zielgruppen "bedient", sondern die gleichen Personen in unterschiedlichen Handlungsstrukturen, Stimmungen und Motivlagen antrifft. Auch beim Fernsehen läßt sich nicht nur eine zeitliche Zielgruppen-Programmierung feststellen (Schulfernsehen, Kinderprogramme etc. zu bestimmten Tageszeiten), sondern anhand der Nachrichtensendungen und Magazine auch eine generelle Ausrichtung an den vermuteten oder erforschten Normal-Tagesabläufen. So hat das ZDF 1973 die Hauptausgabe der "heute"-Sendung von 20.00 auf 19.00 Uhr vorverlegt, weil der durchschnittliche Feierabend früher (nämlich gegen 18.00 Uhr) beginnt.[275]

"Endlose Kontinuität" und "pausenloses Programm" einerseits und diskontinuierliche Elemente andererseits sind keine unversöhnlichen Gegensätze, sondern programminhärente, ja programmkonstituierende Gegensätze mit widersprüchlichen Funktionen: Sie dienen einerseits der Kontinuität (also der Verlängerung der Nutzungsdauer), andererseits ermöglichen sie diskontinuierliches Medienhandeln, also sporadische Zuwendung und oszillierende Aufmerksamkeit.

Vorsicht scheint bei der Beschreibung der Konsequenzen dieser medialen Formen für das individuelle Bewußtsein ("Medienwirkung") und für die langfristige Veränderung der kognitiven Muster einer Gesellschaft ("Habitus"), dringend geboten. Ausgehend von chronometrischen Zeitbudget-Kalkulationen und einer unhaltbaren Substitutionstheorie der Medien gerät das Fernsehen bei Sjökvist zum (nahezu allein) bestimmenden Medium mit weitreichenden Folgen für das "aufgeklärte Abendland":

> "Even if it is impossible to fully evaluate the impact of television on the visuality of the Modern world-view, it is not so hard to find examples of trends that points in a direction that leads away from the linear, abstract and rational time-space orientation typical for Modern Man; loss of historical sense, the speed up of the flow of mass mediated simultaneous global happenings, the movement away from serial and abstract modes of thinking towards parallel distributed emotional messages in political discourse etc..."[276]

Sjökvist betrachtet - darin Postman folgend - die neuen Wahrnehmungsweisen einmal vorausgesetzt, diese als konkurrierend mit denen der literalen Buchdruck-Gesellschaft. Der neue Habitus wird von ihm als "weakening of the print-induced, serial, rational

---

275 vgl. Opaschowski (1988), S. 15
276 Sjökvist (1991), S. 213

logic"[277] beschrieben, statt hierin eine potentielle Erweiterung des gesellschaftlichen Repertoires zu erkennen, die lebensweltlich durchaus funktional sein kann. So wie auf der individuellen Ebene ja auch ein Subjekt Medienkompetenz für unterschiedliche Medien entwickeln kann, so ist gesellschaftlich eine komplementäre Existenz unterschiedlicher Habiti zumindest vorstellbar.

3.2.9 Momente

Bewegungsabläufe und Handlungen werden im Alltag als kontinuierlich und nur deshalb als Einheit empfunden. Erst der Einsatz der Medientechnik Fotografie macht bislang Unsichtbares sichtbar, nämlich daß Kontinuität eine Beobachterdimension ist, die bei der Wahl eines anderen zeitlichen Auflösungsvermögens als diskontinuierlich erscheint, ohne damit das Wesen der Bewegung zu enthüllen. Seit etwa 1860 wurde die Fotografie zur Analyse von kontinuierlichen Bewegungsabläufen eingesetzt (z.B. durch Disdéri).[278] Die Ermöglichung der Momentaufnahme (Maddox, 1871) erweiterte die analytischen Möglichkeiten beträchtlich und war die Voraussetzung für die Chronofotografie von Muybridge, Marey und Anschütz:[279]

> "Muybridge nahm mit seinen komplexen Kamerabatterien die hintereinander folgenden Stadien einer Bewegung als eingefrorene Augenblicke auf jeweils einer photographischen Platte bzw. in einem Kader auf. In der Darstellung und für die Wahrnehmung verräumlichte er dadurch zunächst die Bewegung als sukzessives Nebeneinander aus unterschiedlichen Perspektiven. Marey hingegen ging es um die Reproduktion von Bewegung als Raum-Zeit-Kontinuum. Komprimiert durch das Objektiv einer einzigen Kamera, verschmolz er visuell das Sukzessive mit Vorliebe auf einer einzigen photographischen Platte oder einem durchgängigen photographischen Band."[280]

Ziel der Arbeiten von Muybridge u.a. war jedoch gerade nicht die Erzeugung von Bewegungs-*Illusion*, sondern die möglichst exakte *Rekonstruktion* natürlicher Bewegung.[281] Die Möglichkeit der fotografischen Momentaufnahme besitzt eine zweite Konsequenz: Bei der Belichtung treten immer Zufälle auf, die vom Fotografen nicht ausgeschlossen und bei sinkender Belichtungsdauer auch gar nicht mehr wahrgenommen werden können. Zufall wird zu einem Kompositionsfaktor der Fotografie, der ambivalente oder bedeutende Moment wird akzentuiert.[282] Die ganze Welt kann nunmehr als Folge diskontinuierlicher aber bedeutsamer (weil fotografierbarer) Augenblicke aufgefaßt werden. Das "Einfrieren" des Augenblicks, das "Anhalten der Zeit" verweist auf die Vergänglichkeit von "Zeit". Die Wirklichkeit wird durch die epistemologische Metapher oder das "Wahrnehmungsmodell" der Fotografie zu einer atomisierten Realität mit konstruierten und kontingenten Kontinuitäten.[283] Die Herauslösung des Moments aus der lebensweltlich als kontinuierlicher Fluß betrachteten Zeit kann als ästhetischer "Chock" im Sinne Benjamins erlebt werden.

---

277 Sjökvist (1991), S. 195
278 vgl. Beke (1992), S. 20
279 vgl. Puttkamer (1992), i.b. S. 233-237 sowie ausführlich Schnelle-Schneider (1990)
280 Zielinski (1989), S. 50
281 vgl. Zielinski (1989), S. 51
282 Zur surrealistischen Qualität des Zufalls in der künstlerischen und alltäglichen Fotografie vgl. Starl (1992) und Sontag (1979)
283 vgl. Sontag (1979), S. 11-16, S. 22-23 u. S. 111-112

Nicht erst das Fernsehen, wie Neverla herausstellt, bereits Fotografie und Film machten Zeitlichkeiten manipulierbar und schaffen "Laborzeit", mit der experimentiert werden kann.[284] Während die Fotografie jedoch einzelne Augenblicke aus dem zeitlichen Ablauf herauslöst, tatstet die Fernsehkamera ein "Bild" dauernd ab.[285] André Bazin schreibt dem Film eine gesteigerte Zeitlichkeit zu:

> "Der Photograph vollzieht mit Hilfe des Objektivs einen regelrechten Lichtabdruck, einen Abguß ... Der Film aber bringt das Paradox fertig, sich der Zeit des Objekts anzupassen und außerdem noch einen Abdruck von dessen Dauer vorzunehmen."[286]

Doch die Fotografie speichert nicht Augenblicke, sondern Bilder von Momenten unterschiedlicher Ausdehnung. Auch alle Bewegungen und Veränderungen, die während des gesamten medialen Prozesses stattfinden, gehen in den Bedeutungsgehalt ein: Dies sind zunächst die Geschehnisse, die innerhalb der Belichtungszeit vor sich gehen (und diese betrug zu Beginn der Fotografie bis zu 8 nach anderen Angaben sogar bis zu 14 Stunden, ab 1840 "nur noch" 20 Minuten, 1842 lediglich 40 Sekunden[287]). Die frühen Fotografien wären also für den Film (der Momentaufnahmen benötigt) denkbar ungeeignet gewesen; sie verfügten schon wegen dieser Belichtungszeiten über eine erkennbare Zeitstruktur (Dauer). Der "fotografische Moment war während vieler Jahrzehnte keine exakt einstellbare chronometrische Größe. Er entsprach der Dauer, die ein Bild brauchte, um sich in die Schicht einzuzeichnen."[288] "Alles an diesen frühen Bildern war angelegt zu dauern."[289] Auch die Chronofotografie ist ein Medium der Zeitentfaltung, die sich aus mehreren Aufnahmen einer Bewegung im Raum zusammensetzt:

> "Denn das Lichtbild mißt nicht nur Helligkeitswerte, sondern auch Geschwindigkeiten. Fotografien sind nicht Wiedergabe bestimmter Augenblicke, sondern »Erscheinungsbild« von Geschwindigkeitsverhältnissen jeweiliger Aufnahmesituationen. ... das fotografisch Sichtbare ist das Synchronisierte."[290]

Bis heute wird die Fotografie in der Wissenschaft für solche Zwecke eingesetzt: Die Chronofotografie dient nicht mehr nur der Re-Konstruktion biologischer Abläufe und Bewegungen, sondern auch der astronomischen Bewegungsdarstellung (über die Ausnutzung der Rotverschiebung durch den Doppler-Effekt) in der Spektralfotografie. Die Fotografie konstruiert eine stillgestellte Zeit, die uns aufgrund unserer lebensweltlichen Zeiterfahrung eher befremdet und die auch in der Malerei und plastischen Kunst nicht konstruiert wurde. Die ungestellte Momentaufnahme, der zufällige "Schnappschuß", macht für Kracauer die fotografische "Einstellung", für Benjamin die "Magie" des fotografischen Bildes aus. Fotografie macht etwas sichtbar, was uns normalerweise durch seine Flüchtigkeit entzogen ist,[291] und dafür bedarf es der Zeiterstreckung in der Fotografie. Die Fotografie läßt die Momente (Dauern), die durch die

---

284 vgl. Neverla (1992a), S. 59 in Anlehnung an Nowotny
285 vgl. McLuhan (1970), S. 205
286 Bazin (1975), S. 25
287 Dies gilt für die älteste noch erhaltene Heliografie von Nicéphoree Niépce aus dem Jahre 1826 (vgl. Oeder (1990), S. 248 bzw. Sadoul (1982), S. 15 sowie für die weitere Entwicklung Freund (1976), S. 33).
288 Oeder (1990), S. 250
289 Benjamin (1977b), S. 52
290 Oeder (1990), S. 255
291 vgl. Kracauer (1964), S. 40-44 sowie Benjamin (1977b), S. 50

sequentiell folgenden Momente geschlossen werden, auf paradoxe Weise offen. Die Sukzession wird quasi suspendiert.[292] Zeit wird also als Unzeitgemäße konstruiert.

Die Verkürzung der Belichtungszeit ist also kein chronometrisch-quantitativer, sondern ein qualitativer Wandel der Zeitgestalt, dessen Bedeutung für die Fotografie kaum überschätzt werden kann. Eine weitere technische Veränderung, nämlich die Reproduzierbarkeit durch Abzüge vom Negativ, hat ähnlich weitreichende Folgen gezeitigt. Aus der auf Dauer angelegten Einmaligkeit der frühen Fotografie wurde die wiederholbare Flüchtigkeit, wie sie vor allem für die illustrierte Presse typisch werden sollte. Die Aura der fotografierten Objekte wurde hierdurch zertrümmert,[293] die Fotografie gewinnt eine völlig neue Zeitgestalt: Die Wiederholung (Reproduzierbarkeit) führt zu einer Aktualisierung, d.h. sie löst Tradiertes aus seiner Raum-Zeit-Stelle und bringt es uns näher. Das Näherbringen der "Ferne, so nah sie sein mag"[294] (Benjamins Aura-Definition) führt somit zur Zertrümmerung der Aura. Erst mit ihrem Altern können Fotografien wieder eine Aura erlangen, weil die besagte Ferne entstehen kann, die sich aus der Tatsache speist, daß alle Fotografien als Momentaufnahmen Zufälliges enthalten, also Zeit-Bilder sind.[295]

Die Reproduktion, die Speichermedien technisch ermöglichen, ist für unser "Erleben", so Günther Anders, wichtiger als das Original-Ereignis in unserer Lebenswelt, das nur die notwendige Bedingung für die Reproduktion ist. Echtheit und deren Überlieferung (Tradition) werden nach Benjamin durch die Reproduzierbarkeit zu sinnlosen Kategorien.[296] Am Beispiel der Amateurfotografie wird dies anschaulich: Die Nachbilder sind das Wirkliche, das Produkt, das man mitnehmen kann. An einem bestimmten Ort gewesen zu sein, wird wichtiger, als dort gegenwärtig zu sein, denn nur Gewesenes stellt einen sicheren Besitz dar, der nicht durch das Voranschreiten der Gegenwart bedroht ist. Schließlich wird die Identität aus der Vergangenheit geradezu anhand der medialen Artefakte konstruiert, der man sich in materialisierter Form jederzeit vergewissern kann. Anders spricht vom "Museums-Prinzip, das nun als autobiographisches Prinzip triumphiert hat: jedem begegnet sein eigenes Leben in Form einer Bilder-Serie."[297] Es kommt schließlich durch die wiederholte Rezeption so weit, daß wir nicht mehr wissen, ob wir uns an ein Ereignis oder an die - medial gestützte - Erinnerung eines Ereignisses erinnern. Die zufällige oder die an - emotional positiv besetzten - herausgehobenen Augenblicken unseres Lebenslaufs orientierten Artefakte sind die Bausteine zur Konstruktion einer Biografie, die sich deutlich von unserem Lebenslauf, als Folge alltäglicher Momente, unterscheiden. Wohl jeder wird dies anhand seiner Fotoalben oder Familienfilme bzw. -videos nachvollziehen können. Dem Familienalbum kommen dabei sicherlich andere Qualitäten als dem Tagebuch zu, weil beiden Medien der Erinnerung andere Medienhandlunsgschemata zugrundeliegen. In beiden Fällen handelt es sich aber um Artefakte (also Fakten und nicht Daten), die jeweils aktuelle Konstruktionen von Vergangenheit stützen, sie jedoch nicht determinieren, denn selbstverständlich können wir uns auch ohne diese Artefakte erinnern, also Vergangenheiten konstruieren.

292 Merleau-Ponty, Maurice: Das Auge und der Geist. Hamburg 1967, S. 27 nach Wetzel (1990), S. 273
293 vgl. Benjamin (1977b), S. 57-58 u. Benjamin (1977a), S. 15
294 Benjamin (1977b), S. 57
295 vgl. Sontag (1979), S. 140-141
296 vgl. Benjamin (1977a), S. 14
297 vgl. Anders (1961), S. 180-182, Zitat S. 182

Die deutsche Fernsehberichterstattung des Jahres 1989 suggerierte besondere "historische Momente" am laufenden Band (und vor laufender Kamera) und verschaffte somit öffentlicher Zeit Eingang in die private Zeit der Zuschauer. Davon, daß die sich erst im Laufe der zukünftigen Geschichte der Wert der historischen Momente erweisen *kann*, war bei der Berichterstattung nicht mehr die Rede.

3.3 Zusammenfassung

Das Medienhandeln der Kommunikatoren, verstanden als journalistische und nichtjournalistische Produzenten medialer Formen, besitzt typische Zeitgestalten, die mit typisierten Zeitbewußtseinen korrespondieren. Teil dieses Zeitbewußtseins ist das Wissen über Zeitordnung und Zeitbewußtsein von Rezipienten. Die Zeitgestalt des Kommunikatorhandelns tritt den Nutzern und Rezipienten in der Regel nicht als beobachtbares Handeln, sondern als abgeschlossene Handlung in Form einer "kristallisierten" Zeitgestalt gegenüber. Diese medialen Formen können als kognitive Muster medienkompetenter Rezipienten verstanden werden, die in konstruktiven Akten wahrgenommen werden und die handelnd verändert werden können.

(1) Dauer ist als chronometrisch erfaßbare Quantität eine bedeutende medienökonomische Größe, die darüber hinaus als Qualität unterschiedlich wahrgenommen werden kann. Bedeutung und Dauer einer medialen Form stehen nicht in einem proportionalen, sondern in einem perspektivischen Verhältnis. Dauer gehorcht als Medienpräsenz eigenen Gesetzen, die sich aus dem zeitlichen Kontext ergeben.

(2) Aus der gesteigerten Geschwindigkeit medialer Formen ergeben sich zwar besondere Anforderungen an die Kommunikatoren ("dead lines" etc.), und es eröffnen sich neue Wahrnehmungsweisen für die Rezipienten, doch ist daraus eine zwangsläufige Beschleunigung unserer Kultur als Medienwirkung nicht abzuleiten.

(3) Die grundsätzliche Sequentialität von Kommunikation wird medial als Montage, Programm oder Serie gestaltet. Einzelne Elemente (Dauern) werden geordnet und getimt. Montage, Programming und Serialität beschreiben medienübergreifende Formen der Zeitgestaltung. Durch sie kann es zur Entfaltung spezifischer medialer Zeitordnungen kommen, die in unserem extra-medialen Alltag unbekannt sind. Montage, Programming, Serialität und Periodizität erweisen sich als zusammenhängende komplexe Zeitqualitäten, die sich nicht hinreichend auf der Grundlage einer chronometrisch-linearen Zeitvorstellung beschreiben lassen. An diesen Formen der Zeitgestaltung wird besonders deutlich, daß die vermutete oder wissenschaftlich prognostizierte zeitliche Gestalt des Medienhandeln der Nutzer eine besondere Rolle für die Handlungsstrukturierung der Kommunikatoren spielen.

(4) Durch Montage und Programming soll Diskontinuität in Kontinuität überführt werden. Dies kann nur durch strukturierende Elemente gelingen, die wiederholt werden (Periodizität und serielle Formen).

(5) Aktualität ist keine chronometrische Relation zwischen Ereignis und Nachricht, sondern ein komplexes zeitliches Verhältnis. Kommunikatorhandeln, Rezipientenhandeln und die jeweilige Einordnung in die externalisierte Weltzeit spielen hierbei zusammen. Aktualität ist keine objektive Eigenschaft von Ereignissen oder medialen Konstruktionen, sondern individuell attribuierte und sozial ausgehandelte Qualität einer Beziehung.

(6) Periodizität bzw. gesteigerte Periodizität (permanentes Programm) und Aktualität stehen in Wechselwirkung. Technische Beschleunigung und gesteigerte Periodizität ermöglichen chronometrisch erhöhte Aktualitätsdichte, ohne sie zwangsläufig hervorzubringen. Simultanität von Ereignis und Perzeption konstituiert noch nicht publizistische Aktualität durch journalistisches Handeln. Medienhandeln als mit subjektivem Sinn verbundenes Handeln (oder gar als kommunikatives Handeln) braucht Zeit. Periodizität sichert wie Serialität durch Erweiterung der Zeitperspektive (Kontinuität von Vergangenheit und Zukunft) ab, daß okkasionale Ereignisse (Medienereignisse) und wiederkehrende Themen in den medialen Rhythmus eingebunden werden. Vergangenes wird wiederholt und Zukünftiges "annonciert".

4 Das Medienhandeln der Nutzer und die Konstruktion von Zeit

4.1 Einleitung

In der Publizistik- und Kommunikationswissenschaft spielt die Untersuchung temporaler Aspekte der Medien eine insgesamt allenfalls marginale Rolle. Die wenigen vorliegenden Arbeiten sind oftmals durch empirisch nicht belegte und theoretisch überaus fragwürdige Wirkungsbehauptungen geprägt. Dies gilt für übergreifende soziale "Beschleunigungstheorien", die ich im nächsten Kapitel (vgl. Teil IV, Kap. 5) eingehend kritisieren werde, aber auch für "Theorien", die die Bedeutung des Fernsehens im Alltag thematisieren.

So prognostiziert beispielsweise Bernd Guggenberger - im übrigen ein Anhänger der Beschleunigungsthese - "die Freizeitkatastrophe" und benennt sogleich die Ursache: "Das Fernsehen ist der neue Zeitsouverän", der sein Sendeangebot zum "millionenfach verbindlichen sozialen Elementarereignis" mache. "Die Programmzeitschrift enthält die tagtäglichen Regieanweisungen fürs wirkliche Leben von Millionen von uns." Zerstreuung werde zum "Zwang", der "Bürger zum Zerstreuungspatienten", der unter dem "abstrakte[n] Zeitdiktat" des Fernsehens stehe. Folglich gebe es "keine sozial destruktivere Einrichtung als das Fernsehen... Nichts sonst gefährdet Wert und Wesen der Familie und der Freundschaft, der regionalen Besonderheit und der politischen Öffentlichkeit."[1]

Guggenbergers kulturpessimistische Polemik hält einer sozialwissenschaftlichen Kritik nicht stand. Es mangelt an Untersuchungen, die Belege für diese Thesen liefern könnten. Die wenigen Forschungsergebnisse, die ich in diesem Kapitel referieren werde, deuten bereits auf ein weitaus differenzierteres Bild hin. Auch der theoretische Gehalt von Guggenbergers Thesen erscheint zweifelhaft, denn ein Großteil technik-, wissens- und kommunikationssoziologischer Forschung und Theoriebildung der letzten Jahrzehnte wird hier ignoriert. Technologischer Determinismus, Manipulationsthesen und apokalyptische Prognosen treten an die Stelle differenzierter Analyse und komplexer Modelle, die den Nutzern von Medientechniken ein menschliches Maß an kognitiver und pragmatischer Autonomie zubilligen.

Veränderungen der zeitlichen Gestalt medialer Angebote und Nutzungsweisen betreffen immer mehr als nur eine zeitliche Qualität. Medienhandeln läßt sich als Bündel zeitlicher Qualitäten verstehen, die nur von einem Beobachter analytisch getrennt werden können. Bei einer solchen Analyse ist deshalb Vorsicht geboten. Will man gültige Aussagen über alltägliches Medienhandeln treffen, sollten alle relevanten zeitlichen Qualitäten berücksichtigt werden. Die Vernetztheit der zeitlichen Aspekte läßt sich am Beispiel der Programmvermehrung aufzeigen: Programmvermehrung und Mediennutzung verhalten sich nicht zeitneutral zueinander. Die Bedeutung der Programmvermehrung liegt jedoch nicht allein in der quantitativen Veränderung der

1 vgl. u. zit. Guggenberger (1987), S. 137 u. S. 144

Nutzung (Dauer), sondern in der Transformation der gesamten Zeitgestalt des Medienhandelns: "Zusammenfassend kann festgestellt werden, daß mit Fernsehen verbrachte Zeit nicht in linearem Zusammenhang mit der Anzahl der empfangbaren Sender steht."[2] Die Nutzung im Tagesverlauf, die Bedeutung ritualisierter Mediennutzung verändern sich, und Phänomene wie das "Hängenbleiben" und die diskontinuierliche Rezeption werden gefördert.

Die beiden folgenden Kapiteln dienen vor allem zwei Zielen. Die pauschalen, zur Zeit jedoch recht populären postmodernen Thesen (Beschleunigungsthese) sollen relativiert und die kommunikationswissenschaftliche Forschung und Theoriebildung konstruktiv kritisiert werden. Auf der Grundlage der zeitsoziologisch erarbeiteten Qualitäten sozialer Zeit soll das Medienhandeln der Nutzer als komplexes Zeithandeln und Zeitgestalten verstanden werden. Dazu werden die vorliegenden Forschungsergebnisse sekundäranalytisch ausgewertet und interpretiert, aber auch bislang kaum oder gar nicht erforschte zeitliche Qualitäten werde ich herausarbeiten. Primär geht es hier um die Entwicklung von Hypothesen und das Sensibilisieren für die zeitlichen Aspekte des Medienhandelns und nur sekundär um die Hypothesenüberprüfung.

4.2 Medienhandeln als Zeithandeln

Die elementare Zeitlichkeit von Handlungen und ihre Verknüpfung mit dem Sinnproblem vorausgesetzt, geht es nun darum zu zeigen, welche Qualitäten sozialer Zeit beim Medienhandeln der Rezipienten eine Rolle spielen. Es wird - analog zur Untersuchung des Kommunikatorhandelns - nicht behauptet, daß sich der subjektive Sinn aller Medienhandlungen in der Zeitgestaltung erschöpfe, doch sollen diese bislang vernachlässigten Aspekte hier im Vordergrund stehen. Die Basishypothese lautet dabei, daß alle zeitlichen Qualitäten meines Kriterienkataloges durch und beim Medienhandeln hervorgebracht werden. Die Mediennutzer handeln konstruktiv und entwickeln beim Medienhandeln ein Bündel zeitlicher "Taktiken", die jeweils mit subjektiv gemeintem Sinn verbunden sind.

Die Untersuchung des Rezipientenhandelns erfolgt wiederum medienübergreifend, wenngleich das Fernsehen eine gewisse Akzentuierung erfährt, weil hier die meisten verwertbaren Forschungsergebnisse vorliegen.

Das Medienhandeln der Rezipienten basiert - wie alle Handlungen - auf individuellen Erfahrungen und sozialen Wissenselementen. Die Kenntnis der zeitlichen Struktur medialer Formen und partiell des dahinterstehenden Medienhandelns der Kommuikatoren ist Teil des sozialen und individuellen Wissensvorrats. Die Wahrnehmung der "strukturellen Vorgaben" der Medienangebote ist eine konstruktive Leistung, die dem individuellen Nutzer Handlungsspielräume eröffnet. Entgegen der Polemik Guggenbergers gehen keine deterministischen Wirkungen vom Fernsehen (oder den anderen Medien) aus. Fernsehen ist stattdessen als "Symptom, Determinante und Agens der herrschenden Zeitmuster"[3] zu verstehen. Neverla[4] betrachtet das

---

2 Graf (1992), S. 80

3 Neverla (1992a), S. 14

4 Die explorative Studie von Irene Neverla beschränkt sich zwar aus forschungsökonomischen Gründen auf die Fernsehnutzung, ist aber theoretisch dadurch besonders fundiert, daß der Bezug zu allgemeinen Zeithandlungsstrategien und dem Zeitbewußtsein der Teilnehmer hergestellt wird. Es handelt

Fernsehen zwar als eine Materialisation des abstrakt-linearen Zeitbewußtseins, doch hält sie zyklische und okkasionale Zeitgestalten für wichtige Eigenschaften des Mediums.[5]

4.2.1 Dauer und Langeweile: Zeitfüllen

Die Dauer der Mediennutzung scheint auf den ersten Blick unproblematisch beobachtbar und meßbar zu sein. Deshalb werden chronometrische Meßergebnisse immer wieder herangezogen, um Aussagen über die soziale Wirklichkeit unserer "Mediengesellschaft" zu treffen. Von der Dauer der Nutzung (oder gar der Einschaltdauer der Geräte) wird dabei schnell auf die Bedeutung bestimmter Medien geschlossen. Viele (medien)pädagogische und kulturkritische Warnungen argumentieren mit Horrorszenarien, denen eine rein quantitative Zeitvorstellung zugrunde liegt. So wird das Fernsehen zum "Erzieher Nr. 1", weil ein durchschnittlicher 18jähriger heute ca. 13.000 Stunden Fernseh"konsum", aber nur 12.000 Stunden Schule absolviert habe.[6] Statt die unterschiedlichen Qualitäten dieses "Absolvierens" zu untersuchen, werden hier einfach chronometrisch gleiche Dauern gegeneinander aufgerechnet. Die durch die Zeitbudgetstudien und die Telemetrie statistisch "konstruierten" hohen Sehdauern scheinen wesentlich zu der Fernsehzentriertheit der gesamten Medienforschung beigetragen zu haben. Offensichtlich werden noch immer Einschaltdauer mit Sehdauer und in einem zweiten Schritt lange Sehdauer mit großer Bedeutung und großen Wirkungsmöglichkeiten gleichgesetzt. Lange Zeit wurde nicht einmal nach weiteren zeitlichen Qualitäten der Fernsehnutzung gefragt.

Die Erfahrung der Zeit als Dauer folgt im Alltag aber keineswegs chronometrischen Gesetzen (vgl. Teil II, Kap. 3.1); insofern ist Zeit nicht absolute, sondern relative Dauer. Sie steht in einem Verhältnis zu Art und Bewertung der Tätigkeit oder Handlung. Dies gilt sicherlich auch für das Medienhandeln der Rezipienten. Dauer ist folglich eine Qualität medialer Kommunikation, die sich nicht hinlänglich durch ihre chronometrische Messung erschließt. Dauer wird auch vom Medienrezipienten nicht (immer) als naturgegebene Größe hingenommen, sondern durch verschiedene Zeittechniken konstruiert und ganz unterschiedlich erfahren.

Bei einem Tagesbegleitmedium wie dem Hörfunk werden bei der Selbsteinschätzung mit offener Frage deutlich geringere Dauern (je nach Wochentagen zwischen 2 Stunden 22 Minuten und 2 Stunden 54 Minuten) angegeben als bei der Befragung, die eine Rekonstruktion des Vortages im Viertelstundenraster anstrebt (Berg / Kiefer).

---

sich um den bislang fortgeschrittendsten empirischen Versuch, die zeitlichen Qualitäten des Medienhandelns im Kontext mit dem Zeitbewußtsein der Nutzer zu verstehen und wesentlich über die chronometrischen Methoden der empirischen Massenkommunikationsforschung hinauszugehen. In einem kombinierten Tagebuch/Tiefeninterview-Verfahren wurde ein nichtrepräsentaives Sample von 37 Personen beforscht, dessen Rekrutierung alerdings einen systematischen Fehler produziert haben könnte: Es ist zu vermuten, daß Personen, die sich konsequent als "Zeitarme" einstufen, sich nicht freiwillig auf ein Zeitungsinserat melden, um an einer finanziell nicht lukrativen, aber zeitaufwendigen Untersuchung mitzuwirken.vgl. zur Methodik Neverla (1992a), S. 116-139, zur Rekrutierung: S. 125

5 vgl. Neverla (1990), S. 6

6 vgl. Opaschowski (1983), S. 74 u. Opaschowski (1993), S. 3

	Mo-Fr			Sa, So		
		Tatsächliche			Tatsächliche	
		Nutzer	Nutzungs-		Nutzer	Nutzungs-
	Gesamt	in %	dauer	Gesamt	in %	dauer
Fernsehen	2:36	96,8	2:41	4:02	96,3	4:12
Radio hören	1:57	82,1	2:22	2:07	75,0	2:54
Schallplatte, CD u.ä. hören	0:30	45,1	1:06	0:46	47,7	1:36
Videorecorder nutzen	0:18	24,3	1:15	0:33	30,3	1:50
Zeitungen, Zeitschriften, Illustrierte lesen	1:11	88,7	1:20	1:07	79,2	1:24
Sach-, Fachbücher lesen	0:22	30,8	1:11	0:21	25,1	1:25
Romane, Erzählungen, Gedichte lesen	0:21	34,0	1:04	0:29	35,1	1:21
Computer nutzen	0:11	12,1	1:34	0:09	7,2	2:00

Frage: "Wenn Sie einmal an einen normalen Werktag/Samstag/Sonntag denken: Können Sie mir sagen, wie lange Sie in Ihrer freien Zeit folgende Tätigkeiten verrichtet haben?"

Abb. IV. 4.1: Durchschnittliche Mediennutzungsdauer 1992 auf der Grundlage von Selbsteinschätzungen der Nutzer[7]

Bei Berg / Kiefer wird (für 1990) ein Wert von 3 Stunden und 42 Minuten (Mo-Sa) angegeben.[8] Auch wenn die Werte nicht genau vergleichbar sind (Erhebungsjahre 1992 bzw. 1990, Erhebung Mo-Fr und Sa/So bzw. Mo-Sa), so scheint als Erklärung für die widersprüchlichen Ergebnisse doch ein anderer Grund plausibel, zumal die Werte sich für das Fernsehen kaum unterscheiden: Offensichtlich wird die Dauer der Mediennutzung von Tagesbegleitmedien anders empfunden und erinnert, als ihre rekonstruierte chronometrische Dauer "tatsächlich" erwarten ließe.

Nicht nur die Dauer des eigenen Handelns, auch die wahrgenommenen Dauern der medialen Formen werden nicht chronometrisch konstruiert und erfahren. Für den Film und übertragbar auf alle audiovisuellen Medien hat Mitry die Regel formuliert: "Je dynamischer der Inhalt und je größer der Bildinhalt, desto kürzer erscheint die Einstellung; je statischer der Inhalt und je enger der Auschnitt, desto länger erscheint sie."[9] Chronometrisch gleich lange Einstellungen sind also nicht "wirklich" gleich lang, weil sie vom Rezipienten nicht als gleichwertig und gleichdauernd erfahren werden. Wahrnehmungsphysiologisch betrachtet erfordert die Montage immer eine Orientierungszeit, bis die neue Einstellung erfaßt werden kann. Diese Bruchteile von Sekunden werden im Kino als "bedeutsame Zeit" bewertet, obgleich sie in der Regel sehr viel kürzer dauern, als die Rezeptionszeit der Einstellungen erwarten läßt.[10] Bei der Filmwahrnehmung kann es zu einer Konzentration der Aufmerksamkeit auf die Bewegung kommen, die uns die Dauern der Einstellungen (und der dar- bzw. vorge-

7 Quelle: Stiftung Lesen (Hrsg.): Leseverhalten in Deutschland 1992/93; zit. nach Franzmann / Löffler (1993), S. 456
8 vgl. Berg / Kiefer (1992), S. 44
9 nach Dadek (1968), S. 154
10 vgl. Kötz (1986), S. 144-145

stellten Phänomene) zeitweilig vergessen läßt, wir "gehen im Fluß der Zeit" auf (Bluestone).[11]

Die Möglichkeit, Dauer (und Tempo) im Film nicht nach chronometrischen Gesetzmäßigkeiten zu konstruieren, macht vielleicht die besondere Popularität und damit die soziale Bedeutung des Films aus. Die frühen Filme mit einer Länge von bis zu 10 oder 15 Minuten wurden in den USA im Non-Stop-Verfahren vorgeführt und besaßen einen nahezu vollständig an lebensweltlichen Zeitstrukturen orientierten zeitlichen Aufbau.[12] Eine solche Zeitgleichheit, die nur um eines besonderen Spannungseffektes willen genutzt wird, wie ihn beispielsweise Fred Zinnemann in "High Noon" zelebriert hat[13], ist im Spielfilm heute die Ausnahme. Die kommerzielle Verwertung in Kino und Fernsehen ist tendenziell auf eine Spielfilmdauer um 90 Minuten eingestellt, Abweichungen hiervon bedürfen besonderer Begründung. Die wachsende Bedeutung des (öffentlich-rechtlichen) Fernsehens für die Finanzierung der bundesdeutschen Filmproduktion dürfte diesen Trend verstärken. Die Produktion unterschiedlich langer Spielfilm- und/oder Fernsehfassungen ist ein weiteres Indiz für die Bedeutung der Aufführungs- bzw. Sendedauer bei der wirtschaftlichen Verwertung von Spielfilmen. Die künstliche Verlängerung der Dauer eines Spielfilmes durch die Wiederholung einiger Sequenzen nach dem Unterbrecherwerbeblock folgt ebenfalls einem medienökonomischen Kalkül: Die Gesamtsendedauer des Films (oder der Serie) verlängert sich, so daß auch nach dem von den Landesmedienanstalten durchgesetzen Nettoprinzip die Sendung insgesamt öfter durch Werbeblöcke unterbrochen werden darf, als dies die Originallänge zuließe.

Fernsehen ist als Medienhandeln der Rezipienten offensichtlich ein sehr gegenwartszentriertes Handeln. Auf der Grundlage von Selbstauskünften und -bewertungen haben Kubey / Csikszentmihalyi herausgefunden, daß Fernsehen als schnelle, mühelose Entspannungstechnik genutzt wird, die keine hohen Anforderungen, Vorkenntnisse, Vorbereitungen (Planungen) erfordert und meist mit relativ geringer Konzentration und "involvement" erfolgt. Im Vergleich zu anderen medialen (z.B. Lesen) und nicht-medialen Handlungen (andere Hobbies), wenn sie ebenfalls nur zu Zwecken der Entspannung ausgeübt werden, gilt demnach: "the very hallmark of TV viewing is relaxation without involvement or effort."[14] Wie bei Tagträumen und im Müßiggang lassen Konzentration, Aktivation und das Gefühl der Anforderung ("Challenge") während des Fernsehens spürbar nach, doch gilt dies nur *während* des Fernsehens.[15] Im Gegensatz zu vielen anderen Entspannungshandlungen führt also eine längere Handlungsdauer nicht zu mehr Entspannung als Effekt, sondern nur zur Verlängerung der Entspannungshandlung. Der "Grenznutzen" des Fernsehens nimmt also schneller und stärker ab als der anderer Tätigkeiten. Das Ergebnis des Fernsehens in der postkommunikativen Phase ist nicht ein Zustand gesteigerter Entspannung, sondern das Ende der Entspannung. In Kenntnis dieser persönlichen Erfahrungen, nutzt man Fernsehen also nicht, um sich *hinterher* anders zu fühlen, sondern um sich *während des Fernsehens* anders zu fühlen als zuvor. Aus dieser Überlegung ergibt sich die Vermutung, daß besonders entspannunsgbedürftige Menschen in Situationen, in denen

11 vgl. Bluestone (1961), S. 315
12 vgl. hierzu auch O'Malley (1992), S. 200
13 Weitere Beispiele nennen Stephenson / Phelps (1989), S. 124
14 Kubey / Csikszentmihalyi (1990), S. 98
15 vgl. Kubey / Csikszentmihalyi (1990), S. 122-124

sie das Fernsehen als "Entspanner" nutzen, zur Verlängerung der Fernsehdauer neigen: Es entsteht eine "Eigendynamik" der Sehddauer, die sich selbst verlängert, wenn es sich um "Entspannungssehen" handelt. Einige Ergebnisse von Kubey / Csikszentmihalyi bestätigen diese These: Hohe Sehdauern am Abend lassen sich als Folge von negativen Stimmungen (am Nachmittag) und dem daraus resultierenden Entspannungsbedürfnis betrachten. Mit fortschreitender Nutzungsdauer wird das Fernsehen als zwar weiterhin entspannend, aber immer geringeren Nutzen bringend empfunden. Postkommunikativ schließlich ist eine hohe Sehdauer oftmals mit Schuldgefühlen verbunden, Fernsehnutzung wird - gerade weil sie so wirkungslos ist - als Zeitverschwendung betrachtet. Insgesamt bewerten TV-Wenignutzer ihren Alltag und die Fernseherfahrung positiver als Vielseher.[16]

Die Bedeutung von Nutzungsdauern kann auch intramediär sehr unterschiedlich sein. So ist eine kurze Einschaltdauer beim Frühstücksfernsehen eher typisch als im Verlauf des Abendprogramms. Die Programmgestaltung des Frühstücksfernsehens kommt der kurzzeitigen Nutzungsweise entgegen: Nachrichten werden halbstündlich gesendet, weil die Einschaltdauern lediglich sechs bis 20 Minuten betragen.[17]

Von der chronometrischen Dauer der Nutzung, ja sogar der Rezeption läßt sich so wenig wie von der Größe des jeweiligen Publikums auf die positive oder negative Bewertung und auf die Bedeutung der verwendeten Zeit schließen. Scheuch stellt hierzu aus freizeitsoziologischer Sicht fest: "Vereinfacht läßt sich sagen: eher ärgert man sich bis zum Ende einer Sendung, als daß man sie abschaltet. Das Hinschauen als solches, teilweise unabhängig von der Wertschätzung des Gesehenen, wird als Verhaltensweise gewählt."[18] Diese schon mehr als zwei Jahrzehnte zurückliegenden Aussage erhält durch die Aufmerksamkeitsforschung und jüngere Studien über Neben- bzw. Paralleltätigkeiten zusätzliches Gewicht.

> "Für das Fernsehen wird am meisten Zeit aufgewendet, obwohl es - subjektiv gesehen - am wenigsten Spaß macht im Vergleich zu anderen Freizeitbeschäftigungen. Zur Verdrängung von Langeweile ist Fernsehen immer gut."[19]

Das Erleben von Zeit als Dauer kennzeichnet nach Neverla einen bestimmten Typus der Fernsehnutzung ("Beschäftigungssehen"). Fernsehen wird insbesondere von "Zeit-Reichen" und "Zeit-Übergewichtigen", die im Alltag kein Zeitdruck-Empfinden besitzen, als Beschäftigung genutzt. Leere Zeit, eine "lange Weile" wird ausgefüllt mit Teilen eines permanenten Programmangebotes.[20] Das Fernsehprogramm wird nun erst zum zeitweilig dominanten Zeitgeber, das gesamte Timing kann an seinen Strukturen ausgerichtet werden. Zeitvertiefungs- und Entschleunigungstechniken dienen der Maximierung der Nutzungszeit.[21] Beschäftigungssehen kann tageszeitlich oder biographisch begrenzt auftreten.[22]

Fernsehen strukturiert durch sein Programmschema Zeit und damit potentiell auch Handlungstrukturen und Mediennutzungsmuster. Insofern ist Fernsehen in die realen Handlungsabläufe und Zeitstrukturen von Handlungen eingebunden. Insbeson-

16 vgl. Kubey / Csikszentmihalyi (1990), S. 131-146, S. 155
17 vgl. Heinlein (1993)
18 Scheuch (1972), S. 37
19 Opaschowski (1988), S. 154
20 vgl. Neverla (1992b), S. 31-32
21 vgl. Neverla (1992a), S. 167-174
22 vgl. Neverla (1992a), S. 174-178

dere Vielnutzer gebrauchen das Fernsehen zur Strukturierung und zum Füllen von Zeit.[23] Hierfür sind zwei Ursachen verantwortlich: (1) Die Erlebnisqualitäten von Tagträumereien und Müßiggang einerseits und Fernsehen andererseits gleichen sich insbesondere bezüglich des Aktivationsgrades und der kognitiven Befindlichkeiten, jedenfalls, wenn man den Selbstauskünften der Nutzer vertraut.[24] (2) Gerade Vielnutzer des Fernsehens gehören aber zu der Gruppe, die angibt, Probleme mit unstrukturierter Zeit und bloßem Müßiggang zu haben, den sie als Laster empfinden.[25] Empirisch läßt sich nachweisen, daß Menschen, die in gering strukturierten Tagesabläufen leben (insbesondere RentnerInnen), Medien und deren Programm-Schedules als Zeitgeber nutzen und als Zeitordnung akzeptieren.[26]

> "Zur Verdrängung von Langeweile ist Fernsehen immer gut. Wer sich zu nichts anderem entschließen kann, sieht sich lieber einen faden Fernsehfilm an."[27]

Die Wirkung besteht jedoch oftmals in einer Verstärkung der Langeweile.[28] Langeweile kann nicht nur Ergebnis, sondern auch Motiv und intentionales Ziel von Fernsehnutzung sein.[29] Gerade wenn man Medienhandeln als Zeithandeln betrachtet und die Akteure dabei ernst nimmt, muß man auch untersuchen, welche Gratifikationen Langeweile durch/beim Fernsehen besitzt. Fernsehen kann dann mit Engell als Suche nach dem Erlebnis von Langeweile und als Auseinandersetzung mit ihr, als Gestaltung verstanden werden. In der Langeweile wird Zeit als Dauer erfahren. Die Qualität des Fernsehens als "nicht-aristotelisches" Medium, d.h. als zeitkomplexes und nicht bloß zeitlineares Medium,[30] ist hierbei besonders hilfreich. Inhaltliche und formale Redundanz und Standardisierung führen zu einer Entdynamisierung und Delinearisierung der Zeiterfahrung. Entspannung (also die intentionale Begrenzung auf die Gegenwart) und Zerstreuung (als Erweiterung der Lebenswelt) sind "nichts als hartnäkkige und mittelbare Erscheinungsformen der Langeweile ... Zeitvertreib ist nämlich nicht das Gegenteil der Langeweile, sondern ihre Fortsetzung und Steigerung mit anderen Mitteln",[31] eben ihre Gestaltung durch Medienhandeln. Dieses Medienhandeln um der Langeweile willen kann scheinbar konträre Formen annehmen, die letztlich jedoch ähnliche Wirkungen zeitigen: Die (a) Beschleunigung der Bildfolge (vom Rezipienten durch Programmwechsel ästhetisierbar) führt zu einem "hektischen Stillstand" ohne wirkliche Progression, die (in einigen Videoclips meisterhafte) Zerstückelung zur Delinearisierung. Diese "dynamische Langeweile", die Engell für fernsehtypisch, ja für dessen "Wesen"[32] hält, möchte ich (b) die "kontemplative" Langeweile entgegensetzen, bei der eine lange Weile (Dauer) durch Verharren (Entschleunigung) und Vertiefung in die Zeit konstruiert wird. Vielleicht ist durch Medienhandeln erreichbar, was Kracauer so beschrieb:

---

23 vgl. Kubey / Csikszentmihalyi (1990), S. 165
24 vgl. Kubey / Csikszentmihalyi (1990), S. 101
25 vgl. Kubey / Csikszentmihalyi (1990), S. 166
26 vgl. Kubey / Csikszentmihalyi (1990), S. 184
27 Opaschowski (1988), S. 154
28 vgl. Opaschowski (1988), S. 155
29 vgl. Engell (1989), S. 233
30 vgl. Engell (1989), i.b. S. 170
31 Engell (1989), S. 241
32 vgl. Engell (1989), S. 246, S. 263 u. S. 295

"Schließlich begnügt man sich damit, nichts weiter zu tun, als bei sich zu sein und nicht zu wissen, was man eigentlich tun solle ... Unseriös ... hegt man nur noch eine innere Unruhe ohne Ziel, ein Begehren, das zurückgestoßen wird, und den Überdruß an dem, was ist, ohne zu sein."[33]

Geeignet hierfür scheinen eher "reizarme", "ruhige" oder gar "monotone" Medienangebote zu sein. Ob es sich nun um "beschleunigte Bildfolgen" oder um "ruhige Bilder" handelt, die Tatsache der Rezeption und nicht die Wahrnehmung bestimmter Inhalte führt in beiden Fällen zum Erleben und zum Genuß von Langeweile.

Die informationstheoretische Vorstellung von Kommunikation trägt nicht zum Verständnis solcher Medienhandlungen bei. Nicht die Suche nach Information, die durch Variation erzeugt wird, sondern das Verlangen nach Redundanz ist das Motiv solcher Medienhandlungen. Es geht offensichtlich nicht um Sinn, der vielleicht nur auf der Grundlage irritierender Informationen herzustellen ist, sondern gerade um den intentionalen Verzicht bzw. die Suspendierung der Sinnkonstruktion, das Nehmen einer Auszeit: "Fernsehen ist der Gegenangriff der Langeweile gegen das Sinndiktat; hierin liegt seine Funktion und sein Wert."[34] Langeweile ist, weil es sich bei ihr um ein Zeitproblem handelt, immer mit dem Sinnproblem verbunden. Wo Fernsehen - sich dem Kino annähernd - eine vergleichbar geschlossene Sinnprovinz anbietet, erfolgt eine zeitliche Vertiefung der Rezeptionszeit, die nicht als dynamische Langeweile erfahren wird, sondern als kontemplative Ruhe oder als Aufhebung von Langeweile und Entspannung in der Spannung der Handlung (Suspense).

Die Suche nach entspannender Langeweile ist der Versuch des Ausstiegs aus der alltäglichen Zeitordnung. Statt Utopien sind nunmehr "Uchronien" Nowotny), also "Zeiträume ohne Zeitstruktur" erwünscht. Der Boom fernöstlicher Entspannungs- und Meditationstechniken (oder ihrer westlichen How-to-Adaptionen) kann hierfür als Indiz gelten. Im Bereich der Mediennutzung scheint das Fernsehen als buddhistische Maschine (Enzensberger) besonders geeignet zu sein, doch ist Langeweile als Motiv und taktisches Ziel von Medienhandeln kein Fernsehspezifikum. Groth betrachtet "Ausspannung" und Unterhaltung als "eigenartige Mischung aus Weltflucht und Weltsucht", als wesentliches Motiv der Zeitungslektüre, insbesondere der großstädtischen Abendblätter.[35] In einer INFRATEST-Studie von 1978 wurden Funktionsprofile für Medien erstellt, die diese Thesen erhärten. Die Befragten sollten bewerten, welches Medium die jeweilige Funktion "besonders gut" erfüllt. "Zeitvertreib" ("Leerzeit füllen") sahen demnach 30 bis 39 % der Befragten besonders gut durch Fernsehen und durch das Buch verwirklicht, während dies nur jeweils 10-19 % bei Zeitung, Hörfunk und Publikumszeitschrift und weniger als 10 % bei den Fachzeitschriften so einschätzten.[36] Die Ergebnisse der Israel-Studie von Katz / Gurevitch ist sicherlich nur eingeschränkt verallgemeinerbar, zeigt aber, daß es sich bei der Funktion des "time killing" nicht um eine einzigartige Eigenschaft des Fernsehens handelt. Als besonders hilfreich zum "Zeittotschlagen" empfanden 53 % der Befragten das Fernsehen, dicht gefolgt von der Zeitung (52%), dem Buch (50%) und dem Kino (47%) sowie dem Hörfunk (44%).[37]

---

33 Kracauer (1977b), S. 324. Kracauer hielt Medien allerdings für Verhinderer legitimer Langeweile.
34 Engell (1989), S. 300
35 vgl. u. zit. Groth (1961), S. 308
36 INFRATEST (1978), S. 152 nach Drabczynski (1982), S. 181
37 vgl. Katz / Gurevitch (1976), S. 225

Offenbar besteht eine signifikante Beziehung zwischen langer täglicher Fernsehnutzung und dem Motiv Langeweile. Schmidt hat herausgefunden, daß 54 % der "Vielsehern" (mehr als drei Stunden tägliche TV-Nutzung) "Langeweile" als ein Nutzungsmotiv angaben, während dieses Motiv von den "Wenigsehern" (bis eine Stunde) mit 29 % deutlich weniger häufig genannt wurde. Allerdings nimmt Langeweile in beiden Gruppen den gleichen Rang (nämlich den 6.) bei den Nennungen insgesamt (14) ein, weil die Vielseher insgesamt häufiger mehrere Motive nannten.[38]

> "Die individuellen Reaktionen auf Langeweile-Situationen sind ganz unterschiedlich. Auffallend hoch ist die Suche nach Kommunikation (z.B. Telefonieren) oder Kommunikationsersatz (z.B. Fernsehen), das bezweifelte Bemühen um »irgendeine« Aktivität."[39]

Bislang liegen zwar eine Reihe von Vermutungen und Thesen über die Auswirkungen der Rezeption medialer Zeitgestalten auf das Zeitbewußtsein vor, doch mangelt es an empirischen Untersuchungen zu deren Überprüfung. Eine Ausnahme stellen die Studien von Joachim Grabowski und Peter Winterhoff-Spurk dar, die eine Wirkung der Medienform auf die kognitiven Schemata unseres Zeitwissens vermuten und sich um einen experimentellen Nachweis, allerdings nur bezüglich der Einschätzung von Dauern, bemühen. Der Kultivierungshypothese George Gerbners folgend geht Winterhoff-Spurk davon aus, daß mit zunehmender Sehdauer (und partiell auch Sehintensität) die Veränderung der Zeiteinschätzung zunimmt. Aus den Untersuchungsbefunden lassen sich solche Kultivierungseffekte jedoch keineswegs herauslesen. "Vielseher" unterscheiden sich bei der Einschätzung von relativ ergeignisarmen Dauern (Ruhephasen bei geschlossenen Augen sowie verbalen Erzählungen) nicht signifikant von den Probanden mit geringerer Fernsehnutzungszeit. Sie entwikkeln allerdings tendenziell eine Art Medienexperten-Wissen und schätzen die Dauer von Medienprodukten, die konventionell-professioneller Machart bezüglich ihres Ereignisreichtums und der Schnittfolge nicht entsprechen, höher ein als die Probanden mit geringerer Medienerfahrung.[40] Da eine Übertragung der Dauererfahrung bei der Medienrezeption bzw. des dort erworbenen Wissens auf die Alltagswelt nicht stattfindet,[41] entwickelt Winterhoff-Spurk ein "Drei-Speicher-Konzept". Wissen wird demnach getrennt nach "Gegenstandsbereichen", die durch je unterschiedliche "Ich-Nähe" gekennzeichnet sind, repräsentiert, wobei personal-reales Wissen von der medialen Welt (Medienwirk-lichkeit) unterschieden wird. Innerhalb des medialen Wissens wird noch einmal deutlich medial-reales von medial-fiktionalem Wissen getrennt. Wenngleich ich die Speichermetapher - aus den bereits an anderer Stelle explizierten Gründen - für äußerst unglücklich gewählt halte, ist hierin kein unüberwindbares theoretisches Hindernis zu erkennen. Winterhoff-Spurk will die "Speicher" nicht als hermetisch abgeschlossene Bereiche verstanden wissen, und hält "Übergangszonen und Zwischenbereiche" sowie Mischungen von Wissenselementen ("Kognitionen-Mix") für möglich.[42]

Das Speichermodell ließe sich m.E. auch attributionstheoretisch umformulieren, d.h. daß wir unterschiedlichen Konstruktionen jeweils spezifische Geltungsbereiche

38 vgl. Schmidt (1990b), S. 156
39 Opaschowski (1988), S. 156
40 vgl. Winterhoff-Spurk (1989), S. 72-73 u. S. 104
41 vgl. hierzu auch Grabowski 1984, S. 73
42 vgl. Winterhoff-Spurk (1989), S. 110-118 u. S. 127

attribuieren würden. Insgesamt wird die Vorstellung eines kognitiv autonomen, aktiven Rezipienten gestützt, der konstruktiv und reflexiv wahrnimmt. Es kommt in der Regel nicht zu unkontrollierten Transfereffekten, d.h. der Rezipient weiß sehr wohl unterschiedliche Wirklichkeitsbreiche zu trennen. Zugleich erwirbt er ein Handlungswissen im Umgang mit den Medien (Medienkompetenz), das sich auch auf die (besonderen) Zeitgestalten der medialen Formen bezieht und spezifische Erwartungshaltungen produzieren kann, die sein Medienhandeln leiten können. Die Erfahrung medialer Zeitgestalten, die von denen des Alltags abweichen, muß also keineswegs als Gefahr (etwa im Sinne eines Realitätsverlustes), sondern als Erweiterung unseres Repertoires interpretiert werden. Erst in einem nächsten reflexiven Schritt könnte durch mediale Dauererfahrung (wie durch Rausch- oder Extasezustände etc. auch) alltägliche Zeiterfahrung problematisiert und verändert werden. Dies ist jedoch keine Medienwirkung im herkömmlichen Sinne und schon gar keine "Manipulation", wie technikdeterministische Befürworter der Beschleunigungsthese annehmen.

> "So halten wir aufgrund unserer Befunde die häufig geäußerten Befürchtungen zu TV-bedingten Veränderungen von Zeitschemata für wenig wahrscheinlich: Weder zu vergangenheits-, noch zu gegenwarts- oder zukunftsbezogenen Zeiteinschätzungen kürzerer oder längerer Ereignisse im personal-realen oder medial-fiktionalen System finden wir Zusammenhänge mit der Sehzeit oder -intensität."[43]

4.2.2 Geschwindigkeit: Zeitsparen und Zeitdehnen

Geschwindigkeit als Qualität der Mediennutzung bezieht sich auf die Gestaltung von Abfolgen und Dauern, die beschleunigt oder verlangsamt, verkürzt oder verlängert werden können. Meine These lautet nun, daß moderne Medientechniken den Nutzern beschleunigtes *und* verlangsamtes Medienhandeln und Zeiterleben gestatten und nicht bloß Instrumente der Beschleunigung darstellen.

Moderne Datentechnik erlaubt einen raschen Zugriff auf große Datenmengen. Im privaten Alltag besteht offensichtlich ein Bedürfnis nach schnellem Zugriff, was sich an der Beliebtheit des alten Mediums Tageszeitung und an den neuen Techniken der Ent-Programmierung, insbesondere des Videorecorders, aber auch der CD (im Vergleich zu Kassette und Vinylschallplatte) zeigen läßt. Schnellen Zugriff auf Daten (PC, Btx) bzw. Programme (CD, Video) erlaubt im privaten Haushalt auch Videotext; dies wird durch Nutzungsdaten aus Großbritannien bestätigt. Demnach wird Videotext zu allen Tageszeiten genutzt, die - zwar vorhandene - Primetime ist weniger stark ausgeprägt als beim Fernsehen. Selbst Vielnutzer weisen keine bevorzugte Nutzungszeit auf. 79 % der Nutzungsdauern liegen unter 10 Minuten, 90 % unter 20 Minuten. Die Wartezeiten (für den Seitenaufbau) wurden von 23 % der Befragten als eines der größten Probleme bei der Nutzung bezeichnet.[44] Obgleich man - chronometrisch betrachtet - doch erheblich kürzer auf die gewünschte Information wartet als bei den Programm-Medien, wird hier offensichtlich "kurze" Dauer als lang empfunden.

Die schnellen Telekommunikationsmedien erlauben als interaktive Medien, insbesondere in Form des Telefons die Herstellung sozialer Gleichzeitigkeit, die - regel-

---

43 Winterhoff-Spurk (1989), S. 170

44 vgl. Greenberg (1989), S. 92-93

gerecht - ausgehandelt werden muß. Die Erfahrung, zugleich mit einem Partner interagieren zu können, der an einem anderen Ort ist, verändert die Wahrnehmung von Gegenwart. Gegenwart erlangt eine gewisse Dauer. Sie ist keine un-wahrnehmbare, weil ausdehnungslose Grenze mehr, sondern besitzt eine Ausdehnung, weil in ihr mehr als ein Ort "geschieht". Die Gegenwart wird räumlich ausgedehnt, doch ist dies untrennbar mit unserer (verräumlichten) Sicht der Zeit verknüpft. Zugleich - und dies scheint mir typisch für die Ambivalenz des Mediums Telefon - kann ein Telefonat (oder auch nur seine Möglichkeit), den Handlungsdruck beträchtlich erhöhen. "Beschleunigung" und "Dehnung" von Gegenwart sind also keine Gegensätze, sondern können durchaus miteinander einhergehen. Beschleunigung führt nicht zu einer grundsätzlichen Verkürzung der Gegenwart.

Beschleunigtes Medienhandeln besitzt oftmals den Sinn des Zeitsparens, auch wenn dies zuweilen zum paradoxen Effekt des Zeitmangels führt. So ermöglicht die Fotokopie zwar eine beschleunigte Inbesitznahme des Textes und schafft größere Zeitautonomie für die Lektüre, weil Kopieren symbolisch von der unmittelbaren Lektüre und den Zeitnormen öffentlicher Bibliotheken wie privater Leihgeber befreit.[45] Zugleich handelt es sich beim Kopieren um eine mitunter sehr zeitextensive und - aufgrund der Monotonie der Abläufe - eher als zeitaufwendig empfundene Tätigkeit. Der Einsatz der Last-Minute-Techniken Telefon und Telefax führt zugleich zu einem gesteigerten Erwartungs- und Zeitdruck und damit zu Zeitknappheit.

Massenmedien konkurrieren um Aufmerksameit und Zeit des potentiellen Publikums. In Abhängigkeit vom Bildungsniveau werden in den USA angeblich von den formal weniger Gebildeten eher auditive Medien genutzt, weil dort Nachrichten schneller (und einfacher) verstanden werden könnten.[46] Zudem erfreuen sich Comic Strips besonderer Beliebtheit, weil sie als schnelle Medien genutzt werden können.[47]

Zapping kann als Versuch des Rezipienten begriffen werden, "schneller" fernzusehen, ja sogar zwei oder mehr Programme gleichzeitig zu rezipieren. Buss gibt für 1979 durchschnittlich 12 Programmwechsel bei den Vielsehern, 6 bei den Normalsehern und 1,6 bei den Wenigsehern pro Woche an. Die durchschnittliche Verweildauer bei einem Programm beträgt demnach - rein statistisch betrachtet - immerhin fast 100 Minuten.[48] Darkow hat für 1989 durchschnittlich 20 Umschaltvorgänge pro Tag und Haushalt ermittelt.[49]

Trotz - oder vielleicht gerade wegen - dieser Formen von schnellem und beschleunigtem Medienhandeln suchen die gleichen Mediennutzer mit Hilfe der gleichen Medien immer wieder das Erlebnis der Zeitdehnung: Eine ganz besondere Erlebnisqualität besitzt die Dehnung der Dauer oder Entschleunigung der Zeit im Kinospielfilm und im Fernsehspiel. Die Verzögerung und Verspätung eines Ereignisses (einer dramaturgischen Lösung) bei anhaltendem aktuellem Interesse der Zuschauer führt zum Empfinden von "Spannung" (suspense). Die Ungleichzeitigkeit von Wissen zwischen Publikum und Akteur oder zwischen unterschiedlichen Akteuren (und dem beobachtenden Publikum) ist die Basis von Suspense, die - mit Alfred Hitchcock - von

45 vgl. Giersch (1983), S. 62
46 vgl. Doob (1971), S. 89 mit Bezug auf Hovland, Carl I. / Janis, Irving L.: Personality and persuability. New Haven (Yale University Press) 1959, S. 12
47 vgl. Doob (1971), S. 89
48 vgl. Buss (1985), S. 182
49 vgl. Darkow (1989), S. 73

der für alle Beteiligten gleichzeitig eintretenden Überraschung unterschieden werden muß:

> "Surprise then is a bomb exploding; suspense is knowing that it is about to explode and being, like all cinema audiences, unable to intervene in the action."[50]

Ein eigentümliches Zeitdehnungs- und Zeitpunkt-Medium stellt auch die Sofortbild-Fotografie dar: Das Schrumpfen der Dauer der Entwicklungszeit (Beschleunigung) ermöglicht eine Rezeption, die sich deutlich von der normaler Fotografien unterscheidet. Das Polaroid-Foto wird nicht primär als atomisierte Vergangenheit rezipiert, sondern als ausgeweitete, noch beeinflußbare, weil selbst bearbeitete Aktualität (Zeitdehnung). Die Vergangenheit wird erst später Bestandteil des Fotos bzw. das Foto Bestandteil der Vergangenheit (z.B. durch Konstruktion von Biographie): "Die Sofortbild-Fotografie erfüllt asymptotisch den Wunsch nach verdoppelter Gegenwart."[51]

Auch die hier nur skizzierten Zeiterfahrungen deuten als Effekte beschleunigten Medienhandelns auf die Unmöglichkeit hin, durch Beschleunigung Zeit zu sparen (im Sinne materieller Mehrung). Zeitverkürzung und Zeitdehnung sind eng miteinander verknüpft und werden im Medienhandeln durch zeitkomplexe Medien variantenreich gestaltet. Ein technologischer Zwang zur Beschleunigung individuellen Medienhandelns ist nicht zu erkennen, eine deterministische Wirkung schneller Kommunikationsmedien auf unsere gesamte Gesellschaft und Kultur ("Beschleunigungsthese", vgl. Teil IV, Kap. 5) scheint hieraus nicht ableitbar zu sein.

4.2.3 Sequentialität und Timing: Strukturieren von Zeit

Die Gestaltung von Abfolgen von Dauern erschöpft sich nicht in deren Be- oder Entschleunigung. Vielmehr kommt es wie beim Medienhandeln der Kommunikatoren zu einer komplexen zeitlichen Gestaltung der Handlungen, die tages-, wochen- und jahrezeitlich "getimt" (also zeitlich lokalisiert) werden. Habitualisierung und Ritualisierung von Medienhandlungen müssen dabei als sinnhafte Konstrukte verstanden werden, die durchaus rationale Grundlagen besitzen können. Das Medienhandeln der Rezipienten ist in den Rahmen nicht-medialer Alltagshandlungen eingebettet. Insbesondere wenn es sich um Tagesbegleitmedien handelt, sind Parallelhandlungen die Regel und nicht die Ausnahme. Die zeitlichen Handlungsmuster von Kommunikatoren und Nutzern stehen in einem bislang wenig untersuchten Vermittlungsverhältnis: Mediale Formen können als Zeitgeber fungieren, doch kann der Nutzer durch Techniken der Entprogrammierung das Ziel der Zeitautonomie verfolgen.

Die Sequentialität des medialen Angebotes determiniert das Medienhandeln der Nutzer nicht. Dies läßt sich am Beispiel der Printmedien verstehen: Der Linearität der alphabetischen Schrift und des Buchdrucks haben Innis und vor allem McLuhan[52] sowie epigonenhaft Postman[53] eine überragende Bedeutung für die Organisation

---

50 zit. nach Stephenson / Phelps (1989), S. 118
51 vgl. Böckelmann / Zischler (1983), S. 50-55, zit.: S. 53
52 vgl. McLuhan (1986), S. 125
53 vgl. Postman (1983), S. 41-42

unseres Wahrnehmens und die Strukturierung von menschlicher Erfahrung und Wissen beigemessen. Der Buchdruck habe zur Verstärkung und schließlich zur kulturellen Dominanz der visuellen Wahrnehmungsweise geführt[54] und zwar mit Folgen, die McLuhan schlagwortartig zusammenfaßt: "The new time sense of typographic man is cinematic and sequential and pictorial."[55] Die Linearität des Alphabetismus teile die Welt wie die mechanische Uhr in diskrete Zeitabschnitte ein, beide würden die "Welt in lauter visuelle Abschnitte ... [z]erhacken"[56] und die Gleichzeitigkeit der oralen Kultur aufheben.[57] Erst in alphabetisierten Kulturen sei deshalb ein chronologisches Bewußtsein von den Ereignissen möglich.[58]

Dieser Darstellung muß entgegengehalten werden, daß sich solch weitreichenden Hypothesen kaum belegen lassen. Die Rezeptionsweise der linearen Texte besitzt jedenfalls keine ausschließlich lineare Form. Die Regressions- und Orientierungsbewegungen einschließenden Sakkadenbewegungen der Augen sorgen für eine nichtlineare Wahrnehmung von Textgestalten, also durchaus räumlichen Anordnungen und "Schrift-Bildern", die nicht bloße zeitliche Umsetzungen räumlicher Sequenzen darstellen.[59] Wenn wir zum Beispiel eine bestimmte Textstelle, an die wir uns vage erinnern, suchen, dann orientieren wir uns an der Topographie des Layouts, wir benutzen die gedruckte Seite wie eine Landkarte, auf der wir "unten links" etwas wiederfinden möchten. Außerdem kann man mit Recht bereits die gesprochene Sprache als Sequentialisierung oder Linearisierung betrachten.

"Scanning", das überblickende, schweifende Suchen nach interessanten Meldungen, ist eine elementare Printmedien-Erfahrung und dem Radiohören äußerst fremd.[60] McLuhan selbst hat im übrigen von der Mosaikform der Zeitung gesprochen, die er diesbezüglich als Vorläufer des Fernsehens betrachtet. Nicht der Buchdruck und andere mediale Basistechniken, sondern bestimmte mediale Formen müssen analysiert werden, will man den Gefahren unzulässiger Verallgemeinerung und theoretischer Inkonsistenz entgehen, denen McLuhan hier unterliegt.

4.2.3.1 Periodizität und Rhythmen: Primetimes und Fringe Hours

Medienhandlungen unterscheiden sich nicht nur in ihrer Dauer und Geschwindigkeit, sondern auch in ihrer zeitlichen Verteilung. Im Zeitverlauf ergeben sich typische Phasen und Hoch-Zeiten der Mediennutzung. Alltägliche Medienhandlungen kehren nach bestimmten Mustern wieder und können spezifische Rhythmen ausbilden, um die es im folgenden gehen wird. Die Erforschung tages-, wochen- und jahreszeitlicher Rhythmen erschöpft sich bislang weitgehend auf die (Re-)Konstruktion von Reichweiten-Ablaufkurven.

---

54 vgl. McLuhan (1970), S. 93-95
55 McLuhan (1986), S. 241
56 McLuhan (1970), S. 169, Umstellung im Zitat KB
57 vgl. McLuhan (1970), S. 96
58 vgl. McLuhan 81986), S. 56
59 vgl. zur Bedeutung der Sakkadenbewegung für die Medienwahrnehmung einführend Hanson (1987), S. 39 sowie Gibson / Levin (1989), S. 188-190
60 vgl. Williams (1974), S. 45

Aus der bereits erwähnten Studie von Berg / Kiefer ergeben sich sekundäranalytisch einige interessante Befunde bzw. Hinweise. Beginnen wir mit der Interpretation der Tagesverlaufskurven:

Vermehrung und tageszeitliche Ausweitung der Fernsehprogramme haben im Zusammenspiel und vor dem Hintergrund sozialer Differenzierung und Veränderungen der Zeitordnung zu einer Nivellierungs*tendenz* in der Tagesverlaufskurve der Fernsehnutzung geführt. Die Primetime-Nutzung geht bei jüngeren Zuschauern (oder gar: bei einer neuen Zuschauergeneration?) zurück, die Nutzung verschiebt sich auf den frühen Nachmittag (12-15.30 Uhr).[61] Damit ist natürlich nur wenig über die tatsächliche Rezeption ausgesagt, denn es steht zu vermuten, daß sich die Nutzung tagsüber qualitativ deutlich von der (Spät-)Abendnutzung unterscheidet. Gleichwohl läßt sich folgern, daß das Fernsehen als kommunisierendes Ritual und sozialer Synchronisator an Bedeutung verliert, sollte sich der beschriebene Trend fortsetzen.

Die "Hauptfernsehzeit", verstanden als Zeit der höchsten Reichweite (nicht der längsten Verweildauern oder konzentriertesten Aufmerksamkeit), scheint sich zu verbreitern, der noch deutlich erkennbare Nutzungsgipfel zu verflachen: Zwar liegen noch immer 82 % des durchschnittlichen täglichen Zeitaufwands für das Fernsehen in der Zeit zwischen 18 und 23 Uhr, doch nutzen 1990 nur noch rund 60 % des Publikums in der engeren Primetime (zwischen 19 und 22.30 Uhr) das Fernsehen. Fernsehnutzung entzerrt sich zeitlich für fast alle sozio-demographischen Gruppen, die späten Abendstunden und der frühe Nachmittag werden vor allem für bestimmte Nutzergruppen und Alterskohorten (Jugendliche und Menschen über 60 sowie die "Fernsehsozialisierten") ebenfalls "Fernsehzeit".[62] Dies kann als Indiz für den Verlust des Ritualcharakters des Fernsehens gelten. Vielleicht wird das kommunisierende Ritual aber auch nur privatisiert und individualisiert. Eine mögliche Ursache und zumindest eine notwendige Randbedingung ist im doppelten Strukturwandel des Fernsehangebotes zu sehen: Die Kanal- bzw. Programmvermehrung führt zu einer Vervielfachung und potentiell zur Diversifikation der Schedules. Die (tageszeitliche) Programmausweitung eröffnet die Möglichkeit der zeitlichen Flexibilsierung.

Die Tagesverlaufskurve der Reichweiten (vgl. Abb. IV. 4.2) deutet darauf hin, daß das Radio (für die meisten Bundesbürger) das tageszeitlich früheste Medium ist und ihm die Tageszeitungslektüre folgt. Das Frühstücksfernsehen und das Vormittagsprogramm wurde 1990 nur von etwa 1 bis 2 % der Menschen genutzt. Offen bleibt, ob für Frühstücksfernsehnutzer dieses Angebot ähnlichen "Morgenritual"-Charakter besitzt, wie er sich für Zeitungsleser feststellen läßt, oder ob die Nutzung stärker der Hörfunknutzung ähnelt. Der Hörfunk weist einen Reichweitenhöhepunkt in der Zeit von 6.30 bis 9.00 Uhr auf, die Reichweiten gehen in der Folgezeit - abgesehen von einem kleineren Mittagsgipfel - kontinuierlich zurück. Allerdings gilt dies in erkennbar geringerem Maße für die privaten Hörfunkprogramme, die ihre tagesbegleitende Funktion insofern besser erfüllen oder von Menschen, die diese Art der Mediennutzung bevorzugen, stärker genutzt werden. Auch hier kann man über die Motive und Gründe zunächst nur spekulieren. Beobachten läßt sich, daß der Hörfunk auch am frühen Abend bis 19 Uhr an Hörern wieder gewonnen hat. Die Erscheinung, daß sich die Reichweitenkurven für Hörfunk und Fernsehen in den

---

61 vgl. Waldmann (1992), S. 60
62 vgl. Berg / Kiefer (1992), S. 121-123 sowie S. 60

Nachmittagsstunden "überlappen" (Berg / Kiefer), sich die Reichweiten also annähern, deutet darauf hin, daß sich die Medienalltage der Nutzer differenzieren:

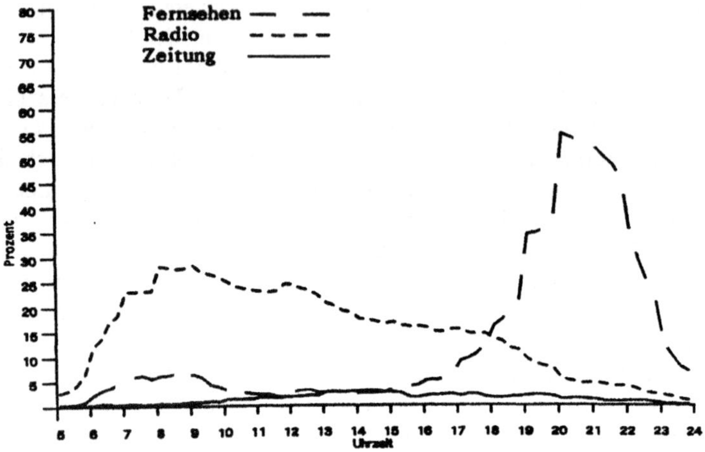

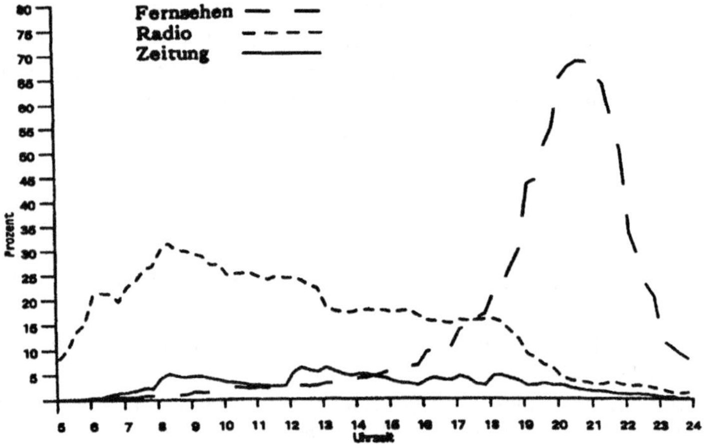

Abb. IV. 4.2: Tagesverlaufskurven der Reichweite aktueller Medien 1990/Mo-So: alte und neue Bundesländer[63]

Mit immer geringerer Wahrscheinlichkeit kann man sagen, daß Mediennutzung am Nachmittag gleichbedeutend mit Radionutzung ist. Die Wahrscheinlichkeiten dafür,

63 Quelle: Berg / Kiefer (1992), S. 65

daß nachmittags ferngesehen *oder* daß Radio gehört wird, gleichen sich - bezogen auf die Grundgesamtheit - an. Eine Differenzierung der Untersuchung in Richtung Konstruktion idealtypischer Tagesabläufe ist auch hier dringend geboten, wenn mann verstehen will, welcher Typus aus welchen Gründen wie lange zu welchem Medium greift.[64]

Die Reichweitentagesverlaufskurve für das ostdeutsche Publikum unterscheidet sich in bestimmten Phasen sehr deutlich: Insgesamt sind die Überschneidungen der Reichweiten stärker ausgeprägt, weil die Fernsehnutzung tageszeitlich früher einsetzt, zugleich länger Radio gehört wird und die Tageszeitungslektüre zeitlich weniger klar definiert ist als in Westdeutschland. Diese Unterschiede lassen sich nur durch die Einbettung des Medienhandelns in das gesamte Alltagshandeln erklären. Die "Durchschnittstagesabläufe" der Ostdeutschen sind tageszeitlich nach morgens verschoben, was die frühere Fernsehnutzung erklärt, jedoch keine plausible Erklärung für die Zeitungsnutzungsmuster liefert.

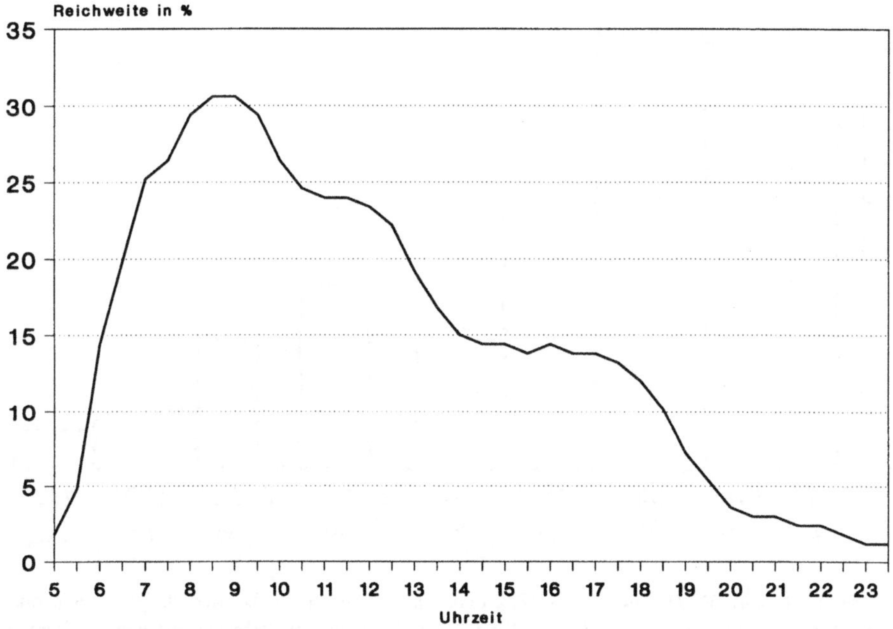

Abb. IV. 4.3: Hörfunkreichweite im Tagesverlauf 1993/Mo-So (Personen ab 14 Jahre)[65]

Die Tagesablaufkurve der Reichweiten gibt in diesem Fall Aufschluß über die Spitzenzeiten der Radionutzung, ohne daß hieraus hervorgeht, ob jeweils dieselben

64 vgl. Berg / Kiefer (1992), S. 56-64, S. 72
65 Quelle: Baldauf / Klingler (1993), S. 415

Individuen oder andere für diese Nutzung verantwortlich sind. Über die Motive und Nutzen der Medienzuwendung kann zunächst ebensowenig ausgesagt werden wie über die Dauer der tatsächlichen Nutzungsabschnitte, denn die Nutzung wird hier nur punktuell gemessen. Die Tagesverlaufskurve ergibt sich nämlich aus solchen punktuellen Messungen der Reichweite (Zahlenwerte) und nicht aus der rechnerischen Integration individueller Verlaufskurven (Zeitgestalt). Einen Schritt in diese Richtung - wenngleich weiter auf der Basis der vorliegenden Durchschnittswerte - bieten flächenrepräsentative Darstellungen wie in Abbildung IV. 4.4.

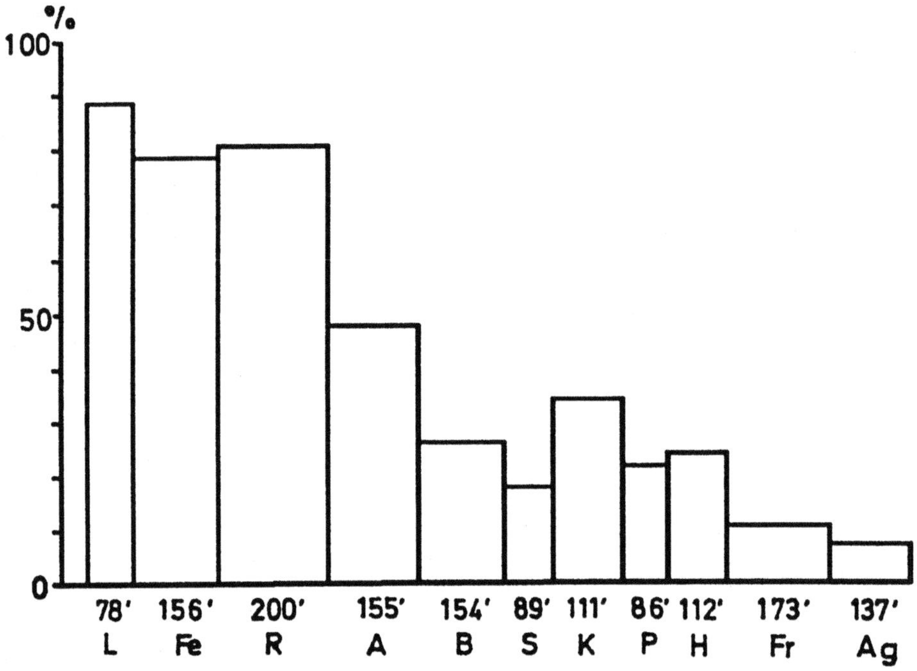

Legende: L (Lesen), Fe (Fernsehen), R (Radiohören), A (Ausruhen), B (Besuch bekommen oder abstatten), S (Spazierengehen), (K (sich mit Kindern beschäftigen, Schularbeiten betreuen), P (Platten, Bänder, Tondbandkassetten abspielen), H (Handarbeiten machen, heimwerken), Fr (sich mit Freunden, der Clique treffen), Ag (Ausgehen)

Abb. IV. 4.4: Flächenrelationale Darstellung von Reichweite (in %) und durchschnittlicher täglicher Nutzungs- bzw. Aktivitätsdauer (in Min.)[66]

66 Quelle: Buss (1982a), S. 703

Hier werden die Reichweiten (in % der Bevölkerung) aufgrund der durchschnittlichen Nutzungsdauern "gewichtet". Auf diese Weise wird ein "temporalisierter Vergleich" von Reichweiten bzw. "Freizeittätigkeiten" zwischen verschiedenen Tagen (und Jahreszeiten) möglich. Nachteil dieser Darstellung ist, daß über das Timing der Medienhandlungen nichts ausgesagt werden kann und mögliche Zusammenhänge zwischen Timing und Nutzungsdauer nicht darstellbar sind.

Tagesablaufkurven der Reichweite für bestimmte Rundfunkprogramme weisen unterschiedliche Profile auf: Während die privaten Anbieter nach 20 und vor 15 Uhr vergleichsweise hohe Ratings aufweisen, "wird am frühen Abend noch immer bevorzugt das ZDF eingeschaltet - vor allem dann, wenn die »heute«-Sendung zu sehen ist. Und nach wie vor erreicht die Einschaltkurve des Ersten Programms ihren Höhepunkt gegen 20.00 Uhr - zur Ausstrahlungszeit der »Tagesschau« - und erstreckt sich weiter in den Abend hinein als die ZDF-Kurve." Diese Muster bleiben auch auf verkabelte Haushalte bezogen erhalten.[67] Leider sind diese Verlaufskurven aber nicht auf bestimmte Zuschauergruppen oder -typen bezogen, und das Umschaltverhalten der Nutzer im Tagesverlauf wird nicht ausgewiesen. Es handelt sich also im Ergebnis um die deskriptive Statistik eines Programmerfolges im Tagesverlauf und nicht um eine Beschreibung des Medienhandelns und seiner zeitlichen Strukturen. Indiziert wird hierdurch zunächst nur, daß Medienhandlungen überhaupt einem Rhythmus folgen. Offen bleiben die Motive des Handelns und der subjektiv gemeinte Sinn, der mit diesen Rhythmen verbunden ist. Erst wenn man die Tagesverläufe nach Typen differenziert, deren allgemeine alltägliche Handlungsrhythmen sich nur unzureichend aus den soziodemographischen Merkmalen ableiten läßt, kommt man dem individuellen Medienhandlungen etwas näher. Zumindest lassen sich Hypothesen über die Einbettung des Medienhandelns in den Tagesablauf der übrigen Handlungen entwickeln. Die zeitkonstruierende Funktion des Medienhandelns läßt sich hierdurch allerdings noch immer nicht erkennen.

Tagesablaufkurven, die auf der Grundlage der MA die Reichweite bestimmter Medien im Tagesablauf darstellen, können mit den anderen Aktivitäten in einen Korrelations-Zusammenhang gebracht werden: Abbildung IV. 4.5 visualisiert ein rein statistisches Konstrukt: den Tagesverlauf eines Aggregats. Die zeitlich parallelen Kurven bedeuten nicht einmal, daß die dargestellten Tätigkeiten als individuelle Handlungen parallel ablaufen, sie legen diese Vermutung lediglich nahe. Über den tatsächlichen Tagesablauf real existierender Individuen sagt eine solche statistische Darstellung damit noch nichts aus. Dargestellt ist lediglich, daß zu einem bestimmten Zeitpunkt durchschnittlich ein bestimmter Prozentsatz der Befragten (und damit der Bevölkerung) eine Tätigkeit X ausübt, während gleichzeitig ein anderer Prozentsatz das Radio eingeschaltet hat. Über Schnittmengen (Parallelhandlungen) sagen diese Verlaufskurven ebenso wenig etwas aus wie über Motive und Funktionen.

Für die tägliche Nutzungsdauer und für die tages- und wochenzeitlichen Nutzungsschwerpunkte liefert die MA Durchschnittswerte, die nach soziodemographischen Merkmalen differenziert werden. Demnach beträgt die durchschnittliche tägliche Hörfunk-Nutzungsdauer für die Bevölkerung über 14 Jahre 169 Minuten, der Schwerpunkt der Hörfunknutzung (definiert als höchste täglich Durchschnitts-Sehdauern und Tagesreichweite) liegt mit 174 Minuten an den Werktagen, gefolgt

67 vgl. Darschin / Frank (1993), S. 117, S. 125, Zitat S. 118

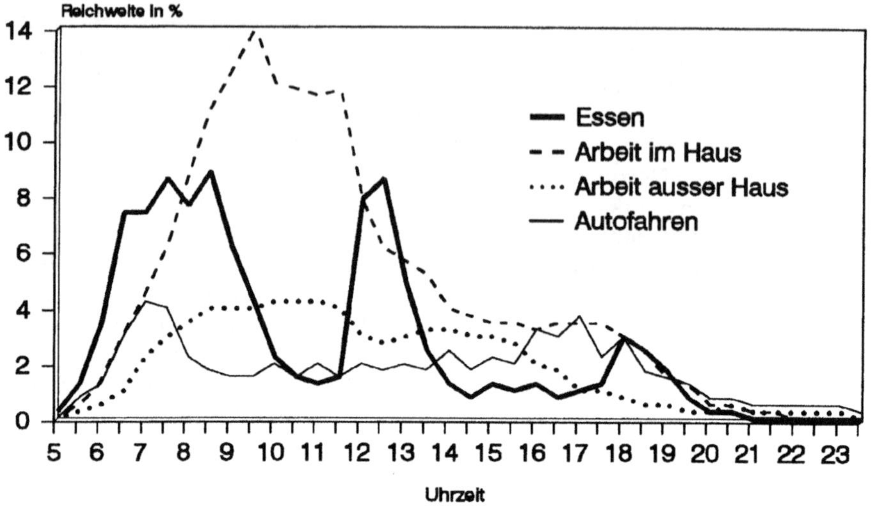

Abb. IV. 4.5: Tagesverlaufskurve der "Reichweite" nicht-mediale Tätigkeiten (Paralleltätigkeiten zur Hörfunknutzung) 1993/Mo-So (Personen ab 14 Jahre)[68]

vom Samstag (188 Minuten) und vom Sonntag (143 Minuten). In Ostdeutschland herrschen andere zeitliche Muster vor: Am Samstag wird - statistisch (aggregiert) - länger Radio gehört als an den Werktagen (202 gegenüber 187 Minuten), und auch der Sonntag mit einer durchschnittlichen Hördauer von 183 Minuten fällt gegenüber den Werktagen weniger stark zurück als in Westdeutschland. Auch unterschiedliche Bildungsgruppen weisen - aggregiert betrachtet - spezifische zeitliche Nutzungsmuster auf (Kombination von Hördauer und Tagesreichweite bzw. daraus abgeleiteter Häufigkeit und Regelmäßigkeit).[69]

Auf der Basis telemetrischer Daten haben Comstock et al. unterschiedliche Tagesverlaufskurven für verschiedene Altersgruppen und sonstige, durch soziodemographische Variablen beschreibbare Gruppen erstellt.[70] Dabei ergeben sich zeitliche Muster für die Aggregate, also die Gesamtgruppen, die allenfalls Hypothesen über indivdiuelles Verhalten und seine zeitlichen Muster induzieren können. Über Motive und Funktionen dieser zeitlichen Muster des Medienhandelns ergibt sich hieraus - wie aus den Tagesverlaufskurven der MA - zunächst nichts.

---

68 Quelle: Baldauf / Klingler, S. 415
69 vgl. Baldauf / Klingler (1993), S. 411-412
70 vgl. Comstock et al. (1978), S. 101-108

Legt man qualitative Zeitkriterien zugrunde, dann kommen zentrale Begriffe ins Wanken: Bislang wurde "Primetime" ausschließlich chronometrisch-zeitökonomisch als fest lokalisierte Zeitdauer definiert, zu der die höchsten Ratings erzielt werden. Die Primetime zwischen 20 und 22 Uhr wird allerdings von vielen Zuschauern noch nicht in dem Maße als "Freizeit" erfahren und bewertet, wie die (nicht schlafend verbrachte) Zeit nach 22 Uhr.[71] Eine mögliche Interpretation besteht nun darin, daß bis 22 Uhr noch eine Fülle von Paralleltätigkeiten zum Fernsehen ausgeübt werden, die als Reproduktionsarbeit empfunden werden und nicht als Muße. Erst nach etwa 22 Uhr tritt eine Muße-Haltung ein, die die aufmerksame und lustvolle Rezeption längerer Programmelemente ermöglicht. Die Hochzeit aufmerksamen, kontinuierlichen und primären bzw. ausschließlichen Fernsehens, die eigentliche Primetime im Erleben und Verstehen der Zuschauer, liegt vielleicht erst später, als die chronometrisch gewonnene Defintion suggeriert. Fraglich wird sogar, ob es die Primetime als abgrenzbare Phase überhaupt noch gibt; so spricht Krapp bereits von der "normativen Kraft" des endlosen Kontinuums, die dem Publikum beibringe, "wie man pauschal zuschaut."[72]

Über die Nutzung der Nachtprogramme des Hörfunks liegen nur Schätzungen bzw. Hinweise auf unveröffentlichte Daten vor, weil seit 1988 keine Hörerforschung mehr für Sendezeiten betrieben wird, zu denen nicht geworben wird! Anfang der 80er Jahre betrug die Hörfunkreichweite nach 22 Uhr zwischen 4 und 5 %.[73] Dieter K. Müller, Direktor für Forschung und Service bei der ARD-Tochtergesellschaft Werbung-Media-Marketing schätzt, daß die wöchentliche Reichweite für die Nachtprogramm zwischen 0 und 5 Uhr bei etwa 5 % aller Rundfunkhörer, also bei 3,5 Millionen Menschen liegt.[74] Möglichwerweise steigt die Radionutzung in den Nachtstunden, also nach der Fernseh-Primetime und dem Ende der meisten öffentlichen Abendveranstaltungen aber wieder an. Ein Effekt, der sich durch eine voranschreitende Flexibilisierung der gesellschaftlichen Zeitordnung und demographische Verschiebungen noch verstärken könnte. Empirisch zu belegen ist dies zur Zeit aus den genannten Gründen nicht, die Beliebtheit von nächtlichen Talk-Radio-Formen spricht zunächst eher für eine intensive als für eine extensive Medienzuwendung.

Die Betrachtung der Nutzung im Wochenrhythmus beschränkt sich in der vorliegenden Literatur auf einen summarischen Vergleich zwischen "durchschnittlichen" Werktagen (also einem statistischen Konstrukt, das Montage wie Freitage behandelt) und den beiden Wochenendtagen. Eine differenzierte Betrachtung nach einzelnen Wochentagen würde vielleicht weitere Rhythmen erkennbar machen. Für die Bundesrepublik liegen solche Studien bislang nicht vor. Friederike Harmgarth hat in einer sekundäranalytischen Studie über habitualisierte Nutzungsformen des Fernsehvorabendprogramms deutliche Hinweise für wochentägliche Rhythmen gefunden. So stellt sich der Montag als bevorzugter Nutzungstag heraus, während der Freitag sich durch geringere Reichweiten auszeichnet.[75] Durchschnittswerte für Werktage werden den spezifischen Profilen einzelner Wochentage nicht gerecht. Ergebnisse der Hörfunknutzungsforschung aus der deutschsprachigen Schweiz deuten hingegen auf eine ausgeprägte Homogenität der Werktage hin. Die Reichweite variierte nach eine

---

71 vgl. Buss et al. (1984), S. 19
72 Krapp (1981), S. 269
73 Einen Wert von 4,4 % gibt bspw. La Roche (1982), S. 37 aufgrund der MA 1981 an.
74 vgl. Winter / Tichatschek (1992), S. 31
75 vgl. Harmgarth (1985), S. 100-102 u. S. 145-146

Untersuchung von 1988 von Montag bis Freitag nur um 3,2 % und die durchschnittliche Hördauer nur um 4 Minuten. Der Rückgang der Radionutzung am Wochenende äußert sich durch Reichweitenverluste (Samstag ca. -8%, Sonntag ca. -38%), vor allem aber durch eine kürzere durchschnittliche Nutzungsdauer (Sonntag -44%).[76] Sonderauswertungen von regelmäßig erhobenen Umfrage- und Telemetriedaten und ein intermediärer Vergleich könnten hier weiteren Aufschluß geben.

Allgemein läßt sich feststellen, daß der Sonntag der Hauptfernsehtag (Reichweiten und durchschnittliche Nutzungsdauern) ist, gefolgt vom Samstag und den Werktagen. In den letzten Jahren hat eine Ausweitung der Sehdauern aber fast nur noch an den Werktagen (insbesondere Montag bis Mittwoch) stattgefunden, vermutlich weil an den Wochenenden eine Sättigung eingetreten ist.[77]

Eine Sonderauswertung telemetrischer Daten ergab 1978, daß immerhin 73 % der Männer und 70 % der Frauen einen - vom damaligen Bundeskanzler Helmut Schmidt vorgeschlagenen - "fernsehfreien Tag" in der Woche einlegten.[78] Allerdings geht aus dieser teleskopie-Sonderauswertung nicht hervor, ob dies freiwillig oder zwangsweise, zufällig oder geplant erfolgt, und worin die Motive zu sehen sind.

Trotz der defizitären Forschungslage lassen sich grundsätzlich Rhythmen des Medienhandelns nachweisen, deren subjektiv gemeinter Sinn und deren soziale Bedeutung durch zusätzliche Forschungsanstrengungen auf der Grundlage eines differenziertenen zeitsoziologischen Konzeptes zu untersuchen wären. Vieles spricht nämlich für die große Bedeutung dieser Rhythmen. So betont Gumbrecht die gedächtnisstützenden, affektiven und koordinierenden Funktionen der Zeitqualität Rhythmus.[79] Schon die bloße Sequentialisierung von einzelnen Elementen in einer Sendung, etwa die Reihenfolge von Hörfunkmeldungen in einer Nachrichtensendung, besitzt offensichtlich Bedeutung für die Erinnerungsleistung von Hörern. So hat Tannenbaum herausgefunden, daß tendenziell die Nachrichten aus der zweiten Hälfte der Sendung besser behalten werden; Meldungen an Anfang oder Ende der Sendung werden besser erinnert als Meldungen aus der Mitte der Sendung, die letzen Meldungen werden wiederum besser erinnert als die Anfangsmeldungen.[80]

Aus telemetrischen Meßergebnissen lassen sich Hypothesen über das individuelle Medienhandeln ableiten. Die durchschnittliche Einschaltdauer kann dabei als Indiz für Sehdauern, die Verteilung der Reichweiten auf den Tages-, Wochen- und Jahresverlauf als Hinweis auf Rhythmen des Medienhandelns gelten. Das Umschaltverhalten, das leider nur in Form von unveröffentlichten Sonderauswertungen als "Fluktuationsanalysen"[81] ausgewiesen wird, ist prinzipiell telemtrisch protokollierbar (zur Zeit wird in 30-Sekunden-Intervallen "abgefragt"), so daß auch hier deskripitive Statistiken als Ausgangsmaterial zur Verfügung stehen könnten.

Die Schwankungen der Dauer der Einschaltzeiten, die sich bei der Betrachtung über längere Zeiträume ergeben, können wir als Indiz für unterschiedlich lange

76 vgl. Hättenschwiler (1990), S. 144-146
77 vgl. Waldmann (1992), S. 59
78 vgl. Bessler (1980), S. 344
79 vgl. Gumbrecht (1988), S. 716-717
80 vgl. Tannenbaum (1954), S. 321
81 vgl. Vorderer (1992). Er analysiert auf dieser Grundlage die Persistenz (Umschaltverhalten, Unterbrechung, Abruch und unvollständige Rezeption) bei der Fernsehfilmrezeption. Demnach rezipieren (nur) etwas mehr als ein Drittel der Zuschauer Fernsehfilme vollständig (vgl. S. 201-216, zit. S. 208)

Rezeptionszeiten je nach Tageszeit (z.B. Primetime), Wochentag (Wochenende vs. Werktage) und Jahreszeit (Winter vs. Sommermonate) werten. Anhand der gleichen Daten kann man auch aufzeigen, daß es grundsätzlich sinnvoll und erforderlich ist, unterschiedliche Nutzertypen zu konstruieren. Allerdings sollten diese Nutzertypen nicht als stabile demographische Gruppe[82], sondern eher als zeitliche Nutzungs- oder Medienhandlungstypen aufgefaßt werden. Auf diese Weise wird die Typologisierung der Vielfalt der temporalen situationalen Bezüge gerecht, die Kubey / Csikszentmihalyi für das Fernsehen so zusammenfassen: "People use television to different ends at different times. No one views television for precisely the same reason all the time."[83]

4.2.3.2 Habitualisierung und Ritualisierung: Gewöhnliche und ungewöhnliche Zeiten

Die beobachtbaren bzw. hypothetisch konstruierbaren Rhythmen des Medienhandelns der Nutzer bedürfen einer Erklärung. Um ihren subjektiv gemeinten Sinn zu verstehen, werde ich mich der Begriffe Habitualisierung und Ritualisierung bedienen. Vorab müssen diese bislang in der Publizistikwissenschaft uneinheitlich verwendeten und zum Teil nur vage definierten Begriffe[84] erläutert werden:

Habitualisierte Handlungen sind gewohnheitsmäßig wiederholte Handlungen auf der Grundlage einer biographisch unter Umständen lange zurückliegenden Entscheidung. Habitualisierte oder habituelle Handlungen stellen Routinen dar, die nicht durch statuierte Zeitordnungen (Gesetze etc.) erzwungen wurden, gleichwohl aber einer soziologischen Erklärung bedürfen, da es sich um sozial erlernte Handlungsformen handelt. Habitualisierung führt aktuell zur Entlastung von Entscheidungs- und Zeitdruck durch bewußten Rückgriff auf wiederholt erprobte, relativ invariante Handlungsmuster.

Ritualisierte Medienhandlungen besitzen darüber hinaus einen symbolischen Gehalt und eine soziale Bedeutung (im semantischen und im funktionalen Sinne). Es handelt sich um intentionale Versuche, sozialen Kontakt herzustellen, also kommunikativ zu handeln oder zumindest an der kommunisierenden Kraft der Medien bewußt teilzuhaben. Beim Medien-Ritual geht es, wie ich noch weiter ausführen werde, um die Synchronisation von Subjekten (Pross).[85] Die Subjekte verbinden diese Synchronisation mit dem Gefühl der Zugehörigkeit.

Habitualisierung und Ritualisierung sind nicht immer trennscharf zu bestimmen, weil der subjektiv gemeinte Sinn der Handlung durch Beobachter nicht immer eindeutig festzustellen ist (Problem des Fremdverstehens). Beide Formen besitzen vergleichbare Zeitgestalten (regelhafte Wiederholung), aber unterschiedliche Bedeutungen. Chronometrisch meßbar sind allenfalls Abfolge (Handlungssequenz), Häufigkeit der Wiederholung (Frequenz) und Dauer der emergierenden Rhythmen. Die Dimension des subjektiven Sinns ist hingegen chronometrisch nicht zu erschließen. Alltagshandeln ist ohne habitualisierte und ritualisierte Handlungsformen nicht vor-

---

82 Hierauf weist auch Buss (1985), S. 227, ausdrücklich hin.
83 Kubey / Csikszentmihalyi (1990), S. 157
84 vgl. auch die Kritik von Harmgarth (1985), S. 31-35
85 Pross (1983), S. 8

stellbar. Deshalb werde ich diesen Phänomenen entgegen der Position von Ronneberger gesteigerte Aufmerksamkeit schenken. Franz Ronneberger räumt die Existenz von Ritualen der Freizeit und der Mediennutzung zwar ein, hält sie aber explizit keiner "weiteren Erörterung" für würdig.[86]

Habitualisierte Medienhandlungsmuster erweisen sich durch ihre Einbettung in die übrigen Alltagsroutinen als relativ invariant: Obgleich mittlerweile einige Fernsehanbieter (in der Bundesrepublik als erster RTL) ein 24-Stunden-Programm anbieten, halten sich offensichtlich habitualisierte Nutzungsgewohnheiten. So besitzt der Hörfunk in Großbritannien (wo es schon länger 24-Stunden-Fernsehprogramme gibt) in der Zeit von 3 bis 6 Uhr morgens noch immer eine dominante Funktion (bezogen auf die Publikumsgröße). Das Fernsehen kann nur bis 3 Uhr und mit dem einsetzenden Frühstücksfernsehen den Hörfunk überflügeln.[87] Dies ändert sich tendenziell an den Wochenenden und wenn man die Video-Aufzeichnung von Spätprogrammen berücksichtigt.

Medienhandlungen sind in hohem und offensichtlich wachsendem Maße Bestandteil unserer alltäglichen Handlungsstrukturen, die Medienkontakte haben sich verdichtet: 1990 nutzten laut Berg / Kiefer 51 % der Befragten täglich Zeitung, Hörfunk und Fernsehen, weitere 35 % mindestens zwei, 12 % mindestens eines der aktuellen Medien und nur noch 2 % (1964: 7%, 1974: 5%) gar kein Medium täglich.[88] Die Rolle der Medien im Alltag spiegelt sich nicht nur in Periodizität, Frequenz und Dauer des jeweiligen Medienhandelns, sondern auch in der Medienbindung, die Berg / Kiefer anhand von zwei Fragen - mit widersprüchlichen Ergebnissen im intermediären Vergleich - erhoben haben. Die Tageszeitung würden demnach 63%, den Hörfunk 57 % und das Fernsehen 51 % "sehr vermissen".[89] Die Nutzung der Tageszeitung erfolgt - sofern überhaupt - mit hoher Regelmäßigkeit, zeichnet sich also durch eine erkennbare höhere Periodizität aus als die Nutzung der Rundfunkmedien: Von den Nutzern am Stichtag bezeichneten sich 90 % (West) bzw. 92 % (Ost) als regelmäßige Nutzer, während sich nur 66 % bzw. 73 % der Radio- und 65 % bzw. 69 % der Fernsehnutzer so einschätzten.[90]

In Westdeutschland und im Westen Berlins werden Tageszeitungen ganz überwiegend zwischen 7 und 9 Uhr genutzt, nach 10 Uhr liegt die Reichweite nur noch bei 2-4 % (vielleicht nur ein Effekt eines desolaten Postzeitungsdienstes?). Nur die unter 30jährigen, meist unregelmäßigen Leser, nutzen Tageszeitungen auch zu anderen Tageszeiten.[91] Die geringe Zeitbindungskraft der Zeitung erschöpft sich also weitgehend im Mikrobereich der habitualisierten Morgennutzungsphase. Anders im Osten, wo (bezogen auf das Aggregat) sich die Zeitungslektüre auf den ganzen Tag erstreckt und "die 30- bis 39jährigen ihre durchschnittlich 30 Minuten Zeitungslektüre zwischen 7.00 und 9.00 Uhr, 12.00 bis 12.30 Uhr, 16.00 bis 17.00 Uhr und 19.00 bis 20.00 Uhr ... mit Reichweiten meist unter 5 Prozent ..."[92] verteilen. Ob der einzelne mehrmals am Tag (eine oder verschiedene) Zeitungen liest und wie die Lektürezeiten ggf. aufgeteilt werden, ist hieraus nicht ableitbar.

86 vgl. Ronneberger (1980), S. 9 u. S. 20
87 vgl. Gunter / Wober (1989), S. 59
88 vgl. Berg / Kiefer (1992), S. 52
89 vgl. Berg / Kiefer (1992), S. 228-230
90 vgl. Berg / Kiefer (1992), S. 27
91 vgl. Berg / Kiefer (1992), S. 63-64
92 Berg / Kiefer (1992), S. 67-68

Schmidt hat herausgefunden, daß bei Fernsehrezipienten mit vergleichsweise langer täglicher Nutzungsdauer (Vielseher) "Gewohnheit" häufiger eine Rolle als Handlungsmotiv spielt als bei Normal- und Wenigsehern. So gaben 60 % der Vielseher (mit mehr als 3 Stunden täglicher Sehdauer) "Gewohnheit" als eines ihrer Nutzungsmotive an, während dies nur 18 % der Wenigseher (bis zu einer Stunde tägliche Sehdauer) nannten. Selbst wenn man berücksichtigt, daß die Vielseher insgesamt mehr Motive angaben, so kommt dem Befund doch einige Bedeutung - auch für eine denkbare Nutzungstypenbildung - zu. "Gewohnheit" nahm bei den Vielsehern Rang 4 (von 14 möglichen Nennungen), bei den Wenigsehern nur Rang 9 ein.[93]

Die empirische Mediennutzungsforschung hat die Phänomene der Habitualisierung und Ritualisierung bislang stark vernachlässigt. Zwar wurden ausführliche Nutzenprofile für Medien erstellt, die auch die gewohnheitsmäßige Nutzung beinhalten, doch mangelt es einer theoretischen Fundierung dieser Ergebnisse ebenso wie ihrer weiteren Differenzierung. Nach einer INFRATEST-Studie von 1978 eignen sich im Urteil der Nutzer für die Einhaltung einer "Gewohnheit" "besonders gut" das Fernsehen (für mehr als 40 % der Befragten), Zeitung und Radio (20-29%) und in nur geringem Maße die übrigen Printmedien.[94] In Großbritannien, wo Videotext schon länger angeboten wird, nutzen immerhin 55 % der in einer Untersuchung von Greenberg befragten Videotextnutzer das Medium täglich.[95] Die Nutzung des Hörfunks zu Informationszwecken korreliert nach Ecke mit zeitlich zwar nicht intensiver, jedoch regelmäßiger Medienzuwendung, während die Motive Unterhaltung und Entspannung mit ebenfalls regelmäßiger, aber dauerhafterer Nutzung einhergehen.[96] Über die Art der rituellen Medienhandlungsmuster und über die Zeitgestalten der jeweils genutzten medialen Formen erfährt man jedoch nichts.

Bis heute wissen wir - soweit ich sehe - nahezu nichts darüber, welche sozialen Gruppen in welchem Ausmaß Fernsehen rituell oder habituell nutzen und welche Bedeutung dies für den einzelnen besitzt. Eine 1992 in Auftrag der Stiftung Lesen durchgeführte repräsentative Umfrage deutet auf eine relativ große Bedeutung habitualisierter Nutzungsmuster hin. Immerhin 30 % der Nutzer geben an, gewohnheitsmäßig meist jeden Tag zu einer ganz bestimmten Zeit, den Fernseher einzuschalten, was nur wenig über ihre tatsächliche Rezeption aussagt. Mit zunehmender formaler Bildung nimmt - zumindest laut Selbsteinschätzung der Befragten - diese Tendenz zur Habitualisierung ab, während sie mit steigendem Lebensalter zunimmt. Die selektive Programmwahl und Fernsehnutzung spielt nach dieser Untersuchung nur bei etwa einem Viertel der Nutzer die größte Rolle. Fernsehen als "Zeitfüller" wird von immerhin 19 % der Befragten als bevorzugte Anwendung angeführt, auch diese Nutzungsform nimmt mit zunehmender formaler Bildung erkennbar ab. Fernsehen als Instrument der Zeitverdichtung durch Parallelhandlungen spielt grundsätzlich für 17 % der Befragten eine entscheidende Rolle, tendenziell vor allem bei den jüngeren Nutzergruppen (vgl. Abb. IV. 4.6. mit Auszügen (Alterskohorten) der Ergebnisse).

---

93 vgl. Schmidt (1990b), S. 156; alle Daten stammen aus einer nicht-repräsentative Studie (N = 607), die 1987 im Rahmen der Begleitforschung des Berliner KPP durchgeführt wurde.
94 INFRATEST (1978), S. 152 nach Drabczynski (1982), S. 181
95 vgl. Greenberg (1989), S. 93
96 vgl. Ecke (1991), S. 160

Angaben in %	Gesamt	Alter 14-29	30-39	40-49	50-59	60...
Ich schalte den Fernseher meist jeden Tag zu einer ganz bestimmten Zeit ein, weil das so meine Gewohnheit ist	30	18	24	30	35	44
Ich schalte den Fernseher im allgemeinen nur ein, um mir bestimmte Sendungen anzusehen. Wenn danach nichts Interessantes mehr kommt, schalte ich wieder ab	24	25	26	27	24	22
Ich schalte den Fernseher irgendwann ein und verbringe meine Zeit mit Zuschauen	19	20	15	12	16	24
Bei mir läuft zwar oft der Fernseher, meist beschäftige ich mich aber gleichzeitig mit anderen Dingen	17	19	24	17	18	9
Das ist ganz unterschiedlich, ich habe keine festen Gewohnheiten, kann mich nicht entscheiden	17	23	19	19	15	9
Ich sehe so gut wie nie fern	3	4	3	1	4	1

Frage: "Ich lese Ihnen nun einige Fernsehgewohnheiten vor. Welche trifft für Sie am meisten zu?" (Angaben in Prozent)[97]

Abb. IV. 4.6: Fernsehnutzungsgewohnheiten nach Selbsteinschätzung der Nutzer[98]

97 Summiert ergeben sich Werte, die deutlich über 100 % liegen, ohne daß Rundungsfehler dies erklären. Ob Mehrfachnennungen möglich waren geht aus der Darstellung bei Franzmann / Löffler leider nicht hervor.

98 Quelle: Stiftung Lesen (Hrsg.): Leseverhalten in Deutschland 1992/93, zit. nach Franzmann / Löffler (1993), S. 456

Habituelle und rituelle Nutzung des Fernsehens werden durch die Programmvermehrung gefördert:

> "Das Interesse an Serien führt angesichts der zahlreichen Serienangebote der Privatprogramme bei privat orientierten Zuschauern zu einer stärkeren Orientierung des Tagesablaufs am Fernsehprogramm, ... auch nimmt die Nutzung der Fernsehens als Hintergrundmedium in dieser Gruppe tendenziell zu. Besonders die rund um die Uhr ausgestrahlten Musik-Videoclips, Serien und leichte Unterhaltungsangebote werden als Geräuschkulisse genutzt."[99]

Die Orientierung des eigenen Tagesablaufs am Programm-Schedule spricht vor allem für eine Ritualisierung des Mediums im Sinne der Zeitstrukturierung durch den sozialen Zeitgeber Fernsehen ("Übergangsriten"). Die Hintergrundnutzung erfolgt offensichtlich in starkem Maße als habitualiertes Medienhandeln mit dem Ziel der Zeitverdichtung und -vertiefung.

Durch Programmvermehrung werden die jeweiligen Serienbeginne gleichmäßiger getimt, also über den ganzen Tag verteilt. Sie sind gleichwohl durch Strip-Programming leicht zu merken und aufzufinden. Eine sekundäranalytischen Untersuchung der habitualisierten Vorabendprogrammnutzung von Friederike Harmgarth[100] kommt zu dem Schluß, daß habitualisierte Mediennutzung bei Programmvermehrung tendenziell wahrscheinlicher wird.[101] Vielleicht tritt hier die entlastende Routine partiell an die Stelle zeitaufwendiger gewordener Programmnutzungsplanung. Die Neigung zur Habitualisierung der Vorabendprogrammnutzung korreliert positiv mit eher geringem Haushaltseinkommen und formal niedrigerem Bildungsniveau. Familien, in denen die Frauen nicht erwerbstätig sind und solche, in denen die Haushaltsvorstände bereits im Rentenalter sind, nutzen das Vorabendprogramm in stärkerem Maße habitualisiert. Am ausgeprägtesten sind habitualisierte Medienhandlungen am Wochenanfang. Die Beliebtheit des Mediums Fernsehens, die Vorliebe für bestimmte Anbieter (Channel Loyalities) oder eine bestimmte Serie haben keinen oder keinen signifikanten Einfluß auf die Habitualisierung.[102] Auch die Ritualisierungsangebote nehmen mit dem Wachstum des absoluten Serienangebots zu. Aufgrund des medienökonomischen Problems, publikumsattraktive aber kostspielige Programme optimal zu verwerten, kommt es zu dem Phänomen, daß die gleichen Serien am gleichen Tag wiederholt werden und somit erneut der ritualisierten Nutzung offenstehen. Die Wiederholung der gleichen Folge innerhalb weniger Stunden erlaubt prinzipiell aber auch die Lockerung habitualisierter Nutzungsformen ohne Verzicht auf eine "Lieblingsserie".

Claudia Schmidt prognostiziert eine Abnahme der *sozialen* Bedeutung vorgegebener Programmstrukturen durch eine Individualisierung des Mediennutzungsverhaltens. Hierzu tragen neben dem Vielkanalangebot auch die Techniken der Entprogrammierung, also die Abruf- und Speichermedien bei.

Die aktuellen Nachrichtenmedien könnten sich hier als resistent erweisen, denn diese weitgehend ritualisiert genutzten medialen Formen besitzen eine eigentümlich

---

99 Schmidt (1990b), S. 319

100 Die Untersuchung bezieht sich auf habitualisierte Fernsehnutzung des Vorabendprogramms und ist nicht repräsentativ. Ausgewertet wurden standardisierte Tagebücher von n = 1797 Personen über 6 Jahren in 653 Haushalten (Familien). Erfaßt wurden in Halbstundenintervallen von 6 bis 1 Uhr 12 Mediennutzungen und 9 weitere Tätigkeiten über einen Zeitraum von 4 Wochen (3.-30.10.1984). vgl. zur Methode Harmgarth (1985), S. 90-95

101 vgl. Harmgarth (1985), S. 141

102 vgl. Harmgarth (1985), S. 137-139, S. 149-150

widersprüchliche Zeitgestalt: Ihre Periodizität oder gar potentielle Permamenz erlaubt ihnen ein hohes Maß an Aktualität: Das Einmalige, Unerwartete wird regelrecht und regelmäßig erwartbar. Die Diskontinuität des Aktuellen wird zur Kontinuität der medialen Form.

> "[Die] Teilnahme an dieser Neuigkeitswelt ist für den einzelnen mithin eine Gelegenheit, dem Gleichmaß des Alltags mit einem Blick durch das Fenster zu entfliehen - auch und gerade weil man sich darauf verlassen kann, daß die Zeitung jeden Morgen um dieselbe Stunde gebracht und die Tagesschau jeden Tag zur gleichen Zeit gesendet wird. ... Bei Lebensrhythmik und Nachrichtenrhythmik handelt es sich mithin um eine organisierte Differenz, die darauf beruht, daß es nicht zur Integration kommen kann - was nicht ausschließt, daß Ereignisse Handlungen auslösen ..."[103]

Extramediale Rituale können zwei unterschiedliche Funktionen besitzen: zum einen eine konservative Funktion, wenn z.B. Mythen in bestimmten Rhythmen wieder-aufgeführt werden und auf diese Weise sozial integrativ und den status quo erhaltend wirken. Zum anderen kann ihnen aber auch die Bedeutung zukommen, etwas (qualitativ) Neues einzuführen und zu etablieren, also innovativ zu wirken. Mediale Rituale können nun beide Funktionen gleichzeitig erfüllen: Die rhytmische Periodizität kann mit rituellem Verhalten korrespondieren und somit der Selbstvergewisserung dienen. Auf dieser Basis kann nun das Neue vermittelt werden.

Hegel hat - vielleicht als erster - einen Vergleich der Mediennutzung mit religiösem Ritus gewagt: "Das Zeitungslesen des Morgens früh ist eine Art von religiösem Morgensegen. Man orientiert seine Haltung gegen die Welt an Gott oder an dem, was die Welt ist. Jenes gibt dieselbe Sicherheit, wie hier, damit man wisse, wie man daran sei."[104] Ähnliches gilt auch für den Hörfunk, wie Mendelsohn auf der Grundlage einer empirischen Studie aus der "Blütezeit" des Hörfunks feststellt:

> "Radio serves as an accompainment to the rhythms of the day's activities. To many listeners, radio »brackets« the day. First, it »cues in« the listener in the mornings, thereby preparing him for his encounters with the outside world, with reports of the previous night, the status of the world today, and the possible threats to his normal routines. The cueing function of morning radio very often helps to set the listener's mood and his frame of mind."[105]

Ritualisierte Medienhandlungen dienen der Synchronisation von Subjekten, indem öffentliche und private Zeiten (Zeitordnungen und -bewußtseine) miteinander vermittelt werden. Die habitualisierte Mediennutzung der "Bettlektüre" kann ebenso wie die Hörfunk- oder Fernsehnutzung "immer vor" oder "zum Einschlafen" zum privaten Einschlafritual werden. Dieses Ritual ist privat, weil es einen individuellen Übergang im persönlichen Tagesanlauf markiert, es ist öffentlich, weil wir uns hierfür publizistischer Medien bedienen und weil unser Tagesablauf von den Anforderungen eines sozialen Alltags geprägt ist. Ritualisierte Medienhandlungen können der Herstellung von subjektiver Sicherheit dienen, die wiederum zur politisch-sozialen Ordnung beitragen kann:

> "... die Tageszeitung, die Tagesschau des TV, symbolisieren die *Dauer* der Ordnung, der sie zugehören, und die Ordnung dauert, *weil* sie wiederholt symbolisiert wird."[106] "Ritualisierung

---

103 Luhmann (1990d), S. 1
104 Zit. nach Groth (1972), S. 555 (ohne weitere Quellenangabe)
105 Mendelsohn (1966), S. 242
106 Pross (1974), S. 83

heißt Synchronisation von Subjekten. ... Die gleichzeitige Inanspruchnahme der Lebenszeit vieler für das Ritual ..., ist eine Machtfrage."[107]

Beim Fernsehen wird Synchronisation vor allem dadurch erzielt, daß die Rezipienten wissen, daß sie simultan einem (Live-)Ereignis folgen. Die Rezeption hat in hohem Maße kommunisierende Wirkung (Merten).

Ritualisierte Medienhandlungen zeichnen sich wie habitualisierte durch den Aspekt der Wiederholung aus, den Harry Pross als "eine einfache Form des Rhythmus, die nach einem Schema in festgelegten Zeitabständen oder zu bekannten Anlässe bestimmte Kommunikationen herbeiführt ..." bezeichnet. Das *"Ritual"* ist eine geordnete, mit Zeichengebrauch verbundene Handlung mit einer sich wiederholenden und deshalb vorhersehbaren Struktur (Anfang und Ende).[108] Pross gibt der Wiederholung damit eine kultursoziologische Bedeutung:

> "Die Ritualisierung teilt den kommunikativen Prozeß in Zeitabschnitte ein und gewinnt dadurch eine unverwechselbare Qualität ... Das Ritual zeigt die Rolle der Kommunikation beim Aufbau dessen, was »gesellschaftliche Wirklichkeit« genannt wird, am deutlichsten. Es tritt als Wirklichkeit des Kommunikationszusammenhangs mit Terminen, Feiertagen, Fahrplänen etc. den Subjekten gegenüber und bringt seinen Rhythmus in deren Lebenszeiten."[109]

Programm-Medien können ritualisiert genutzt werden und dienen der Vermittlung von Gemeinschaftserlebnissen: Jeder Rezipient weiß, daß (sehr viele) andere Rezipienten simultan die "gleiche Botschaft" rezipieren. Die medialen Riten und die medial vermittelten Riten wie z.B. die Olympiaden bieten eine Strukturierungsmöglichkeit für die Lebenswelt und unser alltägliches Handeln an. Sie können profane von den heiligen Zeiten (der Rezeption) trennen. Sie ordnen Ereignisse in eine nachvollziehbare Chronologie ein.[110] Die Synchronisation ist hierbei kein Effekt der großen Zahl allein (denn dies gilt potentiell auch für nicht-simultan rezipierte Bücher), sondern wesentlich ein Effekt der Gleichzeitigkeit bzw. der Simultanität, die als *soziale* Gleichzeitigkeit konstruiert und erfahren wird (Sozialität im Sinne Meads).

Ritualisierung erklärt sich nicht vollständig aus der bloßen Gewohnheit (als Kombination von Sequenz, Dauer und Frequenz). Ritualisierte Medienhandlungen unterscheiden sich von habitualisierten durch ihre besondere Bedeutung (subjektiver Sinn) und ihre besondere soziale Funktion. Bedeutsam ist die soziale Dimension der Gemeinsamkeit, die bestimmte - meist positive - affektive Besetzung erfährt. Kommunikation als Ritual (Carey)[111] wird nicht als Transmission im Sinne der Transportmetapher, sondern als Teilhabe an der gemeinsamen, synreferentiellen Konstruktion von Wirklichkeit (Sinn) begriffen. Empirisch beschreibbare Perioden werden subjektiv mit Sinn besetzt, den kommunikationswissenschaftliche Forschung nicht ausklammern sollte. Ritualisierte wie habitualisierte Medienhandlungen können Parallelhandlungen darstellen, ritualisierte Medienhandlungen haben aber eine strukturierende Funktion, die nicht ohne weiteres durch eine andere (Medien-)Handlung ersetzt werden kann. Die empirische Beschreibung hinkt sogar bei der Erfassung der äußeren Merkmale

107 Pross (1983), S. 8-9
108 Hierin folge ich der Definition von Moles (1983), S. 16
109 Beth / Pross (1976), S. 99-100
110 Michael Real bezeichnte die kommunikationswissenschaftliche Auseinandrsetzung mit solchen Strukturierungsfunktionen als "ritual analysis". vgl. Real (1989)
111 vgl. Carey (1989), S. 18-23

von Habitualisierung und Ritualisierung hinterher. Deshalb hat Neverla bezogen auf die Fernsehnutzung einen "Zeitpunkt-Quotienten"[112] vorgeschlagen, der sich auch auf andere Formen regelmäßigen Medienhandelns übetragen ließe. Es geht dabei um die Erfassung der Regelmäßigkeit der Nutzung; ins Verhältnis gesetzt werden die Anzahl der Nutzungshandlungen und die chronometrischen (oder so mein ergänzender Vorschlag: die handlungslogischen funktionalen) Zeitpunkte der Nutzung innerhalb eines Untersuchungszeitraumes. Erfolgen alle Nutzungen zum immer gleichen (d.h. wiedergekehrten) Zeitpunkt, beträgt der Quotient 0,1, erfolgen alle Nutzungshandlungen zu unterschiedlichen Zeitpunkten, dann beträgt der Quotient 1,0. Je kleiner der Wert, um so ausgeprägter die Ritualisierung und vice versa. Ebenfalls chronometrisch lassen sich Nutzertypen nach der Dauer der Nutzung und nach der zeitlichen Lokalisierung (tageszeitlich, wochenzeitlich, jahreszeitlich) beschreiben. Aus der Kombination dieser Merkmale ließen sich mehrdimensionale Nutzertypen konstruieren, was bislang jedoch nicht erfolgt ist.

Ritualisierung ist - wie bereits ausgeführt - nicht hinreichend als chronometrische Regelmäßigkeit beschreibbar. Um den mit diesem Handlungsmodus verbundenen subjektiven Sinn und die soziale Funktion zu erschließen, bedarf es zusätzlicher qualitativer Methoden.

Das Errichten verbindlicher Marksteine und Zeitpunkte durch Tageszeitung und Rundfunkmedien ist als strukturierendes, ordnendes Element vielen Individuen offensichtlich willkommen. Neverla hat festgestellt, daß die Sendeplätze vor allem der Nachrichtensendungen und bei den Männern die der Sportsendungen und Spielfilmserien "in erstaunlichem Maße" bekannt sind.[113] Die Tagesschau gehört zu den meistzitierten Beispielen eines solchen Marksteins, der (Arbeits-)Tag und (Feier-) Abend trennt. Wenn sich die sozialen Zeitverhältnisse wandeln, dann suchen sich die Fernsehnutzer entweder einen neuen Markstein oder sie fordern die Versetzung des Marksteins, ohne den die Zeiteinteilung wohl nicht gelingen will: Beim Start des ZDF trug man den veränderten sozialen Zeitverhältnissen Rechnung, indem die Hauptnachrichtensendung auf 19.30 Uhr placiert wurde. Mit einem weiteren Wandel forderten einige Nutzergruppen (unterstützt von der Programmpresse) eine weitere Vorverlegung von "heute" auf 19 Uhr, die 1973 auch erfolgte.[114] Dahinter stand die Vorstellung, das *komplette* Abendprogramm rezipieren zu wollen oder zu müssen. Das Fernsehprogramm wurde noch nicht als permanentes Varieté, sondern als wiederkehrende Einheit aufgefaßt. Nachdem schon die abendliche Routine des Essens nach dem Fernsehprogramm getimt wurde (oft als Parallelhandlung), sollte nun das Programm so getimt werden, daß vollständige Rezeption auch für Arbeitnehmer, die früh aufstehen müssen, möglich wurde. Die Herstellung von Simultanität durch das Ritual ließ sich zumindest in Zeiten begrenzter Programmvielfalt auch am Strom- und Wasserverbrauch ablesen: "Das Wort zum Sonntag" nach der großen Samstagabend-Show wurde von gesteigertem Wasserverbrauch durch gleichzeitige Toilettengänge begleitet.[115] Vor der Erfindung des TED wurde der Stromverbrauch als Mittel "aktiver" Zuschauerbeteiligung etwa bei der Bewertung von Kandidatenleistungen in eben diesen Shows

112 vgl. Neverla (1992a), S. 136
113 vgl. Neverla (1992a), S. 208
114 Dem waren entsprechende Tagesablaufstudien und eine Debatte um die Verantwortbarkeit (Eingriff in den Familienabend) im Fernsehrat vorausgegangen. vgl. Ronneberger (1980), S. 33-34
115 vgl. Eurich / Würzberg (1983), 76-79

verwendet. Zu gesellschaftlichen Zeitmarken werden ritualisierte Sendeplätze aber nicht nur durch die massenhafte individuelle Orientierung, sondern durch die persönlichen Gespräche und die Berichterstattung der Printmedien: Auch ein "heute"- oder "Blick"-Rezipient und vielleicht sogar der Nicht-Besitzer eines Fernsehens werden vermutlich nicht während der "Tagesschau" oder je nach Adressat während der "Sportschau" einen Telefonanruf beginnen. Medien sind also nicht nur eingebunden in die Zeit-Taktiken ihrer Nutzer und Produzenten, sie besitzen auch die Funktion sozialer Zeitgeber, die bis zu einem gewissen Grad auch für die an konkreten Medienhandlungen nicht beteiligten Mitglieder einer Gesellschaft verbindlich sind. Mit der Ausnahme von Amtsblättern und dem Einfluß der gesetzlich geregelten Arbeitszeiten (die für die Produktion von Medien weitgehender Deregulierung unterliegen und allenfalls zu den Zeitstrukturen der Mediennutzung beitragen) kann bei den Medien jedoch nicht von formellen Zeitgebern im Sinne statuierter Zeitordnungen sprechen. Zwar werden Medienorganisationen durch eine Fülle gesetzlicher und vertraglicher Bestimmungen reguliert, doch betreffen diese nur in Ausnahmefällen die zeitliche Ordnung, etwa bei der tageszeitlich begrenzten Kabelkanal- oder Frequenzzuweisung oder Lizenzierung von Rundfunkveranstaltern auf Zeit.

Hingegen scheinen aktuelle, periodische und Programm-Medien eine bedeutende Funktion als informelle Zeitgeber zu besitzen. Zu diesem Schluß kommt auch der Pressehistoriker Jeremy D. Popkin, der bezogen auf das 18. Jahrhundert für die alphabetisierten Teile der Bevölkerung feststellt, daß sich Uhr und Zeitung bei der Funktion individueller Zeitorientierung ergänzen.[116]

Allerdings führt die Enttaktung des Medienangebotes seit der Etablierung des Vielkanalfernsehens zu einer Aufweichung dieser auf ritualisierten Programmangeboten und Mediennutzungsweisen basierenden Verhaltensregeln (kommunisierende Zeitgeberfunktion). Erste empirische Indizien bestätigen diese These: So führte das gesteigerte Programmangebot (durch Verkabelung und private Anbieter) bei Kindern nicht zu signifikant längeren Nutzungsdauern, sondern zu einer Verschiebung der Nutzungszeiten vom späteren Nachmittag (Nicht-Kabelhaushalte) auf den Nachmittag vor 15 Uhr und auf die frühen Morgenstunden zwischen 7 und 8 Uhr.[117]

In Analogie zu den "besonderen Zeiten" der Fernsehrituale lassen sich "besondere Tage" für den Printmediensektor benennen, an denen das periodische Erscheinen eines bestimmten Printmediums rituelle Nutzungs- und Verhaltensweisen offensichtlich nahelegt: Der Montag gilt als "SPIEGEL"- oder "Focus"-Tag, der Donnerstag ist der Haupterscheinungs- und vermutlich -nutzungstag der anspruchsvolleren Wochenpresse ("Die Zeit", "Weltwoche", "Wochenpost", "Die Woche") und des "Stern". Der Samstag zeichnet sich durch besonders umfangreiche Ausgaben mit reichhaltigen Anzeigenteilen aus, und den Sonntagsausgaben bzw. Sonntagszeitungen kommen vermutlich stark abweichende zeitliche Nutzungsmuster (vor allem bezüglich Dauer und Timing) zu.

Das alltägliche Bedürfnis nach wiederkehrenden, rituellen Mediennutzungen wird vor allem spürbar, wenn der Erscheinungsrhythmus z.B. durch einen Streik unterbrochen wird. Dies bestätigen auf eindrucksvolle Weise alle bekannteren Studien, die Einstellungen und Medienhandeln von Rezipienten während eines Zeitungsstreiks

---

116 vgl. Popkin (1989), S. 6-7
117 vgl. Frank (1991), S. 178

untersuchen. Obgleich Berelson 1945 primär an der Frage interessiert war, welche Inhalte der Tageszeitung vermißt wurden und welche Verhaltensänderungen stattfanden, so stellten sich doch die temporalen Funktionen der Zeitungsnutzung klar heraus. Zeitungen werden demnach als wichtige Planungsgrundlage für das zeitsparende Timing von anderen Aktivitäten und als Möglichkeit der persönlichen Auszeit (in den Untersuchungen oft als "ekapistische Unterhaltung" diffamiert) und des Füllens von Restzeiten im Sinne einer negativen Zeitökonomie ("keine Zeit untätig vergeuden") genutzt.[118] Das streikbedingte Ausbleiben der Tageszeitung brachte aber auch ein spezifisches Bedürfnis nach Ritualisierung an den Tag:

> "This need for the newspaper is further documented by references to the ritualistic and near-compulsive character of newspaper-reading. Many people read their newspapers at a particular time of the day and as a secondary activity, while they are engaged in doing something else, such as eating, traveling to work, etc... At least half the respondents referred to the habit nature of the newspaper ... One young man reread out-of-date newspapers more thoroughly, »as a resort«."[119]

Bestätigt wird Berelsons These von der zeremoniellen, rituellen, fast-zwanghaften Zeitungsnutzung durch Studien von Kimball anläßlich des New Yorker Zeitungsstreiks 1958[120] und durch weitere europäische Studien. Bei der AfK-Studie 1973 in München nahm die Tageszeitung bei knapp der Hälfte der Befragten "einen festen Platz im Tagesablauf ein", der von einigen während des Streiks mit anderen Lesetätigkeiten gefüllt wurde.[121] Nicht die konkreten Medieninhalte, sondern die Regelmäßigkeit des Mediums an sich und seine Einbindung in die alltäglichen Routinen stellten wichtige Faktoren bei den Studien von Marplan und AFK anläßlich des Zeitungsstreiks 1976 in der Bundesrepublik dar. "Besonders am Morgen, aber auch in der Mittagspause und am Abend" wurde die Zeitung vermißt.[122] Wie bei Berelson 1945, so gaben auch in den Niederlanden 1977 die rituelle Einbettung in den Tagesablauf mit 77 % auf dem ersten Rang der Nennungen vor dem Sozialprestige (63%) und den ebenfalls temporalen Funktionen der Entspannung ("Auszeit") mit 45 % und dem "angenehmen Zeitvertreib" mit 34 % an (Mehrfachnennungen waren möglich).[123] Auch beim Zeitungsstreik 1978 in München zeigte sich die "wichtige Schrittmacher-Funktion" der Tageszeitung im Tagesablauf:

> "Die Zeitung war vor allem integraler Bestandteil des morgendlichen Regenerations-Rituals - sie beeinflußte Aufstehzeit, Frühstücksdauer, sorgte für gute Laune. Ohne Zeitung standen einige Befragte früher auf, begaben sich zeitiger als sonst ins Büro. Fünf Prozent gaben an, daß sie mehr arbeiteten als sonst."[124]

Cohen hat anläßlich des Medienstreiks 1978 in Israel, bei dem neben den Tageszeitungen auch alle hebräischen Rundfunkmedien (mit Ausnahme des Militärradios) ihre Produktion eingestellt hatten, herausgefunden, daß die habitualisierten Nutzungsgewohnheiten stärker als die soziodemographischen Persönlichkeitsvariablen das Verhalten während des Streiks bestimmten.[125]

---

118 vgl. Berelson (1954), S. 266-268
119 Berelson (1954), S. 269
120 vgl. Dorsch (1984), S. 78
121 vgl. und zit. Dorsch (1984), S. 83
122 vgl. und zit. Dorsch (1984), S. 85-89
123 vgl. Dorsch (1984), S. 95
124 Dorsch (1984), S. 109-110
125 vgl. Cohen /(1981), S. 172 u. S. 179

Angesichts der Zeitungsstreik-Studien kann man die Zeitung mit Pross semiotisch als "Superzeichen" der Zeit betrachten. Der Leser erkennt in der wiederkehrenden Form der Darstellung des jeweils Einmaligen die Irreversibilität seiner subjektiven Lebenszeit und ihre Eingebettetheit in übergreifende soziale Zeiträume und Routinen.[126] Die israelische Studie bestätigt, daß den Rundfunkmedien ebenfalls die Rolle der Vermittlung von privaten Zeiten und sozialem Kalender zukommt. Dies gilt insbesondere für nationale Medienanbieter wie die öffentlich-rechtlichen Anstalten oder die BBC, die Scannell wegen der "calendrical role of broadcasting" als "*the* central agent of the national culture" betrachtet.[127] Journalisten fungieren als "Interpreten des Kalenders", sie sind insofern die Nachfolger der Priester. Die regelmäßige Wiederkehr der Verkündung wurde durch die *periodische Berichterstattung* abgelöst. Der soziale Kalender der nationalen Festtage und der Freizeit- und Ferienperioden bedarf, weil er längst zum *Ritual* mit fragwürdigem Sinngehalt geworden ist, einer solchen *liturgischen* Interpretation, die Verhaltens-, Kleidungs- und sonstige Konsumregeln liefert:[128] die Medien leisten diese "quasiklerikale Rolle".[129]

Pross unterscheidet nun die kalendarischen Riten von den Riten der Lebenskrise ("rites de passage", A.v. Gennep): (1) "Kalendarische Riten sind Gebräuche großer Gruppen und ganzer Gesellschaften, die in dem kalendarischen Ablauf so weit eingegangen sind, daß sie ihn unterbrechen."[130] (2) Individuell durchlebte Krisen des Übergangs werden sozial durch den Rückgriff auf konventionalisierten Zeichengebrauch (Zeremonien), an denen in Mediengesellschaften auch die Kommunikationsmedien teilhaben (beispielsweise durch Geburts-, Konfirmations- bzw. Kommunions-, Verlobungs-, Heirats- und Todesanzeigen oder eine betreffende Berichterstattung bei Personen sog. "öffentlichen Interesses") symbolisiert und bewältigt.

Das Verhältnis der medialen Rhythmen und der sozialen Kalender ist also wissenssoziologisch als Vermittlung zu fassen: Periodika vermitteln durch ihre mediale Form temporale Muster der Gesellschaft und sind zugleich Ausdruck gesellschaftlicher Zeitstrukturen, denn sie "sind an das kalendarische Ritual gebunden und wirken an seiner Realisierung durch ihre Erscheinungsweise mit."[131] Kurz: "Die modernen Massenmedien sind kalendarisch verfaßt."[132]

Die schriftliche oder anderweitige mediale Manifestation von Riten des Lebenslaufs führt tendenziell zu einem Bedeutungsverlust körperlicher Zeremonien[133] oder doch zumindest zu deren Form- und Funktionswandel, wenn die Medien in die Zeremonie eingebunden werden können (etwa durch die Lesung eines religiösen Textes). Rituelle Mediennutzung im Alltag kann die Funktion der Vergewisserung (über die Welt und das Ich) übernehmen, die vormals eher der Religion zukam. Nicht mehr die klerikale Interpretation von Religion, sondern die Massenmedien tragen entscheidend zur Konstruktion symbolischer Sinnwelten (Berger / Luckmann) bei. Allenfalls

126 vgl.: Beth / Pross (1976), S. 119
127 Scannell führt vor allem die kirchlichen und nationalen Feiertage und die Sportereignisse als kalendarische Medienereignisse an. vgl. u. zit. Scannell (1988), S. 17-18
128 vgl. Pross (1979), S. 65-66
129 Pross (1989), S. 6
130 Pross (1974), S. 128
131 Beth / Pross (1976), S. 114
132 Pross (1974), S. 136
133 Dies betont Goody (1986), S. 42-43, für die Schrift.

in den nicht-alltäglichen Krisen des Lebenslaufs (Erfahrung von Leid und Tod) erfolgt eine (Rück-)Orientierung auf religiöse Symbolwelten und Sinnangebote.[134]

Goethals, der die Vermittlung von Ritualen und Mythen als Tiefenstruktur des Fernsehens ansieht, hat fünf Grundelemente des Rituals zusammengestellt, die jedoch nicht in vollem Maße auf alle medialen Rituale anzuwenden sind. (1) Die aktive Teilnahme der Individuen an einem kollektiven, nicht-alltäglichen Akt zeichnet Rituale im allgemeinen aus. Entgegen Goethals eigener Interpretation kann man aber nicht davon ausgehen, daß das Fernsehen als technisches Medium die Zuschauer quasi automatisch schon zu aktiven Teilnehmern macht. Hierzu gehören besondere Umstände der Rezeption, die vom Fernsehzuschauer selbst hergestellt werden müssen und nicht "mitgelieferter" Bestandteil der medialen Inszenierung sind. Dies betrifft insbesondere das zweite Merkmal des Rituals, den (2) außergewöhnlichen, nicht-alltäglichen Raum. Die Mediennutzung findet nicht an heiligen oder geweihten Orten, sondern in der Privatsphäre bzw. im Falle von Medienereignissen auch im öffentlichen (oder betrieblichen) Raum statt. Die Rituale "Tagesschau" oder "Sportschau" kommen jedoch mit durchaus privaten Inszenierungen aus, auch wenn es sich vielleicht um "geheiligte" Zeiten handelt, die dem Zugriff anderer entzogen werden sollen. (3) Der besondere Zeitcharakter des Rituals, der sich nicht nach chronometrischen Maßstäben bemißt, wird vom Medien-Ritual geteilt: Es handelt sich um eine der (in den meisten Fällen dominanten) lebensweltlichen Zeitökonomie entzogene wohlstrukturierte Einheit, die sich durch bestimmte Phasen und bedeutungsvolle Momente auszeichnet. (4) Thema oder Stoff von Ritualen und Medien-Ritualen sind bedeutsame Ereignisse, ob es sich nun um Schöpfungsmythen oder um Nachrichten bzw. Ereignisse aus Politik und Sport handelt. (5) Die Interpretationsmöglichkeiten von Ritualen und Medien-Ritualen umfassen verschiedene Bedeutungsdimensionen: Neben den schon erwähnten Erneuerungen (innovative Funktion) und Konservierungen (bzw. Konfirmationen) kann es um Welterklärung, Erinnerung (Transzendenz von Zeit) oder um die Veränderung des Teilnehmers durch eine besondere Erfahrung gehen.[135]

Im Bedeutungsverlust der sakralen Rituale sieht Goethals einen Hintergrund für den Bedeutungsgewinn der Medien-Rituale. Fernsehen überträgt aber nicht nur einfach öffentliche Rituale, sondern es verändert sie auch und kann selbst zu einem unverzichtbaren Bestandteil von Ritualen werden,[136] wie das Beispiel der Medienereignisse zeigt. Medien-Rituale können weitreichende Veränderungen der politischen Kultur einer Gesellschaft nachsichziehen.[137]

Nur die Speichermedien erlauben durch ihre Dauerhaftigkeit nicht nur die Einhaltung, sondern auch die Lösung vom kalendarischen Ritual und partiell auch von den Riten der Lebenskrise.

Im Rahmen alltagssoziologischer Studien hat Weigart auf die Bedeutung des Fernsehens, insbesondere der Sportberichterstattung bzw. -übertragung für die zyklische Strukturierung der Woche hingewiesen. Das Wochenende, insbesondere der Sonntagnachmittag hat durch den Prozeß der Säkularisierung der Lebensführung und der Mediatisierung des Zuschauersports seine soziale Bedeutung verändert: "Sunday

134 vgl. Benedict (1978), S. 122 u. S. 133
135 vgl. Goethals (1981), S. 8-11
136 vgl. Goethals (1981), S. 130
137 vgl. Goethals (1981), S. 31

has become for many a partial day of religious services and for others a half-day of spectator sports on TV."[138]

Nach einer Untersuchung von Claudia Schmidt werden vor allem Nachrichtensendungen und fiktionale serielle Formen gerne "zur Strukturierung des Feierabends herangezogen."[139]

Alle hier referierten Untersuchungsergebnisse belegen, daß Zeitgestaltung ein wichtiges Motiv des Medienhandelns ist, während die inhaltlichen Gesichtspunkte medialer Formen primär bei der selektiven Meidenzuwendung eine vorherrschende Rolle spielen dürften. Selbst der Ausbruch aus der habitualisierten Nutzung, etwa durch die Übertragung und Rezeption von Großereignissen aus anderen Zeitzonen (vom Boxkampf bis zur Mondlandung), erhält seine besondere Bedeutung letztlich durch das Ritual und die Tatsache, daß die Rezipienten wissen, daß es eine Rückkehr zur Normalität geben wird. Die meisten Untersuchungen versuchen in der Tradition des Uses-and-Gratifications-Approach zwar, mehrere Motive der Mediennutzung zu berücksichtigen, doch stehen die Medieninhalte im Mittelpunkt der Erklärungen. In der Annahme, diese Inhalte inhaltsanalytisch objektiv beschreiben zu können, werden ausschließlich oder doch weit überwiegend den Medieninhalten "Nutzen und Belohnungen" zugeschrieben, nicht jedoch den Zeitgestalten der medialen Formen. Habituelle Nutzungsformen werden als "irrationale Reste" und dem Bild des aktiven Rezipienten widersprechende Phänomene betrachtet. Habitualisierung und Ritualiserung sind nur partiell "strukturelle Wirkungen" oder "Schemaeinflüsse". Diese können im übrigen auch ohne Rückgriff auf das Stimulus-Response-Modell, z.B. dynamisch-transaktional erklärt werden.[140] Immerhin beginnt sich in der empirischen Medienforschung eine neue Aufgeschlossenheit abzuzeichnen: Peter Vorderer stellt im Zusammenhang mit der Prognose von Reichweiten die These auf, daß die Ritualisierung der Mediennutzung als Erklärung für Reichweiten "mindestens ebenso plausibel" wie intentional-selektives Nutzungsverhalten erscheint und "daß alleine der Zeitpunkt der Ausstrahlung der Fernsehsendung einen relativ großen Einfluß auf die mit dieser Sendung erzielten Reichweiten hat ..."[141] Hierfür lassen sich sekundäranalytisch einige Belege finden, wenngleich diese zum Teil älteren Datums und angelsächsischer Provenienz sind.

Formal-zeitliche Wiederholung (Invarianz) fängt inhaltliche Veränderungen (Invarianzen) auf. Das Unbekannte (und potentiell Bedrohliche) kann so durch die bekannte Form erst zum Wissenselement werden:

> "News has the function of chronicling ... Chronicling repairs the myth on day-to-day basis, assuring us of continued order and normality while plotting the parameters of this normality."[142]

Wiederholung kann der bloßen Herstellung von Kontinuität dienen, wenn sie unreflektiert und rein gegenwartsbezogen stattfindet. Wenn sie jedoch mit bewußter Erinnerung an die vorangegangenen Male einhergeht, trägt sie zur Entfaltung einer Zeitperspektive bei, die Vergangenheit, Gegenwart und Zukunft umfaßt. Die bloße Wie-

138 vgl. und zit. Weigart (1981), S. 208, 209
139 Schmidt (1990b), S. 219
140 vgl. hierzu ausführlich Teil IV, Kap. 2 sowie Harmgarth (1985), S. 7-10
141 Vorderer (1991), S. 414
142 Bird / Dardenne (1988), S. 82

derholung führt zur fortgesetzten, nahezu zeitlosen Gegenwärtigkeit, die erneuernde Wiederholung zu einer Bestärkung und Verstärkung der Vergangenheit in der Gegenwart und für die Zukunft.[143]

Für die habitualisierten und ritualisierten Medienhandlungsmuster der Rezipienten dürften serielle mediale Formen und Wiederholungen der gleichen Form oder gar der selben Angebote von besonderer Relevanz sein. Medienpsychologische Befunde von Hertha Sturm belegen, daß Wiederholungen im Fernsehen - entgegen der Alltags-Logik - keineswegs als negativ erfahren und bewertet werden. Die physiologische Erregung vermindert sich durch wiederholte Rezeption nicht. Wiederholungen von *fiktionalen Sendungen* können sogar als angenehmer als die Erstsendung erfahren werden.[144]

Über die Uses-and-Gratifications der Wiederholungs-Nutzung wissen wir nahezu nichts,[145] obgleich Wiederholungen nahzu seit Beginn des Fernsehens zum Programm gehören. Das Publikum der Wiederholungssendungen setzt sich nicht ausschließlich aus neuen Sehern oder gar "nachgewachsenen Generationen" zusammen, eine Minderheit[146] sieht sich die gleichen Sendungen oftmals schon eine Woche nach der ersten Rezeption ein zweites Mal an. Die Gesamtreichweiten für manche Wiederholungen liegen mittlerweile über den Reichweiten für Erstausstrahlungen. Tannenbaum ist auf überraschende Reichweiten für Wiederholungen der selben Episode einer Serie innerhalb von nur 4 Tagen gestoßen: In einem doppelt versorgten Grenzgebiet rekrutierte sich die Zuschauerschaft der zweiten Ausstrahlung zu 40 % aus Menschen, die bereits die erste Ausstrahlung der gleichen Folge auf einem anderen Kanal gesehen hatten. Auch bei Wiederholungen mehrere Monate nach der Erstausstrahlung ergeben sich noch Anteile von 20 % und mehr für Wiederholungsseher. Ähnliche, zunächst überraschende Ergebnisse, die die Bereitschaft zu wiederholter Nutzung und deren positive Bewertung belegen, erzielte Tannenbaum in einigen explorativen Laborexperimenten.[147]

Furno-Lamude / Anderson nennen als mögliche Motive für das wiederholte Ansehen einer Sendung (1) die Möglichkeit, Wissen über eine unbekannte Ära zu erwerben, (2) die Bestätigung und Verstärkung von Werten, Themen und Charakteren, die einer anderen Zeit entstammen (Nostalgie), (3) (persönliche) Erinnerungen aufzufrischen, (4) Rückgriff auf Qualität, (5) Erfüllung einer para-sozialen Beziehung und - wohl beruhend auf den Untersuchungen Tannenbaums - (6) das Aufsuchen von Vertrautheit (familiarity) und der Gewißheit, das "Risiko der Zeitverschwendung" auszuschließen.[148] Mit Hilfe eines standardisierten Fragebogens haben Furno-Lamude / Anderson die Gratifikationen für das Wiederholungs-Sehen und das erstmalige Sehen einer Sendung erhoben. Demnach spielen nostalgische Gefühle und Motive der Erinnerung an die Inhalte der Sendung oder die eigene (Medien-)Biographie eine signifikante Rolle bei der wiederholten Zuwendung, während sie bei der erstmaligen Rezeption naturgemäß gar keine oder nur eine untergeordnete Bedeutung besitzen. Nicht nur die Möglichkeit, in nostalgischer Weise "die Zeit anzuhalten", sondern bestimmte

143 vgl. auch Kawin (1972), S. 33
144 Sturm warnt vor Verallgemeinerungen auf alle Fernsehsendungen. vgl. Sturm (1991), S. 84-86
145 In den USA existiert eine unveröffentlichte Disertation zu diesem Thema, so daß ich mich lediglich auf Furno-Lamude / Anderson (1992) beziehen kann.
146 vgl. Litman / Kohl (1992), S. 388
147 Vggl. Tannenbaum (1985), S. 226-229 sowie S. 235-236
148 vgl. Furno-Lamude / Anderson (1992), S. 363-364

Momente des eigenen Lebens noch einmal zu "durchleben", gehören zu den spezifischen Nutzen dieses Typus von Medienhandeln.[149]

Der typische Wiederholungs-Seher (nicht der Wiederholungsfolgen-Seher) ist nach Litman und Kohl ein konservativer "fernsehsüchtiger" Zuschauer, der sich der Techniken des Videorecorders und der Fernbedienung weniger intensiv bedient und mit der vorhandenen Programmauswahl zufrieden ist.[150]

4.2.3.3 Parallelhandlungen: Zeitverdichtung

Die Erfassung und Bewertung von Parallel- und Mehrfachhandlungen hat sich als ein wesentliches Problem der quantitativen Zeitsoziologie herausgestellt (vgl. Teil III, Kap. 7). Das Problem besteht darin, daß durch die Zeitbudget-Methodik die unterschiedlichen Qualitäten von Zeit und die Wechselwirkungen paralleler Beschäftigungen nicht erfaßt werden können. Durch Befragungen im Rahmen der MA werden zwar auch Paralleltätigkeiten erfaßt, die Darstellung der Ergebnisse enthält aber leider keine zeitliche Zuordnung im Tagesablauf. 62,3 % der Befragten verbinden demnach Radiohören mit dem Essen, 41,3 % mit Arbeiten im Haus, 7,7 % mit Arbeiten außer Haus, 27,2 % mit Autofahren und 34,5 % mit "Freizeittätigkeiten". Baldauf / Klingler geben weiter an, daß sich auch bezogen auf die Dauer der jeweiligen Paralleltätigkeiten (Radiohören und andere Tätigkeit) aus der MA Durchschnittswerte gewinnen lassen: Demnach werden durchschnittlich 30 Minuten lang Essen und Radiohören, 51 Minuten täglich Arbeiten im Haus und 21 Minuten Arbeiten außer Haus mit Radiohören kombiniert. 18 Minuten am Tag begleitet das Radio beim Autofahren und 37 Minuten bei sonstigen Freizeitaktivitäten. Demnach bleiben durchschnittlich lediglich 12 Minuten täglich für das reine Radiohören.[151] Über das Timing sagen diese Durchschnittswerte wiederum nichts aus.

Die Verbindung von Fernsehen mit anderen Tätigkeiten ist ebenfalls verbreitet, nimmt aber andere Ausmaße und Qualitäten an. Ein Grund liegt sicherlich in der medientechnischen Angebots- und Verfügbarkeitsstruktur, ein weiterer in kognitiven Prinzipien.

Die technische, ökonomische und räumliche Verfügbarkeit ist beim Hörfunk mit vergleichsweise geringerem Aufwand herzustellen. Wenngleich sich die Portabilität von Hörfunk- und Fernsehempfängern nahezu angeglichen hat, bestehen doch noch spürbare Unterschiede bei den Kosten für die Zweit- und Mehrfachgeräte. In den USA war die Ausstattung mit mehreren Hörfunkempfängern bereits in den 70er Jahren weit fortgeschritten; Fortunale / Mills liefern auch Daten über die Standorte, die für die Bundesrepublik nicht verfügbar sind. Demnach verfügten 71 % der US-Amerikaner über ein Radio im Schlafzimmer, 56 % über ein Gerät in der Küche und 95 % über ein Autoradio.[152] Eckhardt gibt an, daß in der Bundesrepublik Radiogeräte "stark überdurchschnittlich ... bei verschiedenen Formen der Hausarbeit eingeschaltet" sind und

---

149 vgl. Furno-Lamude / Anderson (1992), S. 369-371
150 vgl. Litman / Kohl (1992), S. 391
151 vgl. Baldauf / Klingler (1993), S. 414
152 vgl. Fornatale / Mills (1980), S. XV

das Radio bei "anspruchsloseren Routinetätigkeiten" sowie bei Übergängen zwischen verschiedenen Tätigkeiten im Tagesverlauf eine besondere Rolle spiele.[153]

Das "endlose" Programm ist eine weitere Voraussetzung für die tagesbegleitende Nutzung, die schon früh Gegenstand kulturkritischer Klage wurde. Das Angebot verleite den Hörer, so Arnheim 1933, zu seinem vollständigen und unkritischen Konsum, weil es keine Wahl mehr verlange:

> "So tönt denn der Lautsprecher den ganzen Tag, kommandiert unumschränkt die Gefühle und Gedanken ... [Es] ... treibt der Rundfunkhörer wie Kork auf den Wellen, hört hintereinanderweg eine unendliche Reihe gänzlich unzusammengehöriger Dinge, und so ohne Atempause, daß er auch noch darum herum kommt, das Gehörte nachträglich zu verarbeiten, zu beurteilen... Und das alles natürlich nicht durch Schuld des Rundfunks, sondern wegen der Undiszipliniertheit des Hörers."[154]

Arnheim erkennt bereits das Vermittlungsverhältnis von Programm und Nutzung: Der "Rundfunk als Dauergast" passe sich - eben weil er immer verfügbar sei - dem Tagesrhythmus an und werde nur nebenbei, also auch mit geringer schädlicher Wirkung gehört.[155] Die "Anpassung an den Tagesrhythmus" versucht das Radio durch bestimmte Programminhalte und Sendeformate zu erzielen, doch bleiben hier Möglichkeiten des Programming ungenutzt, auf die Eckhardt hingewiesen hat. Die Musikpräferenzen der Hörer unterliegen im Tagesverlauf nämlich einem Wandel, der bislang nicht ausreichend erforscht wurde. So steigt z.B. das Interesse an Oper, klassischer und romantischer Musik sowie an avantgardistischen Werken im Tagesverlauf bei den *gleichen* Hörern an. Auch wenn nur rund ein Fünftel der Befragten deutliche tageszeitliche Musik-Präferenzen zu erkennen gab, so kann man diese durchaus bei der Musikprogrammgestaltung berücksichtigen. Jedenfalls würde dies nicht gegen die Interessen der übrigen Hörer verstoßen.[156]

Erste kognitionspsychologische Untersuchungen bestätigen, daß Fernsehen als Hintergrundmedium störend bei kognitiv anspruchsvolleren Tätigkeiten (Problemlösungen, Kreativität) wirkt, während störende Effekte bei sprachbezogenen Aufgaben und Beanspruchungen des Kurzzeitgedächtnisses zumindest durch individuelle Konzentrationsanstrengung nahezu ausgeschaltet werden können.[157] In diesem Bereich steht eine weiterreichende Forschung allerdings, soweit ich sehe, noch aus. Zeitlich parallele oder doch eng verschränkte Mediennutzungen liegen vermutlich bei Medien vor, die sich von den angesprochenen Sinnesmodalitäten und/oder von den Kontexten her ergänzen. Beim Hörfunk läßt sich - in Ermangelung psychologischer Studien - aufgrund alltäglicher Beobachtung feststellen, daß zumindest bedeutende Anteile der Nutzung als Tagesbegleitmedium auf Tätigkeiten entfallen, die nur in sehr begrenztem Maße selbst akustische Aufmerksamkeit erfordern: Dies gilt für Haus- und Handwerksarbeiten ebenso wie für das Autofahren, aber auch für die Kombination von (Rundfunk oder Tonträger) Hören und Lesen. Sinnesphysiologisch betrachtet eignen sich die Medien, die unseren visuellen Leitsinn nicht oder nur sehr gering beanspruchen, zur Begleitung von vielen Tätigkeiten, die unsere visuelle Aufmerksamkeit voraussetzen. Deshalb dürfte das Radio auch in Zukunft nicht durch das Fern-

---

153 vgl. u. zit. Eckhardt (1982), S. 182 u. S. 188 sowie Eckhardt (1986), S. 91
154 Arnheim (1970), S. 155-157
155 vgl. Arnheim (1970), S. 157-158
156 vgl. Eckhardt (1986), S. 97-98
157 vgl. Armstrong / Greenberg (1990)

sehen als primäres Tagesbegleitmedium abgelöst werden. In den USA gibt es u.a. deshalb für diejenigen, die eigentlich ein Fernsehprogramm verfolgen wollen, dies aber aufgrund anderer Tätigkeiten, die visuelle Aufmerksamkeit erfordern, nicht können, "TV-band radios", mit denen nur der Fernsehton empfangen werden kann.[158]

Ein Beispiel für die zeitlich stark verschränkte Nutzung zweier Medien ist die Kombination Fernsehen und Videotext. In Großbritannien gaben immerhin 56 % der befragten Videotextnutzer an, daß sie Videotext "gewöhnlich" während oder in Verbindung mit Fernsehprogrammen nutzten. Die Nutzung von Videotext im Tagesverlauf folgt im wesentlichen der Nutzungskurve für das Fernsehen, streut aber etwas breiter.[159] Die Parallelnutzung im chronometrischen Sinne stellt hier eher einen Grenzfall dar (Videotextuntertitelung für Hörgeschädigte), wenngleich modernere Empfangsgeräte über eine "Mix"-Funtion verfügen, die die Überblendung des Fernsehbildes durch die Videotextseite erlaubt.

Die Möglichkeiten der Zeitverdichtung oder -vertiefung, also das parallele Ausführen von mehr als einer Tätigkeit, kann ganz unterschiedliche Qualitäten annehmen, die es in der Forschung zu berücksichtigen gilt. Zunächst lassen sich in einigen Fällen klar Primär- und eine oder mehrere Sekundärtätigkeiten feststellen, bei denen die Primärtätigkeit mehr Aufmerksamkeit erfordert und auch im subjektiven Empfinden die Haupttätigkeit darstellt. In anderen Fällen jedoch kann man allenfalls von Parallelhandlungen sprechen, da der Schwerpunkt der Aufmerksamkeit nicht eindeutig auf einer Tätigkeit liegt oder weil die Aufmerksamkeit zwischen zwei oder mehr Tätigkeiten oszilliert. Ein Beispiel aus der Fernsehforschung soll die Bedeutung der Unterscheidung belegen: Bei den elektronischen Tätigkeitsabfragen durch Kubey / Csikszentmihalyi wurde Fernsehen in 36,5 % der Fälle (nicht der Dauer) als alleinige Tätigkeit genannt, aber in 71,3 % der Fälle als Primärtätigkeit und nur in 23,8 % der Fälle als Sekundärtätigkeit.[160] Die unterschiedliche Qualität der Paralleltätigkeiten (als Neben- oder Haupttätigkeiten) besitzt natürlich entscheidende Auswirkung auf die Qualität der Fernsehnutzung, die sich in Aufmerksamkeit, emotionalen Zuständen, kognitiven Prozessen etc. äußert.

Die Forschungsergebnisse bezüglich der Ausmaße der Paralleltätigkeiten (gemessen als Häufigkeit und Dauer) sind uneinheitlich, zeigen aber insgesamt auf eine hohe Bedeutung von Medien als "Tagesbegleiter" an:

Nach einer schweizerischen Tagesablaufstudie von 1987 ergibt sich als wichtigster Hörkontext - nahezu unabhängig von Alter, Geschlecht und Schicht - die morgendliche Aufstehphase, gefolgt von der Hausarbeit (bei Hausfrauen, der jüngeren Altersgruppe und der Mittelschicht) und der Berufsarbeit (Handwerker: 54%, Freiberufler: 48%, Landwirte: 40%, aber auch bei gelernten und ungelernten Arbeitern). Insgesamt haben fast 40 % der Berufstätigen "häufig zur Arbeit das Radio angeschaltet". Radiohören und Autofahren verbinden 37 % häufig; Radiohören als alleinige Tätigkeit spielt insgesamt für weniger als ein Viertel der Hörer eine Rolle, am häufigsten noch bei den 15- bis 29jährigen.[161] Für die Bundesrepublik liegen vergleichbare Ergebnisse nicht vor, auf eine Studie Eckhardts, die in diese Richtung führt, werde ich noch eingehen.

158 vgl. Fornatale / Mills (1980), S. XVI
159 vgl. Greenberg (1989), S. 92
160 vgl. Kubey / Csikszentmihalyi (1990), S. 74-75
161 vgl. Hättenschwiler (1990), S. 215-216, Zitat S. 216

Fernsehen gilt offenbar für viele als Nebensächlichkeit, denn nur 30 bis 40 % der Sendungen werden vollständig angesehen, die Planung des Fernsehkonsums und die Erinnerung an "gesehene" Sendungen sind relativ gering ausgeprägt, und schließlich gehen 30 bis 40 % der Nutzer neben dem Fernsehen anderen Tätigkeiten nach.[162] Etwa 90 % der Radiohördauer sind nach Robinson als Sekundärtätigkeit einzustufen.[163] Eine Studie von Barbara Pfetsch kommt zu dem Ergebnis, daß bei etwa 15 % der täglichen Fernsehzeit Fernsehen als Sekundärtätigkeit aufzufassen sei.[164] Die BBC ging schon Ende der 70er Jahre davon aus, daß 95 % der Radio- und 25 % der Fernsehrezeption als Paralleltätigkeit stattfinden.[165] Nach einer Untersuchung von ARD und ZDF geben die Zuschauer vor allem folgende Paralleltätigkeiten zum Fernsehen an: 12 % lesen nebenher gelegentlich in einem Buch, 36 % häufig in einer Zeitschrift, ebenfalls 36 % verrichten andere Dinge, und 27 % geben an, daß sie häufiger einschliefen.[166] Nach einer repräsentativen Umfrage von Media Control sahen nur 17,3 % der Zuschauer ausschließlich fern, während 41,62 % gleichzeitig zu Abend essen, 37,29 % telefonieren, sogar 31,55 % schlafen, 31,24 % Illustrierte lesen, 32,25 % bügeln, 25,95 % sich unterhalten usw.[167] Auf der Grundlage einer Repräsentativbefragung in den alten Ländern[168] kommt Opaschowski zu dem Ergebnis, daß nur 37 % der Bevölkerung sich ganz auf das Fernsehen konzentrieren, während 26 % sich mit anderen unterhalten, 22 % zu Abend essen, 20 % lesen, 13 % telefonieren, 10 % zeitweilig schlafen, 10 % Handarbeiten machen, 5 % mit Kindern spielen und 5 % bügeln während das Fernsehgerät eingeschaltet ist.[169] Die Paralleltätigkeiten steigen vor allem während der Werbesendungen (80 % "beschäftigen sich mit anderen Dingen"), aber auch bei Nachrichtensendungen, Spielfilmen und Dokumentationen versehen noch 66 % bis 62 % der Zuschauer Paralleltätigkeiten.[170]

Paralleltätigkeiten unterliegen tageszeitliche Schwankungen, die berücksichtigt werden müssen. Zwischen 17.30 und 20 Uhr sind die Paralleltätigkeiten zum Fernsehen besonders ausgeprägt: 85 % der Zuschauer gehen anderen Tätigkeiten nach, 35 % verlassen sogar zwischendurch den Raum.[171] Nach einer Tagebuchauswertung kommt Harmgarth für das Vorabendprogramm allerdings zu geringeren Werten. Demnach führt rund ein Drittel der Untersuchungsteilnehmer Paralleltätigkeiten aus, zwischen 18 und 19.30 Uhr stieg dieser Wert weiter an. Je habitualisierter die Fernsehnutzung ablief, um so geringer ausgeprägt waren die Paralleltätigkeiten mit Ausnahme des Abendessens vor dem Fernsehschirm. Parallelhandlungen dienten im Untersuchungszeitraum "Vorabend" vermutlich der Konfliktvermeidung, da in dieser Phase familiäre Pflicht-Rhythmen und individuelle Unterhaltungsbedürfnisse miteinander konkurrieren.[172] Das beschriebene Ausmaß der Paralleltätigkeiten dürfte sich von der Prime-

---

162 vgl. Robinson (1972a), S. 577-580
163 vgl. Robinson (1977), S. 189
164 vgl. Pfetsch (1992), S. 286
165 BBC: The People's Activities and Use of Time. London 1979, S. 522 nach Scannell (1988), S. 26
166 Die Angaben beziehen sich auf Selbstauskünfte, Befragungszeitraum war 1988 bis Mitte 1993. Die Stuide ist nicht veröffentlicht. vgl. Rave (1993)
167 o.V. (ap): Jeder dritte schläft vor dem Fernseher. In: TSP 3.8.1990, S. 23
168 2000 Personen ab 14 Jahren wurden im Februar 1993 in Westdeutschland befragt, ob sie am Abend zuvor während des Fernsehens die jeweiligen Paralleltätigkeiten ausführten. vgl. Opaschowski (1993), S. 7 -8
169 vgl. Opaschowski (1993), S. 10-11 und S. 13-14
170 vgl. Opaschowski (1993), S. 10-11
171 vgl. Neumann-Bechstein (1988), S. 178, unter Berufung auf eine unveröffentlichte ZDF-Studie.
172 vgl. Harmgarth (1985), S. 123-124, S. 130 und S. 84

time und der späten Abendzeit aufgrund der Tagesabläufe erheblich unterscheiden. Bei einer Selbstbeobachtungsuntersuchung gaben nur 23 % der Versuchspersonen "Fernsehen" überhaupt als Tätigkeit an, obgleich 50 % der Fernseher des Samples zu diesem Zeitpunkt eingeschaltet waren, beim Hörfunk verhielt es sich ähnlich (10 % der Geräte waren eingeschaltet, als 5 % des Samples "Radiohören" als Tätigkeit protokollierte). Diese Ergebnisse weisen nicht einfach auf die Unzuverlässigkeit von Methoden hin, sondern stellen ein Indiz dar für die Spannbreite der Aufmerksamkeit und der Bewußtheit des Medienhandelns.[173] Zu differenzieren wäre weiter nach Erlebnisqualitäten wie "Hintergrund-hören", "Nebenbeihören", "Zuhören" etc. In der bereits zitierten Untersuchung des WDR gaben die Versuchsteilnehmer beispielweise für 72 % der Fälle an, daß die Radiogeräte nur zum Nebenbeihören liefen. "[E]twa ein Drittel aller registrierten Hörsituationen läßt sich als intensives, aber nicht ausschließliches Radiohören beschreiben. Radiohören als ausschließliche Tätigkeit kam lediglich in 3 % der Fälle vor".[174]

Medien besitzen Tagesbegleitfunktion, vor allem während der "Regenerationszeiten". Dies gilt vor allem für den Hörfunk, dessen Nutzungsdauer zu zwei Dritteln nicht in die "Freizeit" fallen, aber auch für die Tageszeitungslektüre, die mit zunehmender Tendenz mittlerweile fast zur Hälfte nicht mehr in der "Freizeit" stattfindet.[175] "Fernsehen außerhalb der Freizeit" beansprucht nach Berg / Kiefer werktags durchschnittlich nur 13 Minuten,[176] ein Befund der in krassem Widerspruch zu allen Untersuchungen über Parallelhandlungen (die überwiegend nicht dem Freizeitbereich angehören) beim Fernsehen steht.

4.2.3.4 Demontage und Entprogrammierung: Time-Shifting, Archivierung und "Ad-Voidance"

Das Medienhandeln der Kommunikatoren bringt, wie die Analyse von Montage, Programming und Serialität gezeigt hat, eine von den Nutzern wahrnehmbare zeitliche Struktur in die medialen Angebote. Auf der Basis konstruktivistischer Theorie hatte ich die Hypothese formuliert, daß die zeitliche Struktur des Kommunikatorhandelns zwar mit der des Medienhandelns der Nutzer in Zusammenhang steht, es sich dabei aber nicht um ein Determinationsverhältnis handeln kann. Das Medienhandeln der Nutzer wird aufgrund der Kognitionen der medialen Formen entworfen und besitzt selbst eine zeitliche Struktur. Die Nutzer bzw. Rezipienten sind kognitiv und pragmatisch relativ autonom. Die von den Rezipienten kognitiv konstruierten Zeitgestalten der Medien können dabei als Zeitgeber und Zeitordnungen akzeptiert oder handelnd verändert werden.

Die programmierte Sequentialisierung der wechselnden Inhalte der Programm-Medien entzieht sich weitgehend der individuellen Einflußnahme. Programme besitzen somit potentielle Zeitgeber-Funktion und tragen durch ihre eigenen Schedules zum Timing des Verhaltens der Nutzer bei, wenn und insofern diese das Medium auch als Zeitgeber akzeptieren und nutzen. Die Nutzer stehen aber nicht vor der Wahl

173 vgl. Eckhardt (1982), S. 183
174 vgl. Eckhardt (1982), S. 184-186, zit. S. 186
175 vgl. Berg / Kiefer (1992), S. 41-43, S. 99
176 vgl. Berg / Kiefer (1992), S. 43 bzw. Abb. IV. 2.2

zwischen Nutzen und Abschalten, vielmehr entwickeln sie im Prozeß aktiver Aneignung von Medientechniken ein breiteres Spektrum taktischer oder gar strategischer Verhaltensweisen, die auf eine stufenweise Ent-Programmierung *trotz* Nutzung der Programm-Medien abzielen. Solche Medienhandlungsweisen sind eingebettet in allgemein feststellbare Trends und Lebensstile, die durch den Wunsch nach Flexibilisierung fremdbestimmter Zeitordnungen und die zumindest partiell beobachtbare Durchsetzung gesteigerter individueller Zeitautonomie geprägt sind. Hierin kann eine wesentliche Ursache für den Bedeutungsverlust des Fernsehens seit Mitte der 70er Jahre gesehen werden.[177] Die Betrachtung im Zusammenhang mit Lebensstilen und übergreifenden Wertorientierungen (etwa von der Konsum- zur Aktivitäts- und Erlebnisoriertierung in der "Freizeit") kann hier nicht weiter vertieft werden. Es ist jedoch wichtig festzuhalten, daß die im folgenden beschriebenen Techniken der Entprogrammierung sozial ungleich verteilt Anwendung finden, weil die Bedürfnisse nach Entprogrammierung und Zeitautonomie verschieden stark ausgeprägt sind und die technische Ausstattung der Haushalte - etwa aus ökonomischen Gründen - unterschiedliche Möglichkeiten eröffnet.

Als Techniken der Gestaltung bzw. Umgestaltung von montierten und programmierten Sequenzen oder seriellen Angebotsformen durch die Nutzer haben sich (1) Programmwechsel (vor allem als Switching), Grazing, Zapping, "Puzzle-TV", (2) zeitversetzte Nutzung (Time-Shift) und (3) Archivierung sowie (4) "Ad-Voidance" entwickelt. Unter dieser letzten Bezeichnung versteht man die Vermeidung bestimmter Sequenzen und Dauern, nämlich der (Unterbrecher-)Werbung durch besondere Handlungsweisen oder Techniken. Während Switching und Ad-Vodidance einer De- und Remontage von Sequenzen gleichkommen, zielen Time-Shifting und Archivierung auf eine Ent- und Neuprogrammierung.

(1) Die Aufhebung von Kontinuität und ihre Re-Konstruktion von Kontinuität wird beim Fernsehen durch eine weitverbreitete und lange Zeit unterschätzte Technik[178] der Ent-Programmierung, nämlich die Fernbedienunng, mühelos ermöglicht. Diese banale Zusatz-Technik eröffnet beim Mehr- und Vielkanal-Fernsehen die Möglichkeit des individuell gestalteten "diskontinuierlichen Sehens" durch Switching, Zapping, Grazing und Puzzle-TV. Alle vier Techniken lassen sich aufgrund ihres subjektiven Sinns differenzieren: Switching ist der Versuch des beschleunigten Sehens und folgt der positiven zeitökonomischen Maxime, möglichst viele Bilder in knapper Zeit zu sehen. Zapping ist negativ zeitökonomisch motiviert, denn es geht darum, Zeit nicht durch Werbespots zu vergeuden. Angeblich spielen einige US-Fernsehveranstalter deshalb mit dem Gedanken, die Werbezeiten zu synchronisieren, damit der Rezipient durch Zapping der Werbung nicht mehr entkommen kann.[179] Grazing schafft einen relativ wahllosen, panoramatischen Gesamtblick, der uns aus der Printmediennutzung längst bekannt ist: Wir "grasen" ein mediales Angebot ab. So wie man Zeitungs- und

177 vgl. hierzu Neumann-Bechstein (1985), S. 464-466

178 Dies scheint sich zu ändern, denn für 1995 ist ein "Zap TV" in der Bundesrepublik geplant, dessen Programm aich nur aus Trailern und Videotextuntertiteln zusammensetzen und somit eine Art audiovisuelle Programmzeitschrift ergeben soll. Vgl. o.V. (tho) "Zap TV" will Zappen sparen. In: TSP 9.6.1994, S. 20

179 vgl. Bröckers (1993), S. 22

Zeitschriftenseiten, aber auch Bücher[180] blätternd "scannen" und "lückenhaft" lesen kann, kann man sich bei laufendem Fernsehprogramm orientieren (statt antizipierend zu planen). Puzzle-TV ist taktisch auf die selektive Konstruktion eines neuen Sinnzusammenhangs gerichtet.

Stipp widerspricht der Annahme, durch die Verbreitung der Fernbedienung würden die Nutzer häufiger zwischen laufenden Programmen hin- und herschalten. Ohne empirische Belege anzuführen, faßt er die Forschung in den USA zusammen und kommt dabei zu dem Ergebnis, daß der Programmwechsel nur nach Abschluß der Sendungen häufiger erfolge.[181] Nach einer Untersuchung von Heeter / Greenberg nehmen Programm-Nutzungszeiten von unter 15 Minuten (Verweildauer ohne Umschalten) bei verkabelten Haushalten jedoch immerhin rund ein Fünftel der gesamten Nutzungsdauer ein. Es ergeben sich zwar große Unterschiede zwischen verschiedenen Sehertypen, doch können drei Handlungstypen unterschieden werden: (a) "channel sampling or scanning", also das Sehen von einem oder einer begrenzten Auswahl von Kanälen für jeweils weniger als 4 Minuten machte in 8 % der erfaßten Sehdauer aus, (b) "extended sampling" (4 bis 15 Minuten, aber keine kompletten Sendungen) weitere 10 % und Verweildauern von 15 Minuten und länger 82%.[182] Insgesamt neigen jüngere Nutzer zu kürzeren Verweildauern. In der Pilotstudie wurde die Programmnutzung nur in einminütigem Rhythmus erfaßt, was vermutlich ein zu grobes Raster für passionierte "Switcher" ist.[183] Bezogen auf einen Fernsehtag gaben bei einer repräsentativen Umfrage Opaschowskis 50 % der befragten Bundesbürger an, zwischen ein- und viermal umgeschaltet zu haben, weitere 11 % schalteten demnach fünf- bis achtmal um und 8 % wechselten öfter als achtmal das Programm. In diese letzte Gruppe fallen vor allem Männer und Personen zwischen 14 bis 29 Jahre.[184] Nach einer anderen Untersuchung schalten "Kinder ... am häufigsten, Erwachsene über 50 Jahre am wenigsten um, Männer mehr als Frauen, formal gebildetere Personen mehr als Personen mit geringerer Ausbildung."[185]

"Switching" hebt die dramaturgischen Zeitgestalten der einzelnen Sendung auf und läßt zufällig oder vom Rezipienten geplant neue zeitliche Formen und inhaltliche Kontexte entstehen. Switching kann als aktive, wenngleich nicht unbedingt intentional Sinn erzeugende Handlung begriffen werden. Ihr Sinn kann gerade in der Zerstörung von sinnhaftem Kontext bestehen, in der Verwirklichung des Willens zur Langeweile. Diese These setzt allerdings voraus, daß Fernsehen in seiner kontinuierlichen Programmform vom Rezipienten als Angebot eines linearen Sinns begriffen wird. Wenn das Fernsehprogramm ohnehin schon als nicht-kontinuierlich, eher elyptisch denn linear strukturiert verstanden wird, verliert Switching seine besondere Qualität und kann als Steigerung von Diskontinuität aufgefaßt werden. Switching verwandelt dann fremdbestimmte, strukturelle Diskontiniutät in handelnd erzeugte, nicht-programmierte, zufällige Diskontinuität. Den einzelnen Einstellungen (Bildern), Szenen und

---

180 Franzmann / Löffler geben aufgrund einer repräsentativen Befragung an, daß nach Selbsteinschätzung 24 % der Bücherleser "nicht so gründlich lesen und auch mal etwas auslassen", 15 % "manchmal nur blättern, Stellen anlesen und etwas Interessantes herauspicken". vgl. Franzmann / Löffler (1993), S. 459

181 vgl. Stipp (1989), S. 165-166

182 vgl. Heeter / Greenberg (1985), S. 214

183 vgl. Hasebrink (1990), S. 265

184 vgl. Opaschowski (1993), S. 15-16

185 Meggle (1989), S. 104 nach Neverla (1992a), S. 214

Sequenzen, die durch Switching zusammengestellt werden, kann ein eigener Sinn zugeschrieben werden, so wie auch einzelnen Filmszenen und -bildern ein Sinn attribuiert wird, wenn sie in einem originären Gesamtkontext wahrgenommen werden. Der Switchende verschafft sich durch seine kurzfristigen Programmwechsel das Erlebnis häufiger Überraschung, die man mit Hartmut Winkler als Ästhetik des Schocks bezeichnen könnte, ohne daß deshalb schon jeder Switcher einer künstlerischen Avantgarde angehörte. Jeder Wechsel läßt die semantische Offenheit in einem Maße erleben, daß viele Sendungen, insofern sie einer einfachen narrativen (meist chronologischen) Form folgen, nicht bieten können. Die Qualität der Ent-Programmierung durch Indivdiualisierung ist ablesbar an den beobachtbaren Konflikten, die Switcher in kollektiven Rezeptionssituationen verursachen. Die Entscheidungsrhythmen und -strukturen sind für den jeweils anderen meist unerträglich, der fremdbestimmte kognitive Schock wird affektiv wohl überwiegend negativ empfunden.[186]

Einiges spricht für die These, daß Diskontinuität eine Grunderfahrung der Rezeption audiovisueller medialer Formen ist. Schon der Film

> "verweist ... sichtbar auf die *Heterogenität* der Zeit. Im Film kann die Differenz zwischen subjektiven und objektiven Modi der Zeitkonstitution wahrgenommen werden, und die *Simultanität* beider Strukturtypen artikuliert sich in einer *Diskontinuität*, welche ihrerseits beständig und körperlich erlebbar *synthetisiert* wird. Die Vorstellung der Darstellung im Kino konstituiert ihre »Gegenwärtigkeit« dadurch, daß sie sich beständig als in den Prozessen der Sinngebung und des Ins-Sein-Kommens befindlich zeigt... Weil der Film die subjektive Zeitlichkeit der Erinnerung, der Begierde und der Stimmung durch Rückblenden und Vorausblenden, Bildstillstand und Bildrücklauf, Zeitlupe und Zeitraffer sichtbar (und hörbar) macht, schafft seine spezifische Dynamik in *Retention* und *Protention* ein Zeiterleben, das vom *momentum* der objektiven Zeit verschieden ist ..."[187]

Zu vergleichbaren Ergebnissen kommen auch andere Autoren. Hugo Münsterberg betonte bereits 1916 auf gestaltpsychologischer Grundlage die Beteiligung innerer, mentaler Akte bei der Bewegungswahrnehmung. Bewegung (Kontinuität) ergibt sich demnach nicht nur aus der Wahrnehmung sukzessiver Bildfolgen, sondern konstruktiv. Der Film gehorche eher den Gesetzen des Gedächtnisses als denen der "äußeren Welt", die Ästhetik des Films hat sich von den Formen des Raums, der Zeit und der Kausalität der Realität gelöst.[188] Die bloße Sukzession der Bilder und die Nachbilder auf der Retina führen zwar zu einer Verschmelzung von zwei Bildern, doch wird hierdurch noch nicht die Wahrnehmung von Kontinuität erklärt, denn dieser Verschmelzungsprozeß findet auch bei Sequenzen von unveränderten Standbildern (Diskontinuität) statt. Die Verschmelzung der Bilder und retinalen Nachbilder sorgt lediglich für ein flimmerfreies Bild. Die Bewegungswahrnehmung im Film ist eine diskontinuierliche, "stroboskopische Wahrnehmung", d.h. Auge und kognitives System stellen nicht nur die Helligkeitswerte fest, sondern auch, daß sich die Postionen der Reize (Helligkeitswerte) verändert haben. Dieses Erscheinen und Verschwinden von Reizen wird durch ein kognitives Konstrukt, durch ein mentales Erklärungs- und Problemlösungsmodell bewältigt, dem wir die Bedeutung "Bewegung" (Kontinuität) geben.[189] Mathias Winkler beschreibt Filmerfahrung phänomenologisch als Konstitution eines Sinnzusammenhanges durch die intentionalen Akte der Proten-

186 vgl. hierzu auch Winkler (1990), S. 140-141
187 Sobchak (1988), S. 422-423
188 vgl. Münsterberg (1970), S. 29-30, 41, 82
189 vgl. Anderson / Anderson (1980), S. 76-87 und Nichols / Lederman (1980), S. 97-103

tion und Retention.[190] Dies alles gilt jedoch erst für den narrativen Film, wie er sich etwa ab Ende der 20er Jahre durchsetzte und nicht für die Avantgarde-Filme, die bewußt lediglich das Heterogene und Disparate akzentuierten (etwa René Clairs "Entr'acte" oder Luis Bunuels und Salvador Dalis "Un chien andalou").[191] Für Walter Dadek bringen Filme

> "die Zeitlichkeit selbst in einen optisch wahrnehmbaren Ausdruck und führen so die Möglichkeit eines intensiveren Wahrnehmungsverhältnisses zur Zeit mit sich, das ein erweitertes Begreifenkönnen, damit auch ein verstärktes Beeindrucktsein von dieser rätselhaften Naturgröße in sich birgt... seitdem wir Dauer und Maß der zeitlichen Vorgänge optisch zu beeinflussen vermögen, ... [gewinnen wir] ... eine beträchtliche Distanz zu dieser Größe Zeit."[192]

Die so gewonnene Distanz geht mit ästhetischem Genuß einher und erweitert unsere Reflexionsmöglichkeiten. Die Kontinuität des (erzählenden) Films unterscheidet sich deutlich von der Diskontinuität der Fotografie. Doch mit dieser Kontinuität verliert das Einzelbild des Films an Bedeutung. Um ein besonderes Moment zu akzentuieren, bedarf es nun dramaturgischer Technik, die oftmals im Zitieren der Fotografie besteht. Um das Transitorische des kontinuierlichen Films zu überwinden, wird der entscheidende Augenblick als Standbild fixiert.[193]

Die prinzipielle Kontinuität von Diskontinuitäten, auf der audiovisuelle Medien beruhen, unterscheidet sich durch ihre Geschwindigkeit von unserer alltäglichen nichtmedialen Wahrnehmung. Hertha Sturm hat die kongnitionspsychologischen Folgen in der These von der "fehlenden Halbsekunde" formuliert: Im Gegensatz zu Erlebnissen in der realen Welt stünden bei den sehr schnellen Schnittfolgen audiovisueller Medien ausreichende Zeitspannen für die innere Verbalisierung des Gesehenen nicht mehr zur Verfügung. Die zukünftigen Bilder sind nicht mehr erwartbar und können deshalb nicht in die Erfahrungen eingebunden werden.[194] Die fehlende "innere Verbalisierung" besitzt eine Reihe durch Sturm experimentell belegte Folgen. Die nicht zu Ende geführten bzw. wahrgenommenen Fernseh-Handlungen führen zu erhöhter physiologischer Erregung, damit geht eine verringerte kognitive Verarbeitung einher, also weniger Verständnis des Gezeigten und mangelhafte Erinnerungs- und Lernleistungen.[195] Die Wahrnehmung der Fernseh-Handlungen als abgebrochene und unvollständige baut Spannungen beim Zuschauer auf, die er als unangenehm und unbefriedigend empfindet.[196] Die schnellen Bildwechsel im Fernsehen (also die "fehlenden Halbsekunden") führen nach Sabine Jörg dazu, daß die Häufigkeit von Orientierungsreaktionen sogar in buchstäblich Angst erregender Weise steigt, denn das Fernsehen fordert durch seine wechselnden Bilder immer wieder aufs Neue den Orientierungsreflex heraus. Allerdings können wir emotional (da hier schon physiologisch die Erregungsleitung langsamer ist als bei kognitiven Operationen) der Geschwindigkeit der Reize nicht mehr folgen: Angst und Aggression sind die Folgen.[197] Belegen läßt sich durch die Forschungen Sturms, daß eine hohe physiologische Erregung zwar für eine

---

190 vgl. Winkler (1985), i.b. S. 178
191 vgl. Prümm (1983), S. 6-9
192 Dadek (1968), S. 125, Umstellungen im Text KB
193 vgl. Prümm (1983), S. 10-11
194 Sturm (1988), i.b. S 125
195 vgl. Sturm (1977), S. 107-108, Sturm (1984), S. 60-62
196 vgl. Sturm (1977) u. Sturm (1991), S. 101-102, S. 113
197 vgl. Jörg (1991), S. 45-49

Faszination (im Sinne des Nicht-Loslassen-Könnens) durch das Medium spricht, jedoch als unangenehm erlebt wird. Sie folgert hieraus, "daß gebanntes Hinstarren auf den Fernseh-/Videoschirm so gut wie nichts aussagt über Zufriedenheit und Verständnis, daß vielmehr eine hohe physiologische Erregung eher zu einem Zuschauerpotential der Unzufriedenen führt."[198]

Hertha Sturms Arbeiten beziehen sich vor allem auf medienpsychologische Aspekte, was sie zu eher zurückhaltenden Äußerungen über Sozialisationseffekte und den sozialen Wandel von Wahrnehmungsweisen veranlaßt. Quasi als Nebenergebnis einer Studie, bei der es um den Zusammenhang von Persönlichkeitsmerkmalen (extra- und intravertierte Rezipienten) und medialem Darbietungstempo ging, gelangt sie jedoch zu einer These, die weiterer Überprüfung durch Langszeitstudien bedarf. Demnach steht zu vermuten, daß die nachwachsenden Fernsehgenerationen, die durch rasantere Fernsehschnittfolgen mediensozialisiert wurden, die fehlende Halbsekunde anders bewältigen als die Generationen zuvor.[199]

Daniel Boorstin hat die These aufgestellt, die Dominanz des Aktuellen und der kurzen Dauern sowie die hohe Geschwindigkeit ihrer Sequentialisierung könne zu einer "chronologischen Kurzsichtigkeit"[200] führen. Die so entstandene Diskontinuität münde in Geschichtslosigkeit und einer Identitätskrise der Gesellschaft. Gitlin geht von einer Art Kultivierung der Kurzfristigkeit und Zerstückelung der Zeit durch das Fernsehen aus. Die jederzeit mögliche Unterbrechung einer Sendung durch Werbung besitze demnach die Botschaft an den Rezipienten, daß er nicht Herr seiner Zeit, sondern jederzeit ansprechbar ist und seine private Zeit jederzeit zur öffentlichen Zeit werden kann.[201]

(2) Die Programm-Medien können eine kommunisierende Wirkung entfalten, weil sie technische Simultanität (zwischen Ereignis und Übertragung) und bewußt erlebte soziale Synchronizität (bei der Rezeption) miteinander verbinden. Doch durch die Erfahrung, daß alle Fernsehsendungen mit MAZ-Geräten der Veranstalter[202] bzw. mit privaten Videorecordern aufgezeichnet werden können, verliert das Fernsehen die Aura des - simultan verfolgbaren - Ereignisses und büßt damit tendenziell seine kommunisierende Funktion ein.[203] Gesucht werden stattdessen offenbar andere Nutzen:

Time-Shifting kann Instrument für insgesamt längere Sehdauern sein, es kann aber auch zu verkürzten und lediglich zeitversetzten Sehdauern führen. An den Durchschnittswerten der Mediennutzungsforschung ist dies nur ausnahmsweise ablesbar.

Archivierung und Time-Shifting erhöhen die Disponibilität der Zeit, weil Speichermedien Daten zeitlich disponibel halten. Dies gilt schon für die Schrift, die als eine Art Zeitpuffer im Alltag dient. Das Notieren eines zu bearbeitenden Problems bedeutet Aufschub künftiger Handlungen bei kurzzeitiger Unterbrechung der aktuellen

198 Sturm (1987), S. 37
199 vgl. Sturm (1991), S. 186-190
200 Boorstin (1988), S. 27
201 vgl. Gitlin (1979), S. 255
202 Der institutionelle Einsatz von Aufzeichnungsmaschinen durch die US-Networks führt zugleich zu einer "Normierung von Fernsehzeit als sozialer Zeit", weil hierdurch Zeitzonen überbrückt werden (vgl. Zielinski (1989), S. 235).
203 vgl. Cubitt (1991), S. 35-38

Handlung und bewahrt vor dem Abbruch der gerade ausgeführten Handlung und dem Vergessen der geplanten Handlung. Schriftlichkeit entlastet vom Zeitdruck. Gerade die Verweigerung der Simultanität stellt Synchronisation her und entlastet die Gegenwart von der Gegenwart zu vieler Dinge oder Handlungen, indem sie Serialität programmiert. Eine vergleichbare Funktion erfüllen elektromagnetische und digitale Speichertechniken, derer wir uns bedienen können: Audio- und Videobänder, -cassetten und -platten sowie die digitalen Datenträger.

Während über die Time-Shifting-Funktion des Audiocassettenrecorders nur indirekt geschlossen werden kann (über die Verkaufszahlen) und kaum Untersuchungen über die konkrete Nutzung und die angestrebten Nutzen vorliegen, ist die Forschungslage beim Videorecorder, dem als "neuem Medium" mehr Aufmerksamkeit geschenkt wurde, etwas erfreulicher. So sind Erhöhung zeitlicher Autonomie und partielle Aufhebung des Timings der Programm-Medien die am häufigsten genannten Motive der Videorecorderanschaffung und -nutzung und damit der primäre Nutzen im Sinne der Uses-and-Gratifications-Forschung:[204]

> "Der Gebrauchswert des Videorecorders liegt ... für die Mehrheit seiner Nutzer auf einem ganz alltagspraktischen Gebiet: Video ermöglicht eine Rationalisierung des Umgangs mit Zeit und Optimierung der Fernsehnutzung."[205]

Video- und Fernsehnutzung liegen ähnliche Motive zugrunde, doch "there are more instrumental than ritualistic components to using VCRs."[206] Dabei spielte allein das zeitversetzte Fernsehen mit 85 % die wichtigste Rolle bei den Kaufmotiven, noch vor der Erschließung zusätzlicher Programme bzw. Genres. Bei der tatsächlichen Nutzung macht zeitversetztes Fernsehen zwei Drittel, die Nutzung von Leih- oder Kaufkassetten nur ein Drittel aus,[207] nach neueren Daten nimmt das zeitversetze Fernsehen sogar 84 % der Videonutzungen ein.[208] Time-Shifting ist eindeutig die häufigste Anwendung des Videorecorders.[209] Vor allen anderen Funktionen des Videorecorders (Programmvermehrung, "narrowcasting", Eigenproduktionen etc.) werden am Videorecorder offensichtlich die Möglichkeiten geschätzt, in die temporalen Abläufe der flüchtigen Programm-Medien einzugreifen bzw. sich den daraus folgenden zeitbindenden und normierenden Kräften zu entziehen. Programmgenrevermehrung und Programmdauerverlängerung spielen nur eine untergeordnete Rolle, wie ein Vergleich der Bildschirm-Nutzungsdauern in Video und Nicht-Videohaushalten und die Versorgung mit empfangbaren Programmen bestätigt.[210]

Unter "time shifting" versteht Levy die Aufzeichnung einer Fernsehsendung während der Abwesenheit des Nutzers (von der Wohnung und/oder vom Fernsehgerät), während dieser eine andere Sendung ansieht oder während er die aufzuzeichnende Sendung am Fernseher verfolgt. Ziel ist jedoch, eine einmalige Sendung oder serielle Folge nicht zu versäumen, es herrscht also eher eine Vergangenheits- bzw. Gegenwartsorientierung vor; der Zeithorizont ist eher kurz- bis mittelfristig. In der Tat

---

204 vgl. Rubin / Bantz (1989), S. 192
205 Neumann-Bechstein (1985), S. 460
206 Rubin / Bantz (1989), S. 193
207 vgl. Neumann-Bechstein (1985), S. 457
208 vgl. Neumann-Bechstein (1992), S. 48
209 vgl. Levy (1981), S. 401, Levy / Fink (1984), S. 58 und Levy (1989), S. 11-12
210 vgl. Hackforth / Schönbach (1985), S. 30 Die Programmversorgung war nahezu identisch, die Nutzungsdauer lag sogar bei den Nicht-Videohaushalten etwas höher.

erfolgen drei Viertel aller Wiedergaben in der ersten Woche nach der Aufzeichnung.[211] Zumindest von den ersten Nutzern des Videorecorders (Daten von 1979) wurden jeweils 30 % der Aufzeichnungen noch am gleichen Tag (so z.B. sieben Achtel aller wiedergegebenen Soap Operas) und am Tag darauf angesehen[212] (für 1981: zusammen 43,5%[213]). Ähnliche Ergebnisse liegen auch für Großbritannien vor.[214] Mit steigendem Alter der Aufzeichnung wächst die Wahrscheinlichkeit, daß das Band gar nicht mehr abgespielt bzw. mit einer neuen Aufzeichnung überspielt wird. Insgesamt werden mehr als 40 % aller Aufzeichnungen überhaupt nicht mehr angesehen, so daß Levy zu dem Schluß gelangt, daß Time-Shifting zwar die wohl bedeutsamste Anwendung des Videorecorders darstellt, gleichwohl aber in vielen Fällen nicht wirklich zu Ende geführt wird.[215] Offenbar handelt es sich bei der Aufzeichnungstätigkeit bzw. -programmierung um eine *relativ unspezifisch vorsorgende Zeitstrategie*, die in starkem Maße auf das Sichern von *Optionen* für die Zukunft ausgerichtet ist.

Nach einer Untersuchung Levys in den USA wurden 59,5 % der Aufzeichnungen gemacht, während die Nutzer nicht zu Hause waren oder zumindest gar nicht fernsahen, was sich mit einer in vielen Untersuchungen festgestellten starken Aktivitäts- und "Freizeitorientierung" der Videonutzer deckt, die sich auch auf Aktivitäten außer Haus erstreckt.[216] Die Wiedergabequote dieser Aufzeichnungen war deutlich höher als die der Aufzeichnungen, die parallel zum aktuellen Konsum des gleichen oder eines anderen Programmangebotes entstanden.[217] Besonders hohe Wiedergabequoten sind bei seriellen Sendeformen zu verzeichnen.[218] Sendungen, die gleichzeitig aufgezeichnet und am Fernsehen verfolgt werden, sind in hohem Maße Aufzeichnungen für die private Videothek. Es handelt sich also um eine Art Pre-view der langfristigen Aufzeichnung.[219]

Zeitversetztes Fernsehen als Nutzungsmotiv des Videorecorders kann unterschiedliche Ursachen haben. Entweder läuft die Sendung zu einem Zeitpunkt, an dem man wegen medialer oder nicht-medialer Tätigkeiten verhindert ist, oder die Sendung wird zu einem Zeitpunkt ausgestrahlt, an dem man grundsätzlich nicht fernsehen kann oder will, weil dem konkurrierende Schedules entgegenstehen. Die Zeitversetzung kann ferner tageszeitlich oder wochenzeitlich bzw. kombiniert erfolgen. Für die frühen Videoanwender in den USA liegen hierzu einige Daten vor. Demnach gab es keinen typischen Video-Wochentag, Videonutzung und Fernsehnutzung waren im Wochen-

211 vgl. Levy (1983), S. 264, für 1979 gibt Levy bei der Gruppe der frühen Anwender einen vergleichbaren Wert, nämlich etwa 80 % an. vgl. Levy (1981), S. 402

212 vgl. Levy (1981), S. 402-404

213 vgl. Levy / Fink (1984), S. 65

214 vgl. Gunter / Wober (1989), S. 60

215 vgl. Levy (1983), S. 267-268, und für Großbritannien Gunter / Wober (1989), S. 67

216 vgl. Neumann-Bechstein (1985), S. 460 und Hackforth / Schönbach (1985), S. 24. Allerdings handelt es sich in beiden Fällen um die Beschreibung relativ früher Videoanwender, da die Zahlen sich auf Anfang und Mitte der 80er Jahre beziehen. Neuere Daten liegen m.W. nicht vor, von einer Nivellierung dieser Merkmale ist aber aufgrund der mittlerweile hohen Verbreitung des Videorecorders auszugehen. Hackforth / Schönbach (1985), S. 39, bezweifelten dies allerdings Mitte der 80er Jahre noch. Rubin / Bantz (1989), S. 192, unterstützen die These von den aktivitäts- und kommunikationsorientierten Videoanwendern. Time-Shifting ermöglicht demnach die optimale Abstimmung (timing) von medialen und extramedialen kommunikativen Handlungen im und außerhalb des Haushalts.

217 vgl. Levy (1983), S. 265

218 vgl. unten bzw. Levy (1983), S. 266

219 vgl. Levy (1983), S. 267

verlauf relativ ähnlich, also am Wochenende von höherer Dauer. Dies bestätigt Neumann-Bechstein auch für die Bundesrepublik.[220] Nach der amerikanischen Untersuchung erfolgten 42,7 % der Wiedergaben tageszeitlich früher, 34,9 % später und 22,4 % zeitgleich mit der Originalsendezeit. Soap Operas und Sportsendungen wurden im Verhältnis zur Sendezeit tendenziell zu einer späteren Tageszeit, Unterhaltungssendungen eher zu einer früheren Tageszeit abgespielt. Das Ansehen der Videos fand überwiegend außerhalb der Primetime, vor allem an den Wochenenden vor 16.30 Uhr statt.[221] In der Bundesrepublik hingegen fanden Mitte der 80er Jahre zwei Drittel des Videokonsums in der Primetime und bis zu etwa 20 % zwischen 18 und 20 Uhr statt, allerdings sind hier wohl auch die Leih- und Kaufkassetten berücksichtigt.[222] Wenn es zutrifft, daß in Deutschland vor allem Spielfilme durch Video rezipiert werden,[223] so spricht auch dies für meine These von der Ent-Programmierung. Video ist demnach weniger ein Medium zur Nutzung von Restzeiten (wie das Fernsehen), sondern ein Ereignismedium, daß der konzentrierten Rezeption längerer, kontinuierlicher nicht (z.B. durch Werbung) unterbrochender medialer Formen dient. Video ist also nicht allein eine Beschleunigungsmaschine, sondern zugleich Be- *und* Entschleunigungsmaschine.

Bei Kindern lassen sich relativ regelmäßige temporale Videonutzungsmuster feststellen. Bevorzugter Zeitraum für die Wiedergabe sind die Werktagnachmittage zwischen 16 und 17 Uhr sowie der Sonntag vormittag, saisonal betrachtet die Wintermonate und die Zeit der Schulferien.[224] In Großbritannien werden Spätprogramme in vergleichweise starkem Umfang aufgezeichnet: So setzt sich die Fernsehnutzung von ITV nach 0.30 Uhr zu ungefähr gleichen Teilen aus Simultan-Rezipienten und Videorecordern zusammen.[225] Diese Ergebnisse stützen die These vom Time-Shifting als Hauptfunktion der Videorecordernutzung. Weniger die Erschließung alternativer Sende*inhalte* als die partielle Emanzipation von den *zeitlichen Schedules* des Programm-Mediums Fernsehen (über drei Viertel der wiedergegebenen Aufzeichnungen wurden zeitversetzt rezipiert) stehen im Vordergrund der "Zeitmaschine" Videorecorder.

Die temporalen Funktionen der Videorecordernutzung müssen jedoch stärker differenziert werden, als dies bei Neumann-Bechstein mit dem Begriff "zeitversetztes Fernsehen" angelegt ist. Neben dem zeitversetzten Fernsehen kann Video dem Aufbau einer "privaten Videothek" dienen. Beide Temporalstrategien reagieren zwar auf die Zeitgestalt des Fernsehens, doch besitzen sie unterschiedlich weit reichende Zeithorizonte und -perspektiven. Die Vermeidung von Werbung als inhaltlicher und temporaler Rationalisierungs- bzw. Beschleunigungstaktik kommt die Funktion zu, die Kontinuität auch im dramaturgischen) Sinn zu erhöhen. Die Beschleunigung der Rezeption selbst mit Hilfe des schnelleren Bildvorlaufs stellt allenfalls einen Grenzfall der Videonutzung dar, weil es sich im Grunde nicht mehr um eine Beschleunigung des (gleichbleibenden) Rezeptionsprozesses, sondern um eine neue Rezeptionsqualität handelt. Dies trifft sicherlich auch für die temporale oder dramaturgische Neuordnung

220 vgl. Neumann-Bechstein (1985), S. 457
221 vgl. Levy (1981), S. 404
222 vgl. Neumann-Bechstein (1985), S. 457 sowie Hackforth / Schönbach (1985), S. 25
223 vgl. Neumann-Bechstein 81992), S. 48
224 vgl. Frank (1991), S. 181
225 vgl. Gunter / Wober (1989), S. 59

von Sendungen bzw. Aufzeichnungen zu, die entweder durch Schneiden/Kopieren der Aufzeichnung oder durch Kombination aus schnellem Vorlauf, normalem Abspiel, Auswahl und Wiederholung einzelner Sequenzen und Standbildern entstehen können. Wie verbreitet solche Nutzungsarten als intendierte Medienhandlungen tatsächlich sind, ist kaum zu beurteilen, denn empirische Untersuchungen liegen, so weit ich sehe, auch jenseits der Grenzen des deutschen Sprachraums noch nicht vor. Die Beschreibung der potentiell entstehenden Zeitgestalten habe ich deshalb zusammen mit meinen Erläuterungen der Filmmontage abgehandelt.

Auch die Nutzung von Leih- und Kaufkassetten ist eine Strategie der Ent-Programmierung zwar nicht des Fernsehens, aber doch des Bildschirms und partiell auch des Kinos. Ohne hier vertiefend auf die medienästhetischen und -ökonomischen Probleme des intermediären Wettbewerbs zwischen Video und Kino einzugehen, läßt sich feststellen, daß man nicht von einem Substitutionseffekt, sondern von komplementärer Nutzung ausgehen muß. Da es sich hierbei um eine eher marginale Zeitstrategie handelt, werde ich die Anwendung des Videorecorders als Wiedergabegerät für Leih- und Kaufkassetten nicht eingehend behandeln.

(3) Der Aufbau einer privaten Videothek findet meist in Analogie zum Sammeln von Platten (oder anderen Tonträgern) und Büchern sowie zum Aufbewahren eher "privater" Medien wie Familienfotografien und -filme bzw. -videos statt. Die Zeitperspektive dieser Archivierung ist eher zukunftsorientiert und der Zeithorizont langfristig. Bevorzugte Programmformate bzw. -inhalte sind hierbei Medienereignisse und Spielfilme, die als "Klassiker" oder persönliche "Lieblingsfilme" dokumentiert werden[226] und so - wie die privaten Medien Familienfotografien und -filme bzw. -videos zu "Materialien" des individuellen und kollektiven Gedächtnisses werden können.

Um die Weite der Zeithorizonte von zeitversetztem Fernsehen und Archivierung zu unterscheiden, haben Levy und Fink *in Anlehnung* an das naturwissenschaftliche Konzept ein mathematisches Modell der "Halbwertszeit" entwickelt. Die Halbwertszeit von Medien besagt demnach, daß die Hälfte der Medienangebote vom aggregierten Publikum (nicht von jedem Rezipienten) rezipiert wurden. Bei Tageszeitungen beträgt die Halbwertszeit typischerweise nur einige Stunden, eine Ausnahme bilden die Wochenendausgaben.[227] Die durchschnittliche Halbwertszeit für aufgezeichnete Videos beträgt etwa drei Tage, d.h. innerhalb dieser Zeit werden 50 % aller Aufzeichnungen abgespielt. Täglich ausgestrahlte, serielle Programmformate haben demnach eine Halbwertszeit von nur 0,80 Tagen, wöchentliche Sendungen von 2,76 Tagen, und einmalige Sendungen haben keine bezifferbare Halbwertszeit, weil von ihnen (innerhalb des Untersuchungszeitraumes) nur 42,7 % überhaupt angesehen wurden.[228] Diese Sendungen stellen vermutlich den Kernbestandteil der privaten Videotheken dar, ein anderer Teil wird wohl ungesehen überspielt. Methodenkritisch muß man jedoch anmerken, daß Levy und Fink mit einem chronometrischen Tag gearbeitet haben, statt einen "soziale Mediennutzungstag" zugrunde zu legen. Die Aufzeichnung einer Sendung, die um 23.59 Uhr endet und zwei Minuten später abge-

226 vgl. Levy / Fink (1984), S. 58
227 vgl. Levy / Fink (1984), S. 62
228 vgl. Levy / Fink (1984), S. 66-67

spielt wird, besitzt nach dem hier vorgestellten Modell eine "Halbwertszeit" von 1,0 Tagen!

Die Zeitstrategien Time-Shifting und Archivierung sind zuweilen nicht mehr zu trennen, wenn nämlich eine Aufzeichnung kurze Zeit später angesehen und dann trotzdem für unbestimmte Dauer archiviert wird. Shatzer und Lindlof haben (auf nicht repräsentativer Grundlage) clusteranalytisch verschiedene Typen von Videonutzern gebildet. Demnach wird Time-Shifting sowohl von polychron agierenden Menschen, die neben Fernseh- und Videorezeption andere Tätigkeiten ausführen (und Fernsehrezeption wie Videoaufzeichnung stärker anhand der Programmpresse planen),[229] als auch von eher monochron agierenden Nutzern geschätzt. Zeitliche Verdichtung und Erhöhung der Zeitautonomie können also beide motivierend auf die Videonutzung wirken. Nach Neumann-Bechstein führt die Nutzung des Videorecorders bei einer Gruppe zu einer leichten Erhöhung der Fernseh-/Video-Nutzung, bei einer zweiten Gruppe steht eher die gesteigerte Flexibilität in einem insgesamt "sonst weniger mediengeprägten Tagesablauf" im Vordergrund.[230] Nach Shatzer / Lindlof gibt es einen dritten Typ, der ebenfalls zeitversetztes Fernsehen praktiziert und sich durch die Neigung zur privaten Videothek und durch die Nutzung von Miet- und Kaufkassetten auszeichnet. Bei diesem Typ kommt es tendenziell auch zu einer erhöhten Nutzungsdauer des Bildschirms (als Summe von Fernsehen und Video)[231] und zur Vermeidung von Werbung ("Ad-Voidance") mit Hilfe des Videorecorders[232] bzw. entsprechender Zusatzgeräte, die in den USA ab März 1994 erhältlich sein werden.[233]

(4) Ad-Voidance kann während der Aufzeichnung manuell oder durch eine technische Zusatzeinrichtung betrieben werden, andernfalls erfolgt sie erst durch das Spulen oder den schnellen Vorlauf bei der Wiedergabe. Eine Untersuchung von Sapolsky und Forrest ergab, daß immerhin zwei Drittel der Erwachsenen Werbung bei der Wiedergabe einer Video-Aufzeichnung vermeiden. Diese Tendenz nimmt im Laufe der Wiedergabe eines Videos zu, so daß schließlich insgesamt vier von fünf Werbesekunden nicht mehr angesehen werden. Die Verweigerungshaltung auf der Verhaltensebene korreliert dabei nicht mit grundsätzlicher Einstellung zur Fernsehwerbung: Bei der Videonutzung wird offensichtlich von Gegnern wie Duldern bzw. Befürwortern der Fernsehwerbung von der Möglichkeit des Vermeidens Gebrauch gemacht;[234] die verfolgte Zeitstrategie bzw. das zugrundeliegende Zeitbewußtsein erweist sich als wirkungsvoller als die Bewertung der Medieninhalte.

Neben den bekannten und relativ preiswerten Ent-Programmierungsmöglichkeiten, die die Videotechnik bietet, zeichnen sich neue technische Möglichkeiten der Individualisierung der Programmauswahl ab. Zum einen wird in den letzten Jahren verstärkt versucht, die Zuschauer an der Gestaltung des Medieninhaltes zu beteiligen, also Sequen-

---

229 vgl. Hackforth / Schönbach (1985), S. 29
230 vgl. u. zit. Neumann-Bechstein (1985), S. 458
231 vgl. Hackforth / Schönbach (1985), S. 43
232 vgl. Shatzer / Lindlof (1989), S. 120-127
233 Der Preis soll 200 Dollar betragen. Bei der Widergabe wird die Abspielgeschwindigkeit der aufgezeichneten Werbespots automatisch so erhöht, daß die Werbebotschaft unkenntlich wird. vgl. o.V.: Videogerät killt Werbespots. In: Berliner Zeitung, 8./9.1.1994, S. 24
234 vgl. Sapolsky / Forrest (1989), S. 148-163

zen interaktiv zu beeinflussen. Zum anderen eröffnen sich neue technische Möglichkeiten für die Indivdiualisierung der Empfangszeiten.

Die Einflußnahme der Rezipienten auf den Verlauf von Filmen wird durch den Einsatz computergesteuerter Laserbildplatten möglich. Zuschauer können an einigen markierten Stellen den Lauf eines Filmes unterbrechen und Sequenzen von einer anderen Laserbildplatte "einbauen", bevor der "Originalfilm" an der unterbrochenen Stelle fortgesetzt wird. Erste Versuche mit diesem technisch und künstlerisch aufwendigen sogenannten interaktiven Kino zeigten, daß (Aus-)Wahl und Gestaltungsmöglichkeiten letztlich sehr beschränkt bleiben, sollen Aufwand und Kosten nicht unbegrenzt anwachsen.[235] Ähnliches dürfte auch für vielkanalige Kabelfernsehsysteme gelten. Ein Versuch von ARD und ZDF im Dezember 1991 hat bei den meisten Zuschauern offensichtlich keine großen Erfolge erzielt.

Die Flexibilisierung der Anfangszeiten von Sendungen, die über interaktive Glasfaserkabelsysteme mit 150 und mehr Kanälen angeboten werden können, scheint eher in absehbarer Zeit ökonomisch lohnend. Time/Warner testet seit 1992 in Teilen von New York ein solches Angebot auf Pay-per-view-Basis. Über den schmalbandigen Rückkanal des Glasfasernetzes können Spielfilme angefordert werden, die jeweils zeitversetzt auf mehreren Kanälen beginnen. So ergeben sich "Einstiegs-" und "Fortsetzungsmöglichkeiten" für das Anschauen von Sendungen im Zehnminutentakt. Time/Warner erhofft sich Zusatzeinnahmen von monatlich bis zu DM 320 pro Pay-TV-Abonnent.[236] Ähnliche Versuche werden zur Zeit durch Bell Atlantic und Tele-Communications Inc., dem größten Kabelfernsehbetreiber der USA, unternommen. Eine Erweiterung zu einem echten breitbandigen Multimedia-Verbund ist die langfristige Perspektive.[237] In Europa wird der ASTRA-Betreiber SES ab Mitte der 90er Jahre mit Hilfe digitaler Datemkompression und direktempfangbarer Satelliten zeitflexibles "Pay-Satellite-Radio" und "Video on demand" anbieten.[238] Bereits heute ist bei begrenzter Kanalzahl der Ansatz zeitlicher Multiplizierung der Schedules erkennbar. So soll das gemeinsame Vormittagsprogramm von ARD und ZDF, das zur Zeit entgegen aller Frequenzökonomie parallel ausgestrahlt wird, künftig zeitversetzt auf beiden Kanälen angeboten werden.[239]

Die enger werdende Verknüpfung der Sujets und Dramaturgien von Kinospielfilmen und interaktivem Videospielen[240] stellt einen weiteren Schritt in Richtung Indivdiualisierung und zeitlicher Flexibilisierung der fiktiven Handlungsabläufe im AV-Angebot dar.

Die demontierenden und entprogrammierenden Medienhandlungen der Nutzer beeinträchtigen wie die Individualisierung der Programmwahl die kommunisierende Funktion des Medienhandelns. Die ohnehin bestenfalls para-soziale Simultanität zwischen Kommunikator und Rezipient wird aufgehoben, die Simultanität der Rezipienten wird zeitlich "verschoben" und damit als solche aufgehoben. Cubitt spricht deshalb von der Tendenz des Videos zu einem "solipsistischen" Medium.[241]

235 vgl. Schuler (1991)
236 vgl. Schuler (1991a)
237 vgl. Heuser (1993)
238 vgl. Schulze (1993)
239 vgl. Huber (1993a), S. 26
240 vgl. Wetzel (1993)
241 Cubitt (1991), S. 58-60

4.2.4. Serialität

Als besondere Form der Sequentialisierung medialer Formen hat sich die Serialität erwiesen, deren primäres Ziel in der regelmäßigen (seriellen) Publikumsbindung besteht. Die Kommunikatoren gehen offensichtlich davon aus, daß das Medienhandeln der Nutzer serielle Strukturen aufweist oder daß sich diese implementieren ließen. Da mit der Publikumsbindung und der Reichweitenmaximierung entscheidende ökonomische Interessen verknüpft sind, liegen zu Programmwahl und Serientreue der Fernsehnutzer einige Studien, vor allem aus den USA vor.

Einsatz und "Absatz" von Serien erweisen sich nur dann als wirtschaftlich vorteilhaft, wenn durch die Serialisierung nicht nur Produkionskosten reduziert, sondern auch höhere Reichweiten auf dem Publikumsmarkt erzielt werden, als dies mit der Sequentialisierung von "beliebigen" Prorammelementen bzw. nicht-seriellem Programming geschieht. Die Forschungsfrage lautet dementsprechend, ob Serientreue tatsächlich zur Reichweitenmaximierung führt oder ob sich die Reichweiten für Serienepisoden nicht aus anderen, allgemein wirksamen Faktoren erklärt. Der kommerziellen Erforschung der "Schemaeinflüsse" durch Goodhardt et al. geht es nicht um die individuellen Nutzungsmotive und subjektiven Bedeutungen der Nutzungsmuster, sondern um Erklärung und Prognose des "audience flow" auf der Ebene statistischer Aggregate. Zwei Grundfragen stehen dabei im Vordergrund: (1) "audience duplication" ("Publikumsüberschneidung") meint die statistischen Zusammenhänge zwischen der Rezeption zweier unterschiedlicher Sendungen an verschiedenen Tagen, also die "Überlappungen" (overlaps) oder Schnittmengen der Publika. Dabei wird zunächst ein Durchschnittswert für den Anteil der Rezipienten einer Sendung A, die eine weitere Sendung B sehen, errechnet. Dieser Durchschnittswert dient dann als Basis für Vergleiche, mit denen sich herausfinden läßt, ob bestimmte Sendungen in hohem oder niedrigem Maße von den gleichen Rezipienten genutzt werden. Zugleich läßt sich so ermitteln, ob die Zuschauer der Sendung A im Vergleich zur Gesamtbevölkerung (Gesamt-Rating) relativ häufiger oder seltener eine Sendung B ansehen. Hierbei geht es um die Frage, ob die Inhalte und Formen der Sendungen oder eher Sendeplätze und Programmveranstalter ("channel loyalty") für die Nutzung ausschlaggebend sind. (2) "Repeat viewing" hingegen bezeichnet das Phänomen der Serientreue, also das Ausmaß, in dem Episoden einer Serie, eines Serials oder einer wiederkehrenden Sendung angesehen werden.

(1) Goodhardt et al. stellten 1975 zusammenfassend fest, "that the size of the audience common to two different programmes on different days depends on the ratings of the programmes and the channels on which they are shown, rather than the content of the programmes."[242] Als "duplication of viewing law" haben Goodhardt et al. formuliert, daß der Anteil der Zuschauerschaft von A, der sich auch B ansieht, gleich der Einschaltquote von A multipliziert mit der Quote von B multipliziert mit einem konstanten Koeffizienten für die Kanaltreue dividiert durch 100 ist. Doch dieses Gesetz gilt nicht uneingeschränkt. Die Publika-Schnittmengen sind tendenziell für Nachmittags- und Vorabendprogramme sowie für Spätprogramme relativ höher als für die Prime-

242 Goodhardt / Ehrenberg / Collins (1975), S. 19

time,[243] was sich aus der extensiven Nutzung der Vielseher erklären läßt.[244] Daß sich die Schnittmengen im Hauptabendprogramm und am Wochenende verringern, liegt daran, daß dann auch Zuschauer hinzukommen, die eher unregelmäßig fernsehen und vielleicht in der Tat eher eine inhaltlich-selektive Programmwahl ausüben. Einschränkend muß allerdings hinzugefügt werden, daß die absolute Höhe des Ratings der Sendung A die Wahrscheinlichkeit erhöht, daß sich hierunter auch viele Zuschauer befinden, die zum Publikum einer Sendung B zählen. Schon weil die Gruppe der A-Seher größer ist, kann ihr Anteil an den B-Sehern größer sein als bei Sendungen (A) mit nur geringer Zuschauerzahl. Zudem ist mit dem "duplication of viewing law" noch nichts erklärt, sondern allenfalls ein Zusammenhang statistisch beschrieben. Die Motive und Gründe des Verhaltens werden jedenfalls von Goodhardt et al. nicht hinreichend untersucht. Die Ergebnisse können aber in unserem Zusammenhang zumindest als Indiz dafür gewertet werden, daß habituelle Faktoren und die zeitliche Strukturierung des Programms bedeutend für das Nutzungsverhalten sind und nicht der Inhalt allein oder erwiesenermaßen überwiegend als erklärender Faktor heranzuziehen ist. Immerhin ließen sich seit den 70er Jahren zumindest gering ausgeprägte "channel loyalties" beim britischen und US-amerikanischen Publikum nachweisen,[245] allerdings mit leicht abnehmender Tendenz in der Mitte der 80er Jahre.[246] Das heißt, daß zumindest Teile des Publikums auch an nicht direkt aufeinanderfolgenden Tagen bei ihrer Programmauswahl - aus welchen Gründen oder Gewohnheiten auch immer (!) - eine Affinität zu einem bestimmten Anbieter entwickeln. So wurde beispielsweise eine Sendung mit 20 % Gesamt-Rating überproportional von den Zuschauern gesehen, die am Tag zuvor den gleichen Kanal nutzten (34 %).[247]

Für die große Bedeutung des Scheduling spricht auch der Nachweis von Lead-in-Effekten, also der Neigung, ein zeitlich direkt folgendes Programmelement anzusehen, "weil" man das vorangegangene gesehen hat. Dieser Vererbungseffekt deckt sich mit den von Irene Neverla untersuchten Fernseherfahrungen: Sie beschreibt Fernsehen als in der präkommunikativen und kommunikativen Phase zeitsparendes Medium, das einen (scheinbaren) Zeitgewinn erbringt. Dieser kann allerdings in der kommunikativen Phase in einen Zeitverlust umschlagen, der in der postkommunikativen Phase erst bemerkt und mit negativen Gefühlen verbunden wird.[248] Das Phänomen des "Hängenbleibens" war nahezu allen Befragten bekannt,[249] was Prokops These von der Ambivalenz von Faszination und Langeweile unterstützt. "Hängenbleiben" ist bei den Vielsehern offensichtlich deutlich stärker verbreitet als bei den Wenigsehern: 41 % der von Schmidt befragten Vielseher (über 3 Stunden tägliche Sehdauer) und nur 7 % der Wenigseher (bis zu einer Stunde Sehdauer) gaben an, daß sie "häufig" oder "sehr häufig" "fernsehen und eigentlich viel lieber etwas anderes unternehmen möchten, dazu aber zu bequem sind." Aufgrund einer Reihe sich anschließender qualitativer Interviews kommt Schmidt zu dem Schluß, "daß das Hängenbleiben hier weniger auf das spannende Programm als vielmehr auf situative Faktoren zurückzuführen ist ..."[250]

243 Goodhardt / Ehrenberg / Collins (1987), S. 36
244 vgl. Goodhardt / Ehrenberg / Collins (1975), S. 79
245 Goodhardt / Ehrenberg / Collins (1987), S. 19
246 Goodhardt / Ehrenberg / Collins (1987), S. 32
247 Goodhardt / Ehrenberg / Collins (1987), S. 34
248 Neverla (1992a), S. 32
249 vgl. Neverla (1992a), S. 1162
250 vgl. u. zit. Schmidt (1990b), S. 181

Das "Hängenbleiben" ist auch von der Tageszeitungsnutzung bekannt. Ein relativ unspezifisches Suchverhalten und ein "Scannen" nach relevanten Inhalten können dazu führen, daß letztendlich mehr Zeit mit der Lektüre verbracht wird, als ursprünglich geplant.[251] Das "Hängenbleiben" bei einem bestimmten Programm ist in Großbritannien als "inheritance effect" und in den USA als "lead-in effect" empirisch überprüft worden. Dieser Effekt ist bezogen auf mehrere Fernsehsendungen an einem Fernsehabend bisher nur partiell belegt worden und in der Literatur noch immer umstritten: Die Publikaschnittmengen für zwei folgenden Sendungen eines Anbieters sind zwar etwas höher als für zwei Sendungen des gleichen Anbieters an unterschiedlichen Tagen, doch verliert sich dieser Effekt mit der Sendedauer und den folgenden Sendungen zusehends. Das heißt auch bezogen auf den einzelnen Nutzungstag wirkt hier ausschließlich die Channel-loyalty.[252] Tiedge / Ksobiech weisen zwar in einer Langzeituntersuchung für die Serien der US-Networks nach, daß Serien, die durch "lead-in programming" gestützt wurden, vergleichsweise höhere Marktanteile (nicht Reichweiten) erzielen konnten, doch sind diese Ergebnisse zu relativieren.[253] Unter den Bedingungen des Vielkanalfernsehens und der zunehmenden Ausstattung mit Fernbedienungen (über Videorecorder und neue Fernsehgeräte) beobachtet Walker denn auch 1988 bereits ein Nachlassen des Vererebungseffektes.[254]

Fernsehen besitzt eine zeitbindende Funktion erst als "laufendes Gerät" (Effekt des "Hängenbleibens"), aber kaum durch seine seriellen Programmangebote. Lead-out-Effekte sind vergleichsweise schwächer ausgeprägt.[255]

Crisell berichtet, daß die zeitliche Lokalisierung von Radiosendungen wesentlich zu ihrem Erfolg beiträgt. Die gleichen Sendungen werden zu verschiedenen Zeiten unterschiedlich stark genutzt, je nach dem wie gut sie in die täglichen Routinen der Hörerinnen passen. Die Nutzung hängt demnach in starkem Maße vom Timing ab, das im Gegensatz zu den Inhalten kaum Berücksichtigung in der Medienwirkungs- und -nutzungsforschung findet.[256]

Offensichtlich besteht kein hinreichend zu belegender Zusammenhang zwischen dem Publikums*verhalten* einerseits (gemessen in Einschaltquoten und partiell auch qua Serientreue) und der *Bewertung* der gesehenen Sendungen andererseits. So werden Sendungen mit niedrigen Quoten durchaus besser bewertet als solche mit höheren Quoten.[257] Dies liegt sicherlich an der mangelhaften Erhebungsmethodik, die einige Befragte dazu verleitet, Sendungen, die in der Öffentlichkeit als "wertvoll" gelten, auch so zu beurteilen, wenn man selbst anderer Ansicht ist, jedoch sein Image wahren will. Zudem beeinflußt nicht nur die absolute, sondern auch die relative Wertschätzung (im Verhältnis zu simultanen Konkurrenzprogrammen) die Nutzungsentscheidung. Schließlich könnte die Diskrepanz zwischen Bewertung und Verhalten aber auch daran liegen, daß die entsprechenden Bewertungsskalen nicht die ver-

251 vgl. hierzu auch Dorsch (1984), S. 133
252 vgl. (1987), S. 40 u. S. 50
253 Die Marktanteile sind nur ein sehr indirektes und relatives Maß für den Erfolg einer Serie. Zudem erweisen sich einige Randbedingungen für den Erfolg von Lead in-Programming als nahezu banal: Natürlich steigt der Marktanteil mit großer Wahrscheinlichkeit, wenn die Zahl der verfügbaren Konkurrenzprogramme sinkt. Logisch erscheint auch, daß neue Serien, die noch kein Stammpublikum haben können, eher vom Programmumfeld abhängig sind. vgl. Tiedge / Ksobiech (1986)
254 vgl. Walker (1988), S. 397-399
255 vgl. Büchner (1989), S. 55
256 vgl. Crisell (1986), S. 210-215
257 vgl. z.B. Goodhardt / Ehrenberg / Collins (1987), S. 88-93

haltensrelevanten Kategorien abfragen. Wenn z.B. primär nach Gratifikationen gefragt wird, die sich aus dem Inhalt einer zu bewertenden Sendung ergeben oder nicht ergeben, dann bleiben temporale Nutzungsmotive (Ritual, Restzeitnutzung, Langeweile, Zeitstrukturierung, Auszeit etc.) zwangsläufig unberücksichtigt.

In den USA sollen nach einer Studie von 1979 mehr als die Hälfte der Zuschauer das Programm spontan auswählen und nur ein Drittel der Zuschauer einstündige Sendungen tatsächlich bis zum Ende sehen.[258] Das Fernsehen scheint Gratifikationen besonders im zeitlichen Bereichen zu bieten: Im Vergleich etwa zum Buch gelten laut einer Synopse verschiedener Gratifikationsstudien von John Murray Flucht vor Langeweile bzw. "Zeit totschlagen" als Bedürfnisse, die durch Fernseh- und Hörfunkrezeption gut befriedigt werden können.[259] Wenn Medien, vor allem die Rundfunkmedien zum Füllen von Zeit genutzt werden, dann wählt man eher eine Zeitspanne zum Fernsehen (Fernsehzeit) als bestimmte Programme aus. In den USA plant etwa die Hälfte der Zuschauer die Fernsehnutzung vorab, während die andere Hälfte sich erst während der Rezeption, also "switchend" entscheidet.[260] Für die Bundesrepublik liegen m.W. keine vergleichbaren Ergebnisse vor, doch vermute ich hier einen höheren Anteil an geplanter Fernsehnutzung.

(2) Wie verhält es sich nun bezüglich der Schemaeinflüsse serieller Medienformate auf das Medienhandeln der Nutzer? Bei Serien setzt sich das Publikum immer wieder neu zusammen, denn zumindest beim britischen und nordamerikanischen Fernsehpublikum scheint die Serientreue überraschend gering ausgeprägt zu sein: Nur etwa 55 % des Publikums sahen sich die jeweils nächste Episode an. Dies gilt mit abnehmender Tendenz auch nach der Programmvermehrung und der Verbreitung des Videorecorders.[261] Die Viedeoaufzeichnungen serieller Fernsehformate wie Soap Operas, SitComs, Polizei- und Detektivserien sowie "dramatic series" werden zwar als einzige Formate in überdurchschnittlichem Maße angesehen.[262] Doch dies erklärt sich vermutlich nur zum Teil aus der Serientreue der Zuschauer. Möglicherweise liegt in der seriellen Struktur eine Art Risikominimierung, denn das Ergebnis der Aufzeichnung ist erwartbar und die begrenzte Aufzeichnungskapazität wird somit sparsam eingesetzt. Für die Serientreuen unter den Zuschauern ergibt sich durch die Periodizität der seriellen Form "Zeitdruck", die Aufzeichnung vor der nächsten zeitgleichen Rezeption einer weiteren Folge anzusehen, der insbesondere wenn es sich um eine serielle Form handelt, bei der die Reihenfolge der Rezeption eine erkennbare Rolle spielt.

Barwise et al. kamen - bezogen auf das nordamerikanische und britische Fernsehpublikum der 70er Jahre - ebenfalls zu Werten von ca. 50 % für die Serientreue von Folge zu Folge, allerdings stellen sie einige interessante Abweichungen fest. Vielseher zeichnen sich demnach durch besonders regelmäßige Nutzung der gleichen Sendung aus, während Wenigseher sowie Kinder und Jugendliche weniger zu seriellem Medienhandeln neigen. Sendungen, die täglich zur gleichen Zeit laufen (Strip-Pro-

258 vgl. Meyrowitz (1987), S. 69
259 Murray, John P.: Television and Youth: 25 Years of Research and Controversy. Boys Town, NB 1980 nach Meyrowitz (1987), S. 73
260 vgl. Heeter / Greenberg (1985), S. 210
261 vgl. Goodhardt / Ehrenberg / Collins (1987), S. 77
262 vgl. Levy (1983), S. 266

gramming), insbesondere Soap Operas weisen ein besonders "konstantes" Publikum auf (bis zu 65 % Wiederholungsseher).[263] Allgemein besonders stark genutzte Sendungen (hohes Gesamt-Rating) werden besonders regelmäßig rezipiert, während insgesamt weniger populäre Serien auch innerhalb ihres Zuschauersegmentes weitaus geringere Serientreue hervorrufen.[264] Der Wert für die Serientreue bleibt auch über mehr als zwei Wochen nahzu stabil,[265] was dazu führt, daß am Ende nur wenige Prozent des Gesamt- und des Serienpublikums wirklich alle Folgen gesehen haben.[266] Umgekehrt bedeutet dies aber auch, daß Zuschauer sich seriellen Formen wieder zuwenden, selbst wenn sie eine oder mehrere Episoden "verpaßt" haben.[267] Stedman geht davon aus, daß sich Serientreue selbst verstärkt, d.h. der Vertrautheitsgrad mit den Charakteren und dem Plot steigert Motivation und Ausdauer der Zuwendung.[268] Interessant sind die Ergebnisse von Goodhardt et al. aber noch aus einem anderen Grund: Es stellt sich nämlich heraus, daß nicht nur Serien und Serials seriell genutzt werden, sondern in erstaunlich hohem Maße bestimmte Sendeplätze - auch wenn diese nicht durch explizit serielle Angebotsformen belegt sind. Auch Shows (52%), Quiz- und Gameshows (57%), Spielfilme (54%) und Sportsendungen (48%) werden seriell genutzt, wie die Werte in Klammern für die "Serien"treue in Analogie zu den 57 % für Serials, 56 % für Serien und 53 % für Comedies zeigen.[269] In den USA gelten seit Mitte der 80er Jahre (also unter den Bedingungen des Vielkanalfernsehens) nunmehr Werte von 30 bis 40 % für das wiederholte Ansehen von Serienfolgen als Erfolg. Dabei erzielen Nachrichtensendungen und Game Shows bzw. Quiz-Sendungen höhere Werte beim regelmäßigen Einschalten als narrative Serien, mit Ausnahme einiger Soap Operas, die noch immer 50 bis 55 % erzielen können. Mehrteiler, Serien und Serials unterscheiden sich trotz ihrer unterschiedlichen Narrationsstruktur nicht systematisch in bezug auf die Regelmäßigkeit ihrer Nutzung.[270] Serien oder allgemeiner: serielle Medienformen sind also nicht deshalb erfolgreich, weil die absolute, kontinuierliche Serientreue besonders ausgeprägt ist, sondern weil Nutzer "immer mal wieder" in eine ihnen bekannte Serie "hineinschauen". Diese Art des Medienhandelns fügt sich in das Bild ein, daß es sich beim Fernsehen meist um eine nebensächliche, oftmals begleitende und lückenfüllende Tätigkeit handelt, die nur gering involviert. Die Möglichkeit auf bekannte Plots, Charaktäre, Handlungssequenzen in bekannten Formaten (Dauer, Rhythmus) und zu uns vertrauten Zeiten zurückzugreifen, kommt dem Unterhaltungs- und Zerstreuungsbedürfnis vieler Rezipienten offensichtlich entgegen. Nicht die gezielte Auswahl einer Sendung, sondern die - habitualisierte oder gar ritualisierte -Grundsatzentscheidung, überhaupt fernzusehen, prägt unseren Umgang mit dem Medium im Alltag, solange es sich nicht um ausgesprochene Fernseh-Ereignisse handelt. Gerade die Nebensächlichkeit des Fernsehens läßt habitualisierte Einschalt-Entscheidungen als durchaus rational erscheinen.

---

263 Barwise et al. (1982), S. 24-26

264 vgl. Goodhardt / Ehrenberg / Collins (1975), S. 19 und -gleichbleibend - für die 80er Jahre Goodhardt / Ehrenberg / Collins (1987), S. 51

265 vgl. Goodhardt / Ehrenberg / Collins (1987), S. 59

266 vgl. Goodhardt / Ehrenberg / Collins (1987), S. 63

267 vgl. Goodhardt / Ehrenberg / Collins (1987), S. 67

268 Allerdings fehlen hier empirische Belege; vgl. Stedman (1977), S. 490.

269 Goodhardt / Ehrenberg / Collins (1987), S. 54

270 vgl. Barwise / Ehrenberg (1988), S. 39-40

Auch Webster / Wang vermuten in der zeitlichen Strukturierung des Programmangebots und in den habitualisierten und ritualisierten Medienhandlungsweisen der Rezipienten die Hauptgründe für das wiederholte Nutzen von Sendungen. Dies würde bedeuten, daß besonders zu Tageszeiten, die durch Strip-Programming gekennzeichnet sind, eine hohe Wiederholungsseherquote zu erwarten ist. In der Tat ergeben ihre empirischen Untersuchungen auf der Basis einer Sekundäranalyse amerikanischer Nielsen-Daten, daß nicht die Primetime-Sendungen (mit den hohen Ratings), sondern die Tages- und Vorabendprogramme (mit niedrigeren Gesamtratings) besonders regelmäßig genutzt werden: Primetime-Sendungen (zwischen 19.30 und 23 Uhr ausgestrahlt) werden durchschnittlich nur von 32,7 % der Zuschauer regelmäßig (= im Beobachtungszeitraum wiederholt) gesehen, während sich für Wochentage von 10 bis 17 Uhr (55,5%), die Hauptabendnachrichten (55,1%) und die Spätabendprogramme (nach 23 Uhr) mit 44,2 % deutlich höhere Werte ergeben. Webster / Wang konstruieren eine "Scheduling-Variable", die sich aus der Tageszeit und der Form des "Strip-Programming" ergibt und kommen nach einem Korrelationstest zu dem Ergebnis: "the most powerful determinant of repeat viewing was the program scheduling variable."[271] Die absolute Höhe des Ratings der einzelnen Sendung ist demnach kein hinreichender Faktor für die Erklärung von "Serientreue", und auch die unterschiedlichen Programmformen erklären nur einen relativ geringen Teil der Varianz des Publikumverhaltens.[272]

Die "serienuntreuen" Zuschauer wechseln in der zweiten Woche in der Regel nicht zu anderen Programmen, sondern sehen zu diesem Zeitpunkt gar nicht fern.[273] Barwise et al. kommen zu dem Schluß, daß nur 60 % bis 65 % der Zuschauer überhaupt am folgenden Tag zur gleichen Zeit fernsehen.[274] Diese Zuschauer zeichnen sich allerdings durch eine hohe Sendungs- bzw. Serientreue aus: In der Primetime sehen dann nämlich 70%, tagsüber sogar 90 % die gleiche Sendung (bzw. die nächste Folge oder Ausgabe der Reihe oder Serie) wie am Tag zuvor.[275] Dies spricht erneut gegen eine inhaltlich-selektive Programmwahl und für eine habitualisiert-rituelle Zuwendung. Stedman erklärt denn auch den Erfolg der serials nicht mit den konkreten Inhalten und Charakteren, sondern mit dem Wesen der Form selbst ("the essence of the form itself"): Dieses Wesen liegt für ihn lediglich im "set of charakters in a continuing narrative".[276]

Trotz unterschiedlicher absoluter Werte[277] stimmen die Ergebnisse zur Periodizität und Serialität der Mediennutzung in ihrer Grundtendenz überein. Die Tatsache, daß Wiederholungssehen und regelmäßiges Sehen außerhalb der Primetime relativ verbreitet ist, deutet auf ausgeprägt serielle und periodische Medienhandlungen der Vielseher hin. Dieser Trend setzt sich im Wochenverlauf fort. Die Wochentage (durchschnittliche "Serientreue" 57 %) sind stärker durch seriell-habituelle Nutzungsformen gekennzeichnet als die Wochenenden (49 %),[278] was die These von der unter-

271 Webster / Wang (1992), S. 133
272 vgl. Webster / Wang (1992), S. 134
273 vgl. Goodhardt / Ehrenberg / Collins (1987), S. 57-58
274 vgl. Barwise / Ehrenberg (1988), S. 17
275 vgl. Barwise et al. (1982), S. 26-28
276 Stedman (1977), S. 489
277 Ehrenberg / Wakshlag haben statt Werte um die 50 % nur Werte in der Größenordnung von 25 % ermittelt (vgl. Webster / Wang (1992), S. 127).
278 vgl. Goodhardt / Ehrenberg / Collins (1987), S. 55

schiedlichen Qualität von Feierabend- und Wochenend"freizeit" nun auch für das Medienhandeln bestätigt. Durch "Strip-Programming", also die (werk)tägliche Ausstrahlung einer Episode der gleichen Serie oder des gleichen Serials zur gleichen Uhrzeit, läßt sich die Serientreue (und damit das Rating) auf Werte um 60 % erhöhen.[279]

Erste empirische Untersuchungen relativieren auch die Serientreue der deutschen Rezipienten erheblich. Während Umfragen noch auf relativ hohe Serientreue hindeuten, gilt es, den Begriff der Serientreue bzw. des "regelmäßigen Anschauens eines Sendung" aus der Sicht der Zuschauer zu verstehen. Bei Umfragen des Instituts für Demoskopie Allensbach gaben im Februar 1983 27 % der Befragten an, Dallas regelmäßig, 21 % häufiger und 33 % ein paar Folgen gesehen zu haben. Eine Infratest-Umfrage erbrachte im November 1985 für die "Schwarzwaldklinik" ähnlich hohe Werte: 41 % gaben an, "so gut wie jede" Folge (von den 8 bis dahin ausgestrahlten) gesehen zu haben, 23 % hatten mehrere Folgen und 21 % ein oder zwei Episoden gesehen.[280] Die meisten Fernsehserien weisen tatsächlich aber nur ein geringes Stammpublikum auf; zum Teil nur 1 bis 2 % der Rezipienten sehen *regelmäßig jede* Episode. Die Zahl der *gelegentlichen* Zuschauer überwiegt die absolut Serientreuen um ein Vielfaches. Serien erreichen allerdings mit einer oder mehreren Episoden relativ hohe Reichweiten, und es gibt eine Tendenz, zwar ruhig einige Folgen auszulassen, daß Ende einer begonnenen Serie aber anzusehen. Die Angebotsstruktur der Serie führt also keineswegs unabhängig vom Medieninhalt zu einer seriellen Rezeptionsform, wenn man hierunter die Rezeption aller Folgen versteht. Serien werden eher als Angebot von Sendungen genutzt, von denen man Teile nutzen und andere Teile "gefahrlos" für den Rezeptionsgenuß auslassen kann.[281]

Das Befolgen einer Gewohnheit ist nach einer Untersuchung von Compesi nach der Unterhaltungsfunktion die von den Nutzern der "Daytime TV-Serials" am meisten geschätzte Gratifikation.[282] In Großbritannien, wo Serials besonders erfolgreich sind (und mit Ratings von über 30 % deutlich über Werten aus den USA liegen), geben auch bei völlig offener Befragungsweise 12 % bzw. 15 % der in einer Studie von Livingstone Befragten an, die "Einbettung in die tägliche Routine" bzw. "Gewohnheit oder Sucht" seien die Gründe ihrer Fernsehserial-Nutzung.[283] Serielle Medienformen bieten den Rezipienten eine zeitliche Handlungsstrukturierung an: Zum einen konstruieren die einzelnen Folgen in ihrer Abfolge einen Rhythmus, der zum Rezeptionsrhythmus werden kann (und soll), d.h. es werden Momente festgelegt, an denen die Erwartungshaltung des Publikums sich orientieren soll. Zum anderen animieren bestimmte serielle Formen (z.B. die Sagas) den Rezipienten dazu, sich zu erinnern. Serien entsprechen aufgrund ihrer iterativen Strukturen

> "dem kindlichen, aber nicht krankhaften Bedürfnis, immer wieder die gleiche Geschichte zu hören und sich getröstet zu fühlen durch die Rückkehr des ewig Gleichen, das nur oberflächlich als Neuheit verkleidet ist. Die Serie tröstet den Verbraucher, weil sie seine Fähigkeiten, etwas vorherzusehen, belohnt: er ist glücklich, weil er erraten kann, was als nächstes geschieht, und er ist glücklich, weil er das Eintreten des Erwarteten genießt... Seltsamerweise denkt er, er sei in

279 vgl. Goodhardt / Ehrenberg / Collins (1987), S. 86
280 vgl. Rössler (1988), S. 57-58, S. 61
281 vgl. hierzu Darschin (1980)
282 vgl. Compesi (1980), S. 156-157
283 vgl. Livingstone (1988), S. 55 bzw. S. 60-61

der Lage, die Zukunft vorauszusagen, während er sich doch in Wirklichkeit nur an die Vergangenheit erinnert."[284]

Auch die nicht-fiktionalen seriellen Formen bestätigen durch ihre Wiederkehr dem Publikum, daß letztlich alles bleibt, wie es ist.

Rösslers Untersuchung der Nutzungsmotive der "Schwarzwaldklinik"- und "Dallas"-Rezipienten kommt zu dem Ergebnis, daß die Serienzuschauer grundsätzlich ähnliche Gratifikationen suchen, sich aber darin unterscheiden, aus welchen Programmen sie diesen gesuchten Nutzen ziehen. Die "Unterhaltungsfunktion", die "Machart der Sendung" und der "Beschäftigungsersatz" erklären 87,5 % der Varianz für die Nutzung von Dallas und 88,9 % der Varianz für die "Schwarzwaldklinik". Unter "Beschäftigungsersatz" faßt Rössler dabei die Motiv-Items "um mir die Zeit zu vertreiben", "wenn ich einmal alleine bin" und "weil nichts besseres läuft um diese Zeit" zusammen,[285] d.h. es schlagen sich hier die Aspekte der expliziten Zeitgestaltung durch den Rezipienten und die Bewertung der konkurrierenden Programmschedules nieder. Für die jeweiligen Dallas- bzw. Schwarzwaldklinik-Fangruppen spielt dieser Motivationskomplex nur eine untergeordnete Rolle bei der Programmwahl. Für die Zuschauer ohne eine solche eindeutige Präferenz spielt hingegen die Zeitgestaltung eine herausragende Rolle, ja sie ist sogar "das wichtigste Motiv", daß noch vor der Unterhaltungsfunktion rangiert und von dieser deutlich unterschieden wird.[286]

4.2.5 Aktualität und Periodizität

Im vorangegangenen Kapitel habe ich bereits gezeigt, daß Aktualität kein deterministisches Ergebnis medientechnischer Beschleunigung, sondern ein relationales soziales Phänomen ist. So basiert beispielsweise die chronometrische "Schnelligkeit" des Hörfunks auf seinen technischen Möglichkeiten, aber erst die Tatsache, daß das Radio als Tagesbegleitmedium genutzt wird, bietet die Voraussetzung dafür, daß wir bestimmte Nachrichten mit großer Wahrscheinlichkeit zuerst durch den Hörfunk erfahren und das Radio deshalb generell als aktuelles Medium gilt. Das Medienhandeln der Kommunikatoren, die hieraus resultierende mediale Form und das Medienhandeln der Nutzer müssen zusammenwirken, um zeitliche Qualitäten wie in diesem Falle "Aktualität" hervorzubringen.

Die bereits beschriebene Einbettung der Aktualität in Periodik und Ritual besitzt für die Rezipienten eine entlastende Funktion. Die Bekanntheit und Vertrautheit der medialen Form lassen die aktuellen und potentiell verunsichernden Nachrichten weniger bedrohlich erscheinen, weil sie in die konventionalisierte Form "passen". Trotz des "inhaltlichen" Wandels bleibt die Stabilität der "Form" bestehen. Die Zerstückelung politisch-historischer Prozesse in vielfältige Nachrichtenhäppchen verleugnet implizit die Kontinuität der Geschichte. Die Funktion der "Tagesschau"-Nutzung scheint denn auch nur zu einem (vielleicht kleineren) Teil in der "Information über aktuelle Neuigkeiten" zu bestehen, als in einer zweifachen Ritual-Funktion: Die

---

284 Eco (1985), S. 80
285 vgl. Rössler (1988), S. 128
286 vgl. Rössler (1988), S. 149-152

"Tagesschau" trennt verschiedene Zeiten voneinander, indem "sie den Feierabend einläutet"; dies ist ihre erste Bedeutung als Ritual. Ihre zweite Bedeutung liegt darin, Gewißheit und Sicherheit zu vermitteln. Der ersten Meldung wird besondere Aufmerksamkeit gewidmet, um festzustellen, ob "etwas wirklich wichtiges, außergewöhnliches passiert" ist, oder nur das "übliche politische Tagesgeschehen". Die Zuwendung dient also in erster Linie der Vergewisserung, daß alles so ist, wie es war, und die Aufmerksamkeit - so meine These - sinkt dann im Laufe der nächsten Meldungen erkennbar (wenngleich sie m.W. bislang noch nicht "vermessen" wurde). Aktuell und informativ ist insofern nicht das Neue, sondern das Redundante. Erwartungshaltungen und "Aktualitätsbedürfnisse" der Rezipienten korrespondieren mit der Periodik des Erscheinens vieler Medien und sind selbst wiederum kulturell und massenkommunikativ erzeugte Bedürfnisse.[287]

Aktuell kann außerdem das Einmalige (Okkasionale) sein, das oftmals zum Medienereignis wird. Medienereignisse werden in zunehmendem Maße "live gecovert", d.h. die publizistische Aktualität berührt hier zusehends die Grenze zur Simultanität.

4.2.6 Okkasionalität und Simultanität: Medienereignisse

Medienereignisse ermöglichen einen Ausbruch aus der Peridoizität und Kontinuität medialer Formen. Okkasionale Aktualität "bricht ein" in die habitualisierten Formen des Medienhandelns der Nutzer. Zwar werden Medienereignisse heute vor allem als Fernsehereignisse in das Programm integriert, doch besitzen sie eine erkennbare Sonderstellung und damit die Qualität eines herausgehobenen, besonderen und tendenziell bedeutungsvollen Moments. Sie erwecken bei den Rezipienten, die die Berichterstatung tatsächlich als Medienereignis mitkonstruieren, einen "sense of occasion"[288]. Dies gilt auch dann noch, wenn das Medienereignis selbst zyklisch strukturiert ist, also regelmäßig wiederkehrt, wie beispielsweise Bundestagswahlen oder Fußballweltmeisterschaften.

Bei diesen Medienereignissen stellt das Bewußtsein der Rezipienten, daß (weltweit) Millionen weiterer Rezipienten simultan das "Gleiche" rezipieren, eine besondere Bewertung der Rezeption her (Merten). Dayan / Katz bemerken jedoch, daß es sich hierbei allenfalls um mechanische und nicht um organische Soldidarität im Sinne Durkheims handelt.[289] Die Routine des Alltags wird oftmals kollektiv, zum Beispiel im öffentlichen Raum oder am Arbeitsplatz, für die gemeinsame Rezeption oder im Familienalltag durch die Herstellung einer besonderen Rezeptionssituation unterbrochen. Durch Medienereignisse wird der private Raum (als Setting der Fersehrezeption) scheinbar zum öffentlichen Raum, die gemeinsame Rezeption zum "social event", bei dem man sich anders benimmt, vielleicht sogar anders kleidet als üblicherweise während des Fernsehens. Der Rezipient wird nicht nur in seiner Rolle als Rezipient, sondern darüber hinaus in seiner Rolle als Staatsbürger, Katholik, Sportler etc. angesprochen. Hierdurch, so vermuten Dayan / Katz, steigt sein Involvement gegenüber der "normalen" Fernsehrezeption. Als Motiv dieser Art der Fernsehnutzung

---

287 vgl. Beth / Pross (1976), S. 114 und Groth (1960), S. 429
288 Dayan / Katz (1992), S. VIII
289 vgl. Dayan / Katz (1992), S. 196-197

kann das Bedürfnis nach Identität, Zugehörigkeit zu einer Gemeinschaft,[290] Selbstvergewisserung, aber auch nach einer Auszeit aus dem Alltag und seinen Problemen, ja die Sehnsucht nach anderen Sinnprovinzen betrachtet werden. Verstärkt werden diese Effekte noch, wenn das Medienereignis von mehreren oder gar allen Anbietern übertragen wird oder die Übertragungszeit außerhalb der gewöhnlichen "Fernsehzeiten" liegt. "Media events have the power to declare holidays."[291] Die Routinen des Alltags werden beim Publikum, aber auch bei den Kommunikatoren durchbrochen, und das Scheduling des normalen Programms, die Strukturen werden verändert, was dem Ereignis a priori eine besondere Bedeutung verleiht, zumal wenn diese Abweichung vom Programmschema bereits Wochen und Tage zuvor angekündigt wird. Die gemeinschaftstiftende Funktion, die diesen Medienereignissen zugeschrieben wird, unterscheidet sich aber grundsätzlich von der Gemeinschaft des Präsenzpublikums, denn der Mangel an körperlicher Gegenwart schränkt die unmittelbaren Handlungsmöglichkeiten und somit auch die Kritik- und Protestmöglichkeiten ein. Das Gemeinschaftstiftende liegt zugleich in der gemeinschaftlichen Nicht-Präsenz, geteilt wird nicht das Ereignis, sondern dessen medial vermittelte Beobachtung. Medienereignisse besitzen allerdings auch nicht den Anspruch, wirklichen Zugang zu eröffnen, sondern sie stellen längst eine eigene Qualität, ein eigenes Mediengenre dar: (a) Die bloße Tatsache der Thematisierung suggeriert a priori eine größere öffentliche Bedeutung des Ereignisses im Vergleich zu Ereignissen, an denen wir zwar direkt partizipieren können, die aber offensichtlich der medialen Thematisierung oder Live-Berichterstattung nicht für Wert befunden wurden. Scheinbar tragen Medienereignisse zu einer Egalisierung des Zugangs und damit zur Demokratisierung bei, indem sie dem Publikum Bereiche scheinbar zugänglich machen, von denen es zuvor aus raumzeitlichen oder politischen Gründen ausgeschlossen war. Tatsächlich haben wir aber gesehen, daß der Zugang zum Ereignis nur den Zugang zum Medienereignis (und eben nicht zur Krönung oder zur Mondlandung) meint und vom Publikum durchaus auch so verstanden werden kann. Zudem wird die scheinbare Egalisierung des Zugangs durch eine Hierarchisierung der Akteure und des Präsenzpublikums begleitet. Die Frage, ob z.B. bestimmte Würdenträger oder Politiker als Teil des Präsenzpublikums zum Akteur des Medienereignisses werden, scheint zusätzliche Bedeutung zu gewinnen. Das aus dem Hoftheater bekannte "Sehen-und-Gesehen werden" läßt sich auf Medienereignisse übertragen, wenn man die Fürsten- oder die Proszeniumsloge mit dem Platz im Kamerablickwinkel vertauscht. (b) Die Art der Aufbereitung von Ereignissen zu Medienereignissen wird von Dayan / Katz zutreffend als interpretierendes "performing" statt des nachrichtlichen, an Objektivitätsnormen orientierten "reporting" charakterisiert.[292] Die Performance kann dabei auch erheblich auf die Politikstile und die politische Kultur zurückwirken.[293] (c) Medienereignisse werden gezielt oder zufällig in einen erklärenden oder verstörenden Zusammenhang gesetzt, den das übrige Programm zwangsläufig als (Bedeutungs-)Kontext liefert. (d) Dauer und Timing der Übertragung bestimmen zugleich auch den Rahmen für Anfang und Ende der bedeutenden Teile des Ereignisses, d.h. die Zeitgestalt trägt zur Definition der sachlichen und sozialen Grenzen bei. (e) Dayan und Katz stellen die These auf, daß

290 vgl. Dayan / Katz (1992), S. 222-227
291 Dayan / Katz (1992), S. 16
292 vgl. Dayan / Katz (1992), S. 79-91
293 vgl. Dayan / Katz (1992), S. 201-205

die mediale Inszenierung der Ereignisse implizit zu ihrer Fiktionalisierung beitrage, weil Kommunikatoren, Akteure und Rezipienten sich an den Scripts orientieren, in denen vor allem Zeremonien, aber auch Wettkämpfe und Eroberungen eine eher alltägliche Verbreitung besitzen, nämlich an den theatralen und filmischen Darstellungsformen bzw. Scripts.[294]

Doch neben der Durchbrechung alltäglicher Routinen und der Stiftung eines qualitativ neuen Gemeinschaftsgefühls, das nicht auf kopräsentem Zusammenwirken beruht, besitzen Medienereignisse auch weitere wichtige soziale Funktionen. Hier ist vor allem die Legitimationsfunktion zu nennen, die nicht nur von totalitären politischen Systemen genutzt wurde und wird, sondern auch in Demokratien und konstitutionellen Monarchien geschätzt wird. Legitimiert werden kann dabei entweder der Fortbestand des Status quo (z.B. die Paraden zum 1. Mai in den sog. "sozialistischen Staaten") oder die Entscheidung bzw. der Vollzug eines grundlegenden Wandels (Feiern zum Tag der Deutschen Einheit 1990). Die Legitimation der Fortführung bestehender Machtverhältnisse erfolgt dabei meist durch Bezug auf Traditionen und wiederkehrende Rituale und Zeremonien, sie basieren auf der aktiven Einfühlungskraft (involvement) der Rezipienten, bieten aber auch eine Art der Teilhabe an "Haupt- und Staatsaktionen", die durch pomphafte Inszenierung vor allem von aktuellen Problemen und Konflikten ablenken soll. Professionelle Kommunikatoren neigen dazu, solche Medienereignisse zu stützen, weil sie nicht nur Erfolg bei Publikum und Werbewirtschaft versprechen, sondern auch der eigenen Selbstinszenierung förderlich sind.

Die Legitimationsfunktion von Medienereignissen variiert je nach gewähltem Script: (a) Wettkampf-Ereignisse legitimieren rational-legal begründete Autorität, (b) Eroberungs-Ereignisse charismatische Autorität und (c) Zeremonien nach dem "Coronation"-Script vor allem traditionale Autorität.[295]

Nicht nur die Legitimation von Autorität, Werten und politischer Herrschaft, auch die Chance ihrer Kritisierbarkeit und des Protestes gegen die Intentionen der Veranstalter (und / oder der Medien) gehören zu den Funktionen von Medienereignissen. Durch die Tatsache der öffentlichen Thematisierung im Sinne eines Agenda Setting sind die Wirkungen keineswegs vorgegeben. Die Inszenierung als Medienereignis kann vom Publikum abgelehnt werden, oder das Medienereignis kann einen Anlaß zur Reflexion bieten, deren Konsequenzen den Intentionen der Initiatoren widersprechen. Eng verbunden mit der Legitimationsfunktion ist die Bedeutung der Medienereignisse für das soziale Gedächtnis, also die Tradierung von Wissen und die gemeinschaftsförderlichen Erinnerungen an Ereignisse aus der Geschichte der Gruppe oder der gesamten Gesellschaft.

Die simultane Berichterstattung aufgrund okkasionaler Aktualität kann zu einer weltweiten Synchronisierung beitragen, die auf der telekommunikativen Vernetzung interaktiver Medien beruht. Die Uhr ist für Bruneau nicht mehr nur die "key machine" der Industrialisierung (Mumford), sondern "the basic media form of technology subsuming all forms of media."[296] Zeit ist nicht nur eine "silent language" (Edward T.

294 vgl. Dayan / Katz (1992), S. 103-117
295 vgl. Dayan / Katz (1992), S. 25 u. S. 43-44
296 Bruneau (1982), S. 84

Hall),[297] sondern " ... the channel of communication channels ..."[298] Bei interkultureller Kommunikation wird immer auch (beabsichtigt oder unbeabsichtigt) vieles von der Zeitvorstellung und der Temporalstruktur des "Senders" (Bruneau) übermittelt.[299] Die weltweite Vereinheitlichung der Zeitstrukturen durch (mediale) Kommunikation führt ins "global village" Marshall McLuhans: "A global village is a village of one time, and perhaps, eventually in an ultimate state, one mind, one tempo, one temporal environment."[300]

Die mediale und telekommunikative Synchronisation greift eindeutig über das eigentliche "Mediensystem" hinaus, das durchaus Synchronisationsleistungen für andere gesellschaftliche Bereiche ("Systeme") erbringt. Luhmann schreibt der Kommunikation eine bedeutende temporale Funktion zu, wenn er feststellt, daß Kommunikation als Mitteilungshandlung die zeitliche Funktion, soziale Systeme zu synchronisieren, besitzt.[301]

Die Veränderung der Zeitstruktur im Mediensystem verändert auch Strukturen des Subsystems Politik: "Politik, die sich ständig in den Massenmedien spiegelt... wird durch diese Reflexivität beschleunigt, weil sie von Moment zu Moment auf die Tatsache regieren muß, daß und wie berichtet wird, was sie getan hat."[302] Dies verhindert wirksam die Orientierung politischer Handlung an Ideologien oder langfristigen Programmen.

Dieses Beispiel macht noch eimal deutlich, weshalb ich es für wenig instruktiv halte, das Mediensystem als autopoietisches System zu konstruieren. Es sind gerade die Wechselwirkungen unterschiedlicher Zeitstrukturen und -muster, die in den Mittelpunkt der Betrachtung gehören und nicht die Eigengesetzlichkeiten. Für Pross ist in Demokratien das "Wahlritual" der "Schlüssel" zum Verständnis der politischen Kommunikation: "Der politische Ritus der Wahl terminiert die Gesamtveranstaltung kalendarisch auf Perioden... Der Terminkalender zwischen den Wahlterminen ist der liturgische Kalender der Demokratie."[303] Wahl und Wiederwahl bestimmen die Terminkalender von Politikern und Journalisten wechselseitig.

Die Zeitstrukturierungsfunktion der Medien ist gekoppelt an die Zeitstrukturen anderer Bereiche, die eine wichtige Funktion als Programmressource besitzen. Großereignisse in Kultur und Sport sind mitunter nur noch finanzierbar, weil die mediale Verwertung beträchtliche Einnahmen beschert. Diese Abhängigkeit von der medialen Verwertung bleibt nun wiederum nicht ohne Folgen für die Zeitstrukturen, insbesondere die Schedules solcher Großveranstaltungen: Die Olympiaden 1984 in Los Angeles und 1988 in Seoul wurden im Tagesverlauf so getimt, daß optimale Werbeeinschaltzeiten für die global wichtigsten Fernsehwerbungsmärkte eingehalten

---

297 Schon für Hall sind Zeit und Zeitbewußtsein elementarer Bestandteil der basalen Kultur ("a core system of all cultures", "primary level culture", "basic level culture") und jeweils kulturspezifisch, was durch reichhaltiges ethnographisches Material auch gut belegt ist. Aus der tiefen Verwurzelung ("informal culture") und der Spezifität können nun interkulturelle Verständigungsprobleme zwischen Angehörigen unterschiedlicher sozialer Gruppen oder Nationen resultieren, selbst wenn auf der Ebene der "technical culture", etwa im globalen Wirtschaftsleben, die Unterschiede relativ bedeutungslos oder kaum wahrnehmbar sind; vgl. Hall (1984), S. 3 und S. 195 sowie Hall (1973).

298 Bruneau (1982), S. 84

299 vgl. ebd.

300 Bruneau (1982), S. 85

301 vgl. Luhmann (1988a), S. 231

302 Luhmann (1981a), S. 32

303 Pross (1974), S. 137

werden konnten.[304] Auf Wunsch der US-Fernsehgesellschaft NBC werden die Olymischen Spiele 1996 in Atlanta entgegen dem olympischen Statut um einen Tag verlängert, um zusätzliche Werbeeinnahmen von 25 Millionen Dollar zu erzielen.[305] Dies kann zugleich als Beleg dafür gewertet werden, daß die schnellen Medien der Massen- und Telekommunikation keineswegs Zeit und Raum in bedeutungslose Dimensionen verwandeln, sondern daß diese im Gegenteil an Bedeutung im "globalen Dorf" gewonnen haben.

Die Aufteilung von Fußballbundesligaspieltagen auf Samstag und Sonntag sowie partiell auch noch auf den Mittwoch kommt den Interessen der Fernsehanstalten, welche die sich rapide verteuernden Senderechte erwerben, entgegen. Nur durch die Aufteilung des publikumsattraktiven, aber aus Aktualitätsgründen leicht "verderblichen" Sendematerials, lassen sich die Investitionen über Werbeeinnahmen wieder einspielen.[306]

Sportveranstaltungen werden auch als Präsenzveranstaltungen zunehmend "mediatisiert"; dies gilt nicht nur für die Kommentare der Stadion-Moderatoren, und die Ergebnisdarstellungen auf der Anzeigentafel, die Übertragung auf den "Großbildschirm" der elektronischen Anzeigentafel und die Wiederholung von Sequenzen in zum Teil sogar bearbeiteter Form (Zeitlupe) sind ohne die Folie der Fernseh*kultur* nicht erklärbar.

4.2.7 Momente und Auszeiten

Medienhandeln besitzt als Zeitgestaltung oftmals den Sinn, bestimmte Momente aufzusuchen: Die Herstellung von Aktualität, die Teilnahme am medialen Ritual, das (wiederholte) Aufsuchen eines bestimmten Bildes oder Wortes, der augenblickliche Ausstieg aus den alltäglichen Zeitordnungen sind Beispiele für solche Medienhandlungen.

Speichermedien erhöhen unsere zeitliche Autonomie (Timing und partiell Dauer), Rezipienten nutzen sie, um herausgehobene Momente jederzeit verfügbar zu halten. Eine Fotografie bestätigt dem Betrachter die Momenthaftigkeit des eigenen Lebens, es visualisert etwas, was sonst kaum kommunizierbar erscheint. Beim Foto sind die Zeitverhältnisse widersprüchlich, denn hier besteht ein Paradox zwischen Vergangenheit (Abwesenheit) und scheinbarer Gegenwart: "A photograph is both a pseudo-presence and a token of absence."[307]

Der fotografische Moment ist nicht nur ein eingefrorener, sondern ein mumifizierter Moment:

> "Photographie ist eine Form der *Mumifizierung* ... Sie bezeugt und erhält zwar Welt und gibt der Erfahrung »Gegenwart«, aber sie enthält nicht die »Gegenwärtigkeit« dieser von ihr bezeugten und erhaltenen Welt. Im Gegensatz zum Film und zu den elektronischen Medien konstituiert die Photographie weder ein »Ins-Sein-Kommen« (eine Gegenwart, die sich beständig in Gegenwärtigkeit erschafft) noch ein »In-Sich-Sein« (eine absolute Gegenwart). Vielmehr bewirkt sie die

---

304 Ferguson (1990), S. 165-166
305 o.V.: Gold für das Fernsehgeschäft, Silber für die Charta. In: Der Tagesspiegel 29.7.1993, S. 24 (dpa-Meldung)
306 vgl. o.V. (sid): Fußballrechte. In: TSP 3.7.1993, S. 17
307 Sontag (197), S. 16

Fixierung eines »Gewesen-Seins« (eine Gegenwart in der Gegenwärtigkeit, die immer schon vergangen ist)."[308]

Speicher- und Programm-Medien werden nicht nur zur Re-Konstruktion bekannter (Glücks-)Momente genutzt, sondern auch zur unbestimmten Suspendierung der lebensweltlichen Gegenwart. Medienrezeption kann - wie das ästhetische Kunsterleben - eine Auszeit sein, in der man sich von den zeitökonomischen Zwängen des Alltags befreit. Der "Eskapismus" der Film- und Fernsehnutzung kann als temporäre "Zeitordnungs-" oder "Streß-Flucht" verstanden werden.[309] Sozialgeschichtliche Untersuchungen aus den USA belegen, daß der Kinobesuch in der Frühzeit des Mediums als Alternative zum industriekapitalistischen Zeitregime begriffen wurde.[310] Schon ein Printmedium wie die Tageszeitung kann dem Nehmen sozialer Auszeiten dienen: Die Tatsache, daß man Zeitung liest, kommuniziert meist auch, daß man beim Lesen (in öffentlichen Verkehrsmitteln oder im Familien-, Kollegen- oder Bekanntenkreis) nicht durch soziale Kontakte und direkte Kommunikation gestört werden will. Berelson reihte diese "Escape-Funktion" noch als gleichwertigen Grund für die Nutzung der Tageszeitung ein. Durch die Rundfunkmedien und den Film, aber auch durch Video haben sich die gesellschaftlichen Möglichkeiten eine Auszeit aus der lebensweltlichen Zeitstruktur mit ihren normativen Zwängen zu nehmen, nicht nur vermehrt, sondern auch räumlich, sozial und zeitlich erweitert. Berelson hat ebenso wie die Vertreter von Uses-and-Gratification-Approach und Nutzenansatz die Escape- oder Fluchtfunktion in engem Zusammenhang mit der Unterhaltungs- und Zerstreuungsfunktion der Medien gesehen, beides wurde von kultur- und medienkritischer Seite zudem auch noch negativ bewertet. Der Grundirrtum dieser Identifikation von "Flucht" (vor der Wirklichkeit) und Unterhaltung liegt darin, daß Medien*inhalte* als unterhaltend definiert werden, ohne die Mediennutzung und -bewertung der Rezipienten zu berücksichtigen.[311]

Befragt man aber Rezipienten und untersucht ihr Mediennutzungsverhalten, dann erweist sich der an eskapistischen Medieninhalten orientierte Unterhaltungsbegriff als unhaltbar. Ursula Dehm hat deshalb vorgeschlagen, jenseits simplifizierender Kulturkritik einen rezipientenorientierten Unterhaltungsbegriff zu entwickeln, nach dem "Unterhaltung ... eine Qualität eines Verhältnisses zu Personen oder Objekten (ist), wie dies vom jeweiligen Individuum erlebt wird."[312] Diese Rezipientenorientierung entspricht nicht nur den empirischen Befunden, sondern auch der konstruktivistischen Kommunikationstheorie, die die Konstrukteure subjektiven Sinns ernst nimmt. Medieninhalte können nämlich auch dann als unterhaltende Auszeit erfahren werden, wenn sie von den Kommunikatoren gar nicht als Unterhaltung, sondern eher als Information konzipiert und produziert wurden. Entscheidend scheint eher das Angebot einer anderen Sinnprovinz zum "richtigen" Moment, der sich aus der zeitlichen Struktur des Programms und den alltäglichen Zeitordnungen der Rezipienten ergibt, zu sein. Das intentionale Abschneiden von den "Lasten" der Vergangenheit und den

308 Sobchak (1988), S. 419-420

309 Pearlin untersuchte schon 1959 im Rahmen der Eskapismus-Forschung die Bedeutung der Fernsehnutzung zur Streßbekämpfung (vgl. Pearlin (1959).

310 Rosenzweig, Roy: Eight Hours for What We Will. Cambridge 1985. Hinweis aus Lipsitz (1990), S. 164

311 Dies trifft selbst Vertreter des Uses-and-Gratification-Approachs wie an den Arbeiten von Katz / Foulkes (1962) und L.I. Pearin (1959) zu sehen ist. vgl. Dehm (1984a), S. 45

312 Dehm (1984b), S. 632

"Verpflichtungen" der Zukunft ist die Motivation, die Herstellung einer zeitlosen Ewigkeit in Form dauernder Gegenwart die Form der Auszeit.

Die Intentionalität und Zeitweiligkeit dieser Rezeptionsform sind bedeutsam und stehen der Postmanschen These von der sozial- und kulturpathologischen "Gegenwartszentrierung" entgegen. Zerstreuung läßt sich dann mit Flusser als Versuch, die Lebenswelt zu erweitern, verstehen: Nicht mehr die Konzentration auf sich selbst, aber auch nicht das Engagement in der Welt stehen im Vordergrund, sondern die zeitweilige Suche nach dem Selbstverständlichen, dem Fraglosen.[313] Die Bedeutung medialer (wie nicht-medialer) Unterhaltung als Auszeit läßt sich empirisch erhärten. In einer nicht-repräsentativen Untersuchung von Dehm erzielten entsprechende Statements bei befragten Rezipienten signifikant hohe Zustimmung: Die Funktion von Fernsehsendungen als "schöne Abwechslung nach der Tageshetze" (70 %) und die "Entspannung" (74 %) erzielten besonders hohe Zustimmung (Rang 2 und 3 von 29), deutlich geringer fiel die Zustimmung bei "Hilft manchmal, die Sorgen und Probleme des Alltags zu vergessen" (39 %, Rang 10) aus.[314] Dies kann zumindest als Indiz für meine These gewertet werden, daß vor allem der Ausstieg aus der alltäglichen Zeitordnung mit ihren zeitökonomischen Imperativen als entspannend und unterhaltend empfunden wird und Motiv der Fernsehnutzung ist. Nicht die Flucht vor den realen Problemen, die von den Kulturkritikern etwa als "narkotisierende Dysfunktion"[315] beklagt und von funktionalistischen Sozialwissenschaftlern als "Rekreation" positiv-funktional betrachtet wird, stehen somit im Vordergrund der Programmbewertung und -nutzung. Dies kann im übrigen auch bedeutende Konsequenzen für Programmplaner und Drehbuchautoren zeitigen, die sich neue Begründungen für die angebliche Notwendigkeit von seichten "Heile-Welt"-Szenarien ausdenken müßten. Unterhaltung kann also nicht - wie die Transportmetapher von Kommunikation nahelegt - kommuniziert werden, sondern ist eine Konstruktion der Mediennutzer, bei der die zeitliche Struktur des Medienangebotes, die Zeitgestalt der einzelnen medialen Form und die alltägliche Zeitordnung des Nutzers bzw. dessen Bedürfnis, diese zeitweilig zu durchbrechen, zusammenspielen. Durch Medienhandeln erzielte Auszeiten sind in den Alltag integriert, weil sie intentional als zeitweilige Befreiungen, als "kleine Fluchten" angelegt sind.

Zu den klassischen "Live-Spektakeln" früherer Jahrhunderte ist die Möglichkeit des individuellen Abrufs oder doch der zeitdisponiblen Hinwendung zu Programmen oder gespeicherten Angeboten gekommen. Die Verfügung über Auszeiten ist damit individueller zu gestalten als zuvor, und zwar sowohl inhaltlich (Geschmacksfrage) als auch zeitlich (Machtfrage). Trotzdem hat sich die Funktion von Live-Veranstaltungen und Live-Übertragungen erhalten: Es kommt zum sozial synchronisierten Nehmen von Auszeiten. Eine Gemeinschaft oder eine ganze (Fernseh-)Nation steigen anläßlich eines außergewöhnlichen, live dargebotenen/übertragenen Medien-Ereignisses gemeinsam aus den Zeitstrukturen ihres Alltags aus.

---

313 vgl. Flusser (1990a), S. 128-129
314 vgl. Dehm (1984b), S. 637
315 vgl. Dehm (1984a), S. 45

4.3 Zusammenfassung: Zeit-Taktiken und Zeit-Strategien des Medienhandelns

Die Untersuchung des Medienhandelns der Nutzer hat gezeigt, daß hier zeitkomplexe Handlungsweisen anzutreffen sind, die nicht durch die Zeitgestalten der medialen Formen determiniert werden. Kognitive Autonomie und begrenzte Handlungsfreiheit bilden die Grundlagen für ein Nutzungs- und Rezeptionshandeln, das als aktive Zeitgestaltung verstanden werden kann. Der subjektiv gemeinte Sinn des Medienhandelns ist eng mit dieser zeitlichen Gestaltung verknüpft. Abschließend soll nun der Versuch unternommen werden, unterschiedliche Medienhandlungen bestimmten Zeit-Taktiken und -Strategien zuzuordnen, also Hypothesen über den subjektiv gemeinten Sinn der zeitgestaltenden Medienhandlungen aufzustellen. Zugleich werden dabei die zeitlichen Muster des Medienhandelns zusammengefaßt, die in diesem Kapitel untersucht wurden.

Trotz ihrer Herkunft aus dem militärischen Bereich beschreiben die Begriffe Taktik und Strategie treffend, daß das alltägliche Medienhandeln intentional erfolgt und unterschiedlich ausgeprägte Zeitperspektiven umfaßt. Es handelt sich um soziales und rationales Handeln, dem Um-zu- und Weil-Motive zugrundeliegen. Gegenüber dem Begriff des "Zeit-Stils" besitzen sie den Vorteil, noch einmal zeitlich und sachlich zu differenzieren: Während Stil eine relativ invariante ganzheitliche Erscheinung (analog zum Stil in der Kunst oder dem "Lebensstil") bezeichnet, leuchtet es ein, daß Rezipienten gleichzeitig oder doch in rascher Folge unterschiedliche, jeweils nur auf bestimmte Medienhandlungen bezogene Zeit-Strategien oder -Taktiken verfolgen können. Damit soll nicht behauptet werden, daß es keine persönlichen Zeit-Stile gäbe, die Teil des Lebensstils und der bewußten Stilisierung einer Persönlichkeit sein könnten. In dieser Untersuchung geht es aber um Medienhandlungstypen und nicht um Persönlichkeitstypen (Nutzertypologie). Die modernen Medientechniken stehen in einem technologischen Umfeld anderer "Zeitmaschinen": Potentiell sind alle Haushaltsgeräte, die Handlungen oder Teilhandlungen automatisieren, dazu geeignet, Zeit zu "sparen". Selbst die Manipulation von Zeit ist mit vergleichsweise einfachen Haushaltsgeräten möglich: Kühlschrank und Tiefkühltruhe erlauben nicht nur eine mittelfristige Vorratshaltung, sondern heben - zusammen mit agrarindustriellen Techniken in der Produktion - auch die ursprünglichen jahreszeitlichen Beschränkungen der Nahrungsmittelproduktion auf. Medien sind wie diese anderen Zeittechnologien in den Prozeß der Zivilisation eingebunden: Murray sschma .

Melbin hat ausführlich beschrieben, wie seit der zweiten Hälfte des 19. Jahrhunderts die Ausdehnung der Wach-Zeit in die Nacht und z.T. sogar über 24 Stunden vorangeschritten ist. Er spricht von einer Kolonialisierung der Nacht und vergleicht sie mit der Kolonialisierung des Westens der USA. "Night as Frontier" bedeutet, daß die Grenze der Siedlung ("settlement"), also die Fülle aller sozialen Funktionen, die wir vom lichten Tag gewohnt sind, zeitlich und sozial immer weiter voran in bislang unbesiedeltes Gebiet geschoben wird.[316] Künstliches Licht (Gas, Elektrizität), öko-

316 vgl. Melbin (1978a), S. 6-19: Die Parallelen zwischen der kolonisierten Nacht und dem kolonisierten Westen sieht Melbin (1) in der schrittweisen Bewegung, (2) in der relativ spärlichen, aber homogenen Bevölkerung, (3) in der größeren Einsamkeit, den geringeren sozialen Zwängen, (4) in der Isolierung und geringeren Kommunikation, (5) in der Dezentralisation staatlicher Gewalt (Subsidiarität), (6) in der Entstsehung neuer Verhaltensstile, (7) in einer größeren Gewaltbereitschaft, (8) in einer größeren Hilfsbereitschaft und Höflichkeit, (9) in der Pionierrolle von Gruppen,

nomische Erwägungen (Maschinenauslastung, Non-stop-Prdouktionsverfahren), transkontinentaler Verkehr und Raummangel sind nach Melbin die wesentlichen Faktoren, die die Entwicklung vorangetrieben haben.[317] Neben dem in hohem Maße enttakteten Telefon führt MELBIN auch die zeitliche Programmausdehnung des Hörfunks (in den USA seit den 50er Jahren, BBC seit 1978) und des Fernsehens (USA: seit Beginn der 70er Jahre, GB: Channel Four seit 1986) an.[318]

Den Begriff Strategie wird auch von Schmahl in zeitsoziologischen Zusammenhängen verwendet[319] und ist dem Termini "Bewirtschaftungsformen"[320] und "Bearbeitungsmodi von Zeit"[321] vorzuziehen, weil diese von der ontologischen Unbestreitbarkeit von Zeit ausgehen bzw. zu einengend von ökonomischen Überlegungen ausgehen. Auch zeitlich erlaubt meine Begriffswahl eine zusätzliche Differenzierung: Während Zeit-Strategien einen längeren Zeitraum einschließen und zum Beispiel mit längerfristigen Planungen oder Vorbereitungen (wie dem Kauf eines Videorecorders) verbunden sind, weisen Zeit-Taktiken eher kurzfristige Zeitbezüge auf. Manche Zeit-Taktiken und -Strategien des Alltags beruhen erkennbar auf zeitökonomischen Vorstellungen. Die vor allem im Arbeitsalltag herrschende Vorstellung von Zeit als knapper, zu bewirtschaftender Ressource hat zur Entwicklung von Zeitspartechniken geführt: Temposteigerung, Routinisierung, Entwicklung von Vertrauen und Konstanzannahme, Synchronisation von Tätigkeiten und Substitution komplexer durch einfache Handlungen. Wird die Zeit auch im Reproduktions- oder Freizeitbereich als knapp empfunden, so liegt es nahe, diese Strategien und Taktiken auch hier anzuwenden.

Doch nicht alle Medienhandlungen lassen sich aufgrund zeitökonomischer Strategien verstehen, denn einige zielen auf eine veränderte oder intensivierte Erlebnisqualität von Zeit, andere primär auf eine Erhöhung der Zeitautonomie, ohne daß ein "Zeitsparen" intendiert wäre. Hinter den gleichen Medienhandlungen können unterschiedliche Zeitstrategien stehen, eine Zeitstrategie kann zu unterschiedlichen Medienhandlungen führen, und es können mit einer Medienhandlung zugleich mehrere Strategien verfolgt werden. Die hier aufgeführten Zeitstrategien sind insofern als idealtypische Konstruktionen zu verstehen, deren "Phänotypen" durch empirische Forschung weiter zu untersuchen wären.

(1) **Zeitfüllen** durch Medienhandlungen ist eine Taktik gegen die Langeweile. Mediennutzung erfolgt als Beschäftigung in biographischen und/oder tageszeitlichen Phasen, in denen unausgefüllte Zeit als Last empfunden wird. Bei der Fernsehnutzung geht das "Beschäftigungssehen" tendenziell mit sehr hoher Sehdauer und -häufigkeit einher, Parallelhandlungen sind schon deshalb unvermeidbar.[322] Medienhandeln als Zeitfüllung kann als ambivalent erfahren werden: Mediennutzung kann erfolgen, *obgleich und weil* damit die Langeweile einhergeht.[323] Als "great time-killer" hat

---

die vom Staat erst verspätet nachvollzogen wird und (10) in der Eigenartigkeit von sich bildenenden Interessengruppen und ihrem Verhalten.

317 vgl. Melbin (1987), S. 7-22

318 vgl. Melbin (1987), S. 23-26

319 vgl. Schmahl (1988), S. 362-364

320 Der Begriff stammt von Rinderspacher, der ihn aber nicht auf die Medien anwendet. vgl. Rinderspacher (1988), S. 6-8

321 Den Begriff hat Rinderspacher an anderer Stelle geprägt (vgl. Rinderspacher (1985), S. 249).

322 vgl. Neverla (1992a), S. 167-178

323 Für Prokop ist insbesondere das Fernsehen geprägt durch die Ambivalenz von Faszination und Langeweile (vgl. Prokop (1979), S. 1-6).

Harold Mehling bereits 1962 das kommerzielle US-Fernsehen charakterisiert. Das Programm biete keinerlei neue Anstöße, der Zuschauer wisse immer schon, was als nächstes komme.[324] Fernsehen, "the great anesthetic"[325] habe vor allem betäubende Wirkung.[326]

Das Auffüllen von Zeit- bzw. Handlungslücken und Restzeiten wird durch den Wechsel von Hinter- und Vordergrundnutzung von Medien, insbesondere von Musikaufzeichnungen erleichtert. So werden Warte- bzw. Fahrtzeiten in Wartezimmern, am Telefon und in Flugzeugen und Aufzügen durch Hintergrundmusik, die zeitweilig in den Vordergrund des Bewußtseins treten kann, "überbrückt". Es geht hier eher um eine *Aus*füllung, als um eine *Er*füllung von Zeit. Wenn der Zuwachs an nicht durch unmittelbare Berufsarbeit beanspruchter Zeit vor allem in Form von "Splitter"-, Rest- und Lückenzeiten sich vollzieht, wie Müller-Wichmann es gezeigt hat, dann könnte den Medien eine wachsende Bedeutung als "Restzeitfüller" zukommen. Dies bleibt nicht ohne Folgen für die zeitliche und dramaturgische Form der medialen Angebote; das Verhältnis der Medien untereinander könnte sich dann mittelfristig verändern: Das Programmfernsehen wird wie der Hörfunk zum Tagesbegleit-, Parallel- oder Sekundärmedium zur Nutzung von Zeitresten, während Video, Pay-TV und zukünftiger Formen "interaktiven" Abruf-Fernsehens die Rolle okkasionaler Ereignismedien spielen werden.

(2) **Zeitsparen** stellt *eine* Form der Zeitintensivierung dar (die *andere* bezeichne ich als Zeitverdichtung). Durch Beschleunigung von Sequenzen, Perioden bzw. Rhythmen oder beschleunigten Zugriff (Selektion) wird die Dauer von Medienhandlungen verkürzt. Abrufmedien, interaktive Medien und spezialisierte mediale Angebote sowie technologische Innovationen, die die Zugriffszeiten auf Daten minimieren, werden bevorzugt zum Zeitsparen genutzt. Mit der Nutzung beschleunigter Übermittlungstechniken *kann* eine "soziale Beschleunigung" verbunden sein, wenn die private Zeit des Kommunikationspartners beschleunigt in öffentliche Zeit verwandelt wird (Zerubavel). Die Herstellung einer *schnellen* telefonischen Verbindung *kann* bei Umgehung von Vorzimmer und Terminkalender (oder technischer "Zugangsbegrenzer") einer *direkten* Vebindung gleichkommen. Ein Telefax besitzt heute meistens noch den Charakter einer besonders dringlichen Angelegenheit und wird u.U. bevorzugt bearbeitet. Der Einsatz von Btx für Homebanking beschleunigt zwar - durch Eigenarbeit - den erwünschten Vorgang, "kostet" aber auch die eigene Zeit. Telefon und Telefax sind ambivalente "Zeitsparer", weil sie "eigentlich" jeweils aus zwei Medien bestehen: Das Telefon, mit dem ich anrufe, "spart meine Zeit". Das Telefon, das klingelt, weil ich angerufen werde, "stiehlt mir Zeit". Speichermedien heben die Zeitbindung nur bezüglich Anfang und Ende auf, die Rezeptionszeit des Programms selbst kann als Ganzes nicht beschleunigt werden. Bei technisch beschleunigtem Vorlauf von Ton- oder Bildspeichern wird ein *anderes* Programm rezipiert bzw. lediglich perzipiert. Beschleunigung bis hin zur Simultanität erzeugt noch keine echte

324 vgl. Mehling (1962), S. 22
325 Mehling (1962), S. 156
326 Mehling (1962), S. 15: "Rather, while the world experiences radical upheaval that demands perception and understanding, the gurgle-gurgle box insulates us from that world and substitutes a narcoticland in which we sit, stare, and kill time, while everything allways turns out all right in the end."

Gegenwart, Medienhandeln (von Kommunikatoren und Rezipienten) besitzt eine Eigenzeit, die sich nicht beliebig komprimieren läßt.

(3) Entschleunigtes Medienhandeln kann **Zeit dehnen**: Medientechniken werden in diesem Fall genutzt, um Anfang oder Ende einer Medienhandlung unbestimmt zu verzögern oder planmäßig zu verschieben. Time-Shifting und Archivierung sind die bevorzugten Medienhandlungen, die dieser Strategie folgen. Schrift und technische Speichermedien werden hierzu eingesetzt. Medientechniken wie der Anrufbeantworter können im Rahmen einer Verzögerungsstrategie eingesetzt werden. Der durch das Telefon technisch hergestellte unmittelbare und direkte Zugang wird (selektiv) wieder aufgehoben. Die Strategie der Archivierung dient dazu, "sich einen Vorrat anzulegen", um besonders geschätzte Programmangebote, "auf die man sich freuen kann", erst später zu nutzen. Auch die bewußte Wahl eines relativ langsamen Mediums kann zur Steigerung von Vorfreude und Spannung eingesetzt werden: Statt der Direktübertragung im Hörfunk nutzen aus dieser Motivation heraus viele Fußballfans die (zusammenfassenden) Aufzeichnungen des (institutionell) langsameren Fernsehens.

Zeitdehnung (Extensivierung von Dauer) kann zur Ausdehnung der insgesamt mit Medienhandeln verbrachten Zeit führen. Auf Faktoren wie die Programmerweiterung kann mit beschleunigten und entschleunigten Formen des Medienhandelns reagiert werden.

(4) Medienhandeln kann das Ziel verfolgen, unstrukturierte **Zeit zu strukturieren**. Unstrukturierte Zeit ist oftmals eine Ergebnis von Flexibilisierungsprozesen oder hoher Zeitautonomie. Mediennutzung bietet sich hier als "Interim" an, vor allem wenn es sich um zeitdisponible, enttaktete mediale Formen handelt, die einen schnellen "Einstieg" ermöglichen. Beim Fernsehen, so Neverla ist Interimnutzung "gedacht als Übergangstätigkeit, um eine nicht exakt vorhersehbare leere Zeitspanne des Tages auszufüllen und zugleich einen Rahmen für Muße zu verschaffen."[327] Interimseher sind besonders vom Phänomen des "Hängenbleibens" bedroht. Interimsehen wird vor allem von "Zeit-Sensiblen" (Neverla) bevorzugt, die "Zeit als ein Element, das behutsamer, maßvoller Behandlung bedarf", aber in Grenzen gestaltbar ist, ansehen.[328] Im Gegensatz zum Zeitfüllen geht es beim Strukturieren von Zeit um ein erkennbares Timing im Sinne eines aktiven Scheduling und nicht um ein Anfüllen der Zeit mit "beliebigen" Medienangeboten. Die Zeitstrukturierungsfunktion des Medienhandelns bzw. des genutzten medialen Angebotes kann über das Medienhandeln hinausreichen und das Timing nicht-medialer Handlungen (mit-)bestimmen. Dies dürfte in besonderem Maße für ritualisierte Medienhandlungen zutreffen.

(5) **Habitualisiertes Medienhandeln** entlastet wie alle Routinen des Alltags von Zeitdruck.

(6) Die **Ritualisierung des Medienhandelns** basiert auf einer klaren Zeitstrukturierung (Timing), die reproduziert wird. Befunde aus der Fernsehnutzungsforschung deuten darauf hin, daß ritualisierte Mediennutzung mit eher geringen Nutzungsdauern

---

327 Neverla (1992a), S. 201
328 vgl. Neverla (1992a), S. 141

und -häufigkeiten einhergehen. "Zeit-Sensible", die Zeit als "kostbares Gut" schätzen, neigen nach Neverla zu ritualisierter Fernsehnutzung.[329] Ritualisierung kann dann als aktiver Ausbalancierungsprozeß zwischen der als knapp empfundenen Lebens- und Alltagszeit und dem endlosen Programm bzw. Medienangebot verstanden werden.[330]

(7) **Zeitverdichtung** oder Zeitvertiefung ist der Versuch, die vorgegebene Dauer auszudehnen, indem man sie doppelt oder mehrfach nutzt. Zeit wird als knapp empfunden, doch zielt die Taktik der Zeitverdichtung nicht auf die Beschleunigung der Handlungen. Die Medienhandlung wird bei dieser Strategie durch Parallelhandlungen begleitet bzw. stellt selbst eine Paralellhandlung dar. Der Wunsch nach zeitlicher Vertiefung kann auch zu zwei parallelen Medienhandlungen führen, die zeitgleich oder sehr engmaschig wechselnd erfolgen. Die parallele Nutzung mehrerer EDV-Programme durch "windowing", die Kombination von (Zeitungs-)Lektüre mit Hörfunk oder Fernsehen, "Puzzle-TV" und vergleichbare Formen der Zeitverdichtung sind durch chronometrische Methoden kaum zu erfaßen und zu interpretieren. Selbstbeobachtung und qualitative Interviews weisen aber auf die Relevanz dieser Zeitverdichtungshandlungen im Alltag hin. So schildert Luger beispielsweise den Fall eines Jugendlichen, der allabendlich geplanterweise zwei zeitlich parallel ausgestrahlte Spielfilme in dem Bestreben nutzt, beide "inhaltlich vollständig" zu verstehen.[331]

Neverla hat für die Begleitung der Fernsehnutzung durch andere Tätigkeiten (bzw. vice versa) den Begriff "Marginalsehen" geprägt, bei dem Fernsehen individuell und tageszeitlich variierend als Leit- oder Hintergrundtätigkeit fungiert, die Aufmerksamkeit oszilliert (wechselnde Grade der Konzentration vor dem Bildschirm) oder fluktuiert (Wechsel von An- und Abwesenheit vor dem Bildschirm). Sehdauer und Sehhäufigkeit sind bei diesem Nutzertyp tendenziell überdurchschnittlich. Durch Befragung von Teilnehmern einer Tagebucherhebung fand Robinson heraus, daß Fernsehen eine "zeitelastische" Beschäftigung ist. Auf Fernsehen wird leichtherziger als auf alle anderen abgefragten Freizeitbeschäftigungen verzichtet, wenn kurzfristige, nicht planbare Ereignisse oder Aufgaben eine Umstellung der Zeiteinteilung erfordern.[332] Programmcharakter und -struktur machen das Fernsehen im Bewußtsein seiner Nutzer zu einem leicht kalkulierbaren, jederzeit verfügbaren Medium, dessen Nutzung nur sehr geringen Planungsaufwand fordert. Programmplanung findet nur bei etwa der Hälfte der von Neverla interviewten Personen vorab statt. Insofern wird Fernsehen in der präkommunikativen Phase als "zeitsparendes Medium" bewertet.[333] "Switching" kann unter den Bedingungen des Vielkanalfernsehens der Orientierung über die angebotenen Programme dienen, wenn die Vorplanung der Fernsehnutzung über die Programmpresse vernachlässigt oder als zu zeitaufwendig empfunden wird. Als Motive für das Marginalsehen nennt Neverla die "drohende Unruhe bei ausschließlicher Fernsehnutzung", also die Angst vor dem auf zeitökonomischen Überzeugungen beruhenden schlechten Gewissen in der postkommunikativen Phase und die Ähnlichkeit der Zeitgestalten von Fernsehprogrammen und Hausarbeiten, insbe-

---

329 vgl. Neverla (1992a), S. 141
330 vgl. Neverla (1992a), S. 192-199
331 vgl. Luger (1989), S. 231
332 vgl. Robinson (1977), S. 133-134 u. S. 173
333 vgl. Neverla (1992a), S. 154-156

sondere dem Bügeln (als besonders häufig ausgeführten Parallelhandlungen).[334] Zum Marginalsehen neigen vor allem sog. "Zeit-Macher", also Menschen, die davon überzeugt sind und folglich aktiv versuchen, ihre Zeit durch Organisations- und Managementleistungen "in den Griff zu bekommen".[335]

(8) Die Enttaktung der Telekommunikations- und der Programm-Medien sowie insbesondere die Nutzung von Speichermedien intendieren eine **Steigerung der Zeitautonomie**. Der Videorecorder ermöglicht die "zeitliche Destrukturierung der vom Veranstalter festgelegten, also für die Subjekte der Rezeption fremdbestimmten Programmraster" durch diese Subjekte selbst. Zielinski bezeichnet dies als "Herstellung von anarchischen Fern-Sehverhältnissen im zeitbezogenen Sinne."[336] Aus dem irreversiblen Kontinuum des Programms lassen sich nun Elemente herausgreifen, reversibilisieren und diskontinuierlich rezipieren: Die Reihenfolge der Bilder kann verändert, ganze Sequenzen können weggelassen und so aus mehrstündigen Filmen kurze Clips "hergestellt" werden. Durch digitale Techniken und den Einsatz der Bildplatte werden diese Möglichkeiten temporaler und "dramaturgischer" Konstruktion weiter zunehmen. Time-Shifting und Archivierung erlauben die mehrfache Nutzung des Gleichen oder Ähnlichen und heben die Zeitbindung des medialen Timings auf. Die schnellen technischen Speicher- und Reproduktionsmedien (Computerprogramme, Textverarbeitungssysteme, Fotokopierer) erfreuen sich großer Beliebtheit, weil sie das Gefühl des "Ich kann immer wieder" vermitteln. Techniken der De-Montage und Ent-Programmierung erhöhen die zeitliche Verfügungsgewalt im Umgang mit programmierten medialen Formen. Partiell werden sogar "verkürzte" und selektive Rezeptionsweisen möglich ("Ad-Voidance"). Die zeitliche "Manipulation" medialer Formen durch den Nutzer führt zur Konstruktion "individueller" Kontinuitäten oder Diskontinuitäten, die als sinnhaft rezipiert werden können.

(9) Medienhandeln kann der sozialen **Synchronisation** und dem Erlebnis affektiv positiver Gemeinschaftsgefühle dienen. Zeitliche Koordinierung von Interaktion wird durch direkte Kommunikation und medienvermittelt durch Telekommunikationsmedien erzielt. Massenmediale Simultanität von "Ereignis" und "Rezeption" kann eine kommunisierende Kraft entfalten, die von den Nutzern intentional gesucht werden kann. Eine besondere Rolle spielen hierbei die einmalig-aktuellen und die ritualisiert wiederkehrenden Medienereignisse.

(10) Medienhandeln kann das taktische oder gar strategische Ziel der "**Auszeit**" verfolgen. Auszeiten dienen der persönlichen Muße und dem Ausstieg aus den sozialen Zeitzwängen des Alltags. Ein Motiv der Nutzung insbesondere der audiovisuellen Medien kann in der Möglichkeit gesehen werden, Raum und Zeit"erfahrungen" zu machen, die die nicht-mediale Wirklichkeit nicht erlaubt.[337]

334 vgl. Neverla (1992a), S. 178-189; die Affinität von Fernsehen und Bügeln bestätigt auch Schmidt (1990b), S. 215-216, aufgrund einer empirischen Untersuchung.
335 vgl. Neverla (1992a), S. 141
336 vgl. Zielinski (1989), S. 235
337 vgl. hierzu z.B. Groebel (1989), i.b. S. 353 u. 361

5 Medien und soziale Akzeleration

5.1 Einleitung

In den vorangegangenen Kapiteln wurden die Zeitgestalten des Medienhandelns von Kommunikatoren und Rezipienten untersucht. Dabei konnte die Hypothese bestätigt werden, daß alle an Medienkommunikation Beteiligten je unterschiedlichen subjektiv gemeinten Sinn mit ihren Medienhandlungen verbinden. Die zeitliche Gestalt der Medienhandlungen der Kommunikatoren (mediale Formen) determiniert die zeitliche Form des Medienhandelns der Nutzer dabei nicht und vice versa. Es handelt sich nicht um Wirkungs-, sondern um Vermittlungsverhältnisse auf der Grundlage wechselseitiger Wahrnehmungen (Konstruktionen von Wirklichkeit). Diese Erkenntnis führt dazu, Thesen besonders kritisch zu überprüfen, die von der Zeitgestalt der Medientechnik oder gar nur von einzelnen zeitlichen Qualitäten ausgehend Wirkungen auf die gesamtgesellschaftliche Zeitordnung oder das Zeitbewußtsein einer Kultur annehmen.

In diesem Kapitel werde ich mich deshalb mit der weitverbreiteten These von der Beschleunigung des sozialen Wandels durch medientechnische Entwicklungen auseinandersetzen. Die noch nicht abgeschlossene Etablierung unseres Faches als wissenschaftlicher Disziplin und die Alltäglichkeit von Medienkommunikation hat eine Fülle von Publikationen zum Themenfeld Medien und Zeit hervorgebracht, die anderen Disziplinen, insbesondere der Germanistik und Literaturwissenschaft, der Soziologie und der Philosophie entstammen. Der Boom der Veröffentlichungen läßt sich auf das publizistische Interesse an Alltags- und Zeitgeistthemen und auf die anhaltende Legitimationskrise und Suche nach neuen Aufgabengebieten für die geisteswissenschaftlichen Disziplinen zurückführen. Einige dieser Ansätze werde ich hier aus publizistikwissenschaftlicher Sicht behandeln, insbesondere um die aus dieser Perspektive notwendigen Differenzierungen und Relativierungen am Beispiel der "Beschleunigungsthese" vorzunehmen. Helga Nowotny hat die Konjunktur philosophischer Medientheorie als das vorschnelle Werk der "schnellen Philosophen" der Postmoderne kritisiert, die im Marktrhythmus der Medien publizieren. Ihre Kritik richtet sich vor allem gegen die undifferenzierte Betrachtung, die mediale Berichterstattung und die Seite durchaus wirkungsvoller "realer Ereignisse", etwa von Kriegshandlungen nicht mehr trennen. Die gleichen Ansätze neigen dazu, die audiovisuellen Live-Medien, vor allem das Fernsehen zum Maß aller Medien zu erheben oder die anderen Medien überhaupt nicht zu berücksichtigen. Die soziologische und wissenschaftsethische Kritik von Nowotny teile ich, versuche aber, sie publizistik- und kommunikationswissenschaftlich zu begründen und weiterzuführen.

5.2 Die Tradition der Beschleunigungsthese

Die kulturpessimistische These von "der Beschleunigung" erfreut sich in den letzten Jahren einer anhaltenden Popularität,[1] obgleich sie keineswegs neuartig oder gar "postmodern" ist und insofern bei näherer Betrachtung sogar jeglicher feuilletonistischer Originalität entbehrt. Die Erfahrung der alltäglichen Hektik, des Gehetzt-Seins und der Beschleunigung ist nämlich eine genuin moderne und keine postmoderne Erfahrung.[2] So berichtete Blaise Pascal schon Mitte des 17. Jahrhunderts über seine Zeitgenossen:

> "Sie glauben ehrlich, die Ruhe zu suchen, und sie suchen in Wirklichkeit nur die Unruhe. Sie haben einen geheimen Trieb, der sie treibt, außer Haus Zerstreuungen und Beschäftigungen zu suchen ...; und sie haben einen anderen geheimen Trieb, der sie ahnen läßt, daß das Glück in Wirklichkeit in der Ruhe und nicht im Lärm des Umtriebs liegt; und aus diesen gegensätzlichen Trieben bilden sie einen verworrenen Plan, der sich im Grunde ihrer Seele verbirgt und der sie dazu bringt, die Ruhe durch die Unruhe zu suchen ..."[3]

Die Kritik an der Beschleunigung des alltäglichen Lebens ist so alt wie ihre Erfahrung bzw. Vorstellung. Nicht nur die oft zitierte Eisenbahn verursachte die Befürchtung, der Mensch sei der Beschleunigung nicht mehr gewachsen, bereits das Fahrrad - nur viermal schneller als der Fußgänger - sorgte für Warnungen vor dem windverzerrten "bicycle face" und galt manchen Zeitgenossen als Schöpfer des "Geschwindigkeitskults".[4] Zunehmende Krankheits- und Todesfälle infolge von Krebs, Herz- und Kreislaufüberlastungen, steigende Kriminalität, höhere Selbstmordraten, Zunahme psychischer Erkrankungen und sogar "progressive degeneration" wurden als Folgen der Beschleunigung schon um die Jahrhundertwende konstatiert. Im Jahre 1902 erschien in Berlin, einer in diesen Jahrzehnten als sehr schnell und oftmals als sehr "amerikanisch" beschriebenen Stadt, Willy Helpachs "Nervosität und Kultur"[5], nachdem George Beard schon 1880 (in New York) von "Neurasthenie" als Pathologie der Großstadtbewohner berichtet hatte.[6]

Nach dem Zweiten Weltkrieg und mit dem Einsetzen des Wirtschaftswunders waren es dann vor allem konservative Kulturpessimisten wie Arnold Gehlen, die sich über die Neophilie der technisierten industriekapitalistischen Gesellschaft beklagten[7] und davon ausgingen, daß "an der Technik entwickelte Denkweisen sich in nichttechnische Gebiete, wo sie unangemessen sind, dennoch fortsetzen ..."[8]

Gehlen selbst führt hier vor allem das Prinzip des optimalen Effekts heran und kritisiert eine "Primitivisierung unserer Denkweise", zu detaillierteren techniksoziologischen Analysen kommt es bei ihm zunächst jedoch nicht. Unsere Kultur ist für Gehlen von einer "Beeilung" gekennzeichnet, die sie "von jeder jemals dagewesenen unterscheidet".[9] Zwar wirken

---

1 vgl. z.B. die SPIEGEL-Titelstory von Barth (1989)
2 Weibel (1987), S. 6-11 bietet eine gute Einführung in die Thematisierungsgeschichte dieses Topos.
3 Pascal, Blaise: Pensées (Über die Religion). Übertragen von Ewald Wasmuth (nach der dreibändigen Ausgabe von Léon Brunschvicg in OEvres de Pascal, Bd. 12-14, Paris 19253, Tübingen 1948, S. 80 (Fragment 139), zit. nach Wendorff (1985), S. 241
4 Baxter, Sylvester: Economic and Social Influence of the Bicycle. In: The Forum, August 1896, S. 689 bzw. Adam, Paul: La Morale des Sports. Paris 1907, S. 449-450, beide nach Kern (1983), S. 111
5 vgl. Kern (1983), S. 125-126
6 vgl. Müller (1987), S. 85
7 vgl. Gehlen (1957), S. 33
8 vgl. u. zit. Gehlen (1957), S. 36
9 Gehlen (1963), S. 313

"auch soziologische [sic!] Einflüsse bei der Beschleunigung des Lebensrhythmus mit, aber ihre wichtigste Ursache wird man doch in den technischen und industriewirtschaftlichen Bereichen zu suchen haben, und in erster Linie hat ganz einfach die physikalische Geschwindigkeit der technischen Vorgänge unser Verhältnis zur Zeit verändert. Diese Entwicklung begann vor mehr als hundert Jahren mit dem Telegraphen, ... später bei Funk und Sprechfunk ... Gleichzeitig griff das Prinzip der Schnelligkeit auf die Verkehrsmittel über ..."[10]

Ungeklärt bleiben bei Gehlen technikdeterministischer Sichtweise die Trennlinien zwischen sozialen, technischen und industriewirtschaftlichen Faktoren und deren Zusammenspiel. Die populäre These von der Beschleunigung von Kommunikation und Transport, die deterministisch den Rhythmus der gesamten Gesellschaft verändert habe, bleibt unbelegt; die Folgerungen, die Gehlen weiter zieht, entbehren sogar formallogischer Konsistenz. Der Informationsbegriff der mathematischen Informationstheorie wird ohne soziologische Reflexion in naiv anmutender Weise übernommen, der Mensch nicht einmal mehr als Wesen begriffen, das Informationen selektieren könnte (eine auch 1963 durchaus schon bekannte und fundiert vertretene Theorie):

"... im Unterschied zu allen Zeiten vor uns fallen aus technischen Gründen in dieselbe Zeitspanne weit größere *Ereignismassen* als früher, die nun in irgendeiner Weise zu verarbeiten sind. Denn mit der Schnelligkeit der Übermittlung steigt natürlich auch die Zahl der Ereignisse, die ankommen oder fällig werden können. ... es ist klar, daß mit der Zahl der Informationen auch die Zahl der wichtigen unter ihnen zunehmen muß."[11]

Aber nicht nur Konservative, auch linke Kulturkritiker diagnostizierten in den 50er Jahren eine Beschleunigung und eine Tendenz zur Ausdehnung der Gegenwart. So beschreibt Meyerhoff die Verkürzung des Zeithorizonts und die Fragmentarisierung der Zeit bereits 1955 als Grundwahrheit und Grundproblem moderner, kapitalistischer Gesellschaften:

"The same trend is exhibited in the production and consumption of the news. The historical record reproduced by the daily »news« of our mass media of communication, though vastly extended in spatial coverage, is temporally confined to the immediate present. Communication of news rarely serves to establish any »meaningful«, or significant, relations between the events of one day and another, let alone one year and another; it rarely attempts to introduce any principle of organization, continuity, or structural relationship into the assemblage of isolated, cumulative facts considered newsworthy. News must be »hot«, as we say, that is, of momentary appeal and significance, or it is not newsworthy. News must be »sensational«, it must provide momentary excitement and trillation, or it does not sell. Again, what cannot be consumed now is worthless; and once it is consumed, it is worthless."[12]

Neuen Auftrieb erhielt die Beschleunigungsthese dann vor allem seit Mitte der 70er Jahre im Zuge der Einführung elektronischer Datentechniken und der daran anschliessenden Debatte um die "Informationsgesellschaft":

"It seems that people in information societies are busier than those in pre-information societies. The reason is the same as when considering the change to industrial societies, when people in industrial societies seeemed busier than those in agricultural societies. It seems that people's sense of pace or speed increases as the productivity and efficency or the society increase. The society takes the increased speed and efficency for granted. Younger generations speak faster and walk faster than older generations. Twenty years ago, I could tell the publisher that my manuscript is in the mail even if I was still working on it. Nowadays, however, the publisher asks me to send my manuscript by fax and I cannot respond that it is in the mail."[13]

---

10 Gehlen (1963), S. 314
11 Gehlen (1963), S. 314
12 Meyerhoff (1955), S. 110-111
13 Ito (1989), S. 28-29

Der geistes- und theoriegeschichtliche Stammbaum der von mir als "Beschleunigungsthese" zusammengefaßten Überlegungen kann hier nicht bis zu seinen Wurzeln und in all seinen Verästelungen gezeichnet werden. Meine Ausgangsthese, daß es sich hier weder um ein postmodernes Phänomen, noch um eine neuartige Klage darüber handelt, gewinnt aber durch die hier angeführten Belege bereits hinreichend an Beweiskraft. Befassen wir uns nun mit den aktuelleren und medienbezogenen Varianten der Beschleunigungsthese.

5.3 Dromologie, Logistik der Wahrnehmung und Ästhetik des Verschwindens

Paul Virilio vertritt vehement die These vom "exponentiellen Anstieg der Geschwindigkeit der Massenkommunikationsmittel", zu denen er gleichermaßen "Telegraf, Telefon, Radio und Fernsehen" zählt.[14] Offensichtlich differenziert Virilio nicht zwischen *massenhaft verbreiteten* Medien der Individualkommunikation und sog. Massenmedien im Sinne publizistischer Kommunikationsmedien. Völlig außer Acht läßt er die Printmedien, so als ob es sich bei ihnen nicht auch um Massenmedien handeln würde. Die visuellen Medien (Fotografie) bzw. audiovisuellen (Massen-)Medien (Film, Fernsehen, Video) werden stets als "die Massenmedien" oder "die Massenkommunikationsmittel" schlechthin aufgefaßt. Geschwindigkeit bezeichnet bei Virilio nicht ein eigenständiges Phänomen, sondern das Verhältnis zwischen den Phänomenen, sie ist eine Qualität der Wahrnehmung der Phänomene. Diese Wahrnehmung unterliegt nun einer Beschleunigung, die verursacht wird durch die Technologien der Wahrnehmung, die Virilio zufolge allesamt Kriegstechnologien[15] sind. Wenngleich dieser techniksoziologische "Kurzschluß" technikhistorisch unhaltbar sein dürfte, geht es hier primär um die Widerlegung der undifferenzierten Beschleunigungsthese bzw. deren notwendige Relativierung. Angemerkt werden muß allerdings, daß Virilios essayistische Vorliebe für schlagwortartige Generalisierungen unter wissenschaftsethischen Gesichtspunkten äußerst bedenklich ist, denn sie führt zu ent-humanisierten Sichtweisen. So scheute er angesichts des zweiten Golfkrieges vor solch gleichermaßen sachlich falschen wie menschenverachtenden Bewertungen wie der folgenden nicht zurück:

> "Eine militärische Auseinandersetzung, in der die Waffen von Kommunikation, Information und Fernsteuerung sich als sehr viel effektiver erwiesen als die Waffen massiver Zerstörung. Weil ein »realer Raum« der Schlacht nicht mehr wie früher zu umreißen war, wurde diesmal die »Realzeit« der Auseinandersetzung reduziert und kontrolliert."[16]

Der von den kriegführenden Parteien propagagierte Eindruck des "sauberen Krieges" wird auf diese Weise "wissenschaftlich" unterstützt. Die Opfer und Täter des organisierten Massenmordes spielen aus der Perspektive des Paul Virilio offensichtlich keine Rolle mehr! Virilio hat sich 1986 ausdrücklich nicht als Philosoph, sondern als Urbanist

---

14 vgl. und zit. Virilio (1991a), S. 51

15 Zielinski wendet sich gegen diese technikhistorisch und -soziologisch unhaltbare Herleitung der visuellen Medientechniken aus der Kriegstechnologie, wie Virilio sie vornimmt. Die "Mechanismen ... für den schnellen, regelmäßig unterbrochenen Transport der photographischen Einzelbilder wurden für die verschiedensten industriellen Praxen der Zeit entwickelt und angewendet." (Zielinski (1989), S. 65) Erst die zivile Nutzung der Verkehrstechniken Eisenbahn und Auto hat für breitere Gesellschaftskreise eine Veränderung der Wahrnehmung von Raum und Zeit realisiert. Auch die Basisinnovationen, auf denen die zivilen Technikanwendungen beruhen, sind nicht kriegsbedingt (wie Virilio und Kittler (1986) behaupten), sondern Resultate einer "Control Revolution" (James R. Beniger).

16 Virilio (1992), S. 20

bezeichnet, doch besitzt seine "Dromologie" durchaus soziologischen und geschichtsphilosphischen Anspruch. Die Proklamierung dieser neuen Wissenschaft von der Bewegung und der Beschleunigung beinhaltet eine weitreichende Forderung: die "Schnelligkeit" wird zum "transhistorischen" Bestandteil des "Wesen[s] der menschlichen Gesellschaft" erklärt. Die Wurzeln der Macht der Geschwindigkeit glaubt Virilio schon im Tierreich erkennen zu können, doch wird sie dann zum wesentlichen Faktor der menschlichen Gesellschaftsentwicklung:

> "Seit jeher war es die Geschwindigkeit, die die Gesellschaft strukturiert hat. Sicherlich hat sich dieser Prozeß in der Neuzeit enorm beschleunigt, ... doch ist er nichts spezifisch Modernes."[17]

Die Herrschaft der Geschwindigkeit betrachtet Virilio politologisch gar als "Dromokatrie"!

Ausgehend von der These, daß alle Medientechnologien Kriegstechnologien sind, formuliert er Hypothesen zur Änderung der Wahrnehmung durch die Medien. Diese "Logistik der Wahrnehmung" unterliege genau jener universellen technologischen Beschleunigung. Wahrnehmung ist bei Virilio lediglich ein Synonym für *visuelle* Wahrnehmung, insbesondere von bewegten Bilder. In unzulässiger Weise ausgeweitet wird der Wahrnehmungsbegriff hingegen in einer anderen Dimension: Auch Maschinen sind angeblich des Sehens und der Wahrnehmung fähig, so als seien sie kognitive Systeme mit einer entsprechenden Autonomie und der Fähigkeit, Sinn und Bedeutungen zu konstruieren. Virilio verkennt den elementaren Unterschied zwischen der Datenverarbeitung durch triviale Maschinen und Menschen, die über eine hohes Maß an kognitiver Autonomie und Lernfähigkeit verfügen (vgl. Teil I, Kap. 1). Diese undifferenzierte Betrachtungsweise hat nicht nur weitreichende ethische Konsequenzen, sie führt auch sachlich zu falschen Schlüssen. "Echtzeit" und "Live"-Charakter massenmedialer Formen werden als rein chronometrische Verhältnisse begriffen und gleichgesetzt. Echtzeit bezeichnet sinnvollerweise aber nur die Funktionsgeschwindigkeit trivialer Maschinen, die eben der Wahr-Nehmung, also einer konstruktiven kognitiven Leistung nicht fähig sind. Eine Differenzierung von echter Gegenwart und Simultanität, wie ich sie in Anlehnung an Anders vorgenommen habe, kommt bei Virilio nicht vor. Seine Apologetik der Simultanität und Echtzeit-Kriegsberichterstattung durch CNN im Golfkrieg übersieht, daß es sich kaum noch um eine Berichterstattung gehandelt hat, sondern um das Ende eines Journalismus, der die Aufgabe der Ver-Gegenwärtigung hätte erfüllen können (und müssen).

Für Virilio ist eine einzige Zeitqualität, nämlich Beschleunigung, die nahezu welterklärende Variable. Akzeleration finde ein Ende erst in der absoluten Bewegungslosigkeit des Menschen, in einem postmodernen Stadium, in dem kein Fortschreiten und kein Fortschritt mehr möglich sei.[18] Eine Beschleunigung, die zu einem Endpunkt führt, impliziert allerdings eine moderne Linearität der Geschichte, die Virilio weder nachweisen kann noch auch nur als Prämisse expliziert. Jean Baudrillard hat diesen Widerspruch erkannt und jüngst der Beschleunigungs- und der Postmoderne-These widersprochen. Er geht nunmehr von einer "Rückwendung der Geschichte", der Unmöglichkeit des Endens und Beendens der Geschichte aus.[19]

---

17 vgl. und zit. Rötzer (1986), S. 12

18 vgl. Virilio (1980), S. 62: "Die Geschwindigkeit als Wesen des dromologischen Fortschritts ruiniert den Fortschritt ..."

19 vgl. Baudrillard (1993)

Doch zurück zur sogenannten Logistik der Wahrnehmung, deren Grundgedanke, daß Techniken in unsere Lebenswelt eingreifen bzw. veralltäglicht werden und deshalb unsere Wahrnehmung strukturieren, als unumstritten gelten kann. Virilio geht allerdings erheblich weiter und behauptet, daß sich unser "substantielles Sehen " durch das "Zyklopenauge" der Kamera und anderer "Sehmaschinen" in ein bloß "akzidentelles Sehen", also ein "Visualisieren" verwandelt habe. *Unser* Blick sei erstarrt durch die immer schnellere Belieferung mit unbewegten Momentaufnahmen. Unsere Kultur sei geprägt durch ein "Sehen ohne Blick". Der Raum verliere deshalb in unserem Leben wie in unserem Gedächtnis immer stärker an Bedeutung.[20] Die letzte Stufe in der Entwicklung der Sehmaschine sei die "Visionik", also das automatisierte "Sehen ohne Blick". Die "Automatisierung der Wahrnehmung, die Erfindung eines künstlichen Sehens, die Delegierung der Analyse der objektiven Realität an eine Maschine münde "in einer "Industrialisierung des Sehens".[21]

Mit der "Logistik der Wahrnehmung" korrespondiert eine "Ästhetik des Verschwindens", Virilio beschreibt darin die rezeptionsästhetischen Wirkungen "maschinisierter Wahrnehmung". (1) Noch bis ins 19. Jahrhundert hinein sei alle Ästhetik in der Erscheinung begründet, beruhe also auf materiellen - möglichst dauerhaften - Trägern: Gemälde und Skulptur machen dies deutlich. (2) Die Ästhetik des Verschwindens beruht nun gerade auf dem Gegenteil, auf der Vergänglichkeit der "Werke": Film und fotografische Momentaufnahme stehen hierfür als Beispiele. (3) "Das *logische Paradox* ist schließlich die Logik des Bildes in Echtzeit, ..., in jener Zeit, die von nun an den Vorrang vor dem realen Raum hat. Die Virtualität, die die Aktualität beherrscht, erschüttert sogar den Begriff der Realität." Es komme zu einer "paradoxen Präsenz" oder "Tele-Präsenz" videografischer Bilder:

> "Durch die paradoxe Logik wird tatsächlich die Realität der Präsenz des Objektes in *Echtzeit aufgelöst,* während es im vorhergehenden Zeitalter der dialektischen Logik des Bildes allein die Präsenz in einer anderen Zeit war, die Präsenz der Vergangenheit, die sich den Platten oder Filmen dauerhaft einprägte;"[22]

Statt den drei Zeitmodi Vergangenheit, Gegenwart und Zukunft gäbe es nun nur noch zwei Zeitformen: "reale Zeit" und "aufgeschobene Zeit".[23]

> "Die *intensive Zeit,* die die Zukunft in der ultra-kurzen Dauer der Direktübertragung bei der Telekommunikation verschwinden läßt, ersetzt die *extensive Zeit,* in der die Zukunft noch in der langen Dauer von künftigen Wochen, Monaten und Jahren zur Verfügung stand."[24]

Durch den Echtzeit-Charakter, also die zur Lichtgeschwindigkeit gesteigerte Übertragungsgeschwindigkeit der Telekommunikationsmedien, sei das Prinzip der Kommunikation abgelöst durch das "der augenblicklichen Kommutation von Emission/Rezeption."[25] Für die Dramaturgie bedeute dies, daß nun keine Zeit mehr für "suspense" bleibe, sondern nur noch "surprise" möglich ist.[26]

---

20 vgl. Virilio (1989), S. 37-41, sowie Virilio (1989a), S. 83
21 Virilio (1989), S. 135-136
22 vgl. und zit. Virilio (1989), S. 144-145
23 vgl. Virilio (1989), S. 151
24 Virilio (1989), S. 154
25 Virilio (1989), S. 166
26 vgl. Virilio (1989), S. 164

Virilio räumt hier ein, daß nicht einfach Kommunikation beschleunigt wird, sondern daß durch beschleunigte Übermittlungsgeschwindigkeiten bestimmte Qualitäten von Kommunikation verlorengehen. Er führt nicht weiter aus, daß "Kommutationen" (und um solche handelte es sich auch bei der Live-Berichterstattung über den Golfkrieg) eine publizistische Kommunikationsfunktion, die auf Verständigung abzielt, nicht mehr erbringen. Kommunikation wird durch technische Akzeleration allein noch nicht zu einer "Kommunikation in Echtzeit". Vielmehr verschwinden aus ihr die kommunikativen Aspekte - sie verkümmert zur "Kommutation" (Virilio), aus der Nachricht wird eine bloße Emission und aus den Bildern werden "Phantome" (Anders). Obgleich Virilio grundsätzliche Unterschiede erkennt, verwischt er die Grenzen zwischen verschiedenen Kommunikationsformen einerseits und den Formen simultaner Datenübertragung andererseits. So erscheint es wenig plausibel, die gleichzeitige Rezeption von Live-Fernsehsendungen mit einer Face-to-face-Begegnung zweier Individuen, z.B. als Passant und Autofahrer, bezüglich ihres jeweiligen Zeit- und Raumhorizontes zu vergleichen, spielt doch "Beschleunigung" in beiden Fällen eine ganz andere Rolle. Grundlegende kommunikationswissenschaftliche Differenzierungen werden bei Virilio einfach ignoriert: mediale und nonmediale Kommunikation, interpersonale und Massenkommunikation, Verteil- und Dialogmedium, Simultanität und Gegenwart spielen angeblich keine Rolle mehr, weil unsere gesamte Kultur der Beschleunigung unterworfen sei.

Virilio argumentiert, der Horizont der räumlich voneinander entfernten, aber gleichzeitig rezipierenden Fernsehzuschauer werde durch den visuellen Bildschirmrahmen und durch den zeitlichen Rahmen der Sendung abgesteckt: "Der *televisuelle Horizont* ist somit allein derjenige der *Gegenwart* der Sendung und des Empfangs (in Echtzeit ..., genau definiert durch die Einrahmung des Gesichtsfeldes der beiden Fernsehzuschauer, vor allem jedoch durch die Frist, die ihrem face-á-face-Dialog zugeteilt worden ist."[27] Hingegen sei der "Horizont der Passanten, die aneinander vorbeigehen ... *das Ende der Straße*, und der der langsam aneinander vorbeifahrenden Autofahrer ... *die Perspektive der Avenue*."[28] Was ist durch eine solche Analyse tatsächlich gewonnen? Im Falle der Begegnung von Passanten und Autofahrern ist die Gegenwart (im Sinne räumlicher Ko-Präsenz), gemessen an der gegenseitigen Sichtbarkeit stärker räumlich, im Falle des Fernsehens ist überhaupt keine Ko-Präsenz vorhanden, sondern lediglich eine mehr oder weniger simultane Zuwendung zu einem Medium, das vermutlich sehr unterschiedlich erlebt und bewertet wird.

Für Virilio kommt es jedoch durch das Fernsehen zu einem "Töten der unmittelbaren Gegenwart", weil die räumliche Mobilität des Rezipienten aufgehoben und durch eine "bloße Mobilität auf der Stelle" ersetzt werde.[29]

Dieser Primat der Zeit gegenüber dem Raum ist die Folge der Beschleunigung auf der Stelle. Nicht wir bewegen uns mit den alten Fahrzeugen beschleunigt durch den Raum zu den Dingen hin, sondern wir verharren an einem beliebigen, bedeutungslosen Ort und lassen die Bilder von irgendwoher beschleunigt zu uns kommen.[30]

---

27 Virilio (1991b), S. 93-94
28 Virilio (1991b), S. 93
29 vgl. und zit. Virilio (1991b), S. 101
30 vgl. Virilio (1991), S. 275-276

5.4 Modifikationen und Relativierungen der Beschleunigungsthese

Guggenberger diagnostiziert einen Bedeutungsverlust der Vergangenheit durch eine beschleunigte Lebensweise. Kulturkritisch beschreibt er eine "Gesellschaft, die sich den Reizimpulsen der Werbung und Unterhaltung, der Medien und des Konsums auf allen Ebenen umstandslos öffnet" und die deshalb "wohl notwendig eine Gesellschaft, die sich von ihren Herkunftspflichten lossagt", sei.[31] Die technologisch determinierte "Beschleunigung" führt zum Versagen von Individuum und Gesellschaft:

> "... unsere Reizökonomie gerät außer Rand und Band. Die Innovationsrate; sprich: die Neuerungen ... wachsen ins Unermeßliche an; sie sind geistig und emotional nicht mehr abzuarbeiten und lassen uns daher kalt ... Unter der Ägide der hypereffizienten Nanosekundenkultur haben sich die aufmerksamkeitsheischenden Ereignisse pro Zeiteinheit um ein Vielfaches vervielfacht - und zugleich um ein noch Vielfacheres an Verbindlichkeit eingebüßt."[32]

Guggenbergers Kultur- und Gesellschaftskritik wohnt ein Widerspruch inne: Einerseits geht er davon aus, daß uns alles nicht mehr so stark berührt, eben weil wir so vielen Dingen ausgesetzt sind. Andererseits benennt er kulturelle und soziale Wirkungen wie den angeblichen Verlust unseres Geschichtsbewußtseins oder den Kontrollverlust über unsere Kognitionen. In den von ihm behaupteten kognitiven Veränderungen erkennt er nicht eine aktive Leistung der Gesellschaft oder der Individuen. Das wiederholt vorgetragene medienkritische Argument der Reiz- und Informationsüberflutung übersieht die kognitionswissenschaftlichen Theorien und Befunde, die von aktiven Selektionsleistungen, kognitiver Autonomie des Rezipienten und intern erzeugten Informationen ausgehen.

Gendola stellt die These auf, daß die im Gefolge der Kriegstechnologie entwickelten Kommunikations- und Informationstechnologien zu einer Veränderung der gesellschaftlich dominaten Zeitvorstellung- und -erfahrung geführt hätten. Nach der zyklischen Zeit, die bis zur Etablierung des Monotheismus als Zeitbegriff domininiert habe,[33] und der linearen Zeitvorstellung, die sich mit der Einführung des Alphabets (1400 v.Chr. in Phönizien) etablieren konnte,[34] leben wir nun unter der dominanten Zeitvorstellung der "Punktzeit". Diese resultiere aus der "Logik simultaner Operationen"[35], also aus dem Bemühen möglichst schnell, ja gleichzeitig zu sein oder zu agieren. Doch die Verkürzung der Kommunikation bis hin zur Gleichzeitigkeit oder doch zumindest bis hin zur "Momentankommunikation" verändere die Qualität: Kommunikation finde eigentlich nicht mehr statt, nur noch der entkörperlichte Informationstausch von Ist-Zuständen. Nach Gendollas Vorstellung "transportieren" die heutigen Medien nur noch Information und dienen nicht mehr der Kommunikation.[36]

Die Unterscheidung von "Informationstransport" und Kommunikation deckt sich mit den kognitionspsychologischen Erkenntnissen, wenn man statt von Information besser von Daten spricht, die transportiert werden, während Informationen ja intern erzeugte Zustandsveränderungen sind. Der kulturgeschichtliche Anspruch von Gendolla erscheint hingegen überaus problematisch. Nicht alle heutigen Kommunikationsmedien arbeiten jederzeit nach dem Punktzeit-Prinzip, das Gendolla als prägend für unsere Kultur betrach-

31 vgl. u. zit. Guggenberger (1991), S. 50)
32 Guggenberger (1991), S. 59
33 vgl. Gendolla (1989), S. 128-130
34 Gendolla (1989), S. 132
35 Gendolla (1989), S. 136
36 vgl. Gendolla (1989), S. 133-139

tet. Er akzentuiert die Bedeutung der "Momentankommunikation" so stark, daß die Komplexität unserer chronotopischen Medienumwelt aus dem Blick gerät und neigt wie Virilio zu einfachen Erklärungen für komplexe Probleme. Beide teilen eine Technikphilosophie, die den Gesichtspunkt der Beschleunigung in den Mittelpunkt stellt. Medientechnologien lassen sich aber nicht vollständig als Elemente oder Ableger "der" Militärtechnologie erklären. Medien sind, wie ich am Beispiel des Telefons technikhistorisch dargestellt habe,[37] auch nicht alle in einem militärischen Zusammenhang entstanden. Ökonomie und Verkehr, aber auch andere gesellschaftliche Aufgaben haben Anforderungen gestellt, die James Beninger als "Control Crisis" bezeichnet hat. Die Entwicklung vieler technischer Medien läßt sich als Antwort ("Control Revolution") auf diese Aufgaben verstehen.[38]

Gendollas Kommunikationsbegriff und sein Verständnis von medialer Kommunikation bleibt unklar. Die Vorstellung, Medien transportierten Informationen, ist - wie wir gesehen haben - kognitionstheoretisch nicht haltbar. Gendollas positiv besetztes Gegenbild von Kommunikation bleibt unterdefiniert. Offenbar gehört körperliche Kopräsenz zu dieser Idealvorstellung. Damit wäre aber jedwede medienvermittelte Kommunikation ohne Ansehen ihrer Zeitstrukturen keine Kommunikation mehr. Medienhandeln *kann* aber, wie ich gezeigt habe, durchaus kommunikatives Handeln sein.

Schließlich argumentiert Gendolla, der zeitlich unmittelbare Zugriff auf Informationen, "unabhängig von biologischen oder sozialen Rhythmen, Zyklen, Linien" und die Tatsache, daß man sich dank elektronischer Speichermedien an "nichts mehr erinnern"[39] müsse, zeichne die Punktzeit aus. Sieht man genauer hin, so bleibt wenig von Gendollas Tatsachenbehauptungen bestehen: Die vorangegangenen beiden Kapitel haben gezeigt, daß Kommunikation, Medienhandeln und soziales Handeln insgesamt vielfältige soziale Zeitqualitäten aufweisen. Unsere Lebenswelt ist chronotopisch strukturiert; unser Umgang mit technisch schnellen elektronischen Medien oder Informationssystemen kann folglich nur als zeitkomplexes Handeln verstanden werden. Medien sind in unterschiedlichem Maße veralltäglicht und Medienhandlungen dementsprechend eingebunden in soziale Rhythmen. Die technische Möglichkeit, beispielsweise das Telefon jederzeit zu nutzen, ist sozial (und in der Folge auch längst wieder technisch) geregelt. Die Nutzungsnormen und faktischen Zeitstrukturen der Nutzung bilden kulturelle Muster aus, die keineswegs als Punktzeit beschrieben werden können.

Eine Art "humanistische Mäßigung" von Virilios bellizistischer Dromologie, die den Menschen längst aus dem Blick verloren hat, versucht Dietmar Kamper. Ohne von Virilios eindimensionaler Argumentation entscheidend abzuweichen, spricht Kamper wenigstens noch abstrakt von den menschlichen Opfern dieser Art von Beschleunigung.[40] Er veranschaulicht die Gefahren medialer Beschleunigung und macht zugleich deutlich, daß wir ihr nicht schutzlos ausgeliefert sind: Die - noch immer das Theater und andere Kunstformen bestimmende - *Mimesis*, also die Nach-Bildung wird laut Kamper durch die *Simulation* nicht ersetzt, sondern mit ihr "*amalgamiert*". Mimesis ist eine reflexive Tätigkeit, sie läßt eine zeitliche und inhaltliche Differenz zwischen Ding und seinem (Ab)bild noch erkennen, spielt gerade mit ihr und bezieht ihre Wirkungskraft daraus. Simulation hingegen würde die Gleichzeitigkeit von Ding und Bild bedeuten, sie erlaubt den Verzicht auf das "Original" und kommt nur noch mir Bildern aus. Die Mimesis ist insofern eine bewußte

37 vgl. Beck (1989)
38 Beniger (1986)
39 Zitate aus Gendolla (1989), S. 138
40 vgl. Kamper (1987), S. 259-265

Täuschung, deren Qualität in diesem Bewußtsein besteht; die Qualität der Simulation bestimmt sich aus dem Vergessen der Täuschung.[41]

Für Christoph Wulf ist Beschleunigung eine durchaus moderne und keine zwangsläufig postmoderne oder in die Postmoderne führende Erfahrung. Begründet ist sie in der von Blumenberg beschriebenen Zeitschere zwischen Lebenszeit und Weltzeit. Mit dem Wegfall der Transzendenz wird sich der Mensch der Kürze seines Lebens bewußt und er beginnt, Lebens-Zeit als knapp zu empfinden, weil die Welt(zeit) mehr Alternativen eröffnet, als er einlösen kann. Zeitknappheit ist also eine menschliche Konstruktion. Als Ausweg aus der Knappheit der Zeit wählt er - quasi als Selbstzwang - die Beschleunigung. Diese Beschleunigung, die schon im Fortschrittsgedanken der Aufklärung verankert ist,[42] hat also zunächst nichts mit Virilios Dromologie oder anderen Arten des technologischen Determinismus zu tun. Die Strategie des Beschleunigens wird ergänzt durch den Versuch Zeit zu sparen, indem zunehmend Zeichensysteme genutzt werden. Diese Zeichensysteme, insbesondere die bildhaft-visuellen arbeiten schneller als die Dinge selbst: sie abstrahieren von den Dingen und sind schneller verfügbar. Die Welt wird nur noch als Bild begriffen.[43]

Differenzierter und kultursoziologisch empirisch fundiert argumentiert Hermann Lübbe. Er redet nicht pauschal von "der Beschleunigung", sondern untersucht einige "Änderungen unseres kulturellen Verhältnisses zur Zeit ..., die sich als Konsequenzen der Dynamik in der Evolution unserer wissenschaftlich-technischen Zivilisation verstehen lassen."[44] Seine Überlegungen sollen kulturellen Wandel, also empirisch faßbare Phänomene (wie beispielsweise den Museumsboom) erklären helfen. Dabei macht Lübbe eine "noch zunehmende Intensität unserer Zuwendung zur Vergangenheit" und eine "progressive Musealisierung unserer kulturellen Gegenwart" aus.[45] Hintergrund dieser Phänomene ist das "Schrumpfen" der chronologischen Ausdehnung der Gegenwart, d.h. unsere Umwelt verändert sich durch technologisch-wissenschaftlichen Wandel so schnell, daß wir nur noch wenige Jahre als mit uns gleichzeitig (als Gegenwart im weiteren Sinne) wahrnehmen und verstehen können. Dinge und Gedanken sind relativ schnell "veraltet", und auch die Zukunft wird als schnellen Wandel bringend erwartet. Die Vergangenheiten werden uns immer - und immer rascher - fremder, "Zukünfte" bleiben unbekannt und werden sehr kurzfristig "erwartet".[46]

Als Folgeprobleme tauchen u.a. Rationalitätsverlust, Traditionsgeltungsschwund und Erfahrungsverlust auf. Die Pluralisierung der Begriffe macht bereits einen wichtigen Unterschied zu den Pauschalisierungstendenzen im Stile Virilios oder Kampers deutlich: Nicht die Postmoderne, sondern "Folgeprobleme zivilisatorischer Wandlungsdynamik" sind Gegenstand (wissenschaftlicher) Reflexion. Rationalitätsverluste können entstehen, wenn die Konstanzannahme über die Welt, auf der unser vernünftiges Handeln beruht, durch sehr schnellen Wandel sich als nicht mehr effektiv oder zuverlässig erweist. Traditionen können ihre Funktion als orientierungssichernde und handlungsleitende Selbstverständlichkeiten einbüßen, wenn sie durch die veränderten Verhältnisse an Gültigkeit verlieren und sich neuen funktionalen Traditionen nicht bilden können. Erfahrungsverluste diagnostiziert Lübbe aufgrund der zunehmenden Differenzierung der Gesellschaft und der

41 vgl. Kamper (1991), S. 261-272
42 vgl. Wulf (1987), S. 266-268
43 vgl. Wulf (1987), S. 271-272
44 Lübbe (1990), S. 40
45 vgl. und zit. Lübbe (1990), S. 40
46 vgl. Lübbe (1990), S. 41-45

Mediatisierung der Wahrnehmung.[47] Lübbe hinterfragt auch die bis in populärwissenschaftliche Darstellungen hinein verbreitete und beliebte Darstellung des technischen Wandels als sich stetig beschleunigenden Prozeß und kommt dabei zu interessanten Ergebnissen. Der "exponentielle Verlauf" der Innovationskurve gilt nämlich auch für die Ur- und Frühgeschichte, wenn man wirklich alle bekannten Innovationen berücksichtigt und nicht nur die, die uns heute als besonders bedeutsam erscheinen. Die Beschleunigung ist somit seit Jahrtausenden die gleiche und kein einzigartiger Prozeß: Diese Annahme - die Basis der Beschleunigungsthese von heute - ist nur das Ergebnis einer mikrohistorischen, gegenwartszentrierten, sozusagen kurzsichtigen Perspektive. Die Konstruktion "Beschleunigung" sagt also vor allem etwas über den Konstrukteur aus und weniger über eine realgeschichtliche Beschleunigung von Innovationen und Technologie, die genausogut als "Konstante" begriffen werden kann.[48] Karl J. Narr kommt zu dem Schluß:

> "Die weit zurückliegenden Änderungen erscheinen nur im Vergleich zu späteren Wandlungen geringfügig, sind aber für ihre Zeit ebensogroß wie die - von uns aus gesehen - größeren Veränderungen späterer Zeiten."[49]

Beschleunigung ist kein unbegrenzter Prozeß, sondern durchaus mit möglichen "natürlichen" Grenzen versehen: So stößt beispielsweise die vielzitierte Beschleunigung der Wissensproduktion auf die Grenze der sozialen Wissensdistribution und Aneignung. Da Wissen nur als menschliche Kategorie sinnvoll ist, setzt der Mensch auch weiterhin natürliche Bearbeitungsgrenzen: "Ungelesene Bücher" oder "nicht benutzte Datenbanken" vermehren unser Wissen eben nicht, auch wenn sie auf die gleiche Weise hergestellt wurden wie die vielgelesenen und somit folgenreichen Grundlagenwerke. Lübbe hat die allgemeine These aufgestellt, daß von wachsenden Grenzkosten (ökologischer und psychosozialer Art) bzw. sinkendem Grenznutzen (ökonomisch und kulturell) des zivilisatorischen Fortschritts auszugehen ist, so daß es schon aus letztlich "systemrationalen" Gründen zu einer Entschleunigung oder doch zu einer Stabilsierung der Geschwindigkeit kommen werde.[50]

Entgegen der Annahme von der Gegenwartsschrumpfung lassen sich kultursoziologische Indizien für eine Gegenwartsausdehnung und demzufolge einer Vergangenheitsschrumpfung erkennen. In der populären Kultur nämlich gibt es spätestens seit den 60er Jahren dieses Jahrhunderts eine Tendenz zur Betonung der Gegenwart. Die Thematisierung alltäglicher, gegenwärtiger Konsumprodukte in der Kunst macht die Kenntnis der Kunstgeschichte für das Verständnis der Kunstwerke überflüssig.[51]

Auf der Ebene individueller Kognition gilt auch bezüglich der Rezeption von Medienangeboten, daß es - gerade in "freiwilligen" Rezeptionssituationen im Gegensatz zu Experimentalsettings - natürliche Überlastmechanismen gibt, die vor der angeblichen "Informationsflut" schützen. Nach dem Paradigma der Informationsverarbeitung (information processing) sorgen selektive Wahrnehmung, spezifische Wahrnehmungsschwellen und Wahrnehmungssteuerung durch Vorwissen, Interessen, Ver-

---

47 vgl. Lübbe (1990), S. 44-47

48 vgl. Lübbe (1992), S. 257-258

49 Narr, Karl J.: Zeitmaße in der Urgeschichte. Rheinisch-Westfälische Akademie der Wissenschaften. G 224, Opladen 1978, S. 16, zit. nach Lübbe (1992), S. 257

50 Vortragsnotizen anläßlich des Vortrages Herrmann Lübbes "Zivilisationsdynamik: Über die Aufdringlichkeit der Zeit im Fortschritt" bei den Bamberger Hegelwochen am 30.6.1993

51 vgl. Chambers (1988), S. 7-10

ständlichkeit etc. für Informationsaufnahme und Verarbeitung. Hierauf hat Winterhoff-Spurk unter Bezugnahme auf Renckstorf, Wember und eigene Arbeiten hingewiesen.[52] Die konstruktivistische Kognitionstheorie begreift Information aus ähnlichen Gründen als systeminternen Zustand, der nicht zwangsläufig durch eine Überflutung von außen ins Chaos getrieben wird.

5.5 Kritik an der Beschleunigungsthese

Die Überlegungen von Lübbe belegen, daß es sich bei der "Beschleunigung" um ein Beobachterkonstrukt handelt. Die Popularität der Beschleunigungsthesen zeigt, daß hiermit ein bestimmter, publizistisch und ökonomisch relevanter Zeitgeist getroffen wird. Weite Teile des (Lese-)Publikums entwickeln wohl aufgrund lebensweltlicher Erfahrungen Sensibilität und Interesse für dieses Thema, daß sich als kulturkritischer oder kulturpessimistischer "Dauerbrenner" erweist. Versuche, Beschleunigung als reales soziales oder weltgeschichtliches Phänomen zu erklären, stoßen rasch auf logische und soziologische Hindernisse, denn die Grundfrage, die Beschleunigungstheoreme eigentlich beantworten müßten, lautet: Was wird beschleunigt bzw. was beschleunigt sich? Drei Antworten bieten sich an:

(a) Würde alles, quasi die gesamte Welt einer Beschleunigung unterliegen, könnten wir diese Temposteigerung nicht wahrnehmen. Einem weltlichen Beobachter würde jeglicher konstanter Maßstab fehlen, der als tertium comparationes die logische Voraussetzung für das Messen von Veränderung (Vergleichen mit Invariantem) darstellt.

(b) Würde sich nur die Gegenwart beschleunigen, dann stellte sich die alte Frage nach dem "Wesen der Gegenwart". Entweder ist sie ein ausdehnungsloser Punkt, der nicht meßbar und nicht zu bschleunigen ist, oder Gegenwart besitzt eine Dauer, die sich durch Akzeleration verkürzen könnte. In diesem Falle würde eine Gegenwart von der folgenden "abgelöst", aber die Gegenwart selbst würde damit noch nicht beschleunigt, sondern ihre Abfolge in der Zeit.

(c) Diese Annahme, die Zeit selbst würde beschleunigt, wirft allerdings mehr Probleme auf, als sie löst: Wird Zeit als Bewegung definiert, kann sie eine Geschwindigkeit besitzen. Fraglich ist dann aber, woran die Geschwindigkeit gemessen werde soll, denn normalerweise wird sie als Bewegung je Zeiteinheit definiert. Soziale Handlungen können ein Tempo haben, weil sie Zeit erfordern. Im Prinzip können Handlungen verschieden schnell ausgeführt werden, allerdings handelt es sich dann eben nicht mehr um die *gleichen* Handlungen. Die Frage ist sogar, inwiefern sie noch vergleichbar sind. Aus soziologischer Sicht sind hier die Grenzen eng zu ziehen: Wie Sorokin, Halbwachs und Schmied[53] zutreffend bemerkt haben, ist beispielsweise der populäre Stadt-Land-Vergleich in bezug auf das Tempo des sozialen Lebens soziologisch unsinnig. Bei "dem Stadtleben" und "dem Landleben" handelt es sich nämlich um qualitativ unterschiedliche soziale Phänone und nicht um beschleunigte oder verlangsamte Formen desselben Lebens.

Schmied bemerkt weiter: "Zeit ist ein Orientierungssystem, das gerade diese Funktion kaum wahrnehmen könnte, wenn es durch unterschiedliche Geschwindigkeit im Ablauf charakterisiert wäre."[54] Die Frage nach dem Objekt der Beschleunigung sucht

52 vgl. Winterhoff-Spurk (1989), S. 65
53 vgl. Schmied (1985), S. 110
54 Schmied (1985), S. 111

Jeanniere in einem kulturkritischen Aufsatz so zu beantworteten: "The acceleration of history is evident first of all in an accumulation of phenomena in a number of simple areas which are easy to recognize but difficult to control." Als Beispiele für die Phänomenbereiche, die der Akkumulation unterliegen (und so eine Beschleunigung der Geschichte bewirken sollen!), nennt er dann aber so unterschiedliche Dinge wie das Wachstum der Weltbevölkerung, die Entwicklung der Reisegeschwindigkeit und "natürlich" das Feld der Kommunikation.[55]

Logisch betrachtet kann sich "die Zeit" nicht beschleunigen, weil - die Realität von Zeit einmal vorausgesetzt - auch hier ein tertium comparationes fehlt.

Interpretiert man die lebensweltliche Beschleunigungserfahrung, die ich keineswegs leugnen will, als Erfahrung beschleunigten sozialen Wandels, so gilt selbst bei chronometrischer Betrachtungsweise eine wichtige Einschränkung. Die erhebliche Ausweitung der durchschnittlichen menschlichen Lebenszeit in den Industrieländern würde auch bei gleichbleibender Wandel-Geschwindigkeit dazu führen, daß die Subjekte "mehr" sozialen Wandel in ihrer Lebensspanne erfahren können als ihre Vorfahren. Hinzu tritt als "anthropologische Konstante" die Erfahrung der "Schere von Lebenszeit und Weltzeit" (Blumenberg), also unsere elementare Empfindung von der Knappheit der Lebenszeit und dem daraus resultierenden Zeitdruck. Mit der Beschleunigung unseres Lebens und Handelns können wir auf diese Erfahrung reagieren, aber auch mit Techniken der Entschleunigung, wie der Boom fernöstlicher Meditationstechniken und ihrer westlichen Adaptionen zeigt.

Wenn Beschleunigung "nur" ein sinnvolles, typisch modernes Beobachterkonstrukt ist, dann sollten Medien nicht als "reale Verursacher" einer meßbaren "Realitätsbeschleunigung" verstanden werden, sondern als zeitkomplexe Vermittlungsinstrumente menschlichen Medienhandelns.

5.6 Kompensation und "Entschleunigung"

Helga Nowotny sieht in den modernen elektronischen Kommunikationstechnologien den für das Zeitbewußtsein von Individuen und der Gesellschaft folgenreichen Versuch, Gleichzeitigkeit herzustellen. Chronometrisch betrachtet kann es sich im Ergebnis immer nur um eine approximative Gleichzeitigkeit handeln, die, selbst wenn sie unsere physiologischen Wahrnehmungsschwellen unterschreitet, noch lange nicht mit einer *sozialen* Gleichzeitigkeit zu identifizieren ist. Nowotny betont im Gegenteil die involvierten Machtstrukturen, die auch im Zeitalter "approximativer" technologischer Gleichzeitigkeit vorhandene und/oder neue soziale Ungleichheiten und Ungleichzeitigkeiten zulassen, konservieren oder gar erst erzeugen.[56] Damit deckt sie, ohne explizit auf Virilio und andere einzugehen, die soziologische Unsinnigkeit globaler und pauschaler Beschleunigungstheorien auf, die in technikdeterministischer Manier die Differenz von Technik (als sozialem Konstrukt) und Sozialem (als Konstrukt) nicht mehr berücksichtigen. Wie schon Harry Pross bemerkt hat, darf man die "Empfängerseite", also die Leistungen eines mit kognitiver und begrenzter sozialer Autonomie ausgestatteten Techniknutzers und Medienrezipienten, nicht aus der Analyse ausschließen. Wir *können* "schnellen" Medien eine "kulturelle"

---

55 vgl. Jeanniere (1977), S. 113-114
56 vgl. Nowotny (1989a), i.b. S. 11

Langsamkeit bei ihrer Aneignung entgegensetzen. Soziale Zeitsouveränität fällt der Technik nicht zum Opfer, vielmehr entwikkeln sich beide in einem gestaltbaren Prozeß.

> "... Technologien allein können niemals Zeit herstellen, genauso wenig, wie dies Uhren können, die Zeit zeigen. Dazu bedarf es der Interaktion zwischen Menschen, aus der heraus Koordinationsmechanismen erwachsen, funktional instrumentell, die aber auch als symbolische Orientierungsmittel verwendet werden. Technologien vermitteln in diesen Prozessen, kanalisieren, lenken, geben Richtungen vor, erleichtern oder erschweren, vergrößern oder verkleinern tendenziell soziale Unterscheidungen und Distanzen zwischen Menschen. Doch sind sie nicht das »neutrale Werkzeug« ... Gesellschaft verleibt sich ihre Technologien wieder ein, sie werden zur Gewohnheit, zur habitualisierten Lebensform."[57]

Radhakamal Muckerjee hat die Probleme einer beschleunigten Produktions- und Transporttechnik in den entwickelten kapitalistischen Gesellschaft bereits vor 50 Jahren analysiert und daraus den Schluß gezogen, daß die Soziologie der Zeit dazu beitragen soll, gesellschaftliche Kontroll- und Regulierungsvorschläge zu entwickeln. Nicht im Verzicht auf Technik, sondern in einer anderen Art von Technik und einem veränderten, u.U. verlangsamten Umgang mit Technik sieht er Lösungsmöglichkeiten.[58]

Medien dienen der Präsentation, also der zeitlichen Vergegenwärtigung. Wo dies - wie beim Fernsehen - technisch und sozial (organisatorisch) sehr schnell und im schnellen Wechsel möglich ist, kommt es zu einer eigentümlichen Mischung von Elementen, derer Bezugspunkte in der sozialen Wirklichkeit in der Vergangenheit, der Gegenwart oder der Zukunft liegen können. Die Präsentation im Medium macht diese Momente (nahezu) gleichzeitig und löst sie aus ihrer alltäglich als irreversibel konstruierten Reihenfolge. Nicht "Beschleunigung der Zeit", sondern "Vergleichzeitigung von Ungleichzeitigem" wäre also die treffendere Formel. Gleichwohl sind wir als Rezipienten aufgrund unserer Medienerfahrung und -kompetenz vor dem Hintergrund der gesamten medialen Präsentation in der Lage, die einzelnen Elemente auch zeitlich miteinander in Beziehung zu setzen. Diese Relationierung erfolgt nicht im Sinne einer chronometrischen Datierung, sondern aufgrund der zugeschriebenen Bedeutungen und Relevanzen.

Medien bieten zugleich auch die Möglichkeit der "Fixierung", des Aufbaus von Konstanten oder doch zumindest von Invarianten, sie dienen nicht der Beschleunigung, die uns immer schneller von der Vergangenheit und der Gegenwart entfernen würde, sondern der Konstruktion von "islands of permanence within the sea of creative change".[59]

Einige Medientechniken erlauben durchaus eine Manipulation ihrer Zeitqualitäten durch die aktiven Rezipienten. Als markantes Beispiel kann die stilbildende Be- und Entschleunigung von Schallplattenmusik durch "Scratching" gelten. Beschleunigung ist als Terminus ausschließlich auf der Grundlage eines mathematisch-chronometrischen Zeitmodells ein sinnvoller Begriff. Eine soziologisch aussagekräftige Theorie oder These, die die Bedeutung des Phänomens berücksichtigt, ist auf der Basis dieses Begriffes nicht möglich, weil alle übrigen qualitativen Aspekte der sozialen Zeit nicht thematisiert werden. Beschleunigung zivilisatorischer Prozesse (gemessen an der chronometrischen Zeit) und die verbreitete Erfahrung von Tempo und Beschleunigung müssen in den chronotopischen Zusammenhang alltäglichen Handelns und Medienhandelns gestellt werden. Dabei spielt das Element der *Kompensation* von Geschwindigkiet eine wichtige Rolle: Die empfundene lebenszeitliche Zeitknappheit führt auf der einen Seite zum Versuch der Beschleunigung,

57 Nowotny (1989a), S. 40-41
58 vgl. Muckerjee (1990), i.b. S. 52-55
59 Adam (1992), S. 187

führt uns aber zugleich unsere grundlegende Langsamkeit vor Augen. Um nicht vollständig die Orientierung in unserer "beschleunigten" Welt zu verlieren, um unsere individuellen wie kollektiven Identitäten aufrechtzuerhalten, nutzen wir Zeitgewinne auch als Chancen zur Langsamkeit und haben - in letzter Zeit vielleicht sogar verstärkt - einen historischen Sinn (Musealisierungstrend) und einen ästhethischen Sinn entwickelt, die unsere Herkunftsbezogenheit und unsere Lust an der Langsamkeit betonen. Wie leben in einem selbst konstruierten Chronotop, wir führen ein "temporales Doppelleben", oder besser: wir leben "multitemporal".[60] Mit der Erfahrung von Beschleunigung geht die Entwicklung kultureller Techniken ihrer Kompensation einher:

> "As living becomes a process of adapting to greater and greater speeds, the quest for present-like stabilities and concrete-like momentary experiences increases. In short, obsession with permanency in the face of electronic speeds leads to a counter-reaction - an obsession with expanding the present moment."[61]

Daß sich im Prozeß der sozialen und kulturellen Aneignung einer Technik auch neue Formen der "Bewältigung" von Technik entwickeln, die die sozialen Nachteile oder gar Gefahren regulieren, habe ich am Beispiel des Telefons an anderer Stelle[62] ausführlich gezeigt. Nowotny führt als ein Beispiel für die veränderte zeitliche Form der Mediennutzung die sog. Fünfte Generation japanischer Computerkids an, die offensichtlich sogar neue kognitive Fähigkeiten in der parallelen Ver- und Bearbeitung mehrer Computerprogramme entwickelt oder besser "kultiviert" haben.[63] Karlheinz A. Geissler, ein Vertreter der These von der "Beschleunigungsgesellschaft", hat auf die kulturellen Gegenbilder hingewiesen, die es auch politisch zu fördern gelte. Er führt eine Fülle von literarischen Beispielen - von den klassischen Utopien bis hin zum modernen Roman und Bestseller[64] - an, in denen die Langsamkeit eine entscheidende Rolle spielt.[65] Die Attraktivität, der sich diese Gegenbilder ja offensichtlich durchaus erfreuen, kann m.E. auch als Indiz gelten für ein wachsendes Problembewußtsein "erstaunlich autonomer" Rezipienten und den Versuch, dem empfundenen Problemdruck durch mehr und/oder andere *Mediennutzung* zu begegnen. Ob die Mediatisierung unserer Kultur also zwangsläufig eine "Beschleunigungsgesellschaft" zu Folge haben muß, erscheint als durchaus offene Frage. Die "Fast-food-Kultur" gilt als untrügliches Zeichen der "Gesellschaft ohne Zeit", doch selbst auf diesem Feld gibt es bereits eine kurios anmutende, organisierte "Gegenbewegung". Unter dem Wappentier der Schnecke und mit der "Schneckenpost" als Vereinszeitung besteht seit 1986 in Italien ein Verein mit 20.000 Mitgliedern, die sich der Langsamkeit verpflichtet haben. Mittlerweile gibt es in 18 Ländern solche Vereine; in Deutschland sind bislang immerhin 300 Zahlungswillige (DM 70.- Jahresbeitrag) Mitglied von "Slow food Deutschland. Internationale Bewegung für das Recht auf Genuß" geworden.[66]

Wenngleich es auch in früheren Jahrhunderten Techniken der Herstellung von Gleichzeitigkeit gegeben hat, so basierten diese - etwa im Ritual - doch immer auf körper-

---

60 Diesen Begriff prägte Odo Marquardt in einem Vortrag anläßlich der Bamberger Hegelwochen 1993 am 30.6.1993 (eigene Notizen).
61 Bruneau (1974), S. 660-661
62 vgl. Beck (1989)
63 vgl. Nowotny (1989a), S. 40, unter Berufung auf Maruyama. Magoroh: The New Logic of Japan's Young Generation. In: Technological Forecasting and Social Change 1985 (Vol. 28), S. 351-364
64 Nadolny (1983)
65 Geissler (1990), S. 13-21
66 vgl. Kress (1993), S. 18-20

licher Kopräsenz. Auch hier bestand "sozialer Anschlußzwang", der jedoch anders vermittelt war. Heute besteht vor allem aufgrund ökonomischer Notwendigkeiten[67] für die meisten von uns ein sozialer Anschlußzwang an bestimmte Techniken: Wer nicht Lesen und Schreiben kann, ist aus vielen Zusammenhängen ausgeschlossen, ähnliches gilt - wie ost-west-deutsche Erfahrungen in den letzten Jahren gezeigt haben - für das Telefon.

Die Folgen der schnellen Kommunikationstechnologien sieht Nowotny nicht in der Beschleunigung bis zur Simultanität, sondern in der Flexibilisierung der Zeit. Dabei bedeutet Flexibilität nicht nur Befreiung von der Zeitnorm der linearen Zeit der herkömmlichen Produktionsmaschinen und ihrer Zeitökonomie, sondern sie stellt selbst wiederum eine (zusätzliche) Norm dar, mit der wir uns auseinandersetzen müssen.[68]

Simultanität ist - wie Anders bereits gezeigt hat - nicht das gleiche wie die Herstellung von Gegenwart. Simultanität verstanden als Überwindung von Squentialität und Konstruktion zeitlicher Parallelität ist aber auch nicht notwendigerweise das Ergebnis von Beschleunigung. Die technische Möglichkeit, beispielsweise im ISDN zwei Telekommunikationsdienste gleichzeitig zu nutzen, ist nicht das Ergebnis von Beschleunigung, weil beide Dienste nicht in beschleunigter Sequentialität, sondern eben parallel - also eher als räumliche Kapazitäts*erweiterung* vorstellbar - zur Verfügung stehen. Die Möglichkeit, im Handeln hierdurch Zeit "einzusparen" ist erst eine Folge davon, daß wir unsere Handlungs- oder Kommunikationsbögen in kleinere Abschnitte zerlegen und mit höherer Frequenz miteinander verzahnen.

Die am Modell materiellen Transports (und des Krieges) gewonnenen Beschleunigungsthesen erweisen sich in der Kommunikationstheorie als unpassende Metaphern. Die Vorstellungen von Beschleunigung beruhen letztlich alle auf der veralteten Transportmetapher von Kommunikation[69] und auf der Gleichsetzung von Daten und Informationen. Technische "Echtzeit", "Simultanität der Wahrnehmung", soziale Gleichzeitigkeit und körperliche Gegenwart werden nicht deutlich genug unterschieden. Der "Transfer von Daten" wird vorschnell mit Kommunikation identifiziert, ohne zu berücksichtigen, daß Bedeutungen (Informationen) erst kognitiv konstruiert werden müssen. Die Beschleunigung techischer Prozesse determiniert eben nicht die mit kognitiver Autonomie ausgestatteten Menschen, wie dies bei trivialen Maschinen möglich ist. Menschen sind kreativ und lernfähig, sie entwickeln unterschiedliche Formen der Aneignung, des alltäglichen Umgangs und der kulturellen "Bewältigung" von technischer Beschleunigung. Die unzureichende Trennung von technisch-materiellen Phänomenen einerseits und kognitiven und sozialen andererseits macht beispielhaft die Formulierung der Beschleunigungsthese durch Götz Großklaus deutlich:

> "Real-time" ist demnach "der Begriff für die Vernichtung jeglicher Distanzen, Zwischenräume, Abstände oder Zeitspannen; im Begriff der real-time sind jegliche Wege, Aufschübe und Verzögerungen grundsätzlich aufgehoben. Real-time ist der Begriff für den Zusammenfall von Erwartung und Erfüllung auf der sozialen Ebene ... real-time ist der Begriff auch für den Zusammenfall von Codierung und Decodierung auf der kognitiven Ebene etc."[70]

Hier deuten zwar die unterschiedlichen Schreibweisen von "Echtzeit" noch unterschiedliche Ebenen der Beobachtung an, doch werden die Ebenen in ein hierarchisches

---

67 vgl. Nowotny (1989a), S. 32-33
68 vgl. Nowotny (1989a), S. 99-102
69 vgl. für viele Weibel (1987), S. 95
70 Großlaus (1989), S. 518

Wirkungsverhältnis gesetzt: Die Technik bestimmt Gesellschaft und Individuum. Sachlich falsch und ethisch bedenklich wird die These vor allem deshalb, weil vom Abbau "jeglicher" Distanz die Rede ist: Diese Behauptung verkennt in eklatanter Weise die sozialen Distanzen, die politisch oder ökonomisch erklärbar und veränderbar, fortbestehen und durch "beschleunigende Technologien" vielleicht sogar noch verstärkt und vergrößert werden. Dies gilt um so mehr, wenn man eine globale Perspektive wählt.

Zudem übersieht Großklaus die von Anders eingeführte Unterscheidung von Gleichzeitigkeit und Gegenwart, wenn er schreibt: "Alles hat die Tendenz, uns gleich *nah* und gleich-*zeitig* zu sein."[71] Weil nun kein (Zeit-)Raum mehr vorhanden ist, "verschwinden" aber auch tendenziell die Geschichten und die Geschichte, so seine weitreichende geschichtsphilosophische Folgerung.[72]

Obgleich ebenfalls Vertreter der Beschleunigunsthese[73], führt Weibel doch eine wesentliche Korrektur in die Debatte ein. "Realtime/Echtzeit" bezieht sich bei ihm letztlich auf die Lebenswelt, während "Runtime" die Lauf- oder Rechenzeit von Maschinen bzw. Computern bezeichnet. Die Technisierung unserer Kultur führt dann für Weibel folgerichtig gerade nicht zur Herrschaft der "Realtime", sondern zum Ende der lebensweltlichen, sichtbaren Zeit. Die "Epoche der sichtbaren Zeit ... geht zu Ende"[74] durch die beschleunigten "Runtimes" der simulierenden Maschinen. Die Vernichtung des Sichtbaren (des Raumes und der Distanz) führt zur Tele-Präsenz.[75]

Auch Kommunikationswissenschaftler wie Wilbur Schramm,[76] Marshall McLuhan und Neil Postman hängen der Variante der Beschleunigungsthese, die Großklaus und andere vertreten, an und ziehen aus medientechnischen Entwicklungen direkte Schlüsse in bezug auf das gesellschaftliche Zeitbewußtsein. Für McLuhan stellen die elektrischen Medien die Gleichzeitigkeit, die es schon in der vor-alphabetischen Kultur gab, wieder her. Die Linearisierung oder besser: Sequentialisierung der Schrift- und besonders der Buchdruck-Kultur wird aufgehoben durch eine Welt des "Alles zugleich", wie sie typisch für orale Stammesgesellschaften war und nun auch für das "global village" wird:[77] "... a world that is integrated electrically, that is, a world in which everything happens at the same moment. It's an »all-at-once-world« of happenings."[78] Die Beschleunigung der Kommunikation durch die Elektrizität bewirkt eine Implosion, d.h. die Aufhebung räumlicher und zeitlicher Ausdehnung. Technikdeterministisch identifiziert McLuhan die chronometrische Zeit technischer Prozesse mit der sozialen Zeit, wenn er über die "elektrische Geschwindigkeit, mit der alle sozialen und politischen Funktionen in einer plötzlichen Implosion koordiniert werden",[79] schreibt. Das Radio gilt bei McLuhan als Beschleuniger der gesamten medialen "Informationsbewegung",[80] weil die anderen Medien auf das schnelle Hörfunkmedium reagieren. Sogar die Speichermedien werden auf diese Art bei McLuhan zu Medien der Beschleunigung, weil sie die Zugriffszeiten verkürzen.[81] Eine Verkürzung der technischen Zugriffszeiten ist in der Tat festzustellen, man denke etwa an

71 Großklaus (1989), S. 505
72 vgl. Großklaus (1989), S. 516
73 vgl. Weibel (1987), i.b. S. 93
74 Weibel (1987), S. 80
75 vgl. Weibel (1987), S. 109
76 vgl. Schramm (1981)
77 vgl. McLuhan / Fiore (1967), S. 63
78 McLuhan (1967), S. 88
79 McLuhan (1970), S. 11
80 vgl. McLuhan (1970), S. 333
81 vgl. McLuhan (1970), S. 172

Datenbanken oder vornehmlich im privaten Alltag an Audio-CDs und Bildplatten. Doch die Verkürzung der technischen Zugriffszeiten läßt zugleich auch mehr Zeit für die Bearbeitung von Daten "aus der Vergangenheit", trägt also nicht zur beschleunigten Vernichtung der Vergangenheit bei.

Postman folgt weitgehend der Argumentation McLuhans, wenn er schreibt: "Der Telegraph nun beseitigte mit einem Schlag Zeit und Raum als Dimensionen menschlicher Kommunikation ... (...) Er versetzte uns in eine Welt der Gleichzeitigkeit und Augenblicklichkeit, die den menschlichen Erfahrungsraum sprengte."[82] Auch hier gilt die oben ausgeführte Kritik. Die These von der Beschleunigung "des Fernsehens" hält einer differenzierten Analyse nicht stand. Mag dies für die angebotenen medialen Formen bei chronometrischer Messung (Schnittfolgen/Minute) noch nachweisbar sein, so gilt es für die Fernsehwahrnehmung nur eingeschränkt. Auf die fundierten Arbeiten Hertha Sturms bin ich an anderer Stelle bereits eingegangen, zur Erinnerung weise ich hier nur noch einmal darauf hin, daß Sozialisationseffekte, die eine gesteigerte "Verarbeitungsmöglichkeit" der kurzzeitigen Angebotsmuster ermöglichen, nicht auszuschließen sind. Zudem besitzen die Nutzer ja unterschiedliche Taktiken bzw. Strategien für den Umgang mit dem Medienangebot, das wiederum offen ist für Veränderungen und Entschleunigungen. Sturm selbst betrachtet das Fernsehen als durchaus ambivalentes Medium, dessen kurzzeitigen Präsentationsformen stabile und wiederkehrende Programmschemata gegenüberstehen.[83] Auch fordert sie keine "generelle Verlangsamung des Fernsehens", sondern eine rezipientenfreundliche Dramaturgie, die "dramaturgisch-adäquate kretaive Pause[n]" gestaltet.[84] Die dramaturgische und ästhetische Zukunft des Fernsehens ist eine offene Zukunft. Christian Schröder und Wim Wenders prognostizieren eine grundlegende Wende in Richtung Entschleunigung infolge von HDTV: "Weil die Zuschauer mehr Zeit brauchen werden, um die gestochen scharfen HDTV-Bilder zu verarbeiten, werden sich Kameraführung und Schnittfolge verändern müssen. Rhythmus und Bewegung der Fernsehbilder werden sich verlangsamen."[85] Die Entschleunigung, so seine plausible Vermutung, wird aus den gleichen Gründen auch auf das Medienhandeln der Zuschauer durchschlagen: "Das Zapping, das schnelle Durchzischen durch die Programme wird ein Ende nehmen, denn man fühlt sich wie vor einer Filmleinwand."[86]

Alphons Silbermann hat die weitreichende Behauptung aufgestellt, daß die Theoriedefizite der Kommunikationswissenschaften eine Folge der überreganden Bedeutung des Technischen im Feld der Massenkommunikation sei.

> "Dieses Technische aber - sei es bedingend oder nur durchschimmernd - weist eine so rapide zeitliche und ökonomische Akzeleration auf, daß jede noch so intelligent konzipierte Massenkommunikations-Theorie verspätet, d.h. bereits überholt in Erscheinung tritt."[87]

Selbst wenn man die "Bankrott-Erklärung" der Massenkommunikations-Theorie teilen würde, so ist doch zumindest die Begründung Silbermanns unhaltbar: Zum ersten ist die

82 Postman (1983), S. 84
83 vgl. Sturm (1975), S. 43-44
84 vgl. u. zit. Sturm (1984), S. 64
85 Schröder (1992), S. 27
86 "Man arbeitet wie ein Maler" Ein Gespräch mit Wim Wenders über hochauflösendes Fernsehen und die Zukunft des Kinos. In: TSP 5.7.1992, S. X
87 Silbermann (1977), S. 149

These von der rapiden Beschleunigung der Kommunikationstechnik-Entwicklung, der vielzitierten "Informations- oder Medienrevolution" nicht belegbar. Im Gegenteil hat Brian Winston eindrucksvoll anhand verschiedener kommunikationstechnischer Schlüsel-Innovationen technikhistorisch und -soziologisch nachgewiesen, daß es sich um einen "gradual, uncataclysmic progress" handelt:

> "No telecommunications technology of itself or in aggregate suggests revolutionary development. On the contrary, each of them can be seen as a technological response to certain social relations which, at least in the West, have remained basically unchanged during the entire industrial period ..."[88]

Zudem ist nicht ersichtlich, weshalb nur in den Kommunikationswissenschaften eine solche Verzögerung eintreten sollte und nicht in anderen, sich rasch entwickelten Gegenstands- bzw. Wissenschaftsbereichen.

5.7 Zusammenfassung

Die von mir unter dem Schlagwort Beschleunigungsthese zusammengefaßten Theorieansätze und Überlegungen beschreiben eine typisch moderne Erfahrung, bei der es sich vielleicht sogar um eine anthropologische Grunderfahrung handelt. Die Erklärungskraft der hier kritisierten Thesen muß als eher gering bewertet werden. In vielen Fällen wird nicht einmal geklärt, was Objekt und Subjekt der Beschleunigung ist. Die Vorstellung, Medientechniken bewirkten ein verändertes gesellschaftliches Zeitbewußtsein, erwies sich als unhaltbar.

Kapazität und Übertragungsgeschwindigkeit von Datentechniken und Telekommunikationsmedien haben chronometrisch betrachtet zweifelsohne zugenommen, doch kommt es hierdurch noch nicht zu einer Beschleunigung von Kommunikation. Viele Beschleunigungstheoretiker identifizieren Kommunikation mit Informationstransport. Die Wahl dieser unpassenden Metapher verleitet sie zur Übertragung der Beschleunigungsthese auf kognitive und soziale Prozesse. Die Wirkungsrichtung geht demnach eindeutig von der Technik aus und zielt auf Mensch, Gesellschaft und Kultur, die der Beschleunigung angeblich schutzlos ausgeliefert sind. Nowotny, Muckerjee und andere haben den Technikdeterminismus der Dromologen zutreffend kritisiert; Sorokin, Halbwachs und Schmied haben auf die Probleme hingewiesen, die es mit sich bringt, reduziert man soziale Zeit nur auf die Qualität Geschwindigkeit. Aus publizistik- und kommunikationswissenschaftlicher Sicht gilt es, die lebensweltlichen Erfahrungen Zeitknappheit und Beschleunigung in den chronotopischen Alltagskontext einzuordnen und vor diesem Hintergrund das Medienhandeln der Kommunikatoren und der Nutzer bzw. Rezipienten zu untersuchen.

88 Winston (1986), S. 1

V

Zusammenfassung und Ausblick

Die folgende Zusammenfassung soll dem Leser die Grundzüge der umfangreichen Argumentation noch einmal vor Augen führen. Dabei werden die wichtigsten Thesen wiederholt, die im Lauf der Untersuchung belegt werden konnten. Die Herleitung der Hypothesen, ihre theoretische Verknüpfung und die Darstellung einzelner empirischer Ergebnisse erfolgte in den jeweiligen Kapiteln und in konzentrierter Form an deren Ende. Auf eine Wiederholung dieser leicht auffindbaren Zusammenfassungen kann hier verzichtet werden. Stattdessen möchte ich im Anschluß an die Gesamtzusammenfassung einen kurzen Blick auf mögliche künftige Forschungsfragen und -methoden zu werfen.

Ausgehend von der Kognitionstheorie des radikalen Konstruktivismus wurde Zeit als menschliche Konstruktion beschrieben, die kognitiv und pragmatisch erzeugt wird. Zeit wurde weder als zweifelsfrei gegebene, objektive Größe betrachtet, noch wurde diese Möglichkeit ausgeschlossen; vielmehr habe ich die ontologische Frage nach dem Ob und Wie von Zeit, also ihrem "Wesen", und den mit dem Zeitproblem verbundenen Paradoxa "eingeklammert". Die konstruktivistische Annahme, daß Zeit eine "Erfindung" des Menschen ist, mündet nicht in Solipsismus oder Relativismus, denn das gemeinsame biologische Erbe und die Tatsache, daß Menschen als soziale Wesen leben, machen Kognition zu einem zugleich individuellen und sozialen ~~und~~ Prozeß. Unsere Wirklichkeitskonstruktionen und damit auch unsere "Zeitkonstruktionen" erweisen sich nicht als "wahr" oder "falsch" bezüglich objektiv erkennbarer Referenten, sondern als "passend" oder "unpassend" im alltäglichen Leben, also bezüglich der Probleme, die sich uns in der natürlichen und sozialen Umwelt stellen.

Durch Interaktion und Kommunikation kann Wissen ("Wirklichkeitskonstrukte") sozial validiert werden. Durch Kommunikation kommt es - systemtheoretisch formuliert - zur Emergenz synreferentieller Systeme. Während die "kognitiven Systeme" als autopoietische Systeme verstanden wurden, erwies sich die Übertragung der Theorie der Autopoiesis auf die sozialen Systeme und auf Kommunikations-, Medien- oder publizistische Systeme weder als theoretisch notwendig, noch als hilfreich oder hinreichend begründet. Zeitsoziologisch folgt diese Arbeit deshalb nicht der Systemtheorie, vielmehr argumentiere ich auf der Grundlage der Handlungstheorie von Alfred Schütz Zusätzlich wurden sozialpsychologische und wissenssoziologische Theorieelemente herangezogen.

Der radikale Konstruktivismus führte zu einer Reformulierung der Informations- und Kommunikationsbegriffe. Medienangebote stellen keine Informationen dar, die ins Bewußtsein (oder das kognitive System) eindringen, sondern können Anlaß für Irritationen, Pertubationen oder Deformationen (Rusch) sein. Informationen, also Strukturveränderungen, werden intern erzeugt und nicht durch Kommunikation übertragen. Der Verstehensprozeß ist ein individuell vollzogener, kognitiver Konstruktionsprozeß. Eine objektive Beschreibung von Kommunikationsinhalten ist deshalb nicht möglich. Krippendorffs Forderung folgend standen deshalb nicht die Medieninhalte (Aussagen über Zeit), sondern die zeitlichen Formen der Medien im Zentrum meiner Untersuchung. Mit Cassirer lassen sich die medialen Formen (Zeitgestalten) bereits als symbolische Formen begreifen. Statt der "Metaperspektive" wurde eine "Mikroperspektive" gewählt, aus der die zeitlichen Qualitäten des Medienhandelns betrachtet wurden.

Die Annahme, Zeit ist eine Konstruktion, wurde durch die Betrachtung der philosophischen und wissenschaftlichen Auseinandersetzung mit dem Zeitproblem bestätigt. Die einzelnen Wissenschaftsdisziplinen haben eigenständige Zeitkonzeptionen oder -modelle entwickelt, die wissenschaftshistorisch variabel und theoretisch heterogen sind. Sie erklären oder beschreiben jeweils nur bestimmte Ausschnitte der disziplinären Zeitproblematik. Eine Übertragung auf andere Gegenstandsbereiche bzw. Wissenschaften erwies sich als höchst problematisch. Das bedeutet, daß die wissenschaftlichen "Zeitkonstruktionen" als methodisch gewonnene Aussagesysteme über "Zeitliches" verstanden, aber nicht zu einer widerspruchsfreien "allgemeinen Theorie der Zeit" zusammengefaßt werden können. Philosophische und naturwissenschaftliche Zeittheorien reichen zur Beschreibung sozialer Zeit und soziologischer Zeitprobleme nicht aus.

Meads Theorie der symbolischen Interaktion und die Handlungstheorie von Alfred Schütz haben sich als *eine* plausible Fundierung des Begriffs sozialer Zeit bewährt. Handlung und Sinn sind eng verknüpfte soziale Phänomene, Handlung besitzt selbst Zeitcharakter und entfaltet eine zeitliche Perspektive ("Um-zu"- und "Weil-Motive"), die sich in der Interaktion (Rollenübernahme, generalisierter Anderer) mit anderen Zeitperspektiven verzahnen kann und so zur Emergenz einer sozialen Zeit führen. Zum Verständnis komplexerer sozialer Zeitphänomene, insbesondere sozialer Zeitordnungen und Zeitbewußtseine, mußte die pragmatische Lebenswelttheorie wissenssoziologisch erweitert werden.

Zeit wurde als *alltägliches Handlungswissen* und lebensweltliches Wissenselement verstanden, das nicht das Resultat der Erkenntnis objekthafter Natur, sondern seinsverbundene gesellschaftliche Konstruktion und symbolischer Ausdruck menschlicher Syntheseleistung (Elias) ist. Die gesellschaftliche Zeitordnung wurde als Chronotop, d.h. komplexe zeitliche Umwelt verstanden. Das gesellschaftliche Zeitbewußtsein ist kein homogenes Phänomen, denn neben linear-chronometrischer Zeitvorstellung und ökonomischem Zeitbewußtsein (Zeit als knappe Ressource) spielen eine Fülle weiterer lebensweltlicher Zeitvorstellungen eine handlungsleitende Rolle im Alltag. Medien können wissenssoziologisch als "Vermittler" von alltäglichen Zeitordnungen ("embedded time") und lebensweltlichem Zeitbewußtsein ("symbolic time") verstanden werden; das Medienhandeln der an Massenkommunikation Beteiligten ist Teil der sozialen Konstruktion von Zeit ("Wirklichkeit"). Die Interpretation von Handeln als "Zeitgestaltung" bedarf eines reichhaltigen Kategorien- oder Kriterienkatalogs, wenn "soziale Zeit" nicht auf lediglich drei Qualitäten, nämlich die chronometrisch gemessene Dauer, die uhren- und kalenderzeitliche Lokalisation und die Häufigkeit einer Handlung reduziert werden soll. Die theoretischen und methodologischen Unzulänglichkeiten eines aus der (mechanistischen) Physik und der Ökonomie kritiklos "importierten" Zeitmodells habe ich am Beispiel der "Soziologie der Freizeit" und der Methode der Zeitbudgetforschung nachgewiesen. Soziale Zeit, Handlung und Sinn stehen in einem lebensweltlichen Zusammenhang, dem die sozialwissenschaftliche Interpretation und Analyse gerecht werden sollte. Soziale Zeit ist keine homogene Konstruktion, sondern ein abstrakter Begriff für die Zeitordnungen und Zeitbewußtseine eines "Chronotops", in dem die zeitlichen Qualitäten Dauer, Geschwindigkeit, Timing, Sequentialität, Periodik (Rhythmus und Takt), Okkasionalität, Aktualität, Kontinuität, Permanenz, Anfang und Ende, aber auch so komplexe Phänomene wie die Zeitorientierung und so subjektive Erlebnisqualitäten wie der "Moment" anzutreffen sind.

Zeit, Kommunikation und Medien weisen vielfältige Bezüge untereinander auf. Um die hier zu bearbeitenden Fragestellung einzuschränken, habe ich eine Mikroperspektive gewählt und mich im folgenden mit den zeitlichen Strukturen des Medienhandelns beschäftigt. Eine "Bestandsaufnahme" der Medienforschung bestätigte die Ausgangsvermutung, daß Zeit in der Publizistik- und Kommunikationswissenschaft bislang nur eine untergeordnete Rolle spielt, obwohl (Medien-)Kommunikation ein evident zeitliches Phänomen darstellt. In der Mediennutzungsforschung wird die Zeitdimension des Medienhandelns in mehrfacher Hinsicht reduziert. Die verbreitete Übernahme oder Adaption von Methoden der Zeitbudgetforschung führt zu einer Akzentuierung der chronometrischen Dauer von Mediennutzungen. Zusätzlich werden zeitliche Lokalisation und Häufigkeit von Mediennutzungen erfaßt, oftmals aber weder veröffentlicht noch interpretiert. Die anderen zeitlichen Qualitäten des Mediennutzungshandelns bleiben nahezu gänzlich unbeachtet. Die Interpretation der Daten orientiert sich in starkem Maße an den Erfordernissen der Auftraggeber, was bedeutet, daß es um die Deskription und Prognose von Reichweiten, also um das "Verhalten" von Aggregaten und nicht um das Verstehen des subjektiv gemeinten Sinns, der sich mit den Medienhandlungen der Individuen verbindet, geht. Die "interpretative Soziologie" kann hier noch ein ganzes Feld für sich entdecken. Die stärkere Berücksichtigung der zeitlichen Qualitäten des Medienhandelns ist aber auch auf der Grundlage modifizierter motivationaler Ansätze und im Rahmen des dynamisch-transaktionalen Ansatzes denkbar, wenn hier einige theoretische Beschränkungen überwunden werden. Die vorliegenden Forschungsergebnisse reichen aber aus, um die These zu belegen, daß die zeitliche Gestalt des Medienhandelns eine bedeutende ("symbolischer Gehalt" und soziale Funktion) und eine bedeutsame ("subjektiv gemeinter Sinn") Dimension besitzen, die eine weitere Untersuchung sinnvoll und notwendig erscheinen lassen.

Die in Teil III erarbeiteten Qualitäten sozialer Zeit dienen als Grundlage der Untersuchung des Medienhandelns der Kommunikatoren und der Rezipienten.

Zunächst mußte der Kommunikatorbegriff erweitert werden, da es mir nicht nur um eine Untersuchung der genuin journalistischen Medienprodukte (gar im Sinne von Aussagen über etwas) ging, sondern um die zeitliche Gestalt der Medienangebote, wie sie auch von den potentiellen Nutzern und den tatsächlichen Rezipienten wahrgenommen (konstruiert) werden kann. Dem Medienhandeln der Kommunikatoren (in diesem erweiterten Sinn) liegen, wie die Untersuchung gezeigt hat, spezifische zeitliche Muster zugrunde, die durch das Kommunikatorhandeln immer wieder reproduziert werden. Die Wahrnehmung der zeitlichen Struktur von "Ereignisumwelt", bestimmte Organisations- und Produktionsroutinen und die impliziten Annahmen über die zeitliche Struktur des Nutzeralltags prägen die zeitlichen Muster des Kommunikatorhandelns.

Dauer erweist sich dabei als bedeutende medienökonomische Größe; aus der Geschwindigkeit medialer Formen ergeben sich besondere Anforderungen an die Kommunikatoren ("dead lines" etc.). Die grundsätzliche Sequentialität von Kommunikation wird medial als Montage, Programm oder Serie gestaltet, um Diskontinuität und Kontinuität miteinander zu vermitteln. Die zeitliche Gestaltung von Medienangeboten zielt intentional auf die Nutzer und ihre alltäglichen Handlungsabläufe. Periodizität und Aktualität stehen in Wechselwirkung. Simultanität von Ereignis und Perzeption konstituiert noch nicht die Herstellung publizistischer Aktualität durch journalistisches Handeln. Aktualität ist keine lineare Relation zwischen Ereignis und Nachricht, sondern ein komplexes zeitliches Verhältnis, das erst verstanden werden kann, wenn man das Rezipientenhandeln berücksichtigt.

Auch das Medienhandeln der Nutzer bzw. Rezipienten weist das gesamte Spektrum der Qualitäten sozialer Zeit auf. Über den subjektiv gemeinten Sinn, der sich mit der zeitlichen Gestalt dieser Handlungen verbindet, liegen nur wenige Erkenntnisse vor. Aus diesem Grund habe ich Hypothesen formuliert, die zwar weiterer empirischer Überprüfung bedürfen, aber als plausible Erklärungsansätze gelten können. Medienhandeln kann demnach als "taktisches" und/oder "strategisches" Handeln verstanden werden, dessen "Um-zu-Motive" sich auf die aktive Gestaltung von Zeit richten und dessen Formen durch "Weil-Motive" geprägt sind, etwa durch vergangene Medien- und Zeiterfahrungen (Medienbiographie) und die hieraus resultierenden Medienkompetenzen und Zeitbewußtseine. Man muß an dieser Stelle die "Zeit-Taktiken und -Strategien des Mediennutzungshandelns" nicht erneut detailliert beschreiben, um festzustellen, daß nur einige von ihnen vorwiegend zeitökonomisch zu erklären sind. Während dies für die Techniken "Zeitsparen" und "Zeitverdichten" zutreffen mag, können zeitökonomische Erwägungen "Zeitfüllen", "Zeitdehnen" und "Zeitstrukturieren" nicht hinreichend erklären. Habitualisiertes und ritualisiertes Medienhandeln kann zwar zeitökonomische Effekte und "Um-zu-Motive" aufweisen, doch erklären diese die Motive der so Handelnden nur unzureichend; der subjektiven und sozialen Bedeutung (Synchronisation) werden sie damit nicht gerecht. Die Steigerung der Zeitautonomie und das "Nehmen einer Auszeit" können als Handlungsweisen verstanden werden, die sich intentional geradezu gegen eine ökonomische Zeitordnung richten bzw. kompensatorische und komplementäre Zwecke verfolgen.

Allein die Vielfalt der Zeitstrategien, die ihren Ausdruck unter anderem im Medienhandeln findet, zeigt - einmal mehr - wie unhaltbar die Annahme kurzfristiger und direkter, "starker Medienwirkungen" ist. Menschen sind eben keine informationsverarbeitenden "trivialen Maschinen", die den von ihnen geschaffenen Technologien wie der Zauberlehrling ausgeliefert sind. Vorsicht scheint deshalb auch bei allen Thesen geboten, die aus technologischen Veränderungen unmittelbar soziale Wirkungen abzuleiten suchen.

Die Schwächen solcher Thesen habe ich am Beispiel der "Beschleunigungsthese" aufgezeigt. Dieser These wurde, wie ich einleitend bemerkte, vor allem in den letzten Monaten und Jahren große öffentliche Aufmerksamkeit zuteil, der die Publizistik- und Kommunikationswissenschaft offensichtlich nur wenig entgegenzusetzen hatte.

Bei kritischer Betrachtung der "Beschleunigungsthese" erweist sich diese als widersprüchlich, empirisch nicht ausreichend begründet und in starkem Maße verallgemeinernd. Die Konzentration auf nur eine einzige zeitliche Qualität, nämlich die technische Übertragungsgeschwindigkeit (elektronischer) Medien, reduziert die Komplexität des "Chronotops", des Medienhandelns und des gesellschaftlichen Zeitbewußtseins in unzulässiger Weise.

Die Konstruktionen von KommunikationswissenschaftlerInnen (Beobachtern) zeichnen sich gegenüber den Konstruktionen der an der Kommunikation Beteiligten nicht durch einen höheren Wahrheitsgehalt aus. Sie können (und sollten) sich durch ihre Beobachtungsposition von diesen darin unterscheiden, daß sie den gesamten Prozeß der Kommunikation beobachten. Zu den Inhalten der Kommunikation haben wir als KommunikationswissenschaftlerInnen keinen *privilegierten* Zugang. Eine inhaltsanalytische Beschreibung stellt deshalb nur *eine* mögliche, aber nicht die objektive Beobachtung schlechthin dar. Sie trägt zum Verständnis der Sinnkonstruktionen der an Medienkommunikation Beteiligten ("subjektiv gemeinter Sinn") nur wenig und allenfalls indirekt bei.

Mit der Beschreibung von beobachtbarem und meßbarem Verhalten (Reichweiten, Nutzungsdauern und -häufigkeiten) sollte man sich nicht begnügen, sondern dem interpretativem Paradigma folgend versuchen, das Medienhandeln als sinnvolles Handeln zu verstehen. Hierzu ist die Berücksichtigung der Zeitdimension notwendig. Abschließend möchte ich auf einige zentrale Fragestellungen hinweisen, deren Bearbeitung vor dem in dieser Arbeit ausgebreiteten theoretischen Hintergrund noch aussteht und die zum Gegenstand künftiger Kommunikationsforschung werden sollten.

- Für die Beschreibung und Erklärung der Mediennutzung von Programm-Medien bedarf es einer prozessualen Inhaltsanylse der Programme (Inhaltverlaufsanalyse),[1] der chronometrischen Erfassung des Nutzungsverhaltens (unter Einbezug von "Variablen" wie Aufmerksamkeit, Parallelhandlungen etc.) und der Erhebung subjektiver Einschätzungen,Bewertungen und Motivationen durch qualitative Methoden (Befragung, Tiefeninterviews etc.).

- Mediennutzung kann als Medienhandeln aktiver Rezipienten begriffen werden. Erst das Medienhandeln der Nutzer weist Medienangeboten einen subjektiven Sinn zu. Wie alle Handlungen besitzen auch Medienhandlungen eine vom Handlungssinn nicht zu trennende Zeitperspektive. Medienhandeln ist deshalb immer Zeithandeln und durch Medienhandeln wird Zeit sozial konstruiert. Diese Konstruktion sozialer Zeit ist kein beliebiger solipstistischer Prozeß, sondern ein Vermittlungsprozeß im wissenssoziologischen Sinne. In die aktuelle Wahrnehmung und Nutzung von Medien geht immer bereits erworbenes Wissen ein. Medienbiographische Methoden können einen wertvollen Beitrag zur Beschreibung von Art und Erwerb dieses Wissens leisten.

- Sollen kommunikationswissenschaftliche Forschung und Theoriebildung dazu dienen, das komplexe Phänomen Kommunikation zu verstehen, so muß das Medienhandeln auch aus der Perspektive der Akteure (re)konstruiert werden. Die Erforschung der zeitlichen Ordnung des Medienhandelns und des Zeitbewußtseins der Handelnden gehört - obgleich bislang sträflich vernachlässigt - zu den Aufgaben der Publizistik- und Kommunikationswissenschaft.

Den zeitlichen Strukturen der Angebots- und Programmebene sind die Zeitgestalten gegenüberzustellen, die von den Nutzern auf der Basis der Wahrnehmung dieses "Angebotes" konstruiert werden . Für den Serienbegriff ergibt sich, wie ich dargestellt habe, eine notwendige Erweiterung: Nicht mehr nur die Seriendefinition der

Kommunikatoren besitzt Relevanz, sondern die "Seriendefintion" der Rezipienten, also serielle Nutzungsweisen und das Verstehen von Medienangeboten als serielle Formen.

Vergleichbares gilt für den Begriff "Sendung". Kommunikationswissenschaftler und -politiker übernehmen größtenteils unreflektiert die zeitliche Strukturierung der Rundfunkprogramme, wie sie von seiten der Kommunikatoren und Produzenten mit Sinn belegt werden. Eine Sendung ist demnach "ein inhaltlich zusammenhängender, in sich geschlossener, zeitlich begrenzter Teil eines Rundfunkprogramms."[2] So plausibel diese Defintion auch klingen mag, so geht sie doch offensichtlich an den Wahrnehmungen und Medienhandlungen vieler Mediennutzer vorbei, die sich nur partiell an den inhaltlichen und zeitlichen Einheiten von "Sendungen" orientieren.

- Die Berücksichtigung von Zeit als "Determinante" medialer Kommunikation beruht zunächst auf Beobachtungen zeitökonomischer Verhältnisse und Handlungsweisen. Am deutlichsten wird bei den Rundfunkmedien, daß Zeit als "Währung" oder Verrechnungseinheit von grundlegender medienökonomischer Bedeutung ist. Alle Versuche, ein integratives Modell der Fernsehprogrammwahl durch die Nutzer zu entwikkeln, gehen davon aus, daß die zeitliche Erreichbarkeit der Mediennutzer allein ihre Handlungen noch nicht erklärt. Die bislang betriebene Forschung bezüglich der zeitlichen Muster des Medienhandelns verfolgt aber fast ausschließlich die Allokationsfrage, also die Frage nach der zeitlichen Verfügbarkeit von Nutzern für die Medien, um das Verhalten von "Aggregaten" zu erklären und zu prognostizieren. Die in dieser Arbeit vorgetragene und begründete Forderung nach neuen Wegen der Betrachtung von Zeit in der Publizistik- und Kommunikationswissenschaft versteht sich als Plädoyer für eine komplementäre Herangehensweise (wenngleich sie sicherlich um Forschungsressourcen konkurrieren müßte).

- Neben Dauer und Häufigkeit müssen weitere zeitliche Qualitäten, insbesondere Timing und Habitualisierung erhoben werden; die chronometrische Protokollierung (Telemetrie) bedarf weiterer Verfeinerung, um die Mikrostrukturen des Medienhandelns (Zapping etc.) genauer erfassen zu können.

Es geht dabei zunächst darum, Medienhandlungsmuster zu erkennen und ihre typische Zeitgestalt zu beschreiben. In einem zweiten Schritt sollte nach dem subjektiv gemeinten Sinn der betreffenden Medienhandlungen gefragt werden, um sie zu verstehen. Als Ergebnis können dann verallgemeinernd *Nutzer*typologien (Akteursebene) und vor allem *Nutzungs*typologien (Handlungsebene) rekonstruiert werden. Nutzungstypologien beschreiben bestimmte zeitliche (und soziale) Muster von Medienhandlungen, die situationsbezogen sind. Die temporalisierte Betrachtungsweise soll damit so weit geführt werden, die relativ stabilen, personenbezogenen Typen (etwa den Vielseher) weiter zu differenzieren und die Typologie zu dynamisieren. Die "Um-zu"- und die "Weil-Motive" der Handlungen sind allerdings weiterhin nur akteursspezifisch bzw. personenbezogen durch geeignete Methoden (Tiefeninterviews, Tagebuchverfahren etc.) zusätzlich zu erheben. Die in dieser Arbeit formulierten Hypothesen über mögliche Zeittaktiken und Zeitstrategien bedürfen in diesem Zusammenhang eingehender empirischer Überprüfung und Verfeinerung.

- Die zeitlichen Muster des Medienhandelns müssen medienübergreifend untersucht werden, um ihre Einbettung in den Alltag, d.h. die medialen und non-medialen Handlungsabläufe zu verstehen. Die Fernsehzentriertheit der Kommunikationsforschung sollte (auch auf diesem Gebiet) überwunden werden.

- Kommunikationswissenschaftliche Forschung und Medienpraxis, insbesondere Programmplanung und -entwicklung, sollten in stärkerem Maße solche "qualitativen" Aspekte der sozialen Zeit berücksichtigen. Veränderte Handlungsschemata und Zeitstrukturen im Alltag bleiben nicht ohne Folgen für die Bedürfnisse und Medienhandlungsschemata der Mediennutzer. Diese Folgen lassen sich nicht hinreichend als Zuwachs (oder Abnahme) von "Freizeit", "Arbeitszeit" oder "Reproduktionszeit" beschreiben. Die Erlebnisqualitäten von Zeit sind nicht chronometrisch verrechenbar, lange und kurze Dauern stehen nicht in proportionalen (oder anderen logarithmischen) Verhältnissen zueinander. Die Veränderung der Zeitstrukturen und -qualitäten, z.B. die Verschiebung der Verhältnisse zwischen Lebens-, Jahres-, Wochen- und Tages"freizeit" oder die Flexibilisierung öffentlicher und privater Zeitordnungen, haben weitereichende Folgen für Bedürfnisse, Motive und Medienhandeln von Rezipienten. Insbesondere die zeitlichen Qualitäten von "wahrgenom-mener Dauer", Rhythmus und Timing bedürfen qualitativer "Erhebungs"methoden.

- Kommunikatoren müssen durch veränderte Produkte, Vertriebsformen oder Programmingstrategien (Scheduling) bislang auf die zeitliche Gestaltung des Nutzeralltags reagieren oder Umgestaltungen sogar antizipieren, ohne daß ihnen hierzu fundierte Untersuchungen in ausreichendem Maße zur Verfügung stünden. Dieser Mangel ist mit einer bloßen Verstärkung der theoretisch verkürzten Zeitbudget-und Mediennutzungsforschung nicht zu beheben. Diese auf die chronometrische Interpretation von Zeit beschränkten Forschungsansätze müssen deshalb durch interpretative Ansätze und qualitative Forschungsmethoden bereichert werden.

- Qualitative Verfahren können Aufschluß über Art und Intensität der Mediennutzung bzw. -rezeption, eventuelle Haupt- und Nebentätigkeiten und die damit verbundene Aufmerksamkeit geben. So können die Qualitäten des "Medienkontakts" herausgearbeitet und Verhaltenstrends, etwa die Zunahme des "diskontinuierlichen Rezipierens" oder das "Ende des großen Fernsehabends" erkannt werden, die sich hinter den Durchschnitts- und Summenwerten der bisherigen Medienforschung "verbergen". Zudem können diese Phänomene als Merkmale eines grundlegenden Wandels oder als singuläre Erscheinungen in das Gesamtrepertoire des Medienhandelns eingeordnet werden.

- Habitualisierte und ritualisierte Medienhandlungen werden bislang weitgehend als mehr oder weniger "irrationale Reste" betrachtet, die keiner weiteren Erklärung bedürfen, oder sie werden aus der Mediennutzungsforschung ganz ausgeschlossen. Wo dies nicht geschieht, ist oftmals von den Zwängen der allmächtigen Medien und der Kolonisierung der Lebenswelt die Rede. Beide Betrachtungsweisen greifen, wie ich gezeigt habe, zu kurz. Die Relevanz des habitualisierten und ritualisierten Medienhandelns und die ihnen zugrundeliegenden langfristigen Bedürfnisse rechtfertigen eine intensivere Erforschung dieser Phänomene.

- Die möglichen sozialen Wirkungen der Medien auf die gesellschaftliche Zeitordnung und das gesellschaftliche Zeitbewußtsein bedürfen eingehender Forschung. Dabei ist von einem komplexen Vermittlungsverhältnis zwischen medialen und nicht-medialen Zeitordnungen und dem Zeitbewußtsein auszugehen. Thesen, die wie die "Beschleunigungsthese" von einseitigen Wirkungsverhältnissen ausgehen, scheinen wenig plausibel. Zu untersuchen sind nicht nur mögliche Veränderungen des Zeitbewußtseins, sondern zunächst einmal die Grundlagen dieses Wechselverhältnisses. Besondere Aufmerksamkeit sollte dem Verhältnis von Medien und sozialem Gedächtnis geschenkt werden, das einer kultur- und kommunikationssoziologischen Erklärung bedarf.

Bibliographie

ABOU-ZEID, A. M.: The Concept of Time in Peasant Society. In: GREENAWAY (1979), S. 119-128

ABRAHAM, J. M.: The Unifying Time of Environmental Transformation. In: GREENAWAY (1979), S. 143-162

ADAM, Barbara: Social Versus Natural Time. A Traditional Distinction Re-Examined. In: YOUNG / SCHULLER (1988), S. 198-226

dies.: Time and Social Theory. Cambridge, Oxford und Philadelphia 1990

dies.: Modern Times: The Technology Connection and its Implications for Social Theory. In: Time & Society. An International Interdisciplinary Journal 2/1992, S. 175 -191

ADONI, Hanna / MANE, Sherrill: Media and the Social Construction of Reality. Towards an Integration of Theory and Research. In: Communication Research 3/1984, S. 323-340

AGUESSY, Honorat: Sociological Interpretations of Time and Pathology of Time in Developing Countries. In: UNESCO (1977), S. 93-105

ALBERSMEIER, Franz-Josef (Hrsg.): Texte zur Theorie des Films. Stuttgart 1979

ALHEIT, Peter: Alltagszeit und Lebenszeit. Über die Anstrengung, widersprüchliche Zeiterfahrungen "in Ordnung zu bringen". In: ZOLL (1988), S. 371-386

ALLPORT, Floyd Henry: Theories of Perception and the Concept of Structure. New York 1955

ANDERS, Günther: Die Antiquiertheit des Menschen. Über die Seele im Zeitalter der zweiten technischen Revolution. München 1956, München 1961 (1961)

ANDERSON Joseph / ANDERSON, Barbara: Motion Perception in Motion Pictures. In: DE LAURETIS / HEATH (1980), S. 76-95

ANDREAE, Clemens-August: Ökonomik der Freizeit. Zur Wirtschaftstheorie der modernen Arbeitswelt. Reinbek 1970

ANDRIOLE-GEBAUER, Anna: Schule der Zeiten - Schul-Zeit. In: Ästhetik und Kommunikation 45/46/1981, S. 107-113

ARD (Hrsg.): ARD - Jahrbuch 69. Hamburg 1969

ARIES, Philippe: Zeit und Geschichte. Frankfurt am Main 1988 [Titel der Originalausgabe: Le temps de l'histoire. Paris 1986; posthume Veröffentlichung von Essays aus den Jahren 1946-1951]

ARMBRUSTER, Claudius: Endloses, alltägliches Erzählen in der brasilianischen Telenovela. In: Rundfunk und Fernsehen 3/1986, S. 331-350

ARMSTRONG, Blake G. / GREENBERG, Bradley S.: Background Television as an Inhibitor of Cognitive Processing. In: Human Communication Research 3/1990, S. 355-386

ARNHEIM, Rudolf: Rundfunk als Hörkunst. München 1970 [Originalausgabe 1933]

ders.: Film als Kunst. München 1974, Frankfurt am Main 1979

ARW [Arbeitsgemeinschaft der ARD-Werbegesellschaften]: MA 92 Elektronik Programm. Jahresbericht. Frankfurt am Main o.J. (1993)

ASCHOFF, Jürgen: Zeitliche Strukturen biologischer Vorgänge. In: Nova Acta Leopoldina. Abhandlungen der deutschen Akademie der Naturforscher Leopoldina. Bd. 21, Nr. 143. Leipzig 1959, S. 147-178

ASSMANN, Aleida: Schriftliche Folklore. Zur Entstehung und Funktion eines Überlieferungstyps. In: ASSMANN / ASSMANN / HARDMEIER (1983), S. 175-193 [= ASSMANN (1983)]

dies.: Kultur als Lebenswelt und Monument. In: ASSMANN / HARTH (1991), S. 11-25 [= ASSMANN (1991)]

dies.: Fest und Flüssig: Anmerkungen zu einer Denkfigur. In: ASSMANN / HARTH (1991), S. 181-199 [= ASSMANN (1991a)]

dies.: Zur Metaphorik der Erinnerung. In: ASSMANN / HARTH (1991a), S. 13-35 [= ASSMANN (1991c)]

dies. / ASSMANN, Jan / HARDMEIER, Christof (Hrsg.): Schrift und Gedächtnis. Beiträge zu einer Archäologie der literarischen Kommunikation [1]. München 1983

dies. / ASSMANN, Jan: Schrift und Gedächtnis. (Nachwort) In: ASSMANN/ ASSMANN/ HARDMEIER (1983), S. 265-284

dies. / ASSMANN, Jan: Das Gestern im Heute. Medien und soziales Gedächtnis. In: Funkkolleg Medien und Kommunikation. Konstruktionen von Wirklichkeit. Studienbrief 5, Tübingen 1990, S. 41-82

dies. / HARTH, Dietrich (Hrsg.): Kultur als Lebenswelt und Monument. Frankfurt am Main 1991 [= ASSMANN / HARTH (1991)]

dies. / HARTH, Dietrich (Hrsg.): Mnemosyne. Formen und Funktionen der kulturellen Erinnerung. Frankfurt am Main 1991 [= ASSMANN / HARTH (1991a)]

ASSMANN, Jan: Kollektives Gedächtnis und kulturelle Identität. In: ASSMANN/ HÖLSCHER (1988), S. 9-19 [= ASSMANN (1988a)]
ders.: Stein und Zeit. Das »monumentale« Gedächtnis der altägyptischen Kultur. In: ASSMANN/ HÖLSCHER (1988), S. 87-114 [= ASSMANN (1988b)]
ders.: Gebrauch und Gedächtnis. Die zwei Kulturen des pharaonischen Ägypten. In: ASSMANN / HARTH (1991), S. 135-152 [= ASSMANN (1991b)]
ders.: Die Katastrophe des Vergessens. Das Deuteronomium als Paradigma kultureller Mnemotechnik. In: ASSMANN / HARTH (1991a), S. 337-355 [= ASSMANN (1991d)]
ders. / HÖLSCHER, Tonio (Hrsg.): Kultur und Gedächtnis. Frankfurt am Main 1988
AUDICK, Helmut: Zeit im Film. Film als eine Repräsentationsmöglichkeit des Wahrnehmungsbewußtseins. Philosophische Erörterung im Anschluß an Maurice Merleau-Pontys Phänomenologie der Wahrnehmung. Dissertation an der Phil. Fak. der Julius-Maximilians-Universität zu Würzburg 1978

BAACKE, Dieter: Sozialökologie und Kommunikationsforschung. In: BAACKE / KÜBLER (1989), S. 87-134
ders. / KÜBLER, Hans-Dieter (Hrsg.): Qualitative Medienforschung. Konzepte und Erprobungen. Tübingen 1989
BACHTIN, Michail M.: Formen der Zeit im Roman. Untersuchungen zur historischen Poetik. Frankfurt am Main 1989 [postume Originalausgabe Moskau 1975]
BAECKER, Dirk: Überlegungen zur Form des Gedächtnisses. In: SCHMIDT (1991), S. 337-359
BAECKER, Jochen / BORG-LAUFS, Michael / DUDA, Lothar / MATTHIES, Ellen: Sozialer Konstruktivismus - eine neue Perspektive in der Psychologie. In: SCHMIDT (1992), S. 116-145
BAKHURST, David: Social Memory in Soviet Thought. In: MIDDLETON/ EDWARDS (1990), S. 203-226
BALAZS, Bela: Schriften zum Film. Band 1: "Der sichtbare Mensch". Kritiken und Aufsätze 1922-1926. München 1982
ders.: Schriften zum Film. Band 2: "Der Geist des Films" Artikel und Aufsätze 1926-1931. München 1984
BALDAUF, Monika / KLINGLER, Walter: Konstante Hörfunknutzung in Deutschland. Ergebnise der Media-Analyse 1993. In: Media Perspektiven 9/1993, S. 410-416
BALLA, Bálint: Soziologie der Knappheit. Zum Verständnis individueller und gesellschaftlicher Mangelzustände. Stuttgart 1978
BALLSTAEDT, Steffen-Peter: Eine Inhaltsanalyse zum Filmjournalismus bei "heute" und "Tagesschau". In: Publizistik 4/1977, S. 443-449
ders. / MANDL, Heinz / SCHNOTZ, Wolfgang / TERGAN, Sigmar-Olaf: Texte verstehen, Texte gestalten. München, Wien und Baltimore 1981
BARNETT, George A. / CHANG, Hsiu-Jung / FINK, Edward L. / RICHARDS, William D.: Seasonality in Television Viewing. A Mathematical Model of Cultural Processes. In: Communication Research 6/1991, S. 755-772
BARTH, Ariane: Im Reißwolf der Geschwindigkeit. In: Der Spiegel 20/1989, S. 200-220
BARTH, Hans: Über Zeit, Gesellschaft und Geschichte. In: MEYER (1964), S. 318-341
BARTLETT, Frederic C.: Remembering. A Study in Experimental and Social Psychology. Cambridge 1932, Reprinted 1964
BARUDIO, Günter: Historische Biographie. In: KNOPP / QUANDT (1988), S. 225-233
BARWISE, T. Patrick / EHRENBERG, Andrew S. C. / GOODHARDT, G. J.: Glued to the Box?: Patterns of TV Repeat Viewing. In: Journal of Communication 3/1982, S. 22-29
BARWISE, [T.] Patrick / EHRENBERG, Andrew [S. C.]: Television and its Audience. London u.a. 1988
BATRA, Narayan Dass: The Hour of Television: Critical Approaches. London 1987
BAUDRILLARD, Jean: Die Rückwendung der Geschichte. Unveröffentlichtes Manuskript eines Vortrages für die ersten Bamberger Philsophischen Meisterkurse vom 28.-30.6.1993
BAUDSON, Michel (Hrsg.): Zeit. Die vierte Dimension der Kunst. Weinheim 1985 [= BAUDSON (1985)]
ders.: Pluralzeit und Singularraum. In: BAUDSON (1985), S. 109-113 [= BAUDSON (1985a)]
ders.: Von der kinematischen Darstellung zur vierten Dimension. In: BAUDSON (1985), S. 159-167 [= BAUDSON (1985b)]
ders.: Die Zeit - Ein Spiegel. In: PAFLIK (1987), S. 125-136
BAUMGART, Ralf / EICHENER, Volker: Norbert Elias zur Einführung. Hamburg 1991
BAUSINGER, Hermann: Alltag, Technik, Medien. In: PROSS / RATH (1983), S. 24-36 [= BAUSINGER (1983)]
ders.: Familie K. am Wochenende - Zur Kundschaft der Sportberichterstatter. In: DIGEL, Helmut (Hrsg.): Sport und Berichterstattung. Reinbek 1983, S. 96-108 [= BAUSINGER (1983a)]
ders.: Media, Technology and Daily Life. In: Media, Culture and Society 4/1984, S. 343-351

BAZIN, André: Was ist Kino? Köln 1975
ders.: Die Entwicklung der kinematographischen Sprache. In: ALBERSMEIER (1979), S. 259-277
BECHTEL, Robert B. / ACHELPOHL, Clark / AKERS, Roger: Correlates between observed behavior and questionnaire responses on television viewing. In: RUBINSTEIN / COMSTOCK / MURRAY (1972) Vol. IV, S. 274-344
BECK, Klaus: Die soziale Aneignung des Telefons. Eine vergleichende Literaturstudie in zwei Bänden. Unveröffentlichte Magisterarbeit am Fachbereich Kommunikationswissenschaften der Freien Universität Berlin 1989
BECKER, Peter: "Zeitsparen" durch: Geschwindigkeit - Gleichzeitigkeit - Pünktlichkeit. Der Einfluß der Eisenbahn auf das Zeiterleben im christlich-jüdischen Kulturkreis. Magisterarbeit an der Technischen Universität Berlin, Fachbereich Kommunikations- und Geschichtswissenschaften 1986
ders.: Das Maß der Zeit. Die Berechenbarkeit des Lebens. In: Der Tagesspiegel, 31.1.1988, S. III
BECKER, Wolfgang: Fiktion und Unterhaltsamkeit - Instanzen historischen Lernens. In: BECKER / QUANDT, (1991), S. 35-73
ders. / QUANDT, Siegfried: Das Fernsehen als Vermittler von Geschichtsbewußtsein. 1989 als Jubiläumsjahr. Bonn 1991
BEHRMANN, Jörn: Zeit und interkulturelle Wechselwirkung. In: BERGELT/ VÖLCKERS (1991), S. 122-148
BEKE, László: Das Bild entsteht im Kopf. In: "Sprung in die Zeit" (1992), S. 19-24
BELLEBAUM, Alfred: Langeweile, Überdruß und Lebenssinn. Eine geistesgeschichtliche und kultursoziologische Untersuchung. Opladen 1990
BENEDICT, Hans-Jürgen: Fernsehen als Sinnsystem? In: FISCHER, Wolfram / MARHOLD, Wolfgang (Hrsg.): Religionssoziologie als Wissenssoziologie. Stuttgart u.a. 1978, S. 117-137
BENIGER, James R.: The Control Revolution. Technological and Economic Origins of the Information Society. Cambridge, Ma., und London 1986
BENJAMIN, Walter: Das Kunstwerk im Zeitalter seiner technischen Reproduzierbarkeit. Drei Studien zur Kunstsoziologie. Frankfurt am Main 1963, 1977[4]
ders.: Das Kunstwerk im Zeitalter seiner technischen Reproduzierbarkeit. In: BENJAMIN (1977), S. 7-44 [= BENJAMIN (1977a)]
ders.: Kleine Geschichte der Photographie. In: BENJAMIN (1977), S. 45-64 [= BENJAMIN (1977b)]
BENSELER, Frank: On the History of Systems Thinking in Sociology. In: BENSELER/ HEJL/ KÖCK (1980), S. 33-43
ders. / HEJL, Peter M. / KÖCK, Wolfram K. (Hrsg.): Autopoiesis, Communication and Society. The Theory of Autopoietic Systems in the Social Sciences. Frankfurt am Main und New York 1980
BENTELE, Günter: Zeitstrukturen in den aktuellen Informationsmedien. In: HÖMBERG / SCHMOLKE (1992), S. 159-176 [= BENTELE (1992)]
ders.: Fernsehen und Realität. Ansätze zu einer rekonstruktiven Medientheorie. In: HICKETHIER / SCHNEIDER (1992), S. 45-67 [= BENTELE (1992a)]
BENZ, Ernst: Zeit, Endzeit, Ewigkeit. In: PORTMANN/ RITSEMA (1981), S. 1-39
BERELSON, Bernard: What "Missing the Newspaper" Means. In: KATZ, Daniel / CARTWRIGHT, Dorwin / ELBERSVELD, Samuel / LEE, Alfred McLung (Hrsg.): Public Opinion and Propaganda. New York 1954, S. 263-271
BERG, Klaus / KIEFER, Marie-Luise (Hrsg.): Massenkommunikation IV. Eine Langzeitstudie zur Mediennutzung und Medienbewertung 1964-1990. Baden-Baden und Frankfurt am Main 1992
BERGELT, Martin / VÖLCKERS, Hortensia (Hrsg.): Zeit-Räume. Zeiträume, Raumzeiten, Zeitträume. München und Wien 1991
BERGER, Peter Ludwig: Invitation to Sociology. A Humanistic Perspective. Hartford, Con. 1963, 1966, London u.a. 1966
ders. / KELLNER, Hansfried: Für eine neue Soziologie. Ein Essay über Methode und Profession. Frankfurt am Main 1984 [merikanische Originalausgabe: Sociology Reinterpreted; An Essay on Method and Vocation. Garden City, N.Y. 1981]
ders. / LUCKMANN, Thomas: Die gesellschaftliche Konstruktion der Wirklichkeit. Eine Theorie der Wissenssoziologie. Frankfurt am Main 1969, 1977, 1989 [amerikanische Originalausgabe: The Social Construction of Reality, Garden City, New York 1966]
BERGMANN, Werner: Die Zeitstrukturen sozialer Systeme. Eine systemtheoretische Analyse. Berlin 1981
ders.: Das Problem der Zeit in der Soziologie. Ein Literaturüberblick zum Stand der "zeitsoziologischen" Theorie und Forschung. In: KZfSS 3/1983, S. 462-504
ders.: Die Temporalstrukturen des Wirtschaftssystems. In: FÜRSTENBERG/ MÖRTH (1986), S. 307-326
BERGSON, Henri: Zeit und Freiheit. Meisenheim 1949 [Titel der franz. Originalausgabe: Essai sur les données immédiates de la conscience", o.O. (Paris) 1889]
ders.: Materie und Gedächtnis. Eine Abhandlung über die Beziehung zwischen Körper und Geist. Frankfurt am Main/Berlin/Wien 1982 [Titel der Originalausgabe: Matière et mémoire o.O.u.J]

ders.: Denken und schöpferisches Werden. Frankfurt am Main 1985 [Titel der Originalausgabe: La pensée et le mouvant", Paris 1946[22]]
BERNET, Rudolf: Einleitung zu Edmund Husserl: Texte zur Phänomenologie des inneren Zeitbewußtseins (1893-1917). Hamburg 1985
ders.: Phänomenologische Zeitanalyse bei Husserl und Heidegger. In: THOLEN/ SCHOLL (1990), S. 73-84
BERNSTEIN, Richard J.: Restrukturierung der Gesellschaftstheorie. Frankfurt am Main 1979 [Titel der Originalausgabe: The Restructuring of Social and Political Theory. New York und London 1976]
BESSLER, Hansjörg: Hörer- und Zuschauerforschung. München 1980 [= Rundfunk in Deutschland. Herausgegeben von Hans Bausch. Bd. 5]
BETH, Hanno / PROSS, Harry: Einführung in die Kommunikationswissenschaft. Stuttgart u.a. 1976
BETUSHEW-LADA, Igor: Die Soziale Zeit. In: FRICKE (1990), S. 105-114
BIERI, Peter: Zeit und Zeiterfahrung. Exposition eines Problembereichs. Frankfurt am Main 1972
ders.: Zeiterfahrung und Personalität. In: BURGER (1986), S. 261-281
BILFINGER, Gustav: Die mittelalterlichen Horen und die modernen Stunden. Stuttgart 1892, Nachdruck 1969
BIOCCA, Frank: Sampling from the Museum of Forms: Photography and Visual Thinking in the Rise of Modern Statistics. In: McLAUGHLIN, Margaret L. (Hrsg.): Communication Yearbook 10. Newbury Park u.a. 1986, S. 684-708
BIRD, Elizabeth S. / DARDENNE, Robert W.: Myth, Chronicle, and Story: Explaining the Narrative Qualities of News. In: CAREY (1988), S. 67-86
BLASER, Jean-Pierre: Die Zeit in der Physik. In: PEISL/ MOHLER (1989), S. 1-15
BLASS, Wolf: Zeitbudget-Forschung. Eine kritische Einführung in Grundlagen und Methoden. Frankfurt am Main und New York 1980
BLEICHER, Joankristin: "... und jetzt sehen Sie ..." Zur Zeitdramaturgie des Fernsehens. In: medien + erziehung 6/1991, S. 319-325
BLOOR, David: Klassifikation und Wissenssoziologie: Durkheim und Mauss neu betrachtet. In: STEHR/ MEJA (1981), S. 20-51
BLUESTONE, George: Time in Film and Fiction. In: Journal of Aesthetics and Art Criticism, Vol. 19 (Spring 1961), S. 311-315
BLUM, Richard A. / LINDHEIM, Richard D.: Primetime: Network Television Programming. Boston und London 1987
BLUM, Wolfgang: Hollywood der Lehre. In: Die Zeit 30.7.1993, S. 24
BLUMENBERG, Hans: Lebenszeit und Weltzeit. Frankfurt am Main 1986[3]
BLUMLER, Jay G. / KATZ, Elihu: The Uses of Mass Communications. Current Perspectives in Gratifications Research. Beverly Hills und London 1974
BLYTHE, Jennifer M.: Climbing a Mountain Without a Ladder. Cosmology and oral traditions. In: Time & Society. An International Interdisciplinary Journal 1/1992, S. 13-27
BOCHENSKI, I.M.: Die zeitgenössischen Denkmethoden. Bern 1954, 19553
BODEI, Remo: Zeit gewinnen. Entwicklung und Auflösung sozialer Systeme in der Kultur des späten 19. Jahrhunderts. In: KAMPER/ WULF (1987), S. 50-71
BÖCKELMANN, Frank: Theorie der Massenkommunikation. Das System hergestellter Öffentlichkeit, Wirkungsforschung und gesellschaftliche Kommunikationsverhältnisse. Frankfurt am Main 1975
ders. / ZISCHLER, Hanns: Gegenwart der Serie. Notizen zur Sofortbild-Fotografie. In: PROSS / RATH (1983), S. 50-56
BÖHME-DÜRR, Karin: Wie wirken medienspezifische Darstellungsformen auf Leser, Hörer und Zuschauer? In: Zeitschrift für Semiotik 3-4/1987, S. 363-395
dies.: Fernsehen: Gefahr oder Chance für Fernsehempfänger? Neuere Ergebnisse der Fernsehnutzungs- und Wirkungsforschung. In: BUNDESZENTRALE FÜR POLITISCHE BILDUNG (1991), S. 182-199
dies. / EMIG, Jürgen / SEEL, Norbert M. (Hrsg.): Wissensveränderung durch Medien. Theoretische Grundlagen und empirische Analysen. München u.a. 1990
dies.: Einführung. In: BÖHME-DÜRR / EMIG / SEEL (1990), S. 9-20
BOLZ, Norbert: Hypertext im Posthistoire. In: THOLEN, Georg Christoph / SCHOLL, Michael / HELLER, Martin (Hrsg.): Zeitreise. Bilder, Maschinen, Strategien, Rätsel. Frankfurt am Main 1993, S. 391-408
BOMMES, Michael / WRIGHT, Patrick: "Charms of Residence": The Public and the Past. In: JOHNSON et al. (1982), S. 253-301
BONFADELLI, Heinz: Zeit als Determinante von Medienwirkungen: Das Beispiel der Diffusions- und Wissenskluft-Forschung. In: HÖMBERG / SCHMOLKE (1992), S. 139-155
BOORSTIN, Daniel J.: The Image or What Happened to the American Dream. Harmondsworth 1963
ders.: Fernsehen verändert die menschliche Erfahrung. Massenkommunikation, elektronische Medien und das Buch. In: FRÖHLICH / ZITZLSPERGER / FRANZMANN (1988), S. 23-33
BORGEEST, Bernhard / HARTMANN, Erich: Die Tele-Commander. In: Zeitmagazin 12/1993 19.3.1993, S. 10-22

BOSSERMAN, Phillip: Some Theoretical Dimensions to the Study of Social Time. In: Society and Leisure 1/1975, S. 21-44
BOURDIEU, Pierre: Soziologie der symbolischen Formen. Frankfurt am Main 1974, 1991[4]
BOVENTER, Hermann: Der Journalist in Platons Höhle. Zur Kritik des Konstruktivismus. In: Communicatio Socialis 2/1992, S. 157-167
BRANDON, S. G. F.: History, Time and Deity. A Historical and Comparative Study of the Conception of Time in Religious Thought and Practice. Manchester 1965
ders.: The Deification of Time. In: FRASER/ HABER/ MÜLLER (1972), S. 370-382
BRANDSTETTER, Gabriele: Intervalle. Raum, Zeit und Körper im Tanz des 20. Jahrhunderts. In: BERGELT/ VÖLCKERS (1991), S. 225-269
BRANDT, Ahasver v.: Historische Grundlagen und Formen der Zeitrechnung. In: Studium Generale 12/1966, S. 720-730
BRANDT, Wolfgang: Zeitstruktur und Tempusgebrauch in Fußballreportagen des Hörfunks. Marburg 1983
BRAUDY, Leo: Popular Culture and Personal Time. In: The Yale Review, 4/1982, S. 481-498
BRESLOW, Lori: TV and Our Sense of Time. In: ETC. et cetera. A Review of General Semantics. 1/1981, S. 84-90
BROCK, Bazon: Musealisierung - eine Form der experimentellen Geschichtsschreibung. In: ZACHARIAS (1990), S. 51-56
BRÖCKERS, Mathias: Halbgötter mit der Knipse. In: Zeitmagazin 5/1993, S. 22
BROSE, Hanns-Georg: Lebenszeit und biographische Zeitperspektiven im Kontext sozialer Zeitstrukturen. In: FÜRSTENBERG/ MÖRTH (1986), S. 175-207
BRUNEAU, Thomas J.: Time and Nonverbal Communication. In: Journal of Popular Culture 8 (1974), S. 658-666
ders.: The Time Dimension in Intercultural Communication. In: NIMMO, Dan (Hrsg.): Communication Yearbook 3, New Brunswick, N. J. 1979, S. 423-433
ders.: The Temporal Transformation of the World: Cultural Time and Tempos in Transition. University of Guam 1982 (Draft for: Human and Social Development Programme, United Nations University Sub-project: SCA-Transformation of the World; Tokyo, United Nations University)
BRYANT, Jennings / ZILLMANN, Dolf: Using Television to Alleviate Boredom and Stress: Selective Exposure as a Function of Induced Excitational States. In: Journal of Broadcasting 1/1984, S. 1-20
BUCHWALD, Manfred: Die Nachrichtenlage. In: KNOPP / QUANDT (1988), S. 157-162
BUCKLEY, Jerome Hamilton: The Triumph of Time. A Study of the Victorian Concepts of Time, History, Progress and Decadence. Cambridge, Ma. 1966
BÜCHNER, Bernd: Der Kampf um den Zuschauer. Neue Modelle der Fernsehprogrammwahl. München 1989
BUNDESZENTRALE FÜR POLITISCHE BILDUNG (Hrsg.): Kinderfernsehen - Fernsehkinder. Vorträge und Materialien einer medienpädagogischen Fachtagung mit Programmachern, Pädagogen und Medienforschern im September 1989 in Mainz. Bonn 1991
BURGER, Heinz (Hrsg.): Zeit, Natur und Mensch. Beiträge von Wissenschaftlern zum Thema "Zeit". Berlin 1986
BURKE, Peter: History as Social Memory. In: BUTLER (1989), S. 97-113
ders.: Geschichte als soziales Gedächtnis. In: ASSMANN / HARTH (1991a), S. 289-304
BUSS, Michael: Die Vielseher. Fernseh-Zuschauerforschung in Deutschland. Theorie - Praxis - Ergebnisse. Frankfurt am Main 1985
ders.: Die Massenmedien - Begleiter bei Arbeit und Freizeit an den Werktagen Montag bis Freitag. Ergebnisse einer teleskopie-Untersuchung im Winter 1981/82. In: Media Perspektiven 9/1982, S. 584-596
ders.: Mediennutzung und alternative Freizeitgestaltung am Wochenende. Ergebnisse einer teleskopie-Untersuchung im Winter 1981/82. In: Media Perspektiven 11/1982, S. 693-704 (1982a)
ders. / DARKOW, Michael / EHLERS, Renate / WEISS, Hans-Jürgen / ZIMMER, Karl: Fernsehen und Alltag. Eine ARD/ZDF - Studie im Wahljahr 1980. Frankfurt am Main 1980
BUTLER, Thomas (Hrsg.): Memory. History, Culture and the Mind. Oxford 1989
ders: Memory: A Mixed Blessing. In: BUTLER, Thomas (1989), S. 1-31
BUXTON, David: From Avengers to Miami Vice. Form and Ideology in Television Series. Manchester und New York 1990

CAMERON, Glen T. / SCHLEUDER, Joan / THORSON, Esther: The Role of News Teasers in Processing TV News and Commercials. In: Communication Research 5/1991, S. 667-884
CAREY, James W. (Hrsg.): Media, Myths, and Narratives. Television and the Press. Newbury Park u.a. 1988
ders.: Communication and Culture. Essays on Media and Society. London u.a. 1989
CARRUTHERS, Mary J.: The Book of Memory. A Study of Memory in Medieval Culture. Cambridge u.a. 1990

CASSIRER, Ernst: Wesen und Wirkung des Symbolbegriffs. Oxford und Darmstadt 1956
ders.: Philosophie der symbolischen Formen. Teil 1: Die Sprache. Darmstadt 1977[7]
CAVALLI, Alessandro: Soziale Gedächtnisbildung in der Moderne. In: ASSMANN / HARTH (1991), S. 200-210
CAZENEUVE, Jean: Television as a Functional Alternative to Traditional Sources of Need Satisfaction. In: BLUMLER / KATZ (1974), S. 213-223
CERQUIGLINI, Bernard / GUMBRECHT, Hans Ulrich: Der Diskurs der Literatur- und Sprachhistorie. Wissenschaftsgeschichte als Innovationsgeschichte. Frankfurt am Main 1983
CHAMBERS, Ian: Popular Culture. The Metropolitan Experience. London und New York 1986, 1988
CHILDE, V. Gordon: Gesellschaft und Erkenntnis. Frankfurt am Main, Berlin, Wien 1973, 1974 [Titel der Originalausgabe (1956): Society and Knowledge.]
CIPOLLA, Carlo Maria: Clocks and Culture. 1300-1700. o.O. [1967] New York 1977, 1978
CLAWSON, Marion: Das Zeitbudget moderner Gesellschaften. In: SCHEUCH/ MEYERSOHN (1972), S. 135-152
CLAYMAN, Steven E.: The Production of Punctuality: Social Interaction. Temporal Organization, and Social Structure. In: American Journal of Sociology 3/1989, S. 659-691
CLOUDSLEY-THOMPSON, J. L.: Biological Clocks. Their Function in Nature. London 1980
COHEN, Akiba A.: People Without Media: Attitudes and Behavior During a General Media Strike. In: Journal of Broadcasting 2/1981, S. 171-180
COHEN, John: Subjective Time. In: FRASER (1968), S. 257-275
COHEN, Stanley / TAYLOR, Laurie: Time and the Long-term Prisoner. In: HASSARD (1990), S. 178-187
COMSTOCK, George S. / CHAFFEE, Steven / KATZMAN, Natan / McCOMBS, Maxwell / ROBERTS, Donald: Television and Human Behavior. New York 1978
CONDRY, John: The Psychology of Television. Hillsdale, N.J., Hove und London 1989
CONNERTON, Paul: How Societies Remember. Cambridge u.a. 1989
CONVERSE, Philip E.: Time Budgets. In: SILLS (1968), S. 42-47
CORAZZA, Rafael: Zeit, social time und die zeitliche Ordnung des Vehaltens. Grundlagen zu einer Sozialzeitforschung und Sozialzeitpolitik. Dissertation der Hochschule St. Gallen für Wirtschafts- und Sozialwissenschaften. St. Gallen und Bamberg 1985
COSER, Lewis A. / COSER, Rose Laub: Time Perspective and Social Structure. In: GOULDNER, A. W. / GOULDNER, H. P. (Hrsg.): Modern sociology. New York 1963, S. 638-647
COTTLE, Thomas: Perceiving Time. New York 1976
CRAMER, Friedrich: Alternde Zeit, Zeit des Alterns, Leben und Sterben als biologisches Problem. In: KAMPER/ WULF (1987), S. 124-132
ders.: Der Zeitbaum. Grundlegung einer allgemeinen Zeittheorie. Frankfurt am Main und Leipzig 1993
CRESPI, Franco: Kultur und soziale Praxis. Symbolische und gesellschaftliche Ordnung im Widerspruch. In: ASSMANN / HARTH (1991), S. 112-122
CRISELL, Andrew: Understanding Radio. London und New York 1986
CSOKOR, Franz Theodor: Zeit und Zeitlosigkeit im Drama. In: Maske und Kothurn. 1/2/1955, S. 21-23
CUBITT, Sean: Time shift. On Video Culture. London und New York 1991
CUNNINGHAM, Merce: Zeit/raum und Bewegung. In: BERGELT/ VÖLCKERS (1991), S. 298-304
CURI, Umberto: Zeitpfeil - Zeitkonzepte im Zeichen der Irreversibilität. In: KAMPER/ WULF (1987), S. 115-123

DADEK, Walter: Das Filmmedium. Zur Begründung einer allgemeinen Filmtheorie. München und Basel 1968
DARSCHIN, Wolfgang: Thesen zum Zuschauerverhalten bei Serienprogrammen. Ausgewählte Ergebnisse einer Teleskopie-Sonderuntersuchung zur Kinderserie "Luzie, der Schrecken der Straße". In: Fernsehen und Bildung 3/1980, S. 259-268
ders. / FRANK, Bernward: Tendenzen im Zuschauerverhalten. Fernsehgewohnheiten und Fernsehreichweiten 1992. In: Media Perspektiven 3/1993, S. 114-126
DAS, T. K.: The Time Dimension. An Interdisciplinary Guide. New York, Westport, CT und London 1990
DAUMER, Karl: Die biologische Uhr. In: MEYER (1964), S. 180-196
DAYAN, Daniel / KATZ, Elihu: Media Events. The Live Brodcasting of History. Cambridge, Ma., und London 1992
DE BONO, Edward: The Mechanism of Mind. 1969, Harmondsworth, Middlesex 1986
DeFLEUR, Melvin L.: Theories of Mass Communication. New York 1970[2]
ders. / BALL-ROKEACH, Sandra: Theories of Mass Communication. New York 1970[2], 1975
dies.: Theories of Mass Communication. New York und London 1989[5]
DE GRAZIA, Sebastian: Der Begriff der Muße. In: SCHEUCH/ MEYERSOHN (1972), S. 56-73
DEGRÉ, Gerad: The Social Compulsions of Ideas. Toward a Sociological Analysis of Knowledge. New Brunswick und Oxford 1985

ders.: The Science of the Social Aspects of Knowledge. In: DEGRÉ (1985), S. 1-25 [= DEGRÉ (1985a)]
ders.: Society and Ideology: An Inquiry into the Sociology of Knowledge. In: DEGRÉ (1985), S. 35-112 (amerikanische Originalausgabe: New York 1943) [= DEGRÉ (1985b)]
ders.: The Sociology of Free Time and Liberal Arts Education. Paper presented to the Third International Symposium on the Sociology of Sport and Leisure, Waterloo 1971. In: DEGRÉ (1985), S. 216-219 [= DEGRÉ (1985c)]
ders.: The Sociology of Knowledge and the Problem of Truth. In: DEGRÉ (1985), S. 27-34 (Originalausgabe in: Journal of the History of Ideas. 2/1941, S. 110ff.) [= DEGRÉ (1985d)]
De HEUSCH, Luc: Die Zeit der Riten. Unzivilisierte Äußerungen. In: BAUDSON (1985), S. 85-96
DEHM, Ursula: Fernsehunterhaltung. Zeitvertreib, Flucht oder Zwang? Eine sozial-psychologische Studie zum Fernseh-Erleben. Mainz 1984 [= DEHM (1984a)]
dies.: Fernsehunterhaltung aus der Sicht der Zuschauer. In: Media Perspektiven 8/1984, S. 630-643 [= DEHM (1984b)]
DE LAURETIS, Teresa / HEATH, Stephen (Hrsg.): The Cinematic Apparatus. New York 1980
DELEUZE, Gilles: Bergson zur Einführung. Hamburg 1989
ders.: Das Bewegungs-Bild. Kino 1. Frankfurt am Main 1989 [= DELEUZE (1989a)]
ders.: Das Zeit-Bild. Kino 2. Frankfurt am Main 1991
DELIA, Jesse G.: Constructivism and the Study of Human Communication. In: Quarterly Journal of Speech 1/1977, S. 66-83
DERRY, Charles: Television Soap Opera: Incest, Bigamy, and Fatal Disease. In: KAMINSKY, Stuart M. / MAHAN, Jeffrey H. (Hrsg.): American Television Genres. Chicago 1985, S. 85-110
o.V.: Deutsche sind Europameister in Hausarbeit. Eine Studie vergleicht die unterschiedliche Einteilung des Tages in europäischen Ländern. In: Die Welt 5.12.1992, S. G 8
DFG (DEUTSCHE FORSCHUNGSGEMEISCHAFT): Medienwirkungsforschung in der Bundesrepublik Deutschland. Enquete der Senatskommission für Medienwirkungsforschung. Teil I: Berichte und Empfehlungen. Weinheim und Deerfield Beach, Fl. 1986
DIEKMANN, Andreas / MITTER, Peter: Methoden zur Analyse von Zeitverläufen. Stuttgart 1984
DIJK, Teun A. van: Textwissenschaft. Eine interdisziplinäre Einführung. München 1980
ders.: News as Discourse. Hillsdale, Hove und London 1988
DOHRN-VAN ROSSUM, Gerhard: Zeit der Kirche - Zeit der Händler - Zeit der Städte. Die mechanische Uhr und der Wandel des Zeitbewußtseins im Spätmittelalter. In: ZOLL (1988), S. 89-119
ders.: Schlaguhr und Zeitorganisation. Zur frühen Geschichte der öffentlichen Uhren und den sozialen Folgen der modernen Stundenrechnung. In: WENDORFF (1989), S. 49-60
DOOB, Leonard W.: Patterning of Time. New Haven und London 1971
DORSCH, Petra E.: Die Zeitung, Medium des Alltags. Monographie zum Zeitungsstreik. München 1984
DOVIFAT, Emil: Zeitungslehre. 1. Band. Berlin 1955[3]
Der DUDEN. Bd. 7 Etymologie. Herkunftswörterbuch der deutschen Sprache. Mannheim, Wien, Zürich 1989[2]
DRABCZYNSKI, Michael: Motivationale Ansätze in der Kommunikationswissenschaft. Theorien, Methoden, Ergebnisse. Berlin 1982
DRENGBERG, Joachim: Formatanalyse für Radioprogramme. In: Media Perspektiven 4/1993, S. 183-190
DRUMMOND, Phillip / PATERSON, Richard (Hrsg.): Television and its Audience. International Research Perspectives. London 1988
DURKHEIM, Emile: Die elementaren Formen des religiösen Lebens. Frankfurt am Main 1981
ders.: Schriften zur Soziologie der Erkenntnis. Frankfurt am Main 1987
ders.: Pragmatismus und Soziologie. In: DURKHEIM (1987), S. 9-168
ders. / MAUSS, Marcel: Über einige primitive Formen von Klassifikation. Ein Beitrag zur Erforschung der kollektiven Vorstellungen. In: DURKHEIM (1987), S. 169-256
DURZAK, Manfred: Kojak, Columbo und deutsche Kollegen. Überlegungen zum Fernseh-Serial. In: KREUZER, Helmut / PRÜMM, Karl (Hrsg.): Fernsehsendungen und ihre Formen. Typologie, Geschichte und Kritik des Programms in der Bundesrepublik Deutschland. Stuttgart 1979, S. 71-93
DUX, Günter: Zur Strategie einer Soziologie der Erkenntnis. In: STEHR/ MEJA (1981), S. 73-101
ders.: Die Zeit in der Geschichte. Ihre Entwicklungslogik vom Mythos zur Weltzeit. Frankfurt am Main 1989

ECKE, Jörg-Oliver: Motive der Hörfunknutzung. Eine empirische Untersuchung in der Tradition des "Uses-and-Gratification"-Ansatzes. Rothenburg/Tauber 1991
ECKHARDT, Josef: Stellenwert des Radiohörens - Versuch eines neuen Forschungsansatzes. In: Rundfunk und Fernsehen 2/1982, S. 178-188
ders.: Musik im Hörfunk: Für wen? Ausgewählte Ergebnisse einer Untersuchung des Westdeutschen Rundfunks. In: Rundfunk und Fernsehen 1/1986, S. 87-103

ECO; Umberto: Das offene Kunstwerk. Frankfurt am Main 1973, 1977, 1990[5]
ders.: Die Zeit der Kunst. In: BAUDSON (1985), S. 73-83
EHLING, Manfred: Formen der Tagebuchmethode zur Erhebung von Zeitbudgets. In: TIETZE, Wolfgang / ROSSBACH, Hans-Günther (Hrsg.): Mediennutzung und Zeitbudget. Ansätze, Methoden, Probleme. Wiesbaden 1991, S. 27-48
EISENSTEIN, Elizabeth L.: The Printing Press as an Agent of Change. Communications and cultural transformations in early-modern Europe. Vol. 1 + 2, Cambridge u.a. 1979
EISENSTEIN, Sergej M.: Montage der Attraktionen. In: ALBERSMEIER (1979), S. 46-57 [= EISENSTEIN (1979)]
ders.: Dramaturgie der Film-Form. Der dialektische Zugang zur Film-Form. In: ALBERSMEIER (1979), S. 278-307 [= EISENSTEIN (1979a)]
ders. / PUDOWKIN, Wsewolod I. / ALEXANDROW, Grigorij W.: Manifest zum Tonfilm. In: ALBERSMEIER (1979), S. 42-45
EISERMANN, Gottfried (Hrsg.): Die Lehre von der Gesellschaft. Ein Lehrbuch der Soziologie. Stuttgart 1958[1]
ders.: Wissenssoziologie. In: EISERMANN, Gottfried (Hrsg.): Die Lehre von der Gesellschaft. Stuttgart 1969[2], S. 481-535
EJCHENBAUM, Boris M.: Probleme der Filmstilistik. In: ALBERSMEIER (1979), S. 100-140
ELIAS, Norbert: Notizen zum Lebenslauf. In: GLEICHMANN, Peter / GOUDSBLOM, Johan / KORTE, Hermann: macht und Zivilisation. Materialien zu Norbert Elias' Zivilisationstheorie 2. Frankfurt am Main 1984, S. 9-82 (1984)
ders.: Engagement und Distanzierung. Arbeiten zur Wissenssoziologie I. 1983, Frankfurt am Main 1987
ders.: Über die Zeit. Arbeiten zur Wissenssoziologie II. Frankfurt am Main 1984, 1988, 1989[2]
ders.: Über den Prozeß der Zivilisation. Soziogenetische und psychogenetische Untersuchungen. Erster Band: Wandlungen des Verhaltens in den weltlichen Oberschichten des Abendlandes.; Zweiter Band: Wandlungen der Gesellschaft, Entwurf zu einer Theorie der Zivilisation. Bern 1969, Frankfurt am Main 1976, 1991[16]
ELSNER, Monika / GUMBRECHT, Hans Ulrich / MÜLLER, Thomas / SPANGENBERG, Peter M.: Von Revolution zu Revolution. Zur Kulturgeschichte der Medien. In: Funkkolleg Medien und Kommunikation. Konstruktionen von Wirklichkeit. Studienbrief 5, Tübingen 1990, S. 83-123
ENGELKAMP, Johannes / ZIMMER, Hubert D.: Unterschiede in der Repräsentation und Verarbeitung von Wissen in Abhängigkeit von Kanal, Reizmodalität, Inhalt und Aufgabenstellung. In: BÖHME-DÜRR / EMIG / SEEL (1990), S. 72-83
ENGELL, Lorenz: Vom Widerspruch zur Langeweile. Logische und temporale Begründungen des Fernsehens. Frankfurt am Main u.a. 1989
ERBRING, Lutz: Langfristige Medieninhalte: ein Archivdefizit für die Medienwirkungsforschung. In: MAHLE (1986), S. 39-46
ERMERT, Axel / RINDERSPACHER, Jürgen P.: Alles eine Frage des Timing. Bemerkungen zum Zusammenhang von Zeit und Leistung. In: Ästhetik und Kommunikation 45/46/1981, S. 23-35
EURICH, Klaus / WÜRZBERG, Gerd: 30 Jahre Fernsehalltag. Reinbek 1983
EVERTH, Erich: Die Öffentlichkeit in der Außenpolitik von Karl V. bis Napoleon. Jena 1931

FAULSTICH, Werner: Radiotheorie. Eine Studie zum Hörspiel "The War of the Worlds" (1938) von Orson Welles. Tübingen 1981
ders.: Ästhetik des Fernsehens. Eine Fallstudie zum Dokumentarspiel "Die Nacht, als die Marsmenschen Amerika angriffen" (1976) von Joseph Sargent. Tübingen 1982
ders. (Hrsg.): Medien und Kultur. Göttingen 1991
FELDMANN, Erich: Theorie der Massenmedien. Presse, Film, Funk, Fernsehen. München und Basel 1962
FERGUSON, Majorie: Electronic Media and the Redefining of Time and Space. In: FERGUSON, Majorie (Hrsg.): Public Communication. The New Imperatives. Future Directions for Media Research. London, Newbury Park und New Dehli 1990, S. 152-172
FERRAROTTI, Franco: Time, Memory, and Society. New York, Westport,Co., und London 1990
FIORE, Quentin: The Future of the Book. In: YAKER/ OSMOND/ CHEEK (1971), S. 479-497
FISCHER, Eugen Kurt: Der Rundfunk: Wesen und Wirkung. Stuttgart 1949
FISCHER, Kurt von: Das Zeitproblem in der Musik. In: MEYER (1964), S. 296-317
FISHMAN, Mark: Manufacturing the News. Austin und London 1980
FISKE, John / HARTLEY, John: Reading Television. London and New York 1978, 1990
FLACHSENBERG, Helmut: Film und Fernsehen im Lebenskontext. Eine medienbiographische Studie. Dissertation, Phil. Fak. der Christian-Albrechts-Universität zu Kiel 1989
FLOREY, Ernst: Gehirn und Zeit. In: SCHMIDT (1991), S. 170-189
FLUSSER, Vilém: Die Schrift. Hat Schreiben Zukunft? Göttingen 1987.
ders.: Ins Universum der technischen Bilder. Göttingen 1985, 1990[3]
ders.: Nachgeschichte. Essays, Vorträge, Glossen. Düsseldorf 1990 [= FLUSSER (1990a)]

ders.: Für eine Philosophie der Fototografie. Göttingen 1983, 1991[5] [= FLUSSER (1991)]
ders.: Gesten. Versuch einer Phänomenologie. Düsseldorf und Bensheim 1991 [= FLUSSER (1991a)]
FOERSTER, Heinz von: Das Konstruieren einer Wirklichkeit. In: WATZLAWICK (1985), S. 39-60 [= FOERSTER (1985)]
ders.: Sicht und Einsicht. Versuche zu einer operativen Erkenntnistheorie. Braunschweig und Wiesbaden 1985 [= FOERSTER (1985a)]
ders.: Erkenntnistheorien und Selbstorganisation. In: SCHMIDT (1987), S. 133-158
ders.: Was ist Gedächtnis, daß es Rückschau und Vorschau ermöglicht? In: SCHMIDT (1991), S. 56-96
FOLKERS, Horst: Die gerettete Geschichte. Ein Hinweis auf Walter Benjamins Begriff der Erinnerung. In: ASSMANN / HARTH (1991a), S. 363-377
FORMAN Frieda Johles: Feminizing Time: An Introduction. In: FORMAN / SOWTON (1989), S. 1-9
dies. / SOWTON, Caoran (Hrsg.): Taking Our Time. Feminist Perspectives on Temporality. Oxford u.a. 1989
FORNATALE, Peter / MILLS, Joshua E.: Radio in the Television Age. Woodstock, N.Y. 1980
FRAISSE, Paul: The Psychology of Time. New York 1963
ders.: Psychological Aspects. In: SILLS (1968), S. 25-30
ders.: Time in psychology. In: GREENAWAY (1979), S. 71-84
FRANCK, Georg: Die neue Währung: Aufmerksamkeit. zum Einfluß der Hochtechnik auf Zeit und Geld. In: Merkur 8/1989, S. 688-701
ders.: Aufmerksamkeit, Zeit, Raum. Ein knapper Ausdruck für das Veränderungspotential der neuen Informationstechniken und Kommunikationsmedien. In: BERGELT/ VÖLCKERS (1991), S. 74-88
FRANK, Bernward: Kinder als Fernsehnutzer. Daten zur aktuellen Situation nach der Einführung des Privatfernsehens. In: BUNDESZENTRALE FÜR POLITISCHE BILDUNG (1991), S. 176-181
FRANK, Lawrence Kelso: Time Perspectives. In: Journal of Social Philosophy and Jurisprudence, Vol 4 (1939), S. 292-312
FRANZMANN, Bodo / LÖFFLER, Dietrich: Leseverhalten in Deutschland 1992/93. Ergebnisse einer Repräsentativstudie zur Lage der lesenden Nation. In: Media Perspektiven 10/1993, S. 454-464
FRASER, Julius Thomas: The Interdisciplinary Study of Time. In: Studium Generale 12/1966, S. 705-720
ders. (Hrsg.): The Voices of Time. A Cooperative Study of Man's Views of Time as Expressed by the Sciences and by the Humanities. New York 1966, London 1968ders.: Time as Conflict. A Scientific and Humanistic Study. Basel 1978
ders.: The Individual and Society. In: FRASER / PARK / LAWRENCE (1978), S. 419-442 [= FRASER (1978a)]
ders.: A Report on the Literature of Time 1900-1980. In: FRASER / LAWRENCE / PARK (1981), S. 234-270
ders.: Of Time, Passion, and Knowledge. Reflections on the Strategy of Existence. New York 1975, Princeton, N. J. 1990[2]
ders.: Die Zeit. Auf den Spuren eines vertrauten und doch fremden Phänomens. München 1991, S. 17-18 [als "Die Zeit: vertraut und fremd. Basel 1989; Titel der amerikanischen Originalausgabe: Time - The Familiar Stranger. 1987]
ders.: Human Temporality in a Nowless Universe. In: Time & Society. An International Interdisciplinary Journal 2/1992, S. 159-173
ders. / HABER, F. C. / MÜLLER, Gert Heinz (Hrsg.): The Study of Time. Proceedings of the First Conference of the International Society for the Study of Time. Berlin, Heidelberg und New York 1972
ders. / LAWRENCE, Nathaniel (Hrsg.): The Study of Time II. Proceedings of the Second Conference of the International Society for the Study of Time. Berlin, Heidelberg und New York 1975
ders. / PARK, David A. / LAWRENCE, Nathaniel (Hrsg.): The Study of Time III. Proceedings of the Third Conference of the International Society for the Study of Time. Berlin, Heidelberg und New York 1978
ders. / LAWRENCE, Nathaniel / PARK, David A. (Hrsg.): The Study of Time IV. Proceedings of the Fourth Conference of the International Society of the Study of Time. Berlin, Heidelberg und New York 1981
ders. / LAWRENCE, Nathaniel/ HABER, F. C. (Hrsg.): Time, Science, and Society in China and the West. The Study of Time V. Amherst, Ma. 1986
FRECOT, Janos: Zweierlei Zeit. In: "Sprung in die Zeit" (1992), S. 53-57
FREEDMANN, Jonathan L. / EDWARDS, Donald R.: Time Pressure, Task Performance, and Enjoyment. In: McGRATH (1988), S. 113-133
FREUND, Gisèle: Photographie und Gesellschaft. [1936], 1974, München 1976
FREUND, Walter: Modernus und andere Zeitbegriffe des Mittelalters. Köln und Graz 1957.
FREY, Dagobert: Das Zeitproblem in der Bildkunst. In: Studium Generale 9/1955, S. 568-577
FREY, Siegfried / BENTE, Gary: Mikroanalyse medienvermittelter Informationsprozesse. Zur Anwendung zeitreihen-basierter Notationsprinzipien auf die Untersuchung von Fernsehnachrichten. In: KAASE / SCHULZ (1989), S.508-526

FRICKE, Werner (Hrsg.): Jahrbuch Arbeit und Technik 1990. Bonn 1990
FRÖBE-KAPTEYN, Olga: Eranos - Jahrbuch 1951. Band XX. Mensch und Zeit. Zürich 1952
FRÖHLICH, Werner D. / ZITZLSPERGER, Rolf / FRANZMANN, Bodo (Hrsg.): Die verstellte Welt. Beiträge zur Medienökologie. Frankfurt am Main 1988
FRÜH, Werner: Medienwirkungen. Das dynamisch-transaktionale Modell. Theorie und empirische Forschung. Opladen 1991 [tw. Reprint der Aufsätze von FRÜH und SCHÖNBACH in Publizistik 1982 bzw. Rundfunk und Fernsehen 1984]
ders.: Realitätsvermittlung durch Massenmedien. Abbild oder Konstruktion? In: SCHULZ (1992), S. 71-90
FUCHS, Walter R.: Knaurs Buch der modernen Physik. München und Zürich 1965, 1974
FUHRMANN, Horst: Jubel. Eine historische Betrachtung über den Anlaß zu feiern. In: WENDORFF (1989), S. 150-160
FÜRSTENBERG, Friedrich: Zeit als Strukturdimension soziologischer Analyse. In: FÜRSTENBERG/ MÖRTH (1986), S. 23-36
FÜRSTENBERG, Friedrich / MÖRTH, Ingo (Hrsg.): Zeit als Strukturelement von Lebenswelt und Gesellschaft. Linz/Donau 1986
FURNO-LAMUDE, Diane / ANDERSON, James: The Uses and Gratifications of Rerun Viewing. In: Journalism Quarterly 2/1992, S. 362-372

GAETTENS, Marie-Luise: The Hard Work of Rememebering: Two German Women Re-examine Nationalsocialism. In: FORMAN / SOWTON (1989), S. 74-91
GALTUNG, Johan / RUGE, Mari Holmboe: The Structure of Foreign News. The Presentation of the Congo, Cuba and Cyprus Crisis in Four Norwegian Newspapers. In: Journal of Peace Research 2/1965, S. 64-91
GARDET, et al. (Hrsg.): Cultures and Time. Paris (UNESCO) 1976
GEHLEN, Arnold: Die Seele im technischen Zeitalter. Sozialpsychologische Probleme in der industriellen Gesellschaft. Tübingen 1949, Neubearbeitung Reinbek 1957
ders.: Das gestörte Zeitbewußtsein. In: Merkur. Deutsche Zeitschrift für Europäisches Denken. 4/1963, S. 313-321
GEISSLER, Karlheinz August: Gegenbilder zur Zeitkultur. In: FRICKE (1990), S. 13-21
ders.: Zeit leben. Vom Hasten und Rasten, Arbeiten und Lernen, Leben und Streben. Weinheim und Basel 1985
GELLES, Richard J. / FAULKNER, Robert R.: Time and Television News Work. In: Sociological Quarterly 1/1978, S. 89-102
GENDOLLA, Peter: Punktzeit. Zur Zeiterfahrung in der Informationsgesellschaft. In: WENDORFF (1989), S. 128-139
GENT, Werner: Die Philosophie des Raumes und der Zeit. Historische, kritische und analytische Untersuchungen. Die Geschichte der Begriffes des Raumes und der Zeit von Aristoteles bis zum vorkritischen Kant (1768). Bonn 1926
ders.: Die Raum-Zeit-Philosophie des 19. Jahrhunderts. Historische, kritische und analytische Untersuchungen. Die Geschichte der Begriffes des Raumes und der Zeit vom kritischen Kant bis zur Gegenwart. Bonn 1930
GERAGHTY, Christine: The Continuos Serial - a Definition. In: DYER, Richard et al. (Hrsg.): Coronation Street. London 1981, S. 9-26
GESSNER, Robert: Seven Faces of Time: An Aesthetic for Cinema. In: KEPES, Gyorgy (Hrsg.): The Nature and Art of Motion. New York 1965, S. 158-167
GIBSON, Eleanor J. / LEVIN, Harry: Psychologie des Lesens. Stuttgart 1980, Frankfurt am Main 1989 [Titel der Originalausgabe: The Psychology of Reading. Cambridge, Ma. 1975]
GIDDENS, Anthony: Time, Space, Social Change. In: GIDDENS, Anthony: Central Problems in Social theory. Action, Structure and Contradiction in Social Analysis. London und Basingstoke 1979, S. 198-233
ders.: Time and Space in Social Theory. In: MATTHES, Joachim: Lebenswelt und soziale Probleme. Verhandlungen des 20. Deutschen Soziologentages zu Bremen 1980. Frankfurt am Main und New York 1981, S. 88-97
GIERSCH, Ulrich: Zettel's Traum. Fotokopie und vervielfältigte Kultur. In: PROSS / RATH (1983), S. 57-75
GIESECKE, Michael: Der Buchdruck in der frühen Neuzeit. Eine historische Fallstudie über die Durchsetzung neuer Informations- und Kommunikationstechnologien. Frankfurt am Main 1991
GIOSCIA, Victor: On Social Time. In: YAKER / OSMOND / CHEEK (1971), S. 73-141
GITLIN, Todd: Prime Time Ideology: The Hegemonic Process in Television Entertainment. In: Social Problems 3/1979, S. 251-266
ders.: Inside Prime Time. New York 1983
GLASERSFELD, Ernst von: Einführung in den radikalen Konstruktivismus. In: WATZLAWICK (1985), S. 16-38

ders.: Wissen, Sprache und Wirklichkeit. Arbeiten zum radikalen Konstruktivismus. Braunschweig 1987
ders.: Piaget und die Erkenntnistheorie des radikalen Konstruktivismus. In: GLASERSFELD (1987), S. 99-112 [amerikanisches Original 1974; = GLASERSFELD (1987a)]
ders.: Wissen in der Sicht des radikalen Konstruktivismus. In: GLASERSFELD (1987), S. 131-136 [amerikanisches Original 1977; = GLASERSFELD (1987b)]
ders.: Siegener Gespräche über Radikalen Konstruktivismus. In: SCHMIDT (1987), S. 401-440 [= GLASERSFELD (1987c)]
GLASSER, Richard: Studien zur Geschichte des französischen Zeitbegriffs. Eine Orientierung. München 1936
GOETHALS, Gregor T.: The TV Ritual. Worship at the Video Altar. Boston 1981
GÖTZ, Peter: Zeit und Evolution. In: BURGER (1986), S. 177-197
GOFFMAN, Erving: Rahmen-Analyse. Ein Versuch über die Organisation von Alltagserfahrungen. Frankfurt am Main 1977, 1980 (Originalausgabe: Frame Analysis, An Essay on the Organization of Experience. New York u.a. 1974)
GOODHARDT, G. J. / EHRENBERG, A. S. C. / COLLINS, M. A.: The Television Audience: Patterns of Viewing. Farnborough 1975
dies.: The Television Audience. Patterns of Viewing. An Update. Aldershot 1987
GOODMANN, Nelson: Weisen der Welterzeugung. Frankfurt am Main 1984, 1990 (Originalausgabe: Ways of Worldmaking. Indianapolis und Cambridge 1978)
GOODY, Jack: Time: Social Organization. In: SILLS (1968), S. 30-42
ders.: Time. Social Organization. In: International Encyclopadia of the Social Sciences. Hrsg.: SILLS, D. L., New York 1968, S. 30-42
ders.: The Domestication of the Savage Mind. Cambridge 1977
ders.: The Logic of Writing and the Organization of Society. Cambridge u.a. 1986
ders. / WATT, Ian P.: Konsequenzen der Literalität. In: GOODY, Jack / WATT, Ian P. / GOUGH, Kathleen (Hrsg.): Entstehung und Folgen der Schriftkultur. Frankfurt am Main 1986, S. 63-122
GRABOWSKI, Joachim: Lebenswelt und Medienwelt: Zum Einfluß medialer Zeitstrukturen auf individuelle Zeitschätzungen. Diplomarbeit. Universität Mannheim 1984
GRAF, Gerhard: Das Zeitbudget im dualen System. Anmerkungen zu der Frage nach der Manipulation von Zeit durch Fernsehsender. In: HÖMBERG/ SCHMOLKE (1992), S. 75-85
GRANSOW, Volker: Der autistische Walkman. Elektronik, Öffentlichkeit und Privatheit. Berlin 1985
GRAZIA, Sebastian de: Time and Work. In: YAKER / OSMOND / CHEEK (1971), S. 439-478
GREEN, Helen Bagenstose: Temporal Attitudes in Four Negro Subcultures. In: FRASER / HABER / MÜLLER (1972), S. 402-417
GREENAWAY, Frank (Hrsg.): Time and the Sciences. Paris 1979 [UNESCO]
GREENBERG, Bradley S.: Teletext in the United Kingdom: Patterns, Attitudes, and Behaviors of Users. In: SALVAGGIO / BRYANT (1989), S. 87-103
GROEBEL, Jo: Erlebnisse durch Medien. Reizsuche in der Realität und in der Fiktion. In: KAASE / SCHULZ (1989), S. 351-363
GROSS, Sabine: Reading Time - Text, image, film. In: Time & Society. An International Interdisciplinary Journal 2/1992, S. 207-222
GROSSIN, William: Technological Evolution, Working Time and Remuneration. In: Time & Society, Vol. 2 , 2/1993, S. 159-177
GROSSKLAUS, Götz: Nähe und Ferne. Wahrnehmungswandel im Übergang zum elektronischen Zeitalter. In: GROSSKLAUS, Götz / LÄMMERT, Eberhard (Hrsg.): Literatur in einer industriellen Kultur. Stuttgart 1989, S. 489-520
GROTH, Otto: Die unerkannte Kulturmacht. Grundlegung der Zeitungswissenschaft (Periodik). Band 1. Das Wesen des Werkes. Berlin 1960
ders.: Die unerkannte Kulturmacht. Grundlegung der Zeitungswissenschaft (Periodik). Band 2. Das Sein des Werkes. Berlin 1961
ders.: Die unerkannte Kulturmacht. Grundlegung der Zeitungswissenschaft (Periodik). Band 7. Das Wirken des Werkes / 3. Das Werk im Ganzen der Kulturgesellschaft. Berlin 1972
GRÜNWALD, Ernst: Das Problem der Soziologie des Wissens. Versuch einer kritischen Darstellung der wissenssoziologischen Theorien. Wien und Leipzig 1934
GRÜSSER, Otto-Joachim: Zeit und Gehirn. In: BURGER (1986), S. 198-231
ders.: Zeit und Gehirn. Zeitliche Aspekte der Signalverarbeitung in den Sinnesorganen und im Zentralnervensystem. In: PEISL / MOHLER (1989), S. 79-132
GUGGENBERGER, Bernd: Vor uns die Freizeitkatastrophe. Vom Bürger zum Zerstreuungspatienten. In: Neue Rundschau 3/1987, S. 132-146
ders.: Unterwegs im Nirgendwo. Von der Raum- zur Zeitornung. In: BERGELT / VÖLCKERS (1991), S. 45-73
GUMBRECHT, Hans-Ulrich: Schriftlichkeit in mündlicher Kultur. In: ASSMANN / ASSMANN / HARDMEIER (1983), S. 158-174
ders.: Rhythmus und Sinn. In: GUMBRECHT / PFEIFFER (1988), S. 714-729

ders. / PFEIFFER, K. Ludwig (Hrsg.): Materialität der Kommunikation. Frankfurt am Main 1988
GUMIN, Heinz / MOHLER, Armin (Hrsg.): Einführung in den Konstruktivismus. München 1985
GUMPERT, Gary: Talking Tombstones and Other Tales of the Media Age. New York und Oxford 1987
GUNTER, Barrie / WOBER, Mallory: The Uses and Impact of Home Video in Great Britain. In: LEVY (1989), S. 50-69
GUREVICH, Aaron J.: Time as a problem of cultural history. In: GARDET (1976), S. 229-245
GURVITCH, Georges: Wissenssoziologie. In: EISERMANN (1958), S. 408-452
ders.: The Spectrum of Social Time. Dordrecht, Holland 1964 [Originalausgabe: La multiplicité des temps sociaux. Paris o.J.]
ders.: The Social Frameworks of Knowledge. Oxford 1971 [Originalausgabe: Les cadres sociaux de la connaissance. Paris 1966]
GUSTI, Demetrius: Die Grundbegriffe des Preßrechts. Eine Studie zur Einführung in die preßrechtlichen Probleme. Berlin 1909

HAACKE, Wilmont: Vom Wesen der Aktualität. In: Publizistik 1/1959, S. 3 -19
HABER, Heinz: Gefangen in Raum und Zeit. Unsere Sinne und die Grenzen der menschlichen Vorstellungskraft über das Wesen der Schöpfung. Stuttgart 1975, Reinbek 1977
HABERMAS, Jürgen: Soziologische Notizen zum Verhältnis von Arbeit und Freizeit. In: Konkrete Vernunft. Festschrift für Erich Rothacker. Bonn 1958, S. 219-231. Verwendet wurde der Abdruck in: GIESECKE, Hermann (Hrsg.): Freizeit- und Konsumerziehung. Göttingen 1968, S. 105-122
ders.: Theorie des kommunikativen Handelns. 2 Bde. Frankfurt am Main 1981, 1982
ders.: Der philosophische Diskurs der Moderne. Zwölf Vorlesungen. Frankfurt am Main 1985
ders.: Vorstudien und Ergänzungen zur Theorie des kommunikativen Handelns. Frankfurt am Main 1984
ders.: Erkenntnis und Interesse. Frankfurt am Main 1968, 1973, 1988[9]
HACHMEISTER, Lutz: Das Gespenst des Radikalen Konstruktivismus. Zur Analyse des Funkkollegs "Medien und Kommunikation". In: Rundfunk und Fernsehen 1/1992, S. 5-21
HACKFORTH, Josef / SCHÖNBACH, Klaus: Video im Alltag. Ein Forschungsbericht über Nutzung und Nutzen einer neuen Medientechnik. München und Münster 1985
HÄGARSTRAND, Torsten: Time and Culture. In: KIRSCH / NIJKAMP / ZIMMERMANN (1988), S. 33-42
HÄTTENSCHWILER, Walter: Radiohören im Umbruch. Hörerforschung und ihre Ergebnisse in der Schweiz. Zürich 1990
HAGEMANN, Walter: Grundzüge der Publizistik. Münster 1947
ders.: Gibt es noch eine Tagespresse? Erscheinungsweise und Erscheinungshäufigkeit der heutigen deutschen Zeitungen. In: Publizistik 4/1957, S. 195-205
ders.: Grundzüge der Publizistik. Als eine Einführung in die Lehre von der sozialen Kommunikation. Münster 1966[2]
HALBWACHS, Maurice: Das Gedächtnis und seine sozialen Bedingungen. Berlin und Neuwied 1966, Frankfurt am Main 1985 [Titel der Originalausgabe: Les cadres sociaux de la mémoire. Paris 1925, 1952; = HALBWACHS (1985a)]
ders.: Das kollektive Gedächtnis. Stuttgart 1967, Frankfurt am Main 1985 [Titel der Originalausgabe: La Mémoire collective. Paris o.J.; = HALBWACHS (1985b)]
HALL, Edward Twitchell: The Hidden Dimension. Garden City, N. Y. 1966
ders.: The Silent Language. New York 1959, Garden City, N. Y. 1973
ders.: Beyond Culture. Garden City, N. Y. 1976
ders.: The Dance of Life. The Other Dimension of Time. Garden City, N. Y. 1983, 1984
HALL, Peter: The Intellectual History Of Long Waves. In: YOUNG / SCHULLER (1988), S. 37-52
HANSON, Jarice: Understanding Video. Applications, Impact, and Theory. Newbury Park u.a. 1987
HARDTWIG, Wolfgang: Personalisierung als Darstellungsprinzip. In: KNOPP / QUANDT (1988), S. 234-241
ders.: Geschichtskultur und Wissenschaft. München 1990
HARMGARTH, Friederike: Fernsehen und Zeitstruktur des Familienalltags. Eine empirische Untersuchung zur Habitualisierung der Fernsehnutzung von Familien am Beispiel des Vorabendprogramms. Unveröffentlichte Diplomarbeit. Institut für Kommunikationswissenschaft der Ludwig-Maximilians-Universität München 1985
HARMS, Rudolf: Philosophie des Films. Seine ästhetischen und metaphysischen Grundlagen. Leipzig 1926, Zürich 1970
HARRIS, Richard Jackson: A Cognitive Psychology of Mass Communications. Hillsdale, Hove und London 1989
HARVEY, David: Money, Time, Space, and the City. In: HARVEY, David: Consciousness and the Urban Experience. Oxford 1985, S. 1-35

HASEBRINK, Uwe: Neue Fernsehzuschauer? Bestandsaufnahmen des Zuschauerverhaltens zum Ende der 80er Jahre. In: Rundfunk und Fernsehen 2/1990, S. 264-275
HASSARD, John (Hrsg.): The Sociology of Time. Basingstoke und London 1990
ders.: Introduction: The Sociological Study of Time. In: HASSARD (1990), S. 1-18
HASSENSTEIN, Bernhard: Zeit und Zeitlichkeit in der Welt der Organismen. In: o.V.: Zeit und Zeitlichkeit. Freiburger Dies Universitatis, Band 8, 1960/61, Freiburg 1961, S. 37-50
HASSINGER, Erich: Der historische Periodenbegriff. In: o.V.: Zeit und Zeitlichkeit. Freiburger Dies Universitatis, Band 8, 1960/61, Freiburg 1961, S. 71-83
HAUSER, Arnold: Der Begriff der Zeit in der neueren Kunst und Wissenschaft. In: Merkur 9/1955, S. 801-815
ders.: Sozialgeschichte der Kunst und Literatur. München 1953, 1967
ders.: Kunst und Gesellschaft. München 1973, 1988
HAVELOCK, Eric A.: The Muse Learns to Write. Reflections on Orality and Literacy from Antiquity to the Present. New Haven und London 1986
HEETER, Carrie / GREENBERG, Bradley: Cable and Program Choice. In: ZILLMANN / BRYANT (1985), S. 203-224
HEIMANN, Hans: Zeitstrukturen in der Psychopathologie. In: PEISL / MOHLER (1989), S. 59-78
HEIN, Birgit / HERZOGENRATH, Wulf (Hrsg.): Film als Film. 1910 bis heute. Vom Animationsfilm der zwanziger zum Filminvironment der siebziger Jahre. Stuttgart o.J. [1978]
HEINEMANN, Gottfried: Zum ontologischen Primat der Gegenwart in der spekulativen Kosmologie Alfred N. Whiteheads. In: THOLEN / SCHOLL (1990), S. 109-126
HEINEMANN, Klaus / LUDES, Peter: Zeitbewußtsein und Kontrolle der Zeit. In: HAMMERICH, Kurt / KLEIN, Michael: Materialien zur Soziologie des Alltags. Sonderheft 20 der KZfSS. Opladen 1978, S. 220-243
HEINLEIN, Peter: Der Kampf um die Frühaufsteher. In: Die Welt 28.7.1993, S. 9
HEINRICH, Fritz: Die Variable Zeit. Zur "Zeit" in Physik und Biologie. In: PAFLIK (1987), S. 85-88
HEIRICH, M.: The Use of Time in the Study of Social Change. In: American Sociological Review 2/1964, S. 386-397
HEISS, Robert: Die Zeit des Menschen und die Zeit überhaupt. In: o.V.: Zeit und Zeitlichkeit. Freiburger Dies Universitatis, Band 8, 1960/61, Freiburg 1961, S. 117-131
HEJL, Peter M.: The Problem of a Scientific Description of Society. In: BENSELER / HEJL / KÖCK (1980), S. 147-161
ders.: Sozialwissenschaft als Theorie selbstreferentieller Systeme. Frankfurt am Main und New York 1982
ders.: Soziale Systeme: Körper ohne Gehirne oder Gehirne ohne Körper? Rezeptionsprobleme der Theorie autopoietischer Systeme in den Sozialwissenschaften. In: DELFIN. Eine deutsche Zeitschrift für Konstruktion, Analyse und Kritik. Nr. VI (April 1986), S. 56-67
ders.: Konstruktion der sozialen Konstruktion. Grundlinien einer konstruktivistischen Sozialtheorie. In: SCHMIDT (1987), S. 303-339
ders.: Wie Gesellschaften Erfahrungen machen oder Was Gesellschaftstheorie zum Verständnis des Gedächtnisproblems beitragen kann. In: SCHMIDT (1991), S. 293-336
ders.: Die zwei Seiten der Eigengesetzlichkeit. Zur Konstruktion natürlicher Sozialsysteme und zum Problem ihrer Regelung. In: SCHMIDT (1992), S. 167-213
HEMELS, Joan: Der Umschlag zur Periodizität. Zur Erscheinungsweise früher publizistischer Medien. In: HÖMBERG / SCHMOLKE (1992), S. 119-138
HERMANN-STOJANOV, Irmgard / STOJANOV, Christo: Zeit als ein Ordnungsprinzip des individuellen und gesellschaftlichen Lebensprozesses. In: FÜRSTENBERG / MÖRTH (1986), S. 111-132
HEUSER, Uwe Jean: Der Computer übernimmt. In: Die Zeit 44/1993, 29.10.1993, S. 41-42
HEWES, Dean E. / PANALP, Sally: There Is Nothing as Useful as a Good Theory...: The Influence of Social Knowledge on Interpersonal Communication. In: ROLOFF / BERGER (1982), S. 107-150
HEYER, Paul: Communications and history. Theories of media, knowledge, and civilization. New York 1988
HICKETHIER, Knut: Kino und Fernsehen in der Erinnerung ihrer Zuschauer. In: Ästhetik und Kommunikation 42/1980, S. 53-66
ders.: Die ersten Programmstrukturen im deutschen Fernsehen: Von der wohlkomponierten Mitte zum Viertelstundenraster. In: Rundfunk und Fernsehen 4/1984, S. 441-462
ders.: Medienzeit - Beschleunigung und Verlangsamung. [= Medien und Kommunikation 41] Siegen 1986 [= HICKETHIER (1986)]
ders.: Programmgeschichte als Aufgabe. Zu einigen methodischen Problemen der Mediengeschichtsschreibung. In: Medien & Zeit 4/1986, S. 4-12 [= HICKETHIER (1986a)]
ders.: Schneller sehen! - schneller sehen? Zur Beschleunigung in der Medienwahrnehmung. In: Theater-Zeitschrift 20/1987, S. 97-108
ders.: Apparat - Dispositiv - Programm: Skizze einer Programmtheorie am Beispiel des Fernsehens. In: HICKETHIER / ZIELINSKI (1991), S. 421-447
ders.: Die Fernsehserie und das Serielle des Fernsehens. Lüneburg 1991 [= HICKETHIER (19991a)]

ders.: Zeitsplitter. Ein (fast) vollständiges ABC der Fernsehzeit. In: medien + erziehung 6/1991, S. 326-335 [= HICKETHIER (1991b)]
ders.: Überlegungen zur Konstruktion einer Fernsehtheorie. In: HICKETHIER / SCHNEIDER (1992), S. 15-27
ders. / SCHNEIDER, Irmela (Hrsg.): Fernsehtheorien. Dokumentation der GFF-Tagung 1990. Berlin 1992
ders. / ZIELINSKI, Siegfried (Hrsg.): Medien/Kultur. Schnittstellen zwischen Medienwissenschaft, Medienpraxis und gesellschaftlicher Kommunikation. Berlin 1991
HIRZINGER, Maria: Biographische Medienforschung. Wien, Köln und Weimar1991
HITZLER, Ronald: Zeit - Rahmen. Temporale Konstitution und kommunikative Konstruktion. In: Österreichische Zeitschrift für Soziologie 1/1987, S. 23-33
HOBSBAWM, Eric: Introduction: Inventing Traditions. In: HOBSBAWM, Eric / RANGER, Terrence (Hrsg.): The Invention of Tradition. Cambridge 1983, S. 15-41
HOCHKEPPEL, Willy: Die Veränderung des Zeitbewußtseins im modernen Theater. Phil. Dissertation. Ludwig-Maximilian-Universität München 1957
HOFFMANN, Ute: Informationstechniken und die Neue Ökonomie der Lebenswelt. In: BOLTE, Karl Martin / TREUTNER, Erhard (Hrsg.): Subjektorientierte Arbeits- und Berufssoziologie. Frankfurt am Main und New York 1983, S. 141-168
HOFFMANN-AXTHELM, Dieter: Sinnesarbeit. Nachdenken über Wahrnehmung. Frankfurt am Main und New York 1984
HOHN, Hans-Willy: Zyklizität und Heilsgeschichte. Religiöse Zeiterfahrung des europäischen Mittelalters. In: Ästhetik und Kommunikation 45/46/1981, S. 91-105
HOLL, Oskar: Der Roman als Funktion und Überwindung der Zeit. Zeit und Gleichzeitigkeit im deutschen Roman des 20. Jahrhunderts. Bonn 1968
HÖMBERG, Walter: Zeit, Zeitung, Zeitbewußtsein. Massenmedien und Temporalstrukturen. In: Publizistik 1/1990, S. 5-17
ders.: Punkt, Kreis, Linie. Die Temporalstrukturen der Massenmedien und die Entdeckung der Zeit in der frühen Zeitungskunde. In: HÖMBERG / SCHMOLKE (1992), S. 89-102
ders. / SCHMOLKE, Michael (Hrsg.): Zeit, Raum, Kommunikation. München 1992
HÖNL, Helmut: Das Zeitproblem in der Physik. In: o.V.: Zeit und Zeitlichkeit. Freiburger Dies Universitatis, Band 8, 1960/61, Freiburg 1961, S. 9-35
HORNIK, J. / SCHLINGER, M. J.: Allocation of time to the mass media. In: Journal of Consumer Research 4/1981, S. 343-355
HÖRNING, Karl H. / GERHARDT, Anette / MICHAILOW, Matthias: Zeitpioniere. Flexible Arbeitszeiten - neuer Lebensstil. Frankfurt am Main 1990
HORSTER, Detlef: Habermas zur Einführung. Hamburg 1990
HOUSTON, B.: Viewing Television: The Metapsychology of Endless Consumption. In: Quarterly Review of Film Studies 3/1984, S. 183-195
HRACHOWETZ, Herbert: Batman. Philosophische Überlegungen zur Fernseh- und Filmzeit. In: Medien & Zeit 1/1990, S. 13-20
HUBER, Joachim: 3sat wird "kulturlastiger". In: Der Tagesspiegel, 16.10.1993, S. 17 [= HUBER (1993)]
ders.: Aus einem Angebot mach zwei. In: Der Tagesspiegel, 9.12.1993, S. 26 [= HUBER (1993a)]
HUNZIKER, Peter: Medien, Kommunikation und Gesellschaft. Einführung in die Soziologie der Massenkommunikation. Darmstadt 1988

IMHOF, Arthur Erwin: Die gewonnenen Jahre. Von der Zunahme unserer Lebensspanne seit dreihundert Jahren oder von der Notwendigkeit einer neuen Einstellung zu Leben und Sterben. Ein historischer Essay. München 1981
ders.: Dreimal soviel Zeit zu leben wie unsere Vorfahren - noch haben wir Probleme damit. In: KAMPER / WULF (1987), S. 175-201
ders.: Die Lebenszeit. Vom aufgeschobenen Tod und von der Kunst des Lebens. München 1988
INFRATEST: Kommunikationsverhalten und Buch. München 1978
INNIS, Harold Adam: Empire and Communication. Oxford 1950
ders.: Changing Concepts of Time. Toronto 1952
ders.: The Bias of Communication. Toronto 1951, [Reprint USA o.O. 1964]
INSTITUT FÜR DEMOSKOPIE ALLENSBACH: AWA '92 Ost + West. Allensbacher Markt-Analyse Werbeträger-Analyse. o.O. Allensbach o.J. (1993)
IROS, Ernst: Wesen und Dramaturgie des Films. Zürich 1957, 1962[2]
ITO, Youichi: Information Society Studies Today. In: SCHENK, Michael / DONNERSTAG, Joachim (Hrsg.): Medienökonomie. Einführung in die Ökonomie der Informations- und Mediensysteme. München 1989, S. 13-34
JAHODA, Marie: Time: A Social Psychological Perspective. In: YOUNG / SCHULLER (1988), S. 154-172

dies. / LAZARSFELD, Paul F. / ZEISEL, Hans: Die Arbeitslosen von Marienthal. Ein soziographischer Versuch über die Wirkungen langandauernder Arbeistlosigkeit. Leipzig 1933, Allensbach und Bonn 1960, Frankfurt am Main 1982[4]
JANICH, Peter: Die methodische Ordnung von Konstruktionen. Der Radikale Konstruktivismus aus der Sicht des Erlanger Konstruktivismus. In: SCHMIDT (1992), S. 24-41
JANTSCH, Erich: Erkenntnistheoretische Aspekte der Selbstorganisation natürlicher Systeme. In: SCHMIDT (1987), S. 159-191
JAUSS, Hans Robert: Zeit und Erinnerung in Marcel Prousts »A la recherche du temps perdu«. Ein Beitrag zur Theorie des Romans. Heidelberg 1955, Frankfurt am Main 1986
JEANNIERE, Abel: The Pathogenic Structures of Time in Modern Societies. In: UNESCO (1977), S. 107-123
o.V. (ap): Jeder dritte schläft vor dem Fernseher. In: Der Tagesspiegel, 3.8.1990, S. 23
JOAS, Hans: Praktische Intersubjektivität. Die Entwicklung des Werkes von George Herbert Mead. Frankfurt am Main 1980 (zugleich Inaugural-Dissertation am FB Philosophie und Sozialwissenschaften der Freien Universität Berlin 1979)
ders.: Durkheim und der Pragmatismus. Bewußtseinspsychologie und die soziale Konstitution der Kategorien. In: DURKHEIM (1987), S. 257-288
ders.: Symbolischer Interaktionismus. Von der Philosophie des Pragmatismus zu einer soziologischen Forschungstradition. In: Kölner Zeitschrift für Soziologie und Sozialpsychologie 2/1988, S. 417-446
JÖRG, Sabine: Das Fernsehen und die Wahrnehmungswelt der Zuschauer. In: Media Perspektiven 1/1991, S. 45-50
dies.: Sehen im Zeitraffer: Wie der Fernsehzuschauer die Welt wahrnimmt. In: HÖMBERG / SCHMOLKE (1992), S. 277-285
JOHNSON, Richard et al. (Hrsg.): Making Histories. Studies in History-Writing and Politics. London u.a. 1982
JONES, James M.: Cultural Differences in Temporal Perspectives: Instrumental and Expressive Behaviors in Time. In: McGRATH (1988), S. 21-38
JUNGHANS, Ferdinand: Das Problem der Zeit im dramatischen Werk. Phil. Diss. Berlin 1931 [= JUNGHANS (1931)]
ders.: Zeit im Drama. Berlin 1931 [= JUNGHANS (1931a)]
JÜRGENS-KIRCHHOFF, Annegret: Technik und Tendenz der Montage in der bildenden Kunst des 20. Jahrhunderts. Gießen 1978

KAASE, Max / SCHULZ, Winfried (Hrsg.): Massenkommunikation. Theorien, Methoden, Befunde. Sonderheft 30/1989 der KZfSS
KAEMPFER, Wolfgang: Zeitstau oder Das Ende ohne Ende. In: KAMPER / WULF (1987), S. 221-234
ders.: Die Zeit und die Uhren. Frankfurt am Main und Leipzig 1991
KAFKA, Peter: Raum, Zeit, Materie - Gibt es das eigentlich? oder Ein Tanz ohne Boden. In: BERGELT / VÖLCKERS (1991), S. 19-42
KAHA, C. W.: Memory as Conversation. In: Communication 3/1989, S. 115-122
KAMPER, Dietmar: Zeitopfer: Vom ewigen Kalender zum Alltag der Termine. In: KAMPER / WULF (1987), S. 259-265
ders.: Phantasie und Gedächtnis - Das Drama der Erinnerung. In: ZACHARIAS (1990), S. 211-219
ders.: Umgang mit der Zeit. Paradoxe Wiederholungen. In: KAEMPFER (1991), S. 245-351
ders. / WULF, Christoph (Hrsg.) Die sterbende Zeit. Zwanzig Diagnosen. Darmstadt und Neuwied 1987
KANITSCHEIDER, Bernulf: Gibt es Grenzen der physikalischen Beschreibung in Raum und Zeit? In: BURGER (1986), S. 116-145
KATZ, Elihu / BLUMLER, Jay G. / GUREVITCH, M.: Utilization of Mass Communication by the Individual. In: BLUMLER / KATZ (1974), S. 19-32
ders. / FOULKES, David: On the Use of the Mass Media as "Escape": Clarification of a Concept. In: Public Opinion Quarterly 3/1962, S. 377-388
ders. / GUREVITCH, Michael: The Secularization of Leisure. Culture and Communication in Israel. London 1976
KAUSCH, Michael: Kulturindustrie und Populärkultur. Kritische Theorie der Massenmedien. Frankfurt am Main 1988
KAWIN, Bruce F.: Telling It Again and Again: Repetition in Literature and Film. Ithaca und London 1972
KELLER, Wilhelm: Die Zeit des Bewußtseins. In: MEYER (1964), S. 44-69
KELLNER, Hansfried: Vorwort und Einleitung. In: MEAD (1969a), S. 7-35
KELLNER, Hella / BUSS, Michael: "Fernsehen und Alltag" - oder: Was hat der Fernsehalltag mit der Bundestagswahl zu tun? Eine Übersicht über das Gesamtprojekt der Medienkommission ARD/ZDF. In: Media Perspektiven 4/1982, S. 233-236
KELLY, Janice R.: Entrainment in Individual and Group Behavior. In: McGRATH (1988), S. 89-110

KEPPLINGER, Hans Mathias: Begriffe und Modelle langfristiger Medienwirkungen. In: MAHLE (1986), S. 27-38
KERN, Stephen: The Culture of Time and Space 1880-1918, Cambridge, Ma. 1983
KETTLER, David / MEJA, Volker / STEHR, Nico: Karl Mannheims frühe kultursoziologische Arbeiten. In: MANNHEIM (1980), S. 9-31
KIEFER, Marie-Luise: Freizeitsozialisation und Fernsehen. In: Publizistik 2-3/1988, S. 264-276
KIRAY, Mübeccel B.: The Concept of Time in Rural Societies. In: GREENAWAY (1979), S. 129-142
KIRSCH, Guy / NIJKAMP, Peter / ZIMMERMANN, Klaus (Hrsg.): The Formulation of Time Preferences in a Multidisciplinary Perspective. Aldershot (Hampshire, UK) 1988
KISS, Gabor: Einführung in die Soziologischen Theorien II. Opladen 1973, 19773
KITTSTEINER, Heinz D.: Über das Verhältnis von Lebenszeit und Geschichtszeit. In: KAMPER / WULF (1987), S. 72-82
KLAGES, Ludwig: Vom Wesen des Rhythmus. Kampen auf Sylt 1934
KLEINSTEUBER, Hans J.: Mediensituation und Kommunikationsforschung in Kanada. Zur Bedeutung der Theorien von Harold Innis und Marshall McLuhan. In: Zeitschrift der Gesellschaft für Kanada-Studien. 1-2/1987, S. 53-67
ders.: Zeit und Raum in der Kommunikationstechnik: Harold A. Innis' Theorie des "technologischen Realismus". In: HÖMBERG / SCHMOLKE (1992), S. 319-336
KLEIST, Heinrich von: Über die allmähliche Verfertigung der Gedanken beim Reden. In: KLEIST, Heinrich von: Werke in einem Band. Hrsg. von Helmut Sembdner. München 1966, S. 810-814
KLINDWORTH, Gisela: Mexikanische Telenovelas - ihre Produktion und Struktur. In: Rundfunk und Fernsehen 4/1993, S. 531-543
KLINE, Gerald F.: Time in Communication Research. In: HIRSCH, Paul M. / MILLER, Peter, V. / KLINE, Gerald F. (Hrsg.): Strategies for Communication Research. Beverly Hills 1977, S. 187-204
KLOOCK, Daniela: Dann sehen Sie das falsch. Ein Gespräch mit Vil(l)ém Flusser im Oktober 1991 über Telematik, Humanismus und das antinatürliche Wesen des Menschen. In: taz, 14.12.1991, S. 23-24
KLUGE, Alexander: Mediatisieren - Musealisieren. In: ZACHARIAS (1990), S. 31-39
KNOBLAUCH, Hubert: Die sozialen Zeitkategorien der Hopi und der Nuer. In: FÜRSTENBERG / MÖRTH (1986), S. 327-355
KNOPP, Guido / QUANDT, Siegfried (Hrsg.): Geschichte im Fernsehen. Ein Handbuch. Darmstadt 1988
KÖCK, Wolfram K.: Autopoiesis and Communication. In: BENSELER / HEJL / KÖCK (1980), S. 87-112
ders.: Kognition - Semantik - Kommunikation. In: SCHMIDT (1987), S. 340-373
KOLAKOWSKI, Leszek: Bergson. Oxford und New York 1985
ders.: Die Suche nach der verlorenen Gewißheit. Denk-Wege mit Edmund Husserl. Stuttgart u.a. 1977, München 1986
KÖNIG, René (Hrsg.): Das Fischer Lexikon Soziologie. Frankfurt am Main 1958, 1967
KÖTZ, Michael: Der Traum, die Sehnsucht und das Kino. Film und die Wirklichkeit des Imaginären. Frankfurt am Main 1986
KOHLI, Martin: Fernsehen und Alltagswelt. Ein Modell des Rezeptionsprozesses. In: Rundfunk und Fernsehen 1-2/1977, S. 70-85
KORTE, Hermann: Über Norbert Elias. Das Werden eines Menschenwissenschaftlers. Frankfurt am Main 1988
KOSELLECK, Reinhart: Vergangene Zukunft. Zur Semantik geschichtlicher Zeiten. Frankfurt am Main 1979, 1989
KOSZYK, Kurt / PRUYS, Karl Hugo (Hrsg.): Handbuch der Massenkommunikation. München 1981
KOWAL, Sabine: Über die zeitliche Organisation des Sprechens in der Öffentlichkeit. Pausen, Sprechtempo und Verzögerungen in Interviews und Reden von Politikern. Stuttgart 1991
KRACAUER, Siegfried: Von Caligari bis Hitler. Ein Beitrag zur Geschichte des deutschen Films. Hamburg 1958 [amerikanische Originalsausgabe: From Caligari to Hitler. Princeton, N. J. 1947; = KRACAUER (1958)]
ders.: Theorie des Films. Die Errettung der äußeren Wirklichkeit. Frankfurt am Main 1964 [britische Originalausgabe: Theory of Film. The Redemption of Physical Reality. Oxford 1960; = KRACAUER (1964)]
ders.: Schriften 4. Geschichte - Vor den letzten Dingen. Frankfurt am Main 1971 [amerikanische Originalausgabe: History. The Last Things Before The Last. New York 1969]
ders.: Das Ornament der Masse. Essays. Frankfurt am Main 1963, 1977 [= KRACAUER (1977)]
ders.: Die Photographie. In: KRACAUER (1977), S. 21-39 [= KRACAUER (1977a)]
ders.: Langeweile. In: KRACAUER (1977), S. 321-325 [= KRACAUER (1977b)]
KRÄMER, Reinhold: Massenmedien und Wirklichkeit. Zur Soziologie publizistischer Produkte. Bochum 1986
KRAFT, Jörn: Wir schalten um. In: Die ZEIT 6/1993 (5.2.1993), S. 83

KRAPP, Helmut: Programmbeitrag - Programmstruktur - Programmproduktion. In: Rundfunk und Fernsehen 2-3/1981, S. 267-274
KRESS, Barbara: Die langsamen Genießer. In: Marie Claire 1/1993, S. 18-20
KRIPPENDORFF, Klaus: Eine häretische Kommunikation über Kommunikation über Kommunikation über Realität. In: DELFIN. Eine deutsche Zeitschrift für Konstruktion, Analyse und Kritik. Nr. XIII (1/1989/1990), S. 52-67 [= KRIPPENDORFF (1989a)]
ders.: On the Ethics of Constructing Communication. In: DERVIN, Brenda / GROSSBERG, Lawrence / O'KEEFE, Barbara J. / WARTELLA, Ellen (Hrsg.): Rethinking Communication. Volume 1 Paradigm Issues. Newbury Park, London und New Dehli 1989, S. 66-96 [= KRIPPENDORFF (1989b)]
ders.: Der verschwundene Bote. Metaphern und Modelle der Kommunikation. In: Funkkolleg Medien und Kommunikation. Konstruktionen von Wirklichkeit. Studienbrief 3, Tübingen 1990, S. 11-50
ders.: Stepping Stones Towards a Constructivist Epistemology for Mass Communication. Paper prepared for presentation to the annual meeting of the Deutsche Gesellschaft für Publizistik und Kommunikationswissenschaft in Bamberg, May 8-10, 1991
KROCKOW, Christian Graf von: "Wie uns die Stunde schlägt". Mensch und Gesellschaft im Wandel der Zeitorganisation. In: WENDORFF (1989), S. 79-90
KRÖLL, Ulrich (Hrsg.): Massenmedien und Geschichte. Presse, Rundfunk und Fernsehen als Geschichtsvermittler. Münster 1989
ders.: Geschichte in der Tages- und Wochenpresse - Unterhaltsamer Nachhilfeunterricht für Erwachsene? In: KRÖLL (1989), S. 11-62 [= KRÖLL (1989a)]
ders.: Geschichte im Fernsehen der Bundesrepublik: Durchbruch zum massenhaften Geschichts-Konsum. In: KRÖLL (1989), S. 103-128 [= KRÖLL (1989b)]
KROHN, Wolfgang / KÜPPERS, Günther / PASLACK, Rainer: Selbstorganisation - Zur Genese und Entwicklung einer wissenschaftlichen Revolution. In: SCHMIDT (1987), S. 441-465
KROMREY, Helmut: Neue Kommunikationstechnologien in der Frezeit. Das Beispiel Feldversuch Bildschirmtext. In: Angewandte Sozialforschung 1-2/1984, S. 69-77
KROTZ, Friedrich: Kommunikation als Teilhabe. Der "Cultural Studies Approach". In: Rundfunk und Fernsehen 3/1992, S. 412-431
KRÜGER, Udo Michael: Kontinuität und Wandel im Programmangebot. Programmstrukturelle Trends bei ARD, ZDF, SAT.1 und RTL 1986 bis 1992. In: Media Perspektiven 6/1993, S. 246-266
ders. / ZAPF-SCHRAMM, Thomas: Programmanalyse 1993 von ARD, ZDF, SAT.1 und RTL. In: Media Perspektiven 3/1994, S. 111-124
KRUSE, Peter / STADLER, Michael: Wahrnehmen, Verstehen, Erinnern. Der Aufbau des psychischen Apparates. In: Funkkolleg Medien und Kommunikation. Konstruktionen von Wirklichkeit. Studienbrief 2. Tübingen 1990, S. 11-45
KUBEY, Robert / CSIKSZENTMIHALYI, Mihaly: Television and the Quality of Life. How Viewing Shapes Everyday Experience. Hillsdale, N.J. , Hove und London 1990
KUHN-SCHNYDER, Emil: Das Leben im Strom der Zeit. In: MEYER (1964), S. 213-246
KÜBLER, Hans-Dieter: Medienforschung zwischen Stagnation und Innovation. Eine Skizze des Diskussionsstandes aus der Sicht qualitativer Forschung. In: BAACKE / KÜBLER (1989), S. 7-71
KÜLP, Bernhard: Freizeitökonomie. München 1983
KÜMMEL, Friedrich: Über den Begriff der Zeit. Tübingen 1962
KULENKAMPFF, Jens: Notiz über die Begriffe »Monument« und »Lebenswelt«. In: ASSMANN / HARTH (1991), S. 26-33
KUNDERA, Milan: Das Leben ist anderswo. Frankfurt am Main 1992, (Geschrieben 1973)
KUROWSKI, Ulrich: Lexikon Film. München 19732
KÜPPERS, Bernd-Olaf: Entropie, Evolution und Zeitstruktur. In: KAMPER / WULF (1987), S. 133-151

LAERMANN, Klaus: Alltags-Zeit. Bemerkungen über die unauffälligste Form sozialen Zwangs. In: Kursbuch 41/1975, S. 87-105
LAING, Ronald D.: Phänomenologie der Erfahrung. 1967, Frankfurt am Main 1969
LALIVE d'EPINAY, Christian: Die soziale Ambivalenz der Freizeit. In: ZOLL (1988), S. 405-425
LANDES, David S.: Revolution in Time. Clocks and the Making of the Modern World. Cambridge, Ma., und London 1983
ders.: The Time of our Lives. In: Social Science Information Vol. 29 4/1990, S. 693-724
LANG, Kurt / LANG, Gladys Engel: Collective Memory and the News. In: Communication 3/1989, S. 123-139
LANGENBUCHER, Wolfgang R.: Fernsehen als epochales Phönomen. Oder: Vom Nutzen der Kulturkritik für die Erforschung langfristiger Medienwirkungen. In: MAHLE (1986), S. 69-81
LANGER, Susanne K.: Philosophie auf neuem Wege. Das Symbol im Denken, im Ritus und in der Kunst. Frankfurt am Main 1965. [Originalsausgabe: Philosophy in a New Key. Cambridge, Ma. 1942]

LANNOCH, Helga: Alles geschieht zugleich. Über die Aufhebung von Raum und Zeit durch Telekommunikation. In: Kultur & Technik 3/1990, S. 28-32
LA ROCHE, Walther von: Nachrichten als Programmgerüst. In: Media Perspektiven 1/1982, S. 35-40
LASLETT, Peter: Social Structural Time: An Attempt At Classifying Types Of Social Change By Their Characteristic Paces. In: YOUNG / SCHULLER (1988), S. 17-36
LAUER, Robert Harold: Temporal Man. The Meaning and Uses of Social Time. New York 1981
LAWRENCE, Nathaniel: The Origins of Time. In: FRASER / LAWRENCE / HABER (1986), S. 23-38
LAWSON, John Howard: Film. The Creative Process. New York 1964
LEBER, Martin: Die Beziehungen zwischen Mediennutzungsverhalten und nicht-medialen Freizeitaktivitäten. Ansätze einer freizeitsoziologischen Weiterung des "Uses-and-Gratifications-Approach". Bern u.a. 1988
LEFEBVRE, Henri: Kritik des Alltagslebens. Bd. 3. Grundrisse einer Soziologie der Alltäglichkeit. München 1975
LE GOFF, Jacques: Für ein anderes Mittelalter. Zeit, Arbeit und Kultur im Europa des 5.-15. Jahrhunderts. Frankfurt am Main, Berlin, Wien 1984
ders.: Geschichte und Gedächtnis. Frankfurt am Main, New York und Paris 1992
LEISI, Ernst: Die Darstellung der Zeit in der Sprache. In: MEYER, Rudolf Walter (1964), S. 11-26
LEITHÄUSER, Thomas: Praxis, Wiederholungszwang und Zeiterfahrung. In: SCHÜLEIN, Johann August et al (Hrsg.): Politische Psychologie. Entwürfe zu einer historisch - materialistischen Theorie des Subjekts. Frankfurt am Main 1981, S. 107-123
LEITNER, Hartmann: Lebenslauf und Identität. Die kulturelle Konstruktion von Zeit in der Biographie. Frankfurt am Main und New York 1982
LEPENIES, Wolf: Das Ende der Naturgeschichte. Wandel kultureller Selbstverständlichkeiten in den Wissenschaften des 18. und 19. Jahrhunderts. München 1976
LESHAN, Lawrence: Time Orientation and Social Class. In: Journal of Abnormal and Social Psychology, 1952 (Vol 47), S. 589-592
LETHEN, Helmut: Geschichten zur »kristallinen Zeit«. In: KAMPER / WULF (1987), S. 83-99
LEVINE, Robert V.: The Pace of Life Across Cultures. In: McGRATH (1988), S. 39-60
LEVY, Mark R.: Home Video Reccorders and Time Shifting. In: Journalism Quartely 4/1981, S. 401-405
ders.: The Time-Shifting Use of Home Video Recorders. In: Journal of Broadcasting 3/1983, S. 263-268
ders. (Hrsg.): The VCR Age. Home Video and Mass Communication. Newbury Park u.a. 1989
ders.: Why VCRs Aren't Pop-Up Toasters: Issues in Home Video Researtch. In: LEVY (1989), S. 9-18 (1989a)
ders. / FINK, Edward L.: Home Video Recorders and the Transcience of Television Broadcasts. In: Journal of Communication 2/1984, S. 56-71
LEWIS, David J. / WEIGART, Andrew J.: The Structures and Meanings of Social-time. In: HASSARD (1990), S. 77-101 [Originalausgabe in: Social Forces 1981 (Vol. 60), S. 432-462]
LIEBER, Hans-Joachim: Wissen und Gesellschaft. Die Probleme der Wissenssoziologie. Tübingen 1952
LINDER, Staffan Burenstam: The Harried Leisure Class. New York und London 1970
LIPPE, Rudolf zur: Jenseits der Eskalation. Andeutungen für eine Wiederentdeckung der Zeit als Kategorie der Logik. In: BERGELT / VÖLCKERS (1991), S. 102-121
LIPSITZ, George: Time Passages. Collective Memory and American Popular Culture. Minneapolis 1990
LITMAN, Barry R. / KOHL, Linda S.: Network Rerun Viewing in the Age of New Programming Services. In: Journalism Quarterly 2/1992, S. 383-391
LIVINGSTONE, Sonia M.: Why People Watch Soap Opera: An Analysis of the Explanations of British Viewers. In: European Journal of Communication 1/1988, S. 55-80
LOHMANN, Johannes: "Sprache" und "Zeit". In: Studium Generale 9/1955, S. 562-567
LÖBL, Emil: Kultur und Presse. Leipzig 1903
LÖHRS, Otto: "Gefällig und anziehend". Vor hundert Jahren wurde in Berlin die erste Uraniasäule aufgestellt. In: Der Tagesspiegel, 14.5.1992, S. 30
LÜBBE, Hermann: Zeit-Verhältnisse. Über die veränderte Gegenwart von Zukunft und Vergangenheit. In: ZACHARIAS (1990), S. 40-49
ders.: Im Zug der Zeit. Verkürzter Aufenthalt in der Gegenwart. Berlin 1992
LUCKMANN, Thomas: Von der unmittelbaren zur mittelbaren Kommunikation (Strukturelle Bedingungen). o.O., o.J.
ders.: Lebensweltliche Zeitkategorien, Zeitstrukturen des Alltags und der Ort des historischen Bewußtseins. In: CERQUIGLINI / GUMBRECHT (1983), S. 13-28
ders.: Zeit und Identität: Innere, soziale und historische Zeit. In: FÜRSTENBERG / MÖRTH (1986), S. 135-174
LUDES, Peter: Von der Wissenssoziologie zur Medienwissenschaft. [= Medien und Kommunikation 57/58] Siegen 1989

LUGER, Kurt: Die Macht der Gewohnheit. Wie Jugendliche mit dem Fernsehen umgehen. In: BAACKE / KÜBLER (1989), S. 223-251
LUHMANN, Niklas: Weltzeit und Systemgeschichte. Über Beziehungen zwischen Zeithorizonten und sozialen Strukturen gesellschaftlicher Systeme. In: LUDZ, Peter (Hrsg.): Soziologie und Sozialgeschichte. Aspekte und Probelme. Opladen 1972 [= KZfSS, Sonderheft 16], S. 81-115
ders.: Die Knappheit der Zeit und die Vordringlichkeit des Befristeten. in: LUHMANN, Niklas: Politische Planung. Opladen 1971, 1975², S. 143-164
ders.: Handlungstheorie und Systemtheorie. In. KZfSS 1978, S. 211-227
ders.: Zeit und Handlung - Eine vergessene Theorie. In: Zeitschrift für Soziologie 1/1979, S. 63-81
ders.: Temporalisierung und Komplexität: Zur Semantik neuzeitlicher Zeitbegriffe. In: LUHMANN, Niklas: Gesellschaftstruktur und Semantik. Bd. 1, Frankfurt 1980, S. 235-300
ders.: Veränderungen im System gesellschaftlicher Kommunikation. In: LUHMANN, Niklas: Soziologische Aufklärung 3. Soziales System, Gesellschaft, Organisation. Opladen 1981, S. 309-320
ders.: Die Unwahrscheinlichkeit der Kommunikation. In. LUHMANN, Niklas: Soziologische Aufklärung 3. Soziales System, Gesellschaft, Organisation. Opladen 1981, S. 25-34 [= LUHMANN (1981a)]
ders.: Temporalstrukturen des Handlungssystems. Zum Zusammenhang von Handlungs- und Systemtheorie. In: SCHLUCHTER, Wolfgang (Hrsg.): Verhalten, Handeln und System. Talcott Parsons'Beitrag zur Entwicklung der Sozialwissenschaften. Frankfurt am Main 1979, 1983, S. 32-67
ders.: Ökologische Kommunikation. kann die moderne Gesellschaft sich auf ökologische Gefährdungen einstellen? Opladen 1985
ders.: Soziale Systeme: Grundriß einer allgemeinen Theorie. Frankfurt 1987, 1988 [= LUHMANN (1988a)]
ders.: Wie ist Bewußtsein an Kommunikation beteiligt? In: GUMBRECHT / PFEIFFER (1988), S. 884-905 [= LUHMANN (1988b)]
ders.: Soziologische Aufklärung. 5. Konstruktivistische Perspektiven. Opladen 1990
ders.: Identität - was oder wie? in: LUHMANN (1990), S. 14-30 [= LUHMANN (1990a)]
ders.: Das Erkenntnisprogramm des Konstruktivismus und die unbekannt bleibende Realität. In: LUHMANN (1990), S. 31-58 [= LUHMANN (1990b)]
ders.: Gleichzeitigkeit und Synchronisation. In: LUHMANN (1990), S. 95-130 [= LUHMANN 1990c)]
ders.: Gesellschaftliche Komplexität und öffentliche Meinung. In: LUHMANN, Niklas: Soziologische Aufklärung. 5. Konstruktivistische Perspektiven. Opladen 1990, S. 170-182 [= LUHMANN (1990d)]
ders.: Die Wissenschaft der Gesellschaft. Frankfurt am Main 1990, 1992
LÜSCHER, Edgar: Zusammenfassende Bemerkungen zur physikalischen Zeitdefinition. In: PEISL / MOHLER (1989), S. 365-368
LÜSCHER, Kurt K.: Time: A Much Neglected Dimension in Social Theory and Research. In: Sociological Analysis & Theory. A Discussion Journal of Research and Ideas. 3/1974 (Vol. IV), S. 110-117
LUTZ, Brigitta: Die telemetrische Messung der Fernsehnutzung von Kindern - Methode, Ergebnisse, Probleme. In: TIETZE, Wolfgang / ROSSBACH, Hans-Günther (Hrsg.): Mediennutzung und Zeitbudget. Ansätze, Methoden, Probleme. Wiesbaden 1991, S. 86-108
LYMAN, Stanford M. / SCOTT, Marvin B.: A Sociology of the Absurd. Pacific Palisades, Cal. 1970
LYOTARD, Jean-François: Der Augenblick, Newman. In: BARCK, Karlheinz / GENTE, Peter / PARIS, Heidi / RICHTER, Stefan (Hrsg.): AISTHESIS. Wahrnehmung heute oder Perspektiven einer anderen Ästhetik. Essais. Leipzig 1991, S. 358-369

McEACHERN, Charmaine: Time and the Significance of the Rural in a British Soap Opera. In: Time & Society. An International Interdisciplinary Journal 1/1993, S. 7-28
MACEY, Samuel L.: Clocks and the Cosmos. Time in Western Life and Thought. Hamden, Con. 1980
ders.: The Relationship Between Our New Sense of Time and Our Sense of an Ending in Tragedy. In: FRASER / LAWRENCE / PARK (1981), S. 94-102
McGRATH, Joseph Edward (Hrsg.): The Social Psychology of Time. New Perspectives. Newbury Park u.a. 1988
ders.: Time and Social Psychology. In: McGRATH (1988), S. 255-267
ders.: Introduction. The Place of Time in Social Psychology. In: McGRATH (1988), S. 7-17
ders. / KELLY, Janice R.: Temporal Context and Temporal Patterning: Towards a time-centered perspective for social psychology. In: Time & Society. An International Interdisciplinary Journal. Vol. 1, 3/1992, S. 399-420
dies.: Time and Human Interaction. Toward a Social Psychology of Time. New York und London 1986
McGUIRE, William J.: Psychological Motives and Communication Gratification. In: BLUMLER / KATZ (1974), S. 167-196
McHALE, John: Time and the Future Sense. In: GREENAWAY (1979), S. 85-101
MacLACHLAN, J. / LaBARBERA, P.: Time-Compressed TV commercials. In: Journal of Advertising Research 4/1978, S. 11-15

McLUHAN, Herbert Marshall: The Gutenberg Galaxy, The making of the typographic man. Toronto u.a. 1962, 1986
ders.: Die magischen Kanäle. »Understanding Media«. Düsseldorf und Wien 1968, 19792 [Originalausgabe: Understanding Media. The Extensions of Man. New York 1964]
ders.: Television in a New Light. In: DONNER, Stanley T.: The Meanings of Commercial Television. The Texay Stanford Seminar 1966. Austin und London 1967, S. 87-107
ders. / FIORE, Quentin: The Medium is the Massage. New York 1967
ders.: Wohin steuert die Welt? Massenmedien und Gesellschaftsstruktur. Wien, München und Zürich 1978
McQUAIL, Denis: Soziologie der Massenkommunikation. Berlin 1973
ders. / GUREVITCH, Michael: Explaining Audience Behavior: Three Approaches Considered. In: BLUMLER / KATZ (1974), S. 287-301
MAHLE, Walter A. (Hrsg.): Langfristige Medienwirkungen. Berlin 1986
MAIER-RABLER, Ursula / STEINMAURER, Thomas: Zeit und Raum als Determinanten gesellschaftlicher Kommunikation. In: Publizistik 3/1990, S. 356-360
MALETZKE, Gerhard: Psychologie der Massenkommunikation. Theorie und Systematik. Hamburg 1963
ders.: Massenkommunikationstheorien. Tübingen 1988
o.V.: "Man arbeitet wie ein Maler" Ein Gespräch mit Wim Wenders über hochauflösendes Fernsehen und die Zukunft des Kinos. In: Der Tagesspiegel, 5.7.1992, S. X
MANHEIM, Ernest: The Communicator and his Audience: Liberals and Traditionalists in Eighteenth-Century Germany. In: CAHNMANN, Werner J. / BOSKOFF, Alvin (Hrsg.): Sociology and History. Theory and Research. London 1964, S. 503-515
MANHEIM, Ernst: Die Träger der öffentlichen Meinung. Studien zur Soziologie der Öffentlichkeit. Brünn, Prag, Leipzig und Wien 1933
ders.: Vorwort zur Neuausgabe. (1977) In: MANHEIM, Ernst: Aufklärung und öffentliche Meinung. Studien zur Soziologie der Öffentlichkeit. Herausgegeben und eingeleitet von Norbert Schindler. Stuttgart und Bad Cannstatt 1979
MANN, Harriet: / SIEGLER, Miriam / OSMOND, Humphry: The Psychopathology of Time. In: YAKER, Henri / OSMOND, Humphry / CHEEK, Frances (Hrsg.): The Future of Time. Man's Temporal Environment. Garden City, NY 1971, S. 142-178
MANNHEIM, Karl: Mensch und Gesellschaft im Zeitalter des Umbaus. Leiden, Niederlande 1935
ders.: Das Problem einer Soziologie des Wissens. In: Wissenssoziologie. Auswahl aus dem Werk eingeleitet und herausgegeben von Kurt H. Wolff Berlin und Neuwied 1964 [Originalveröffentlichung 1925], S. 308-387
ders.: Strukturen des Denkens. Herausgegeben von David Kettler, Volker Meja und Nico Stehr. Frankfurt am Main 1980
ders.: Über die Eigenart kultursoziologischer Erkenntnis. In: MANNHEIM (1980), S. 33 -154 [= MANNHEIM (1980a)]
ders.: Eine soziologische Theorie der Kultur und ihre Erkennbarkeit. (Konjunktives und kommunikatives Denken). In: MANNHEIM (1980), S. 155-322 [= MANNHEIM (1980b)]
ders.: Ideologie und Utopie. Frankfurt am Main 1952, 1985[7] [Originalausgabe 1929]
MARCINKOWSKI, Frank: Publizistik als autopoietisches System. Politik und Massenmedien. Eine systemtheoretische Analyse. Opladen 1993
MARTENS, Wil: Die Autopoiesis sozialer Systeme. In: KZfSS 4/1991, S. 625 - 646
MARTINS, Herminio: Time and theory in sociology. In: REX, John (Hrsg.): Approaches to sociology. An introduction to major trends in British Sociology. London und Boston 1974, S. 246-294
MARX, Karl / ENGELS, Friedrich: Feuerbach. Gegensatz von materialistischer und idealistischer Anschauung. [erstes Kapitel des I. Bandes der "Deutschen Ideologie"]. Berlin (DDR) 1971, 1988[8]
MATURANA, Humberto R.: Man and Society. In: BENSELER / HEJL / KÖCK (1980), S. 11-31
ders.: Erkennen: Die Organisation und Verkörperung von Wirklichkeit. Ausgewählte Arbeiten zur biologischen Epistemologie. Braunschweig und Wiesbaden 1982
ders.: Biologie der Kognition. In: MATUARANA (1982), S. 32-80 [= MATURANA (1982a)]
ders.: Repräsentation und Kommunikation. In: MATUARANA (1982), S. 272-296 [= MATURANA (1982b)]
ders.: Kognitive Strategien. In: MATUARANA (1982), S. 297-318 [= MATURANA (1982c)]
ders.: Biologie der Sozialität. In: SCHMIDT (1987), S. 287-302 [= MATURANA (1987a)]
ders.: Kognition. In: SCHMIDT (1987), S. 89-118 [= MATURANA (1987b)]
ders.: Elemente einer Ontologie des Beobachtens. In: GUMBRECHT / PFEIFFER (1988), S. 830-845
ders. / VARELA, Francisco J.: Der Baum der Erkenntnis. Die biologischen Wurzeln des menschlichen Erkennens. Bern und München 1987, München 1990 [Originalausgabe 1984]
MAXWELL, Robert J.: Anthropoligical Perspectives. In: YAKER / OSMOND / CHEEK (1971), S. 36-72
MAYS, Wolf: Whitehead and the Philosophy of Time. In: FRASER / HABER / MÜLLER (1972), S. 354-369

MEAD, George Herbert: Movements of Thought in the Nineteenth Century. Edited by Merrit H. Moore, Chicago 1936
ders.: Philosophie der Sozialität, Frankfurt am Main 1969 [= MEAD (1969a)]
ders.: Die objektive Realität von Perspektiven. In: MEAD (1969a), S. 213-228
ders.: Sozialpsychologie. Eingeleitet und herausgegeben von Anselm Strauss. Neuwied und Berlin 1969 [= MEAD (1969b)]
ders.: Geschichtswissenschaft und experimentelle Methoden. In: MEAD (1969b), S. 395-403 [deutsche Übersetzung von: The Philosophy of the Act, Chicago 1938], S. 92-100)
ders.: Zeit. In: MEAD (1969b), S. 404-419
ders.: Geist, Identität und Gesellschaft aus der Sicht des Sozialbehaviorismus. Mit einer Enleitung von Charles W. Morris. Frankfurt am Main 1978 [Originalausgabe: Mind , Self and Society. From the standpoint of a social behaviorist. Chicago 1934; = MEAD (1978)]
ders.: The Philosophy of the Present. Chicago 1932, 1980. [Die meisten Teile sind ins Deutsche übersetzt und an verschiedenen Orten publiziert, vor allem in MEAD (1969a); = MEAD (1980)]
ders.: Das Wesen der Vergangenheit. In: MEAD, George Herbert: Gesammelte Aufsätze. Band 2. Frankfurt am Main 1983, S. 337-347 [= deutsche Übersetzung von: The Nature of the Past. In: COSS, John (Hrsg.): Essay in Honor of John Dewey. New York 1929, S. 235-242; = MEAD (1983)]
MECKE, Jochen: Kritik narrativer Vernunft. Implosionen der Zeit im nouveau roman. In: THOLEN / SCHOLL (1990), S. 157-176
MEDIA PERSPEKTIVEN (Hrsg.): Media Perspektiven Basisdaten 1987. Frankfurt am Main 1987
MEDIA PERSPEKTIVEN (Hrsg.): Media Perspektiven Basisdaten 1991. Frankfurt am Main 1991
MEGGLE, Roland: Die Konstanz der Rezeption. Das Umschaltverhalten erwachsener Fernsehzuschauer in der BRD unter besonderer Berücksichtgung häufig umschaltender Rezipienten. Magisterarbeit. Ludwig-Maximilian-Universität München 1989
MEHLING, Harold: The Great Time-Killer. New York und Cleveland, Ohio 1962
MELBIN, Murray: City Rhythms. In: FRASER / PARK / LAWRENCE (1978), S. 444-465 [= MELBIN (1978)]
ders.: Night as Frontier. In: American Sociological Review 1/1978, S. 1-22 [= MELBIN (1978a)]
ders.: Night as Frontier. Colonizing the World After Dark. New York und London 1987
MELCHERS, Christoph P.: Von dienstbaren Dingen und Zauberlehrlingen - zur Psychologie des Umgangs mit Videorecordern. In: BAACKE / KÜBLER (1989), S. 252-278
MELLENKAMP, Patricia: TV Time and Catastrophe, or Beyond the Pleasure Principle of Television. In: MELLENKAMP, Patricia (Hrsg.): Logics of Television. Essays in Cultural Criticism. London 1990, S. 240-266
MENDELSOHN, Harold: Listening to Radio. In: DEXTER, Lewis Anthony / WHITE, D. m. (Hrsg.): People, Society, and Mass Communications. New York 19641, 1966, S. 239-249
MENDILOW, Adam Abraham: Time and the Novel. (1952), New York 1972
MENZEL, Randolf: Zeitstrukturen des Lebendigen. In: BURGER (1986), S. 149-176
MERTEN, Klaus: Aktualität und Publizität. Zur Kritik der Publizitikwissenschaft. In: Publizistik 3/1973, S. 216-235
ders.: Kommunikation. Eine Begriffs- und Prozeßanalyse. Opladen 1977
ders.: Kommunikationsmodell und Gesellschaftstheorie. In: Kölner Zeitschrift für Soziologie und Sozialpsychologie 30/1978, S. 572-595
ders.: Unsere tägliche Wirklichkeit heute. Wie Medien die Kommunikation entfalten. In: Funkkolleg Medien und Kommunikation. Konstruktionen von Wirklichkeit. Studienbrief 5, Tübingen 1990, S. 11-40
ders.: Wissensveränderung durch Medien. Aufriß und Kritik. In: BÖHME-DÜRR / EMIG / SEEL (1990), S. 21-39 [= MERTEN (1990a)]
MERTON, Robert K.: Social Theory and Social Structure. Glencoe, Ill. 1949, Revised and Enlarged Edition 1957, 1961[4]
MEYER, Klaus: Frühstart mit Wir-Gefühl. In: Der Tagesspiegel, 10.7.1993, S. 21
MEYER, Rudolf Walter (Hrsg.): Das Zeitproblem im 20. Jahrhundert. Bern und München 1964
MEYERHOFF, Hans: Time in Literature. Berkeley und Los Angeles 1955
Meyers Kleines Lexikon Philosophie, Mannheim 1987
MEYERSOHN, Rolf: Grundformen und Bedeutung. In: SCHEUCH / MEYERSOHN (1972), S. 15- 22 [= MEYERSOHN (1972)]
ders.: Ansätze zur Erforschung der Freizeit. In: SCHEUCH / MEYERSOHN (1972), S. 23-32 [= MEYERSOHN (1972a)]
MEYROWITZ, Joshua: Die Fernseh-Gesellschaft. Wirklichkeit und Identität im Medienzeitalter. Weinheim und Basel 1987 [US-Originalausgabe: No Sense of Place. The Impact of Electronic Media on Social Behaviour. Oxford u.a. 1985]
MICHON, John A.: The Compleat Time Experiencer. In: MICHON / JACKSON (1985), S. 20-52
ders.: J.T. Fraser's "Levels of Temporality" as Cognitive Representations. In: FRASER / LAWRENCE / HABER (1986), S. 51-66
ders. / JACKSON, Janet L. (Hrsg.): Time, Mind, and Behavior. Berlin u. a. 1985

ders. / JACKSON, Janet L.: Introduction: The Psychology of Time. In: MICHON / JACKSON (1985), S. 2-17
MIDDLETON, David / EDWARDS, Derek (Hrsg.): Collective Remembering. Newbury Park 1990
dies.: Introduction. In: MIDDLETON / EDWARDS (1990), S. 1-22 [= MIDDLETON / EDWARDS (1990a)]
dies.: Conversational remembering: a Social Psychological Approach. In: MIDDLETON / EDWARDS (1990), S. 23-45 [= MIDDLETON / EDWARDS (1990b)]
MIKOS, Lothar: Fernsehserien. Ihre Geschichte, Erzählweise und Themen. In: medien + erziehung 1/1987, S. 2-16
MILLS, Patricia Jagentowiz: Memory and Myth: Women's Time Reconceived. In: FORMAN / SOWTON (1989), S. 61-73
MINSKY, Marvin: A Framework of Representing Knowledge. In: WINSTON, Patrick H. (Hrsg.) The Psychology of Computer Vision. New York 1975, S. 211-277
MITSCHERLICH, Alexander / MITSCHERLICH, Margarete: Die Unfähigkeit zu trauern. Grundlagen kollektiven Verhaltens. München 1967, 1973[9]
MOLES, Abraham A.: Rituale der Massenkommunikation im Alltag. In: PROSS / RATH (1983), S. 13-23
MONACO, James: Film verstehen. Kultur, Technik, Sprache, Geschichte und Theorie des Films. Reinbek 1980
MONGARDINI, Carlo: Dimensionen der Zeit in der Soziologie. In: FÜRSTENBERG / MÖRTH (1986), S. 37-58
MÖNKS, Franz J.: Zeitperspektive als psychologische Variable. In: Archiv für die gesamte Psychologie. 2/1967 (Bd. 119), S. 131-161
MOHN, Erich: Fernsehprogramm: Nutzung und Zeitstrukturierung. Veränderungen in der 40jährigen Geschichte. In: medien + erziehung 6/1991, S. 336-340
MOHR, Rita: Ein Fernsehjahr und 20 400 Trailer. In: Der Tagesspiegel, 21.11.1993, S. 34
MOORE, Wilbert Ellis: Man, Time, and Society. New York und London 1963
MUCKERJEE, Radhakamal: Time, Technics, and Society. In: HASSARD (1990), S. 47-55 [Originalausgabe in: Sociology and Social Research 1943 (Vol. 27), S. 255-266]
MÜLLER, Arno: Zentrale Aspekte und philosophische Implikationen des Zeitbegriffs in den Naturwissenschaften. In: FÜRSTENBERG / MÖRTH (1986), S. 59-89
MÜLLER, Günther: Zeiterlebnis und Zeitgerüst in der Dichtung. In: Studium Generale 10/1955, S. 594-601
MÜLLER, Jan-Dirk: Der Körper des Buchs. Zum Medienwechsel zwischen Handschrift und Druck. In: GUMBRECHT / PFEIFFER (1988), S. 203-217
MÜLLER, Lothar: Modernität, Nervosität und Sachlichkeit. Das Berlin der Jahrhundertwende als Hauptstadt der "neuen Zeit". In: ÄSTHETIK UND KOMMUNIKATION (Hrsg.): Mythos Berlin. Zur Wahrnehmungsgeschichte einer industriellen Metropole. Eine szenische Ausstellung auf dem Gelände des Anhalter Bahnhofs. (Ausstellungskatalog) Berlin 1987, S. 79-92
MÜLLER-WICHMANN, Christiane: Zeitnot. Untersuchungen zum "Freizeitproblem" und seiner pädagogischen Zugänglichkeit. Weinheim und Basel 1984
MUNSTERBERG, Hugo: The Film: A Psychological Study. The Silent Photoplay in 1916. [1916] Reprint: New York 1970

N'SOUGAN AGBLEMAGNON, F.: Time in Rural Societies and Rapidly Changing Societies. In: GREENAWAY (1979), S. 163-173
NACHTIGÄLLER, Roland: Wenn die Bilder zerfallen. Der Videoclip als neues Drehbuch für die Massenkommunikation. In: medien + erziehung 2/1989, S. 68-74
NADOLNY, Sten: Die Entdeckung der Langsamkeit. München und Zürich 1983
NAMER, Gérard: Die dreifache Legitimation. Ein Modell für eine Soziologie des Wissens. In: STEHR / MEJA (1981), S. 191 -205
NASSEHI, Armin: Die Zeit der Gesellschaft. Auf dem Weg zu einer soziologischen Theorie der Zeit. Opladen 1993
NAUCK, Bernhard: Konkurrierende Freizeitdefinitionen und ihre Auswirkungen auf die Forschungspraxis der Freizeitsoziologie. In: KZfSS 2/1983, S. 274-303
NEBEL, Gerhard: Zeit und Zeiten. Stuttgart 1965
NEELAMEGHAN, A.: Expressions of Time in Information Science and Their Implications. In: GREENAWAY (1979), S. 103-118
NERONE, John: Professional History and Soical Memory. In: Communication 3/1989, S. 89-104
NEUMANN, Enno: Das Zeitmuster der protestantischen Ethik. In: ZOLL (1988), S. 160-171
NEUMANN, Erich: Kunst und Zeit. In: FRÖBE-KAPTEYN (1952), S. 11-56
NEUMANN, Thomas: Sozialgeschichte der Photographie. Neuwied und Berlin 1966

NEUMANN-BECHSTEIN, Wolfgang: Freizeittrends und Fernsehnutzung. Strukturveränderungen im Freizeitverhalten und ihre Bedeutungen für die Medienentwicklung. In: Rundfunk und Fernsehen 2/1982, S. 164-177
ders.: Freizeit und Medien - Neue Trends, ungewisse Perspektiven. In: Media Perspektiven 3/1984, S. 192-201
ders.: Fernsehen und Video. Überholte Konkurrenz oder unterschätzter Konflikt? In: Rundfunk und Fernsehen 3-4/1985, S. 456-468
ders.: Zeitnot - Veränderungen der Zeitstrukturen und Folgen für das Programmfernsehen. In: Rundfunk und Fernsehen 2/1988, S. 174-188
ders.: Zeitloses Fernsehen - beliebiges Fernsehen. Die Aufhebung der Zeitbindung und ihre Folgen für Strukturen und Inhalte der Fernsehprogramme. In: HÖMBERG / SCHMOLKE (1992), S. 44-54
NEVERLA, Irene: Der soziale Zeitgeber Fernsehen. Das elektronische Medium als Komponente und Agens der abstrakt-linearen Zeit unserer Gesellschaft. In: Medien & Zeit 1/1990, S. 3-11
dies.: Fernsehen als Medium einer Gesellschaft in Zeitnot. Über "Zeitgewinn" und "Zeitverlust" durch Fernsehnutzung. In: Media Perspektiven 3/1991, S. 194-205
dies.: Fernseh - Zeit. Zuschauer zwischen Zeitkalkül und Zeitvertreib. Eine Untersuchung zur Fernsehnutzung. München 1992 [= NEVERLA (1992a)]
dies.: Mediennutzung zwischen Zeitkalkül und Muße. Zum Gebrauch der Begriffe Zeit und Freizeit in der Publikumsforschung. In: HÖMBERG / SCHMOLKE (1992), S. 30-43 [= NEVERLA (1992b)]
NICHOLS, Bill / LEDERMAN, Susan J.: Flicker and Motion in Film. In: DE LAURETIS / HEATH (1980), S. 96-105
NITSCHKE, August: Zeitvorstellungen und Zeiterfahrungen im Wandel der Geschichte. Vom Mittelalter zur Gegenwart. In: Focus MHL. Zeitschrift für Wissenschaft, Forschung und Lehre an der medizinischen Universität Lübeck, 2/1990, S. 116-122
NOELLE-NEUMANN, Elisabeth / SCHULZ, Winfried (Hrsg.): Das Fischer Lexikon Publizistik. Frankfurt am Main 1971
NORDENSTRENG, Kai: Consumption of mass media in Finland. In: Gazette 4/1969, S. 249-259
NOWOTNY, Helga: Time Structuring and Time Measurement: On the Interrelation Between Timekeepers and Social Time. In: FRASER / LAWRENCE (1975), S. 325-342
dies.: Eigenzeit. Entstehung und Strukturierung eines Zeitgefühls. Frankfurt am Main 1989 [= NOWOTNY (1989a)]
dies.: Social Theory, Time and Human Agency. WZB papers P 90-002, Wissenschaftszentrum Berlin für Sozialforschung, Dezember 1989 [= NOWOTNY (1989b)]
dies.: Pausenlos. Reizklima und Zeitbeschleunigung durch medien. In: epd/Kirche und Rundfunk 83/1989, S. 3-6 [= NOWOTNY (1989c)]
dies.: From the Future to the Extended Present - Time in Social Systems. In: NOWOTNY, Helga: In Search of Usable Knowledge. Utilization Contexts and the Application of Knowledge. Frankfurt am Main und Boulder, Col. (USA), 1990, S. 9-27
dies.: Time and Social Theory: Towards a Social Theory of Time. In: Time & Society. An International Interdisciplinary Journal, Vol. 1, 3/1992, S. 421-454
dies.: Kommunikation, Zeit, Öffentlichkeit. In: HÖMBERG / SCHMOLKE (1992), S. 18-29 [= NOWOTNY (1992a)]
dies.: Das Machen der Zeit. Zu Norbert Elias'Entwurf einer Zeittheorie. Typoskript , Wissenschaftskolleg zu Berlin, o.J.
dies. / SCHMUTZER, Manfred E. A.: Gesellschaftliches Lernen. Wissenserzeugung und die Dynamik von Kommuniaktionsstrukturen. Frankfurt am Main 1974
NÜSE, Ralf / GROEBEN, Norbert / FREITAG, Burkhard / SCHREIER, Margit: Über die Erfindungen des Radikalen Konstruktivismus. Kritische Gegenargumente aus psychologischer Sicht. Weinheim 1991

OEDER, Werner: Vom Traum Zenons zu Cantors Paradies. Das fortografische Reglement von Zeit, Sichtbarkeit und Bewegung. In: THOLEN / SCHOLL (1990), S. 247-263
OESER, Erhard: Zeitpfeil und Zeithorizonte. In: BERGELT / VÖLCKERS (1991), S. 151-190
OLTEAN, Tudor: Series and Seriality in Media Culture. In: European Journal of Communication 1/1993, S. 5-31
O'MALLEY, Michael: Standard Time, Narrative Film and American Progressive Politics. In: Time & Society. An International Interdisciplinary Journal 2/1992, S. 193-206
ONG, Walter Jackson: Oralität und Literalität. Die Technologisierung des Wortes. Opladen 1987 (Originalsausgabe: Orality and Literacy. The Technologizing of the Word. London und New York 1982)
OPASCHOWSKI, Horst W.: Pädagogik der Freizeit. Bad Heilbrunn 1976
ders.: Das Fernsehen der 80er Jahre. Langeweileverursacher oder Langeweileverhinderer? In: Animation 3/1983, S. 74-80
ders.: Psychologie und Soziologie der Freizeit. Opladen 1988

ders.: Fernsehkonsum im Wandel. Eine Analyse vom BAT Freizeit-Forschungsinstitut. Hamburg 1993[2]
O'RAND, Angela / ELLIS, Robert A.: Social Class and Social Time Perspective. In: Social Forces 53, 1974, S. 53-62
ORTH, Ernst Wolfgang: Einleitung: Mensch, Welt, Verständigung. Perspektiven einer Phänomenologie der Kommunikation. In: Phänomenologische Forschungen. Bd. 4. Mensch, Welt, Verständigung. Perspektiven einer Phänomenologie der Kommunikation. Herausgegeben von der Deutschen Gesellschaft für phänomenologische Forschungen. Freiburg und München 1977, S. 7-18 [= ORTH (1977a)]
ders.: Anthropologie und Intersubjektivität. Zur Frage von Transzendentalität oder Phänomenalität der Kommunikation. In: Phänomenologische Forschungen. Bd. 4. Mensch, Welt, Verständigung. Perspektiven einer Phänomenologie der Kommunikation. Herausgegeben von der Deutschen Gesellschaft für phänomenologische Forschungen. Freiburg und München 1977, S. 103-129 [= ORTH (1977b)]
ders. (Hrsg.): Studien zum Zeitproblem in der Philosophie des 20. Jahrhunderts. Phänomenologische Forschungen. Bd. 13. Hrsg. von der Deutschen Gesellschaft für phänomenologische Forschung. Freiburg, München 1982
ders.: Zum Zeitbegriff Ernst Cassirers. In: ORTH, Ernst Wolfgang (Hrsg.): Studien zum Zeitproblem in der Philosophie des 20. Jahrhunderts. Phänomenologische Forschungen Bd. 13. München 1982, S. 65-89 [= ORTH (1982a)]
ders. (Hrsg.): Zeit und Zeitlichkeit bei Husserl und Heidegger. Phänomenologische Forschungen, Bd. 14. Hrsg. von der Deutschen Gesellschaft für phänomenologische Forschung. Freiburg, München 1983

PAFLIK, Hannelore (Hrsg.): Das Phänomen Zeit in Kunst und Wissenschaft. Weinheim 1987
PAINE, Robert: Time-Space Scenarios and the Innisian Theory: A view from anthropology. In: Time & Society. An International Interdisciplinary Journal 1/1992, S. 51-63
PARK, Robert Ezra: News as a Form of Knowledge. In: Ders.: Society. Collective Behavior, News and Opinion, Sociology and Modern Society. Glencoe, Ill. 1955, S. 71-88
PAYK, Theodor Rudolf: Mensch und Zeit. Chronopathologie im Grundriss. Stuttgart 1979
ders.: Zeit - Lebensbedingung, Anschauungsweise oder Täuschung? In: WENDORFF (1989), S. 69-78
PEARLIN, Leonard I.: Social and Personal Stress and Escape Television Viewing. In: Public Opinion Quarterly 2/1959, S 255-259
PEISL, Anton / MOHLER, Armin (Hrsg.): Die Zeit. Dauer und Augenblick. Veröffentlichungen der Carl Friedrich von Siemens Stiftung, Bd. 2, München 1983, München 1989
PENROSE, Roger: Computerdenken. Heidelberg 1991
PERNIOLA, Mario: Fernsehästhetiken. In: PROSS / RATH (1983), S. 37-49
PERPEET, Wilhelm: Was ist Zeit? In: Studium Generale 9/1955 8.Jg., S. 531-545
PETERS, Jürgen: Der Dimension "Zeit" auf der Schliche (!) In: taz 13.9.1991, S. 24
PETROV, Krinka Vidakovic: Memory and Oral Tradition. In: BUTLER (1989), S. 77-96
PFETSCH, Barbara: Gesellschaftliche Differenzierung als Wirkung der Programmvermehrung. Ergebnisse einer quasei- experimentellen Studie während der Diffusion des Kabelfernsehens. In: SCHULZ (1992), S. 269-298
PIAGET, Jean: Die Bildung des Zeitbegriffs beim Kinde. Zürich 1955, Frankfurt am Main 1974
PINGREE, Suzanne / HAWKINS, Robert P. / JOHNSSON-SMARAGDI, Ulla / ROSENGREN, Karl Erik / REYNOLDS, Nancy: Television Structures and Adolescent Viewing Patterns: A Swedish - American Comparison. In: European Journal of Communication 4/1991, S. 417-440
PLATTNER, Ilse E.: Das individuelle Zeitbewußtsein im aktuellen und biographischen Lebenskontext. In: Medien & Zeit 1/1990, S. 21-28
POLATSCHEK, Klemens: Eine Uhr fürs ganze Reich. In: Die Zeit 13/1993, 26.3.1993, S. 48
PÖPPEL, Ernst: Die Rekonstruktion der Zeit. In: PAFLIK, Hannelore (Hrsg.): Das Phänomen Zeit in Kunst und Wissenschaft. Weinheim 1987, S. 25-37
ders.: Erlebte Zeit und Zeit überhaupt. Ein Versuch der Integration. In: PEISL / MOHLER (1989), S. 369-382 [= PÖPPEL (1989a)]
ders.: Gegenwart - psychologisch gesehen. In: WENDORFF (1989), S. 11-16 [= PÖPPEL (1989b)]
POPKIN, Jeremy D.: News and Politics in the Age of Revolution. Jean Luzac's Gazette de Leyde. Ithaca und London 1989
POPULAR MEMORY GROUP: Popular Memory: Theory, Politics, Method. In: JOHNSON, Richard et al. (Hrsg.): Making Histories. Studies in History-Writing and Politics. London u.a. 1982, S. 205-252
PORTMANN, Adolf: Die Zeit im Leben der Organismen. In: FRÖBE-KAPTEYN, Olga: Eranos-Jahrbuch 1951. Band XX. Mensch und Zeit. Zürich 1952, S. 437-458
ders. / RITSEMA, Rudolf (Hrsg.): Zeit und Zeitlosigkeit. Eranos-Jahrbuch, Bd. 47. Frankfurt am Main 1981
POSTMAN, Neil: Das Verschwinden der Kindheit. Frankfurt am Main 1983

ders.: Wir amüsieren uns zu Tode. Urteilsbildung im Zeitalter der Unterhaltungsindustrie. Frankfurt am Main 1985
POTTER, James W.: How Do Adolescents' Perceptions of Television Reality Change Over Time. In: Journalism Quarterly 2/1992, S. 392-405
PRIGOGINE, Ilya: Vom Sein zum Werden. München und Zürich 1985
PROKOP, Dieter: Faszination und Langeweile. Die populären Medien. Stuttgart 1979
PROSS, Harry: Die meisten Nachrichten sind falsch. Für eine neue Kommunikationspolitik. Stuttgart u.a. 1971
ders.: Medienforschung. Film, Funk, Presse, Fernsehen. Darmstadt o.J. [= PROSS (1972)]
ders.: Die Freizeitrolle der Massenmedien. In: Neues Hochland 4/1972, S. 313-321 [= PROSS (1972a)]
ders.: Politische Symbolik. Theorie und Praxis der öffentlichen Kommunikation. Stuttgart u.a. 1974
ders.: Kalenderzwang und Sozialreform. Die Macht der Zeitrechnung über das Leben der Menschen. In: Süddeutsche Zeitung 30./31.12.1978/1.1.1979 (Nr. 300), S. 65-66
ders.: Einleitung: Ritualismus und Signalökonomie. In: PROSS / RATH (1983), S. 8-12
ders.: Kalendarische Zwänge. Sinn und Unsinn von Gedenkdaten. Vorlesung vom 24. April 1989 an der Freien Universität Berlin
ders. / RATH, Claus-Dieter (Hrsg.): Rituale der Medienkommunikation. Gänge durch den Medienalltag. Berlin und Marburg 1983
PRÜMM, Karl: "Suspense", "Happy-End" und tödlicher Augenblick. Überlegungen zur Augenblickskultur im Film mit einer Analyse von Michelangelo Antonionis "blow up". [= Medien und Kommunikation 23] Siegen 1983
PUDOWKIN, V(sevolod) I.: Über die Film-Technik. Film-Manuskript und Film-Regie. Köln 1979
PUDOWKIN, Wsewolod I.: Filmregie und Filmmanuskript. Einführung zur ersten deutschen Ausgabe. In: ALBERSMEIER (1979), S. 73-76 [= PUDOWKIN (1979a)]
ders.: Über die Montage. In: ALBERSMEIER (1979), S. 77-99 [= PUDOWKIN (1979b)]
PUTTKAMER, Jesco von: Illustrierte Chronik zur Bewegungsdarstellung in der Photographie. In: "Sprung in die Zeit" (1992), S. 231-241

QUANDT, J.: Das Problem des Zeitbewußtseins. In: Archiv für die gesamte Psychologie 8 (1906), S. 143-189
QUANDT, Siegfried: Geschichte im Fernsehen. Perspektiven der Wissenschaft. In: KNOPP / QUANDT (1988), S. 10-20
ders.: 40 Jahre Bundesrepublik Deutschland im Fernsehen - dokumentarische Rückblicke, Eine Programmanalyse. Unter Mitarbeit von Gunter Stemmler. In: BECKER / QUANDT, (1991), S. 15-33
QUINONES, Ricardo J.: The Renaissance Discovery of Time. Cambridge, Ma. 1972

RADLEY, Alan: Artefacts, Memory and a Sense of the Past. In: MIDDLETON / EDWARDS (1990), S. 46-59
RAMMSTEDT, Otthein: Alltagsbewußtsein von Zeit. In: KZfSS 1/1975, S. 47-63
RATH, Claus-Dieter: Live/Life: Television as a Generator of Events in Everyday Life. In: DRUMMOND / PATERSON (1988), S. 32-37
RAVE, Carsten: Unterschiedliche Lieblingssendungen. In: Der Tagesspiegel, 23.8.1992, S. 28
ders.: Fernsehprogramme satt. In: Der Tagesspiegel, 21.7.1993, S. 14
REAL, Michael R.: Super Media. A Cultural Studies Approach. Newbury Park u.a. 1989
REEVES, Byron / CHAFFEE, Steven H. / TIMS, Albert: Social Cognition ans Mass Communication Research. In: ROLOFF / BERGER (1982), S. 287-326
RENCKSTORF, Karsten: Mediennutzung als soziales Handeln. Zur Entwicklung einer handlungstheoretischen Perspektive der empirischen (Massen-)Kommunikationsforschung. In:
KAASE / SCHULZ (1989), S. 314-336
ders. / WESTER, Fred: Die handlungstheoretische Perspektive empirischer (Massen-)Kommunikationsforschung. Theoertischer Ansatz, methodische Implikationen und forschungspraktische Konsequenzen. In: Communications 2/1992, S. 177-196
RHEINBERGER, Hans-Jörg: Zeit und Biologie. In: THOLEN / SCHOLL (1990), S. 127-136
RICHARDS, John / GLASERSFELD, Ernst von: Die Kontrolle von Wahrnehmung und die Konstruktion von Realität. Erkenntnistheoretische Aspekte des Rückkopplungs-Kontroll-Systems. In: SCHMIDT (1987), S. 192-228
RICOEUR, Paul: Introduction. In: UNESCO (1977), S. 13-30
ders.: Introduction. In: GARDET (1976), S. 13-33
RIEDL, Rupert: Die Folgen des Ursachendenkens. In: WATZLAWICK (1985), S. 67-90
RIHA, Karl: Zeitstrukturen in der Literatur der Moderne. In: BURGER (1986), S. 330-348
RINDERSPACHER, Jürgen P.: Krise der Zeiterfahrung und industrielle Zeitwirtschaft. In: PROKLA. Zeitschrift für politische Ökonomie und sozialistische Politik 1/1982 (Nr. 46), S. 119-133

ders.: Gesellschaft ohne Zeit. Individuelle Zeitverwendung und soziale Organisation der Arbeit. Frankfurt am Main und New York 1985
ders.: Der Rhythmus der Stadt. Die Bedeutung der Zeit für die städtische Gesellschaft. Materialien des Deutschen Instituts für Urbanistik 1/88, Berlin 1988
ders.: Mit der Zeit arbeiten. Über einige grundlegende Zusammenhänge von Zeit und Ökonomie. In: WENDORFF (1989), S. 91-104
ders.: Arbeit, Freizeit, Natur. Überlegungen zu umweltverträglichen Zeitbudgets. In: FRICKE (1990), S. 93-104
ders. / ERMERT, Axel: Zeiterfahrung in der Leistungsgesellschaft. In: BURGER (1986), S. 304-329
RING, Erp: Zeitempfinden als Maßstab für Engagement. In: Zeitschrift für Informationsmanagement, Markt-, Media- und Werbeforschung. 10/1990, S. 357-366
ROBINSON, John P.: Television's Impact on Everyday Life: Some Crossnational Evidence. In: RUBINSTEIN et al. (1972), S. 410-431 [= ROBINSON (1972)]
ders.: Toward Defining the Functions of Television. In: RUBINSTEIN et al. (1972), S. 568-603 [= ROBINSON (1972a)]
ders.: How Americans Use Time. A Social-Psychological Analysis of Everyday Behavior. New York und London 1977 [= ROBINSON (1977)]
ders.: How Americans used Time in 1965. Ann Arbor, Mi. 1977 [= ROBINSON (1977a)]
ders.: Television and Leisure Time: A New Scenario. In: Journal of Communication 1/1981, S. 120-130
ders.: Time-Diary Evidence About the Social Psychology of Everyday Life. In: McGRATH (1988), S. 134-148
ROENNEBERG, Till: Ökologie der Zeit - Das Phänomen biologischer Uhren. In: HÖMBERG / SCHMOLKE (1992), S. 103-118
RÖSSLER, Patrick: Dallas und Schwarzwaldklinik. Eine Programmstudie über Seifenopern im deutschen Fernsehen. München 1988
RÖTTGERS, Kurt: Historische Identität. In: KNOPP / QUANDT (1988), S. 175-183
ROGGE, Jan-Uwe: Die biographische Methode in der Medienforschung. In: medien + erziehung 5/1982, S. 273-287
ROLLKA, Bodo: Untersuchungen zur Struktur des Raumes in Georg Büchners Drama "Woyzeck". Dissertation, Freie Universität Berlin 1967
ROLOFF, Michael E. / BERGER, Charles R. (Hrsg.): Social Cognition and Communication. Beverly Hills, London und New Dehli 1982
dies.: Social Cognition and Communication: An Introduction. In: ROLOFF / BERGER (1982), S. 9-32
ROMANO, Vincente: Freizeit und Massenmedien. In: PROSS / RATH (1983), S. 101-111
ROMBACH, Heinrich: Die Grundstruktur der menschlichen Kommunikation. Zur kritischen Phänomenologie des Verstehens und Mißverstehens. In: Phänomenologische Forschungen. Bd. 4. Mensch, Welt, Verständigung. Perspektiven einer Phänomenologie der Kommunikation. Herausgegeben von der Deutschen Gesellschaft für phänomenologische Forschungen. Freiburg und München 1977, S. 19-51
ROMILLY, Jacqueline de: Time in Greek Tragedy. Ithaca, NY 1968
RONNEBERGER, Franz: Kommunikationspolitik II. Kommunikationspolitik als Gesellschaftspolitik. Mainz 1980
ROSENGREN, Karl Erik: Uses and Gratifications: A Paradigm Outlined. In: BLUMLER / KATZ (1974), S. 269-286
ders.: Paradigms Lost and Regained. In: DERVIN, Brenda / GROSSBERG, Lawrence / O'KEEFE, Barbara J. / WARTELL, Ellen (Hrsg.): Rethinking Communication. Vol. 1. Paradigm Issues. Newbury Park, London und New Dehli 1989, S. 21-39
ROSSI, Paolo: Das Altern der Welt und die »große Ruine« in der Neuzeit. In: KAMPER / WULF (1987), S. 34-49
ROTH, Gerhard: Cognition as a Self-Organising System. In: BENSELER / HEJL / KÖCK (1980), S. 45-52
ders.: Erkenntnis und Realität: Das reale Gehirn und seine Wirklichkeit. In: SCHMIDT (1987), S. 229-255 [= ROTH (1987a)]
ders.: Autopoiese und Kognition: Die Theorie H. R. Maturanas und die Notwendigkeit ihrer Weiterentwicklung. In: SCHMIDT (1987), S. 256-286 [= ROTH (1987b)]
ders.: Neuronale Grundlagen des Lernens und des Gedächtnisses. In: SCHMIDT (1991), S. 127-158
ders.: Das konstruktive Gehirn: Neurobiologische Grundlagen von Wahrnehmung und Erkenntnis. In: SCHMIDT (1992), S. 277-336
ROTHER, Rainer: "Authentizität": Filmische Strategien zur fiktionalen Darstellung von Geschichte. In: THOLEN / SCHOLL (1990), S. 305-319
ROTHMAN, Tony: Die sieben Pfeile der Zeit. In: Zeitmagazin 1/1988, S.24-29
RÖTZER, Florian: Geschwindigkeit - Unfall - Krieg. Gespräch mit Paul Virilio. In: taz 3.5.1986, S. 12-13
ders. (Hrsg.): Digitaler Schein. Ästhetik der elektronischen Medien. Frankfurt am Main 1991

ders.: Mediales und Digitales. Zerstreute Bemerkungen und Hinweise eines irritierten informationsverarbeitenden Systems. In: RÖTZER (1991), S. 9-78
RUBIN, Alan M.: Ritualized and Instrumental Television Viewing. In: Journal of Communication 2/1984, S. 67-77
ders. / RUBIN, Rebecca B.: Social and Psychological Antecedents of VCR USE. In: LEVY (1989), S. 92-111
ders. / BANTZ, Charles R.: Uses and Gratifications of Videocassette Recorders. In: SALVAGGIO / BRYANT (1989), S. 181-195
RUBINSTEIN, Eli A. / COMSTOCK, George A. / MURRAY, John P. (Hrsg.): Televison and Social Behavior. Reports and Papers, Volume IV: Television in Day-To-Day Life: Patterns of Use. Washington, D.C. 1972
RÜEGG, Walter: Funk-Kolleg Soziologie. Frankfurt am Main 1969
RÜHL, Manfred: Redaktionszeiten. Zur publizistischen Bewältigung von Ereignisturbulenzen. In: HÖMBERG / SCHMOLKE (1992), S. 177-196
RÜSEN, Jörn: Die Kraft der Erinnerung im Wandel der Kultur. Zur Innovations- und Erneuerungsfunktion der Geschichstschreibung. In: CERQUIGLINI / GUMBRECHT (1983), S. 29-46
RUHRMANN, Georg: Rezipient und Nachricht. Struktur und Prozeß der Nachrichtenrekonstruktion. Opladen 1989
RUSCH, Gebhard: Theorie der Geschichte, Historiographie und Diachronologie. LUMIS-Schriften 11, Siegen 1986
ders.: Erkenntnis, Wissenschaft, Geschichte. Von einem konstruktivistischen Standpunkt. Frankfurt am Main 1987 [= RUSCH (1987a)]
ders.: Autopoiesis, Literatur, Wissenschaft. Was die Kognitionstheorie für die Literaturwissenschaft besagt. In: SCHMIDT (1987), S. 374-400 [= RUSCH (1987b)]
ders.: Cognition, Media Use, Genres. Socio-Psychological Aspects of Media and Genres; TV and TV-Genres in the Federal Republic of Germany. In: Poetics. International Review for the Theory of Literature 16/1987, S. 431-469 [= RUSCH (1987c)]
ders.: Verstehen verstehen. Kognitive Autonomie und soziale Regulation. In: Funkkolleg Medien und Kommunikation. Konstruktionen von Wirklichkeit. Studienbrief 4, Tübingen 1990, S. 11-44
ders.: Erinnerungen aus der Gegenwart. In: SCHMIDT (1991), S. 267-292
ders.: Auffassen, Begreifen und Verstehen. Neue Überlegungen zu einer konstruktivistischen Theorie des Verstehens. In: SCHMIDT (1992), S. 214-256
RUSSELL, Bertrand: Das ABC der Relativitätstheorie. München 1970, Frankfurt 1989, 1990[2] [britische Originalausgabe: The ABC of Relativity. London 1958]
RUST, Holger: ... und keiner schaut zu(?) In: Neue Medien 12/1988, S. 61-67

SADOUL, Georges: Geschichte der Filmkunst. Wien 1957, Frankfurt am Main 1982 [franz. Originalausgabe: 1955]
SAHIN, H. / ROBINSON, John P.: Beyond the realm of necessity: television and the colonization of leisure. In: Media, Culture and Society 1/1980, S. 85-95
SALVAGGIO, Jerry L. / BRYANT, Jennings (Hrsg.): Media Use in the Information Age. Hillsdale, N.J. 1989
SANDER, Uwe / VOLLBRECHT, Ralf: Mediennutzung und Lebensgeschichte. Die biographische Methode in der Medienforschung. In: BAACKE / KÜBLER (1989), S. 161-176
SANDKÜHLER, Hans Jörg: Die Wirklichkeit des Wissens. Geschichtliche Einführung in die Epistemologie und Theorie der Erkenntnis.Frankfurt am Main 1991
SAPOLSKY, Barry S. / FORREST, Edward: Measuring VCR "Ad-Voidance". In: LEVY (1989), S. 148-167
SAXER, Ulrich: Thesen zur Kritik des Konstruktivismus. In: Communicatio Socialis 2/1992, S. 178-184
SCANELL, Paddy: Radio Times: The Temporal Arrangements of Broadcasting in the Modern World. In: DRUMMOND / PATERSON (1988), S. 15-31
SCHAAF, Julius: Grundprinzipien der Wissenssoziologie. Hamburg 1956
SCHALTENBRAND, Georges: Bewußtsein und Zeit. In: ZOLL (1988), S. 37-58
SCHÄUBLE, Gerhard: Zur Konstruktion der Zeit. Eine Auswahl zeittheoretischer Analysen. Forschungsberichte und Arbeitspapiere der Forschungsgruppe Arbeitszeit und Lebenszeit. Nr 1, Bremen 1985
SCHANK, R. / ABELSON, R.: Scripts, Plans, Goals, and Understanding: An Inquiry into Human Knowledge Structures. Hillsdale, N.J. 1977
SCHEFFER, Bernd: Wie wir erkennen. Die soziale Konstruktion von Wirklichkeit im Individuum. In: Funkkolleg Medien und Kommunikation. Konstruktionen von Wirklichkeit. Studienbrief 2. Tübingen 1990, S. 46-81
SCHELER, Max: Bildung und Wissen. Frankfurt am Main 1947

ders.: Probleme einer Soziologie des Wissens. In: Ders.: Die Wissensformen und die Gesellschaft. Gesammelte Schriften Bd. 8, Bern und München 1960², S. 15-190
ders.: Idealismus - Realismus. In: Ders.: Späte Schriften. Gesammelte Schriften Bd. 9 Bern und München 1976, S. 183-242
SCHEUCH, Erwin K.: Die Problematik der Freizeit in der Massengesellschaft. In: SCHEUCH / MEYERSOHN (1972), S. 23- 41
ders. / MEYERSOHN, Rolf (Hrsg.): Soziologie der Freizeit. Köln 1972
SCHIEBEN-LANGE, Brigitte: Schriftlichkeit und Mündlichkeit in der französischen Revolution. In: ASSMANN/ ASSMANN / HARDMEIER (1983), S. 194-211
SCHIVELBUSCH, Wolfgang: Geschichte der Eisenbahnreise. Zur Industrialisierung von Raum und Zeit im 19. Jahrhundert. München und Wien 1977
SCHLESINGER, Philip: Newsmen and their time-machine. In: British Journal of Sociology 3/1977, S. 336-350
SCHMAHL, Kurt: Industrielle Zeitstruktur und technisierte Lebensweise. In: ZOLL (1988), S. 344-370
SCHMID, Michael: Zeit und sozialer Wandel. In: FÜRSTENBERG / MÖRTH (1986), S.259-305
SCHMIDT, Claudia: Nutzung, Funktionen und Bedeutung des Fernsehens unter den Bedingungen der Programmvermehrung. Dissertation, Freie Universität Berlin 1990 (1990b)
SCHMIDT, Siegfried Josef (Hrsg.): Der Dikurs des Radikalen Konstruktivismus. Frankfurt am Main 1987
ders.: Der Radikale Konstruktivismus. Ein neues Paradigma im interdisziplinären Diskurs. In: SCHMIDT (1987), S. 11-88
ders.: Towards a Constructivist Theory of Media Genre. In: Poetics. International Review for the Theory of Literature 16/1987, S. 371-395 [= SCHMIDT (1987a)]
ders.: Wir verstehen uns doch? Von der Unwahrscheinlichkeit gelingender Kommunikation. In: Funkkolleg Medien und Kommunikation. Konstruktionen von Wirklichkeit. Studienbrief 1, Tübingen 1990, S. 50-78
ders. (Hrsg.): Gedächtnis. Probleme und Perspektiven der interdisziplinären Gedächtnisforschung. Frankfurt am Main 1991
ders.: Gedächtnisforschungen: Positionen, Probleme, Perspektiven. In: SCHMIDT (1991), S. 9-55
ders.: Gedächtnis - Erzählen - Identität. In: ASSMANN / HARTH (1991a), S. 378-397 [= SCHMIDT (1991a)]
ders. (Hrsg.): Kognition und Gesellschaft. Der Diskurs des Radikalen Konstruktivismus 2. Frankfurt am Main 1992
ders.: Radikaler Konstruktivismus. Forschungsperspektiven für die 90er Jahre. In: SCHMIDT (1992), S. 7-23 [= SCHMIDT (1992a)]
SCHMIDT, Siegried Josef: Medien, Kultur: Medienkultur. Ein konstruktivistisches Gesprächsangebot. In: SCHMIDT (1992), S. 425-450 [= SCHMIDT (1992b)]
SCHMIDT-BIGGEMANN, Wilhelm: Zeiterfahrung und Zeitgeist. Über das intellektuelle Risiko unserer Gegenwartserkenntnis. In: BURGER (1986), S. 282-303
SCHMIDT-SINNS, Dieter: Zeitgeschichte im Bild nach vier Jahrzehnten. Überlegungen zum Projekt. In: BECKER / QUANDT, (1991), S. 9-13
SCHMIED, Gerhard: Soziale Zeit. Umfang, "Geschwindigkeit" und Evolution. Berlin 1985
ders.: Zyklische Zeit - lineare Zeit. In: WENDORFF (1989), S. 118-127
SCHMITZ, Ulrich: Postmoderne Concierge: Die "Tagesschau". Wortwelt und Weltbild der Fernsehnachrichten. Opladen 1990
SCHMOLKE, Michael: Thesen zum Aktualitätsbegriff. In: LERG, Winfried B. / SCHMOLKE, Michael / STOLL, Gerhard E. (Hrsg.): Publizistik im Dialog. Festgabe für Henk Prakke. Assen 1965, S. 119-129
SCHNEIDER, Norbert Jürgen: Zeitstrukturen in Musik und Filmmusik. In: HÖMBERG / SCHMOLKE (1992), S. 225-233
SCHNELLE-SCHNEYDER, Marlene: Photographie und Wahrnehmung am Beispiel der Bewegungsdarstellung im 19. Jahrhundert. Marburg 1990
SCHÖNBACH, Klaus: Transaktionale Modelle der Medienwirkung: Stand der Forschung. In: SCHULZ (1992), S. 109-119
SCHÖPS, Martina: Zeit und Gesellschaft. Stuttgart 1980
SCHOTT, Rüdiger: Das Geschichtsbewußtsein schriftloser Völker. In: Archiv für Begriffsgeschichte, Bd. 12, 1968, S. 166-205
SCHRÄDER-NEEF, Regula: Zeit als Belastung? In: WENDORFF (1989), S. 17-26
SCHRAMM, Wilbur: What is a Long Time? In: WILHOIT, Cleveland / DE BOCK, Johan Harold (Hrsg.): Mass Communication Yearbook, Vol. 2 Beverly Hills und London 1981, S. 202-206
SCHRÖDER, Christian: Hochauflösendes aus der Gartenstadt. In: Der Tagesspiegel, 13.5.1992, S. 27
SCHUDSON, Michael: The Present in the Past versus the Past in the Present. In: Communication 3/1989, S. 105- 113
ders.: Ronald Reagan Misremembered. In: MIDDLETON / EDWARDS (1990), S. 108 -119

SCHULER, Thomas: Mit Fernbedienung im "interaktiven Kino". In: Der Tagesspiegel, 16.5.1991, S. 36 [= SCHULER (1991)]
dérs.: Zuschauer als Programmdirektor. In: Der Tagesspiegel, 4.12..1991, S. 26 [= SCHULER (1991a)]
SCHULZ, Walter: Wandlungen des Wirklichkeitsbegriffs. In: o.V.: Was ist Wirklichkeit? Vom Vergnügen die Welt zu erkennen. Stuttgart 1983, S.40-51
SCHULZ, Winfried: Die Konstruktion von Realität in den Nachrichtenmedien. Analyse der aktuellen Berichterstattung. Freiburg und München 1976
ders.: Wirkungsmodelle der Medienwirkunsgforschung. In: DFG (1986), S. 83-100
ders.: Massenmedien und Realität. Die "Ptolemäische" und die "kopernikanische" Auffassung. In: KAASE / SCHULZ (1989), S. 135-149
ders. (Hrsg.): Medienwirkungen. Einflüsse von Presse, Radio und Fernsehen auf Individuum und Gesellschaft. Untersuchungen im Schwerpunktprogramm "Publizistische Medienwirkungen", Forschungsbericht der DFG. Weinheim 1992
SCHULZE, Ulrich: Die Videothek steht von 1996 an am Satellitenhimmel. In: Der Tagesspiegel, 21.10.1993, S. 35
SCHÜTZ, Alfred: Gesammelte Aufsätze I. Das Problem der sozialen Wirklichkeit. Den Haag 1971
ders.: Der sinnhafte Aufbau der sozialen Welt. Eine Einleitung in die verstehende Soziologie. Wien 1932, Frankfurt am Main 1974, 1981
ders. / LUCKMANN, Thomas: Strukturen der Lebenswelt. Bd. 1. Frankfurt am Main 1979, 1988[2]
ders. / LUCKMANN, Thomas: Strukturen der Lebenswelt. Bd. 2. Frankfurt am Main 1984, 1990[2]
SCHWARTZ, Barry: Waiting, Exchange, and Power: The Distribution of Time in Social Systems. In: American Journal of Sociology 4/1974 (Vol. 79), S. 841-870
ders.: Queuing and Waiting. Studies in the Social Organization of Access and Delay. Chicago 1975
ders.: The Social Context of Commemoration: A Study in Collective Memory. In: Social Forces. An International Journal of Social Research. 2/1982 (December 1982), S. 374-402
SCHWEITZER, Rosemarie et al. (Hrsg.): Zeitbudgeterhebungen. Ziele, Methoden und neue Konzepte. Stuttgart 1990
SCHWITZKE, Heinz: Das Hörspiel. Dramaturgie und Geschichte. Köln 1963
SCRIBNER, Sylvia / COLE, Michael: The Psychology of Literacy. Cambridge, Ma.. und London 1981
SEDLMAYR, Erwin: Raumzeit und Kosmos. In: BURGER (1986), S. 82-115
SEEL, Norbert M.: Wissen, Lernen und Kommunikation. In: BÖHME-DÜRR / EMIG / SEEL (1990), S. 263-286
SEGAL, Lynn: The Dream of Reality. Heinz von Foerster's Constructivism. New York und London 1986
SEIFART, Horst: Der Sport als Ritual der Technik - zur Logik moderner Fernsehübertragungen. Unveröffentliches Manuskript. Berlin 1993
SHAPIRO, Michael A.: Memory and Decision Processes in the Construction of Social Reality. In. Communication Research, Vol 18, 1/1991, S. 3-24
SHATZER, Milton J. / LINDLOF, Thomas R.: Subjective Differences in the Use and Evaluation of the VCR. In: LEVY (1989), S. 112-131
SHELDRAKE, Rupert: Collective Memory, Time and Evolution. In: RAWLENCE, Christopher (Hrsg.): About Time. London 1985, S. 194-199
SHOTTER, John: The Social Construction of Remembering and Forgetting. In: MIDDLETON / EDWARDS (1990), S. 120-138
SICHTERMANN, Barbara: Zeit-Kämpfe mit Kindern. In: Ästhetik und Kommunikation 45/46/1981, S. 5-19
SIEBEL, Werner: Maschinenmenschen und Zeitliga. Bemühungen Gastevs um die Industrialisierung von Lebens- und Arbeitsweisen nach der russischen Revolution. In: Ästhetik und Kommunikation 45/46/1981, S. 20-21
SILBERMANN, Alphons: Massenkommunikation. In: KÖNIG, René (Hrsg.): Handbuch der empirischen Sozialforschung. Bd. 10 Stuttgart 1977, S. 146-279
SILBERSCHMIDT, Max: Der Mensch und seine Geschichte im 20. Jahrhundert. In: MEYER (1964), S. 247-267
SILLS, David L. (Hrsg.): International Encyclopedia of the Social Sciences, Vol. 16. New York 1968
SILVERSTONE, Roger: Time, Information and Communication Technologies and the Household. In: Time & Society 3/1993, S. 283-311
SIMMEL, Georg: Das Problem der historischen Zeit. In: Philosophische Vorträge. Veröffentlicht von der Kantgesellschaft. Nr. 12, Berlin 1916
SINGER, Wolf: Die Entwicklung kognitiver Strukturen - ein selbstreferentieller Lernprozeß. In: SCHMIDT (1991), S. 96-126
SJÖKVIST, Jan: Media, Cognition and Society. Towards a Cognitive Media Theory. Lund, Schweden 1991
SNOW, Robert P.: Interaction with Mass Media: The Importance of Rhythm and Tempo. In: Communication Quarterly 3/1987, S. 225-237

SOBCHAK, Vivian: The Scene of the Screen. Beitrag zu einer Phänomenologie der »Gegenwärtigkeit« im Film und in den elektronischen Medien. In: GUMBRECHT / PFEIFFER (1988), S. 416-427
SOMMER, Manfred: Lebenswelt und Zeitbewußtsein. Frankfurt am Main 1990
SONTAG, Susan: On Photography. 1973, London u.a. 1979
SOROKIN (1938), Pitrim Aleksandrovic: Rejonder. In: The American Journal of Sociology 43 (1938), S. 969-970
ders.: Sociocultural Causality, Space, Time. A Study of Referential Principles of Sociology and Social Science. New York 1943, 1964
ders.: Social and Cultural Dynamics. 4 Bde. London 1937 (Bd. 1-3), New York 1941, 1962 (Bd. 4)
ders. / MERTON, Robert K.: Social Time: A Methodological and Functional Analysis. In: HASSARD (1990), S. 56-66 (Originalausgabe in: American Journal of Sociology 5/1937 (Vol. 42), S. 615-629
SPANGENBERG, Peter M.: Fernsehen als Wahrnehmungstechnologie. Überlegungen zum Aufbau medial vermittelter Wirklichkeit. In: HICKETHIER / SCHNEIDER (1992), S. 79-89
SPANGLER, Michael: Time Proverbs and Social Change in Belgrade, Yugoslavia. In: FRASER / LAWRENCE / PARK (1981), S. 223-233
o.V. Sprung in die Zeit". Bewegung und Zeit als Gestaltungsprinzipien in der Photographie von den Anfängen bis zur Gegenwart. [Ausstellungskatalog] Berlin 1992
SRUBAR, Ilja: Max Scheler: Eine wissenssoziologische Alternative. In: STEHR / MEJA (1981), S. 343-359
ders.: Kosmion. Die Genese der pragmatischen Lebenswelttheorie von Alfred Schütz und ihr anthropologischer Hintergrund. Frankfurt am Main 1988
STADLER, Jörg: Der Videorekorder als Emanzipationsmaschine. In: medien + erziehung 6/1991, S. 341-345
STADLER, Michael / KRUSE, Peter: Visuelles Gedächtnis für Formen und das Problem der Bedeutungszuweisung in kognitiven Systemen. In: SCHMIDT (1991), S. 250-266
STAIGER, Emil: Die Zeit als Einbildungskraft des Dichters. In: MEYER (1964), S. 90-110
STARK, Werner: Die Wissenssoziologie. Stuttgart 1960
STARKEY, Ken: Time And Work Organisation: A Theoretical and Empirical Analysis. In: YOUNG, Michael / SCHULLER (1988), S. 95-117
STARL, Timm: Photographie und Kontingenz. Notizen zu Zufall. In: "Sprung in die Zeit" (1992), S. 36-40
STAROBINSKI, Jean: Die Tagesordnung. In: WENDORFF (1989), S. 27-48
STEDMAN, Raymond William: The Serials. Suspense and Drama by Installment. Norman, Oklahoma 1971, 19772
STEHR, Nico / MEJA, Volker (Hrsg.): Wissenssoziologie. Opladen 1981 [Sonderheft 22/1980 der KZSS]
dies.: Wissen und Gesellschaft. In: STEHR / MEJA (1981), S. 7-19
STEPHENSON, Ralph / PHELPS, Guy: The Cinema as Art. London u.a. 1989
STIPP, Horst: Neue Techniken, neue Zuschauer? Zum Einfluß von Fernbedienung und Programmangebot auf das Zuschauerverhalten. In: Media Perspektiven 3/1989, S. 164-167
STIRNER, Max: Der Einzige und sein Eigentum. Stuttgart 1972
STOLL, Werner Arthur: Das Zeiterleben in der Psychiatrie. In: MEYER (1964), S. 161-179
STRASSNER, Erich: Wirkung der Formen medialer Darstellung. In: DFG (1986), S. 71-81
STRAUMANN, Heinrich: Das Zeitproblem im englischen und amerikanischen Roman: Sterne, Joyce, Faulkner und Wilder. In: MEYER (1964), S. 140-160
STRAUSS, Anselm: Einleitung. In: MEAD (1969b), S. 11-34
STRÖKER, Elisabeth: Zeit und Geschichte in Husserls Phänomenologie. Zur Frage ihres Zusammenhangs. In: ORTH, Ernst Wolfgang (Hrsg.): Zeit und Zeitlichkeit bei Husserl und Heidegger. Phänomenologische Forschungen 14. Freiburg und München 1983, S. 111-137
STURM, Hertha: Die kurzzeitigen Angebotsmuster des Fernsehens. In: Fernsehen und Bildung 1/1975, S. 39-50
dies.: Fernsehdramaturgie und Zeigarnik-Effekt. Eine Variante zur Wahrnehmung - Entwicklung - Kommunikation. In: Fernsehen und Bildung1-2/1977, S. 103-109
dies.: Wahrnehmung und Fernsehen. Die fehlende Halbsekunde. In: Media Perspektiven 1/1984, S. 58-65
dies.: Die grandiosen Irrtümer des Neil Postman. In: epd/Kirche und Rundfunk 71/1986, S. 3-14
dies.: Das "Wie" der Präsentation - Methoden und Ergebnisse zu Wirkungen der formalen medienspezifischen Angebotsweisen. In: GREWE-PARTSCH, M. / GROEBEL, Joe (Hrsg.): Mensch und Medien. München und New York 1987, S. 33-41
dies.: Medienwirkungen - ein Produkt der Beziehungen zwischen Rezipient und Medium. In: FRÖHLICH / ZITZLSPERGER / FRANZMANN (1988), S. 115-130
dies.: Fernsehdiktate: Die Veränderung von Gedanken und Gefühlen. Ergebnisse und Folgerungen für eine rezipientenorientierte Mediendramaturgie. Gütersloh 1991
STUTTERHEIM, Cornelius F. P.: Time in Language and Literature. In: FRASER (1968), S. 163-179

SZALAI, Alexander / SCHEUCH, Erwin K. / CONVERSE, Philip E. / STONE, P. (Hrsg.): The Multinational Comparative Time Budget Research Project. Wien 1966
ders. / CONVERSE, Philip E. / SCHEUCH, Erwin K. / STONE, P. (Hrsg.): The Use of Time. Daily Activities of Urban and Suburban Populations in Twelve Countries. Den Haag und Paris 1972

TANNENBAUM, Percy H.: Effect of Serial Position on Recall of Radio News Series. In: Journalism Quarterly 2/1954, S. 319-323
ders.: "Play it again, Sam": Repeated Exposure to Television Programs. In: ZILLMANN / BRYANT (1985), S. 225-241
THOLEN, Georg Christoph / SCHOLL, Michael O. (Hrsg.): Zeit - Zeichen. Aufschübe und Interferenzen zwischen Endzeit und Echtzeit. Weinheim 1990
THOMAS, Keith: Vergangenheit, Zukunft, Lebensalter. Zeitvorstellungen im England der frühen Neuzeit. Berlin 1988
THOMPSON, E. P.: Zeit, Arbeitsdisziplin und Industriekapitalismus. In: BRAUN, Rudolf et al. (Hrsg.): Gesellschaft der industriellen Revolution. Köln 1973, S. 81-112 [Original: THOMPSON, E. P.: Time, Work-Discipline and Industrial Capitalism. In: Past and Present 38/1967, S. 56-97]
THOMPSON, Kenneth A.: Introductory Essay. In: GURVITCH (1971), S. IX-XXXVI
THOMSEN, Frank: Eine Art "Heimatsender". In: Der Tagesspiegel, 27.8.1993, S. 24
THRIFT, Nigel: The Making of a Capitalist Time Consciousness. In: HASSARD (1990), S. 105-129
ders.: Vivos Voco. Ringing The Changes In The Historical Geography Of Time Consciousness. In: YOUNG / SCHULLER (1988)
THÜRKAUF, Max: Zwei Wirklichkeiten: Natur und Naturwissenschaft. In: o.V.: Was ist Wirklichkeit? Vom Vergnügen die Welt zu erkennen. Stuttgart 1983, S. 53-62
TIEDGE, James / KSOBIECH, Kenneth: The "Lead-In"-Strategy for Prime-Time TV: Does it Increase the Audience? In: Journal of Communication 3/1986, S. 51-63
TOULMIN, Stephen / GOODFIELD, June: Entdeckung der Zeit. München 1970, Frankfurt am Main 1985 [Titel der englischen Originalausgabe: The Discovery of Time. London 1965]
TRAUB, Hans: Grundbegriffe des Zeitungswesens. Kritische Einführung in die Methode der Zeitungswissenschaft. Stuttgart 1933
TRIBUTSCH , Helmut: Raum-Zeit-Begegnungen von mythischen Schamanen bis zu modernen Denkern. In: BERGELT / VÖLCKERS (1991), S. 191-217
TUCHMAN, Gaye: Making News. A Study in the Construction of Reality. New York und London 1978
dies.: Consciousness Industries and the Production of Culture. In: Journal of Communication 3/1983, S. 330-341
TURIM, Maureen: Flashbacks in Film. Memory & History. New York und London 1989
TURNER, Frederick: Poiesis: Time and Artistic Discourse. In: FRASER / PARK / LAWRENCE (1978), S. 614-633
TYNJANOV, Jurij N.: Über die Grundlagen des Films. In: ALBERSMEIER (1979), S. 141-170

o.V.: UdSSR hat wieder korrekte Zeit. In: Der Tagesspiegel, 1.10.1991, S. 32
UNESCO (Hrsg.): Time and the Philosophies. Paris 1977
UNGVARI, Tamás: Time and Modern Self: A Change in Dramatic Form. In: FRASER / HABER / MÜLLER (1972), S. 470-478

VARELA, Francisco J.: Der kreative Zirkel. In: WATZLAWICK (1985), S. 294-309
ders.: Autonomie und Autopoiese. In: SCHMIDT (1987), S. 119-132
ders.: Kognitionswissenschaft - Kognitionstechnik. Eine Skizze aktueller Perspektiven. Frankfurt am Main 1990
ders.: Allgemeine Prinzipien des Lernens im Rahmen der Theorie biologischer Netzwerke. In: SCHMIDT (1991), S. 159-169
VESTER, Frederic: Time and biology. In: GREENAWAY (1979), S. 53-70
VESTER, Heinz-Günter: Zeitalter der Freizeit. Eine soziologische Bestandaufnahme. Darmstadt 1988
o.V.: Videogerät killt Werbespots. In: Berliner Zeitung 8./9.1.1994, S. 24
VIRILIO, Paul: Geschwindigkeit und Politik. Berlin 1980 [= VIRILIO (1980)]
ders.: Ästhetik des Verschwindens. Berlin 1980 [= VIRILIO (1980a)]
ders.: Die Tagesordnung. In: BAUDSON (1985), S. 55-59
ders.: Der Augenblick der beschleunigten Zeit. In: KAMPER / WULF (1987), S. 249-258
ders.: Die Sehmaschine. Berlin 1989 [Originalausgabe: La machine de vision. Paris 1988; = VIRILIO (1989)]
ders.: Krieg und Kino. Logistik der Wahrnehmung. Frankfurt am Main 1989 [= VIRILIO (1989a)]
ders.: Das letzte Fahrzeug. In: BARCK et al. (1991), S. 265-276 [= VIRILIO (1991)]

ders.: Fahrzeug. In: DERS.: Fahren, fahren, fahren ... Berlin 1978, Zitiert nach: BARCK et al. (1991), S. 47-70 [= VIRILIO (1991a)]
ders.: Der echtwahre Augenblick. In: BERGELT, Martin / VÖLCKERS, Hortensia (Hrsg.): Zeit-Räume. Zeiträume, Raumzeiten, Zeitträume. München und Wien 1991, S. 91-101 [= VIRILIO (1991b)]
ders.: Der nodale Krieg. In: taz 18.1.1992, S. 20 (1992)
ders. / LOTRINGER, Sylvère: Technik und Fragmentierung. (Gespräch) In: VIRILIO, Paul: Der reine Krieg. Berlin 1984; zitiert nach: BARCK et al. (1991), S. 71-82
VITOUCH, Peter: Realitätsdarstellung im Fernsehen - Abbidlung oder Konstruktion? In: GREWE-PARTSCH, M. / GROEBEL, Joe (Hrsg.): Mensch und Medien. München und New York 1987, S. 95-109
VOGT, Irmgard: Zeiterfahrung und Zeitdisziplin. Sozialpsychologische und soziologische Aspekte individueller Zeitperspektiven. In: FÜRSTENBERG / MÖRTH (1986), S. 209-235
VORDERER, Peter: Fernsehforschung und Programmgestaltung. Möglichkeiten der Prognose von Zuschauerreichweiten. In: HICKETHIER / ZIELINSKI (1991), S. 411-420
ders.: Fernsehen als Handlung. Fernsehfilmrezeption aus motivationspsychologischer Perspektive. Berlin 1992

WALDMANN, Norbert: Stiehlt Fernsehen Zeit? Zeitbudget und Nutzungsallokation für das Fernsehen. In: HÖMBERG / SCHMOLKE (1992), S. 55-62
WALDMANN, Peter: Zeit und Wandel als Grundbestandteile sozialer Systeme. In: KZfSS 23/1971, S. 687-703
WALKER, James R.: Inheritance Effects in the New Media Environment. In: Journal of Broadcasting and Electronic Media 4/1988, S. 391-401
WARNER, Rebecca: Rhythm in Social Interaction. In: McGRATH (1988), S.63-88
WATZLAWICK, Paul (Hrsg.): Die erfundene Wirklichkeit. Wie wir wissen, was wir zu wissen glauben? Beiträge zum Konstruktivismus. München und Zürich 1984, 1985
ders.: Verschreiben statt Verstehen als Technik von Problemlösungen. In: GUMBRECHT / PFEIFFER (1988), S. 878-883
ders.: Wie wirklich ist die Wirklichkeit? Wahn, Täuschung, Verstehen. München und Zürich 1976, 1987
ders. / BEAVIN, Janet H. / JACKSON, Don D.: Menschliche Kommunikation. Formen, Störungen, Paradoxien. Bern, Stuttgart und Wien 1969
WEBER, Elisabeth: "Éclament du temps". "Zerspringen der Zeit". Über eine apokalyptische Wendung bei Emmanuel Lévinas. In: THOLEN / SCHOLL (1990), S. 85-96
WEBER, Samuel: Der posthume Zwischenfall. Eine LiveSendung. In: THOLEN / SCHOLL (1990), S. 177-198
WEBSTER, James G. / WAKSHLAG, Jacob: Measuring Exposure to Television. In: ZILLMANN / BRYANT (1985), S. 35-62
ders. / WANG, Ting-Yu: Structural Determinants of Exposure to Television: The Case of Repeat Viewing. In: Journal of Broadcasting & Electronic Media 1/1992, S. 125-136
WEIBEL, Peter: Eisensteins und Wertows Beiträge zu einer Artikulation der Filmsprache. In: HEIN / HERZOGENRATH (1978), S. 98-102
ders.: Die Beschleunigung der Bilder in der Chronokratie. Bern 1987
ders.: Transformationen der Techno-Ästhetik. In: RÖTZER (1991), S. 205-246
WEIDENFELD, Werner: Historisch-politische Kultur. In: KNOPP / QUANDT (1988), S. 191-195
WEIGART, Andrew J.: Sociology of Everyday Life. New York und London 1981
WEINGART, Peter: Wissensproduktion und soziale Struktur. Frankfurt am Main 1976
WEISCHENBERG, Siegrfried: Der blinde Fleck des Kritikers. Zu den `Wahrheiten' einer Konstruktivismus- Rezeption. In: Communicatio Socialis 2/1992, S. 168-177
WEIZSÄCKER, Victor von: Gestalt und Zeit. Halle/Saale 1942, Göttingen 19602
WENDORFF, Rudolf: Die Uhren und das Zeitbewußtsein. In: Kultur und Technik. Zeitschrift des Deutschen Museums 1/1981, S. 53-56
ders.: Zeit und Kultur. Geschichte des Zeitbewußtseins in Europa. Opladen 1980, 1985[3]
ders.: Zur Erfahrung und Erforschung von Zeitphänomenen im 20. Jahrhundert. In: BURGER (1986), S. 17-43
ders.: Zur Erfahrung und Erforschung von Zeit im 20. Jahrhundert. In: PAFLIK (1987), S. 65-84
ders.: Der Mensch und die Zeit. Ein Essay. Opladen 1988
ders. (Hrsg.): Im Netz der Zeit. Menschliches Zeiterleben interdisziplinär. Stuttgart 1989
ders.: Tag und Woche, Monat und Jahr: eine Kulturgeschichte des Kalenders. Opladen 1993
WENZEL, Harald: George Herbert Mead zur Einführung. Hamburg 1990
WENZEL, Horst: Imaginatio und Memoria. Medien der Erinnerung im höfischen Mittelalter. In: ASSMANN / HARTH (1991a), S. 57-82
WENZL, Aloys: Die Objektivität der Zeit. In: Studium Generale 9/1955 8.Jg., S.545-549

WERNER, Carol M. / HAGGARD, Louis M. / ALTMAN, Irwin / OXLEY, Diana: Temporal Qualities of Rituals and Celebrations: A Comparison of Christmas Street and Zuni Shalako. In: McGRATH (1988), S. 203-232
WERNICK, Andrew: The Post-Innisian Significance of Innis. In: Canadian Journal of Political and Social Theory 1-2/1986, S. 128-150
o.V. (ap): West 3 geht in den Rotationsbetrieb. In: Der Tagesspiegel, 20.11.1993, S. 20
o.V. (ap/dpa): West 3 künftig ein 24-Stunden-Programm. In: Der Tagesspiegel, 31.12.93/1.1.94, S. 17
WETZEL, Kraft: Vom Zuschauer zum User. In: Die Zeit 45/1993, 5.11.1993, S. 62
WETZEL, Michael: Die Zeit der Entwicklung. Photographie als Spurensicherung und Metapher. In: THOLEN / SCHOLL (1990), S. 265-280
WHEELER, John Archibald: Jenseits aller Zeitlichkeit. Anfang und Ende der physikalischen Zeitskala. In: PEISL / MOHLER (1989), S. 17-34
WHITROW, Gerald James: What is Time? London 1972
ders.: Reflections on the History of the Concept of Time. In: FRASER / HABER / MÜLLER (1972), S. 1-11 (1972a)
ders.: The Natural Philosophy of Time. London und Edinburgh 1961, Oxford 1980
ders.: Time in History. Views of Time from Prehistory to the Present Day. Oxford 1988, 1989
o.V.: Wieder eine doppelte Stunde zwischen zwei und drei Uhr. In: Der Tagesspiegel, 25.9.1993, S. 28
WILKE, Jürgen: Mediennutzung und Zeitgefühl. In: HÖMBERG / SCHMOLKE (1992), S. 257-276
WILLEMS, Gottfried: Großstadt- und Bewußtseinspoesie. Tübingen 1981
WILLIAMS, Raymond: Television. Technology and Cultural Form. New York 1975
WINKLER, Hartmut: Switching, ein Verfahren gegen den Kontext. In: HICKETHIER, Knut / WINKLER, Hartmut (Hrsg.): Filmwahrnehmung. Dokumentation der GFF-Tagung 1989. Berlin 1990, S. 137-142
WINKLER, Mathias: Filmerfahrung. Ansätze einer phänomenologischen Konstitutionsanalyse. Frankfurt am Main 1985
WINSTON, Brian: On Marshall McLuhan's Television Picture. In: Sight & Sound. International Film Quarterly 4/1985, S. 258-263
ders.: Misunderstanding Media. Cambridge, Mass. 1986
WINTER, Christiane / TICHATSCHEK, Alexander: Stimmen in der Nacht. In: ZEIT-Magazin 37/1992, S. 31-35
WINTERHOFF-SPURK, Peter: Fernsehen. Psychologische Befunde zur Medienwirkung. Bern 1986
ders.: Fernsehen und Weltwissen. Der Einfluß von Medien auf Zeit-, Raum- und Personenschemata. Opladen 1989
ders.: Fernsehen und kognitive Landkarten: Globales Dorf oder ferne Welt? In: HÖMBERG / SCHMOLKE (1992), S. 286-298
WIRTH, Louis: Vorwort. In: MANNHEIM (1985), S. IX XXVII
WOLF, Christa: Kindheitsmuster. Berlin und Weimar 1976, 1990[12]
WOLFF, Kurt Heinrich: Versuch zu einer Wissenssoziologie. Berlin und Neuwied 1968
WRIGHT, Lawrence: Clockwork Man. London 1968
WUCHTERL, Kurt: Methoden der Gegenwartsphilosophie. Bern und Stuttgart 19872
WULF, Christoph: Lebenszeit - Zeit zu leben? Chronokratie versus Pluralität der Zeiten. In: KAMPER / WULF (1987), S. 266-275
WUNBERG, Gotthart: Mnemosyne. Literatur unter den Bedingungen der Moderne: ihre technik- und sozialgeschichtliche Begründung. In: ASSMANN / HARTH (1991a), S. 83-100
WÜSTEMEYER, Manfred: Sozialgeschichte und Soziologie als soziologische Geschichte. Zur Raum-Zeit-Lehre der "Annales". In: KZfSS, Sonderheft 16, 1975 (Hrsg.: LUDZ, Peter: Soziologie und Sozialgeschichte), S. 566-583

YAKER, Henri / OSMOND, Humphry / CHEEK, Frances (Hrsg.): The Future of Time. Man's Temporal Environment. Garden City, NY 1971
YAMAMOTO; N.: What Time Is Not. In: FRASER / LAWRENCE (1975), S. 231-238
YATES, Frances Amelia: The Art of Memory. Chicago und London 1966, 1974[3]
YOUNG, Michael Dunlop: The Metronomic Society. Natural Rhythms and Human Timetables. Cambridge, Mass. 1988
ders. / SCHULLER, Tom (Hrsg.): The Rhythms of Society. London und New York 1988
dies.: Introduction: Towards Chronosociology. In: YOUNG / SCHULLER (1988), S. 1-16

ZACHARIAS, Wolfgang (Hrsg.): Zeitphänomen Musealisierung. Das Verschwinden der Gegenwart und die Konstruktion der Erinnerung. Essen 1990
ders.: Zeitphänomen Musealisierung. In: ZACHARIAS (1990), S. 9-30
o.V. (tho): "Zap TV" will Zappen ersparen. In: Der Tagesspiegel 9.6.1994, S. 20

ZEHETNER, Hedwig: Demoskopische Instrumente der ORF-Programmplanung. In: HÖMBERG / SCHMOLKE (1992), S. 63 -74
ZELKIND, Irving / SPRUG, Joseph: Time Research: 1172 Studies. Metuchen, N.J. 1974
o.V.: Die Zertrümmerung der Zeit. In: DER SPIEGEL 45/1991, S. 270-276 [Rezension des Penrose-Buches]
ZERUBAVEL, Eviatar: Timetables and Scheduling: On the Social Organization of Time. In: Sociological Inquiry 2/1976 (Vol. 46), S. 87-94
ders.: Private Time and Public Time: The Temporal Structure of Social Accesibility and Professional Commitments. In: Social Forces. An International Journal of Social Research. 1/1979 (September 1979), S. 38-58
ders.: Hidden Rhythms. Schedules and Calendars in Social Life. Chicago und London 1981
ders.: The Standadization of Time: A Sociohistorical Perspective. In: American Journal of Sociology 1/1982, S. 1-23
ders.: The Language of Time: Toward a Semiotics of Temporality. In: Sociological Quarterly 3/1987, S. 343-356
ZIELINSKI, Siegfried: Audiovisionen. Kino und Fernsehen als Zwischenspiele in der Geschichte. Reinbek 1989
ZIEMKE, Axel / STÖBER, Konrad: System und Subjekt. In: SCHMIDT (1992), S. 42-75
ZILLMAN, Dolf / BRYANT, Jennings (Hrsg.): Selective Exposure to Communications. Hillsdale, N.J. 1985
ZIMMER, Dieter E.: Die Uhren des Lebens. Den biologischen Metronomen auf der Spur. In: Die ZEIT 18/1988, 29.4.1988, S. 84
ZOLL, Rainer: Zeiterfahrung und Gesellschaftsform. In: PROKLA. Zeitschrift für politische Ökonomie und sozialistische Politik 1/1982 (Nr. 46), S. 103-117
ders.: Zeiterfahrung und Gesellschaftsform. In: ZOLL, Rainer (Hrsg.): Zerstörung und Wiederaneignung von Zeit. Frankfurt am Main 1988, S. 72-88
ders.: Krise der Zeiterfahrung. In: ZOLL (1988), S. 9-33

GPSR Compliance

The European Union's (EU) General Product Safety Regulation (GPSR) is a set of rules that requires consumer products to be safe and our obligations to ensure this.

If you have any concerns about our products, you can contact us on ProductSafety@springernature.com

In case Publisher is established outside the EU, the EU authorized representative is:

Springer Nature Customer Service Center GmbH
Europaplatz 3
69115 Heidelberg, Germany

Batch number: 10809468

Printed by Printforce, the Netherlands